U0097798
金星出版
命理生活新智慧・叢書
VENUS PUBLISHING CO.

命理生活新智慧・叢書35

http://www.venusco555.com

E-mail: venusco@pchome.com.tw

法雲居士⊙著   venusco555@163.com

金星出版

國家圖書館出版品預行編目資料

萬事吉商用居家福祿萬年曆／法雲居士編.
--第1版.--臺北市：金星出版：紅螞蟻
總經銷，2000[民89]
面； 公分--(命理生活新智慧叢書；
35)

ISBN 957-8270-23-2（平裝）

1.命書

優惠·活動·好運報！
快至臉書粉絲專頁
按讚好運到！

金星出版社

萬事吉 商用居家 福祿萬年曆

作　者：法雲居士
發 行 人：袁光明
社　長：袁靜石
編　輯：王翔
出 版 者：金星出版社
地址：台北市南京東路3段201號3樓
電話：886-2--25630620◆886-2-2362-6655
FAX：886-2705-1505

司地址已變更

郵政劃撥：18912942金星出版社帳戶
總 經 銷：紅螞蟻圖書有限公司
地　址：台北市內湖區文德路210巷30弄25號
電　話：(02)27999490
網　址：http://www.venusco555.com
E-mail　venusco@pchome.com.tw　venusco555@163.com

法雲居士網站 http://www.fayin.tw
E-mail: fatevenus@yahoo.com.tw

版　次：2000年10月第1版
登 記 證：行政院新聞局局版北市業字第653號
法律顧問：郭啟疆律師
定　價：300元

行政院新聞局局版北市業字第653號
(本書遇有缺頁、破損倒裝請寄回更換)

投稿者請自留底稿
本社恕不退稿

(因掛號郵資漲價，凡郵購三冊以上，九折優惠。本社負擔掛號寄書郵資。
單冊及二冊郵購，恕無折扣，敬請諒察！)

序言

最新出版的這本『萬事吉商用居家福祿萬年曆』是我根據一般工商業人士和居家常用的有關命理、曆法、風水、吉時吉課、慣用的習俗，也包含了幫助大家自己改運，改運DIY、改運小秘方等等重要方法，所以它也是一本萬用手冊和增運手冊。

這本萬年曆中不但記載了前後一百四十年的年、月、日之干支和氣節所發生的時間日起自於民國前二十年（光緒十八年）（西元一八九二年），直至民國一百二十年（西元二○三一年）為止，以陽曆和陰曆相對照，將年、月、日的天干地支逐日對照排列出來，並將農曆的初五、初十、十五、二十、二十日用灰色加以標示列出，並於書眉上有阿拉伯字的西元年份標示，方

003

便讀者查閱。

本萬年曆是以東經一百二十度經緯線，台灣地區內的中原時區為標準的萬年曆。全是以天文台實際測出的資料作根據，因此十分準確。希望讀者會喜歡。

法雲居士 謹識

命理生活叢書35

法雲居士

◎紫微論命
◎代尋偏財運時間

賜教處：台北市林森北路380號901室
電　話：(02)2894-0292
傳　真：(02)2894-2014

紫微斗數快速精簡手算法

紫微斗數中最簡便的方法，就是手算法了。能隨時隨地的演算，立即能找出所屬的命盤格式，和命宮主星出來。並且只要常常練習，立刻能在三分鐘之內，將命盤排出來，甚是方便，這是喜歡命理的人士，不得不學會的技巧。

方法步驟：

第一，先把年、月、日、時查清楚，最好能排成八字四柱，方便觀看、記憶。

第二，找出命宮、身宮。

命宮、身宮的手算法

這是一個隨時隨地都可以演算紫微命盤的方法。也是一個用『手掌』作為命盤格式的方法。當然！在你熟練之後，命盤格式像是讓你隨時帶在身邊，而且攜帶在腦海裡，非常方便。

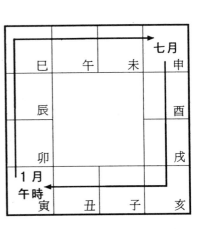

舉例：倘若你是西元一九七八年（民國六十七年）農曆七月初十午時生的人，你也可以從寅宮起一月，順時針方向數生月（七月）即七個宮位（在申宮），再逆時方向數生時（午時）即七個宮位，又落在寅宮，寅宮即是命宮。身宮即是以申宮，再順時針方向數七個宮位，也落在寅宮。

十二宮的排列法

命宮及身宮決定後，十二宮的位置也已然決定了。

從命宮開始，逆時鐘方向，依次序排列為兄弟宮、夫妻宮、子女宮、財帛宮、疾厄宮、遷移宮、僕役宮（朋友宮）、官祿宮（事業宮）、田宅宮、福德宮、父母宮。

十二宮表：

餘宮＼命宮	兄弟宮	夫妻宮	子女宮	財帛宮	疾厄宮	遷移宮	僕役宮	官祿宮	田宅宮	福德宮	父母宮
子	亥	戌	酉	申	未	午	巳	辰	卯	寅	丑
丑	子	亥	戌	酉	申	未	午	巳	辰	卯	寅
寅	丑	子	亥	戌	酉	申	未	午	巳	辰	卯
卯	寅	丑	子	亥	戌	酉	申	未	午	巳	辰
辰	卯	寅	丑	子	亥	戌	酉	申	未	午	巳
巳	辰	卯	寅	丑	子	亥	戌	酉	申	未	午
午	巳	辰	卯	寅	丑	子	亥	戌	酉	申	未
未	午	巳	辰	卯	寅	丑	子	亥	戌	酉	申
申	未	午	巳	辰	卯	寅	丑	子	亥	戌	酉
酉	申	未	午	巳	辰	卯	寅	丑	子	亥	戌
戌	酉	申	未	午	巳	辰	卯	寅	丑	子	亥
亥	戌	酉	申	未	午	巳	辰	卯	寅	丑	子

定命宮天干

十二天干表

戊癸	丁壬	丙辛	乙庚	甲己	本生年干 ＼ 十二宮天干 ＼ 十二宮地支
甲	壬	庚	戊	丙	寅
乙	癸	辛	己	丁	卯
丙	甲	壬	庚	戊	辰
丁	乙	癸	辛	己	巳
戊	丙	甲	壬	庚	午
己	丁	乙	癸	辛	未
庚	戊	丙	甲	壬	申
辛	己	丁	乙	癸	酉
壬	庚	戊	丙	甲	戌
癸	辛	己	丁	乙	亥
甲	壬	庚	戊	丙	子
乙	癸	辛	己	丁	丑

重點：你只要知道是什麼年生的，查第一排『寅宮』的天干，然後順時針方向將（甲、乙、丙、丁、戊、己、庚、辛、壬、癸）依次一字一宮順序填入每一宮的天干之處即可。

例如：甲年及己年生的人，寅宮的天干是『丙』寅、卯宮即為『丁』卯、辰宮即為『戊』辰……。

※只要知道寅宮的天干是何開始的，就可以順勢、順時針方向排列下去，數到命宮所在的宮位，命宮天干就排出來了。

由表中可查出任何一個命盤，從『寅宮』開始的天干為何？

五行局手算法（三跳法）

例如：①命宮的干支是甲寅，就從寅宮起順數甲，還在水二局，五行局為水二局。

②若命宮的干支是戊辰，就從辰宮的部份數起，順數甲乙、丙丁、戊己，剛好落在無名指上的木三局。木三局即是五行局。

※命局的算法，局位是固定的干『支』；每個局位經歷兩個天干，如甲乙、丙丁、戊己、庚辛、壬癸……等等。

本生年干 \ 命宮	甲己	乙庚	丙辛	丁壬	戊癸
子丑	水二局	火六局	土五局	木三局	金四局
寅卯	火六局	土五局	木三局	金四局	水二局
辰巳	木三局	金四局	水二局	火六局	土五局
午未	土五局	木三局	金四局	水二局	火六局
申酉	金四局	水二局	火六局	土五局	木三局
戌亥	火六局	土五局	木三局	金四局	水二局

紫微星的求法

紫微星的快速求法有兩種：一種是加減乘除法。一種是查表法，兩種都很好用（手算法以加減乘除法為主）。

1.加減乘除法：

重點：以生日的數字，除以五行局的數字，所剩餘的數字，若是單數，即相減，若剩雙數，則相加。再用此數字，從寅宮順時鐘方向起算所在的宮位就是紫微星的位置了。

例如：一九七八年（民國六十七年戊午年）七月初十日午時生的男子。五行局是水二局。以其生日10日與水二局的2相除

$$2\overline{)\begin{array}{c}5\\10\\\hline 10\end{array}}\;0$$

，沒有餘數，從寅起數五個宮位到午宮，紫微星即落在午宮。

例如：二十三日生的人，是金四局，以

$$4\overline{)\begin{array}{c}6\\23\\\hline 24\end{array}}\;1$$

剩單數相減，6減1餘5，從寅宮起順時鐘方向數五個宮，紫微星落在午宮。

重點：除數（五行局數）與商數相乘的數必須大於被除數（生日數）或與其相等，不得小於生日數。

生日	五行局 水二局	木三局	金四局	土五局	火六局
初一	丑	辰	亥	午	酉
初二	寅	丑	辰	亥	午
初三	寅	寅	丑	辰	亥
初四	卯	巳	寅	丑	辰
初五	卯	寅	子	寅	丑
初六	辰	卯	巳	未	寅
初七	辰	午	寅	子	戌
初八	巳	卯	卯	巳	未
初九	巳	辰	丑	寅	子
初十	午	未	午	卯	巳
十一	午	辰	卯	申	寅
十二	未	巳	辰	丑	卯
十三	未	申	寅	午	亥
十四	申	巳	未	卯	申
十五	申	午	辰	辰	丑
十六	酉	酉	巳	酉	午
十七	酉	午	卯	寅	卯
十八	戌	未	申	未	辰
十九	戌	戌	巳	辰	子
二十	亥	未	午	巳	酉
廿一	亥	申	辰	戌	寅
廿二	子	亥	酉	卯	未
廿三	子	申	午	申	辰
廿四	丑	酉	未	巳	巳
廿五	丑	子	巳	午	丑
廿六	寅	酉	戌	亥	戌
廿七	寅	戌	未	辰	卯
廿八	卯	丑	申	酉	申
廿九	卯	戌	午	午	巳
三十	辰	亥	亥	未	午

命盤格式的出現

紫微星訂出以後立即知道是那一個『命盤格式』了，以及星曜分佈和星曜旺弱的問題。例如紫微在丑宮，就是『紫微在丑』命盤格式的人。先要熟記十二個命盤格式中星曜分佈的情形，此時便立即能在腦海中浮現『紫微在丑』命盤格式星曜分佈的狀況。

如此，只要看命宮在何宮？便能立即得知命宮主星為何？又例如紫微在亥宮的人，便是『紫微在亥』命盤格式的人。『紫微在亥』的命盤格式

再看命宮坐於何宮，便知是何星坐命的人了。

紫微在丑

廉貞(陷)貪狼(陷) 巳	巨門(旺) 午	天相(得) 未	天梁(陷)天同(旺) 申
太陰(陷) 辰			武曲(平)七殺(旺) 酉
天府(得) 卯			太陽(陷) 戌
破軍(旺)紫微(廟) 寅 丑		天機(廟) 子	亥

紫微在亥

天府(得) 巳	天同(平)太陰(平) 午	武曲(廟)貪狼(廟) 未	太陽(得)巨門(廟) 申
辰			天相(陷) 酉
廉貞(平)破軍(陷) 卯			天機(平)天梁(廟) 戌
寅	丑	子	七殺(平)紫微(旺) 亥

・14・

十二種基本命盤格式

⑨ 紫微在申

太陽 巳	破軍 午	天機 未	紫微天府 申
武曲 辰			太陰 酉
天同 卯			貪狼 戌
七殺 寅	天梁 丑	廉貞天相 子	巨門 亥

⑤ 紫微在辰

天梁 巳	七殺 午	未	廉貞 申
天相紫微 辰			酉
巨門天機 卯			破軍 戌
貪狼 寅	太陰太陽 丑	天府武曲 子	天同 亥

① 紫微在子

太陰 巳	貪狼 午	巨門天同 未	天相武曲 申
天府廉貞 辰			天梁太陽 酉
卯			七殺 戌
破軍 寅	丑	紫微 子	天機 亥

⑩ 紫微在酉

破軍武曲 巳	太陽 午	天府 未	太陰天機 申
天同 辰			貪狼紫微 酉
卯			巨門 戌
寅	廉貞七殺 丑	天梁 子	天相 亥

⑥ 紫微在巳

七殺紫微 巳	午	未	申
天機天梁 辰			破軍廉貞 酉
天相 卯			戌
巨門太陽 寅	貪狼武曲 丑	太陰天同 子	天府 亥

② 紫微在丑

貪狼廉貞 巳	巨門 午	天相 未	天梁天同 申
太陰 辰			七殺武曲 酉
天府 卯			太陽 戌
寅	破軍紫微 丑	天機 子	亥

⑪ 紫微在戌

天同 巳	天府武曲 午	太陰太陽 未	貪狼 申
破軍 辰			巨門天機 酉
卯			天相紫微 戌
廉貞 寅	丑	七殺 子	天梁 亥

⑦ 紫微在午

天機 巳	紫微 午	未	破軍 申
七殺 辰			酉
天梁太陽 卯			天府廉貞 戌
天相武曲 寅	巨門天同 丑	貪狼 子	太陰 亥

③ 紫微在寅

巨門 巳	天相廉貞 午	天梁 未	七殺 申
貪狼 辰			天同 酉
太陰 卯			武曲 戌
天府紫微 寅	天機 丑	破軍 子	太陽 亥

⑫ 紫微在亥

天府 巳	太陰天同 午	貪狼武曲 未	巨門太陽 申
辰			天相 酉
破軍廉貞 卯			天機天梁 戌
寅	丑	子	七殺紫微 亥

⑧ 紫微在未

巳	天機 午	破軍紫微 未	申
太陽 辰			天府 酉
七殺武曲 卯			太陰 戌
天梁天同 寅	天相 丑	巨門 子	貪狼廉貞 亥

④ 紫微在卯

天相 巳	天梁 午	七殺廉貞 未	申
巨門 辰			酉
貪狼紫微 卯			天同 戌
太陰天機 寅	天府 丑	太陽 子	破軍武曲 亥

時系諸星排法

背口訣：

昌曲：戌宮逆數至生時是文昌。辰宮順數至生時是文曲。

劫空：亥宮逆行至生時是天空。亥宮順行至生時是地劫。

火鈴：以生年支為主。寅、午、戌生人起丑、卯。丑上順行至生時是火星，卯上順行至生時是鈴星。申子辰生人起寅、戌。寅上順行至生時是火星，戌上順行至生時是鈴星。巳、酉、丑生人起卯、戌。卯上順行至生時是火星，戌上順行至生時是鈴星。亥卯未生人起酉、戌。酉上順行至生時是火星，戌上順行至生時是鈴星。

時系諸星表

星級：乙＝天空、地劫；甲＝鈴星、火星、文曲、文昌（依本生年支、諸星、本生時排）

天空	地劫	鈴星(亥卯未)	火星(亥卯未)	鈴星(巳酉丑)	火星(巳酉丑)	鈴星(申子辰)	火星(申子辰)	鈴星(寅午戌)	火星(寅午戌)	文曲	文昌	本生時
亥	亥	戌	酉	戌	卯	戌	寅	卯	丑	辰	戌	子
戌	子	亥	戌	亥	辰	亥	卯	辰	寅	巳	酉	丑
酉	丑	子	亥	子	巳	子	辰	巳	卯	午	申	寅
申	寅	丑	子	丑	午	丑	巳	午	辰	未	未	卯
未	卯	寅	丑	寅	未	寅	午	未	巳	申	午	辰
午	辰	卯	寅	卯	申	卯	未	申	午	酉	巳	巳
巳	巳	辰	卯	辰	酉	辰	申	酉	未	戌	辰	午
辰	午	巳	辰	巳	戌	巳	酉	戌	申	亥	卯	未
卯	未	午	巳	午	亥	午	戌	亥	酉	子	寅	申
寅	申	未	午	未	子	未	亥	子	戌	丑	丑	酉
丑	酉	申	未	申	丑	申	子	丑	亥	寅	子	戌
子	戌	酉	申	酉	寅	酉	丑	寅	子	卯	亥	亥

月系諸星排法

背口訣：

輔弼：戌宮起一月逆行至
本生月安右弼星。
辰宮起一月順行至
本生月安左輔星。

天刑：酉宮起一月順行至
本生月安之。

天姚：丑宮起一月順行至
本生月安之。

天馬：寅午戌生人，天馬在申。
巳酉丑生人，天馬在亥。
申子辰生人，天馬在寅。
亥卯未生人，天馬在巳。

本生月	甲		乙		
諸星／星級	左輔	右弼	天刑	天姚	天馬
正月	辰	戌	酉	丑	申
二月	巳	酉	戌	寅	巳
三月	午	申	亥	卯	寅
四月	未	未	子	辰	亥
五月	申	午	丑	巳	申
六月	酉	巳	寅	午	巳
七月	戌	辰	卯	未	寅
八月	亥	卯	辰	申	亥
九月	子	寅	巳	酉	申
十月	丑	丑	午	戌	巳
十一月	寅	子	未	亥	寅
十二月	卯	亥	申	子	亥

干支諸星排法

安祿存星訣（以生年年干論之）

甲生祿存在寅宮，乙生在卯丙戊巳，丁己祿存停午方，庚祿居申辛祿酉，壬祿在亥癸祿子。

安擎羊、陀羅二星

祿前擎羊後陀羅，羊陀隨祿存安之，祿前安擎羊，祿後安陀羅。

安天魁、天鉞訣

甲戊庚牛羊，乙己鼠猴鄉，六辛逢馬虎，壬癸兔蛇藏，丙丁豬雞位，此星貴人方。

安祿、權、科、忌四化星訣

甲廉破武陽，乙機梁紫月，丙同機昌廉，丁月同機巨，戊貪月弼機，己武貪梁曲，庚日武同陰，辛巨陽曲昌，壬梁紫輔武，癸破巨陰貪。

化忌	化科	化權	化祿	天鉞	天魁	陀羅	擎羊	祿存	諸星＼年干
		甲			甲		甲		星級
太陽	武曲	破軍	廉貞	未	丑	丑	卯	寅	甲
太陰	紫微	天梁	天機	申	子	寅	辰	卯	乙
廉貞	文昌	天機	天同	酉	亥	辰	午	巳	丙
巨門	天機	天同	太陰	酉	亥	巳	未	午	丁
天機	右弼	太陰	貪狼	未	丑	辰	午	巳	戊
文曲	天梁	貪狼	武曲	申	子	巳	未	午	己
太陰	天同	武曲	太陽	未	丑	未	酉	申	庚
文昌	文曲	太陽	巨門	寅	午	申	戌	酉	辛
武曲	左輔	紫微	天梁	巳	卯	戌	子	亥	壬
貪狼	太陰	巨門	破軍	巳	卯	亥	丑	子	癸

此時已經可以開始論命了，若要再精細一點，可將支系諸星、十二長生，截空、旬空、命主、身主的排法加入，大小限也必定是要排列的，如此才可看運氣的起落吉凶。

支系諸星排法

紅鸞：以卯宮起子逆數至其人生年之年支，便是紅鸞位。對宮便是天喜位。

天喜：

孤辰：寅卯辰在巳丑。巳午未在申辰。申酉戌在亥未。亥子丑在寅戌。

寡宿：

星級＼諸星 本生年支	紅鸞	天喜	孤辰	寡宿	天才	天壽
	乙		乙		乙	
子	卯	酉	寅	戌	命宮	天壽：由身宮起子順行，數至本生年支，即安天壽星。
丑	寅	申	寅	戌	父母	
寅	丑	未	巳	丑	福德	
卯	子	午	巳	丑	田宅	
辰	亥	巳	巳	丑	官祿	
巳	戌	辰	申	辰	僕役	
午	酉	卯	申	辰	遷移	
未	申	寅	申	辰	疾厄	
申	未	丑	亥	未	財帛	
酉	午	子	亥	未	子女	
戌	巳	亥	亥	未	夫妻	
亥	辰	戌	寅	戌	兄弟	

五行局十二長生神之安法

口訣：

火局命寅起長生，木局命亥起長生，土局命申起長生，金局命巳起長生，水局命申起長生。

（火六局長生在寅，木三局長生在亥，土五局長生在申，金四局長生在巳，水二局長生在申。）

※十二長生神代表著你運氣運行的方式。

安五行長生十二神表

養	胎	絕	墓	死	病	衰	帝旺	臨官	冠帶	沐浴	長生	順逆	五行局
未	午	巳	辰	卯	寅	丑	子	亥	戌	酉	申	陽男陰女	水二局
酉	戌	亥	子	丑	寅	卯	辰	巳	午	未	申	陰男陽女	水二局
戌	酉	申	未	午	巳	辰	卯	寅	丑	子	亥	陽男陰女	木三局
子	丑	寅	卯	辰	巳	午	未	申	酉	戌	亥	陰男陽女	木三局
辰	卯	寅	丑	子	亥	戌	酉	申	未	午	巳	陽男陰女	金四局
午	未	申	酉	戌	亥	子	丑	寅	卯	辰	巳	陰男陽女	金四局
未	午	巳	辰	卯	寅	丑	子	亥	戌	酉	申	陽男陰女	土五局
酉	戌	亥	子	丑	寅	卯	辰	巳	午	未	申	陰男陽女	土五局
丑	子	亥	戌	酉	申	未	午	巳	辰	卯	寅	陽男陰女	火六局
卯	辰	巳	午	未	申	酉	戌	亥	子	丑	寅	陰男陽女	火六局

安截空訣

甲己申酉宮，乙庚午未宮，丙辛辰巳宮，戊癸子丑宮，丁壬寅卯宮。

星級／星名＼本生年干	丙截空
甲	申
己	酉
乙	午
庚	未
丙	辰
辛	巳
丁	寅
壬	卯
戊	子
癸	丑

安旬空訣

甲子旬中空戌亥，甲戌旬中空申酉，甲申旬中空午未，甲午旬中空辰巳，甲辰旬中空寅卯，甲寅旬中空子丑。

旬空位置（年支）＼年干	戌亥	申酉	午未	辰巳	寅卯	子丑
甲	子	戌	申	午	辰	寅
乙	丑	亥	酉	未	巳	卯
丙	寅	子	戌	申	午	辰
丁	卯	丑	亥	酉	未	巳
戊	辰	寅	子	戌	申	午
己	巳	卯	丑	亥	酉	未
庚	午	辰	寅	子	戌	申
辛	未	巳	卯	丑	亥	酉
壬	申	午	辰	寅	子	戌
癸	酉	未	巳	卯	丑	亥

大限排法

陽男陰女從命前一宮起，（從父母宮起，為順時鐘方向行運）

陰男陽女從命後一宮起，（從兄弟宮起，為逆時鐘方向行運）

大限簡易表

父母	福德	田宅	官祿	僕役	遷移	疾厄	財帛	子女	夫妻	兄弟	命宮	生年 陰陽男女	五行局
12–21	22–31	32–41	42–51	52–61	62–71	72–81	82–91	92–101	102–111	112–121	2–11	陽男陰女	水二局
112–121	102–111	92–101	82–91	72–81	62–71	52–61	42–51	32–41	22–31	12–21	2–11	陰男陽女	
13–22	23–32	33–42	43–52	53–62	63–72	73–82	83–92	93–102	103–112	113–122	3–12	陽男陰女	木三局
113–122	103–112	93–102	83–92	73–82	63–72	53–62	43–52	33–42	23–32	13–22	3–12	陰男陽女	
14–23	24–33	34–43	44–53	54–63	64–73	74–83	84–93	94–103	104–113	114–123	4–13	陽男陰女	金四局
114–123	104–113	94–103	84–93	74–83	64–73	54–63	44–53	34–43	24–33	14–23	4–13	陰男陽女	
15–24	25–34	35–44	45–54	55–64	65–74	75–84	85–94	95–104	105–114	115–124	5–14	陽男陰女	土五局
115–124	105–114	95–104	85–94	75–84	65–74	55–64	45–54	35–44	25–34	15–24	5–14	陰男陽女	
16–25	26–35	36–45	46–55	56–65	66–75	76–85	86–95	96–105	106–115	116–125	6–15	陽男陰女	火六局
116–125	106–115	96–105	86–95	76–85	66–75	56–65	46–55	36–45	26–35	16–25	6–15	陰男陽女	

安小限訣

寅午戌人起辰宮。申子辰人起戌宮。巳、酉、丑人起未宮。亥卯未人起丑宮。

小限簡易表

表中對角標題：小限之歲 ／ 小限值宮 ／ 本生年支

本生年支	男女	一二 二四 三六 四八 六○ 七二 八四 九六 一○八 一二○	一一 二三 三五 四七 五九 七一 八三 九五 一○七 一一九	一○ 二二 三四 四六 五八 七○ 八二 九四 一○六 一一八	九 二一 三三 四五 五七 六九 八一 九三 一○五 一一七	八 二○ 三二 四四 五六 六八 八○ 九二 一○四 一一六	七 一九 三一 四三 五五 六七 七九 九一 一○三 一一五	六 一八 三○ 四二 五四 六六 七八 九○ 一○二 一一四	五 一七 二九 四一 五三 六五 七七 八九 一○一 一一三	四 一六 二八 四○ 五二 六四 七六 八八 一○○ 一一二	三 一五 二七 三九 五一 六三 七五 八七 九九 一一一	二 一四 二六 三八 五○ 六二 七四 八六 九八 一一○	一 一三 二五 三七 四九 六一 七三 八五 九七 一○九
寅午戌	男	卯	寅	丑	子	亥	戌	酉	申	未	午	巳	辰
	女	巳	午	未	申	酉	戌	亥	子	丑	寅	卯	辰
申子辰	男	酉	申	未	午	巳	辰	卯	寅	丑	子	亥	戌
	女	亥	子	丑	寅	卯	辰	巳	午	未	申	酉	戌
巳酉丑	男	午	巳	辰	卯	寅	丑	子	亥	戌	酉	申	未
	女	申	酉	戌	亥	子	丑	寅	卯	辰	巳	午	未
亥卯未	男	子	亥	戌	酉	申	未	午	巳	辰	卯	寅	丑
	女	寅	卯	辰	巳	午	未	申	酉	戌	亥	子	丑

安命主

貪狼子宮，巨門亥丑宮，祿存寅戌宮，文曲卯酉宮，破軍午宮，廉貞申辰宮，武曲未巳宮。

命宮（本生年支）	命主（星名）
子	貪狼
丑	巨門
寅	祿存
卯	文曲
辰	廉貞
巳	武曲
午	破軍
未	武曲
申	廉貞
酉	文曲
戌	祿存
亥	巨門

安身主

子午人火鈴星，丑、未人天相星，寅申人天梁星，辰戌人文昌星，巳亥人天機星，卯酉人天同星。

身（本生年支）	身主（星名）
子	火星
丑	天相
寅	天梁
卯	天同
辰	文昌
巳	天機
午	火星
未	天相
申	天梁
酉	天同
戌	文昌
亥	天機

諸星在十二宮之旺度表

事實上，命盤格式定出之後，命盤中佈列之星的旺弱已經呈現出來了，讀者只要經常演練，自然知道每一顆主星在何位置就有什麼樣的旺弱情況。但為了方便讀者運用學習，仍將旺度表列出，以茲查看。

諸星在十二宮之旺度表

十二宮＼旺度	廟	旺	得地	平	陷
亥	天同、太陰、祿存	紫微、巨門、文曲	天府、天相	文昌、七殺、火星、鈴星、武曲、天機、破軍、天同	天梁、太陽、廉貞、貪狼、陀羅
戌	武曲、天府、貪狼、天梁、七殺、擎羊、陀羅、火星、鈴星	太陰、破軍	紫微、天相	文昌、廉貞、天同	太陽、巨門、天機、文曲
酉	巨門、文昌、文曲、祿存	太陰、破軍	天梁、火星、鈴星	紫微、廉貞	太陽、天同、天機、武曲、貪狼、七殺、擎羊
申	廉貞、天府、天相、七殺、擎羊、陀羅、祿存	紫微、天機	天梁、火星、鈴星、武曲、文昌、文曲	太陰、貪狼、太陽	天同、巨門、破軍、擎羊
未	紫微、武曲、天府、天相、七殺、破軍、鈴星	天梁、破軍、文曲	天機、火星、鈴星	太陽、廉貞、天同、太陰	貪狼、文昌、陀羅
午	天機、文昌、文曲、天梁、祿存	太陽、天同	太陰、天相、火星	廉貞、武曲、貪狼、七殺、天府	擎羊、鈴星、天同、巨門、破軍
巳	太陽、天府、天梁、祿存	太陰、武曲、巨門、天機、七殺	破軍、文昌、文曲	廉貞、貪狼、太陰	天梁、陀羅、火星、鈴星、天同
辰	擎羊、陀羅	太陽、破軍	鈴星	天機、武曲、廉貞、七殺、天同、天梁	太陰、貪狼、文昌、火星、巨門、紫微
卯	太陽、巨門、天梁、祿存	太陰	文曲	廉貞、貪狼、七殺、破軍	天機、武曲、天同、天府、鈴星、擎羊、陀羅、火星、紫微
寅	廉貞、天府、巨門、天相、天梁、祿存	紫微、太陽、七殺	天機、火星	武曲、貪狼、文昌、太陰	天同、擎羊、陀羅、鈴星、破軍
丑	紫微、武曲、天府、廉貞、七殺、破軍、文昌、文曲、擎羊、陀羅、天相	天同、貪狼	天機	太陽、太陰、天梁	巨門、火星、鈴星
子	天機、巨門、天相、天梁	武曲、天同、貪狼、七殺	文昌、文曲	廉貞	太陽、太陰、紫微、天府、破軍、擎羊、火星、鈴星

流年、流月、流日的看法

流年的看法：

流年是指當年一整年的運氣。子年時就以『子』宮為當年的流年。以『子』宮中的主星為該年的流年命宮的主星。倘若是丑年，就以『丑宮』為流年命宮，宮中的主星就是流年運氣了。以此類推。

巳年時，以『巳宮』為流年命宮，辰宮為流年兄弟宮、卯宮為流年夫妻宮，寅宮為流年子女宮，丑宮為流年財帛宮，子宮為流年疾厄宮，亥宮為流年遷移宮，戌宮為流年僕役宮（朋友宮），酉宮為流年官祿宮（事業宮），申宮為流年田宅宮，未宮為流年福德宮，午宮為流年父母宮。如此就可觀看你巳年一年當中與六親的關係，及進財、事業的行運吉凶了。

流月的看法：

流月是指一個月中的運氣。

要算流月，要先找出流年命宮（例如巳年以巳宮為流年命宮），再由流年命宮逆算（逆時針方向數）自己的生月，再利用自己的生時，從生月之處順數回來的那個宮，就是你該年流年的一月（正月）。

• 27 •

舉例：某人是生在五月寅時。巳年時正月在卯宮（從

巳逆數五個宮，再順數三個宮那就是正月）

＊幾月生就逆數幾個宮，幾時生就順數幾個宮，

就是該年流月的正月，再順時針方向算２月、

　　３月……

流日的算法：

流日的算法更簡單，先找出流月當月的宮位，此

宮即是初一，順時針方向數，次一宮位為初二，再次

一宮為初三……以此順數下去，至本月最後一天為止。

流時的看法：

流時的看法更不必傷腦筋了！子時就看子宮。丑時就看丑宮、寅時看寅宮中

的星曜……以此類推來斷吉凶。

3月 巳	4月 午	5月 未	6月 申
辰　2月			7月 酉
卯　1月			8月 戌
12月 寅	11月 丑	10月 子	9月 亥

十二月肖和星座所屬的命理現象

十二星座產生月份

摩羯座：12月22日～1月20日

水瓶座：1月21日～2月19日

雙魚座：2月20日～3月20日

白羊座：3月21日～4月19日

金牛座：4月20日～5月20日

雙子座：5月21日～6月21日

巨蟹座：6月22日～7月22日

獅子座：7月23日～8月22日

處女座：8月23日～9月22日

天秤座：9月23日～10月23日

天蠍座：10月24日～11月21日

射手座：11月22日～12月21日

鼠是：

◎摩羯座─你是嚴肅、精明、不夠幽默的人。

◎水瓶座─你是充滿知識、資訊、觀察入微，又有創作性的人。

◎雙魚座─你是擁有豐富的幻想、有創造力和感性的人。

◎白羊座─你是野心十足，有活動力，也帶有侵略色彩的人。

◎金牛座─你是具有神秘魅力，人緣極佳的人。

◎雙子座─你是行動力迅速，才華洋溢，擁有知識和智慧的人。

◎巨蟹座─你是一個喜歡浸沈在白日夢中的人。

◎獅子座──你是有時快樂，有時憂鬱，思想和行為有常自相矛盾的人。

◎處女座──你是內斂含蓄，使人感到撲塑迷離，但生活是多彩多姿的人。

◎天秤座──你是非常溫和，彬彬有禮的謙謙君子。

◎天蠍座──你是充滿野心，精於野戰訓諫，一生以戰勝假想敵為職志的人。

◎射手座──你是具有強烈意志力和魄力的人，一定會出人頭地。

牛是：

◎摩羯座──你是態度嚴謹，絲毫不會放鬆，很少說笑的話的人。

◎水瓶座──你是性格、情緒陰暗不定，不願意讓人弄懂的人。

◎雙魚座──你是高興時愛捉弄人，但又無法收場的人。

◎白羊座──你是充滿野心，辛苦勞碌，努力付出的人。

◎金牛座──你是具有十分牛性，態度莊重緩慢的人。

◎雙子座──你是溫和、有人緣、油滑、能成為好朋友的人。

◎巨蟹座──你是工作十分努力辛勤，但常得不到想要的東西。

◎獅子座──你是外表溫和、內心澎湃，最終能獨豎一格的人。

◎處女座──你是常對現實環境中產生不滿的人，但會努力工作。

◎天秤座──你是善於交際，喜歡應酬，建立人際關係以資運用的人。

◎天蠍座──你是性格頑固、急躁，隨時會有異想天開的事情讓你去衝刺的人。

◎射手座──你具有溫和、開放、自由的內在感情，同時也具有頑固、急躁的牛的特色。

虎是：

◎摩羯座──你是有思想，有見地的人，但性格衝動，無法忍耐，有某種危險性。

◎水瓶座──你是具有精密思想計劃的人，且能付諸行動來達成。

◎雙魚座──你具有喜幻想的超能力，情緒波動很厲害，而且常有瘋狂的想法，小心傷到自己。

◎白羊座──你具有常失去理性的衝動，必須小心抑制，以免招災。

◎金牛座──你具有敏感的敏銳性，特別愛賺錢。

◎雙子座──你具有衝動、暴躁、情緒變化快速，思緒也變化快速的特質。

◎巨蟹座──你具有頑固、暴躁的性格，但戀家。

◎獅子座──你具有衝動、愛賣弄自己的性格。

◎處女座──你具有精明、精確的分析能力，為人現實，但能為所欲為。

◎天秤座──你的內心衝動，外表溫和，但依然有與人合作的能力。

◎天蠍座──你的性格善變而複雜，具有侵略性，也喜歡競爭。

◎射手座──你具有衝動，愛表現，十足的老大風格。

兔是：

◎摩羯座──你的性格溫和，但內心頑固，不喜隨波逐流。

◎水瓶座──你的性格溫和，講義氣，忠心，有文筆。

◎雙魚座──你是人緣好，善於交際，喜歡人群的人。

◎白羊座──你是不顧他人的看法，喜歡放縱自己的人。

◎金牛座──你是溫和善良，喜歡存錢的人。

◎雙子座──你是有探險精神，愛冒險，對現實有些不滿的人。

◎巨蟹座──你是溫和、善良，有點怯弱的人。喜歡整理家務。

◎獅子座──你是外表溫和，內心衝動、急躁、愛表現的人。

◎處女座──你是外表怯弱，內心聰明，有智慧的人。

◎天秤座──你是具有迷人魅力的人。

◎天蠍座──你是喜歡控制別人的人，但會用圓滑的手段來達成。

◎射手座──你是溫和、崇尚自由、鍛鍊，喜歡往外跑的人。

龍是：

◎摩羯座──你是不喜歡引人注意，有謙虛性格的人。

◎水瓶座──你是具有批評、批判精神的人。

◎雙魚座──你是具有自信心、幻想力、企劃能力的人，並且也會嚐試去

◎白羊座──你是具有責任感多一點的人，野心比較少一點了。

◎金牛座──你具有才華，並且常是光芒四射的人。

◎雙子座──你喜歡蒐集資訊、幻想多，但不太切實際。

◎巨蟹座──你喜面對現實、幻想多，難實現。

◎獅子座──你的性格十分愛表現，常有誇張的情形，必須節制。

◎處女座──你是保守、務實的人，也會有才幹和魄力來表現。

◎天秤座──你是奮鬥力和自信心十足的人。

◎天蠍座──你是敏感，想努力做一番事的人，但容易受人控制。

◎射手座──你是溫和、喜埋頭苦幹，做事有點慢，但能成功的人。

達成。

蛇是：

◎摩羯座—你是喜歡思考，充滿哲學思想意味的人。

◎水瓶座—你是有敏銳的感覺，能洞悉人情世故的人，有時會杞人憂天。

◎雙魚座—你是敏感多愁，一切藏於心底，表面對人冷漠的人。

◎白羊座—你是十分衝動，但會把握機會克敵致勝的人。

◎金牛座—你是內心柔軟，魅力十足，講究實際效益的人。

◎雙子座—你是多愁善感，情緒性格起伏不定的人，也較無主見。

◎巨蟹座—你是有些懶散，凡事提不起勁來，過於鬆懈的人。

◎獅子座—你是熱心，情緒澎湃高張，凡事都有興趣參一腳的人。

◎處女座—你是外表溫柔細緻，內心多思慮，多計謀的人。

馬是：

◎天秤座—你是彬彬有禮，富有魅力，常有桃花運的人。

◎天蠍座—你是精明幹練但氣量小的人，常會犧牲自己周遭人的利益。

◎射手座—你是有計劃、有決心、能實踐自己理想的人。

◎摩羯座—你是嚴肅並兼有責任感的人，很好動。

◎水瓶座—你是喜歡打拼，有理想，有奮鬥決心的人。

◎雙魚座—你是常發呆、喜歡幻想未來，愛沉思，眼睛常看往遠方的人。

◎白羊座—你是性格衝動，奮鬥力強，說做就做的人。

◎金牛座—你是性格溫和，常為別人著想，喜歡在不為人所累之下，為人服務的人。

◎雙子座—你是行動力強，動作迅速，但

做事馬虎之人。

◎巨蟹座—你是疑心重重，十分敏感多疑的人。

◎獅子座—你是喜歡炫耀自己能力，以自我為中心的人。

◎處女座—你是幻想多，雖有能力，但不一定會成功的人。

◎天秤座—你是非常愛出風頭，自我表現的人。

◎天蠍座—你是行動力強，外冷內熱，不知節制的人。

◎射手座—你是行動力強，能即時把握時間完成工作的人。

羊是：

◎摩羯座—你是喜歡面對現實狀況，再酌情為人服務的人。

◎水瓶座—你是多疑善感，神秘兮兮，對人並不信任的人。

◎雙魚座—你是自視甚高，有藝術修養和才華，與人寡合。

◎白羊座—你是性格頑固，又愛批評，也不重視自己利益的人。

◎金牛座—你是性格溫和，頑固，做事思想都慢吞吞，慢半拍的人。

◎雙子座—你是行動快速，多幻想，有較多點子的人，但不一定能實踐，因此常焦慮煩惱的人。

◎巨蟹座—你是溫和、善良，沒有進取心和競爭心的人。

◎獅子座—你是有些自傲，有時又謙卑讓人無法看得透而適應的人。

◎處女座—你是外表溫和有禮，但潔身自好，不喜與人有瓜葛的人。

◎天秤座—你是溫和、講理，有幹勁的人。人緣會成為你的墊腳石。

◎天蠍座—你具有高智慧、高才幹，雖也對人熱情，但也重視自己的利益。

◎射手座—你是富有決心、溫和、有意志力的人，可創造自己的成就。

猴是：

◎摩羯座──你是嚴肅一線不苟的人，做事精明強幹，並富有決心，成功率很高。

◎水瓶座──你是性格沉穩、不露痕跡的人。

◎雙魚座──你是幻想多，喜冒險，能創造新事物的人。

◎白羊座──你是性格火爆剛烈，行動力強，敏感，多計謀。

◎金牛座──你是聰敏，善感，具有魅力，有桃花運的人。

◎雙子座──你是具有迅度感情很快的人，喜歡新潮、創新的事物，流行資訊會帶給你快樂。

◎巨蟹座──你是溫和善良，人緣十分好，有合作和服務的精神。

◎獅子座──你是性急的人，情緒像一陣風，快樂和憂傷都來去很快的人。

◎處女座──你是行動力和奮鬥力強的人，十分的勤勞，在工作上有好的表現。

◎天秤座──你是人緣好善於交際，討好別人，也具有幽默感，會娛樂別人的人。

◎天蠍座──你是頭腦靈活，喜於計謀，但周遭的人必須要小心你的人。

◎射手座──你是具有好奇心，幻想力豐富，又喜歡尋找答案的人。

雞是：

◎摩羯座──你的性格獨特，有金雞獨立的傲氣。

◎水瓶座──你是內斂嚴蕭的人，不喜歡別人來開玩笑。

◎雙魚座──你是幻想多，思想層次豐富的人，但不重現實。

◎白羊座──你是衝動好鬥的人，容易受激而氣憤填膺。

◎金牛座──你是生活優越，性格溫和，人緣不錯的人。

◎雙子座──你是行動力強，愛打拼，從不覺得累的人。

◎巨蟹座──你是誠以待人，但卻常遭欺騙的人。

◎獅子座──你是愛表現能力，常不計後果全力以赴的人。

◎處女座──你是情緒穩定，喜歡呆在家裡，保守，不愛冒險的人。

◎天秤座──你是情緒變化大，但有理想，會平衡自己的人。

◎天蠍座──你是精於生活中的小趣味，用以來吸引朋友，是有點心機的人。

◎射手座──你是具有競爭力，也具有好運的人，所以常嚐到成功的滋味。

狗是：

◎摩羯座──你是緊張兮兮，警戒力強的人。凡事太用心而不能放鬆。

◎水瓶座──你是個資訊、知識的愛好者。智慧高，善思考。

◎雙魚座──你具有敏銳的情感，善於為朋友付出。

◎白羊座──你具有好戰，好競爭的心，喜歡打頭陣去解決事情。

◎金牛座──你是精明能幹，善於經營，儲蓄財富的人，也會成為朋友的忠實良友。

◎雙子座──你是外表溫和，對人和善，內心急躁的人，善於蒐集周遭的情報。

◎巨蟹座──你是對人忠誠，性格敏感，喜歡服務朋友的人。

◎獅子座──你是喜歡說話，說話速度快，但太聒噪了。

◎處女座——你是手指精巧的人，有特殊才能，喜歡手工藝品。

◎天秤座——你是溫和，行動力強，但需要有人來指點你，使你找出性格上的平衡點的人。

◎天蠍座——你是聰明，計謀多的人。

◎射手座——你是好勝心強，衝動，但缺少樣來誘敵致勝的人。

豬是：

◎摩羯座——你是一板一眼，做事認真，對家庭付出很多，一絲不苟的人。

◎水瓶座——你是才華洋溢，工作能力超強，人緣好的人。

◎雙魚座——你是具有藝術氣息，才華，幻想力豐富的人。

◎白羊座——你是外表溫和，內心急躁，但富有行動力能完成目標的人。

◎金牛座——你是外表溫和，內含豐富，財

力不錯，人緣好，且具有吸引力的人。

◎雙子座——你是具有才華，能完成人生目標，有成就的人。

◎巨蟹座——你是外表老實、內心多疑，但也容易上當受騙的人。

◎獅子座——你善於表現你的才華，但也有些高傲。

◎處女座——你是溫和、有禮貌，喜歡整潔、有潔癖的人。

◎天秤座——你喜歡講求公平，協調的原則，但常遭人利用，令你心寒。

◎天蠍座——你有聰明的頭腦，有計謀，喜歡捉弄別人。

◎射手座——你有敏感的警覺性，會找出問題的癥結，加以解決。

由干支日預測股票、大盤漲跌

⊙ 本表是以台灣目前現行每日交易時間上午九時至十二時的交易狀況而訂。

日干支

甲子日：是開低走低的局勢，大跌。

乙丑日：是開高走高的局勢，會漲。

丙寅日：是先跌後漲的局勢。

丁卯日：是小漲的局面。

戊辰日：是上漲局勢。

己巳日：是平盤、尾盤漲跌很小。

庚午日：終場大跌。

辛未日：先漲後跌成平盤。

壬申日：是平盤，漲跌很小。

癸酉日：是先漲後跌。

甲戌日：是開高走高的局勢，會漲。

乙亥日：是終盤小漲的局勢。

丙子日：是下跌局勢。

丁丑日：是平盤、漲跌很小。

戊寅日：是先大跌後回升的局勢，終場小跌。

己卯日：是先大漲後跌，終盤呈小漲局勢。

庚辰日：是大漲的局勢。

辛巳日：是先漲後跌的局勢。

壬午日：是大漲的局勢。

癸未日：是下跌的局勢。

甲申日：是上漲的局勢。

乙酉日：是先跌後漲的局勢。

丙戌日：是開高走高，大漲的局勢。

丁亥日：是開低走高的局勢。

戊子日：是大漲的局勢。

己丑日：是上漲的局勢。

庚寅日：是先跌後拉回成平盤的局勢。

辛卯日：是先漲後小跌的局勢。

壬辰日：是開高走高的局勢會漲。

癸巳日：是先漲後跌的局勢。

甲午日：是開低再拉回，終場會跌。

丙辰日：是上漲的局勢。

丁巳日：是下跌的局勢。

戊午日：是小漲的局勢。

己未日：是大跌的局勢。

庚申日：是上漲的局勢。

辛酉日：是先漲後跌的局勢。

壬戌日：是盤中升高、盤尾下落的局勢。

癸亥日：是先漲後跌的局勢。

乙未日：是先跌後漲的局勢。

丙申日：是先跌後拉回成平盤。

丁酉日：是下跌的局勢。

戊戌日：是小跌的局勢。

己亥日：是下跌的局勢。

庚子日：是終場小跌的局勢。

辛丑日：是上漲的局勢。

壬寅日：是開高，終場小漲的局勢。

癸卯日：是上漲的局勢。

甲辰日：是上漲的局勢。

乙巳日：是先跌後漲的局勢。

丙午日：是下跌後漲的局勢。

丁未日：是上漲的局勢。

戊申日：是下跌的局勢。

己酉日：是上漲的局勢。

庚戌日：是上漲的局勢。

辛亥日：是先跌後漲，終場小跌的局勢。

壬子日：是先漲後跌的局勢。

癸丑日：是上漲的局勢。

甲寅日：是先跌後漲的局勢。

乙卯日：是先跌後大漲的局勢。

財方與吉方

財方通常都是最利於我們求財的方向，同時也是我們生活最舒適的方向。因此我們在找工作，做生意時，在我們所屬的財方方向最為容易並且順利自在。通常我們稱做吉方的方位，寬容度較大，甚至其方位可能大到180度左右，而財方方位的範圍較小，只有45度；因此認真的說只有財方才是我們真正的吉方。

財方的應用大至做生意選店舖門面方向、住家宅第、甚至於辦公桌椅的方向、睡覺時床頭的朝向都可包括在內。它會幫助我們頭腦清楚、睡眠安穩、精神穩定，有定神的作用。倘若再能配合個人的八字喜用神的吉方，更是相得益彰，使你的命理格局真正達到興旺合格的境地。

生肖屬相　年命財方

屬鼠的人

甲子年生的人財方為東北方
丙子年生的人財方為正東方
戊子年生的人財方為正南方
庚子年生的人財方為正南方
壬子年生的人財方為西北方

屬牛的人

癸丑年生的人財方為西南方
辛丑年生的人財方為正南方
己丑年生的人財方為正南方
丁丑年生的人財方為正東方
乙丑年生的人財方為西北方

屬虎的人

甲寅年生的人財方為東北方
丙寅年生的人財方為正北方
戊寅年生的人財方為正西方
庚寅年生的人財方為正西方
壬寅年生的人財方為正西方

屬兔的人

乙卯年生的人財方為西北方
丁卯年生的人財方為正北方
己卯年生的人財方為正南方
辛卯年生的人財方為正西方
癸卯年生的人財方為正北方

屬龍的人

甲辰年生的人財方為正東方
丙辰年生的人財方為正南方
戊辰年生的人財方為正南方
庚辰年生的人財方為正南方
壬辰年生的人財方為正西方

屬蛇的人

乙巳年生的人財方為西北方
丁巳年生的人財方為正南方
己巳年生的人財方為正南方
辛巳年生的人財方為西北方
癸巳年生的人財方為正北方

屬馬的人

甲午年生的人財方為正西方
丙午年生的人財方為正南方
戊午年生的人財方為正南方
庚午年生的人財方為正南方
壬午年生的人財方為正北方

屬羊的人

乙未年生的人財方為東北方
丁未年生的人財方為正南方
己未年生的人財方為正南方
辛未年生的人財方為正北方
癸未年生的人財方為正北方

屬猴的人

甲申年生的人財方為東北方

屬雞的人

庚申年生的人財方為正南方
戊申年生的人財方為正南方
丙申年生的人財方為正東方

壬申年生的人財方為正西方
庚申年生的人財方為正南方
戊申年生的人財方為正南方

乙酉年生的人財方為西北方
丁酉年生的人財方為正東方
己酉年生的人財方為正南方
辛酉年生的人財方為西北方
癸酉年生的人財方為正北方

屬狗的人

甲戌年生的人財方為東北方
丙戌年生的人財方為正東方
戊戌年生的人財方為正南方
庚戌年生的人財方為西北方
壬戌年生的人財方為正北方

屬豬的人

乙亥年生的人財方為東北方
丁亥年生的人財方為東南方
己亥年生的人財方為正南方
辛亥年生的人財方為正西方
癸亥年生的人財方為正北方

紫微算命講義

　　本書是法雲居士集多年論命之經驗，與對命理之體會所成就的一本書。本書本來是為研習命理的學生所作之講義，現今公開，供給一般對命理有興趣的朋友來應用參考。

　　本書內容豐富，把紫微星曜在每一個宮位，和所遇到的星曜相結合時所代表的特殊意義，都加以一一說明。星曜在每個位置所代表的吉度，亦有詳細分析，因此本書是迅速進入紫微命理世界的鑰匙。有了這本『紫微算命講義』，你算命的技巧，立刻就擁有深層的功力，是學命者不得不讀的一本書。

遷移、搬家、公司遷址之簡易擇日法

通常我們在遷址搬家時，會看黃曆（農民曆）來選擇吉日、吉時再決定搬遷日子和時間。但在這些屬於吉日、吉時的時間內，仍有一些必須注意的問題，如此才能真正的圓滿吉祥。

注意事項

一、搬家遷址最好選擇水日（日干支屬水之日）例如日干支為壬申、癸未等日子。

不用火日（日干支屬火之日）例如日干支為丙午、丁未等日子。

二、搬家遷址以『陽日用陰時』，『陰日用陽時』為佳。

陽日為日干為甲、丙、戊、庚、壬等。例如庚子日、壬戌日等。

陰日為日干為乙、丁、己、辛、癸等。例如乙巳日、丁卯日、辛卯日、辛亥日、癸未日等。

陽時為子時、寅時、辰時、午時、申時、戌時等。

陰時為丑時、卯時、巳時、未時、酉時、亥時等。

三、新宅如果坐東朝西：不可選巳、酉、丑（三合局）日。

新宅如果坐西朝東，不可選亥、卯、未（三合局）日。

新宅如果坐南朝北，不可選申、子、辰（三合局）日。

新宅如果坐北朝南，不可選寅、午、戌（三合局）日。

四、遷址日要與老闆、戶長、家中或公司中之人之生肖不相沖。

五、『天罡四殺』要注意

寅、午、戌年生之人，不可選丑日、丑時。

申、子、辰年生之人，不可選未日、未時。

亥、卯、未年生之人，不可選戌日、戌時。

巳、酉、丑年生之人，不可選辰日、辰時。

六、『回頭貢殺』要提防

『回頭貢殺』就是丑命人（屬牛的人）；不可選年、月、日、時中有寅、午、戌三字的時間。辰命人（屬龍的人），不可選年、月、日、時、中有巳、酉、丑三個字的時間。未命人（屬羊的人），不可選年、月、日、時中有申、子、辰三個字的時間。戌命人（屬狗的人），不可選年、月、日、時、中有亥、卯、未三個字的時間。否則會有破宅招災之憂。

七、入宅遷入要選天月德日或天月德合日，有三合、六合、祿馬貴人日或天願日、

天赦日、太陽、太陰到課為大吉之日。

八、楊公忌日忌入宅、遷徒。即正月十三日、二月十一日、三月初九日、四月初

七日、五月初五日、六月初三日、七月初一日、廿九日、八月二十七日、九

月二十五日、十月二十三日、十一月二十一日、十二月十九日。以上全年十

三天應避免搬家、入宅，以免不吉。另外農曆二十五日在傳統上也不適宜搬

家入宅。

九、搬家入宅的時間最好在中午以前，陽光充足，人的運氣較旺，入宅也會大吉

大利，萬事吉祥。

遷居、入宅的民俗祭拜禮儀

1. 入宅的前一日要先將房舍打掃整潔，用清水或酒加朱砂噴灑在房內各處，並
冥想吉祥光明的遠景，使空間中之有形、無形的物體待以淨化驅除。

2. 搬家日要預備六種吉祥物，先帶入宅內。
六種物品是：米桶，要放八分滿的米。並放入一個紅包袋。水桶，內置三分
滿的水。新的掃帚和畚斗，用紅布綁個蝴蝶結。新的食具（碗筷、湯匙一打

）。鮮花、清茶、發粿、湯圓要先準備好。新火爐一具。

先將六樣物品放入廚房後，才可陸續搬其他物品入宅。

3. 按照先前選定的入宅時間，由戶長（男主人）手捧神位或祖先牌位，其後為女主人，再依長幼次序，排隊依序進入宅內，每人手中都必須攜家中所需用之物品入宅，大家高高興興的入宅，表示以後居住時，也能順利安泰。

4. 入宅後可進行簡單的拜神儀式，禱告神祇保佑平安。

5. 此時宜在廚房開火煮湯圓或泡茶，並準備黃昏時分拜祭地基主。

6. 下午五時至七時，以白飯、菜餚、湯圓、發粿來拜地基祖祈求保佑家宅平安吉祥。

※地基主就是雷神。地神稱為后土。戶內之土地神稱為中雷。中雷神管轄一家一戶之境內之事。

古禮中有五祀，即戶、灶、井、門、中雷五種神祇的祭祀。地基主管一家之事，陰佑於人，是故在清明、中元、重陽、除夕等節日，祭祀祖先時，也會祭拜地基主。本省民俗禮儀中，在遷入新宅時，一定要先拜祭地基主，才會平安，獲得庇佑。

· 46 ·

如何利用『行運方式』讓財運飆起來

我們在此處所稱的『行運方式』就是在大運、流年、流月中所逢到之運程。

通常在我們財運最狂飆，也就是最感覺富裕的時候，首推大運年限、流年年限、流月年限三種條件皆是行運有財星居旺的宮位的時候。例如在天府、武曲、太陰居旺的年份裡，是最容易讓財運飆漲的時候。

七殺也是財星，是一個必須辛苦的努力、付出勞力去賺取的財。七殺星在旺位時，也能夠經由打拼使財運旺盛，賺到很多的錢財。祿星（祿存與化祿）當逢的運裡，也是主財運的最佳時機。

其次是在運星居旺時，也會有很好的財運機會。例如太陽居旺、貪狼居旺時，會有很多的好運發生，其中當然也包括了金錢運。

下面就是十二個命盤格式中能讓『金錢運』飆起來的行運圖表與解說。

紫微在子

太陰 巳	貪狼 (財) 午	天同 巨門 未	武曲 天相 (財) 申
廉貞 天府 (財) 辰			太陽 天梁 酉
 卯			七殺 (財) 戌
破軍 寅	 丑	紫微 (財) 子	天機 亥

『紫微在子』命盤格式中，金錢運能飆漲的年份有子年、辰年、午年、申年、戌年。其中寅年有破軍當位，雖有奮發打拼的精神，但有破耗，兩相抵消，金錢運不算好。

紫微在丑

廉貞 貪狼 巳	巨門 午	天相 (財) 未	天同 天梁 申
太陰 辰			武曲 七殺 酉
天府 (財) 卯			太陽 戌
 寅	破軍 紫微 (財) 丑	天機 子	亥

『紫微在丑』命盤格式中，金錢運能飆漲的年份有：丑年、卯年、未年。此命盤格式坐命的人，賺錢的方式都比別人份外辛苦，所得的財也比別人份的命盤格式的人為少，主要是財星都不在旺地。就連天府庫星也只在『得地』之位，剛好合格之故。

『紫微在寅』命盤格式中，金錢運能飆漲的年份有：寅年、辰年、午年、申年、戌年。此命盤格式的人全有『武貪格』暴發運。除了辰、戌宮有劫空、化忌的人不發之外，其他的人在辰、戌年都有暴發運。

③紫微在寅

巨門 巳	天相 廉貞 (財) 午	天梁 未	七殺 (財) 申
貪狼 (財) 辰			天同 酉
太陰 卯			武曲 (財) 戌
天府 紫微 (財) 寅	天機 丑	破軍 子	太陽 亥

『紫微在卯』命盤格式中，金錢運能飆漲的年份有：丑年、寅年、卯年、巳年、午年、未年。午年因得貴人之助升官、升等而得財，可稱做貴人財。

④紫微在卯

天相 (財) 巳	天梁 (財) 午	廉貞 七殺 (財) 未	申
巨門 辰			酉
貪狼 紫微 (財) 卯			天同 戌
太陰 天機 (財) 寅	天府 (財) 丑	太陽 子	武曲 破軍 亥

⑤紫微在辰

天梁 巳	七殺 ㉿財 午	未	廉貞 ㉿財 申
紫微 天相 ㉿財 辰			酉
巨門 天機 卯			破軍 戌
貪狼 ㉿財 寅	太陽 太陰 ㉿財 丑	武曲 天府 ㉿財 子	天同 亥

『紫微在辰』命盤格式中，金錢運能飆漲的年份有：子年、丑年、寅年、辰年、午年、申年。此命盤格局中，若破軍有化權、天同有化祿或化權，則戌年及亥年亦是金錢運可有飆漲機會的年份。

⑥紫微在巳

七殺 紫微 ㉿財 巳	午	㉿財 未	申
天梁 天機 辰			破軍 廉貞 酉
天相 ㉿財 卯			戌
巨門 太陽 寅	貪狼 武曲 ㉿財 丑	太陰 天同 ㉿財 子	天府 ㉿財 亥

『紫微在巳』命盤格式中，金錢運能飆漲的年份有：子年、丑年、卯年、巳年、未年、亥年。此命盤格式中，未年是因對宮『武貪格』相照的關係，也會有偏財運發生，因此可形成財運飆漲之格。

⑦紫微在午

天機 巳	紫微 財 午	未	破軍 申
七殺 財 辰			酉
天梁 太陽 財 卯			廉貞 天府 財 戌
天相 武曲 財 寅	天同 巨門 丑	貪狼 財 子	太陰 財 亥

⑧紫微在未

巳	天機 午	破軍 紫微 財 未	申
太陽 財 辰			天府 財 酉
武曲 七殺 卯			太陰 財 戌
天梁 天同 寅	天相 財 丑	巨門 子	貪狼 廉貞 亥

7. 『紫微在午』命盤格式中，金錢運能飆漲的年份有：子年、寅年、卯年、辰年、午年、戌年、亥年。

此格式中卯年『陽梁運』雖不主財，但會因為名聲或考試、進陞等級而得財，故亦是旺財之運。

8. 『紫微在未』命盤格式中，金錢運能飆漲的年份有：丑年、辰年、未年、酉年、戌年。此命盤格式中，子、午、寅三宮位內，巨門、天機、天梁都在旺位，如有化祿、化權來同宮，亦可能為旺財的年份。

⑨紫微在申

⑨紫微在申

太陽(財) 巳	破軍 午	天機 未	紫微 天府(財) 申
武曲(財) 辰			太陰(財) 酉
天同 卯			貪狼(財) 戌
七殺(財) 寅	天梁(財) 丑	廉貞 天相(財) 子	巨門 亥

『紫微在申』命盤格式中，金錢運能飆漲的年份有：子年、丑年、寅年、辰年、巳年、申年、酉年、戌年。此命盤格式中如午宮的破軍有化權、亥宮的巨門有化祿、軍有化權、亥宮的巨門有化祿、化權，亦可能成為旺財的年份。

此命盤格式的人，都有『武貪格』偏財運，在辰年、戌年會暴發。

⑩紫微在酉

⑩紫微在酉

武曲 破軍 巳	太陽(財) 午	天府(財) 未	天機 太陰 申
天同 辰			紫微 貪狼(財) 酉
卯			巨門 戌
廉貞 七殺(財) 丑 寅	天梁 子	天相(財) 亥	

『紫微在酉』命盤格式中，金錢運能飆漲的年份有：丑年、午年、未年、酉年、亥年。丑年的『廉殺運』，是埋頭苦幹，異常辛苦的金錢運。所賺的雖不算多，但亦有財。

⑪紫微在戌

天同 巳	武曲天府㋲ 午	太陽太陰 未	貪狼㋲ 申
破軍 辰			天機巨門 酉
 卯			紫微天相㋲ 戌
廉貞㋲ 寅	七殺㋲ 丑 ☐ 子		天梁 亥

「紫微在戌」命盤格式中，能使金錢運會飆漲的年份有：子年、寅年、午年、申年、戌年。午年的『武府運』中，若有擎羊、化忌同宮，財運會削弱。

⑫紫微在亥

天府㋲ 巳	太陰天同 午	武曲貪狼㋲ 未	太陽巨門 申
 辰			天相㋲ 酉
廉貞破軍 卯			天機天梁 戌
☐ 寅	㋲ 丑	☐ 子	紫微七殺㋲ 亥

「紫微在亥」命盤格式中，能使金錢運可飆漲的年份有：丑年、巳年、未年、酉年、亥年。此命盤格式中，因丑年得對宮『武貪格』相照，亦能發生偏財運，故亦為旺財年份。（丑、未宮中不可有化忌、劫空出現。）

注意：

　　在上述的命盤格式中，雖然我們已標明了財運大好可飆漲的宮位與年份，但是在這些宮位中若有擎羊、陀羅出現時，也會造成金錢運不順利的現象，這是必須注意的事。此外火星、鈴星除了與貪狼同宮或相照時會有偏財運外，它們與財星同宮時也會有金錢運不順的現象。此種財星與煞星同宮的現象我們稱之為『因財被劫』。

紫微星曜專論

　　此書為法雲居士重要著作之一，主要論述紫微斗數中的科學觀點，在大宇宙中，天文科學中的星和紫微斗數中的星曜實則只是中西名稱不一樣，全數皆為真實存在的事實。

　　在紫微命理中的星曜，各自代表不同的意義，在不同的宮位也有不同的意義，旺弱不同也有不同的意義。在此書中讀者可從法雲居士清晰的規劃與解釋中對每一顆紫微斗數中的星曜有清楚確切的瞭解，因此而能對命理有更深一層的認識和判斷。

　　此書為法雲居士教授紫微斗數之講義資料，更可為誓願學習紫微命理者之最佳教科書。

改運DIY

改運三法

(一)尋找人生中容易變動的年限製做一條『運命周期線』

若將人的一生用一直線或橫線來顯示，再將人生中所遇到的大小事件用『點』標上去，大事件用大點，小事件用小點。你則會發現在這條直線或橫線上出現許多特別突出的『點』。

若再將發生事情的年齡標上去，你更可發現，有一些發生事故的年份是每隔幾年便逢到的。並且有時候這每隔數年逢到的事故竟然會有些相似。是故我們可稱這一條直線或橫線為『運命周期線』。

在此處所稱發生事故的點或年齡，其中包括了吉事吉運的年齡和不好的事故、惡運的年限在內。通常我們在堪察這些動盪因素時，便會發現，這些點或年齡常是剛好坐在紫微命盤中『殺、破、狼』格局的運限上。

例如顏先生是一九五二年壬辰年農曆十月二十七日卯時生人。其『運命周期

線』及命盤如下：

顏先生的運命周期線

- 辰年 ● 出生
- 午年 ● 3歲．傷災 【七殺運】
- 戌年 ● 7歲．傷災 【破軍、陀羅運】
- 子年 ● 9歲．傷災（在學校被鉛球打到頭重傷）【七殺運、化忌、羊刃相照】
- 午年 ● 15歲．聯考落榜 【化忌、羊刃運】
- 未年 ● 16歲．考上第一學府（高中），進入工專就讀 【文昌、文曲運】
- 戌年 ● 19歲．車禍傷手腕，大學沒考上 【破軍、陀羅運】
- 寅年 ● 23歲．大學畢業 【貪狼運】
- 辰年 ● 25歲．由工地跌下重傷 【七殺運、對宮羊刃、化忌相照】
- 午年 ● 27歲．進入半公民營機構任工程師 【紫相運、紫微化權】
- 未年 ● 28歲．結婚 【文昌、文曲運】
- 申年 ● 29歲．升官 【廉貞運、對宮貪狼相照】
- 戌年 ● 31歲．車禍小傷，此年投資鐵工廠，合夥人捲款潛逃 【破軍、陀羅運】
- 寅年 ● 35歲．升官 【貪狼運】
- 辰年 ● 37歲．升官 【紫相運】
- 午年 ● 39歲．車禍小傷（破眉、臉）【七殺運、化忌、羊刃相照】
- 戌年 ● 43歲．做期貨賠大錢 【破軍、陀羅運】
- 子年 ● 45歲．期貨賠錢、身體開刀 【武曲化忌、羊刃運】
- 丑年 ● 46歲．考上碩士班 【日月、左輔化科、右弼運】
- 寅年 ● 47歲．升官 【貪狼運】

顏先生的命盤

子女宮	夫妻宮	兄弟宮	命　宮
天馬　天梁化祿　　乙巳	七殺　　　　丙午	文曲文昌　　　丁未	廉貞　　　戊申　5—14
財帛宮 天相　紫微化權　　甲辰		乙　癸　辛　壬 卯　巳　亥　辰 土五局	父母宮　　　己酉　15—24
疾厄宮 巨門　天機　　癸卯			福德宮　陀羅　破軍　　庚戌　25—34
遷移宮 貪狼 〈身宮〉　壬寅	僕役宮　右弼　左輔　太陰化科　太陽　　癸丑	官祿宮　擎羊　天府　武曲化忌　　壬子	田宅宮　祿存　天同　　辛亥　35—44

85—94（財帛宮）　75—84（疾厄宮）　65—74（遷移宮）　55—64　45—54

由前面的命盤及運命周期線（表），我們可以很清楚的看出：顏先生在走破軍運及七殺運程時，多車禍、傷災，而且有金錢上的耗損現象。在走貪狼運時都有升官的好運。這主要是因為這位先生的七殺運，對宮有羊刃和化忌相照。而破軍又有陀羅同宮，因此這個運程顯而易見的成為運途中的絆腳石了。

而貪狼運，本身的惡質少一點，吉運的特質多一點。凶殺味也不那麼濃，只要不和化忌同宮，一般會為人帶來一些好運、偏運。利於讀書、升官、偏財運的獲得。因此貪狼運在一般人的命格中是有奇運的。

我們不但看到顏先生的『貪狼運』，同時在辰宮又找到『紫微化權』、『天相』這個強有力的紫相運程，另外還有卯年的『機巨運』，適合增強知識與智慧，掌握人生吉運的變化。未年的『昌曲運』及申年的『廉貞運』都是不錯的運程。由此我們可知道顏先生可以利用這些運程來增進自己改運的力量。只要在寅年和辰年、卯年、未年、申年份外努力，就有必勝的把握扭轉乾坤、轉敗為勝了。

另外顏先生也必須在子、午年、戌年特別避開傷災和減少投資，否則其損失是得不償失的了！

(二) 利用『運命周期表』來改變命運

現在在此地再提供你另一種『運命周期表』。這是英國占星學家基洛根據古老中國的占卜法，演變製作來占測命運周期的一種方法。此法曾傳到日本，因此日本的占卜家也愛用此『運命周期表』來為人預卜事情。

基洛周期法以國曆西元的曆法為主，根據出生時的日子，將出生日期分別劃基洛式的『運命周期表』

由下列簡易表可找出你生日的系數

系數	1	2	3	4	5	6	7	8	9
出生日期	1 10 19 28	2 11 20 29	3 12 21 30	4 13 22 31	5 14 23	6 15 24	7 16 25	8 17 26	9 18 27

依據生日推算的系數表

分成九個系數。就是從『1』到『9』的系數。

例如：3號生的人，其系數為『3』；10號生的人，其系數為『1』；19日生的人，其系數為『9』＋『1』等於『10』，其系數又為『1』；25日生的人，其系數為『2』＋『5』等於『7』。以此類推…。

運 命 周 期 表								
系數	1	2	3	4	5	6	7	8	9
容易發生事故或起運的年齡【以足歲算】	7 10 16 19 24 28 34 37 43 46 52 55 61 70	7 11 16 20 23 25 29 34 38 47 52 56 62 70	3 12 21 30 39 48 57 63 66 75 84 93	4 10 13 19 22 28 31 37 40 46 49 55 58 64 67 73	5 14 23 32 41 50 59 68 77	6 15 24 28 33 39 42 51 60 69 78 87	2 7 11 16 20 25 29 34 38 43 47 52 56 61 65 70 74 79	8 17 26 35 44 53 62 71 80	9 18 24 27 36 45 54 63 72 81
高度準確的月份	1 7 8	1 7 8	2 12	1 7 8	6 9	1 5 10	1 7 8	1 2 7 8	4 10 11

當我們有了《基洛運命周期表》，再以此表與我們曾製作自己的運命運期線圖相對照，你會赫然發現許多發生事故的重大日期都會出現在相同的歲數上。

以前面顏先生為例，其國曆的日期是十二月十三日。因此他是『4』的系數的人。

我們看他有19歲、28歲、31歲、37歲、46歲，是在基洛運命周期表上出現的。

19歲是破軍運，31歲是破軍運，37是紫相運，46歲是貪狼運。這正和我們紫微命理中『殺、破、狼』年限中會有大變革是有異曲同功之境。

並且我們注意到顏先生最容易發生事故的月份是一月、七月、八月。據顏先生的記憶所及，每次傷災都發生在夏天左右，剛好切合了七、八月份的事故點，而幾次升官的時刻在陰曆年前，也切合了一月份的時刻。因此我們可以推測到顏先生的破軍運多半逢到七、八月份，而一月份逢到的是貪狼運了。

接下來我們再來預測這位顏先生以後的人生中的大事情。他即將在49歲時逢七殺運，55歲時逢化忌、羊刃運會有傷災。在58歲時走貪狼運會升官。60歲會貴為一級主管而退休。64歲能發一些小財，增加財富。67歲多富享福，而至73歲會有病傷災，此年特別需小心！

※你更可以將子、丑、寅……等年份標在歲數上，如此更容易讓你辨別相同的年

份。

事實上，基洛運命周期表是以西元國曆的生日為主，而我們中國的農曆是陰曆，兩者在生日的計算上會有一些出入，尤其是在年尾出生的人，有時會有一年之多的差距，因此我們利用基洛與以放寬預估年限較佳。並且僅以此做為我們預防事故，或是預測吉運的參考。

紫微命理

好運跟你跑

《全新增訂版》

◎法雲居士◎著

E-mail: venusco@tomail.com.tw

金星出版

(三)從運氣圖中找尋自己改運的時機

運氣是『時間』的問題，要改運當然要挑選好時機。沒有好時機改運也很難成功！因此改運注重『時機』問題，也注重『時間』問題。

什麼樣才是個好時機呢？

我們就以『紫微在子』命盤格式舉例說明。

我們可以在『紫微在子』命盤格式運氣圖中看到，子年和午年是運氣最好的年份，而丑、未、亥年運氣較差。辰年和戌年底下為什麼會有兩個黑色星星呢？

那是因為倘若你是乙年或辛年生的人，你的擎羊星會坐落在辰宮或戌宮，會形成『廉殺羊』格局，而會有車禍血光的凶險，倘若年運不好，或適逢大運、年運、月運、日運只要三度重逢，便有重傷至死的可能，因此必須小心。

別的年份生的人，擎羊星不在辰、戌宮的人較不必擔心。

若有人的命盤中在子宮、午宮有火星、鈴星進入時，會爆發偏財旺運，是一等的極旺之運。（此時你的運氣太好，不會有改運的煩惱）

你多半會在丑年、未年、亥年運氣極差時，才想改運。同時你也可以注意到，這三個年份的點已至極低的位置，運氣曲線已要揚昇，因此這三個年份當然也就是改運的最佳時機了。

　　此外，你也可利用推算流年、流月、流日的方式，找出運氣最低點的月份和日期，並且在這個時候整理你的人生企劃書，把人生好好做一番規劃。再利用前面三個方法來確定何時、何月、何年是會走的什麼運程，是升官，還是發財的運程，再確實的往這方面著手努力。則可以衝刺及改變一生的時刻就在眼前，做好萬全的準備是當務之急。有什麼比自己親手來改變自己一生的命運更重要、更偉大呢？

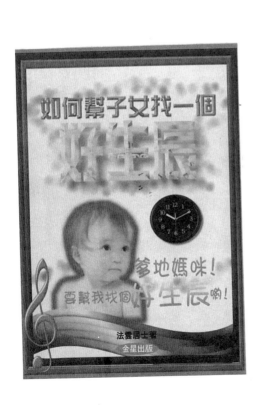

紫微在「子」的命盤格式運氣圖

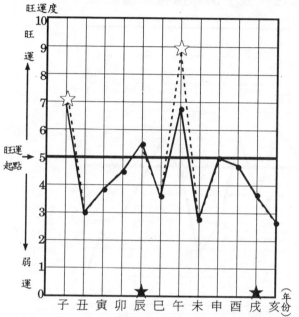

☆點為『火貪』『鈴貪』爆發『偏財運』的最高旺運點，黑線部份為一般運氣曲線。

★星代表『廉殺羊』、『廉殺陀』的惡運時間。

紫微在子

太陰 巳	貪狼 ☆午	巨天門同 未	天武相曲 申
天廉府貞 ★辰			天太梁陽 酉
卯			七殺 ★戌
破軍 寅	丑	紫微 ☆子	天機 亥

紫微在「丑」的命盤格式運氣圖

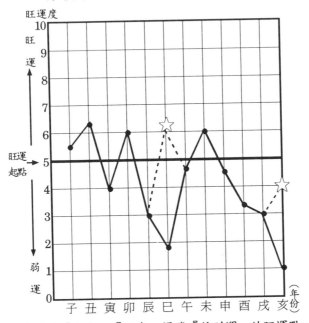

☆點為『火貪』『鈴貪』爆發『偏財運』的旺運點，
　黑線為一般運氣曲線。

＊若有化權、化祿進入巳宮時，旺運點也會稍高。

紫微在丑

貪廉 狼貞 ☆ 巳	巨 門 午	天 相 未	天天 梁同 申
太 陰 辰			七武 殺曲 酉
天 府 卯			太 陽 戌
寅	破紫 軍微 丑	天 機 子	☆ 亥

紫微在「寅」的命盤格式運氣圖

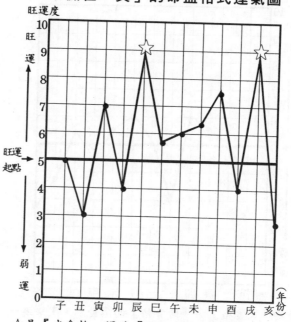

☆是『武貪格』爆發『偏財運』的旺運點，若有化
權或化祿在辰、戌宮中，旺運點會更高。

紫微在寅

巨門 巳	天廉 相貞 午	天梁 未	七殺 申
貪狼 ☆辰			天同 酉
太陰 卯			武曲 ☆戌
天紫 府微 寅	天機 丑	破軍 子	太陽 亥

紫微在「卯」的命盤格式運氣圖

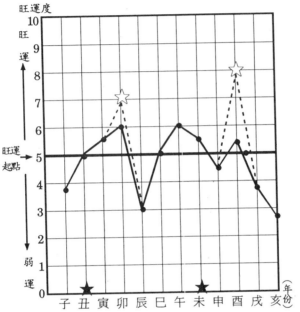

☆為『火貪格』、『鈴貪格』的爆發點，黑線為一般運氣曲線。

★黑星是『廉殺羊』、『廉殺陀』所形成的惡運時間。

紫微在卯

天相 巳	天梁 午	七廉 殺貞 ★ 未	申
巨門 辰			☆ 酉
貪紫 狼微 卯	☆		天同 戌
太天 陰機 寅	天府 ★ 丑	太陽 子	破武 軍曲 亥

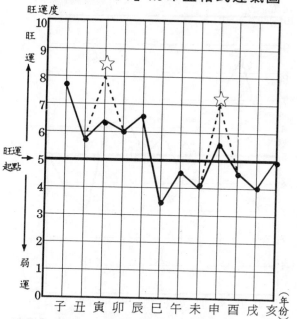

紫微在「辰」的命盤格式運氣圖

☆是『火貪格』、『鈴貪格』爆發的旺運點，黑線
是一般運氣曲線。

＊若有化權、化祿進入寅宮時，旺運點會更高。

紫微在辰

天梁 巳	七殺 午	未	廉貞 ☆ 申
天相 紫微 辰			酉
巨門 天機 卯			破軍 戌
貪狼 ☆ 寅	太陰 太陽 丑	天府 武曲 子	天同 亥

紫微在「巳」的命盤格式運氣圖

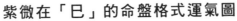

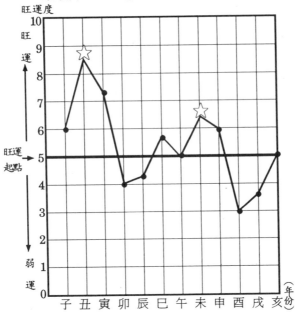

☆為『武貪格』爆發的偏財旺運點，丑宮有化權或
化祿入宮時，旺運點會更高。

紫微在巳

七殺 紫微 巳	午	☆ 未	申
天梁 天機 辰			破軍 廉貞 酉
天相 卯	☆		戌
巨門 太陽 寅	貪狼 武曲 丑	太陰 天同 子	天府 亥

紫微在「午」的命盤格式運氣圖

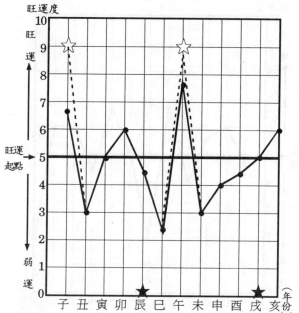

☆是『火貪格』、『鈴貪格』所造成的爆發運點。
★黑星是『廉殺羊』、『廉殺陀』所形成的惡運時
　　間。

紫微在午

天機　巳	紫微　☆午	未	破軍　申
七殺　★辰			酉
天梁太陽　卯		☆	天府廉貞　★戌
天相武曲　寅	巨門天同　丑	貪狼　子	太陰　亥

紫微在「未」的命盤格式運氣圖

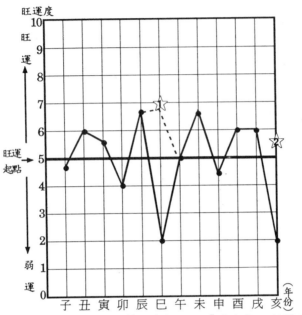

☆是火鈴進入時，『火貪格』、『鈴貪格』所爆發
　的旺運點。

紫微在未

	天機 午	破軍 紫微 未	
☆ 巳			申
太陽 辰			天府 酉
七殺 武曲 卯			太陰 戌
天梁 天同 寅	天相 丑	巨門 子	貪狼 廉貞 亥　☆

紫微在「申」的命盤格式運氣圖

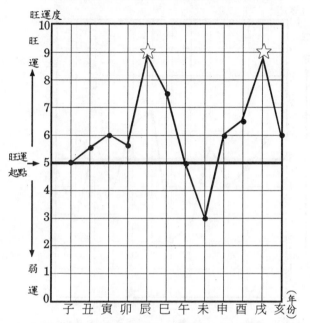

☆是『武貪格』所爆發『偏財運』的旺運點，若有化權或化祿在辰、戌宮，旺運點會更高。

紫微在申

太陽 巳	破軍 午	天機 未	天紫府微 申
武曲 ☆ 辰			太陰 酉
天同 卯			貪狼 ☆ 戌
七殺 寅	天梁 丑	天廉相貞 子	巨門 亥

紫微在「酉」的命盤格式運氣圖

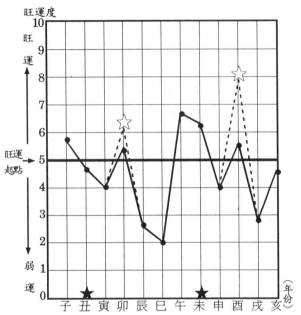

☆為『火貪格』、『鈴貪格』所造成的爆發點

★黑星為『廉殺羊』、『廉殺陀』所形成的惡運時
間

紫微在酉

破武軍曲 巳	太陽 午	天府 ★未	太天陰機 申
天同 辰		☆	貪紫狼微 酉
☆ 卯			巨門 戌
寅	七廉殺貞 ★丑	天梁 子	天相 亥

紫微在「戌」的命盤格式運氣圖

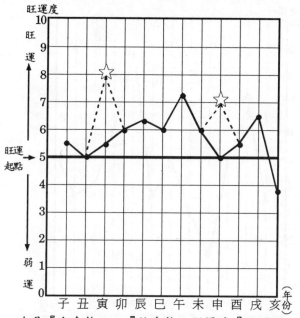

☆是『火貪格』、『鈴貪格』所爆發『偏財運』的
　旺運點，黑線為一般運氣曲線

＊若有化權、化祿進入申宮，旺運點會更高。

紫微在戌

天同 巳	天武府曲 午	太太陰陽 未	貪狼 ☆申
破軍 辰			巨天門機 酉
卯			天紫相微 戌
廉貞 ☆寅	七殺 丑	子	天梁 亥

紫微在「亥」的命盤格式運氣圖

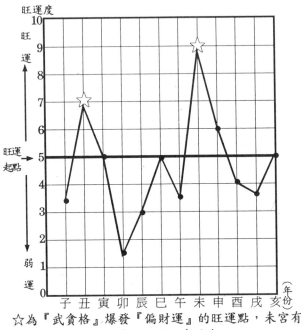

☆為『武貪格』爆發『偏財運』的旺運點，未宮有
　化權、化祿進入時，旺運點會更高。

紫微在亥

天府 巳	太陰 天同 午	貪狼 武曲 未	巨門 太陽 申
		☆	天相 酉
辰			
破軍 廉貞 卯			天梁 天機 戌
寅	☆ 丑	子	七殺 紫微 亥

以本生年支及紅鸞的方位來預測結婚年份

本生年支	容易結婚的年份
子	亥、卯、未年
丑	寅、午、戌年
寅	巳、酉、丑年
卯	申、子、辰年
辰	亥、卯、未年
巳	寅、午、戌年
午	巳、酉、丑年
未	申、子、辰年
申	亥、卯、未年
酉	寅、午、戌年
戌	巳、酉、丑年
亥	申、子、辰年

由上述的表格中可顯示出來，屬相是

屬鼠的人，最可能結婚的年份是豬、兔、羊年，因紅鸞在『卯』的緣故。

屬牛的人，最可能結婚的年份是虎、馬、狗年，因紅鸞在『寅』的緣故。

屬虎的人，最可能結婚的年份是蛇、雞、牛年，因紅鸞在『丑』的緣故。

屬兔的人，最可能結婚的年份是猴、鼠、龍年，因紅鸞在『子』的緣故。

屬龍的人，最可能結婚的年份是豬、兔、羊年，因紅鸞在『亥』的緣故。

屬蛇的人，最可能結婚的年份是虎、馬、狗年，因紅鸞在『戌』的緣故。

屬馬的人，最可能結婚的年份是蛇、雞、牛年，因紅鸞在『酉』的緣故。

屬羊的人，最可能結婚的年份是猴、鼠、龍年，因紅鸞在『申』的緣故。

屬猴的人，最可能結婚的年份是豬、兔、羊年，因紅鸞在『未』的緣故。

屬雞的人，最可能結婚的年份是虎、馬、狗年，因紅鸞在『午』的緣故。

屬狗的人，最可能結婚的年份是蛇、雞、牛年，因紅鸞在『巳』的緣故。

屬豬的人，最可能結婚的年份是猴、鼠、龍年，因紅鸞在『辰』的緣故。

考試成功率的預測

尋找考試必勝的好運時機

每逢考季，總有許多的家庭和學子在忐忑不安著。許多人求神問卜，來尋求考運。到廟裡拜拜，尋求心靈的安定，倒不失為一件好事，若認真的去求神幫助，則不見得一定能達成所願。考試仍是要講求自身的努力及當年、當月的運氣好壞的。

當年，當月的運氣好，試卷上的題目，都是自己所熟讀過的，考試成績自然就好了。當年、當月的運氣差；考卷上的題目，甚至會出現冷門的題目，讓你傻眼。我們可以從以前有幾屆大學聯考、高中聯考出現倍受爭議的試題為例，就可知道這類考運的吉凶是一點也不假的了。

看考運在紫微斗數中，也是有一定準確度的。

· 79 ·

如何看出自己的考運呢?

看考運主要是看自己當年或當月的流年命宮、流月命宮所坐的是何星宿?是吉星多:如紫微、天府、天相、武曲、天梁、貪狼、太陰、天機等星居旺位,當然考試順利。凶星多而居陷:如七殺、破軍、擎羊、陀羅、火星、鈴星等,考試不順。尤其是當年、當月有化權星、化祿星進入的流年、流月再加上流運命宮中的星曜居旺為最吉,考試一定勝利。有化忌星進入的流年、流月有考試的麻煩,要小心。

尤其要注意的是左輔、右弼兩顆星。若此兩星出現在流年、流月命宮時,卻不是好兆頭了,要小心重考的情況會發生。當然這個先決條件,是你本身的努力一定要達到標準才可。沒有努力或努力不夠,妄想收穫,也只算是癡人說夢了。

下面提供的就是流年運(包括流年、流月、流日,以流月、流日為最重要),與考試成功率的對照表。這個適用於任何考試的對照表,供給你參考用。倘若你參照發現自己當年的考運奇佳,也不能大意,否則『大意失荆州』也就不滑算了。倘若你從表上發現自己當年的考運不好,加緊努力,拼一拼最後的關卡,創造一個奇蹟!希望你能打敗宿命論的觀點,讓紫微斗數的精算概率重寫!

· 80 ·

流運的考試成功率對照表

紫微——一切順利、考試成績好。

紫微加昌曲、左右——考試成績好。

紫微加擎羊、火鈴、劫空——考試略有磨難，努力當可以克服，努力不足會落空。

紫府同宮——考試順利、成績好，一定會考中。

紫府加昌曲、左右——考試順利、成績好，一定會考中。

紫府加陀羅、火鈴、劫空——考試略有磨難，努力打拼可克服，努力不足會落空。

紫貪同宮——考試成績不錯。

紫貪加昌曲、左右——考試成績好，會考中。

紫貪加擎羊、火鈴、劫空——考試有磨難。加強努力可克服。小心血光之災。

紫破同宮——積極努力打拼，成績好，但花費很大。

紫破加昌曲、左右——積極努力打拼，成績好。

紫破加羊陀、火鈴、劫空——雖積極努力，但怕身體上受傷或有其他的意外影響

紫相同宮——考試。

紫相加昌曲、左右——一切順利，成績中等。

紫相加羊陀、火鈴、劫空——有磨難，努力可克服。但若因為想法不周全會落空。

紫殺同宮——努力積極成績才會好。成績中等落空。

紫殺加昌曲、左右——有昌曲時，努力積極，成績平平，在巳宮可考上。在亥宮不一定考得上。有左右時會重考。

紫殺加陀羅、火鈴、劫空——必須積極努力，但要小心意外事件、身體受傷，影響考試，並且競爭激烈，狀況不佳。

天機星居廟——考試成績還不錯，但有變化是非多。有化權、化祿，一定會考上。

· 81 ·

天機星居陷——考試運不佳，考不上。

天機加昌曲、左右——天機居旺時，有昌曲同宮，會通過考試。天機居陷時，考不上。有左右同宮會重考。

天機加羊陀、火鈴、劫空——考試運不佳，考不上。

機陰同宮——在寅宮考試運不錯。在申宮不佳，考不上。

機陰加陀羅、火鈴、劫空——考試有磨難，要小心。在寅宮辛苦努力可考上。在申宮則否。

機陰加昌曲、左右——在寅宮考試成績好。在申宮不佳。有左右時會重考。

機巨同宮——考試要小心，有是非、變化，但最後會考上。

機巨加昌曲、左右——小心考試，會有好成績。在西宮成績優，會考中。有左右時會重考。

機巨加擎羊、火鈴、劫空——有意外的麻煩，會重考。

機梁同宮——造成考試不順，可能考不上。

機梁加昌曲、左右——有小聰明及才智，可能考不上，但不一定考得上。

機梁加羊陀、火鈴、劫空——有昌曲時，考試成績還不錯，會考上。有左右時會重考。

太陽星居陷——低空飛過，考不上。

太陽星居旺——考試順利成績好，會考上。有太陽化祿、太陽化權成績更好。

太陽化忌——考試不順利，要小心。加緊努力可考上。有太陽化祿、太陽化權力可考上。

太陽加昌曲、左右——有昌曲時考試運佳，會考上。有左右時，可能會重考。

太陽加羊陀、火鈴、劫空——考試有磨難要小心。太陽居旺時會考上。太陽居陷時考不上。

太陽與太陰同宮（日月同宮）——在未宮考試運佳。在丑宮為50％的考運。

日月同宮加昌曲、左右——有昌曲時考試運佳，
成績平平，但可考上。有左右時，
會重考。

日月同宮加羊陀、火鈴、劫空——考試運磨難
多，必須極辛苦才會考上。

陽梁同宮——考試運極佳、成績好。在卯宮肯
定會考上，有高分。在酉宮要有『
陽梁昌祿』格才會考上。

陽梁加昌曲、左右——有昌曲時考試運極佳、
成績好，可考上，有高分。有左右
時會重考。

陽梁加擎羊、火鈴、劫空——考試有磨難，但
考試運仍然會有，小心血光、是非。

陽巨同宮——成績平平，在寅宮努力有希望。
在申宮考不上。有是非口舌。

陽巨加昌曲、左右——有昌曲時考試運較好。
有左右時會重考。

陽巨加陀羅、火鈴、劫空——考試運差，且有
血光、是非、禍端。

武曲居廟——考試運佳。有暴發運，考試成績
優。

武曲加昌曲、左右——有昌曲時考運好，會考
中。有左右時可能會重考。

武府同宮——考試運佳，會考上。

武府加昌曲、左右——有昌曲時考試運佳、成
績好，會考上。有左右時，可能會
重考。

武貪同宮——考試運佳。
有50%的考運。

武貪加昌曲、左右——有昌曲時在丑宮，考試
運不錯。有左右時會重考。

武貪加羊陀、火鈴、劫空——考試有磨難。有
羊陀、火鈴仍可考上。有劫空考不
上。

武相同宮——考試平順，成績普通，但考得上。

武相加昌曲、左右——有昌曲時考試平順，成
績中上。有左右時會重考。

武相加陀羅、火鈴、劫空——考試成績為中下。

武殺同宮——會不想考試或考不上。

武殺加擎羊——考試辛苦、成績低，可能考不上。

武殺加昌曲、左右——有昌曲時考試也很辛苦，在酉宮考運很危險。在卯宮考不上。有左右時會重考。

武殺加擎羊、火鈴、劫空——考試不順、成績不好，考不上。

武破同宮——考試成績欠佳，考不上。

武破加昌曲、左右——有昌曲時在巳宮，考試差，成績很差，考不上。在亥宮考運

武破加陀羅、火鈴、劫空——考試欠佳，考不

天府——一切順利，考試中等。在丑、未、巳、亥宮，辛苦有代價。在卯、酉宮不一定。

廉府同宮——考試成績中等。加緊努力可成功考上。

廉府加昌曲、左右——有昌曲時考試成績中等以上，可考上。有左右時會重考。

廉府加羊陀、火鈴、劫空——考試成績欠佳。

太陰居旺——考試成績不錯，會考上。

太陰居旺加昌曲、左右——有昌曲同宮時會考上。有左右同宮時可能會重考。

太陰居旺加羊陀、火鈴、劫空——考試有磨難，有羊陀、火鈴有50％希望。有劫空宮時可能會重考。

太陰居陷——考試成績欠佳，考不上。

太陰居陷加昌曲、左右——有昌曲同宮時，尚有希望，必須努力才行。有左右同宮時可能會重考。

太陰居陷加羊陀、火鈴、劫空——考不上。

同陰同宮——在子宮時，考試成績中等以上，會考上。在午宮，考不上。

同陰加昌曲、左右——在子宮有昌曲，考試成績很好，考得上。在午宮考不上。

同陰加擎羊、火鈴、劫空——考試有磨難。在子宮時，成績仍在中等左右，辛苦可考上。在午宮考不上。

有左右同宮會有重考機會。

天同居廟——考試成績不錯，考得上。

天同居廟加昌曲、左右——有昌曲時，在巳宮成績不錯有高分。在亥宮成績平平。

天同居廟加陀羅、火鈴、劫空——因懶惰、愚笨考不上。有左右同宮會重考。

同巨同宮——考試成績不佳，考不上。

同巨加羊陀、火鈴、劫空——考試運很差，考不上。

同巨加昌曲、左右——考試成績不理想，會重考。

同梁同宮——在寅宮，考試成績平平，有希望。在申宮考不上。

同梁加昌曲、左右——考試成績平平，危險，但有希望。有左右有要重考。

同梁加羅陀、火鈴、劫空——考試有磨難，考不上，要再努力。

天梁居旺——考試成績特佳。

天梁居陷——考試成績差。有『陽梁昌祿格』會考上。沒有的人考不上。

天梁與昌曲、左右——有昌曲同宮考得上。有左右同宮會重考。

天梁與羊陀、火鈴、劫空——考試有磨難，不順。形成『陽梁昌祿』格的人考得上。

天相居旺——考試成績好，考得上，要努力。

天相居陷——考試成績中下，考不上。

天相加昌曲、左右——天相居旺加昌曲，考試成績好。有左右同宮可能會重考。

天相加羊陀、火鈴、劫空——考試有磨難，成績中等。考試運不佳。有劫空考不上。而天相和羊陀、火鈴皆在旺位時，多努力可考上。

廉相同宮——考試成績普通，用功可考上。

廉相加昌曲、左右——與昌曲同宮在子宮，考試成績中等，有機會。在午宮考不上。有左右會重考。

廉相加擎羊、火鈴、劫空——考試成績中下，考不上。

廉貞居廟——考試成績中上，考得上。

廉貞加昌曲、左右——有昌曲在申宮，考試成績中上，可考上。在寅宮危險。有左右同宮會重考。

廉貞加陀羅、火鈴、劫空——考試成績差。且有血光重傷的災禍，考不上。

廉貪同宮——考試成績極差，考不上。

廉貪加昌曲、左右——考試成績差，考不上。

廉貪加陀羅、火鈴、劫空——考試成績差，考不上。

廉殺同宮——考試辛苦，努力可以居中等，情況危險。

廉殺加昌曲、左右——考試辛苦，在丑宮努力可有好成績。有左右會重考。

廉殺加羊陀、火鈴、劫空——考試辛苦，成績不好。

廉破同宮——考試辛苦，成績不理想，考不上。

廉破加昌曲、左右——考試辛苦，考不上，有左右會重考。

廉破加擎羊、火鈴、劫空——考試辛苦，成績不好，考不上。

貪狼居旺——考試成績好，考得上。

貪狼加羊陀、火鈴、劫空——考試成績欠佳，會重考。

貪狼加昌曲、左右——考試成績尚可。有左右會重考。

巨門居旺——考試成績不錯，小心是非口舌。

巨門居陷——考試成績差，考不上。

巨門居旺加昌曲、左右——有昌曲在子宮、亥宮，考試成績不錯。在午宮、亥宮很差。有左右會重考。

巨門居旺加羊陀、火鈴、劫空——考試成績差，考不上。

七殺居旺——考試辛苦，努力會有好成績。

七殺加昌曲、左右——有昌曲同宮在申、子、辰宮，考試辛苦，努力會有較好成績。有左右會考不上。

七殺加羊陀、火鈴、劫空——考試辛苦，成績差，考不上。

破軍居旺——考試辛苦成績中等，有50％的機會考上，有破軍化權會考上。

破軍加昌曲、左右——須努力才有機會考。有左右會重考。

破軍加羊陀、火鈴、劫空——考試成績差，且有血光、災禍，考不上。

祿存——考試成績中等。在『陽梁昌祿』格三方四合上會考上，其他宮位不一定。

祿存加昌曲、左右——有昌曲同宮會考上，考試成績好。有左右會重考。

祿存加火鈴、劫空——考試成績差，考不上。

文昌、文曲單星居旺——考試成績好，考得上。

文昌、文曲加左右——在旺位，成績不錯，但仍會有重考的打算。

文昌、文曲加羊陀、火鈴、劫空——考試成績中下，有磨難，考不好。

火星、鈴星——居旺時考不上，有磨難，但仍可考上。居陷時考不上，考試成績差。

擎羊、陀羅——居旺時有磨難，但仍可考上。居陷時考不上，考試成績差。

化祿、化權、化科——跟隨主星是吉星居旺時，考試成績好，可考上。主星居陷時，必需在『陽梁昌祿』格上，才會考上。

化忌——不論跟隨主星之旺弱，皆考試成績差，有是非災禍，考不上。

左輔、右弼——會多次重考。

增加旺運、解厄小秘方

看清點。等時間到了時，你會發現自己竟如此的富有了。

增進正財運的小秘方

1. 為自己做一個聚寶盆。用厚紙板做一個元寶形狀的盒子。在盒子外面塗上紅色，或者是用紅紙貼滿。盒子的上部留一個孔，就像做一個撲滿一樣。

2. 把自己名字和生辰八字用紅紙寫好，放入聚寶盆中。再把聚寶盆放在自己的床下或隱密的所在。

3. 每天晚上把自己身上或皮包中的零錢、銅板或紙鈔全數放入聚寶盆中。每天花錢時只花整鈔，把零錢全積蓄起來。

4. 聚寶盒裝滿時，再製作一個聚寶盆，繼續裝。並給自己訂一個時間限制，例如一年或二年後才可打開這些聚寶盆來查

增進偏財運的小秘方

1. 在偏財運時間將到來的前十五日，拿一個水晶球或者是三個古銅錢，選一個有太陽光的陽日（日干支的上一個字為甲、丙、戊、庚、壬的日子。例如甲辰日或丙午日等），在中午午時的時候，把水晶球或銅錢放在日光下曝曬一個時辰（從上午11時至下午1時）

2. 再選一個圓月的夜晚子時（晚上11時至凌晨1時）的時候，把水晶球或銅錢放在月光下吸取月光精華一個時辰（兩小時）。並虔心向上蒼祈禱，賜你最強的偏財運或暴發運。心誠則靈。

3. 把水晶球或三個古銅錢隨時帶在身上，一直要到偏財運時間過了以後才可拿下，會有意想不到的旺運結果。
   ※下次再祈求祝禱時，必須重複前面的手續。

升官進爵小秘方

方法一、在自己的書桌或辦公桌的左前方放置一個小風扇，大小隨意。但要注意：用神為木、火、土的人，需將風扇漆成紅色。也就是要鮮紅的風扇。用神屬金的人，要用白色風扇。用神屬水的人，要用水色（淺藍）及黑色皆可的風扇。每天讓風扇轉十分鐘。冬天也如此。好讓磁場運作，兩、三個月以後便會有效。最快一個月就會有效了。

方法二、倘若競爭對手已經出現，便要多考察對手的動靜，並且送給他一個地球儀，讓他放在書桌和辦公桌的左上角。此為洩氣之用。
（附註，若對方的用神是金水的人，此法無效）

· 89 ·

得到掌權機會的小秘方

方法一、將自己的辦公桌或書桌設置在一個背後有大窗，窗戶又能射入強烈光線的地方。並安排光線強烈時與人談判，此時即能得到最佳的機會掌握住談判優勢。（此為道家密術『白虎照堂局』）此法最利於命盤中太陽陷落的人。

方法二、在公司或團體中若想得到掌權機會，可在自己的辦公桌或家中書桌上的左上角放置一盆茂盛的黃金葛或一件紅色的擺飾。放黃金葛是掌權機會徐徐漸進的形式。放紅色擺飾可使你名聲大噪而得到掌權機會。

方法三、欲增加自己在公司或團體中的競爭力，亦可在自己的辦公桌位後或家中書桌後的牆壁上，掛上一方寶劍，自己的運勢將會水到渠成。

求助事業順利的小秘方

方法：：在自己喜用神的方向去尋找一所廟拜拜。做生意的人找關帝廟拜拜。公務員找文昌帝君廟拜拜。一般薪水族也可找自己喜歡的神祉拜拜。祈求神明賜助智慧，事業順利。

方法一、用一塊黑色的布，將寫下自己的名字及生辰八字的紅紙，與一個橘子、一小撮米（或穀）、一截菖蒲葉子、一個錢幣（古銅錢或現在的錢幣皆可）。把上述幾樣東西包起來，在晚間子時（晚上11時至凌晨1時）時，往自己喜用神的方向，找一個山上隱蔽的所在，將黑布包著的東西埋下。並虔誠的祈禱自己會順利上榜考中。然後回家勤加努力，會有意想不到的極佳考運。

方法二、用一塊黑布，將寫下自己名字與生辰八字的紅紙，與自己一撮頭髮，幾粒自己的指甲屑、一把木尺、一本『論語』書，還要在這些東西上滴下自己的一滴血（只要一小滴即可），將黑布包好。選擇自己用神方向的山上，在子時埋下。埋東西所挖的坑至少要三尺深才可。此法經名人證實非常有效。此即為道家密法『種生根』之法。

紫微推銷術

法雲居士 著
http://www.venusco.com.tw
E-mail: venusco@pchome.com.tw

金星出版

『打小人』的小秘方

方法：用紙剪一個小的人形，上面寫上陷害自己的人的名字，拿到自家後門口或後巷中，焚三支香向四方神明、鬼兄弟拜拜稟明事由，再拿出事先預備的拖鞋，或是脫下自己的鞋子打小人形。等到香燒到香腳一定要結束，再把小人形用火燒掉，再回家去。此即為『打小人』的方法。

一個禮拜後便不再犯小人了。

增加『桃花』之小秘方

方法：在自己房間內之桃花位上放置一瓶桃花，以真植物之桃花最有效。倘若時序不同，以假花代替亦可，放三個月有效。

桃花位之選法：

甲年生的人，桃花位在東方。

乙年生的人，桃花位在東南。

丙年生的人，桃花位在西方。

庚年生的人，桃花位在西方。

己年生的人，桃花位在南方。

辛年生的人，桃花位在西北方。

丁年生的人，桃花位在西南方。

壬年生的人，桃花位在北方。

戊年生的人，桃花位在南方。

癸年生的人，桃花位在東北方。

求助事業『改運』的小秘方

方法：準備一塊生的豬肉、一條生的魚、五個生雞蛋、一隻處理好的、生的全雞。同時再準備一塊熟的豬肉、炸熟的一尾魚、五個煮熟的雞蛋、一隻熟雞。將這些祭品分開裝著帶到一個空曠的地方，山上或沙灘處都可以，在夜間子時來拜拜。最好選有月亮的晚上。

先在地上鋪好大的紙巾或野餐巾，再將四種生的祭品放在一起，另外將熟的祭品放一起，全都放在野餐巾上。接著焚香、燒紙錢，向四周的鬼神、好兄弟拜拜，祈求眾鬼神助自己改運。並且要冥想自己已得眾神的眷顧而脫胎換骨，並且挺直腰骨要來迎接新生改運的自己。在香燒到香腳時，冥想結束，用一

塊黑布把生魚、生肉、生雞、生雞蛋四樣『生』的祭品包起來，找一處隱蔽的地方挖一個坑，埋下去。記住一定要做得很圓滿，不可讓這些祭品三、兩天便暴露出來，或被野貓、野狗挖掘出來，否則就不靈了。

生的祭品代表現在的自己。熟的祭品代表現在的自己。將以前的自己不好的運氣埋下去，代表以前的種種僻如昨日死。

再將所有熟的祭品全部丟入火盆中去燒掉，此意義代表浴火重生。全部的儀式做完了，再向四周八方拜拜，即收拾好地面上的東西，回家去。改運後，事業會漸漸的有轉機，慢慢變好。

· 93 ·

對心儀的人，想增加彼此桃花緣份的小秘方

方法：將九十九片桃花瓣（亦可用紅色玫瑰花瓣代替）裝入一個小袋中，並將自己心儀的人的名字和自己的名字都寫在小紅色紙片上，一起放入袋中。將此袋每晚放在枕下入夢。並且每晚口唸心儀者的名字三遍。七七四十九天以後，雙方必會擦出火花。

『接喜氣』之小秘方

方法：選出自己隨身所用之小物件，例如戒指、手環、筆、口紅、領帶夾、耳環、鑰匙串、眼鏡、項鍊、手帕等等九件物品，用紅布包起來。在婚禮的場合中請新人觸摸紅布包，替你祈福。前後須經九次、九對新人的祝福，始完成手續。然後將這些物件再帶在身邊。你很快便會有喜訊傳出。此即為『接喜氣』。

※要找九對新人來祝福，比較不容易，可能會等很久，最好的方法便是帶著用紅布包起來的九件小物品，到法院的婚姻公證處或教堂去等待，那裡會有很多要結婚的新人。可以很快的得到九位新人的祝福。

盼情人回心轉意的小秘方

方法：

1. 用兩個稻草紮的小人，或者是木頭刻的小人，用紙板剪成人形的也可以。要一男一女。把情人或配偶的生辰八字、名字寫在其中一個小人背後。再把自己的姓名、生辰八字寫在另一個小人的背後。然後把兩個小人用紅線綁在一起，紅線多繞幾圈，綁緊一點。

2. 再將綁好的小人，放入一個小小的木製小棺材（藝品店有售）中。蓋好。

3. 將小棺材放入自己的睡床底下，放三個月至半年，此時也必須常存情人心回意轉，彼此好好相處的意念，才會有效。

防止外遇『壓桃花』的小秘方

方法：用四條紅繩綁在夫妻同睡的睡床四隻腳上，紅繩的長度綁好後必須留出一截出來，再在有外遇問題的人所睡一側的兩隻床腳所留出的一截紅繩上，壓上一塊石頭。沒有外遇的人這一側不必壓。倘若為求保險，四隻床腳所留出的紅繩都壓上石頭也沒有關係。過一段時間，外遇的一方，會因桃花被壓住而自然而然的關係消失於無形了。

※增加桃花的小秘方，則是在自己睡床的四隻床腳上細上紅繩，並留長一截紅繩出來，不要壓任何東西，則會對桃花有延伸增加的作用。

· 95 ·

身體遭傷或傷殘者的改運小秘方

方法：

1. 買一塊30公分長、10公分寬的生豬肉，但中間切成兩半。一半留做生的。一半煮熟。再準備五個熟雞蛋，將雞蛋分別塗上金、紅、綠、藍、黑五種顏色。

2. 再將生熟兩塊豬肉和五種顏色的雞蛋分別用紅布包起來，先帶到供奉保生大帝的廟宇去拜拜，請求神明庇護自己身體上的安寧，保佑自己今後的平安。

3. 拜完之後，選子時，將包裹著肉和蛋的布包帶到山上或曠野無人之地。先向四方鬼神拜一拜，請四方鬼神協助自己達成的改運心願，以後不要再有傷災，並且在生活上愈過愈好。

4. 拜完之後，打開包生肉的紅布包。把自己的一小撮頭髮和幾粒指甲屑放入。最好能再滴一滴自己的血（不滴也可以，改運靈動比較慢）。

5. 再把五種顏色的雞蛋，在蛋尖的部份挖一個小孔，從每個蛋中挖一點蛋肉吃掉。記住，仍然要保持蛋殼的完整，蛋形要圓圓的，不能破碎。

6. 再將生肉與五色蛋，一小撮頭髮、指甲屑等包在一起，找一個隱蔽處，挖一個洞埋起來。要埋深一點，才不會很快的暴露出在地面上。

7. 再把熟肉切成小片吃一些。吃不完的仍要埋起來。處理完畢後，再向四方鬼神拜一拜，再回家。

※五色雞蛋代表運氣，也代表五路財神。生肉代表我們的身體。熟肉代表蛻變後的身體。

車禍改運小秘方

方法：

1. 到市場買一塊生豬肉，大約是30公分長、10公分寬的生豬肉。拿回家後從中間切成兩半，成為30公分長、5公分寬的長形豬肉2塊。將其中一塊煮熟。

2. 再將生熟兩塊豬肉分別包起來帶到關聖帝君的廟宇去參拜，稟明想消除車禍的決心，請求庇佑。也可以在自己家中的關公像前拜拜，請求庇佑。

3. 拜完之後選子時，將兩塊肉分別用紅布包裹帶到山上或曠野無人的地方。先向四下的鬼神拜一拜，再打開生肉的包布，在生肉滴一滴自己的血，包起來。找一處隱蔽的地方，挖一個洞，將生肉埋下去。生肉代表我們的身體，血代表精氣。

生肉埋好之後，然後將熟肉的包布打開，把熟肉切成小片，把肉吃掉，再回家。若吃不完，同樣還是要埋起來。此法施行後三個月內都不會有車禍了。

火災、燒傷、燙傷的改運小秘方

方法㈠：帶水果、香蠋、紙錢到供奉『火神』的廟宇去拜拜，請求賜與平安，不再受火厄之苦。

若遇燒傷、燙傷事故，最好在家中做此改運法，化解危厄。

方法㈡：

1. 去坊間書店或道教宮廟、圖書館找一張『火神像』，將火神像供奉起來，準備香案。

2. 用一隻殺好處理好的生雞、一尾生魚、一塊生肉、紙錢，還要準備一件受到燒傷、燙傷者所曾經穿過的衣物。將供品和衣物放在供桌上。在『午時』向『火神』焚香拜拜、祈禱求福，請求庇護平安。

3. 等香燒完，將生雞、生肉、生魚與衣物、紙錢逐一放入火盆中去燒。最好多準備一些燃燒物將雞、肉、魚、燒焦一點，衣物也要完全燒盡。這代表以前的生命已經火化，進而產生新的生命。同時也代表火劫已經完全燒畢，從此祈願者將不再受到『火厄』的危難。

4. 此儀式可在每年逢火厄的月份重複的再做，以確保平安。

家中遇水患的改運小秘方

方法(一)：
自己或請命理師幫忙算出全家人命理結構，家中命中多水（生在亥、子月或生辰年份屬水的）的人，最好不要住在城市中的北區及東區、西區的地區，最好選擇城市的南區居住，較不會發生水患。

方法(二)：
1.先把家中清潔消毒乾淨。
2.帶香蠟紙錢、花果供品至媽祖廟、清水禪寺、觀音禪寺參拜這三種『水性』的神祉，媽祖、清水祖師、觀音大士等，向祂們祈求消除水厄的災禍，請求降福。

另外，有『水厄』的人，也可在上述宮廟中參拜完畢，並請一個護身符掛在身上，在有『水厄』的那一個流月中隨時護身，以求平安。

因感情問題引起的『人災』改運小秘方

方法：每日以半杯蜂蜜加半杯牛奶或果汁喝下去。每日多喝幾次也無妨。在感情不順的期間，多吃甜食。最好要勸配偶或事件主角的雙方都每日喝上述飲料和食品。連續喝三個月。

甜品可促進人的情緒鬆懈、緩和、多吃甜品，人的態度便不會太過激烈，用平和的思想來思考事情，比較容易找到解決事務的方法。倘若無法勸對方喝蜂蜜，自己喝也無妨，你一定會找到以柔克剛的方法，很快便能解決『人災』問題。並且也練就你平和柔美的好脾氣了。

方法(一)：

1. 用五個煮熟的雞蛋，分別塗上或噴上金、紅、綠、藍、黑五種顏色。再用紅布包起來。

2. 選子時，帶到曠野處，焚香、向四下的鬼神拜一拜，並祈禱久病的人得以解脫病困，回復健康。

3. 拜完後，打開紅布包，把每一個蛋從尖端處敲一個小孔，取出一點蛋肉，給病人吃。要保持蛋殼外觀的完好。

4. 將五個有不同顏色的的蛋，用紅布再包起來，找一條河流，或海邊丟下去，讓河水或海水沖走。然後回家。

方法(二)：拿一件生病者所穿過的舊衣，到院子裡或曠野中，先焚香向四方鬼神拜一下，稟明請幫助病者去病魔改運的心願。再把舊衣舖在地上，用竹鞭或雞毛撢子拍打衣服，打四十九下，再將衣物燒掉回家。多做幾次，病人會有起色。

如何掌握
旺運過一生

法雲居士著
金星出版

與父母、長輩改善關係的改運

小秘方

方法：買一籃上好的、父母或長輩愛吃的水果。先帶到供奉玉皇大帝或王母娘娘的廟宇中參拜，並向上列神祇言明自己想與父母或長輩改善關係的心意，並請求祂們的協助庇佑。參拜完畢，再將這籃水果帶到父母或長輩所住的家中，請他們享用。

參拜神明時與送水果給父母、長輩時，心意都要虔誠，誠懇的心意，才會為對方接納。此法多做幾次，定可見效。

因子女不孝引起人災的改運

小秘方

方法1.：帶一件與自己不合的那個子女常穿的衣物，到供奉觀士音菩薩的廟宇去拜拜許願，並向菩薩說明事由，請求觀士音菩薩的庇佑，將子女的心帶回自己的身邊。參拜許願的事要多去幾次，心誠則靈。

方法2.：拿一件與自己不合有衝突的那個子女的衣物，到供奉自家祖先牌位前，先焚香默拜，並訴說情由，請自家的列祖列宗來評理。再將那件子女的衣物平舖在地上，用家法打三下。

最後在祖先牌位前再拜，以示處罰完畢。

此後茹素一個月，等待子女改過遷善。

101

改變自殺命運的小秘方

從宗教的觀點看想要自殺的人，都認為他們是元神已經出竅，或元神被鬼神抓走、附身，故而一味的追求死亡。因此家中若有想要自殺的人，可將他們帶至宮廟內，找會法術的師父，代為施法，將元神歸位即可。

另一方法是：將『想要自殺的人』的人及其衣物帶到自家的神位前，或帶至關帝廟、二郎神廟等威武的神祇廟裡，先參拜稟明事由，再用家法或雞毛撢子鞭打衣物，並要這個想自殺的人觀看。藉此以驚醒其人，並趕走附在其身上的髒東西。

紫微幫你找工作

『男怕入錯行，女怕嫁錯郎』。

現在的人都怕入錯行。

你目前的職業是否真是適合你的行業？

入了這一行，為何不賺錢？

你要到何時才會有自己滿意的收入？

法雲居士用紫微命理幫你找出發財、升官之路，並且告訴你何時是你事業上的高峰期，要怎麼做才會找到自己有興趣的工作？

要怎樣做才能讓工作一帆風順、青雲直上，沒有波折？

『紫微幫你找工作』就是這麼一本處處為你著想，為你打算、幫助你思考的一本書。

· 102 ·

紫微算命講義

　　本書是法雲居士集多年論命之經驗，與對命理之體會所成就的一本書。本書本來是為研習命理的學生所作之講義，現今公開，供給一般對命理有興趣的朋友來應用參考。

　　本書內容豐富，把紫微星曜在每一個宮位，和所遇到的星曜相結合時所代表的特殊意義，都加以一一說明。星曜在每個位置所代表的吉度，亦有詳細分析，因此本書是迅速進入紫微命理世界的鑰匙。有了這本『紫微算命講義』，你算命的技巧，立刻就擁有深層的功力，是學命者不得不讀的一本書。

法雲居士⊙著

　　『紫微姓名學』是一本有別於坊間出版之姓名學的書，
我們常發覺有很多人的長相和名字不合，
因此讓人印象不深刻，
也有人的名字意義不雅或太輕浮，以致影響了旺運和官運，
以紫微命格為主體所選用的名字，
是最能貼切人的個性和精神的好名字，
當然會使人印象深刻，也最能增加旺運和財運了。
『姓名』是一個人一生中重要的符號和標幟，
也表達了這個人的精神和內心的想望，
為人父母為子女取名字時，就不能不重視這個訊息的傳遞。

　　法雲居士以紫微命格的觀點為你詳解『姓名學』中，
必須注意的事項，助你找到最適合、助運、旺運的好名字。

年代	名稱	起迄日期
民國三十四年 至 四十年	夏令時間	五月一日至九月三十日
民國四十一年	日光節約時間	三月一日至十月卅一日
民國四十二年 至 四十三年	日光節約時間	四月一日至九月三十日
民國四十四年 至 四十五年	日光節約時間	四月一日至九月三十日
民國四十六年 至 四十八年	日光節約時間	四月一日至九月三十日
民國四十九年 至 五十年	夏令時間	六月一日至九月三十日
民國五十一年 至 六十二年		停止夏令時間
民國六十三年 至 六十四年	日光節約時間	四月一日至九月三十日
民國六十五年 至 六十七年		停止日光節約時間
民國六十八年	日光節約時間	七月一日至九月三十日
民國六十九年 至 今		停止日光節約時間

我國應用「日光節約時」歷年起迄日期（國曆）

※凡在日光節約時間出生者，以國曆（西曆）減去一小時為準，再將國曆（西曆）的正確時間查閱有無過節氣的時間。命理以『節』為主。故在當月『節』之前出生者，為前一個月所生之人。在當月『節』之後出生者，為當月『節』之後出生者。

萬事吉 商用 福祿萬年曆
居家

民國前二十年（光緒十八）歲次 壬辰《龍》

西元一八九二年　太歲 姓彭名泰

農曆六月		農曆五月		農曆四月		農曆三月		農曆二月		農曆正月		月別
丁未		丙午		乙巳		甲辰		癸卯		壬寅		干支
大暑	小暑	夏至	芒種	小滿	立夏	穀雨	清明	春分	驚蟄	雨水	立春	節
廿九酉時 18時57分	十四丑時 1時33分	廿七辰時 8時2分	十一申時 15時4分	廿四夜子 23時41分	初九巳時 10時23分	廿三夜子 23時54分	初八申時 16時25分	廿二午時 12時10分	初七巳時 10時58分	廿一午時 12時37分	初六申時 16時32分	氣
國曆	干支	國曆	干支	國曆	干支	國曆	干支	國曆	干支	國曆	干支	農曆
6月24	丁亥	5月26	戊午	4月27	己丑	3月28	己未	2月28	庚寅	1月30	辛酉	初一
6月25	戊子	5月27	己未	4月28	庚寅	3月29	庚申	2月29	辛卯	1月31	壬戌	初二
6月26	己丑	5月28	庚申	4月29	辛卯	3月30	辛酉	3月 1	壬辰	2月 1	癸亥	初三
6月27	庚寅	5月29	辛酉	4月30	壬辰	3月31	壬戌	3月 2	癸巳	2月 2	甲子	初四
6月28	辛卯	5月30	壬戌	5月 1	癸巳	4月 1	癸亥	3月 3	甲午	2月 3	乙丑	初五
6月29	壬辰	5月31	癸亥	5月 2	甲午	4月 2	甲子	3月 4	乙未	2月 4	丙寅	初六
6月30	癸巳	6月 1	甲子	5月 3	乙未	4月 3	乙丑	3月 5	丙申	2月 5	丁卯	初七
7月 1	甲午	6月 2	乙丑	5月 4	丙申	4月 4	丙寅	3月 6	丁酉	2月 6	戊辰	初八
7月 2	乙未	6月 3	丙寅	5月 5	丁酉	4月 5	丁卯	3月 7	戊戌	2月 7	己巳	初九
7月 3	丙申	6月 4	丁卯	5月 6	戊戌	4月 6	戊辰	3月 8	己亥	2月 8	庚午	初十
7月 4	丁酉	6月 5	戊辰	5月 7	己亥	4月 7	己巳	3月 9	庚子	2月 9	辛未	十一
7月 5	戊戌	6月 6	己巳	5月 8	庚子	4月 8	庚午	3月10	辛丑	2月10	壬申	十二
7月 6	己亥	6月 7	庚午	5月 9	辛丑	4月 9	辛未	3月11	壬寅	2月11	癸酉	十三
7月 7	庚子	6月 8	辛未	5月10	壬寅	4月10	壬申	3月12	癸卯	2月12	甲戌	十四
7月 8	辛丑	6月 9	壬申	5月11	癸卯	4月11	癸酉	3月13	甲辰	2月13	乙亥	十五
7月 9	壬寅	6月10	癸酉	5月12	甲辰	4月12	甲戌	3月14	乙巳	2月14	丙子	十六
7月10	癸卯	6月11	甲戌	5月13	乙巳	4月13	乙亥	3月15	丙午	2月15	丁丑	十七
7月11	甲辰	6月12	乙亥	5月14	丙午	4月14	丙子	3月16	丁未	2月16	戊寅	十八
7月12	乙巳	6月13	丙子	5月15	丁未	4月15	丁丑	3月17	戊申	2月17	己卯	十九
7月13	丙午	6月14	丁丑	5月16	戊申	4月16	戊寅	3月18	己酉	2月18	庚辰	二十
7月14	丁未	6月15	戊寅	5月17	己酉	4月17	己卯	3月19	庚戌	2月19	辛巳	廿一
7月15	戊申	6月16	己卯	5月18	庚戌	4月18	庚辰	3月20	辛亥	2月20	壬午	廿二
7月16	己酉	6月17	庚辰	5月19	辛亥	4月19	辛巳	3月21	壬子	2月21	癸未	廿三
7月17	庚戌	6月18	辛巳	5月20	壬子	4月20	壬午	3月22	癸丑	2月22	甲申	廿四
7月18	辛亥	6月19	壬午	5月21	癸丑	4月21	癸未	3月23	甲寅	2月23	乙酉	廿五
7月19	壬子	6月20	癸未	5月22	甲寅	4月22	甲申	3月24	乙卯	2月24	丙戌	廿六
7月20	癸丑	6月21	甲申	5月23	乙卯	4月23	乙酉	3月25	丙辰	2月25	丁亥	廿七
7月21	甲寅	6月22	乙酉	5月24	丙辰	4月24	丙戌	3月26	丁巳	2月26	戊子	廿八
7月22	乙卯	6月23	丙戌	5月25	丁巳	4月25	丁亥	3月27	戊午	2月27	己丑	廿九
7月23	丙辰					4月26	戊子					三十

農曆 西元1892年

月別	農曆十二月		農曆十一月		農曆十月		農曆九月		農曆八月		農曆七月		農曆閏六月	
干支	癸丑		壬子		辛亥		庚戌		己酉		戊申		戊	
節	立春 大寒		小寒 冬至		大雪 小雪		立冬 霜降		寒露 秋分		白露 處暑		立秋	
氣	22時20分 十七亥時 / 3時58分 初三寅時		10時30分 十八巳時 / 17時19分 初三酉時		23時29分 十八夜子 / 4時20分 初四寅時		7時7分 十八辰時 / 7時22分 初三辰時		4時36分 十八寅時 / 22時42分 初二亥時		13時18分 十七未時 / 1時40分 初七丑時		11時12分 十五午時	
農曆	國曆	支干	國曆	支干	國曆	支干	國曆	支干	國曆	支干	國曆	支干	國曆	支干
初一	1月18	乙卯	12月19	乙酉	11月19	乙卯	10月21	丙戌	9月21	丙辰	8月22	丙戌	7月24	丁巳
初二	1月19	丙辰	12月20	丙戌	11月20	丙辰	10月22	丁亥	9月22	丁巳	8月23	丁亥	7月25	戊午
初三	1月20	丁巳	12月21	丁亥	11月21	丁巳	10月23	戊子	9月23	戊午	8月24	戊子	7月26	己未
初四	1月21	戊午	12月22	戊子	11月22	戊午	10月24	己丑	9月24	己未	8月25	己丑	7月27	庚申
初五	1月22	己未	12月23	己丑	11月23	己未	10月25	庚寅	9月25	庚申	8月26	庚寅	7月28	辛酉
初六	1月23	庚申	12月24	庚寅	11月24	庚申	10月26	辛卯	9月26	辛酉	8月27	辛卯	7月29	壬戌
初七	1月24	辛酉	12月25	辛卯	11月25	辛酉	10月27	壬辰	9月27	壬戌	8月28	壬辰	7月30	癸亥
初八	1月25	壬戌	12月26	壬辰	11月26	壬戌	10月28	癸巳	9月28	癸亥	8月29	癸巳	7月31	甲子
初九	1月26	癸亥	12月27	癸巳	11月27	癸亥	10月29	甲午	9月29	甲子	8月30	甲午	8月1	乙丑
初十	1月27	甲子	12月28	甲午	11月28	甲子	10月30	乙未	9月30	乙丑	8月31	乙未	8月2	丙寅
十一	1月28	乙丑	12月29	乙未	11月29	乙丑	10月31	丙申	10月1	丙寅	9月1	丙申	8月3	丁卯
十二	1月29	丙寅	12月30	丙申	11月30	丙寅	11月1	丁酉	10月2	丁卯	9月2	丁酉	8月4	戊辰
十三	1月30	丁卯	12月31	丁酉	12月1	丁卯	11月2	戊戌	10月3	戊辰	9月3	戊戌	8月5	己巳
十四	1月31	戊辰	1月1	戊戌	12月2	戊辰	11月3	己亥	10月4	己巳	9月4	己亥	8月6	庚午
十五	2月1	己巳	1月2	己亥	12月3	己巳	11月4	庚子	10月5	庚午	9月5	庚子	8月7	辛未
十六	2月2	庚午	1月3	庚子	12月4	庚午	11月5	辛丑	10月6	辛未	9月6	辛丑	8月8	壬申
十七	2月3	辛未	1月4	辛丑	12月5	辛未	11月6	壬寅	10月7	壬申	9月7	壬寅	8月9	癸酉
十八	2月4	壬申	1月5	壬寅	12月6	壬申	11月7	癸卯	10月8	癸酉	9月8	癸卯	8月10	甲戌
十九	2月5	癸酉	1月6	癸卯	12月7	癸酉	11月8	甲辰	10月9	甲戌	9月9	甲辰	8月11	乙亥
二十	2月6	甲戌	1月7	甲辰	12月8	甲戌	11月9	乙巳	10月10	乙亥	9月10	乙巳	8月12	丙子
廿一	2月7	乙亥	1月8	乙巳	12月9	乙亥	11月10	丙午	10月11	丙子	9月11	丙午	8月13	丁丑
廿二	2月8	丙子	1月9	丙午	12月10	丙子	11月11	丁未	10月12	丁丑	9月12	丁未	8月14	戊寅
廿三	2月9	丁丑	1月10	丁未	12月11	丁丑	11月12	戊申	10月13	戊寅	9月13	戊申	8月15	己卯
廿四	2月10	戊寅	1月11	戊申	12月12	戊寅	11月13	己酉	10月14	己卯	9月14	己酉	8月16	庚辰
廿五	2月11	己卯	1月12	己酉	12月13	己卯	11月14	庚戌	10月15	庚辰	9月15	庚戌	8月17	辛巳
廿六	2月12	庚辰	1月13	庚戌	12月14	庚辰	11月15	辛亥	10月16	辛巳	9月16	辛亥	8月18	壬午
廿七	2月13	辛巳	1月14	辛亥	12月15	辛巳	11月16	壬子	10月17	壬午	9月17	壬子	8月19	癸未
廿八	2月14	壬午	1月15	壬子	12月16	壬午	11月17	癸丑	10月18	癸未	9月18	癸丑	8月20	甲申
廿九	2月15	癸未	1月16	癸丑	12月17	癸未	11月18	甲寅	10月19	甲申	9月19	甲寅	8月21	乙酉
三十	2月16	甲申	1月17	甲寅	12月18	甲申			10月20	乙酉	9月20	乙卯		

民國前十九年（光緒十九）歲次 癸巳《蛇》

西元一八九三年　太歲 姓徐名舜

農曆六月		農曆五月		農曆四月		農曆三月		農曆二月		農曆正月		月別
己未		戊午		丁巳		丙辰		乙卯		甲寅		干支
立秋	大暑	小暑	夏至	芒種	小滿	立夏	穀雨	清明	春分	驚蟄	雨水	節
廿六申時 16時58分	十一子時 0時46分	廿四辰時 7時21分	初八未時 13時51分	廿一戌時 20時52分	初六卯時 5時30分	二十申時 16時11分	初五卯時 5時43分	十八亥時 22時13分	初三酉時 17時49分	十七申時 16時47分	初二酉時 18時26分	氣
國曆	干支	國曆	干支	國曆	干支	國曆	干支	國曆	干支	國曆	干支	農曆
7月13	辛亥	6月14	壬午	5月16	癸丑	4月16	癸未	3月18	甲寅	2月17	乙酉	初一
7月14	壬子	6月15	癸未	5月17	甲寅	4月17	甲申	3月19	乙卯	2月18	丙戌	初二
7月15	癸丑	6月16	甲申	5月18	乙卯	4月18	乙酉	3月20	丙辰	2月19	丁亥	初三
7月16	甲寅	6月17	乙酉	5月19	丙辰	4月19	丙戌	3月21	丁巳	2月20	戊子	初四
7月17	乙卯	6月18	丙戌	5月20	丁巳	4月20	丁亥	3月22	戊午	2月21	己丑	初五
7月18	丙辰	6月19	丁亥	5月21	戊午	4月21	戊子	3月23	己未	2月22	庚寅	初六
7月19	丁巳	6月20	戊子	5月22	己未	4月22	己丑	3月24	庚申	2月23	辛卯	初七
7月20	戊午	6月21	己丑	5月23	庚申	4月23	庚寅	3月25	辛酉	2月24	壬辰	初八
7月21	己未	6月22	庚寅	5月24	辛酉	4月24	辛卯	3月26	壬戌	2月25	癸巳	初九
7月22	庚申	6月23	辛卯	5月25	壬戌	4月25	壬辰	3月27	癸亥	2月26	甲午	初十
7月23	辛酉	6月24	壬辰	5月26	癸亥	4月26	癸巳	3月28	甲子	2月27	乙未	十一
7月24	壬戌	6月25	癸巳	5月27	甲子	4月27	甲午	3月29	乙丑	2月28	丙申	十二
7月25	癸亥	6月26	甲午	5月28	乙丑	4月28	乙未	3月30	丙寅	3月1	丁酉	十三
7月26	甲子	6月27	乙未	5月29	丙寅	4月29	丙申	3月31	丁卯	3月2	戊戌	十四
7月27	乙丑	6月28	丙申	5月30	丁卯	4月30	丁酉	4月1	戊辰	3月3	己亥	十五
7月28	丙寅	6月29	丁酉	5月31	戊辰	5月1	戊戌	4月2	己巳	3月4	庚子	十六
7月29	丁卯	6月30	戊戌	6月1	己巳	5月2	己亥	4月3	庚午	3月5	辛丑	十七
7月30	戊辰	7月1	己亥	6月2	庚午	5月3	庚子	4月4	辛未	3月6	壬寅	十八
7月31	己巳	7月2	庚子	6月3	辛未	5月4	辛丑	4月5	壬申	3月7	癸卯	十九
8月1	庚午	7月3	辛丑	6月4	壬申	5月5	壬寅	4月6	癸酉	3月8	甲辰	二十
8月2	辛未	7月4	壬寅	6月5	癸酉	5月6	癸卯	4月7	甲戌	3月9	乙巳	廿一
8月3	壬申	7月5	癸卯	6月6	甲戌	5月7	甲辰	4月8	乙亥	3月10	丙午	廿二
8月4	癸酉	7月6	甲辰	6月7	乙亥	5月8	乙巳	4月9	丙子	3月11	丁未	廿三
8月5	甲戌	7月7	乙巳	6月8	丙子	5月9	丙午	4月10	丁丑	3月12	戊申	廿四
8月6	乙亥	7月8	丙午	6月9	丁丑	5月10	丁未	4月11	戊寅	3月13	己酉	廿五
8月7	丙子	7月9	丁未	6月10	戊寅	5月11	戊申	4月12	己卯	3月14	庚戌	廿六
8月8	丁丑	7月10	戊申	6月11	己卯	5月12	己酉	4月13	庚辰	3月15	辛亥	廿七
8月9	戊寅	7月11	己酉	6月12	庚辰	5月13	庚戌	4月14	辛巳	3月16	壬子	廿八
8月10	己卯	7月12	庚戌	6月13	辛巳	5月14	辛亥	4月15	壬午	3月17	癸丑	廿九
8月11	庚辰					5月15	壬子					三十

西元1893年

月別	農曆十二月		農曆十一月		農曆十月		農曆九月		農曆八月		農曆七月	
干支	乙丑		甲子		癸亥		壬戌		辛酉		庚申	
節	立春	大寒	小寒	冬至	大雪	小雪	立冬	霜降	寒露	秋分	白露	處暑
氣	廿九 4時8分寅	十四 9時45分巳	廿九 16時18分申	十四 23時6夜子	三十 5時17分卯	十五 10時7分巳	廿九 12時55分午	十四 13時9分未	廿九 10時24分巳	十四 4時31分寅	廿七 19時26分戌	十二 7時29分辰
農曆	國曆	支干	國曆	支干	國曆	支干	國曆	支干	國曆	支干	國曆	支干
初一	1月7	己酉	12月8	己卯	11月8	己酉	10月10	庚辰	9月10	庚戌	8月12	辛巳
初二	1月8	庚戌	12月9	庚辰	11月9	庚戌	10月11	辛巳	9月11	辛亥	8月13	壬午
初三	1月9	辛亥	12月10	辛巳	11月10	辛亥	10月12	壬午	9月12	壬子	8月14	癸未
初四	1月10	壬子	12月11	壬午	11月11	壬子	10月13	癸未	9月13	癸丑	8月15	甲申
初五	1月11	癸丑	12月12	癸未	11月12	癸丑	10月14	甲申	9月14	甲寅	8月16	乙酉
初六	1月12	甲寅	12月13	甲申	11月13	甲寅	10月15	乙酉	9月15	乙卯	8月17	丙戌
初七	1月13	乙卯	12月14	乙酉	11月14	乙卯	10月16	丙戌	9月16	丙辰	8月18	丁亥
初八	1月14	丙辰	12月15	丙戌	11月15	丙辰	10月17	丁亥	9月17	丁巳	8月19	戊子
初九	1月15	丁巳	12月16	丁亥	11月16	丁巳	10月18	戊子	9月18	戊午	8月20	己丑
初十	1月16	戊午	12月17	戊子	11月17	戊午	10月19	己丑	9月19	己未	8月21	庚寅
十一	1月17	己未	12月18	己丑	11月18	己未	10月20	庚寅	9月20	庚申	8月22	辛卯
十二	1月18	庚申	12月19	庚寅	11月19	庚申	10月21	辛卯	9月21	辛酉	8月23	壬辰
十三	1月19	辛酉	12月20	辛卯	11月20	辛酉	10月22	壬辰	9月22	壬戌	8月24	癸巳
十四	1月20	壬戌	12月21	壬辰	11月21	壬戌	10月23	癸巳	9月23	癸亥	8月25	甲午
十五	1月21	癸亥	12月22	癸巳	11月22	癸亥	10月24	甲午	9月24	甲子	8月26	乙未
十六	1月22	甲子	12月23	甲午	11月23	甲子	10月25	乙未	9月25	乙丑	8月27	丙申
十七	1月23	乙丑	12月24	乙未	11月24	乙丑	10月26	丙申	9月26	丙寅	8月28	丁酉
十八	1月24	丙寅	12月25	丙申	11月25	丙寅	10月27	丁酉	9月27	丁卯	8月29	戊戌
十九	1月25	丁卯	12月26	丁酉	11月26	丁卯	10月28	戊戌	9月28	戊辰	8月30	己亥
二十	1月26	戊辰	12月27	戊戌	11月27	戊辰	10月29	己亥	9月29	己巳	8月31	庚子
廿一	1月27	己巳	12月28	己亥	11月28	己巳	10月30	庚子	9月30	庚午	9月1	辛丑
廿二	1月28	庚午	12月29	庚子	11月29	庚午	10月31	辛丑	10月1	辛未	9月2	壬寅
廿三	1月29	辛未	12月30	辛丑	11月30	辛未	11月1	壬寅	10月2	壬申	9月3	癸卯
廿四	1月30	壬申	12月31	壬寅	12月1	壬申	11月2	癸卯	10月3	癸酉	9月4	甲辰
廿五	1月31	癸酉	1月1	癸卯	12月2	癸酉	11月3	甲辰	10月4	甲戌	9月5	乙巳
廿六	2月1	甲戌	1月2	甲辰	12月3	甲戌	11月4	乙巳	10月5	乙亥	9月6	丙午
廿七	2月2	乙亥	1月3	乙巳	12月4	乙亥	11月5	丙午	10月6	丙子	9月7	丁未
廿八	2月3	丙子	1月4	丙午	12月5	丙子	11月6	丁未	10月7	丁丑	9月8	戊申
廿九	2月4	丁丑	1月5	丁未	12月6	丁丑	11月7	戊申	10月8	戊寅	9月9	己酉
三十	2月5	戊寅	1月6	戊申	12月7	戊寅			10月9	己卯		

民國前十八年（光緒二十）歲次　甲午《馬》　西元一八九四年　太歲　姓張名詞

農曆六月		農曆五月		農曆四月		農曆三月		農曆二月		農曆正月		別月
辛未		庚午		己巳		戊辰		丁卯		丙寅		支干
大暑	小暑	夏至	芒種	小滿	立夏	穀雨		清明	春分	驚蟄	雨水	節
6時33分 廿一卯時	13時9分 初五未時	19時38分 十八戌時	2時40分 初二丑時	11時17分 十七午時	21時59分 初一亥時	11時30分 十五午時		4時1分 十三寅時	23時46分 十四夜子	22時35分 廿八亥時	0時13分 十四子時	氣
國曆	支干	國曆	支干	國曆	支干	國曆	支干	國曆	支干	國曆	支干	農曆
7月3	午丙	6月4	丑丁	5月5	未丁	4月6	寅戊	3月7	申戊	2月6	卯己	初一
7月4	未丁	6月5	寅戊	5月6	申戊	4月7	卯己	3月8	酉己	2月7	辰庚	初二
7月5	申戊	6月6	卯己	5月7	酉己	4月8	辰庚	3月9	戌庚	2月8	巳辛	初三
7月6	酉己	6月7	辰庚	5月8	戌庚	4月9	巳辛	3月10	亥辛	2月9	午壬	初四
7月7	戌庚	6月8	巳辛	5月9	亥辛	4月10	午壬	3月11	子壬	2月10	未癸	初五
7月8	亥辛	6月9	午壬	5月10	子壬	4月11	未癸	3月12	丑癸	2月11	申甲	初六
7月9	子壬	6月10	未癸	5月11	丑癸	4月12	申甲	3月13	寅甲	2月12	酉乙	初七
7月10	丑癸	6月11	申甲	5月12	寅甲	4月13	酉乙	3月14	卯乙	2月13	戌丙	初八
7月11	寅甲	6月12	酉乙	5月13	卯乙	4月14	戌丙	3月15	辰丙	2月14	亥丁	初九
7月12	卯乙	6月13	戌丙	5月14	辰丙	4月15	亥丁	3月16	巳丁	2月15	子戊	初十
7月13	辰丙	6月14	亥丁	5月15	巳丁	4月16	子戊	3月17	午戊	2月16	丑己	一十
7月14	巳丁	6月15	子戊	5月16	午戊	4月17	丑己	3月18	未己	2月17	寅庚	二十
7月15	午戊	6月16	丑己	5月17	未己	4月18	寅庚	3月19	申庚	2月18	卯辛	三十
7月16	未己	6月17	寅庚	5月18	申庚	4月19	卯辛	3月20	酉辛	2月19	辰壬	四十
7月17	申庚	6月18	卯辛	5月19	酉辛	4月20	辰壬	3月21	戌壬	2月20	巳癸	五十
7月18	酉辛	6月19	辰壬	5月20	戌壬	4月21	巳癸	3月22	亥癸	2月21	午甲	六十
7月19	戌壬	6月20	巳癸	5月21	亥癸	4月22	午甲	3月23	子甲	2月22	未乙	七十
7月20	亥癸	6月21	午甲	5月22	子甲	4月23	未乙	3月24	丑乙	2月23	申丙	八十
7月21	子甲	6月22	未乙	5月23	丑乙	4月24	申丙	3月25	寅丙	2月24	酉丁	九十
7月22	丑乙	6月23	申丙	5月24	寅丙	4月25	酉丁	3月26	卯丁	2月25	戌戊	十二
7月23	寅丙	6月24	酉丁	5月25	卯丁	4月26	戌戊	3月27	辰戊	2月26	亥己	一廿
7月24	卯丁	6月25	戌戊	5月26	辰戊	4月27	亥己	3月28	巳己	2月27	子庚	二廿
7月25	辰戊	6月26	亥己	5月27	巳己	4月28	子庚	3月29	午庚	2月28	丑辛	三廿
7月26	巳己	6月27	子庚	5月28	午庚	4月29	丑辛	3月30	未辛	3月1	寅壬	四廿
7月27	午庚	6月28	丑辛	5月29	未辛	4月30	寅壬	3月31	申壬	3月2	卯癸	五廿
7月28	未辛	6月29	寅壬	5月30	申壬	5月1	卯癸	4月1	酉癸	3月3	辰甲	六廿
7月29	申壬	6月30	卯癸	5月31	酉癸	5月2	辰甲	4月2	戌甲	3月4	巳乙	七廿
7月30	酉癸	7月1	辰甲	6月1	戌甲	5月3	巳乙	4月3	亥乙	3月5	午丙	八廿
7月31	戌甲	7月2	巳乙	6月2	亥乙	5月4	午丙	4月4	子丙	3月6	未丁	九廿
				6月3	子丙			4月5	丑丁			十三

西元1894年

月別	農曆十二月		農曆十一月		農曆十月		農曆九月		農曆八月		農曆七月	
干支	丁丑		丙子		乙亥		甲戌		癸酉		壬申	
節	大寒	小寒	冬至	大雪	小雪	立冬	霜降	寒露	秋分	白露	處暑	立秋
氣	廿五 15時35分 申時	初十 22時6分 亥時	廿六 4時56分 寅時	十一 10時57分 巳時	廿五 15時56分 申時	初十 18時43分 酉時	廿五 18時56分 酉時	初十 16時12分 申時	廿四 10時18分 巳時	初九 1時14分 丑時	廿三 13時16分 未時	初七 22時48分 亥時
農曆	國曆	支干	國曆	支干	國曆	支干	國曆	支干	國曆	支干	國曆	支干
初一	12月27	癸卯	11月27	癸酉	10月29	甲辰	9月29	甲戌	8月31	乙巳	8月1	乙亥
初二	12月28	甲辰	11月28	甲戌	10月30	乙巳	9月30	乙亥	9月1	丙午	8月2	丙子
初三	12月29	乙巳	11月29	乙亥	10月31	丙午	10月1	丙子	9月2	丁未	8月3	丁丑
初四	12月30	丙午	11月30	丙子	11月1	丁未	10月2	丁丑	9月3	戊申	8月4	戊寅
初五	12月31	丁未	12月1	丁丑	11月2	戊申	10月3	戊寅	9月4	己酉	8月5	己卯
初六	1月1	戊申	12月2	戊寅	11月3	己酉	10月4	己卯	9月5	庚戌	8月6	庚辰
初七	1月2	己酉	12月3	己卯	11月4	庚戌	10月5	庚辰	9月6	辛亥	8月7	辛巳
初八	1月3	庚戌	12月4	庚辰	11月5	辛亥	10月6	辛巳	9月7	壬子	8月8	壬午
初九	1月4	辛亥	12月5	辛巳	11月6	壬子	10月7	壬午	9月8	癸丑	8月9	癸未
初十	1月5	壬子	12月6	壬午	11月7	癸丑	10月8	癸未	9月9	甲寅	8月10	甲申
十一	1月6	癸丑	12月7	癸未	11月8	甲寅	10月9	甲申	9月10	乙卯	8月11	乙酉
十二	1月7	甲寅	12月8	甲申	11月9	乙卯	10月10	乙酉	9月11	丙辰	8月12	丙戌
十三	1月8	乙卯	12月9	乙酉	11月10	丙辰	10月11	丙戌	9月12	丁巳	8月13	丁亥
十四	1月9	丙辰	12月10	丙戌	11月11	丁巳	10月12	丁亥	9月13	戊午	8月14	戊子
十五	1月10	丁巳	12月11	丁亥	11月12	戊午	10月13	戊子	9月14	己未	8月15	己丑
十六	1月11	戊午	12月12	戊子	11月13	己未	10月14	己丑	9月15	庚申	8月16	庚寅
十七	1月12	己未	12月13	己丑	11月14	庚申	10月15	庚寅	9月16	辛酉	8月17	辛卯
十八	1月13	庚申	12月14	庚寅	11月15	辛酉	10月16	辛卯	9月17	壬戌	8月18	壬辰
十九	1月14	辛酉	12月15	辛卯	11月16	壬戌	10月17	壬辰	9月18	癸亥	8月19	癸巳
二十	1月15	壬戌	12月16	壬辰	11月17	癸亥	10月18	癸巳	9月19	甲子	8月20	甲午
廿一	1月16	癸亥	12月17	癸巳	11月18	甲子	10月19	甲午	9月20	乙丑	8月21	乙未
廿二	1月17	甲子	12月18	甲午	11月19	乙丑	10月20	乙未	9月21	丙寅	8月22	丙申
廿三	1月18	乙丑	12月19	乙未	11月20	丙寅	10月21	丙申	9月22	丁卯	8月23	丁酉
廿四	1月19	丙寅	12月20	丙申	11月21	丁卯	10月22	丁酉	9月23	戊辰	8月24	戊戌
廿五	1月20	丁卯	12月21	丁酉	11月22	戊辰	10月23	戊戌	9月24	己巳	8月25	己亥
廿六	1月21	戊辰	12月22	戊戌	11月23	己巳	10月24	己亥	9月25	庚午	8月26	庚子
廿七	1月22	己巳	12月23	己亥	11月24	庚午	10月25	庚子	9月26	辛未	8月27	辛丑
廿八	1月23	庚午	12月24	庚子	11月25	辛未	10月26	辛丑	9月27	壬申	8月28	壬寅
廿九	1月24	辛未	12月25	辛丑	11月26	壬申	10月27	壬寅	9月28	癸酉	8月29	癸卯
三十	1月25	壬申	12月26	壬寅			10月28	癸卯			8月30	甲辰

民國前十七年（光緒廿一）歲次乙未《羊》

西元一八九五年 太歲姓楊名賢

月別	農曆正月		農曆二月		農曆三月		農曆四月		農曆五月		農曆閏五月		農曆六月	
干支	戊寅		己卯		庚辰		辛巳		壬午				癸未	
節	立春	雨水	驚蟄	春分	清明	穀雨	立夏	小滿	芒種	夏至	小暑		大暑	立秋
氣	初十巳時9時56分	廿五卯時6時3分	初十寅時4時24分	廿五卯時5時36分	十一巳時9時50分	廿六酉時17時20分	十二寅時3時48分	廿七申時16時57分	十四辰時8時29分	十三丑時1時28分	十五酉時18時58分		初二午時12時23分	廿八寅時4時35分
農曆	干支	國曆	干支	國曆	干支	國曆	干支	國曆	干支	國曆	干支	國曆	干支	國曆
初一	癸酉	1月26	癸卯	2月25	壬申	3月26	壬寅	4月25	辛未	5月24	辛丑	6月23	庚午	7月22
初二	甲戌	1月27	甲辰	2月26	癸酉	3月27	癸卯	4月26	壬申	5月25	壬寅	6月24	辛未	7月23
初三	乙亥	1月28	乙巳	2月27	甲戌	3月28	甲辰	4月27	癸酉	5月26	癸卯	6月25	壬申	7月24
初四	丙子	1月29	丙午	2月28	乙亥	3月29	乙巳	4月28	甲戌	5月27	甲辰	6月26	癸酉	7月25
初五	丁丑	1月30	丁未	3月1	丙子	3月30	丙午	4月29	乙亥	5月28	乙巳	6月27	甲戌	7月26
初六	戊寅	1月31	戊申	3月2	丁丑	3月31	丁未	4月30	丙子	5月29	丙午	6月28	乙亥	7月27
初七	己卯	2月1	己酉	3月3	戊寅	4月1	戊申	5月1	丁丑	5月30	丁未	6月29	丙子	7月28
初八	庚辰	2月2	庚戌	3月4	己卯	4月2	己酉	5月2	戊寅	5月31	戊申	6月30	丁丑	7月29
初九	辛巳	2月3	辛亥	3月5	庚辰	4月3	庚戌	5月3	己卯	6月1	己酉	7月1	戊寅	7月30
初十	壬午	2月4	壬子	3月6	辛巳	4月4	辛亥	5月4	庚辰	6月2	庚戌	7月2	己卯	7月31
十一	癸未	2月5	癸丑	3月7	壬午	4月5	壬子	5月5	辛巳	6月3	辛亥	7月3	庚辰	8月1
十二	甲申	2月6	甲寅	3月8	癸未	4月6	癸丑	5月6	壬午	6月4	壬子	7月4	辛巳	8月2
十三	乙酉	2月7	乙卯	3月9	甲申	4月7	甲寅	5月7	癸未	6月5	癸丑	7月5	壬午	8月3
十四	丙戌	2月8	丙辰	3月10	乙酉	4月8	乙卯	5月8	甲申	6月6	甲寅	7月6	癸未	8月4
十五	丁亥	2月9	丁巳	3月11	丙戌	4月9	丙辰	5月9	乙酉	6月7	乙卯	7月7	甲申	8月5
十六	戊子	2月10	戊午	3月12	丁亥	4月10	丁巳	5月10	丙戌	6月8	丙辰	7月8	乙酉	8月6
十七	己丑	2月11	己未	3月13	戊子	4月11	戊午	5月11	丁亥	6月9	丁巳	7月9	丙戌	8月7
十八	庚寅	2月12	庚申	3月14	己丑	4月12	己未	5月12	戊子	6月10	戊午	7月10	丁亥	8月8
十九	辛卯	2月13	辛酉	3月15	庚寅	4月13	庚申	5月13	己丑	6月11	己未	7月11	戊子	8月9
二十	壬辰	2月14	壬戌	3月16	辛卯	4月14	辛酉	5月14	庚寅	6月12	庚申	7月12	己丑	8月10
廿一	癸巳	2月15	癸亥	3月17	壬辰	4月15	壬戌	5月15	辛卯	6月13	辛酉	7月13	庚寅	8月11
廿二	甲午	2月16	甲子	3月18	癸巳	4月16	癸亥	5月16	壬辰	6月14	壬戌	7月14	辛卯	8月12
廿三	乙未	2月17	乙丑	3月19	甲午	4月17	甲子	5月17	癸巳	6月15	癸亥	7月15	壬辰	8月13
廿四	丙申	2月18	丙寅	3月20	乙未	4月18	乙丑	5月18	甲午	6月16	甲子	7月16	癸巳	8月14
廿五	丁酉	2月19	丁卯	3月21	丙申	4月19	丙寅	5月19	乙未	6月17	乙丑	7月17	甲午	8月15
廿六	戊戌	2月20	戊辰	3月22	丁酉	4月20	丁卯	5月20	丙申	6月18	丙寅	7月18	乙未	8月16
廿七	己亥	2月21	己巳	3月23	戊戌	4月21	戊辰	5月21	丁酉	6月19	丁卯	7月19	丙申	8月17
廿八	庚子	2月22	庚午	3月24	己亥	4月22	己巳	5月22	戊戌	6月20	戊辰	7月20	丁酉	8月18
廿九	辛丑	2月23	辛未	3月25	庚子	4月23	庚午	5月23	己亥	6月21	己巳	7月21	戊戌	8月19
三十	壬寅	2月24			辛丑	4月24			庚子	6月22				

西元1895年

月別	農曆十二月		農曆十一月		農曆十月		農曆九月		農曆八月		農曆七月	
干支	己丑		戊子		丁亥		丙戌		乙酉		甲申	
節	立春	大寒	小寒	冬至	大雪	小雪	立冬	霜降	寒露	秋分	白露	處暑
氣	15時45分 廿一申時	21時24分 初六亥時	3時57分 廿二寅時	10時44分 初七巳時	16時56分 廿一申時	21時45分 初六亥時	0時34分 廿二子時	0時46分 初七子時	22時3分 二十亥時	16時8分 初五申時	7時5分 二十辰時	18時51分 初四酉時
農曆	國曆	支干	國曆	支干	國曆	支干	國曆	支干	國曆	支干	國曆	支干
初一	1月15	丁卯	12月16	丁酉	11月17	戊辰	10月18	戊戌	9月19	己巳	8月20	己亥
初二	1月16	戊辰	12月17	戊戌	11月18	己巳	10月19	己亥	9月20	庚午	8月21	庚子
初三	1月17	己巳	12月18	己亥	11月19	庚午	10月20	庚子	9月21	辛未	8月22	辛丑
初四	1月18	庚午	12月19	庚子	11月20	辛未	10月21	辛丑	9月22	壬申	8月23	壬寅
初五	1月19	辛未	12月20	辛丑	11月21	壬申	10月22	壬寅	9月23	癸酉	8月24	癸卯
初六	1月20	壬申	12月21	壬寅	11月22	癸酉	10月23	癸卯	9月24	甲戌	8月25	甲辰
初七	1月21	癸酉	12月22	癸卯	11月23	甲戌	10月24	甲辰	9月25	乙亥	8月26	乙巳
初八	1月22	甲戌	12月23	甲辰	11月24	乙亥	10月25	乙巳	9月26	丙子	8月27	丙午
初九	1月23	乙亥	12月24	乙巳	11月25	丙子	10月26	丙午	9月27	丁丑	8月28	丁未
初十	1月24	丙子	12月25	丙午	11月26	丁丑	10月27	丁未	9月28	戊寅	8月29	戊申
十一	1月25	丁丑	12月26	丁未	11月27	戊寅	10月28	戊申	9月29	己卯	8月30	己酉
十二	1月26	戊寅	12月27	戊申	11月28	己卯	10月29	己酉	9月30	庚辰	8月31	庚戌
十三	1月27	己卯	12月28	己酉	11月29	庚辰	10月30	庚戌	10月1	辛巳	9月1	辛亥
十四	1月28	庚辰	12月29	庚戌	11月30	辛巳	10月31	辛亥	10月2	壬午	9月2	壬子
十五	1月29	辛巳	12月30	辛亥	12月1	壬午	11月1	壬子	10月3	癸未	9月3	癸丑
十六	1月30	壬午	12月31	壬子	12月2	癸未	11月2	癸丑	10月4	甲申	9月4	甲寅
十七	1月31	癸未	1月1	癸丑	12月3	甲申	11月3	甲寅	10月5	乙酉	9月5	乙卯
十八	2月1	甲申	1月2	甲寅	12月4	乙酉	11月4	乙卯	10月6	丙戌	9月6	丙辰
十九	2月2	乙酉	1月3	乙卯	12月5	丙戌	11月5	丙辰	10月7	丁亥	9月7	丁巳
二十	2月3	丙戌	1月4	丙辰	12月6	丁亥	11月6	丁巳	10月8	戊子	9月8	戊午
廿一	2月4	丁亥	1月5	丁巳	12月7	戊子	11月7	戊午	10月9	己丑	9月9	己未
廿二	2月5	戊子	1月6	戊午	12月8	己丑	11月8	己未	10月10	庚寅	9月10	庚申
廿三	2月6	己丑	1月7	己未	12月9	庚寅	11月9	庚申	10月11	辛卯	9月11	辛酉
廿四	2月7	庚寅	1月8	庚申	12月10	辛卯	11月10	辛酉	10月12	壬辰	9月12	壬戌
廿五	2月8	辛卯	1月9	辛酉	12月11	壬辰	11月11	壬戌	10月13	癸巳	9月13	癸亥
廿六	2月9	壬辰	1月10	壬戌	12月12	癸巳	11月12	癸亥	10月14	甲午	9月14	甲子
廿七	2月10	癸巳	1月11	癸亥	12月13	甲午	11月13	甲子	10月15	乙未	9月15	乙丑
廿八	2月11	甲午	1月12	甲子	12月14	乙未	11月14	乙丑	10月16	丙申	9月16	丙寅
廿九	2月12	乙未	1月13	乙丑	12月15	丙申	11月15	丙寅	10月17	丁酉	9月17	丁卯
三十			1月14	丙寅			11月16	丁卯			9月18	戊辰

民國前十六年（光緒廿二）歲次 丙申《猴》西元一八九六年 太歲姓管名仲

農曆六月 乙未		農曆五月 甲午		農曆四月 癸巳		農曆三月 壬辰		農曆二月 辛卯		農曆正月 庚寅		別月 支干
立秋	大暑	小暑	夏至	芒種	小滿	立夏	穀雨	清明	春分	驚蟄	雨水	節
10時25分 廿八巳時	18時12分 十二酉時	0時46分 廿七子時	7時17分 十一辰時	14時17分 廿四未時	22時56分 初八亥時	9時36分 廿三巳時	22時58分 初七亥時	15時38分 廿二申時	11時25分 初七午時	10時12分 廿二巳時	11時52分 初七午時	氣
國曆	支干	國曆	支干	國曆	支干	國曆	支干	國曆	支干	國曆	支干	農曆
7月11	丑乙	6月11	未乙	5月13	寅丙	4月13	申丙	3月14	寅丙	2月13	申丙	初一
7月12	寅丙	6月12	申丙	5月14	卯丁	4月14	酉丁	3月15	卯丁	2月14	酉丁	初二
7月13	卯丁	6月13	酉丁	5月15	辰戊	4月15	戌戊	3月16	辰戊	2月15	戌戊	初三
7月14	辰戊	6月14	戌戊	5月16	巳己	4月16	亥己	3月17	巳己	2月16	亥己	初四
7月15	巳己	6月15	亥己	5月17	午庚	4月17	子庚	3月18	午庚	2月17	子庚	初五
7月16	午庚	6月16	子庚	5月18	未辛	4月18	丑辛	3月19	未辛	2月18	丑辛	初六
7月17	未辛	6月17	丑辛	5月19	申壬	4月19	寅壬	3月20	申壬	2月19	寅壬	初七
7月18	申壬	6月18	寅壬	5月20	酉癸	4月20	卯癸	3月21	酉癸	2月20	卯癸	初八
7月19	酉癸	6月19	卯癸	5月21	戌甲	4月21	辰甲	3月22	戌甲	2月21	辰甲	初九
7月20	戌甲	6月20	辰甲	5月22	亥乙	4月22	巳乙	3月23	亥乙	2月22	巳乙	初十
7月21	亥乙	6月21	巳乙	5月23	子丙	4月23	午丙	3月24	子丙	2月23	午丙	一十
7月22	子丙	6月22	午丙	5月24	丑丁	4月24	未丁	3月25	丑丁	2月24	未丁	二十
7月23	丑丁	6月23	未丁	5月25	寅戊	4月25	申戊	3月26	寅戊	2月25	申戊	三十
7月24	寅戊	6月24	申戊	5月26	卯己	4月26	酉己	3月27	卯己	2月26	酉己	四十
7月25	卯己	6月25	酉己	5月27	辰庚	4月27	戌庚	3月28	辰庚	2月27	戌庚	五十
7月26	辰庚	6月26	戌庚	5月28	巳辛	4月28	亥辛	3月29	巳辛	2月28	亥辛	六十
7月27	巳辛	6月27	亥辛	5月29	午壬	4月29	子壬	3月30	午壬	2月29	子壬	七十
7月28	午壬	6月28	子壬	5月30	未癸	4月30	丑癸	3月31	未癸	3月 1	丑癸	八十
7月29	未癸	6月29	丑癸	5月31	申甲	5月 1	寅甲	4月 1	申甲	3月 2	寅甲	九十
7月30	申甲	6月30	寅甲	6月 1	酉乙	5月 2	卯乙	4月 2	酉乙	3月 3	卯乙	十二
7月31	酉乙	7月 1	卯乙	6月 2	戌丙	5月 3	辰丙	4月 3	戌丙	3月 4	辰丙	一廿
8月 1	戌丙	7月 2	辰丙	6月 3	亥丁	5月 4	巳丁	4月 4	亥丁	3月 5	巳丁	二廿
8月 2	亥丁	7月 3	巳丁	6月 4	子戊	5月 5	午戊	4月 5	子戊	3月 6	午戊	三廿
8月 3	子戊	7月 4	午戊	6月 5	丑己	5月 6	未己	4月 6	丑己	3月 7	未己	四廿
8月 4	丑己	7月 5	未己	6月 6	寅庚	5月 7	申庚	4月 7	寅庚	3月 8	申庚	五廿
8月 5	寅庚	7月 6	申庚	6月 7	卯辛	5月 8	酉辛	4月 8	卯辛	3月 9	酉辛	六廿
8月 6	卯辛	7月 7	酉辛	6月 8	辰壬	5月 9	戌壬	4月 9	辰壬	3月10	戌壬	七廿
8月 7	辰壬	7月 8	戌壬	6月 9	巳癸	5月10	亥癸	4月10	巳癸	3月11	亥癸	八廿
8月 8	巳癸	7月 9	亥癸	6月10	午甲	5月11	子甲	4月11	午甲	3月12	子甲	九廿
		7月10	子甲			5月12	丑乙	4月12	未乙	3月13	丑乙	十三

月別	農曆十二月		農曆十一月		農曆十月		農曆九月		農曆八月		農曆七月	
干支	辛 丑		庚 子		己 亥		戊 戌		丁 酉		丙 申	
節	大寒	小寒	冬至	大雪	小雪	立冬	霜降	寒露	秋分	白露	處暑	
氣	3時9分 十八寅時	9時43分 初三巳時	16時32分 十七申時	22時42分 初二亥時	3時33分 十八寅時	6時20分 初三卯時	6時35分 十七卯時	3時49分 初二寅時	21時57分 十六亥時	12時51分 初一午時	0時55分 十五子時	
農曆	國曆	干支	國曆	干支	國曆	干支	國曆	干支	國曆	干支	國曆	干支
初一	1月3	辛酉	12月5	壬辰	11月5	壬戌	10月7	癸巳	9月7	癸亥	8月9	甲午
初二	1月4	壬戌	12月6	癸巳	11月6	癸亥	10月8	甲午	9月8	甲子	8月10	乙未
初三	1月5	癸亥	12月7	甲午	11月7	甲子	10月9	乙未	9月9	乙丑	8月11	丙申
初四	1月6	甲子	12月8	乙未	11月8	乙丑	10月10	丙申	9月10	丙寅	8月12	丁酉
初五	1月7	乙丑	12月9	丙申	11月9	丙寅	10月11	丁酉	9月11	丁卯	8月13	戊戌
初六	1月8	丙寅	12月10	丁酉	11月10	丁卯	10月12	戊戌	9月12	戊辰	8月14	己亥
初七	1月9	丁卯	12月11	戊戌	11月11	戊辰	10月13	己亥	9月13	己巳	8月15	庚子
初八	1月10	戊辰	12月12	己亥	11月12	己巳	10月14	庚子	9月14	庚午	8月16	辛丑
初九	1月11	己巳	12月13	庚子	11月13	庚午	10月15	辛丑	9月15	辛未	8月17	壬寅
初十	1月12	庚午	12月14	辛丑	11月14	辛未	10月16	壬寅	9月16	壬申	8月18	癸卯
十一	1月13	辛未	12月15	壬寅	11月15	壬申	10月17	癸卯	9月17	癸酉	8月19	甲辰
十二	1月14	壬申	12月16	癸卯	11月16	癸酉	10月18	甲辰	9月18	甲戌	8月20	乙巳
十三	1月15	癸酉	12月17	甲辰	11月17	甲戌	10月19	乙巳	9月19	乙亥	8月21	丙午
十四	1月16	甲戌	12月18	乙巳	11月18	乙亥	10月20	丙午	9月20	丙子	8月22	丁未
十五	1月17	乙亥	12月19	丙午	11月19	丙子	10月21	丁未	9月21	丁丑	8月23	戊申
十六	1月18	丙子	12月20	丁未	11月20	丁丑	10月22	戊申	9月22	戊寅	8月24	己酉
十七	1月19	丁丑	12月21	戊申	11月21	戊寅	10月23	己酉	9月23	己卯	8月25	庚戌
十八	1月20	戊寅	12月22	己酉	11月22	己卯	10月24	庚戌	9月24	庚辰	8月26	辛亥
十九	1月21	己卯	12月23	庚戌	11月23	庚辰	10月25	辛亥	9月25	辛巳	8月27	壬子
二十	1月22	庚辰	12月24	辛亥	11月24	辛巳	10月26	壬子	9月26	壬午	8月28	癸丑
廿一	1月23	辛巳	12月25	壬子	11月25	壬午	10月27	癸丑	9月27	癸未	8月29	甲寅
廿二	1月24	壬午	12月26	癸丑	11月26	癸未	10月28	甲寅	9月28	甲申	8月30	乙卯
廿三	1月25	癸未	12月27	甲寅	11月27	甲申	10月29	乙卯	9月29	乙酉	8月31	丙辰
廿四	1月26	甲申	12月28	乙卯	11月28	乙酉	10月30	丙辰	9月30	丙戌	9月1	丁巳
廿五	1月27	乙酉	12月29	丙辰	11月29	丙戌	10月31	丁巳	10月1	丁亥	9月2	戊午
廿六	1月28	丙戌	12月30	丁巳	11月30	丁亥	11月1	戊午	10月2	戊子	9月3	己未
廿七	1月29	丁亥	12月31	戊午	12月1	戊子	11月2	己未	10月3	己丑	9月4	庚申
廿八	1月30	戊子	1月1	己未	12月2	己丑	11月3	庚申	10月4	庚寅	9月5	辛酉
廿九	1月31	己丑	1月2	庚申	12月3	庚寅	11月4	辛酉	10月5	辛卯	9月6	壬戌
三十	2月1	庚寅			12月4	辛卯			10月6	壬辰		

民國前十五年（光緒廿三）歲次 丁酉《雞》

西元一八九七年 太歲 姓康名傑

月別	農曆正月		農曆二月		農曆三月		農曆四月		農曆五月		農曆六月	
干支	壬寅		癸卯		甲辰		乙巳		丙午		丁未	
節	立春	雨水	驚蟄	春分	清明	穀雨	立夏	小滿	芒種	夏至	小暑	大暑
氣	初二亥時 21時31分	十七酉時 17時37分	初三申時 15時58分	十八酉時 17時10分	初三亥時 21時24分	十九寅時 4時54分	初四申時 15時22分	二十寅時 4時41分	初六戌時 20時3分	廿二午時 13時58分	初八卯時 6時32分	廿三夜子 23時53分
農曆	國曆	干支	國曆	干支	國曆	干支	國曆	干支	國曆	干支	國曆	干支
初一	2月2	辛卯	3月3	庚申	4月2	庚寅	5月2	庚申	5月31	己丑	6月30	己未
初二	2月3	壬辰	3月4	辛酉	4月3	辛卯	5月3	辛酉	6月1	庚寅	7月1	庚申
初三	2月4	癸巳	3月5	壬戌	4月4	壬辰	5月4	壬戌	6月2	辛卯	7月2	辛酉
初四	2月5	甲午	3月6	癸亥	4月5	癸巳	5月5	癸亥	6月3	壬辰	7月3	壬戌
初五	2月6	乙未	3月7	甲子	4月6	甲午	5月6	甲子	6月4	癸巳	7月4	癸亥
初六	2月7	丙申	3月8	乙丑	4月7	乙未	5月7	乙丑	6月5	甲午	7月5	甲子
初七	2月8	丁酉	3月9	丙寅	4月8	丙申	5月8	丙寅	6月6	乙未	7月6	乙丑
初八	2月9	戊戌	3月10	丁卯	4月9	丁酉	5月9	丁卯	6月7	丙申	7月7	丙寅
初九	2月10	己亥	3月11	戊辰	4月10	戊戌	5月10	戊辰	6月8	丁酉	7月8	丁卯
初十	2月11	庚子	3月12	己巳	4月11	己亥	5月11	己巳	6月9	戊戌	7月9	戊辰
十一	2月12	辛丑	3月13	庚午	4月12	庚子	5月12	庚午	6月10	己亥	7月10	己巳
十二	2月13	壬寅	3月14	辛未	4月13	辛丑	5月13	辛未	6月11	庚子	7月11	庚午
十三	2月14	癸卯	3月15	壬申	4月14	壬寅	5月14	壬申	6月12	辛丑	7月12	辛未
十四	2月15	甲辰	3月16	癸酉	4月15	癸卯	5月15	癸酉	6月13	壬寅	7月13	壬申
十五	2月16	乙巳	3月17	甲戌	4月16	甲辰	5月16	甲戌	6月14	癸卯	7月14	癸酉
十六	2月17	丙午	3月18	乙亥	4月17	乙巳	5月17	乙亥	6月15	甲辰	7月15	甲戌
十七	2月18	丁未	3月19	丙子	4月18	丙午	5月18	丙子	6月16	乙巳	7月16	乙亥
十八	2月19	戊申	3月20	丁丑	4月19	丁未	5月19	丁丑	6月17	丙午	7月17	丙子
十九	2月20	己酉	3月21	戊寅	4月20	戊申	5月20	戊寅	6月18	丁未	7月18	丁丑
二十	2月21	庚戌	3月22	己卯	4月21	己酉	5月21	己卯	6月19	戊申	7月19	戊寅
廿一	2月22	辛亥	3月23	庚辰	4月22	庚戌	5月22	庚辰	6月20	己酉	7月20	己卯
廿二	2月23	壬子	3月24	辛巳	4月23	辛亥	5月23	辛巳	6月21	庚戌	7月21	庚辰
廿三	2月24	癸丑	3月25	壬午	4月24	壬子	5月24	壬午	6月22	辛亥	7月22	辛巳
廿四	2月25	甲寅	3月26	癸未	4月25	癸丑	5月25	癸未	6月23	壬子	7月23	壬午
廿五	2月26	乙卯	3月27	甲申	4月26	甲寅	5月26	甲申	6月24	癸丑	7月24	癸未
廿六	2月27	丙辰	3月28	乙酉	4月27	乙卯	5月27	乙酉	6月25	甲寅	7月25	甲申
廿七	2月28	丁巳	3月29	丙戌	4月28	丙辰	5月28	丙戌	6月26	乙卯	7月26	乙酉
廿八	3月1	戊午	3月30	丁亥	4月29	丁巳	5月29	丁亥	6月27	丙辰	7月27	丙戌
廿九	3月2	己未	3月31	戊子	4月30	戊午	5月30	戊子	6月28	丁巳	7月28	丁亥
三十			4月1	己丑	5月1	己未			6月29	戊午		

西元1897年

月別	農曆十二月		農曆十一月		農曆十月		農曆九月		農曆八月		農曆七月	
干支	癸丑		壬子		辛亥		庚戌		己酉		戊申	
節	大寒 小寒		多至 大雪		小雪 立多		霜降 寒露		秋分 白露		處暑 立秋	
氣	9時3分巳 廿八／15時32分申 十三		2時17分亥 廿八／4時31分寅 十四		9時19分巳 廿八／12時9分午 十三		12時20分午 廿八／9時38分巳 十三		3時42分寅 初七／18時37分酉 初一		6時40分卯 廿六／16時11分申 初十	
農曆	國曆	支干	國曆	支干	國曆	支干	國曆	支干	國曆	支干	國曆	支干
初一	12月24	丙辰	11月24	丙戌	10月26	丁巳	9月26	丁亥	8月28	戊午	7月29	戊子
初二	12月25	丁巳	11月25	丁亥	10月27	戊午	9月27	戊子	8月29	己未	7月30	己丑
初三	12月26	戊午	11月26	戊子	10月28	己未	9月28	己丑	8月30	庚申	7月31	庚寅
初四	12月27	己未	11月27	己丑	10月29	庚申	9月29	庚寅	8月31	辛酉	8月1	辛卯
初五	12月28	庚申	11月28	庚寅	10月30	辛酉	9月30	辛卯	9月1	壬戌	8月2	壬辰
初六	12月29	辛酉	11月29	辛卯	10月31	壬戌	10月1	壬辰	9月2	癸亥	8月3	癸巳
初七	12月30	壬戌	11月30	壬辰	11月1	癸亥	10月2	癸巳	9月3	甲子	8月4	甲午
初八	12月31	癸亥	12月1	癸巳	11月2	甲子	10月3	甲午	9月4	乙丑	8月5	乙未
初九	1月1	甲子	12月2	甲午	11月3	乙丑	10月4	乙未	9月5	丙寅	8月6	丙申
初十	1月2	乙丑	12月3	乙未	11月4	丙寅	10月5	丙申	9月6	丁卯	8月7	丁酉
十一	1月3	丙寅	12月4	丙申	11月5	丁卯	10月6	丁酉	9月7	戊辰	8月8	戊戌
十二	1月4	丁卯	12月5	丁酉	11月6	戊辰	10月7	戊戌	9月8	己巳	8月9	己亥
十三	1月5	戊辰	12月6	戊戌	11月7	己巳	10月8	己亥	9月9	庚午	8月10	庚子
十四	1月6	己巳	12月7	己亥	11月8	庚午	10月9	庚子	9月10	辛未	8月11	辛丑
十五	1月7	庚午	12月8	庚子	11月9	辛未	10月10	辛丑	9月11	壬申	8月12	壬寅
十六	1月8	辛未	12月9	辛丑	11月10	壬申	10月11	壬寅	9月12	癸酉	8月13	癸卯
十七	1月9	壬申	12月10	壬寅	11月11	癸酉	10月12	癸卯	9月13	甲戌	8月14	甲辰
十八	1月10	癸酉	12月11	癸卯	11月12	甲戌	10月13	甲辰	9月14	乙亥	8月15	乙巳
十九	1月11	甲戌	12月12	甲辰	11月13	乙亥	10月14	乙巳	9月15	丙子	8月16	丙午
二十	1月12	乙亥	12月13	乙巳	11月14	丙子	10月15	丙午	9月16	丁丑	8月17	丁未
廿一	1月13	丙子	12月14	丙午	11月15	丁丑	10月16	丁未	9月17	戊寅	8月18	戊申
廿二	1月14	丁丑	12月15	丁未	11月16	戊寅	10月17	戊申	9月18	己卯	8月19	己酉
廿三	1月15	戊寅	12月16	戊申	11月17	己卯	10月18	己酉	9月19	庚辰	8月20	庚戌
廿四	1月16	己卯	12月17	己酉	11月18	庚辰	10月19	庚戌	9月20	辛巳	8月21	辛亥
廿五	1月17	庚辰	12月18	庚戌	11月19	辛巳	10月20	辛亥	9月21	壬午	8月22	壬子
廿六	1月18	辛巳	12月19	辛亥	11月20	壬午	10月21	壬子	9月22	癸未	8月23	癸丑
廿七	1月19	壬午	12月20	壬子	11月21	癸未	10月22	癸丑	9月23	甲申	8月24	甲寅
廿八	1月20	癸未	12月21	癸丑	11月22	甲申	10月23	甲寅	9月24	乙酉	8月25	乙卯
廿九	1月21	甲申	12月22	甲寅	11月23	乙酉	10月24	乙卯	9月25	丙戌	8月26	丙辰
三十			12月23	乙卯			10月25	丙辰			8月27	丁巳

民國前十四年（光緒廿四）歲次 戊戌《狗》

西元一八九八年 太歲 姓姜名武

月別	農曆正月		農曆二月		農曆三月		農曆閏三月		農曆四月		農曆五月		農曆六月	
干支	甲	寅	乙	卯	丙	辰			丁	巳	戊	午	己	未
節氣	立春	雨水	驚蟄	春分	清明	穀雨	立夏		小滿	芒種	夏至	小暑	大暑	立秋
	十四寅時 3時20分	廿八夜子 23時25分	十三亥時 21時47分	廿八亥時 22時57分	十五寅時 3時13分	三十巳時 10時41分	十五亥時 21時11分		初二巳時 10時29分	十八丑時 1時52分	初三酉時 18時50分	十九午時 12時21分	初五卯時 5時46分	二十亥時 22時2分
農曆	干支	國曆	干支	國曆	干支	國曆	干支	國曆	干支	國曆	干支	國曆	干支	國曆
初一	乙酉	1月22	乙卯	2月21	甲申	3月22	甲寅	4月21	癸未	5月20	癸丑	6月19	癸未	7月19
初二	丙戌	1月23	丙辰	2月22	乙酉	3月23	乙卯	4月22	甲申	5月21	甲寅	6月20	甲申	7月20
初三	丁亥	1月24	丁巳	2月23	丙戌	3月24	丙辰	4月23	乙酉	5月22	乙卯	6月21	乙酉	7月21
初四	戊子	1月25	戊午	2月24	丁亥	3月25	丁巳	4月24	丙戌	5月23	丙辰	6月22	丙戌	7月22
初五	己丑	1月26	己未	2月25	戊子	3月26	戊午	4月25	丁亥	5月24	丁巳	6月23	丁亥	7月23
初六	庚寅	1月27	庚申	2月26	己丑	3月27	己未	4月26	戊子	5月25	戊午	6月24	戊子	7月24
初七	辛卯	1月28	辛酉	2月27	庚寅	3月28	庚申	4月27	己丑	5月26	己未	6月25	己丑	7月25
初八	壬辰	1月29	壬戌	2月28	辛卯	3月29	辛酉	4月28	庚寅	5月27	庚申	6月26	庚寅	7月26
初九	癸巳	1月30	癸亥	3月1	壬辰	3月30	壬戌	4月29	辛卯	5月28	辛酉	6月27	辛卯	7月27
初十	甲午	1月31	甲子	3月2	癸巳	3月31	癸亥	4月30	壬辰	5月29	壬戌	6月28	壬辰	7月28
十一	乙未	2月1	乙丑	3月3	甲午	4月1	甲子	5月1	癸巳	5月30	癸亥	6月29	癸巳	7月29
十二	丙申	2月2	丙寅	3月4	乙未	4月2	乙丑	5月2	甲午	5月31	甲子	6月30	甲午	7月30
十三	丁酉	2月3	丁卯	3月5	丙申	4月3	丙寅	5月3	乙未	6月1	乙丑	7月1	乙未	7月31
十四	戊戌	2月4	戊辰	3月6	丁酉	4月4	丁卯	5月4	丙申	6月2	丙寅	7月2	丙申	8月1
十五	己亥	2月5	己巳	3月7	戊戌	4月5	戊辰	5月5	丁酉	6月3	丁卯	7月3	丁酉	8月2
十六	庚子	2月6	庚午	3月8	己亥	4月6	己巳	5月6	戊戌	6月4	戊辰	7月4	戊戌	8月3
十七	辛丑	2月7	辛未	3月9	庚子	4月7	庚午	5月7	己亥	6月5	己巳	7月5	己亥	8月4
十八	壬寅	2月8	壬申	3月10	辛丑	4月8	辛未	5月8	庚子	6月6	庚午	7月6	庚子	8月5
十九	癸卯	2月9	癸酉	3月11	壬寅	4月9	壬申	5月9	辛丑	6月7	辛未	7月7	辛丑	8月6
二十	甲辰	2月10	甲戌	3月12	癸卯	4月10	癸酉	5月10	壬寅	6月8	壬申	7月8	壬寅	8月7
廿一	乙巳	2月11	乙亥	3月13	甲辰	4月11	甲戌	5月11	癸卯	6月9	癸酉	7月9	癸卯	8月8
廿二	丙午	2月12	丙子	3月14	乙巳	4月12	乙亥	5月12	甲辰	6月10	甲戌	7月10	甲辰	8月9
廿三	丁未	2月13	丁丑	3月15	丙午	4月13	丙子	5月13	乙巳	6月11	乙亥	7月11	乙巳	8月10
廿四	戊申	2月14	戊寅	3月16	丁未	4月14	丁丑	5月14	丙午	6月12	丙子	7月12	丙午	8月11
廿五	己酉	2月15	己卯	3月17	戊申	4月15	戊寅	5月15	丁未	6月13	丁丑	7月13	丁未	8月12
廿六	庚戌	2月16	庚辰	3月18	己酉	4月16	己卯	5月16	戊申	6月14	戊寅	7月14	戊申	8月13
廿七	辛亥	2月17	辛巳	3月19	庚戌	4月17	庚辰	5月17	己酉	6月15	己卯	7月15	己酉	8月14
廿八	壬子	2月18	壬午	3月20	辛亥	4月18	辛巳	5月18	庚戌	6月16	庚辰	7月16	庚戌	8月15
廿九	癸丑	2月19	癸未	3月21	壬子	4月19	壬午	5月19	辛亥	6月17	辛巳	7月17	辛亥	8月16
三十	甲寅	2月20			癸丑	4月20			壬子	6月18	壬午	7月18		

西元1898年

月別	農曆十二月		農曆十一月		農曆十月		農曆九月		農曆八月		農曆七月	
干支	乙丑		甲子		癸亥		壬戌		辛酉		庚申	
節	立春	大寒	小寒	冬至	大雪	小雪	立冬	霜降	寒露	秋分	白露	處暑
氣	廿四9時9分辰時	初九14時47分未時	廿四21時21分亥時	初十4時10分寅時	廿四10時19分巳時	初九15時11分申時	廿四17時57分酉時	初九18時9分酉時	廿三15時26分申時	初八9時39分巳時	廿三0時28分子時	初七12時29分午時
農曆	國曆	干支	國曆	干支	國曆	干支	國曆	干支	國曆	干支	國曆	干支
初一	1月12	庚辰	12月13	庚戌	11月14	辛巳	10月15	辛亥	9月16	壬午	8月17	壬子
初二	1月13	辛巳	12月14	辛亥	11月15	壬午	10月16	壬子	9月17	癸未	8月18	癸丑
初三	1月14	壬午	12月15	壬子	11月16	癸未	10月17	癸丑	9月18	甲申	8月19	甲寅
初四	1月15	癸未	12月16	癸丑	11月17	甲申	10月18	甲寅	9月19	乙酉	8月20	乙卯
初五	1月16	甲申	12月17	甲寅	11月18	乙酉	10月19	乙卯	9月20	丙戌	8月21	丙辰
初六	1月17	乙酉	12月18	乙卯	11月19	丙戌	10月20	丙辰	9月21	丁亥	8月22	丁巳
初七	1月18	丙戌	12月19	丙辰	11月20	丁亥	10月21	丁巳	9月22	戊子	8月23	戊午
初八	1月19	丁亥	12月20	丁巳	11月21	戊子	10月22	戊午	9月23	己丑	8月24	己未
初九	1月20	戊子	12月21	戊午	11月22	己丑	10月23	己未	9月24	庚寅	8月25	庚申
初十	1月21	己丑	12月22	己未	11月23	庚寅	10月24	庚申	9月25	辛卯	8月26	辛酉
十一	1月22	庚寅	12月23	庚申	11月24	辛卯	10月25	辛酉	9月26	壬辰	8月27	壬戌
十二	1月23	辛卯	12月24	辛酉	11月25	壬辰	10月26	壬戌	9月27	癸巳	8月28	癸亥
十三	1月24	壬辰	12月25	壬戌	11月26	癸巳	10月27	癸亥	9月28	甲午	8月29	甲子
十四	1月25	癸巳	12月26	癸亥	11月27	甲午	10月28	甲子	9月29	乙未	8月30	乙丑
十五	1月26	甲午	12月27	甲子	11月28	乙未	10月29	乙丑	9月30	丙申	8月31	丙寅
十六	1月27	乙未	12月28	乙丑	11月29	丙申	10月30	丙寅	10月1	丁酉	9月1	丁卯
十七	1月28	丙申	12月29	丙寅	11月30	丁酉	10月31	丁卯	10月2	戊戌	9月2	戊辰
十八	1月29	丁酉	12月30	丁卯	12月1	戊戌	11月1	戊辰	10月3	己亥	9月3	己巳
十九	1月30	戊戌	12月31	戊辰	12月2	己亥	11月2	己巳	10月4	庚子	9月4	庚午
二十	1月31	己亥	1月1	己巳	12月3	庚子	11月3	庚午	10月5	辛丑	9月5	辛未
廿一	2月1	庚子	1月2	庚午	12月4	辛丑	11月4	辛未	10月6	壬寅	9月6	壬申
廿二	2月2	辛丑	1月3	辛未	12月5	壬寅	11月5	壬申	10月7	癸卯	9月7	癸酉
廿三	2月3	壬寅	1月4	壬申	12月6	癸卯	11月6	癸酉	10月8	甲辰	9月8	甲戌
廿四	2月4	癸卯	1月5	癸酉	12月7	甲辰	11月7	甲戌	10月9	乙巳	9月9	乙亥
廿五	2月5	甲辰	1月6	甲戌	12月8	乙巳	11月8	乙亥	10月10	丙午	9月10	丙子
廿六	2月6	乙巳	1月7	乙亥	12月9	丙午	11月9	丙子	10月11	丁未	9月11	丁丑
廿七	2月7	丙午	1月8	丙子	12月10	丁未	11月10	丁丑	10月12	戊申	9月12	戊寅
廿八	2月8	丁未	1月9	丁丑	12月11	戊申	11月11	戊寅	10月13	己酉	9月13	己卯
廿九	2月9	戊申	1月10	戊寅	12月12	己酉	11月12	己卯	10月14	庚戌	9月14	庚辰
三十			1月11	己卯			11月13	庚辰			9月15	辛巳

民國前十三年（光緒廿五）歲次 己亥《豬》

西元一八九九年 太歲 姓謝名壽

月別	農曆正月		農曆二月		農曆三月		農曆四月		農曆五月		農曆六月	
干支	丙寅		丁卯		戊辰		己巳		庚午		辛未	
節	雨水	驚蟄	春分	清明	穀雨	立夏	小滿	芒種	夏至	小暑	大暑	
氣	初十卯時 5時15分	廿五寅時 3時36分	初十寅時 4時48分	廿五辰時 9時2分	十一申時 16時32分	廿七寅時 3時0分	十二申時 16時19分	廿八辰時 7時41分	十五子時 0時40分	三十酉時 18時10分	十六午時 11時35分	
農曆	干支	國曆	干支	國曆	干支	國曆	干支	國曆	干支	國曆	干支	國曆
初一	己酉	2月10	己卯	3月12	戊申	4月10	戊寅	5月10	丁未	6月8	丁丑	7月8
初二	庚戌	2月11	庚辰	3月13	己酉	4月11	己卯	5月11	戊申	6月9	戊寅	7月9
初三	辛亥	2月12	辛巳	3月14	庚戌	4月12	庚辰	5月12	己酉	6月10	己卯	7月10
初四	壬子	2月13	壬午	3月15	辛亥	4月13	辛巳	5月13	庚戌	6月11	庚辰	7月11
初五	癸丑	2月14	癸未	3月16	壬子	4月14	壬午	5月14	辛亥	6月12	辛巳	7月12
初六	甲寅	2月15	甲申	3月17	癸丑	4月15	癸未	5月15	壬子	6月13	壬午	7月13
初七	乙卯	2月16	乙酉	3月18	甲寅	4月16	甲申	5月16	癸丑	6月14	癸未	7月14
初八	丙辰	2月17	丙戌	3月19	乙卯	4月17	乙酉	5月17	甲寅	6月15	甲申	7月15
初九	丁巳	2月18	丁亥	3月20	丙辰	4月18	丙戌	5月18	乙卯	6月16	乙酉	7月16
初十	戊午	2月19	戊子	3月21	丁巳	4月19	丁亥	5月19	丙辰	6月17	丙戌	7月17
十一	己未	2月20	己丑	3月22	戊午	4月20	戊子	5月20	丁巳	6月18	丁亥	7月18
十二	庚申	2月21	庚寅	3月23	己未	4月21	己丑	5月21	戊午	6月19	戊子	7月19
十三	辛酉	2月22	辛卯	3月24	庚申	4月22	庚寅	5月22	己未	6月20	己丑	7月20
十四	壬戌	2月23	壬辰	3月25	辛酉	4月23	辛卯	5月23	庚申	6月21	庚寅	7月21
十五	癸亥	2月24	癸巳	3月26	壬戌	4月24	壬辰	5月24	辛酉	6月22	辛卯	7月22
十六	甲子	2月25	甲午	3月27	癸亥	4月25	癸巳	5月25	壬戌	6月23	壬辰	7月23
十七	乙丑	2月26	乙未	3月28	甲子	4月26	甲午	5月26	癸亥	6月24	癸巳	7月24
十八	丙寅	2月27	丙申	3月29	乙丑	4月27	乙未	5月27	甲子	6月25	甲午	7月25
十九	丁卯	2月28	丁酉	3月30	丙寅	4月28	丙申	5月28	乙丑	6月26	乙未	7月26
二十	戊辰	3月1	戊戌	3月31	丁卯	4月29	丁酉	5月29	丙寅	6月27	丙申	7月27
廿一	己巳	3月2	己亥	4月1	戊辰	4月30	戊戌	5月30	丁卯	6月28	丁酉	7月28
廿二	庚午	3月3	庚子	4月2	己巳	5月1	己亥	5月31	戊辰	6月29	戊戌	7月29
廿三	辛未	3月4	辛丑	4月3	庚午	5月2	庚子	6月1	己巳	6月30	己亥	7月30
廿四	壬申	3月5	壬寅	4月4	辛未	5月3	辛丑	6月2	庚午	7月1	庚子	7月31
廿五	癸酉	3月6	癸卯	4月5	壬申	5月4	壬寅	6月3	辛未	7月2	辛丑	8月1
廿六	甲戌	3月7	甲辰	4月6	癸酉	5月5	癸卯	6月4	壬申	7月3	壬寅	8月2
廿七	乙亥	3月8	乙巳	4月7	甲戌	5月6	甲辰	6月5	癸酉	7月4	癸卯	8月3
廿八	丙子	3月9	丙午	4月8	乙亥	5月7	乙巳	6月6	甲戌	7月5	甲辰	8月4
廿九	丁丑	3月10	丁未	4月9	丙子	5月8	丙午	6月7	乙亥	7月6	乙巳	8月5
三十	戊寅	3月11			丁丑	5月9			丙子	7月7		

西元1899年

月別	農曆十二月		農曆十一月		農曆十月		農曆九月		農曆八月		農曆七月	
干支	丁丑		丙子		乙亥		甲戌		癸酉		壬申	
節	大寒 小寒		冬至 大雪		小雪 立冬		霜降 寒露		秋分 白露		處暑 立秋	
氣	20時32分 二十寅時 / 3時8分 初六寅時		9時55分 二十巳時 / 16時6分 初五申時		20時56分 二十戌時 / 23時44分 初五夜子		23時58分 十九夜子 / 21時13分 初四亥時		15時20分 十九申時 / 6時15分 初四卯時		18時18分 十八酉時 / 3時49分 初三寅時	
農曆	國曆	干支	國曆	干支	國曆	干支	國曆	干支	國曆	干支	國曆	干支
初一	1月1	戊甲	12月3	巳乙	11月3	亥乙	10月5	午丙	9月5	子丙	8月6	午丙
初二	1月2	亥乙	12月4	午丙	11月4	子丙	10月6	未丁	9月6	丑丁	8月7	未丁
初三	1月3	子丙	12月5	未丁	11月5	丑丁	10月7	申戊	9月7	寅戊	8月8	申戊
初四	1月4	丑丁	12月6	申戊	11月6	寅戊	10月8	酉己	9月8	卯己	8月9	酉己
初五	1月5	寅戊	12月7	酉己	11月7	卯己	10月9	戌庚	9月9	辰庚	8月10	戌庚
初六	1月6	卯己	12月8	戌庚	11月8	辰庚	10月10	亥辛	9月10	巳辛	8月11	亥辛
初七	1月7	辰庚	12月9	亥辛	11月9	巳辛	10月11	子壬	9月11	午壬	8月12	子壬
初八	1月8	巳辛	12月10	子壬	11月10	午壬	10月12	丑癸	9月12	未癸	8月13	丑癸
初九	1月9	午壬	12月11	丑癸	11月11	未癸	10月13	寅甲	9月13	申甲	8月14	寅甲
初十	1月10	未癸	12月12	寅甲	11月12	申甲	10月14	卯乙	9月14	酉乙	8月15	卯乙
十一	1月11	申甲	12月13	卯乙	11月13	酉乙	10月15	辰丙	9月15	戌丙	8月16	辰丙
十二	1月12	酉乙	12月14	辰丙	11月14	戌丙	10月16	巳丁	9月16	亥丁	8月17	巳丁
十三	1月13	戌丙	12月15	巳丁	11月15	亥丁	10月17	午戊	9月17	子戊	8月18	午戊
十四	1月14	亥丁	12月16	午戊	11月16	子戊	10月18	未己	9月18	丑己	8月19	未己
十五	1月15	子戊	12月17	未己	11月17	丑己	10月19	申庚	9月19	寅庚	8月20	申庚
十六	1月16	丑己	12月18	申庚	11月18	寅庚	10月20	酉辛	9月20	卯辛	8月21	酉辛
十七	1月17	寅庚	12月19	酉辛	11月19	卯辛	10月21	戌壬	9月21	辰壬	8月22	戌壬
十八	1月18	卯辛	12月20	戌壬	11月20	辰壬	10月22	亥癸	9月22	巳癸	8月23	亥癸
十九	1月19	辰壬	12月21	亥癸	11月21	巳癸	10月23	子甲	9月23	午甲	8月24	子甲
二十	1月20	巳癸	12月22	子甲	11月22	午甲	10月24	丑乙	9月24	未乙	8月25	丑乙
廿一	1月21	午甲	12月23	丑乙	11月23	未乙	10月25	寅丙	9月25	申丙	8月26	寅丙
廿二	1月22	未乙	12月24	寅丙	11月24	申丙	10月26	卯丁	9月26	酉丁	8月27	卯丁
廿三	1月23	申丙	12月25	卯丁	11月25	酉丁	10月27	辰戊	9月27	戌戊	8月28	辰戊
廿四	1月24	酉丁	12月26	辰戊	11月26	戌戊	10月28	巳己	9月28	亥己	8月29	巳己
廿五	1月25	戌戊	12月27	巳己	11月27	亥己	10月29	午庚	9月29	子庚	8月30	午庚
廿六	1月26	亥己	12月28	午庚	11月28	子庚	10月30	未辛	9月30	丑辛	8月31	未辛
廿七	1月27	子庚	12月29	未辛	11月29	丑辛	10月31	申壬	10月1	寅壬	9月1	申壬
廿八	1月28	丑辛	12月30	申壬	11月30	寅壬	11月1	酉癸	10月2	卯癸	9月2	酉癸
廿九	1月29	寅壬	12月31	酉癸	12月1	卯癸	11月2	戌甲	10月3	辰甲	9月3	戌甲
三十	1月30	卯癸			12月2	辰甲			10月4	巳乙	9月4	亥乙

民國前十二年（光緒廿六）歲次 庚子《鼠》西元一九〇〇年 太歲姓虞名紀

農曆六月 未癸		農曆五月 午壬		農曆四月 巳辛		農曆三月 辰庚		農曆二月 卯己		農曆正月 寅戊		別月 支干
大暑	小暑	夏至	芒種	小滿	立夏	穀雨	清明	春分	驚蟄	雨水	立春	節
17時廿七20分酉時	0時十二1分子時	6時廿六25分卯時	13時初十32分未時	22時廿三4分亥時	8時初八51分辰時	22時廿一17分亥時	14時初六53分未時	10時廿一33分巳時	9時初六27分巳時	11時二十0分午時	14時初五58分未時	氣
國曆	支干	國曆	支干	國曆	支干	國曆	支干	國曆	支干	國曆	支干	農曆
6月27	未辛	5月28	丑辛	4月29	申壬	3月31	卯癸	3月1	酉癸	1月31	辰甲	初一
6月28	申壬	5月29	寅壬	4月30	酉癸	4月1	辰甲	3月2	戌甲	2月1	巳乙	初二
6月29	酉癸	5月30	卯癸	5月1	戌甲	4月2	巳乙	3月3	亥乙	2月2	午丙	初三
6月30	戌甲	5月31	辰甲	5月2	亥乙	4月3	午丙	3月4	子丙	2月3	未丁	初四
7月1	亥乙	6月1	巳乙	5月3	子丙	4月4	未丁	3月5	丑丁	2月4	申戊	初五
7月2	子丙	6月2	午丙	5月4	丑丁	4月5	申戊	3月6	寅戊	2月5	酉己	初六
7月3	丑丁	6月3	未丁	5月5	寅戊	4月6	酉己	3月7	卯己	2月6	戌庚	初七
7月4	寅戊	6月4	申戊	5月6	卯己	4月7	戌庚	3月8	辰庚	2月7	亥辛	初八
7月5	卯己	6月5	酉己	5月7	辰庚	4月8	亥辛	3月9	巳辛	2月8	子壬	初九
7月6	辰庚	6月6	戌庚	5月8	巳辛	4月9	子壬	3月10	午壬	2月9	丑癸	初十
7月7	巳辛	6月7	亥辛	5月9	午壬	4月10	丑癸	3月11	未癸	2月10	寅甲	十一
7月8	午壬	6月8	子壬	5月10	未癸	4月11	寅甲	3月12	申甲	2月11	卯乙	十二
7月9	未癸	6月9	丑癸	5月11	申甲	4月12	卯乙	3月13	酉乙	2月12	辰丙	十三
7月10	申甲	6月10	寅甲	5月12	酉乙	4月13	辰丙	3月14	戌丙	2月13	巳丁	十四
7月11	酉乙	6月11	卯乙	5月13	戌丙	4月14	巳丁	3月15	亥丁	2月14	午戊	十五
7月12	戌丙	6月12	辰丙	5月14	亥丁	4月15	午戊	3月16	子戊	2月15	未己	十六
7月13	亥丁	6月13	巳丁	5月15	子戊	4月16	未己	3月17	丑己	2月16	申庚	十七
7月14	子戊	6月14	午戊	5月16	丑己	4月17	申庚	3月18	寅庚	2月17	酉辛	十八
7月15	丑己	6月15	未己	5月17	寅庚	4月18	酉辛	3月19	卯辛	2月18	戌壬	十九
7月16	寅庚	6月16	申庚	5月18	卯辛	4月19	戌壬	3月20	辰壬	2月19	亥癸	二十
7月17	卯辛	6月17	酉辛	5月19	辰壬	4月20	亥癸	3月21	巳癸	2月20	子甲	廿一
7月18	辰壬	6月18	戌壬	5月20	巳癸	4月21	子甲	3月22	午甲	2月21	丑乙	廿二
7月19	巳癸	6月19	亥癸	5月21	午甲	4月22	丑乙	3月23	未乙	2月22	寅丙	廿三
7月20	午甲	6月20	子甲	5月22	未乙	4月23	寅丙	3月24	申丙	2月23	卯丁	廿四
7月21	未乙	6月21	丑乙	5月23	申丙	4月24	卯丁	3月25	酉丁	2月24	辰戊	廿五
7月22	申丙	6月22	寅丙	5月24	酉丁	4月25	辰戊	3月26	戌戊	2月25	巳己	廿六
7月23	酉丁	6月23	卯丁	5月25	戌戊	4月26	巳己	3月27	亥己	2月26	午庚	廿七
7月24	戌戊	6月24	辰戊	5月26	亥己	4月27	午庚	3月28	子庚	2月27	未辛	廿八
7月25	亥己	6月25	巳己	5月27	子庚	4月28	未辛	3月29	丑辛	2月28	申壬	廿九
		6月26	午庚					3月30	寅壬			三十

西元1900年

月別	農曆十二月		農曆十一月		農曆十月		農曆九月		農曆閏八月		農曆八月		農曆七月	
干支	己丑		戊子		丁亥		丙戌				乙酉		甲申	
節	立春	大寒	小寒	冬至	大雪	小雪	立冬	霜降	寒露		秋分	白露	處暑	立秋
氣	20時46分 十六戊時	2時17分 初二戊時	8時58分 十六辰時	15時40分 初一申時	21時57分 十六亥時	2時41分 初二丑時	5時35分 十七卯時	5時43分 初二卯時	3時4分 十六丑時		21時5分 三十亥時	12時6分 十五午時	0時3分 三十子時	9時40分 十四巳時
農曆	國曆	支干	國曆	支干	國曆	支干	國曆	支干	國曆	支干	國曆	支干	國曆	支干
初一	1月20	戌戊	12月22	巳己	11月22	亥己	10月23	巳己	9月24	子庚	8月25	午庚	7月26	子庚
初二	1月21	亥己	12月23	午庚	11月23	子庚	10月24	午庚	9月25	丑辛	8月26	未辛	7月27	丑辛
初三	1月22	子庚	12月24	未辛	11月24	丑辛	10月25	未辛	9月26	寅壬	8月27	申壬	7月28	寅壬
初四	1月23	丑辛	12月25	申壬	11月25	寅壬	10月26	申壬	9月27	卯癸	8月28	酉癸	7月29	卯癸
初五	1月24	寅壬	12月26	酉癸	11月26	卯癸	10月27	酉癸	9月28	辰甲	8月29	戌甲	7月30	辰甲
初六	1月25	卯癸	12月27	戌甲	11月27	辰甲	10月28	戌甲	9月29	巳乙	8月30	亥乙	7月31	巳乙
初七	1月26	辰甲	12月28	亥乙	11月28	巳乙	10月29	亥乙	9月30	午丙	8月31	子丙	8月1	午丙
初八	1月27	巳乙	12月29	子丙	11月29	午丙	10月30	子丙	10月1	未丁	9月1	丑丁	8月2	未丁
初九	1月28	午丙	12月30	丑丁	11月30	未丁	10月31	丑丁	10月2	申戊	9月2	寅戊	8月3	申戊
初十	1月29	未丁	12月31	寅戊	12月1	申戊	11月1	寅戊	10月3	酉己	9月3	卯己	8月4	酉己
十一	1月30	申戊	1月1	卯己	12月2	酉己	11月2	卯己	10月4	戌庚	9月4	辰庚	8月5	戌庚
十二	1月31	酉己	1月2	辰庚	12月3	戌庚	11月3	辰庚	10月5	亥辛	9月5	巳辛	8月6	亥辛
十三	2月1	戌庚	1月3	巳辛	12月4	亥辛	11月4	巳辛	10月6	子壬	9月6	午壬	8月7	子壬
十四	2月2	亥辛	1月4	午壬	12月5	子壬	11月5	午壬	10月7	丑癸	9月7	未癸	8月8	丑癸
十五	2月3	子壬	1月5	未癸	12月6	丑癸	11月6	未癸	10月8	寅甲	9月8	申甲	8月9	寅甲
十六	2月4	丑癸	1月6	申甲	12月7	寅甲	11月7	申甲	10月9	卯乙	9月9	酉乙	8月10	卯乙
十七	2月5	寅甲	1月7	酉乙	12月8	卯乙	11月8	酉乙	10月10	辰丙	9月10	戌丙	8月11	辰丙
十八	2月6	卯乙	1月8	戌丙	12月9	辰丙	11月9	戌丙	10月11	巳丁	9月11	亥丁	8月12	巳丁
十九	2月7	辰丙	1月9	亥丁	12月10	巳丁	11月10	亥丁	10月12	午戊	9月12	子戊	8月13	午戊
二十	2月8	巳丁	1月10	子戊	12月11	午戊	11月11	子戊	10月13	未己	9月13	丑己	8月14	未己
廿一	2月9	午戊	1月11	丑己	12月12	未己	11月12	丑己	10月14	申庚	9月14	寅庚	8月15	申庚
廿二	2月10	未己	1月12	寅庚	12月13	申庚	11月13	寅庚	10月15	酉辛	9月15	卯辛	8月16	酉辛
廿三	2月11	申庚	1月13	卯辛	12月14	酉辛	11月14	卯辛	10月16	戌壬	9月16	辰壬	8月17	戌壬
廿四	2月12	酉辛	1月14	辰壬	12月15	戌壬	11月15	辰壬	10月17	亥癸	9月17	巳癸	8月18	亥癸
廿五	2月13	戌壬	1月15	巳癸	12月16	亥癸	11月16	巳癸	10月18	子甲	9月18	午甲	8月19	子甲
廿六	2月14	亥癸	1月16	午甲	12月17	子甲	11月17	午甲	10月19	丑乙	9月19	未乙	8月20	丑乙
廿七	2月15	子甲	1月17	未乙	12月18	丑乙	11月18	未乙	10月20	寅丙	9月20	申丙	8月21	寅丙
廿八	2月16	丑乙	1月18	申丙	12月19	寅丙	11月19	申丙	10月21	卯丁	9月21	酉丁	8月22	卯丁
廿九	2月17	寅丙	1月19	酉丁	12月20	卯丁	11月20	酉丁	10月22	辰戊	9月22	戌戊	8月23	辰戊
三十	2月18	卯丁			12月21	辰戊	11月21	戌戊			9月23	亥己	8月24	巳己

民國前十一年（光緒廿七）歲次 辛丑《牛》西元一九○一年 太歲 姓湯名信

農曆六月 乙未		農曆五月 甲午		農曆四月 癸巳		農曆三月 壬辰		農曆二月 辛卯		農曆正月 庚寅		別月 支干
立秋 15時25分 廿四申	大暑 23時5分 初八亥	小暑 5時46分 廿三卯	夏至 12時10分 初七午	芒種 19時17分 二十戌	小滿 3時49分 初五寅	立夏 14時36分 十八未	穀雨 4時2分 初三寅	清明 20時38分 廿七戌	春分 16時18分 初二申	驚蟄 15時13分 十六申	雨水 16時45分 初一申	節氣
國曆	干支	國曆	干支	國曆	干支	國曆	干支	國曆	干支	國曆	干支	農曆
7月16	未乙	6月16	丑乙	5月18	申丙	4月19	卯丁	3月20	酉丁	2月19	辰戊	初一
7月17	申丙	6月17	寅丙	5月19	酉丁	4月20	辰戊	3月21	戌戊	2月20	巳己	初二
7月18	酉丁	6月18	卯丁	5月20	戌戊	4月21	巳己	3月22	亥己	2月21	午庚	初三
7月19	戌戊	6月19	辰戊	5月21	亥己	4月22	午庚	3月23	子庚	2月22	未辛	初四
7月20	亥己	6月20	巳己	5月22	子庚	4月23	未辛	3月24	丑辛	2月23	申壬	初五
7月21	子庚	6月21	午庚	5月23	丑辛	4月24	申壬	3月25	寅壬	2月24	酉癸	初六
7月22	丑辛	6月22	未辛	5月24	寅壬	4月25	酉癸	3月26	卯癸	2月25	戌甲	初七
7月23	寅壬	6月23	申壬	5月25	卯癸	4月26	戌甲	3月27	辰甲	2月26	亥乙	初八
7月24	卯癸	6月24	酉癸	5月26	辰甲	4月27	亥乙	3月28	巳乙	2月27	子丙	初九
7月25	辰甲	6月25	戌甲	5月27	巳乙	4月28	子丙	3月29	午丙	2月28	丑丁	初十
7月26	巳乙	6月26	亥乙	5月28	午丙	4月29	丑丁	3月30	未丁	3月1	寅戊	十一
7月27	午丙	6月27	子丙	5月29	未丁	4月30	寅戊	3月31	申戊	3月2	卯己	十二
7月28	未丁	6月28	丑丁	5月30	申戊	5月1	卯己	4月1	酉己	3月3	辰庚	十三
7月29	申戊	6月29	寅戊	5月31	酉己	5月2	辰庚	4月2	戌庚	3月4	巳辛	十四
7月30	酉己	6月30	卯己	6月1	戌庚	5月3	巳辛	4月3	亥辛	3月5	午壬	十五
7月31	戌庚	7月1	辰庚	6月2	亥辛	5月4	午壬	4月4	子壬	3月6	未癸	十六
8月1	亥辛	7月2	巳辛	6月3	子壬	5月5	未癸	4月5	丑癸	3月7	申甲	十七
8月2	子壬	7月3	午壬	6月4	丑癸	5月6	申甲	4月6	寅甲	3月8	酉乙	十八
8月3	丑癸	7月4	未癸	6月5	寅甲	5月7	酉乙	4月7	卯乙	3月9	戌丙	十九
8月4	寅甲	7月5	申甲	6月6	卯乙	5月8	戌丙	4月8	辰丙	3月10	亥丁	二十
8月5	卯乙	7月6	酉乙	6月7	辰丙	5月9	亥丁	4月9	巳丁	3月11	子戊	廿一
8月6	辰丙	7月7	戌丙	6月8	巳丁	5月10	子戊	4月10	午戊	3月12	丑己	廿二
8月7	巳丁	7月8	亥丁	6月9	午戊	5月11	丑己	4月11	未己	3月13	寅庚	廿三
8月8	午戊	7月9	子戊	6月10	未己	5月12	寅庚	4月12	申庚	3月14	卯辛	廿四
8月9	未己	7月10	丑己	6月11	申庚	5月13	卯辛	4月13	酉辛	3月15	辰壬	廿五
8月10	申庚	7月11	寅庚	6月12	酉辛	5月14	辰壬	4月14	戌壬	3月16	巳癸	廿六
8月11	酉辛	7月12	卯辛	6月13	戌壬	5月15	巳癸	4月15	亥癸	3月17	午甲	廿七
8月12	戌壬	7月13	辰壬	6月14	亥癸	5月16	午甲	4月16	子甲	3月18	未乙	廿八
8月13	亥癸	7月14	巳癸	6月15	子甲	5月17	未乙	4月17	丑乙	3月19	申丙	廿九
		7月15	午甲					4月18	寅丙			三十

月別	農曆十二月		農曆十一月		農曆十月		農曆九月		農曆八月		農曆七月	
干支	辛丑		庚子		己亥		戊戌		丁酉		丙申	
節	立春 大寒		小寒		冬至		大雪 小雪		立冬 霜降		寒露 秋分		白露 處暑	
氣	立春 2時 廿七 31分 丑時　大寒 8時 十二 4分 辰時		小寒 14時 廿七 43分 未時		冬至 21時 十二 25分 亥時		大雪 3時 廿八 42分 寅時　小雪 8時 十三 26分 辰時		立冬 11時 廿八 20分 午時　霜降 11時 十三 28分 子時		寒露 8時 廿七 49分 辰時　秋分 2時 十二 50分 丑時		白露 17時 廿六 51分 酉時　處暑 5時 十一 48分 卯時	
農曆	國曆	支干	國曆	支干	國曆	支干	國曆	支干	國曆	支干	國曆	支干
初一	1月10	巳癸	12月11	亥癸	11月11	巳癸	10月12	亥癸	9月13	午甲	8月14	子甲
初二	1月11	午甲	12月12	子甲	11月12	午甲	10月13	子甲	9月14	末乙	8月15	丑乙
初三	1月12	末乙	12月13	丑乙	11月13	末乙	10月14	丑乙	9月15	申丙	8月16	寅丙
初四	1月13	申丙	12月14	寅丙	11月14	申丙	10月15	寅丙	9月16	酉丁	8月17	卯丁
初五	1月14	酉丁	12月15	卯丁	11月15	酉丁	10月16	卯丁	9月17	戌戊	8月18	辰戊
初六	1月15	戌戊	12月16	辰戊	11月16	戌戊	10月17	辰戊	9月18	亥己	8月19	巳己
初七	1月16	亥己	12月17	巳己	11月17	亥己	10月18	巳己	9月19	子庚	8月20	午庚
初八	1月17	子庚	12月18	午庚	11月18	子庚	10月19	午庚	9月20	丑辛	8月21	末辛
初九	1月18	丑辛	12月19	末辛	11月19	丑辛	10月20	末辛	9月21	寅壬	8月22	申壬
初十	1月19	寅壬	12月20	申壬	11月20	寅壬	10月21	申壬	9月22	卯癸	8月23	酉癸
十一	1月20	卯癸	12月21	酉癸	11月21	卯癸	10月22	酉癸	9月23	辰甲	8月24	戌甲
十二	1月21	辰甲	12月22	戌甲	11月22	辰甲	10月23	戌甲	9月24	巳乙	8月25	亥乙
十三	1月22	巳乙	12月23	亥乙	11月23	巳乙	10月24	亥乙	9月25	午丙	8月26	子丙
十四	1月23	午丙	12月24	子丙	11月24	午丙	10月25	子丙	9月26	末丁	8月27	丑丁
十五	1月24	末丁	12月25	丑丁	11月25	末丁	10月26	丑丁	9月27	申戊	8月28	寅戊
十六	1月25	申戊	12月26	寅戊	11月26	申戊	10月27	寅戊	9月28	酉己	8月29	卯己
十七	1月26	酉己	12月27	卯己	11月27	酉己	10月28	卯己	9月29	戌庚	8月30	辰庚
十八	1月27	戌庚	12月28	辰庚	11月28	戌庚	10月29	辰庚	9月30	亥辛	8月31	巳辛
十九	1月28	亥辛	12月29	巳辛	11月29	亥辛	10月30	巳辛	10月1	子壬	9月1	午壬
二十	1月29	子壬	12月30	午壬	11月30	子壬	10月31	午壬	10月2	丑癸	9月2	末癸
廿一	1月30	丑癸	12月31	末癸	12月1	丑癸	11月1	末癸	10月3	寅甲	9月3	申甲
廿二	1月31	寅甲	1月1	申甲	12月2	寅甲	11月2	申甲	10月4	卯乙	9月4	酉乙
廿三	2月1	卯乙	1月2	酉乙	12月3	卯乙	11月3	酉乙	10月5	辰丙	9月5	戌丙
廿四	2月2	辰丙	1月3	戌丙	12月4	辰丙	11月4	戌丙	10月6	巳丁	9月6	亥丁
廿五	2月3	巳丁	1月4	亥丁	12月5	巳丁	11月5	亥丁	10月7	午戊	9月7	子戊
廿六	2月4	午戊	1月5	子戊	12月6	午戊	11月6	子戊	10月8	末己	9月8	丑己
廿七	2月5	末己	1月6	丑己	12月7	末己	11月7	丑己	10月9	申庚	9月9	寅庚
廿八	2月6	申庚	1月7	寅庚	12月8	申庚	11月8	寅庚	10月10	酉辛	9月10	卯辛
廿九	2月7	酉辛	1月8	卯辛	12月9	酉辛	11月9	卯辛	10月11	戌壬	9月11	辰壬
三十			1月9	辰壬	12月10	戌壬	11月10	辰壬			9月12	巳癸

民國前十年（光緒廿八）歲次 壬寅《虎》

西元一九〇二年　太歲　姓賀名諤

月別	農曆正月		農曆二月		農曆三月		農曆四月		農曆五月		農曆六月	
干支	壬寅		癸卯		甲辰		乙巳		丙午		丁未	
節	雨水	驚蟄	春分	清明	穀雨	立夏	小滿		芒種	夏至	小暑	大暑
氣	十二亥時 22時32分	廿七戌時 20時58分	十二亥時 22時5分	廿八丑時 2時24分	十四巳時 9時49分	廿九戌時 20時22分	十五巳時 9時36分		初二丑時 1時3分	十七酉時 17時57分	初四午時 11時32分	二十寅時 4時52分
農曆	干支	國曆	干支	國曆	干支	國曆	干支	國曆	干支	國曆	干支	國曆
初一	壬戌	2月8	壬辰	3月10	辛酉	4月8	辛卯	5月8	庚申	6月6	己丑	7月5
初二	癸亥	2月9	癸巳	3月11	壬戌	4月9	壬辰	5月9	辛酉	6月7	庚寅	7月6
初三	甲子	2月10	甲午	3月12	癸亥	4月10	癸巳	5月10	壬戌	6月8	辛卯	7月7
初四	乙丑	2月11	乙未	3月13	甲子	4月11	甲午	5月11	癸亥	6月9	壬辰	7月8
初五	丙寅	2月12	丙申	3月14	乙丑	4月12	乙未	5月12	甲子	6月10	癸巳	7月9
初六	丁卯	2月13	丁酉	3月15	丙寅	4月13	丙申	5月13	乙丑	6月11	甲午	7月10
初七	戊辰	2月14	戊戌	3月16	丁卯	4月14	丁酉	5月14	丙寅	6月12	乙未	7月11
初八	己巳	2月15	己亥	3月17	戊辰	4月15	戊戌	5月15	丁卯	6月13	丙申	7月12
初九	庚午	2月16	庚子	3月18	己巳	4月16	己亥	5月16	戊辰	6月14	丁酉	7月13
初十	辛未	2月17	辛丑	3月19	庚午	4月17	庚子	5月17	己巳	6月15	戊戌	7月14
十一	壬申	2月18	壬寅	3月20	辛未	4月18	辛丑	5月18	庚午	6月16	己亥	7月15
十二	癸酉	2月19	癸卯	3月21	壬申	4月19	壬寅	5月19	辛未	6月17	庚子	7月16
十三	甲戌	2月20	甲辰	3月22	癸酉	4月20	癸卯	5月20	壬申	6月18	辛丑	7月17
十四	乙亥	2月21	乙巳	3月23	甲戌	4月21	甲辰	5月21	癸酉	6月19	壬寅	7月18
十五	丙子	2月22	丙午	3月24	乙亥	4月22	乙巳	5月22	甲戌	6月20	癸卯	7月19
十六	丁丑	2月23	丁未	3月25	丙子	4月23	丙午	5月23	乙亥	6月21	甲辰	7月20
十七	戊寅	2月24	戊申	3月26	丁丑	4月24	丁未	5月24	丙子	6月22	乙巳	7月21
十八	己卯	2月25	己酉	3月27	戊寅	4月25	戊申	5月25	丁丑	6月23	丙午	7月22
十九	庚辰	2月26	庚戌	3月28	己卯	4月26	己酉	5月26	戊寅	6月24	丁未	7月23
二十	辛巳	2月27	辛亥	3月29	庚辰	4月27	庚戌	5月27	己卯	6月25	戊申	7月24
廿一	壬午	2月28	壬子	3月30	辛巳	4月28	辛亥	5月28	庚辰	6月26	己酉	7月25
廿二	癸未	3月1	癸丑	3月31	壬午	4月29	壬子	5月29	辛巳	6月27	庚戌	7月26
廿三	甲申	3月2	甲寅	4月1	癸未	4月30	癸丑	5月30	壬午	6月28	辛亥	7月27
廿四	乙酉	3月3	乙卯	4月2	甲申	5月1	甲寅	5月31	癸未	6月29	壬子	7月28
廿五	丙戌	3月4	丙辰	4月3	乙酉	5月2	乙卯	6月1	甲申	6月30	癸丑	7月29
廿六	丁亥	3月5	丁巳	4月4	丙戌	5月3	丙辰	6月2	乙酉	7月1	甲寅	7月30
廿七	戊子	3月6	戊午	4月5	丁亥	5月4	丁巳	6月3	丙戌	7月2	乙卯	7月31
廿八	己丑	3月7	己未	4月6	戊子	5月5	戊午	6月4	丁亥	7月3	丙辰	8月1
廿九	庚寅	3月8	庚申	4月7	己丑	5月6	己未	6月5	戊子	7月4	丁巳	8月2
三十	辛卯	3月9			庚寅	5月7					戊午	8月3

月別	農曆十二月		農曆十一月		農曆十月		農曆九月		農曆八月		農曆七月	
干支	癸丑		壬子		辛亥		庚戌		己酉		戊申	
節	大寒	小寒	冬至	大雪	小雪	立冬	霜降	寒露	秋分	白露	處暑	立秋
氣	13時49分 廿三未時	20時29分 初八戌時	3時12分 廿四寅時	9時28分 初九巳時	14時13分 廿四未時	17時6分 初九酉時	17時15分 廿三酉時	14時35分 初八未時	8時37分 廿三辰時	23時37分 初七夜子	11時35分 廿一午時	21時11分 初五亥時
農曆	國曆	支干	國曆	支干	國曆	支干	國曆	支干	國曆	支干	國曆	支干
初一	12月30	丁亥	11月30	丁巳	10月31	丁亥	10月2	戊午	9月2	戊子	8月4	己未
初二	12月31	戊子	12月1	戊午	11月1	戊子	10月3	己未	9月3	己丑	8月5	庚申
初三	1月1	己丑	12月2	己未	11月2	己丑	10月4	庚申	9月4	庚寅	8月6	辛酉
初四	1月2	庚寅	12月3	庚申	11月3	庚寅	10月5	辛酉	9月5	辛卯	8月7	壬戌
初五	1月3	辛卯	12月4	辛酉	11月4	辛卯	10月6	壬戌	9月6	壬辰	8月8	癸亥
初六	1月4	壬辰	12月5	壬戌	11月5	壬辰	10月7	癸亥	9月7	癸巳	8月9	甲子
初七	1月5	癸巳	12月6	癸亥	11月6	癸巳	10月8	甲子	9月8	甲午	8月10	乙丑
初八	1月6	甲午	12月7	甲子	11月7	甲午	10月9	乙丑	9月9	乙未	8月11	丙寅
初九	1月7	乙未	12月8	乙丑	11月8	乙未	10月10	丙寅	9月10	丙申	8月12	丁卯
初十	1月8	丙申	12月9	丙寅	11月9	丙申	10月11	丁卯	9月11	丁酉	8月13	戊辰
十一	1月9	丁酉	12月10	丁卯	11月10	丁酉	10月12	戊辰	9月12	戊戌	8月14	己巳
十二	1月10	戊戌	12月11	戊辰	11月11	戊戌	10月13	己巳	9月13	己亥	8月15	庚午
十三	1月11	己亥	12月12	己巳	11月12	己亥	10月14	庚午	9月14	庚子	8月16	辛未
十四	1月12	庚子	12月13	庚午	11月13	庚子	10月15	辛未	9月15	辛丑	8月17	壬申
十五	1月13	辛丑	12月14	辛未	11月14	辛丑	10月16	壬申	9月16	壬寅	8月18	癸酉
十六	1月14	壬寅	12月15	壬申	11月15	壬寅	10月17	癸酉	9月17	癸卯	8月19	甲戌
十七	1月15	癸卯	12月16	癸酉	11月16	癸卯	10月18	甲戌	9月18	甲辰	8月20	乙亥
十八	1月16	甲辰	12月17	甲戌	11月17	甲辰	10月19	乙亥	9月19	乙巳	8月21	丙子
十九	1月17	乙巳	12月18	乙亥	11月18	乙巳	10月20	丙子	9月20	丙午	8月22	丁丑
二十	1月18	丙午	12月19	丙子	11月19	丙午	10月21	丁丑	9月21	丁未	8月23	戊寅
廿一	1月19	丁未	12月20	丁丑	11月20	丁未	10月22	戊寅	9月22	戊申	8月24	己卯
廿二	1月20	戊申	12月21	戊寅	11月21	戊申	10月23	己卯	9月23	己酉	8月25	庚辰
廿三	1月21	己酉	12月22	己卯	11月22	己酉	10月24	庚辰	9月24	庚戌	8月26	辛巳
廿四	1月22	庚戌	12月23	庚辰	11月23	庚戌	10月25	辛巳	9月25	辛亥	8月27	壬午
廿五	1月23	辛亥	12月24	辛巳	11月24	辛亥	10月26	壬午	9月26	壬子	8月28	癸未
廿六	1月24	壬子	12月25	壬午	11月25	壬子	10月27	癸未	9月27	癸丑	8月29	甲申
廿七	1月25	癸丑	12月26	癸未	11月26	癸丑	10月28	甲申	9月28	甲寅	8月30	乙酉
廿八	1月26	甲寅	12月27	甲申	11月27	甲寅	10月29	乙酉	9月29	乙卯	8月31	丙戌
廿九	1月27	乙卯	12月28	乙酉	11月28	乙卯	10月30	丙戌	9月30	丙辰	9月1	丁亥
三十	1月28	丙辰	12月29	丙戌	11月29	丙辰	10月1	丁巳				

民國前九年（光緒廿九） 歲次 癸卯《兔》 西元一九〇三年 太歲 姓皮名時

節氣

節	氣
立秋	十七 2時57分 丑時
大暑	初一 10時37分 巳時
小暑	十四 17時18分 酉時
夏至	廿七 23時42分 子時
芒種	十二 6時49分 卯時
小滿	廿六 15時21分 申時
立夏	十一 5時8分 丑時
穀雨	廿四 15時34分 申時
清明	初九 8時10分 辰時
春分	廿四 3時50分 寅時
驚蟄	初九 2時44分 丑時
雨水	廿三 4時17分 寅時
立春	初八 8時17分 辰時

農曆六月 己未		農曆閏五月		農曆五月 戊午		農曆四月 丁巳		農曆三月 丙辰		農曆二月 乙卯		農曆正月 甲寅		月別
國曆	支干	國曆	支干	國曆	支干	國曆	支干	國曆	支干	國曆	支干	國曆	支干	農曆
7月24	癸丑	6月25	甲申	5月27	乙卯	4月27	乙酉	3月29	丙辰	2月27	丙戌	1月29	丁巳	初一
7月25	甲寅	6月26	乙酉	5月28	丙辰	4月28	丙戌	3月30	丁巳	2月28	丁亥	1月30	戊午	初二
7月26	乙卯	6月27	丙戌	5月29	丁巳	4月29	丁亥	3月31	戊午	3月1	戊子	1月31	己未	初三
7月27	丙辰	6月28	丁亥	5月30	戊午	4月30	戊子	4月1	己未	3月2	己丑	2月1	庚申	初四
7月28	丁巳	6月29	戊子	5月31	己未	5月1	己丑	4月2	庚申	3月3	庚寅	2月2	辛酉	初五
7月29	戊午	6月30	己丑	6月1	庚申	5月2	庚寅	4月3	辛酉	3月4	辛卯	2月3	壬戌	初六
7月30	己未	7月1	庚寅	6月2	辛酉	5月3	辛卯	4月4	壬戌	3月5	壬辰	2月4	癸亥	初七
7月31	庚申	7月2	辛卯	6月3	壬戌	5月4	壬辰	4月5	癸亥	3月6	癸巳	2月5	甲子	初八
8月1	辛酉	7月3	壬辰	6月4	癸亥	5月5	癸巳	4月6	甲子	3月7	甲午	2月6	乙丑	初九
8月2	壬戌	7月4	癸巳	6月5	甲子	5月6	甲午	4月7	乙丑	3月8	乙未	2月7	丙寅	初十
8月3	癸亥	7月5	甲午	6月6	乙丑	5月7	乙未	4月8	丙寅	3月9	丙申	2月8	丁卯	十一
8月4	甲子	7月6	乙未	6月7	丙寅	5月8	丙申	4月9	丁卯	3月10	丁酉	2月9	戊辰	十二
8月5	乙丑	7月7	丙申	6月8	丁卯	5月9	丁酉	4月10	戊辰	3月11	戊戌	2月10	己巳	十三
8月6	丙寅	7月8	丁酉	6月9	戊辰	5月10	戊戌	4月11	己巳	3月12	己亥	2月11	庚午	十四
8月7	丁卯	7月9	戊戌	6月10	己巳	5月11	己亥	4月12	庚午	3月13	庚子	2月12	辛未	十五
8月8	戊辰	7月10	己亥	6月11	庚午	5月12	庚子	4月13	辛未	3月14	辛丑	2月13	壬申	十六
8月9	己巳	7月11	庚子	6月12	辛未	5月13	辛丑	4月14	壬申	3月15	壬寅	2月14	癸酉	十七
8月10	庚午	7月12	辛丑	6月13	壬申	5月14	壬寅	4月15	癸酉	3月16	癸卯	2月15	甲戌	十八
8月11	辛未	7月13	壬寅	6月14	癸酉	5月15	癸卯	4月16	甲戌	3月17	甲辰	2月16	乙亥	十九
8月12	壬申	7月14	癸卯	6月15	甲戌	5月16	甲辰	4月17	乙亥	3月18	乙巳	2月17	丙子	二十
8月13	癸酉	7月15	甲辰	6月16	乙亥	5月17	乙巳	4月18	丙子	3月19	丙午	2月18	丁丑	廿一
8月14	甲戌	7月16	乙巳	6月17	丙子	5月18	丙午	4月19	丁丑	3月20	丁未	2月19	戊寅	廿二
8月15	乙亥	7月17	丙午	6月18	丁丑	5月19	丁未	4月20	戊寅	3月21	戊申	2月20	己卯	廿三
8月16	丙子	7月18	丁未	6月19	戊寅	5月20	戊申	4月21	己卯	3月22	己酉	2月21	庚辰	廿四
8月17	丁丑	7月19	戊申	6月20	己卯	5月21	己酉	4月22	庚辰	3月23	庚戌	2月22	辛巳	廿五
8月18	戊寅	7月20	己酉	6月21	庚辰	5月22	庚戌	4月23	辛巳	3月24	辛亥	2月23	壬午	廿六
8月19	己卯	7月21	庚戌	6月22	辛巳	5月23	辛亥	4月24	壬午	3月25	壬子	2月24	癸未	廿七
8月20	庚辰	7月22	辛亥	6月23	壬午	5月24	壬子	4月25	癸未	3月26	癸丑	2月25	甲申	廿八
8月21	辛巳	7月23	壬子	6月24	癸未	5月25	癸丑	4月26	甲申	3月27	甲寅	2月26	乙酉	廿九
8月22	壬午					5月26	甲寅			3月28	乙卯			三十

西元1903年

月別	農曆十二月		農曆十一月		農曆十月		農曆九月		農曆八月		農曆七月	
干支	乙丑		甲子		癸亥		壬戌		辛酉		庚申	
節	立春 大寒		小寒 冬至		大雪 小雪		立冬 霜降		寒露 秋分		白露 處暑	
氣	14時3分 二十未時 / 19時34分 初五戌時		2時15分 二十丑時 / 8時57分 初五辰時		15時14分 二十申時 / 19時58分 初五戌時		22時52分 二十亥時 / 23時1分 初五夜子		20時21分 十九戌時 / 14時22分 初四未時		5時23分 十八卯時 / 17時20分 初二酉時	
農曆	國曆	干支	國曆	干支	國曆	干支	國曆	干支	國曆	干支	國曆	干支
初一	1月17	庚戌	12月19	辛巳	11月19	辛亥	10月20	辛巳	9月21	壬子	8月23	癸未
初二	1月18	辛亥	12月20	壬午	11月20	壬子	10月21	壬午	9月22	癸丑	8月24	甲申
初三	1月19	壬子	12月21	癸未	11月21	癸丑	10月22	癸未	9月23	甲寅	8月25	乙酉
初四	1月20	癸丑	12月22	甲申	11月22	甲寅	10月23	甲申	9月24	乙卯	8月26	丙戌
初五	1月21	甲寅	12月23	乙酉	11月23	乙卯	10月24	乙酉	9月25	丙辰	8月27	丁亥
初六	1月22	乙卯	12月24	丙戌	11月24	丙辰	10月25	丙戌	9月26	丁巳	8月28	戊子
初七	1月23	丙辰	12月25	丁亥	11月25	丁巳	10月26	丁亥	9月27	戊午	8月29	己丑
初八	1月24	丁巳	12月26	戊子	11月26	戊午	10月27	戊子	9月28	己未	8月30	庚寅
初九	1月25	戊午	12月27	己丑	11月27	己未	10月28	己丑	9月29	庚申	8月31	辛卯
初十	1月26	己未	12月28	庚寅	11月28	庚申	10月29	庚寅	9月30	辛酉	9月1	壬辰
十一	1月27	庚申	12月29	辛卯	11月29	辛酉	10月30	辛卯	10月1	壬戌	9月2	癸巳
十二	1月28	辛酉	12月30	壬辰	11月30	壬戌	10月31	壬辰	10月2	癸亥	9月3	甲午
十三	1月29	壬戌	12月31	癸巳	12月1	癸亥	11月1	癸巳	10月3	甲子	9月4	乙未
十四	1月30	癸亥	1月1	甲午	12月2	甲子	11月2	甲午	10月4	乙丑	9月5	丙申
十五	1月31	甲子	1月2	乙未	12月3	乙丑	11月3	乙未	10月5	丙寅	9月6	丁酉
十六	2月1	乙丑	1月3	丙申	12月4	丙寅	11月4	丙申	10月6	丁卯	9月7	戊戌
十七	2月2	丙寅	1月4	丁酉	12月5	丁卯	11月5	丁酉	10月7	戊辰	9月8	己亥
十八	2月3	丁卯	1月5	戊戌	12月6	戊辰	11月6	戊戌	10月8	己巳	9月9	庚子
十九	2月4	戊辰	1月6	己亥	12月7	己巳	11月7	己亥	10月9	庚午	9月10	辛丑
二十	2月5	己巳	1月7	庚子	12月8	庚午	11月8	庚子	10月10	辛未	9月11	壬寅
廿一	2月6	庚午	1月8	辛丑	12月9	辛未	11月9	辛丑	10月11	壬申	9月12	癸卯
廿二	2月7	辛未	1月9	壬寅	12月10	壬申	11月10	壬寅	10月12	癸酉	9月13	甲辰
廿三	2月8	壬申	1月10	癸卯	12月11	癸酉	11月11	癸卯	10月13	甲戌	9月14	乙巳
廿四	2月9	癸酉	1月11	甲辰	12月12	甲戌	11月12	甲辰	10月14	乙亥	9月15	丙午
廿五	2月10	甲戌	1月12	乙巳	12月13	乙亥	11月13	乙巳	10月15	丙子	9月16	丁未
廿六	2月11	乙亥	1月13	丙午	12月14	丙子	11月14	丙午	10月16	丁丑	9月17	戊申
廿七	2月12	丙子	1月14	丁未	12月15	丁丑	11月15	丁未	10月17	戊寅	9月18	己酉
廿八	2月13	丁丑	1月15	戊申	12月16	戊寅	11月16	戊申	10月18	己卯	9月19	庚戌
廿九	2月14	戊寅	1月16	己酉	12月17	己卯	11月17	己酉	10月19	庚辰	9月20	辛亥
三十	2月15	己卯			12月18	庚辰	11月18	庚戌				

民國前八年（光緒三十）歲次 甲辰《龍》

西元一九〇四年 太歲 姓李名成

月六曆農		月五曆農		月四曆農		月三曆農		月二曆農		月正曆農		別月
未	辛	午	庚	巳	己	辰	戊	卯	丁	寅	丙	支干
秋立	暑大	暑小	至夏	種芒	滿小	夏立	雨穀	明清	分春	蟄驚	水雨	節
廿七辰時 8時43分	十一申時 16時22分	廿四亥時 23時4分	初九卯時 5時27分	廿三午時 12時35分	初七戌時 21時6分	廿一辰時 7時54分	初五亥時 21時19分	二十未時 13時56分	初五巳時 9時35分	二十辰時 8時30分	初五巳時 10時2分	氣
曆國	支干	曆國	支干	曆國	支干	曆國	支干	曆國	支干	曆國	支干	曆農
7月13	申戊	6月14	卯己	5月15	酉己	4月16	辰庚	3月17	戌庚	2月16	辰庚	一初
7月14	酉己	6月15	辰庚	5月16	戌庚	4月17	巳辛	3月18	亥辛	2月17	巳辛	二初
7月15	戌庚	6月16	巳辛	5月17	亥辛	4月18	午壬	3月19	子壬	2月18	午壬	三初
7月16	亥辛	6月17	午壬	5月18	子壬	4月19	未癸	3月20	丑癸	2月19	未癸	四初
7月17	子壬	6月18	未癸	5月19	丑癸	4月20	申甲	3月21	寅甲	2月20	申甲	五初
7月18	丑癸	6月19	申甲	5月20	寅甲	4月21	酉乙	3月22	卯乙	2月21	酉乙	六初
7月19	寅甲	6月20	酉乙	5月21	卯乙	4月22	戌丙	3月23	辰丙	2月22	戌丙	七初
7月20	卯乙	6月21	戌丙	5月22	辰丙	4月23	亥丁	3月24	巳丁	2月23	亥丁	八初
7月21	辰丙	6月22	亥丁	5月23	巳丁	4月24	子戊	3月25	午戊	2月24	子戊	九初
7月22	巳丁	6月23	子戊	5月24	午戊	4月25	丑己	3月26	未己	2月25	丑己	十初
7月23	午戊	6月24	丑己	5月25	未己	4月26	寅庚	3月27	申庚	2月26	寅庚	一十
7月24	未己	6月25	寅庚	5月26	申庚	4月27	卯辛	3月28	酉辛	2月27	卯辛	二十
7月25	申庚	6月26	卯辛	5月27	酉辛	4月28	辰壬	3月29	戌壬	2月28	辰壬	三十
7月26	酉辛	6月27	辰壬	5月28	戌壬	4月29	巳癸	3月30	亥癸	2月29	巳癸	四十
7月27	戌壬	6月28	巳癸	5月29	亥癸	4月30	午甲	3月31	子甲	3月 1	午甲	五十
7月28	亥癸	6月29	午甲	5月30	子甲	5月 1	未乙	4月 1	丑乙	3月 2	未乙	六十
7月29	子甲	6月30	未乙	5月31	丑乙	5月 2	申丙	4月 2	寅丙	3月 3	申丙	七十
7月30	丑乙	7月 1	申丙	6月 1	寅丙	5月 3	酉丁	4月 3	卯丁	3月 4	酉丁	八十
7月31	寅丙	7月 2	酉丁	6月 2	卯丁	5月 4	戌戊	4月 4	辰戊	3月 5	戌戊	九十
8月 1	卯丁	7月 3	戌戊	6月 3	辰戊	5月 5	亥己	4月 5	巳己	3月 6	亥己	十二
8月 2	辰戊	7月 4	亥己	6月 4	巳己	5月 6	子庚	4月 6	午庚	3月 7	子庚	一廿
8月 3	巳己	7月 5	子庚	6月 5	午庚	5月 7	丑辛	4月 7	未辛	3月 8	丑辛	二廿
8月 4	午庚	7月 6	丑辛	6月 6	未辛	5月 8	寅壬	4月 8	申壬	3月 9	寅壬	三廿
8月 5	未辛	7月 7	寅壬	6月 7	申壬	5月 9	卯癸	4月 9	酉癸	3月10	卯癸	四廿
8月 6	申壬	7月 8	卯癸	6月 8	酉癸	5月10	辰甲	4月10	戌甲	3月11	辰甲	五廿
8月 7	酉癸	7月 9	辰甲	6月 9	戌甲	5月11	巳乙	4月11	亥乙	3月12	巳乙	六廿
8月 8	戌甲	7月10	巳乙	6月10	亥乙	5月12	午丙	4月12	子丙	3月13	午丙	七廿
8月 9	亥乙	7月11	午丙	6月11	子丙	5月13	未丁	4月13	丑丁	3月14	未丁	八廿
8月10	子丙	7月12	未丁	6月12	丑丁	5月14	申戊	4月14	寅戊	3月15	申戊	九廿
				6月13	寅戊			4月15	卯己	3月16	酉己	十三

西元1904年

月別	農曆十二月		農曆十一月		農曆十月		農曆九月		農曆八月		農曆七月	
干支	丁丑		丙子		乙亥		甲戌		癸酉		壬申	
節	大寒	小寒	冬至	大雪	小雪	立冬	霜降	寒露	秋分		白露	處暑
氣	十六 1時19分 丑時	初一 8時1分 辰時	十六 14時42分 未時	初一 21時0分 戌時	十七 1時43分 丑時	初二 4時38分 寅時	十六 4時45分 寅時	初一 2時7分 丑時	十四 20時7分 戌時		廿九 11時9分 午時	十三 23時5分 夜子時
農曆	國曆	支干	國曆	支干	國曆	支干	國曆	支干	國曆	支干	國曆	支干
初一	1月6	巳乙	12月7	亥乙	11月7	巳乙	10月9	子丙	9月10	未丁	8月11	丑丁
初二	1月7	午丙	12月8	子丙	11月8	午丙	10月10	丑丁	9月11	申戊	8月12	寅戊
初三	1月8	未丁	12月9	丑丁	11月9	未丁	10月11	寅戊	9月12	酉己	8月13	卯己
初四	1月9	申戊	12月10	寅戊	11月10	申戊	10月12	卯己	9月13	戌庚	8月14	辰庚
初五	1月10	酉己	12月11	卯己	11月11	酉己	10月13	辰庚	9月14	亥辛	8月15	巳辛
初六	1月11	戌庚	12月12	辰庚	11月12	戌庚	10月14	巳辛	9月15	子壬	8月16	午壬
初七	1月12	亥辛	12月13	巳辛	11月13	亥辛	10月15	午壬	9月16	丑癸	8月17	未癸
初八	1月13	子壬	12月14	午壬	11月14	子壬	10月16	未癸	9月17	寅甲	8月18	申甲
初九	1月14	丑癸	12月15	未癸	11月15	丑癸	10月17	申甲	9月18	卯乙	8月19	酉乙
初十	1月15	寅甲	12月16	申甲	11月16	寅甲	10月18	酉乙	9月19	辰丙	8月20	戌丙
十一	1月16	卯乙	12月17	酉乙	11月17	卯乙	10月19	戌丙	9月20	巳丁	8月21	亥丁
十二	1月17	辰丙	12月18	戌丙	11月18	辰丙	10月20	亥丁	9月21	午戊	8月22	子戊
十三	1月18	巳丁	12月19	亥丁	11月19	巳丁	10月21	子戊	9月22	未己	8月23	丑己
十四	1月19	午戊	12月20	子戊	11月20	午戊	10月22	丑己	9月23	申庚	8月24	寅庚
十五	1月20	未己	12月21	丑己	11月21	未己	10月23	寅庚	9月24	酉辛	8月25	卯辛
十六	1月21	申庚	12月22	寅庚	11月22	申庚	10月24	卯辛	9月25	戌壬	8月26	辰壬
十七	1月22	酉辛	12月23	卯辛	11月23	酉辛	10月25	辰壬	9月26	亥癸	8月27	巳癸
十八	1月23	戌壬	12月24	辰壬	11月24	戌壬	10月26	巳癸	9月27	子甲	8月28	午甲
十九	1月24	亥癸	12月25	巳癸	11月25	亥癸	10月27	午甲	9月28	丑乙	8月29	未乙
二十	1月25	子甲	12月26	午甲	11月26	子甲	10月28	未乙	9月29	寅丙	8月30	申丙
廿一	1月26	丑乙	12月27	未乙	11月27	丑乙	10月29	申丙	9月30	卯丁	8月31	酉丁
廿二	1月27	寅丙	12月28	申丙	11月28	寅丙	10月30	酉丁	10月1	辰戊	9月1	戌戊
廿三	1月28	卯丁	12月29	酉丁	11月29	卯丁	10月31	戌戊	10月2	巳己	9月2	亥己
廿四	1月29	辰戊	12月30	戌戊	11月30	辰戊	11月1	亥己	10月3	午庚	9月3	子庚
廿五	1月30	巳己	12月31	亥己	12月1	巳己	11月2	子庚	10月4	未辛	9月4	丑辛
廿六	1月31	午庚	1月1	子庚	12月2	午庚	11月3	丑辛	10月5	申壬	9月5	寅壬
廿七	2月1	未辛	1月2	丑辛	12月3	未辛	11月4	寅壬	10月6	酉癸	9月6	卯癸
廿八	2月2	申壬	1月3	寅壬	12月4	申壬	11月5	卯癸	10月7	戌甲	9月7	辰甲
廿九	2月3	酉癸	1月4	卯癸	12月5	酉癸	11月6	辰甲	10月8	亥乙	9月8	巳乙
三十			1月5	辰甲	12月6	戌甲					9月9	午丙

西元1905年

民國前七年（光緒卅一）歲次　乙巳《蛇》　西元一九〇五年　太歲　姓吳名遂

農曆六月		農曆五月		農曆四月		農曆三月		農曆二月		農曆正月		別月
癸未		壬午		辛巳		庚辰		己卯		戊寅		支干
大暑	小暑	夏至	芒種	小滿	立夏	穀雨	清明	春分	驚蟄	雨水	立春	節
22時7分亥	4時50分寅	11時12分午	18時21分酉	2時51分丑	13時40分未	3時4分	19時42分戌	15時20分申	14時16分未	15時47分申	19時49分戌	氣
國曆	支干	國曆	支干	國曆	支干	國曆	支干	國曆	支干	國曆	支干	農曆
7月3日	卯癸	6月3日	酉癸	5月4日	卯癸	4月5日	戌甲	3月6日	辰甲	2月4日	戌甲	初一
7月4日	辰甲	6月4日	戌甲	5月5日	辰甲	4月6日	亥乙	3月7日	巳乙	2月5日	亥乙	初二
7月5日	巳乙	6月5日	亥乙	5月6日	巳乙	4月7日	子丙	3月8日	午丙	2月6日	子丙	初三
7月6日	午丙	6月6日	子丙	5月7日	午丙	4月8日	丑丁	3月9日	未丁	2月7日	丑丁	初四
7月7日	未丁	6月7日	丑丁	5月8日	未丁	4月9日	寅戊	3月10日	申戊	2月8日	寅戊	初五
7月8日	申戊	6月8日	寅戊	5月9日	申戊	4月10日	卯己	3月11日	酉己	2月9日	卯己	初六
7月9日	酉己	6月9日	卯己	5月10日	酉己	4月11日	辰庚	3月12日	戌庚	2月10日	辰庚	初七
7月10日	戌庚	6月10日	辰庚	5月11日	戌庚	4月12日	巳辛	3月13日	亥辛	2月11日	巳辛	初八
7月11日	亥辛	6月11日	巳辛	5月12日	亥辛	4月13日	午壬	3月14日	子壬	2月12日	午壬	初九
7月12日	子壬	6月12日	午壬	5月13日	子壬	4月14日	未癸	3月15日	丑癸	2月13日	未癸	初十
7月13日	丑癸	6月13日	未癸	5月14日	丑癸	4月15日	申甲	3月16日	寅甲	2月14日	申甲	十一
7月14日	寅甲	6月14日	申甲	5月15日	寅甲	4月16日	酉乙	3月17日	卯乙	2月15日	酉乙	十二
7月15日	卯乙	6月15日	酉乙	5月16日	卯乙	4月17日	戌丙	3月18日	辰丙	2月16日	戌丙	十三
7月16日	辰丙	6月16日	戌丙	5月17日	辰丙	4月18日	亥丁	3月19日	巳丁	2月17日	亥丁	十四
7月17日	巳丁	6月17日	亥丁	5月18日	巳丁	4月19日	子戊	3月20日	午戊	2月18日	子戊	十五
7月18日	午戊	6月18日	子戊	5月19日	午戊	4月20日	丑己	3月21日	未己	2月19日	丑己	十六
7月19日	未己	6月19日	丑己	5月20日	未己	4月21日	寅庚	3月22日	申庚	2月20日	寅庚	十七
7月20日	申庚	6月20日	寅庚	5月21日	申庚	4月22日	卯辛	3月23日	酉辛	2月21日	卯辛	十八
7月21日	酉辛	6月21日	卯辛	5月22日	酉辛	4月23日	辰壬	3月24日	戌壬	2月22日	辰壬	十九
7月22日	戌壬	6月22日	辰壬	5月23日	戌壬	4月24日	巳癸	3月25日	亥癸	2月23日	巳癸	二十
7月23日	亥癸	6月23日	巳癸	5月24日	亥癸	4月25日	午甲	3月26日	子甲	2月24日	午甲	廿一
7月24日	子甲	6月24日	午甲	5月25日	子甲	4月26日	未乙	3月27日	丑乙	2月25日	未乙	廿二
7月25日	丑乙	6月25日	未乙	5月26日	丑乙	4月27日	申丙	3月28日	寅丙	2月26日	申丙	廿三
7月26日	寅丙	6月26日	申丙	5月27日	寅丙	4月28日	酉丁	3月29日	卯丁	2月27日	酉丁	廿四
7月27日	卯丁	6月27日	酉丁	5月28日	卯丁	4月29日	戌戊	3月30日	辰戊	2月28日	戌戊	廿五
7月28日	辰戊	6月28日	戌戊	5月29日	辰戊	4月30日	亥己	3月31日	巳己	3月1日	亥己	廿六
7月29日	巳己	6月29日	亥己	5月30日	巳己	5月1日	子庚	4月1日	午庚	3月2日	子庚	廿七
7月30日	午庚	6月30日	子庚	5月31日	午庚	5月2日	丑辛	4月2日	未辛	3月3日	丑辛	廿八
7月31日	未辛	7月1日	丑辛	6月1日	未辛	5月3日	寅壬	4月3日	申壬	3月4日	寅壬	廿九
		7月2日	寅壬	6月2日	申壬			4月4日	酉癸	3月5日	卯癸	三十

132

西元1905年

月別	農曆十二月		農曆十一月		農曆十月		農曆九月		農曆八月		農曆七月	
干支	己丑		戊子		丁亥		丙戌		乙酉		甲申	
節	大寒	小寒	冬至	大雪	小雪	立冬	霜降	寒露	秋分	白露	處暑	立秋
氣	廿七 7時4分 辰時	十二 13時47分 未時	廿六 20時27分 戌時	十二 2時46分 丑時	廿二 23時35分 辰時	十二 10時23分 巳時	廿六 10時30分 巳時	十一 7時53分 辰時	廿六 1時52分 丑時	初十 16時55分 申時	廿四 4時50分 寅時	初八 14時29分 未時
農曆	國曆	干支	國曆	干支	國曆	干支	國曆	干支	國曆	干支	國曆	干支
初一	12月26	亥己	11月27	午庚	10月28	子庚	9月29	未辛	8月30	丑辛	8月1	申壬
初二	12月27	子庚	11月28	未辛	10月29	丑辛	9月30	申壬	8月31	寅壬	8月2	酉癸
初三	12月28	丑辛	11月29	申壬	10月30	寅壬	10月1	酉癸	9月1	卯癸	8月3	戌甲
初四	12月29	寅壬	11月30	酉癸	10月31	卯癸	10月2	戌甲	9月2	辰甲	8月4	亥乙
初五	12月30	卯癸	12月1	戌甲	11月1	辰甲	10月3	亥乙	9月3	巳乙	8月5	子丙
初六	12月31	辰甲	12月2	亥乙	11月2	巳乙	10月4	子丙	9月4	午丙	8月6	丑丁
初七	1月1	巳乙	12月3	子丙	11月3	午丙	10月5	丑丁	9月5	未丁	8月7	寅戊
初八	1月2	午丙	12月4	丑丁	11月4	未丁	10月6	寅戊	9月6	申戊	8月8	卯己
初九	1月3	未丁	12月5	寅戊	11月5	申戊	10月7	卯己	9月7	酉己	8月9	辰庚
初十	1月4	申戊	12月6	卯己	11月6	酉己	10月8	辰庚	9月8	戌庚	8月10	巳辛
十一	1月5	酉己	12月7	辰庚	11月7	戌庚	10月9	巳辛	9月9	亥辛	8月11	午壬
十二	1月6	戌庚	12月8	巳辛	11月8	亥辛	10月10	午壬	9月10	子壬	8月12	未癸
十三	1月7	亥辛	12月9	午壬	11月9	子壬	10月11	未癸	9月11	丑癸	8月13	申甲
十四	1月8	子壬	12月10	未癸	11月10	丑癸	10月12	申甲	9月12	寅甲	8月13	申甲
十五	1月9	丑癸	12月11	申甲	11月11	寅甲	10月13	酉乙	9月13	卯乙	8月15	戌丙
十六	1月10	寅甲	12月12	酉乙	11月12	卯乙	10月14	戌丙	9月14	辰丙	8月16	亥丁
十七	1月11	卯乙	12月13	戌丙	11月13	辰丙	10月15	亥丁	9月15	巳丁	8月17	子戊
十八	1月12	辰丙	12月14	亥丁	11月14	巳丁	10月16	子戊	9月16	午戊	8月18	丑己
十九	1月13	巳丁	12月15	子戊	11月15	午戊	10月17	丑己	9月17	未己	8月19	寅庚
二十	1月14	午戊	12月16	丑己	11月16	未己	10月18	寅庚	9月18	申庚	8月20	卯辛
廿一	1月15	未己	12月17	寅庚	11月17	申庚	10月19	卯辛	9月19	酉辛	8月21	辰壬
廿二	1月16	申庚	12月18	卯辛	11月18	酉辛	10月20	辰壬	9月20	戌壬	8月22	巳癸
廿三	1月17	酉辛	12月19	辰壬	11月19	戌壬	10月21	巳癸	9月21	亥癸	8月23	午甲
廿四	1月18	戌壬	12月20	巳癸	11月20	亥癸	10月22	午甲	9月22	子甲	8月24	未乙
廿五	1月19	亥癸	12月21	午甲	11月21	子甲	10月23	未乙	9月23	丑乙	8月25	申丙
廿六	1月20	子甲	12月22	未乙	11月22	丑乙	10月24	申丙	9月24	寅丙	8月26	酉丁
廿七	1月21	丑乙	12月23	申丙	11月23	寅丙	10月25	酉丁	9月25	卯丁	8月27	戌戊
廿八	1月22	寅丙	12月24	酉丁	11月24	卯丁	10月26	戌戊	9月26	辰戊	8月28	亥己
廿九	1月23	卯丁	12月25	戌戊	11月25	辰戊	10月27	亥己	9月27	巳己	8月29	子庚
三十	1月24	辰戊			11月26	巳己			9月28	午庚		

民國前六年（光緒卅二）歲次 丙午《馬》

西元一九〇六年 太歲 姓文名折

農曆六月		農曆五月		農曆閏四月		農曆四月		農曆三月		農曆二月		農曆正月		別月
乙未		甲午				癸巳		壬辰		辛卯		庚寅		支干
立秋	大暑	小暑	夏至	芒種		小滿	立夏	穀雨	清明	春分	驚蟄	雨水	立春	節
20時6分 十九日戊	3時42分 初四寅時	10時17分 十七巳時	16時47分 初一申時	23時57分 十五夜子		8時26分 廿九辰時	19時16分 十三戌時	8時39分 廿八辰時	1時18分 十三丑時	20時55分 廿七戌時	19時52分 十二戌時	21時22分 廿六亥時	1時25分 十二丑時	氣
國曆	支干	國曆	支干	國曆	支干	國曆	支干	國曆	支干	國曆	支干	國曆	支干	農曆
7月21	寅丙	6月22	酉丁	5月23	卯丁	4月24	戌戊	3月25	辰戊	2月23	戌戊	1月25	巳己	初一
7月22	卯丁	6月23	戌戊	5月24	辰戊	4月25	亥己	3月26	巳己	2月24	亥己	1月26	午庚	初二
7月23	辰戊	6月24	亥己	5月25	巳己	4月26	子庚	3月27	午庚	2月25	子庚	1月27	未辛	初三
7月24	巳己	6月25	子庚	5月26	午庚	4月27	丑辛	3月28	未辛	2月26	丑辛	1月28	申壬	初四
7月25	午庚	6月26	丑辛	5月27	未辛	4月28	寅壬	3月29	申壬	2月27	寅壬	1月29	酉癸	初五
7月26	未辛	6月27	寅壬	5月28	申壬	4月29	卯癸	3月30	酉癸	2月28	卯癸	1月30	戌甲	初六
7月27	申壬	6月28	卯癸	5月29	酉癸	4月30	辰甲	3月31	戌甲	3月1	辰甲	1月31	亥乙	初七
7月28	酉癸	6月29	辰甲	5月30	戌甲	5月1	巳乙	4月1	亥乙	3月2	巳乙	2月1	子丙	初八
7月29	戌甲	6月30	巳乙	5月31	亥乙	5月2	午丙	4月2	子丙	3月3	午丙	2月2	丑丁	初九
7月30	亥乙	7月1	午丙	6月1	子丙	5月3	未丁	4月3	丑丁	3月4	未丁	2月3	寅戊	初十
7月31	子丙	7月2	未丁	6月2	丑丁	5月4	申戊	4月4	寅戊	3月5	申戊	2月4	卯己	一十
8月1	丑丁	7月3	申戊	6月3	寅戊	5月5	酉己	4月5	卯己	3月6	酉己	2月5	辰庚	二十
8月2	寅戊	7月4	酉己	6月4	卯己	5月6	戌庚	4月6	辰庚	3月7	戌庚	2月6	巳辛	三十
8月3	卯己	7月5	戌庚	6月5	辰庚	5月7	亥辛	4月7	巳辛	3月8	亥辛	2月7	午壬	四十
8月4	辰庚	7月6	亥辛	6月6	巳辛	5月8	子壬	4月8	午壬	3月9	子壬	2月8	未癸	五十
8月5	巳辛	7月7	子壬	6月7	午壬	5月9	丑癸	4月9	未癸	3月10	丑癸	2月9	申甲	六十
8月6	午壬	7月8	丑癸	6月8	未癸	5月10	寅甲	4月10	申甲	3月11	寅甲	2月10	酉乙	七十
8月7	未癸	7月9	寅甲	6月9	申甲	5月11	卯乙	4月11	酉乙	3月12	卯乙	2月11	戌丙	八十
8月8	申甲	7月10	卯乙	6月10	酉乙	5月12	辰丙	4月12	戌丙	3月13	辰丙	2月12	亥丁	九十
8月9	酉乙	7月11	辰丙	6月11	戌丙	5月13	巳丁	4月13	亥丁	3月14	巳丁	2月13	子戊	十二
8月10	戌丙	7月12	巳丁	6月12	亥丁	5月14	午戊	4月14	子戊	3月15	午戊	2月14	丑己	一廿
8月11	亥丁	7月13	午戊	6月13	子戊	5月15	未己	4月15	丑己	3月16	未己	2月15	寅庚	二廿
8月12	子戊	7月14	未己	6月14	丑己	5月16	申庚	4月16	寅庚	3月17	申庚	2月16	卯辛	三廿
8月13	丑己	7月15	申庚	6月15	寅庚	5月17	酉辛	4月17	卯辛	3月18	酉辛	2月17	辰壬	四廿
8月14	寅庚	7月16	酉辛	6月16	卯辛	5月18	戌壬	4月18	辰壬	3月19	戌壬	2月18	巳癸	五廿
8月15	卯辛	7月17	戌壬	6月17	辰壬	5月19	亥癸	4月19	巳癸	3月20	亥癸	2月19	午甲	六廿
8月16	辰壬	7月18	亥癸	6月18	巳癸	5月20	子甲	4月20	午甲	3月21	子甲	2月20	未乙	七廿
8月17	巳癸	7月19	子甲	6月19	午甲	5月21	丑乙	4月21	未乙	3月22	丑乙	2月21	申丙	八廿
8月18	午甲	7月20	丑乙	6月20	未乙	5月22	寅丙	4月22	申丙	3月23	寅丙	2月22	酉丁	九廿
8月19	未乙			6月21	申丙			4月23	酉丁	3月24	卯丁			十三

西元1906年

月別	農曆十二月		農曆十一月		農曆十月		農曆九月		農曆八月		農曆七月	
干支	辛丑		庚子		己亥		戊戌		丁酉		丙申	
節	立春	大寒	小寒	多至	大雪	小雪	立冬	霜降	寒露	秋分	白露	處暑
氣	廿三7時1分辰	初八12時40分午	廿二19時15分戌	初八2時3分丑	廿三8時13分辰	初八13時3分未	廿三15時51分申	初七16時5分申	廿二13時20分未	初七7時27分辰	二十22時32分亥	初五10時25分巳
農曆	國曆	干支	國曆	干支	國曆	干支	國曆	干支	國曆	干支	國曆	干支
初一	1月14	癸亥	12月16	甲午	11月16	甲子	10月18	乙未	9月18	乙丑	8月20	丙申
初二	1月15	甲子	12月17	乙未	11月17	乙丑	10月19	丙申	9月19	丙寅	8月21	丁酉
初三	1月16	乙丑	12月18	丙申	11月18	丙寅	10月20	丁酉	9月20	丁卯	8月22	戊戌
初四	1月17	丙寅	12月19	丁酉	11月19	丁卯	10月21	戊戌	9月21	戊辰	8月23	己亥
初五	1月18	丁卯	12月20	戊戌	11月20	戊辰	10月22	己亥	9月22	己巳	8月24	庚子
初六	1月19	戊辰	12月21	己亥	11月21	己巳	10月23	庚子	9月23	庚午	8月25	辛丑
初七	1月20	己巳	12月22	庚子	11月22	庚午	10月24	辛丑	9月24	辛未	8月26	壬寅
初八	1月21	庚午	12月23	辛丑	11月23	辛未	10月25	壬寅	9月25	壬申	8月27	癸卯
初九	1月22	辛未	12月24	壬寅	11月24	壬申	10月26	癸卯	9月26	癸酉	8月28	甲辰
初十	1月23	壬申	12月25	癸卯	11月25	癸酉	10月27	甲辰	9月27	甲戌	8月29	乙巳
十一	1月24	癸酉	12月26	甲辰	11月26	甲戌	10月28	乙巳	9月28	乙亥	8月30	丙午
十二	1月25	甲戌	12月27	乙巳	11月27	乙亥	10月29	丙午	9月29	丙子	8月31	丁未
十三	1月26	乙亥	12月28	丙午	11月28	丙子	10月30	丁未	9月30	丁丑	9月1	戊申
十四	1月27	丙子	12月29	丁未	11月29	丁丑	10月31	戊申	10月1	戊寅	9月2	己酉
十五	1月28	丁丑	12月30	戊申	11月30	戊寅	11月1	己酉	10月2	己卯	9月3	庚戌
十六	1月29	戊寅	12月31	己酉	12月1	己卯	11月2	庚戌	10月3	庚辰	9月4	辛亥
十七	1月30	己卯	1月1	庚戌	12月2	庚辰	11月3	辛亥	10月4	辛巳	9月5	壬子
十八	1月31	庚辰	1月2	辛亥	12月3	辛巳	11月4	壬子	10月5	壬午	9月6	癸丑
十九	2月1	辛巳	1月3	壬子	12月4	壬午	11月5	癸丑	10月6	癸未	9月7	甲寅
二十	2月2	壬午	1月4	癸丑	12月5	癸未	11月6	甲寅	10月7	甲申	9月8	乙卯
廿一	2月3	癸未	1月5	甲寅	12月6	甲申	11月7	乙卯	10月8	乙酉	9月9	丙辰
廿二	2月4	甲申	1月6	乙卯	12月7	乙酉	11月8	丙辰	10月9	丙戌	9月10	丁巳
廿三	2月5	乙酉	1月7	丙辰	12月8	丙戌	11月9	丁巳	10月10	丁亥	9月11	戊午
廿四	2月6	丙戌	1月8	丁巳	12月9	丁亥	11月10	戊午	10月11	戊子	9月12	己未
廿五	2月7	丁亥	1月9	戊午	12月10	戊子	11月11	己未	10月12	己丑	9月13	庚申
廿六	2月8	戊子	1月10	己未	12月11	己丑	11月12	庚申	10月13	庚寅	9月14	辛酉
廿七	2月9	己丑	1月11	庚申	12月12	庚寅	11月13	辛酉	10月14	辛卯	9月15	壬戌
廿八	2月10	庚寅	1月12	辛酉	12月13	辛卯	11月14	壬戌	10月15	壬辰	9月16	癸亥
廿九	2月11	辛卯	1月13	壬戌	12月14	壬辰	11月15	癸亥	10月16	癸巳	9月17	甲子
三十	2月12	壬辰			12月15	癸巳			10月17	甲午		

民國前五年（光緒卅三）歲次 丁未《羊》

西元一九〇七年　太歲　姓廖名丙

農曆六月		農曆五月		農曆四月		農曆三月		農曆二月		農曆正月		別月
丁未		丙午		乙巳		甲辰		癸卯		壬寅		支干
大暑	小暑	夏至	芒種	小滿	立夏	穀雨	清明	春分	驚蟄	雨水	立春	節
9時28分 十五 巳時	16時2分 廿八 申時	22時32分 十二 亥時	5時33分 廿七 卯時	14時11分 十一 未時	0時52分 廿五 子時	14時24分 初九 未時	6時54分 廿四 卯時	2時39分 初九 丑時	1時28分 廿三 丑時	3時6分 初八 寅時		氣
國曆	支干	國曆	支干	國曆	支干	國曆	支干	國曆	支干	國曆	支干	歷農
7月10	庚申	6月11	辛卯	5月12	辛酉	4月13	壬辰	3月14	壬戌	2月13	癸巳	初一
7月11	辛酉	6月12	壬辰	5月13	壬戌	4月14	癸巳	3月15	癸亥	2月14	甲午	初二
7月12	壬戌	6月13	癸巳	5月14	癸亥	4月15	甲午	3月16	甲子	2月15	乙未	初三
7月13	癸亥	6月14	甲午	5月15	甲子	4月16	乙未	3月17	乙丑	2月16	丙申	初四
7月14	甲子	6月15	乙未	5月16	乙丑	4月17	丙申	3月18	丙寅	2月17	丁酉	初五
7月15	乙丑	6月16	丙申	5月17	丙寅	4月18	丁酉	3月19	丁卯	2月18	戊戌	初六
7月16	丙寅	6月17	丁酉	5月18	丁卯	4月19	戊戌	3月20	戊辰	2月19	己亥	初七
7月17	丁卯	6月18	戊戌	5月19	戊辰	4月20	己亥	3月21	己巳	2月20	庚子	初八
7月18	戊辰	6月19	己亥	5月20	己巳	4月21	庚子	3月22	庚午	2月21	辛丑	初九
7月19	己巳	6月20	庚子	5月21	庚午	4月22	辛丑	3月23	辛未	2月22	壬寅	初十
7月20	庚午	6月21	辛丑	5月22	辛未	4月23	壬寅	3月24	壬申	2月23	癸卯	十一
7月21	辛未	6月22	壬寅	5月23	壬申	4月24	癸卯	3月25	癸酉	2月24	甲辰	十二
7月22	壬申	6月23	癸卯	5月24	癸酉	4月25	甲辰	3月26	甲戌	2月25	乙巳	十三
7月23	癸酉	6月24	甲辰	5月25	甲戌	4月26	乙巳	3月27	乙亥	2月26	丙午	十四
7月24	甲戌	6月25	乙巳	5月26	乙亥	4月27	丙午	3月28	丙子	2月27	丁未	十五
7月25	乙亥	6月26	丙午	5月27	丙子	4月28	丁未	3月29	丁丑	2月28	戊申	十六
7月26	丙子	6月27	丁未	5月28	丁丑	4月29	戊申	3月30	戊寅	3月1	己酉	十七
7月27	丁丑	6月28	戊申	5月29	戊寅	4月30	己酉	3月31	己卯	3月2	庚戌	十八
7月28	戊寅	6月29	己酉	5月30	己卯	5月1	庚戌	4月1	庚辰	3月3	辛亥	十九
7月29	己卯	6月30	庚戌	5月31	庚辰	5月2	辛亥	4月2	辛巳	3月4	壬子	二十
7月30	庚辰	7月1	辛亥	6月1	辛巳	5月3	壬子	4月3	壬午	3月5	癸丑	廿一
7月31	辛巳	7月2	壬子	6月2	壬午	5月4	癸丑	4月4	癸未	3月6	甲寅	廿二
8月1	壬午	7月3	癸丑	6月3	癸未	5月5	甲寅	4月5	甲申	3月7	乙卯	廿三
8月2	癸未	7月4	甲寅	6月4	甲申	5月6	乙卯	4月6	乙酉	3月8	丙辰	廿四
8月3	甲申	7月5	乙卯	6月5	乙酉	5月7	丙辰	4月7	丙戌	3月9	丁巳	廿五
8月4	乙酉	7月6	丙辰	6月6	丙戌	5月8	丁巳	4月8	丁亥	3月10	戊午	廿六
8月5	丙戌	7月7	丁巳	6月7	丁亥	5月9	戊午	4月9	戊子	3月11	己未	廿七
8月6	丁亥	7月8	戊午	6月8	戊子	5月10	己未	4月10	己丑	3月12	庚申	廿八
8月7	戊子	7月9	己未	6月9	己丑	5月11	庚申	4月11	庚寅	3月13	辛酉	廿九
8月8	己丑			6月10	庚寅			4月12	辛卯			三十

西元1907年

月別	月二十曆農		月一十曆農		月十曆農		月九曆農		月八曆農		月七曆農	
干支	丑	癸	子	壬	亥	辛	戌	庚	酉	己	申	戊
節	寒大	寒小	至冬	雪大	雪小	冬立	降霜	露寒	分秋	露白	暑處	秋立
氣	18時28分 十八酉時	1時1分 初四丑時	7時50分 十九辰時	13時58分 初四未時	18時50分 十八酉時	21時36分 初三亥時	21時52分 十八亥時	19時5分 初三戌時	13時14分 十七未時	4時7分 初二寅時	16時12分 十六申時	1時41分 初一丑時
農曆	曆國	支干	曆國	支干	曆國	支干	曆國	支干	曆國	支干	曆國	支干
初一	1月 4	午戊	12月 5	子戊	11月 6	未己	10月 7	丑己	9月 8	申庚	8月 9	寅庚
初二	1月 5	未己	12月 6	丑己	11月 7	申庚	10月 8	寅庚	9月 9	酉辛	8月10	卯辛
初三	1月 6	申庚	12月 7	寅庚	11月 8	酉辛	10月 9	卯辛	9月10	戌壬	8月11	辰壬
初四	1月 7	酉辛	12月 8	卯辛	11月 9	戌壬	10月10	辰壬	9月11	亥癸	8月12	巳癸
初五	1月 8	戌壬	12月 9	辰壬	11月10	亥癸	10月11	巳癸	9月12	子甲	8月13	午甲
初六	1月 9	亥癸	12月10	巳癸	11月11	子甲	10月12	午甲	9月13	丑乙	8月14	未乙
初七	1月10	子甲	12月11	午甲	11月12	丑乙	10月13	未乙	9月14	寅丙	8月15	申丙
初八	1月11	丑乙	12月12	未乙	11月13	寅丙	10月14	申丙	9月15	卯丁	8月16	酉丁
初九	1月12	寅丙	12月13	申丙	11月14	卯丁	10月15	酉丁	9月16	辰戊	8月17	戌戊
初十	1月13	卯丁	12月14	酉丁	11月15	辰戊	10月16	戌戊	9月17	巳己	8月18	亥己
十一	1月14	辰戊	12月15	戌戊	11月16	巳己	10月17	亥己	9月18	午庚	8月19	子庚
十二	1月15	巳己	12月16	亥己	11月17	午庚	10月18	子庚	9月19	未辛	8月20	丑辛
十三	1月16	午庚	12月17	子庚	11月18	未辛	10月19	丑辛	9月20	申壬	8月21	寅壬
十四	1月17	未辛	12月18	丑辛	11月19	申壬	10月20	寅壬	9月21	酉癸	8月22	卯癸
十五	1月18	申壬	12月19	寅壬	11月20	酉癸	10月21	卯癸	9月22	戌甲	8月23	辰甲
十六	1月19	酉癸	12月20	卯癸	11月21	戌甲	10月22	辰甲	9月23	亥乙	8月24	巳乙
十七	1月20	戌甲	12月21	辰甲	11月22	亥乙	10月23	巳乙	9月24	子丙	8月25	午丙
十八	1月21	亥乙	12月22	巳乙	11月23	子丙	10月24	午丙	9月25	丑丁	8月26	未丁
十九	1月22	子丙	12月23	午丙	11月24	丑丁	10月25	未丁	9月26	寅戊	8月27	申戊
二十	1月23	丑丁	12月24	未丁	11月25	寅戊	10月26	申戊	9月27	卯己	8月28	酉己
廿一	1月24	寅戊	12月25	申戊	11月26	卯己	10月27	酉己	9月28	辰庚	8月29	戌庚
廿二	1月25	卯己	12月26	酉己	11月27	辰庚	10月28	戌庚	9月29	巳辛	8月30	亥辛
廿三	1月26	辰庚	12月27	戌庚	11月28	巳辛	10月29	亥辛	9月30	午壬	8月31	子壬
廿四	1月27	巳辛	12月28	亥辛	11月29	午壬	10月30	子壬	10月 1	未癸	9月 1	丑癸
廿五	1月28	午壬	12月29	子壬	11月30	未癸	10月31	丑癸	10月 2	申甲	9月 2	寅甲
廿六	1月29	未癸	12月30	丑癸	12月 1	申甲	11月 1	寅甲	10月 3	酉乙	9月 3	卯乙
廿七	1月30	申甲	12月31	寅甲	12月 2	酉乙	11月 2	卯乙	10月 4	戌丙	9月 4	辰丙
廿八	1月31	酉乙	1月 1	卯乙	12月 3	戌丙	11月 3	辰丙	10月 5	亥丁	9月 5	巳丁
廿九	2月 1	戌丙	1月 2	辰丙	12月 4	亥丁	11月 4	巳丁	10月 6	子戊	9月 6	午戊
三十			1月 3	巳丁			11月 5	午戊			9月 7	未己

民國前四年（光緒卅四）歲次 戊申《猴》

西元一九〇八年　太歲 姓愈名志

	農曆六月	農曆五月	農曆四月	農曆三月	農曆二月	農曆正月	月別
干支	己未	戊午	丁巳	丙辰	乙卯	甲寅	干支
節	大暑　小暑	夏至　芒種	小滿　立夏	穀雨　清明	春分　驚蟄	雨水　立春	節
氣	廿五 15時14分申時／初九 21時48分亥時	廿四 4時19分寅時／初八 11時19分午時	廿二 19時58分戌時／初七 6時38分卯時	二十 20時11分戌時／初五 12時40分午時	十九 8時54分辰時／初四 7時14分辰時	十九 8時54分辰時／初四 12時47分午時	氣

國曆	干支	國曆	干支	國曆	干支	國曆	干支	國曆	干支	國曆	干支	農曆
6月29	乙卯	5月30	乙酉	4月30	乙卯	4月1	丙戌	3月3	丁巳	2月2	丁亥	初一
6月30	丙辰	5月31	丙戌	5月1	丙辰	4月2	丁亥	3月4	戊午	2月3	戊子	初二
7月1	丁巳	6月1	丁亥	5月2	丁巳	4月3	戊子	3月5	己未	2月4	己丑	初三
7月2	戊午	6月2	戊子	5月3	戊午	4月4	己丑	3月6	庚申	2月5	庚寅	初四
7月3	己未	6月3	己丑	5月4	己未	4月5	庚寅	3月7	辛酉	2月6	辛卯	初五
7月4	庚申	6月4	庚寅	5月5	庚申	4月6	辛卯	3月8	壬戌	2月7	壬辰	初六
7月5	辛酉	6月5	辛卯	5月6	辛酉	4月7	壬辰	3月9	癸亥	2月8	癸巳	初七
7月6	壬戌	6月6	壬辰	5月7	壬戌	4月8	癸巳	3月10	甲子	2月9	甲午	初八
7月7	癸亥	6月7	癸巳	5月8	癸亥	4月9	甲午	3月11	乙丑	2月10	乙未	初九
7月8	甲子	6月8	甲午	5月9	甲子	4月10	乙未	3月12	丙寅	2月11	丙申	初十
7月9	乙丑	6月9	乙未	5月10	乙丑	4月11	丙申	3月13	丁卯	2月12	丁酉	十一
7月10	丙寅	6月10	丙申	5月11	丙寅	4月12	丁酉	3月14	戊辰	2月13	戊戌	十二
7月11	丁卯	6月11	丁酉	5月12	丁卯	4月13	戊戌	3月15	己巳	2月14	己亥	十三
7月12	戊辰	6月12	戊戌	5月13	戊辰	4月14	己亥	3月16	庚午	2月15	庚子	十四
7月13	己巳	6月13	己亥	5月14	己巳	4月15	庚子	3月17	辛未	2月16	辛丑	十五
7月14	庚午	6月14	庚子	5月15	庚午	4月16	辛丑	3月18	壬申	2月17	壬寅	十六
7月15	辛未	6月15	辛丑	5月16	辛未	4月17	壬寅	3月19	癸酉	2月18	癸卯	十七
7月16	壬申	6月16	壬寅	5月17	壬申	4月18	癸卯	3月20	甲戌	2月19	甲辰	十八
7月17	癸酉	6月17	癸卯	5月18	癸酉	4月19	甲辰	3月21	乙亥	2月20	乙巳	十九
7月18	甲戌	6月18	甲辰	5月19	甲戌	4月20	乙巳	3月22	丙子	2月21	丙午	二十
7月19	乙亥	6月19	乙巳	5月20	乙亥	4月21	丙午	3月23	丁丑	2月22	丁未	廿一
7月20	丙子	6月20	丙午	5月21	丙子	4月22	丁未	3月24	戊寅	2月23	戊申	廿二
7月21	丁丑	6月21	丁未	5月22	丁丑	4月23	戊申	3月25	己卯	2月24	己酉	廿三
7月22	戊寅	6月22	戊申	5月23	戊寅	4月24	己酉	3月26	庚辰	2月25	庚戌	廿四
7月23	己卯	6月23	己酉	5月24	己卯	4月25	庚戌	3月27	辛巳	2月26	辛亥	廿五
7月24	庚辰	6月24	庚戌	5月25	庚辰	4月26	辛亥	3月28	壬午	2月27	壬子	廿六
7月25	辛巳	6月25	辛亥	5月26	辛巳	4月27	壬子	3月29	癸未	2月28	癸丑	廿七
7月26	壬午	6月26	壬子	5月27	壬午	4月28	癸丑	3月30	甲申	2月29	甲寅	廿八
7月27	癸未	6月27	癸丑	5月28	癸未	4月29	甲寅	3月31	乙酉	3月1	乙卯	廿九
		6月28	甲寅	5月29	甲申					3月2	丙辰	三十

西元1908年

月別	農曆十二月		農曆十一月		農曆十月		農曆九月		農曆八月		農曆七月	
干支	乙丑		甲子		癸亥		壬戌		辛酉		庚申	
節	大寒	小寒	冬至	大雪	小雪	立冬	霜降	寒露	秋分	白露	處暑	立秋
氣	0時11分 三十子時	6時45分 十五卯時	13時34分 廿九未時	19時44分 十四戌時	0時35分 三十子時	3時22分 十五寅時	3時37分 十三寅時	0時51分 十五子時	18時59分 廿八酉時	9時53分 十三酉時	21時57分 廿七亥時	7時27分 十二辰時
農曆	國曆	支干	國曆	支干	國曆	支干	國曆	支干	國曆	支干	國曆	支干
初一	12月23	子壬	11月24	未癸	10月25	丑癸	9月25	未癸	8月27	寅甲	7月28	申甲
初二	12月24	丑癸	11月25	申甲	10月26	寅甲	9月26	申甲	8月28	卯乙	7月29	酉乙
初三	12月25	寅甲	11月26	酉乙	10月27	卯乙	9月27	酉乙	8月29	辰丙	7月30	戌丙
初四	12月26	卯乙	11月27	戌丙	10月28	辰丙	9月28	戌丙	8月30	巳丁	7月31	亥丁
初五	12月27	辰丙	11月28	亥丁	10月29	巳丁	9月29	亥丁	8月31	午戊	8月1	子戊
初六	12月28	巳丁	11月29	子戊	10月30	午戊	9月30	子戊	9月1	未己	8月2	丑己
初七	12月29	午戊	11月30	丑己	10月31	未己	10月1	丑己	9月2	申庚	8月3	寅庚
初八	12月30	未己	12月1	寅庚	11月1	申庚	10月2	寅庚	9月3	酉辛	8月4	卯辛
初九	12月31	申庚	12月2	卯辛	11月2	酉辛	10月3	卯辛	9月4	戌壬	8月5	辰壬
初十	1月1	酉辛	12月3	辰壬	11月3	戌壬	10月4	辰壬	9月5	亥癸	8月6	巳癸
十一	1月2	戌壬	12月4	巳癸	11月4	亥癸	10月5	巳癸	9月6	子甲	8月7	午甲
十二	1月3	亥癸	12月5	午甲	11月5	子甲	10月6	午甲	9月7	丑乙	8月8	未乙
十三	1月4	子甲	12月6	未乙	11月6	丑乙	10月7	未乙	9月8	寅丙	8月9	申丙
十四	1月5	丑乙	12月7	申丙	11月7	寅丙	10月8	申丙	9月9	卯丁	8月10	酉丁
十五	1月6	寅丙	12月8	酉丁	11月8	卯丁	10月9	酉丁	9月10	辰戊	8月11	戌戊
十六	1月7	卯丁	12月9	戌戊	11月9	辰戊	10月10	戌戊	9月11	巳己	8月12	亥己
十七	1月8	辰戊	12月10	亥己	11月10	巳己	10月11	亥己	9月12	午庚	8月13	子庚
十八	1月9	巳己	12月11	子庚	11月11	午庚	10月12	子庚	9月13	未辛	8月14	丑辛
十九	1月10	午庚	12月12	丑辛	11月12	未辛	10月13	丑辛	9月14	申壬	8月15	寅壬
二十	1月11	未辛	12月13	寅壬	11月13	申壬	10月14	寅壬	9月15	酉癸	8月16	卯癸
廿一	1月12	申壬	12月14	卯癸	11月14	酉癸	10月15	卯癸	9月16	戌甲	8月17	辰甲
廿二	1月13	酉癸	12月15	辰甲	11月15	戌甲	10月16	辰甲	9月17	亥乙	8月18	巳乙
廿三	1月14	戌甲	12月16	巳乙	11月16	亥乙	10月17	巳乙	9月18	子丙	8月19	午丙
廿四	1月15	亥乙	12月17	午丙	11月17	子丙	10月18	午丙	9月19	丑丁	8月20	未丁
廿五	1月16	子丙	12月18	未丁	11月18	丑丁	10月19	未丁	9月20	寅戊	8月21	申戊
廿六	1月17	丑丁	12月19	申戊	11月19	寅戊	10月20	申戊	9月21	卯己	8月22	酉己
廿七	1月18	寅戊	12月20	酉己	11月20	卯己	10月21	酉己	9月22	辰庚	8月23	戌庚
廿八	1月19	卯己	12月21	戌庚	11月21	辰庚	10月22	戌庚	9月23	巳辛	8月24	亥辛
廿九	1月20	辰庚	12月22	亥辛	11月22	巳辛	10月23	亥辛	9月24	午壬	8月25	子壬
三十	1月21	巳辛			11月23	午壬	10月24	子壬			8月26	丑癸

民國前三年（宣統元年）歲次 己酉《雞》 西元一九〇九年 太歲姓程名寅

農曆六月 辛未	農曆五月 庚午	農曆四月 己巳	農曆三月 戊辰	農曆閏二月	農曆二月 丁卯	農曆正月 丙寅
立秋 13時23分 廿三未 / 大暑 21時1分 初七亥	小暑 3時44分 初一寅 / 夏至 10時6分 初五巳	芒種 17時14分 十九酉 / 小滿 1時45分 初四丑	立夏 12時31分 十七午 / 穀雨 1時58分 初二子	清明 18時29分 十五酉	春分 14時13分 三十未 / 驚蟄 13時1分 十五未	雨水 14時39分 廿九未 / 立春 18時33分 十四酉

國曆	支干	國曆	支干	國曆	支干	國曆	支干	國曆	支干	國曆	支干	國曆	支干	農曆
7月17	寅戊	6月18	酉己	5月19	卯己	4月20	戌庚	3月22	巳辛	2月20	亥辛	1月22	午壬	一初
7月18	卯己	6月19	戌庚	5月20	辰庚	4月21	亥辛	3月23	午壬	2月21	子壬	1月23	未癸	二初
7月19	辰庚	6月20	亥辛	5月21	巳辛	4月22	子壬	3月24	未癸	2月22	丑癸	1月24	申甲	三初
7月20	巳辛	6月21	子壬	5月22	午壬	4月23	丑癸	3月25	申甲	2月23	寅甲	1月25	酉乙	四初
7月21	午壬	6月22	丑癸	5月23	未癸	4月24	寅甲	3月26	酉乙	2月24	卯乙	1月26	戌丙	五初
7月22	未癸	6月23	寅甲	5月24	申甲	4月25	卯乙	3月27	戌丙	2月25	辰丙	1月27	亥丁	六初
7月23	申甲	6月24	卯乙	5月25	酉乙	4月26	辰丙	3月28	亥丁	2月26	巳丁	1月28	子戊	七初
7月24	酉乙	6月25	辰丙	5月26	戌丙	4月27	巳丁	3月29	子戊	2月27	午戊	1月29	丑己	八初
7月25	戌丙	6月26	巳丁	5月27	亥丁	4月28	午戊	3月30	丑己	2月28	未己	1月30	寅庚	九初
7月26	亥丁	6月27	午戊	5月28	子戊	4月29	未己	3月31	寅庚	3月1	申庚	1月31	卯辛	十初
7月27	子戊	6月28	未己	5月29	丑己	4月30	申庚	4月1	卯辛	3月2	酉辛	2月1	辰壬	一十
7月28	丑己	6月29	申庚	5月30	寅庚	5月1	酉辛	4月2	辰壬	3月3	戌壬	2月2	巳癸	二十
7月29	寅庚	6月30	酉辛	5月31	卯辛	5月2	戌壬	4月3	巳癸	3月4	亥癸	2月3	午甲	三十
7月30	卯辛	7月1	戌壬	6月1	辰壬	5月3	亥癸	4月4	午甲	3月5	子甲	2月4	未乙	四十
7月31	辰壬	7月2	亥癸	6月2	巳癸	5月4	子甲	4月5	未乙	3月6	丑乙	2月5	申丙	五十
8月1	巳癸	7月3	子甲	6月3	午甲	5月5	丑乙	4月6	申丙	3月7	寅丙	2月6	酉丁	六十
8月2	午甲	7月4	丑乙	6月4	未乙	5月6	寅丙	4月7	酉丁	3月8	卯丁	2月7	戌戊	七十
8月3	未乙	7月5	寅丙	6月5	申丙	5月7	卯丁	4月8	戌戊	3月9	辰戊	2月8	亥己	八十
8月4	申丙	7月6	卯丁	6月6	酉丁	5月8	辰戊	4月9	亥己	3月10	巳己	2月9	子庚	九十
8月5	酉丁	7月7	辰戊	6月7	戌戊	5月9	巳己	4月10	子庚	3月11	午庚	2月10	丑辛	十二
8月6	戌戊	7月8	巳己	6月8	亥己	5月10	午庚	4月11	丑辛	3月12	未辛	2月11	寅壬	一廿
8月7	亥己	7月9	午庚	6月9	子庚	5月11	未辛	4月12	寅壬	3月13	申壬	2月12	卯癸	二廿
8月8	子庚	7月10	未辛	6月10	丑辛	5月12	申壬	4月13	卯癸	3月14	酉癸	2月13	辰甲	三廿
8月9	丑辛	7月11	申壬	6月11	寅壬	5月13	酉癸	4月14	辰甲	3月15	戌甲	2月14	巳乙	四廿
8月10	寅壬	7月12	酉癸	6月12	卯癸	5月14	戌甲	4月15	巳乙	3月16	亥乙	2月15	午丙	五廿
8月11	卯癸	7月13	戌甲	6月13	辰甲	5月15	亥乙	4月16	午丙	3月17	子丙	2月16	未丁	六廿
8月12	辰甲	7月14	亥乙	6月14	巳乙	5月16	子丙	4月17	未丁	3月18	丑丁	2月17	申戊	七廿
8月13	巳乙	7月15	子丙	6月15	午丙	5月17	丑丁	4月18	申戊	3月19	寅戊	2月18	酉己	八廿
8月14	午丙	7月16	丑丁	6月16	未丁	5月18	寅戊	4月19	酉己	3月20	卯己	2月19	戌庚	九廿
8月15	未丁			6月17	申戊					3月21	辰庚			十三

西元1909年

月別	農曆十二月		農曆十一月		農曆十月		農曆九月		農曆八月		農曆七月	
干支	丁丑		丙子		乙亥		甲戌		癸酉		壬申	
節	立春	大寒	小寒	多至	大雪	小雪	立冬	霜降	寒露	秋分	白露	處暑
氣	廿三 0時28分 子時	十 5時59分 卯時	廿五 12時38分 午時	初十 19時20分 戌時	廿六 1時35分 丑時	十一 6時21分 卯時	廿一 9時13分 巳時	十一 9時23分 巳時	廿六 6時43分 卯時	十一 0時45分 子時	廿四 15時47分 申時	初九 3時44分 寅時
農曆	國曆	干支	國曆	干支	國曆	干支	國曆	干支	國曆	干支	國曆	干支
初一	1月11	丙子	12月13	丁未	11月13	丁丑	10月14	丁未	9月14	丁丑	8月16	戊申
初二	1月12	丁丑	12月14	戊申	11月14	戊寅	10月15	戊申	9月15	戊寅	8月17	己酉
初三	1月13	戊寅	12月15	己酉	11月15	己卯	10月16	己酉	9月16	己卯	8月18	庚戌
初四	1月14	己卯	12月16	庚戌	11月16	庚辰	10月17	庚戌	9月17	庚辰	8月19	辛亥
初五	1月15	庚辰	12月17	辛亥	11月17	辛巳	10月18	辛亥	9月18	辛巳	8月20	壬子
初六	1月16	辛巳	12月18	壬子	11月18	壬午	10月19	壬子	9月19	壬午	8月21	癸丑
初七	1月17	壬午	12月19	癸丑	11月19	癸未	10月20	癸丑	9月20	癸未	8月22	甲寅
初八	1月18	癸未	12月20	甲寅	11月20	甲申	10月21	甲寅	9月21	甲申	8月23	乙卯
初九	1月19	甲申	12月21	乙卯	11月21	乙酉	10月22	乙卯	9月22	乙酉	8月24	丙辰
初十	1月20	乙酉	12月22	丙辰	11月22	丙戌	10月23	丙辰	9月23	丙戌	8月25	丁巳
十一	1月21	丙戌	12月23	丁巳	11月23	丁亥	10月24	丁巳	9月24	丁亥	8月26	戊午
十二	1月22	丁亥	12月24	戊午	11月24	戊子	10月25	戊午	9月25	戊子	8月27	己未
十三	1月23	戊子	12月25	己未	11月25	己丑	10月26	己未	9月26	己丑	8月28	庚申
十四	1月24	己丑	12月26	庚申	11月26	庚寅	10月27	庚申	9月27	庚寅	8月29	辛酉
十五	1月25	庚寅	12月27	辛酉	11月27	辛卯	10月28	辛酉	9月28	辛卯	8月30	壬戌
十六	1月26	辛卯	12月28	壬戌	11月28	壬辰	10月29	壬戌	9月29	壬辰	8月31	癸亥
十七	1月27	壬辰	12月29	癸亥	11月29	癸巳	10月30	癸亥	9月30	癸巳	9月1	甲子
十八	1月28	癸巳	12月30	甲子	11月30	甲午	10月31	甲子	10月1	甲午	9月2	乙丑
十九	1月29	甲午	12月31	乙丑	12月1	乙未	11月1	乙丑	10月2	乙未	9月3	丙寅
二十	1月30	乙未	1月1	丙寅	12月2	丙申	11月2	丙寅	10月3	丙申	9月4	丁卯
廿一	1月31	丙申	1月2	丁卯	12月3	丁酉	11月3	丁卯	10月4	丁酉	9月5	戊辰
廿二	2月1	丁酉	1月3	戊辰	12月4	戊戌	11月4	戊辰	10月5	戊戌	9月6	己巳
廿三	2月2	戊戌	1月4	己巳	12月5	己亥	11月5	己巳	10月6	己亥	9月7	庚午
廿四	2月3	己亥	1月5	庚午	12月6	庚子	11月6	庚午	10月7	庚子	9月8	辛未
廿五	2月4	庚子	1月6	辛未	12月7	辛丑	11月7	辛未	10月8	辛丑	9月9	壬申
廿六	2月5	辛丑	1月7	壬申	12月8	壬寅	11月8	壬申	10月9	壬寅	9月10	癸酉
廿七	2月6	壬寅	1月8	癸酉	12月9	癸卯	11月9	癸酉	10月10	癸卯	9月11	甲戌
廿八	2月7	癸卯	1月9	甲戌	12月10	甲辰	11月10	甲戌	10月11	甲辰	9月12	乙亥
廿九	2月8	甲辰	1月10	乙亥	12月11	乙巳	11月11	乙亥	10月12	乙巳	9月13	丙子
三十	2月9	乙巳			12月12	丙午	11月12	丙子	10月13	丙午		

民國前二年（宣統二年） 歲次 庚戌《狗》 西元一九一〇年 太歲 姓化名秋

節氣

- 農曆六月（未癸）：大暑 2時43分 十八丑時 ／ 小暑 9時21分 初二巳時
- 農曆五月（午壬）：夏至 15時49分 十六申時
- 農曆四月（巳辛）：芒種 22時56分 廿九亥時 ／ 小滿 7時30分 十四辰時
- 農曆三月（辰庚）：立夏 18時19分 廿七酉時 ／ 穀雨 7時46分 十二辰時
- 農曆二月（卯己）：清明 0時23分 廿七子時 ／ 春分 20時3分 十一戌時
- 農曆正月（寅戊）：驚蟄 18時57分 廿五酉時 ／ 雨水 20時28分 初十戌時

農曆六月 國曆	支干	農曆五月 國曆	支干	農曆四月 國曆	支干	農曆三月 國曆	支干	農曆二月 國曆	支干	農曆正月 國曆	支干	別月
7月7	酉癸	6月7	卯癸	5月9	戌甲	4月10	巳乙	3月11	亥乙	2月10	午丙	初一
7月8	戌甲	6月8	辰甲	5月10	亥乙	4月11	午丙	3月12	子丙	2月11	未丁	初二
7月9	亥乙	6月9	巳乙	5月11	子丙	4月12	未丁	3月13	丑丁	2月12	申戊	初三
7月10	子丙	6月10	午丙	5月12	丑丁	4月13	申戊	3月14	寅戊	2月13	酉己	初四
7月11	丑丁	6月11	未丁	5月13	寅戊	4月14	酉己	3月15	卯己	2月14	戌庚	初五
7月12	寅戊	6月12	申戊	5月14	卯己	4月15	戌庚	3月16	辰庚	2月15	亥辛	初六
7月13	卯己	6月13	酉己	5月15	辰庚	4月16	亥辛	3月17	巳辛	2月16	子壬	初七
7月14	辰庚	6月14	戌庚	5月16	巳辛	4月17	子壬	3月18	午壬	2月17	丑癸	初八
7月15	巳辛	6月15	亥辛	5月17	午壬	4月18	丑癸	3月19	未癸	2月18	寅甲	初九
7月16	午壬	6月16	子壬	5月18	未癸	4月19	寅甲	3月20	申甲	2月19	卯乙	初十
7月17	未癸	6月17	丑癸	5月19	申甲	4月20	卯乙	3月21	酉乙	2月20	辰丙	十一
7月18	申甲	6月18	寅甲	5月20	酉乙	4月21	辰丙	3月22	戌丙	2月21	巳丁	十二
7月19	酉乙	6月19	卯乙	5月21	戌丙	4月22	巳丁	3月23	亥丁	2月22	午戊	十三
7月20	戌丙	6月20	辰丙	5月22	亥丁	4月23	午戊	3月24	子戊	2月23	未己	十四
7月21	亥丁	6月21	巳丁	5月23	子戊	4月24	未己	3月25	丑己	2月24	申庚	十五
7月22	子戊	6月22	午戊	5月24	丑己	4月25	申庚	3月26	寅庚	2月25	酉辛	十六
7月23	丑己	6月23	未己	5月25	寅庚	4月26	酉辛	3月27	卯辛	2月26	戌壬	十七
7月24	寅庚	6月24	申庚	5月26	卯辛	4月27	戌壬	3月28	辰壬	2月27	亥癸	十八
7月25	卯辛	6月25	酉辛	5月27	辰壬	4月28	亥癸	3月29	巳癸	2月28	子甲	十九
7月26	辰壬	6月26	戌壬	5月28	巳癸	4月29	子甲	3月30	午甲	3月1	丑乙	二十
7月27	巳癸	6月27	亥癸	5月29	午甲	4月30	丑乙	3月31	未乙	3月2	寅丙	廿一
7月28	午甲	6月28	子甲	5月30	未乙	5月1	寅丙	4月1	申丙	3月3	卯丁	廿二
7月29	未乙	6月29	丑乙	5月31	申丙	5月2	卯丁	4月2	酉丁	3月4	辰戊	廿三
7月30	申丙	6月30	寅丙	6月1	酉丁	5月3	辰戊	4月3	戌戊	3月5	巳己	廿四
7月31	酉丁	7月1	卯丁	6月2	戌戊	5月4	巳己	4月4	亥己	3月6	午庚	廿五
8月1	戌戊	7月2	辰戊	6月3	亥己	5月5	午庚	4月5	子庚	3月7	未辛	廿六
8月2	亥己	7月3	巳己	6月4	子庚	5月6	未辛	4月6	丑辛	3月8	申壬	廿七
8月3	子庚	7月4	午庚	6月5	丑辛	5月7	申壬	4月7	寅壬	3月9	酉癸	廿八
8月4	丑辛	7月5	未辛	6月6	寅壬	5月8	酉癸	4月8	卯癸	3月10	戌甲	廿九
		7月6	申壬					4月9	辰甲			三十

西元1910年

月別	農曆十二月		農曆十一月		農曆十月		農曆九月		農曆八月		農曆七月	
干支	己丑		戊子		丁亥		丙戌		乙酉		甲申	
節	大寒	小寒	冬至	大雪	小雪	立冬	霜降	寒露	秋分	白露	處暑	立秋
氣	廿一午時 11時52分	初六酉時 18時21分	廿二丑時 1時12分	初七辰時 7時17分	廿二午時 12時11分	初七未時 14時54分	廿二申時 15時11分	初七午時 12時21分	廿一卯時 6時31分	初五亥時 21時22分	二十巳時 9時27分	初四酉時 18時57分
農曆	國曆	干支	國曆	干支	國曆	干支	國曆	干支	國曆	干支	國曆	干支
初一	1月1	辛未	12月2	辛丑	11月2	辛未	10月3	辛丑	9月4	壬申	8月5	壬寅
初二	1月2	壬申	12月3	壬寅	11月3	壬申	10月4	壬寅	9月5	癸酉	8月6	癸卯
初三	1月3	癸酉	12月4	癸卯	11月4	癸酉	10月5	癸卯	9月6	甲戌	8月7	甲辰
初四	1月4	甲戌	12月5	甲辰	11月5	甲戌	10月6	甲辰	9月7	乙亥	8月8	乙巳
初五	1月5	乙亥	12月6	乙巳	11月6	乙亥	10月7	乙巳	9月8	丙子	8月9	丙午
初六	1月6	丙子	12月7	丙午	11月7	丙子	10月8	丙午	9月9	丁丑	8月10	丁未
初七	1月7	丁丑	12月8	丁未	11月8	丁丑	10月9	丁未	9月10	戊寅	8月11	戊申
初八	1月8	戊寅	12月9	戊申	11月9	戊寅	10月10	戊申	9月11	己卯	8月12	己酉
初九	1月9	己卯	12月10	己酉	11月10	己卯	10月11	己酉	9月12	庚辰	8月13	庚戌
初十	1月10	庚辰	12月11	庚戌	11月11	庚辰	10月12	庚戌	9月13	辛巳	8月14	辛亥
十一	1月11	辛巳	12月12	辛亥	11月12	辛巳	10月13	辛亥	9月14	壬午	8月15	壬子
十二	1月12	壬午	12月13	壬子	11月13	壬午	10月14	壬子	9月15	癸未	8月16	癸丑
十三	1月13	癸未	12月14	癸丑	11月14	癸未	10月15	癸丑	9月16	甲申	8月17	甲寅
十四	1月14	甲申	12月15	甲寅	11月15	甲申	10月16	甲寅	9月17	乙酉	8月18	乙卯
十五	1月15	乙酉	12月16	乙卯	11月16	乙酉	10月17	乙卯	9月18	丙戌	8月19	丙辰
十六	1月16	丙戌	12月17	丙辰	11月17	丙戌	10月18	丙辰	9月19	丁亥	8月20	丁巳
十七	1月17	丁亥	12月18	丁巳	11月18	丁亥	10月19	丁巳	9月20	戊子	8月21	戊午
十八	1月18	戊子	12月19	戊午	11月19	戊子	10月20	戊午	9月21	己丑	8月22	己未
十九	1月19	己丑	12月20	己未	11月20	己丑	10月21	己未	9月22	庚寅	8月23	庚申
二十	1月20	庚寅	12月21	庚申	11月21	庚寅	10月22	庚申	9月23	辛卯	8月24	辛酉
廿一	1月21	辛卯	12月22	辛酉	11月22	辛卯	10月23	辛酉	9月24	壬辰	8月25	壬戌
廿二	1月22	壬辰	12月23	壬戌	11月23	壬辰	10月24	壬戌	9月25	癸巳	8月26	癸亥
廿三	1月23	癸巳	12月24	癸亥	11月24	癸巳	10月25	癸亥	9月26	甲午	8月27	甲子
廿四	1月24	甲午	12月25	甲子	11月25	甲午	10月26	甲子	9月27	乙未	8月28	乙丑
廿五	1月25	乙未	12月26	乙丑	11月26	乙未	10月27	乙丑	9月28	丙申	8月29	丙寅
廿六	1月26	丙申	12月27	丙寅	11月27	丙申	10月28	丙寅	9月29	丁酉	8月30	丁卯
廿七	1月27	丁酉	12月28	丁卯	11月28	丁酉	10月29	丁卯	9月30	戊戌	8月31	戊辰
廿八	1月28	戊戌	12月29	戊辰	11月29	戊戌	10月30	戊辰	10月1	己亥	9月1	己巳
廿九	1月29	己亥	12月30	己巳	11月30	己亥	10月31	己巳	10月2	庚子	9月2	庚午
三十			12月31	庚午	12月1	庚子	11月1	庚午			9月3	辛未

民國前一年（宣統三年） 歲次 辛亥《豬》

西元一九一一年 太歲 姓葉名堅

節氣

月別支干	節（節氣）	氣（中氣）
農曆正月 庚寅	立春 6時11分 卯時 初七	雨水 2時20分 丑時 廿二
農曆二月 辛卯	驚蟄 0時39分 子時 初七	春分 1時55分 丑時 廿二
農曆三月 壬辰	清明 6時5分 卯時 初八	穀雨 13時36分 未時 廿三
農曆四月 癸巳	立夏 0時1分 子時 初九	小滿 13時19分 未時 廿四
農曆五月 甲午	芒種 4時38分 寅時 十一	夏至 21時35分 亥時 廿六
農曆六月 乙未	小暑 15時5分 申時 十三	大暑 8時29分 辰時 廿九
農曆閏六月	立秋 0時45分 子時 十五	

日曆對照

農曆閏六月 國曆	支干	農曆六月 國曆	支干	農曆五月 國曆	支干	農曆四月 國曆	支干	農曆三月 國曆	支干	農曆二月 國曆	支干	農曆正月 國曆	支干	農曆
7月26	酉丁	6月26	卯丁	5月28	戌戊	4月29	巳己	3月30	亥己	3月1	午庚	1月30	子庚	初一
7月27	戌戊	6月27	辰戊	5月29	亥己	4月30	午庚	3月31	子庚	3月2	未辛	1月31	丑辛	初二
7月28	亥己	6月28	巳己	5月30	子庚	5月1	未辛	4月1	丑辛	3月3	申壬	2月1	寅壬	初三
7月29	子庚	6月29	午庚	5月31	丑辛	5月2	申壬	4月2	寅壬	3月4	酉癸	2月2	卯癸	初四
7月30	丑辛	6月30	未辛	6月1	寅壬	5月3	酉癸	4月3	卯癸	3月5	戌甲	2月3	辰甲	初五
7月31	寅壬	7月1	申壬	6月2	卯癸	5月4	戌甲	4月4	辰甲	3月6	亥乙	2月4	巳乙	初六
8月1	卯癸	7月2	酉癸	6月3	辰甲	5月5	亥乙	4月5	巳乙	3月7	子丙	2月5	午丙	初七
8月2	辰甲	7月3	戌甲	6月4	巳乙	5月6	子丙	4月6	午丙	3月8	丑丁	2月6	未丁	初八
8月3	巳乙	7月4	亥乙	6月5	午丙	5月7	丑丁	4月7	未丁	3月9	寅戊	2月7	申戊	初九
8月4	午丙	7月5	子丙	6月6	未丁	5月8	寅戊	4月8	申戊	3月10	卯己	2月8	酉己	初十
8月5	未丁	7月6	丑丁	6月7	申戊	5月9	卯己	4月9	酉己	3月11	辰庚	2月9	戌庚	十一
8月6	申戊	7月7	寅戊	6月8	酉己	5月10	辰庚	4月10	戌庚	3月12	巳辛	2月10	亥辛	十二
8月7	酉己	7月8	卯己	6月9	戌庚	5月11	巳辛	4月11	亥辛	3月13	午壬	2月11	子壬	十三
8月8	戌庚	7月9	辰庚	6月10	亥辛	5月12	午壬	4月12	子壬	3月14	未癸	2月12	丑癸	十四
8月9	亥辛	7月10	巳辛	6月11	子壬	5月13	未癸	4月13	丑癸	3月15	申甲	2月13	寅甲	十五
8月10	子壬	7月11	午壬	6月12	丑癸	5月14	申甲	4月14	寅甲	3月16	酉乙	2月14	卯乙	十六
8月11	丑癸	7月12	未癸	6月13	寅甲	5月15	酉乙	4月15	卯乙	3月17	戌丙	2月15	辰丙	十七
8月12	寅甲	7月13	申甲	6月14	卯乙	5月16	戌丙	4月16	辰丙	3月18	亥丁	2月16	巳丁	十八
8月13	卯乙	7月14	酉乙	6月15	辰丙	5月17	亥丁	4月17	巳丁	3月19	子戊	2月17	午戊	十九
8月14	辰丙	7月15	戌丙	6月16	巳丁	5月18	子戊	4月18	午戊	3月20	丑己	2月18	未己	二十
8月15	巳丁	7月16	亥丁	6月17	午戊	5月19	丑己	4月19	未己	3月21	寅庚	2月19	申庚	廿一
8月16	午戊	7月17	子戊	6月18	未己	5月20	寅庚	4月20	申庚	3月22	卯辛	2月20	酉辛	廿二
8月17	未己	7月18	丑己	6月19	申庚	5月21	卯辛	4月21	酉辛	3月23	辰壬	2月21	戌壬	廿三
8月18	申庚	7月19	寅庚	6月20	酉辛	5月22	辰壬	4月22	戌壬	3月24	巳癸	2月22	亥癸	廿四
8月19	酉辛	7月20	卯辛	6月21	戌壬	5月23	巳癸	4月23	亥癸	3月25	午甲	2月23	子甲	廿五
8月20	戌壬	7月21	辰壬	6月22	亥癸	5月24	午甲	4月24	子甲	3月26	未乙	2月24	丑乙	廿六
8月21	亥癸	7月22	巳癸	6月23	子甲	5月25	未乙	4月25	丑乙	3月27	申丙	2月25	寅丙	廿七
8月22	子甲	7月23	午甲	6月24	丑乙	5月26	申丙	4月26	寅丙	3月28	酉丁	2月26	卯丁	廿八
8月23	丑乙	7月24	未乙	6月25	寅丙	5月27	酉丁	4月27	卯丁	3月29	戌戊	2月27	辰戊	廿九
		7月25	申丙					4月28	辰戊			2月28	巳己	三十

西元1911年

月別	農曆十二月		農曆十一月		農曆十月		農曆九月		農曆八月		農曆七月	
干支	辛 丑		庚 子		己 亥		戊 戌		丁 酉		丙 申	
節	立春	大寒	小寒	冬至	大雪	小雪	立冬	霜降	寒露	秋分	白露	處暑
氣	11時54分 十八午時	17時29分 初三酉時	0時8分 十九子時	6時54分 初四卯時	13時8分 十八未時	17時56分 初三酉時	20時47分 十八戌時	20時58分 初三戌時	18時15分 十八酉時	12時18分 初三午時	3時13分 十七寅時	15時13分 初一申時
農曆	國曆	干支	國曆	干支	國曆	干支	國曆	干支	國曆	干支	國曆	干支
初一	1月19	午甲	12月20	子甲	11月21	未乙	10月22	丑乙	9月22	未乙	8月24	寅丙
初二	1月20	未乙	12月21	丑乙	11月22	申丙	10月23	寅丙	9月23	申丙	8月25	卯丁
初三	1月21	申丙	12月22	寅丙	11月23	酉丁	10月24	卯丁	9月24	酉丁	8月26	辰戊
初四	1月22	酉丁	12月23	卯丁	11月24	戌戊	10月25	辰戊	9月25	戌戊	8月27	巳己
初五	1月23	戌戊	12月24	辰戊	11月25	亥己	10月26	巳己	9月26	亥己	8月28	午庚
初六	1月24	亥己	12月25	巳己	11月26	子庚	10月27	午庚	9月27	子庚	8月29	未辛
初七	1月25	子庚	12月26	午庚	11月27	丑辛	10月28	未辛	9月28	丑辛	8月30	申壬
初八	1月26	丑辛	12月27	未辛	11月28	寅壬	10月29	申壬	9月29	寅壬	8月31	酉癸
初九	1月27	寅壬	12月28	申壬	11月29	卯癸	10月30	酉癸	9月30	卯癸	9月1	戌甲
初十	1月28	卯癸	12月29	酉癸	11月30	辰甲	10月31	戌甲	10月1	辰甲	9月2	亥乙
十一	1月29	辰甲	12月30	戌甲	12月1	巳乙	11月1	亥乙	10月2	巳乙	9月3	子丙
十二	1月30	巳乙	12月31	亥乙	12月2	午丙	11月2	子丙	10月3	午丙	9月4	丑丁
十三	1月31	午丙	1月1	子丙	12月3	未丁	11月3	丑丁	10月4	未丁	9月5	寅戊
十四	2月1	未丁	1月2	丑丁	12月4	申戊	11月4	寅戊	10月5	申戊	9月6	卯己
十五	2月2	申戊	1月3	寅戊	12月5	酉己	11月5	卯己	10月6	酉己	9月7	辰庚
十六	2月3	酉己	1月4	卯己	12月6	戌庚	11月6	辰庚	10月7	戌庚	9月8	巳辛
十七	2月4	戌庚	1月5	辰庚	12月7	亥辛	11月7	巳辛	10月8	亥辛	9月9	午壬
十八	2月5	亥辛	1月6	巳辛	12月8	子壬	11月8	午壬	10月9	子壬	9月10	未癸
十九	2月6	子壬	1月7	午壬	12月9	丑癸	11月9	未癸	10月10	丑癸	9月11	申甲
二十	2月7	丑癸	1月8	未癸	12月10	寅甲	11月10	申甲	10月11	寅甲	9月12	酉乙
廿一	2月8	寅甲	1月9	申甲	12月11	卯乙	11月11	酉乙	10月12	卯乙	9月13	戌丙
廿二	2月9	卯乙	1月10	酉乙	12月12	辰丙	11月12	戌丙	10月13	辰丙	9月14	亥丁
廿三	2月10	辰丙	1月11	戌丙	12月13	巳丁	11月13	亥丁	10月14	巳丁	9月15	子戊
廿四	2月11	巳丁	1月12	亥丁	12月14	午戊	11月14	子戊	10月15	午戊	9月16	丑己
廿五	2月12	午戊	1月13	子戊	12月15	未己	11月15	丑己	10月16	未己	9月17	寅庚
廿六	2月13	未己	1月14	丑己	12月16	申庚	11月16	寅庚	10月17	申庚	9月18	卯辛
廿七	2月14	申庚	1月15	寅庚	12月17	酉辛	11月17	卯辛	10月18	酉辛	9月19	辰壬
廿八	2月15	酉辛	1月16	卯辛	12月18	戌壬	11月18	辰壬	10月19	戌壬	9月20	巳癸
廿九	2月16	戌壬	1月17	辰壬	12月19	亥癸	11月19	巳癸	10月20	亥癸	9月21	午甲
三十	2月17	亥癸	1月18	巳癸			11月20	午甲	10月21	子甲		

中華民國元年 歲次 壬子《鼠》

西元一九一二年 太歲姓邱名德

農曆六月 丁未		農曆五月 丙午		農曆四月 乙巳		農曆三月 甲辰		農曆二月 癸卯		農曆正月 壬寅		別月 支干
節 立秋	氣 大暑	節 小暑	氣 夏至	節 芒種	氣 小滿	節 立夏	氣 穀雨	節 清明	氣 春分	節 驚蟄	氣 雨水	節／氣
6時37分卯時 廿六	14時14分未時 初十	20時57分戌時 廿三	3時17分寅時 初八	10時28分巳時 廿一	18時57分酉時 初五	5時47分卯時 二十	19時19分戌時 初四	11時48分午時 十八	7時29分辰時 初三	6時21分卯時 十八	7時56分辰時 初三	氣
國曆	支干	國曆	支干	國曆	支干	國曆	支干	國曆	支干	國曆	支干	農曆
7月14	卯辛	6月15	戌壬	5月17	巳癸	4月17	亥癸	3月19	午甲	2月18	子甲	初一
7月15	辰壬	6月16	亥癸	5月18	午甲	4月18	子甲	3月20	未乙	2月19	丑乙	初二
7月16	巳癸	6月17	子甲	5月19	未乙	4月19	丑乙	3月21	申丙	2月20	寅丙	初三
7月17	午甲	6月18	丑乙	5月20	申丙	4月20	寅丙	3月22	酉丁	2月21	卯丁	初四
7月18	未乙	6月19	寅丙	5月21	酉丁	4月21	卯丁	3月23	戌戊	2月22	辰戊	初五
7月19	申丙	6月20	卯丁	5月22	戌戊	4月22	辰戊	3月24	亥己	2月23	巳己	初六
7月20	酉丁	6月21	辰戊	5月23	亥己	4月23	巳己	3月25	子庚	2月24	午庚	初七
7月21	戌戊	6月22	巳己	5月24	子庚	4月24	午庚	3月26	丑辛	2月25	未辛	初八
7月22	亥己	6月23	午庚	5月25	丑辛	4月25	未辛	3月27	寅壬	2月26	申壬	初九
7月23	子庚	6月24	未辛	5月26	寅壬	4月26	申壬	3月28	卯癸	2月27	酉癸	初十
7月24	丑辛	6月25	申壬	5月27	卯癸	4月27	酉癸	3月29	辰甲	2月28	戌甲	十一
7月25	寅壬	6月26	酉癸	5月28	辰甲	4月28	戌甲	3月30	巳乙	2月29	亥乙	十二
7月26	卯癸	6月27	戌甲	5月29	巳乙	4月29	亥乙	3月31	午丙	3月1	子丙	十三
7月27	辰甲	6月28	亥乙	5月30	午丙	4月30	子丙	4月1	未丁	3月2	丑丁	十四
7月28	巳乙	6月29	子丙	5月31	未丁	5月1	丑丁	4月2	申戊	3月3	寅戊	十五
7月29	午丙	6月30	丑丁	6月1	申戊	5月2	寅戊	4月3	酉己	3月4	卯己	十六
7月30	未丁	7月1	寅戊	6月2	酉己	5月3	卯己	4月4	戌庚	3月5	辰庚	十七
7月31	申戊	7月2	卯己	6月3	戌庚	5月4	辰庚	4月5	亥辛	3月6	巳辛	十八
8月1	酉己	7月3	辰庚	6月4	亥辛	5月5	巳辛	4月6	子壬	3月7	午壬	十九
8月2	戌庚	7月4	巳辛	6月5	子壬	5月6	午壬	4月7	丑癸	3月8	未癸	二十
8月3	亥辛	7月5	午壬	6月6	丑癸	5月7	未癸	4月8	寅甲	3月9	申甲	廿一
8月4	子壬	7月6	未癸	6月7	寅甲	5月8	申甲	4月9	卯乙	3月10	酉乙	廿二
8月5	丑癸	7月7	申甲	6月8	卯乙	5月9	酉乙	4月10	辰丙	3月11	戌丙	廿三
8月6	寅甲	7月8	酉乙	6月9	辰丙	5月10	戌丙	4月11	巳丁	3月12	亥丁	廿四
8月7	卯乙	7月9	戌丙	6月10	巳丁	5月11	亥丁	4月12	午戊	3月13	子戊	廿五
8月8	辰丙	7月10	亥丁	6月11	午戊	5月12	子戊	4月13	未己	3月14	丑己	廿六
8月9	巳丁	7月11	子戊	6月12	未己	5月13	丑己	4月14	申庚	3月15	寅庚	廿七
8月10	午戊	7月12	丑己	6月13	申庚	5月14	寅庚	4月15	酉辛	3月16	卯辛	廿八
8月11	未己	7月13	寅庚	6月14	酉辛	5月15	卯辛	4月16	戌壬	3月17	辰壬	廿九
8月12	申庚					5月16	辰壬			3月18	巳癸	三十

西元1912年

月別	農曆十二月		農曆十一月		農曆十月		農曆九月		農曆八月		農曆七月	
干支	癸丑		壬子		辛亥		庚戌		己酉		戊申	
節	立春	大寒	小寒	冬至	大雪	小雪	立冬	霜降	寒露	秋分	白露	處暑
氣	17時43分 廿九酉時	23時19分 十四夜子時	5時58分 廿九卯時	12時45分 十四午時	18時59分 廿九酉時	23時48分 十四夜子時	2時39分 三十丑時	2時50分 十五丑時	0時7分 十三子時	18時8分 十三酉時	9時6分 廿七巳時	21時2分 十一亥時
農曆	國曆	支干	國曆	支干	國曆	支干	國曆	支干	國曆	支干	國曆	支干
初一	1月7	子戊	12月9	未己	11月9	丑己	10月10	未己	9月11	寅庚	8月13	酉辛
初二	1月8	丑己	12月10	申庚	11月10	寅庚	10月11	申庚	9月12	卯辛	8月14	戌壬
初三	1月9	寅庚	12月11	酉辛	11月11	卯辛	10月12	酉辛	9月13	辰壬	8月15	亥癸
初四	1月10	卯辛	12月12	戌壬	11月12	辰壬	10月13	戌壬	9月14	巳癸	8月16	子甲
初五	1月11	辰壬	12月13	亥癸	11月13	巳癸	10月14	亥癸	9月15	午甲	8月17	丑乙
初六	1月12	巳癸	12月14	子甲	11月14	午甲	10月15	子甲	9月16	未乙	8月18	寅丙
初七	1月13	午甲	12月15	丑乙	11月15	未乙	10月16	丑乙	9月17	申丙	8月19	卯丁
初八	1月14	未乙	12月16	寅丙	11月16	申丙	10月17	寅丙	9月18	酉丁	8月20	辰戊
初九	1月15	申丙	12月17	卯丁	11月17	酉丁	10月18	卯丁	9月19	戌戊	8月21	巳己
初十	1月16	酉丁	12月18	辰戊	11月18	戌戊	10月19	辰戊	9月20	亥己	8月22	午庚
十一	1月17	戌戊	12月19	巳己	11月19	亥己	10月20	巳己	9月21	子庚	8月23	未辛
十二	1月18	亥己	12月20	午庚	11月20	子庚	10月21	午庚	9月22	丑辛	8月24	申壬
十三	1月19	子庚	12月21	未辛	11月21	丑辛	10月22	未辛	9月23	寅壬	8月25	酉癸
十四	1月20	丑辛	12月22	申壬	11月22	寅壬	10月23	申壬	9月24	卯癸	8月26	戌甲
十五	1月21	寅壬	12月23	酉癸	11月23	卯癸	10月24	酉癸	9月25	辰甲	8月27	亥乙
十六	1月22	卯癸	12月24	戌甲	11月24	辰甲	10月25	戌甲	9月26	巳乙	8月28	子丙
十七	1月23	辰甲	12月25	亥乙	11月25	巳乙	10月26	亥乙	9月27	午丙	8月29	丑丁
十八	1月24	巳乙	12月26	子丙	11月26	午丙	10月27	子丙	9月28	未丁	8月30	寅戊
十九	1月25	午丙	12月27	丑丁	11月27	未丁	10月28	丑丁	9月29	申戊	8月31	卯己
二十	1月26	未丁	12月28	寅戊	11月28	申戊	10月29	寅戊	9月30	酉己	9月1	辰庚
廿一	1月27	申戊	12月29	卯己	11月29	酉己	10月30	卯己	10月1	戌庚	9月2	巳辛
廿二	1月28	酉己	12月30	辰庚	11月30	戌庚	10月31	辰庚	10月2	亥辛	9月3	午壬
廿三	1月29	戌庚	12月31	巳辛	12月1	亥辛	11月1	巳辛	10月3	子壬	9月4	未癸
廿四	1月30	亥辛	1月1	午壬	12月2	子壬	11月2	午壬	10月4	丑癸	9月5	申甲
廿五	1月31	子壬	1月2	未癸	12月3	丑癸	11月3	未癸	10月5	寅甲	9月6	酉乙
廿六	2月1	丑癸	1月3	申甲	12月4	寅甲	11月4	申甲	10月6	卯乙	9月7	戌丙
廿七	2月2	寅甲	1月4	酉乙	12月5	卯乙	11月5	酉乙	10月7	辰丙	9月8	亥丁
廿八	2月3	卯乙	1月5	戌丙	12月6	辰丙	11月6	戌丙	10月8	巳丁	9月9	子戊
廿九	2月4	辰丙	1月6	亥丁	12月7	巳丁	11月7	亥丁	10月9	午戊	9月10	丑己
三十	2月5	巳丁			12月8	午戊	11月8	子戊				

147

農曆六月		農曆五月		農曆四月		農曆三月		農曆二月		農曆正月		月別
己 未		戊 午		丁 巳		丙 辰		乙 卯		甲 寅		干支
大暑	小暑	夏至	芒種	小滿	立夏	穀雨		清明	春分	驚蟄	雨水	節
20時4分 二十戌時	2時39分 初五丑時	9時10分 十八巳時	16時14分 初二申時	0時50分 十七子時	11時35分 初一午時	1時5分 十五丑時		17時36分 廿九酉時	13時18分 十四未時	12時9分 廿九午時	13時45分 十四未時	氣
國曆	干支	國曆	干支	國曆	干支	國曆	干支	國曆	干支	國曆	干支	農曆
7月4	丙戌	6月5	丁巳	5月6	丁亥	4月7	戊午	3月8	戊子	2月6	戊午	初一
7月5	丁亥	6月6	戊午	5月7	戊子	4月8	己未	3月9	己丑	2月7	己未	初二
7月6	戊子	6月7	己未	5月8	己丑	4月9	庚申	3月10	庚寅	2月8	庚申	初三
7月7	己丑	6月8	庚申	5月9	庚寅	4月10	辛酉	3月11	辛卯	2月9	辛酉	初四
7月8	庚寅	6月9	辛酉	5月10	辛卯	4月11	壬戌	3月12	壬辰	2月10	壬戌	初五
7月9	辛卯	6月10	壬戌	5月11	壬辰	4月12	癸亥	3月13	癸巳	2月11	癸亥	初六
7月10	壬辰	6月11	癸亥	5月12	癸巳	4月13	甲子	3月14	甲午	2月12	甲子	初七
7月11	癸巳	6月12	甲子	5月13	甲午	4月14	乙丑	3月15	乙未	2月13	乙丑	初八
7月12	甲午	6月13	乙丑	5月14	乙未	4月15	丙寅	3月16	丙申	2月14	丙寅	初九
7月13	乙未	6月14	丙寅	5月15	丙申	4月16	丁卯	3月17	丁酉	2月15	丁卯	初十
7月14	丙申	6月15	丁卯	5月16	丁酉	4月17	戊辰	3月18	戊戌	2月16	戊辰	十一
7月15	丁酉	6月16	戊辰	5月17	戊戌	4月18	己巳	3月19	己亥	2月17	己巳	十二
7月16	戊戌	6月17	己巳	5月18	己亥	4月19	庚午	3月20	庚子	2月18	庚午	十三
7月17	己亥	6月18	庚午	5月19	庚子	4月20	辛未	3月21	辛丑	2月19	辛未	十四
7月18	庚子	6月19	辛未	5月20	辛丑	4月21	壬申	3月22	壬寅	2月20	壬申	十五
7月19	辛丑	6月20	壬申	5月21	壬寅	4月22	癸酉	3月23	癸卯	2月21	癸酉	十六
7月20	壬寅	6月21	癸酉	5月22	癸卯	4月23	甲戌	3月24	甲辰	2月22	甲戌	十七
7月21	癸卯	6月22	甲戌	5月23	甲辰	4月24	乙亥	3月25	乙巳	2月23	乙亥	十八
7月22	甲辰	6月23	乙亥	5月24	乙巳	4月25	丙子	3月26	丙午	2月24	丙子	十九
7月23	乙巳	6月24	丙子	5月25	丙午	4月26	丁丑	3月27	丁未	2月25	丁丑	二十
7月24	丙午	6月25	丁丑	5月26	丁未	4月27	戊寅	3月28	戊申	2月26	戊寅	廿一
7月25	丁未	6月26	戊寅	5月27	戊申	4月28	己卯	3月29	己酉	2月27	己卯	廿二
7月26	戊申	6月27	己卯	5月28	己酉	4月29	庚辰	3月30	庚戌	2月28	庚辰	廿三
7月27	己酉	6月28	庚辰	5月29	庚戌	4月30	辛巳	3月31	辛亥	3月1	辛巳	廿四
7月28	庚戌	6月29	辛巳	5月30	辛亥	5月1	壬午	4月1	壬子	3月2	壬午	廿五
7月29	辛亥	6月30	壬午	5月31	壬子	5月2	癸未	4月2	癸丑	3月3	癸未	廿六
7月30	壬子	7月1	癸未	6月1	癸丑	5月3	甲申	4月3	甲寅	3月4	甲申	廿七
7月31	癸丑	7月2	甲申	6月2	甲寅	5月4	乙酉	4月4	乙卯	3月5	乙酉	廿八
8月1	甲寅	7月3	乙酉	6月3	乙卯	5月5	丙戌	4月5	丙辰	3月6	丙戌	廿九
				6月4	丙辰			4月6	丁巳	3月7	丁亥	三十

中華民國二年 歲次 癸丑 《牛》

西元一九一三年 太歲 姓林名簿

148

西元1913年

月別	農曆十二月		農曆十一月		農曆十月		農曆九月		農曆八月		農曆七月	
干支	乙丑		甲子		癸亥		壬戌		辛酉		庚申	
節	大寒	小寒	冬至	大雪	小雪	立冬	霜降	寒露	秋分	白露	處暑	立秋
氣	5時12分 廿六卯時	11時43分 十一午時	18時35分 廿五酉時	0時41分 十一子時	5時35分 廿六卯時	8時18分 十一辰時	8時35分 廿五辰時	5時44分 初十卯時	23時53分 廿三夜子	14時43分 初八未時	2時48分 廿三丑時	12時16分 初七午時
農曆	國曆	支干	國曆	支干	國曆	支干	國曆	支干	國曆	支干	國曆	支干
初一	12月27	午壬	11月28	丑癸	10月29	未癸	9月30	寅甲	9月1	酉乙	8月2	卯乙
初二	12月28	未癸	11月29	寅甲	10月30	申甲	10月1	卯乙	9月2	戌丙	8月3	辰丙
初三	12月29	申甲	11月30	卯乙	10月31	酉乙	10月2	辰丙	9月3	亥丁	8月4	巳丁
初四	12月30	酉乙	12月1	辰丙	11月1	戌丙	10月3	巳丁	9月4	子戊	8月5	午戊
初五	12月31	戌丙	12月2	巳丁	11月2	亥丁	10月4	午戊	9月5	丑己	8月6	未己
初六	1月1	亥丁	12月3	午戊	11月3	子戊	10月5	未己	9月6	寅庚	8月7	申庚
初七	1月2	子戊	12月4	未己	11月4	丑己	10月6	申庚	9月7	卯辛	8月8	酉辛
初八	1月3	丑己	12月5	申庚	11月5	寅庚	10月7	酉辛	9月8	辰壬	8月9	戌壬
初九	1月4	寅庚	12月6	酉辛	11月6	卯辛	10月8	戌壬	9月9	巳癸	8月10	亥癸
初十	1月5	卯辛	12月7	戌壬	11月7	辰壬	10月9	亥癸	9月10	午甲	8月11	子甲
十一	1月6	辰壬	12月8	亥癸	11月8	巳癸	10月10	子甲	9月11	未乙	8月12	丑乙
十二	1月7	巳癸	12月9	子甲	11月9	午甲	10月11	丑乙	9月12	申丙	8月13	寅丙
十三	1月8	午甲	12月10	丑乙	11月10	未乙	10月12	寅丙	9月13	酉丁	8月14	卯丁
十四	1月9	未乙	12月11	寅丙	11月11	申丙	10月13	卯丁	9月14	戌戊	8月15	辰戊
十五	1月10	申丙	12月12	卯丁	11月12	酉丁	10月14	辰戊	9月15	亥己	8月16	巳己
十六	1月11	酉丁	12月13	辰戊	11月13	戌戊	10月15	巳己	9月16	子庚	8月17	午庚
十七	1月12	戌戊	12月14	巳己	11月14	亥己	10月16	午庚	9月17	丑辛	8月18	未辛
十八	1月13	亥己	12月15	午庚	11月15	子庚	10月17	未辛	9月18	寅壬	8月19	申壬
十九	1月14	子庚	12月16	未辛	11月16	丑辛	10月18	申壬	9月19	卯癸	8月20	酉癸
二十	1月15	丑辛	12月17	申壬	11月17	寅壬	10月19	酉癸	9月20	辰甲	8月21	戌甲
廿一	1月16	寅壬	12月18	酉癸	11月18	卯癸	10月20	戌甲	9月21	巳乙	8月22	亥乙
廿二	1月17	卯癸	12月19	戌甲	11月19	辰甲	10月21	亥乙	9月22	午丙	8月23	子丙
廿三	1月18	辰甲	12月20	亥乙	11月20	巳乙	10月22	子丙	9月23	未丁	8月24	丑丁
廿四	1月19	巳乙	12月21	子丙	11月21	午丙	10月23	丑丁	9月24	申戊	8月25	寅戊
廿五	1月20	午丙	12月22	丑丁	11月22	未丁	10月24	寅戊	9月25	酉己	8月26	卯己
廿六	1月21	未丁	12月23	寅戊	11月23	申戊	10月25	卯己	9月26	戌庚	8月27	辰庚
廿七	1月22	申戊	12月24	卯己	11月24	酉己	10月26	辰庚	9月27	亥辛	8月28	巳辛
廿八	1月23	酉己	12月25	辰庚	11月25	戌庚	10月27	巳辛	9月28	子壬	8月29	午壬
廿九	1月24	戌庚	12月26	巳辛	11月26	亥辛	10月28	午壬	9月29	丑癸	8月30	未癸
三十	1月25	亥辛			11月27	子壬					8月31	申甲

中華民國三年　歲次　甲寅《虎》

西元一九一四年　太歲　姓張名朝

農曆六月		農曆閏五月		農曆五月		農曆四月		農曆三月		農曆二月		農曆正月		月別
辛未				庚午		己巳		戊辰		丁卯		丙寅		支干
立秋　大暑		小暑		夏至　芒種		小滿　立夏		穀雨　清明		春分　驚蟄		雨水　立春		節
十七 18時6分 酉時 / 初二 1時47分 丑時		十六 8時28分 辰時		廿九 14時55分 未時 / 十三 22時0分 亥時		廿八 6時38分 卯時 / 十二 17時20分 酉時		廿六 6時53分 卯時 / 初十 23時22分 子夜		廿五 19時11分 戌時 / 初十 17時56分 酉時		廿五 19時38分 戌時 / 初十 23時29分 子夜		氣
國曆	支干	國曆	支干	國曆	支干	國曆	支干	國曆	支干	國曆	支干	國曆	支干	農曆
7月23	戌庚	6月23	辰庚	5月25	亥辛	4月25	巳辛	3月27	子壬	2月25	午壬	1月26	子壬	初一
7月24	亥辛	6月24	巳辛	5月26	子壬	4月26	午壬	3月28	丑癸	2月26	未癸	1月27	丑癸	初二
7月25	子壬	6月25	午壬	5月27	丑癸	4月27	未癸	3月29	寅甲	2月27	申甲	1月28	寅甲	初三
7月26	丑癸	6月26	未癸	5月28	寅甲	4月28	申甲	3月30	卯乙	2月28	酉乙	1月29	卯乙	初四
7月27	寅甲	6月27	申甲	5月29	卯乙	4月29	酉乙	3月31	辰丙	3月1	戌丙	1月30	辰丙	初五
7月28	卯乙	6月28	酉乙	5月30	辰丙	4月30	戌丙	4月1	巳丁	3月2	亥丁	1月31	巳丁	初六
7月29	辰丙	6月29	戌丙	5月31	巳丁	5月1	亥丁	4月2	午戊	3月3	子戊	2月1	午戊	初七
7月30	巳丁	6月30	亥丁	6月1	午戊	5月2	子戊	4月3	未己	3月4	丑己	2月2	未己	初八
7月31	午戊	7月1	子戊	6月2	未己	5月3	丑己	4月4	申庚	3月5	寅庚	2月3	申庚	初九
8月1	未己	7月2	丑己	6月3	申庚	5月4	寅庚	4月5	酉辛	3月6	卯辛	2月4	酉辛	初十
8月2	申庚	7月3	寅庚	6月4	酉辛	5月5	卯辛	4月6	戌壬	3月7	辰壬	2月5	戌壬	十一
8月3	酉辛	7月4	卯辛	6月5	戌壬	5月6	辰壬	4月7	亥癸	3月8	巳癸	2月6	亥癸	十二
8月4	戌壬	7月5	辰壬	6月6	亥癸	5月7	巳癸	4月8	子甲	3月9	午甲	2月7	子甲	十三
8月5	亥癸	7月6	巳癸	6月7	子甲	5月8	午甲	4月9	丑乙	3月10	未乙	2月8	丑乙	十四
8月6	子甲	7月7	午甲	6月8	丑乙	5月9	未乙	4月10	寅丙	3月11	申丙	2月9	寅丙	十五
8月7	丑乙	7月8	未乙	6月9	寅丙	5月10	申丙	4月11	卯丁	3月12	酉丁	2月10	卯丁	十六
8月8	寅丙	7月9	申丙	6月10	卯丁	5月11	酉丁	4月12	辰戊	3月13	戌戊	2月11	辰戊	十七
8月9	卯丁	7月10	酉丁	6月11	辰戊	5月12	戌戊	4月13	巳己	3月14	亥己	2月12	巳己	十八
8月10	辰戊	7月11	戌戊	6月12	巳己	5月13	亥己	4月14	午庚	3月15	子庚	2月13	午庚	十九
8月11	巳己	7月12	亥己	6月13	午庚	5月14	子庚	4月15	未辛	3月16	丑辛	2月14	未辛	二十
8月12	午庚	7月13	子庚	6月14	未辛	5月15	丑辛	4月16	申壬	3月17	寅壬	2月15	申壬	廿一
8月13	未辛	7月14	丑辛	6月15	申壬	5月16	寅壬	4月17	酉癸	3月18	卯癸	2月16	酉癸	廿二
8月14	申壬	7月15	寅壬	6月16	酉癸	5月17	卯癸	4月18	戌甲	3月19	辰甲	2月17	戌甲	廿三
8月15	酉癸	7月16	卯癸	6月17	戌甲	5月18	辰甲	4月19	亥乙	3月20	巳乙	2月18	亥乙	廿四
8月16	戌甲	7月17	辰甲	6月18	亥乙	5月19	巳乙	4月20	子丙	3月21	午丙	2月19	子丙	廿五
8月17	亥乙	7月18	巳乙	6月19	子丙	5月20	午丙	4月21	丑丁	3月22	未丁	2月20	丑丁	廿六
8月18	子丙	7月19	午丙	6月20	丑丁	5月21	未丁	4月22	寅戊	3月23	申戊	2月21	寅戊	廿七
8月19	丑丁	7月20	未丁	6月21	寅戊	5月22	申戊	4月23	卯己	3月24	酉己	2月22	卯己	廿八
8月20	寅戊	7月21	申戊	6月22	卯己	5月23	酉己	4月24	辰庚	3月25	戌庚	2月23	辰庚	廿九
		7月22	酉己			5月24	戌庚			3月26	亥辛	2月24	巳辛	三十

西元1914年

月別	農曆十二月		農曆十一月		農曆十月		農曆九月		農曆八月		農曆七月	
干支	丁丑		丙子		乙亥		甲戌		癸酉		壬申	
節	立春	大寒	小寒	冬至	大雪	小雪	立冬	霜降	寒露	秋分	白露	處暑
氣	初五廿二卯時26分	初十一時0分	初七17時41分廿一酉時	初七0時23分廿子時	初六6時37分廿一卯時	初六11時21分廿一午時	初六14時11分廿一未時	初六14時18分廿一未時	初十11時35分二十寅時	初五5時34分卯時	初四20時33分十九戌時	初四8時30分辰時
農曆	國曆	干支	國曆	干支	國曆	干支	國曆	干支	國曆	干支	國曆	干支
初一	1月15	丙午	12月17	丁丑	11月18	戊申	10月19	戊寅	9月20	己酉	8月21	己卯
初二	1月16	丁未	12月18	戊寅	11月19	己酉	10月20	己卯	9月21	庚戌	8月22	庚辰
初三	1月17	戊申	12月19	己卯	11月20	庚戌	10月21	庚辰	9月22	辛亥	8月23	辛巳
初四	1月18	己酉	12月20	庚辰	11月21	辛亥	10月22	辛巳	9月23	壬子	8月24	壬午
初五	1月19	庚戌	12月21	辛巳	11月22	壬子	10月23	壬午	9月24	癸丑	8月25	癸未
初六	1月20	辛亥	12月22	壬午	11月23	癸丑	10月24	癸未	9月25	甲寅	8月26	甲申
初七	1月21	壬子	12月23	癸未	11月24	甲寅	10月25	甲申	9月26	乙卯	8月27	乙酉
初八	1月22	癸丑	12月24	甲申	11月25	乙卯	10月26	乙酉	9月27	丙辰	8月28	丙戌
初九	1月23	甲寅	12月25	乙酉	11月26	丙辰	10月27	丙戌	9月28	丁巳	8月29	丁亥
初十	1月24	乙卯	12月26	丙戌	11月27	丁巳	10月28	丁亥	9月29	戊午	8月30	戊子
十一	1月25	丙辰	12月27	丁亥	11月28	戊午	10月29	戊子	9月30	己未	8月31	己丑
十二	1月26	丁巳	12月28	戊子	11月29	己未	10月30	己丑	10月1	庚申	9月1	庚寅
十三	1月27	戊午	12月29	己丑	11月30	庚申	10月31	庚寅	10月2	辛酉	9月2	辛卯
十四	1月28	己未	12月30	庚寅	12月1	辛酉	11月1	辛卯	10月3	壬戌	9月3	壬辰
十五	1月29	庚申	12月31	辛卯	12月2	壬戌	11月2	壬辰	10月4	癸亥	9月4	癸巳
十六	1月30	辛酉	1月1	壬辰	12月3	癸亥	11月3	癸巳	10月5	甲子	9月5	甲午
十七	1月31	壬戌	1月2	癸巳	12月4	甲子	11月4	甲午	10月6	乙丑	9月6	乙未
十八	2月1	癸亥	1月3	甲午	12月5	乙丑	11月5	乙未	10月7	丙寅	9月7	丙申
十九	2月2	甲子	1月4	乙未	12月6	丙寅	11月6	丙申	10月8	丁卯	9月8	丁酉
二十	2月3	乙丑	1月5	丙申	12月7	丁卯	11月7	丁酉	10月9	戊辰	9月9	戊戌
廿一	2月4	丙寅	1月6	丁酉	12月8	戊辰	11月8	戊戌	10月10	己巳	9月10	己亥
廿二	2月5	丁卯	1月7	戊戌	12月9	己巳	11月9	己亥	10月11	庚午	9月11	庚子
廿三	2月6	戊辰	1月8	己亥	12月10	庚午	11月10	庚子	10月12	辛未	9月12	辛丑
廿四	2月7	己巳	1月9	庚子	12月11	辛未	11月11	辛丑	10月13	壬申	9月13	壬寅
廿五	2月8	庚午	1月10	辛丑	12月12	壬申	11月12	壬寅	10月14	癸酉	9月14	癸卯
廿六	2月9	辛未	1月11	壬寅	12月13	癸酉	11月13	癸卯	10月15	甲戌	9月15	甲辰
廿七	2月10	壬申	1月12	癸卯	12月14	甲戌	11月14	甲辰	10月16	乙亥	9月16	乙巳
廿八	2月11	癸酉	1月13	甲辰	12月15	乙亥	11月15	乙巳	10月17	丙子	9月17	丙午
廿九	2月12	甲戌	1月14	乙巳	12月16	丙子	11月16	丙午	10月18	丁丑	9月18	丁未
三十	2月13	乙亥					11月17	丁未			9月19	戊申

中華民國 四年 歲次 乙卯 《兔》

西元一九一五年 太歲 姓方名清

農曆六月		農曆五月		農曆四月		農曆三月		農曆二月		農曆正月		別月
癸未		壬午		辛巳		庚辰		己卯		戊寅		干支
立秋 大暑		小暑 夏至		芒種 小滿		立夏 穀雨		清明 春分		驚蟄 雨水		節氣
立秋 23時48分 廿八夜子 / 大暑 7時27分 十三夜子		小暑 14時29分 廿六未時 / 夏至 20時8分 初十戌時		芒種 3時40分 廿五寅時 / 小滿 12時11分 初九午時		立夏 23時3分 廿三夜子 / 穀雨 12時29分 初八午時		清明 5時10分 廿二卯時 / 春分 0時51分 初七子時		驚蟄 23時48分 廿一夜子 / 雨水 1時23分 初七丑時		
國曆	支干	國曆	支干	國曆	支干	國曆	支干	國曆	支干	國曆	支干	農曆
7月12	辰甲	6月13	亥乙	5月14	巳乙	4月14	亥乙	3月16	午丙	2月14	子丙	一初
7月13	巳乙	6月14	子丙	5月15	午丙	4月15	子丙	3月17	未丁	2月15	丑丁	二初
7月14	午丙	6月15	丑丁	5月16	未丁	4月16	丑丁	3月18	申戊	2月16	寅戊	三初
7月15	未丁	6月16	寅戊	5月17	申戊	4月17	寅戊	3月19	酉己	2月17	卯己	四初
7月16	申戊	6月17	卯己	5月18	酉己	4月18	卯己	3月20	戌庚	2月18	辰庚	五初
7月17	酉己	6月18	辰庚	5月19	戌庚	4月19	辰庚	3月21	亥辛	2月19	巳辛	六初
7月18	戌庚	6月19	巳辛	5月20	亥辛	4月20	巳辛	3月22	子壬	2月20	午壬	七初
7月19	亥辛	6月20	午壬	5月21	子壬	4月21	午壬	3月23	丑癸	2月21	未癸	八初
7月20	子壬	6月21	未癸	5月22	丑癸	4月22	未癸	3月24	寅甲	2月22	申甲	九初
7月21	丑癸	6月22	申甲	5月23	寅甲	4月23	申甲	3月25	卯乙	2月23	酉乙	十初
7月22	寅甲	6月23	酉乙	5月24	卯乙	4月24	酉乙	3月26	辰丙	2月24	戌丙	一十
7月23	卯乙	6月24	戌丙	5月25	辰丙	4月25	戌丙	3月27	巳丁	2月25	亥丁	二十
7月24	辰丙	6月25	亥丁	5月26	巳丁	4月26	亥丁	3月28	午戊	2月26	子戊	三十
7月25	巳丁	6月26	子戊	5月27	午戊	4月27	子戊	3月29	未己	2月27	丑己	四十
7月26	午戊	6月27	丑己	5月28	未己	4月28	丑己	3月30	申庚	2月28	寅庚	五十
7月27	未己	6月28	寅庚	5月29	申庚	4月29	寅庚	3月31	酉辛	3月1	卯辛	六十
7月28	申庚	6月29	卯辛	5月30	酉辛	4月30	卯辛	4月1	戌壬	3月2	辰壬	七十
7月29	酉辛	6月30	辰壬	5月31	戌壬	5月1	辰壬	4月2	亥癸	3月3	巳癸	八十
7月30	戌壬	7月1	巳癸	6月1	亥癸	5月2	巳癸	4月3	子甲	3月4	午甲	九十
7月31	亥癸	7月2	午甲	6月2	子甲	5月3	午甲	4月4	丑乙	3月5	未乙	十二
8月1	子甲	7月3	未乙	6月3	丑乙	5月4	未乙	4月5	寅丙	3月6	申丙	一廿
8月2	丑乙	7月4	申丙	6月4	寅丙	5月5	申丙	4月6	卯丁	3月7	酉丁	二廿
8月3	寅丙	7月5	酉丁	6月5	卯丁	5月6	酉丁	4月7	辰戊	3月8	戌戊	三廿
8月4	卯丁	7月6	戌戊	6月6	辰戊	5月7	戌戊	4月8	巳己	3月9	亥己	四廿
8月5	辰戊	7月7	亥己	6月7	巳己	5月8	亥己	4月9	午庚	3月10	子庚	五廿
8月6	巳己	7月8	子庚	6月8	午庚	5月9	子庚	4月10	未辛	3月11	丑辛	六廿
8月7	午庚	7月9	丑辛	6月9	未辛	5月10	丑辛	4月11	申壬	3月12	寅壬	七廿
8月8	未辛	7月10	寅壬	6月10	申壬	5月11	寅壬	4月12	酉癸	3月13	卯癸	八廿
8月9	申壬	7月11	卯癸	6月11	酉癸	5月12	卯癸	4月13	戌甲	3月14	辰甲	九廿
8月10	酉癸			6月12	戌甲	5月13	辰甲			3月15	巳乙	十三

西元1915年

月別	農曆十二月	農曆十一月	農曆十月	農曆九月	農曆八月	農曆七月
干支	己丑	戊子	丁亥	丙戌	乙酉	甲申
節	大寒 小寒	冬至 大雪	小雪 立冬	霜降 寒露	秋分 白露	處暑
氣	16時54分 十七申時 / 23時28分 初二夜時	6時16分 十七卯時 / 12時24分 初二午時	17時14分 十七酉時 / 19時58分 初二戌時	20時10分 十六戌時 / 17時21分 初一酉時	11時24分 十六午時 / 2時17分 初一丑時	14時15分 十四未時

農曆	曆國 支干	曆國 支干	曆國 支干	曆國 支干	曆國 支干	曆國 支干
初一	1月5 丑辛	12月7 申壬	11月7 寅壬	10月9 酉癸	9月9 卯癸	8月11 戌甲
初二	1月6 寅壬	12月8 酉癸	11月8 卯癸	10月10 戌甲	9月10 辰甲	8月12 亥乙
初三	1月7 卯癸	12月9 戌甲	11月9 辰甲	10月11 亥乙	9月11 巳乙	8月13 子丙
初四	1月8 辰甲	12月10 亥乙	11月10 巳乙	10月12 子丙	9月12 午丙	8月14 丑丁
初五	1月9 巳乙	12月11 子丙	11月11 午丙	10月13 丑丁	9月13 未丁	8月15 寅戊
初六	1月10 午丙	12月12 丑丁	11月12 未丁	10月14 寅戊	9月14 申戊	8月16 卯己
初七	1月11 未丁	12月13 寅戊	11月13 申戊	10月15 卯己	9月15 酉己	8月17 辰庚
初八	1月12 申戊	12月14 卯己	11月14 酉己	10月16 辰庚	9月16 戌庚	8月18 巳辛
初九	1月13 酉己	12月15 辰庚	11月15 戌庚	10月17 巳辛	9月17 亥辛	8月19 午壬
初十	1月14 戌庚	12月16 巳辛	11月16 亥辛	10月18 午壬	9月18 子壬	8月20 未癸
十一	1月15 亥辛	12月17 午壬	11月17 子壬	10月19 未癸	9月19 丑癸	8月21 申甲
十二	1月16 子壬	12月18 未癸	11月18 丑癸	10月20 申甲	9月20 寅甲	8月22 酉乙
十三	1月17 丑癸	12月19 申甲	11月19 寅甲	10月21 酉乙	9月21 卯乙	8月23 戌丙
十四	1月18 寅甲	12月20 酉乙	11月20 卯乙	10月22 戌丙	9月22 辰丙	8月24 亥丁
十五	1月19 卯乙	12月21 戌丙	11月21 辰丙	10月23 亥丁	9月23 巳丁	8月25 子戊
十六	1月20 辰丙	12月22 亥丁	11月22 巳丁	10月24 子戊	9月24 午戊	8月26 丑己
十七	1月21 巳丁	12月23 子戊	11月23 午戊	10月25 丑己	9月25 未己	8月27 寅庚
十八	1月22 午戊	12月24 丑己	11月24 未己	10月26 寅庚	9月26 申庚	8月28 卯辛
十九	1月23 未己	12月25 寅庚	11月25 申庚	10月27 卯辛	9月27 酉辛	8月29 辰壬
二十	1月24 申庚	12月26 卯辛	11月26 酉辛	10月28 辰壬	9月28 戌壬	8月30 巳癸
廿一	1月25 酉辛	12月27 辰壬	11月27 戌壬	10月29 巳癸	9月29 亥癸	8月31 午甲
廿二	1月26 戌壬	12月28 巳癸	11月28 亥癸	10月30 午甲	9月30 子甲	9月1 未乙
廿三	1月27 亥癸	12月29 午甲	11月29 子甲	10月31 未乙	10月1 丑乙	9月2 申丙
廿四	1月28 子甲	12月30 未乙	11月30 丑乙	11月1 申丙	10月2 寅丙	9月3 酉丁
廿五	1月29 丑乙	12月31 申丙	12月1 寅丙	11月2 酉丁	10月3 卯丁	9月4 戌戊
廿六	1月30 寅丙	1月1 酉丁	12月2 卯丁	11月3 戌戊	10月4 辰戊	9月5 亥己
廿七	1月31 卯丁	1月2 戌戊	12月3 辰戊	11月4 亥己	10月5 巳己	9月6 子庚
廿八	2月1 辰戊	1月3 亥己	12月4 巳己	11月5 子庚	10月6 午庚	9月7 丑辛
廿九	2月2 巳己	1月4 子庚	12月5 午庚	11月6 丑辛	10月7 未辛	9月8 寅壬
三十	2月3 午庚		12月6 未辛		10月8 申壬	

西元1916年

中華民國 五年 歲次 丙辰《龍》 西元一九一六年 太歲 姓辛名亞

別月	農曆正月	農曆二月	農曆三月	農曆四月	農曆五月	農曆六月
支干	庚寅	辛卯	壬辰	癸巳	甲午	乙未
節氣	立春 11時初二午時 / 雨水 7時廿七卯時	驚蟄 5時初三卯時 / 春分 6時十八卯時	清明 10時初三巳時 / 穀雨 18時十八酉時	立夏 4時初五寅時 / 小滿 18時二十酉時	芒種 9時初六巳時 / 夏至 2時廿二丑時	小暑 19時初八戌時 / 大暑 13時廿四未時

農曆	國曆	支干	國曆	支干	國曆	支干	國曆	支干	國曆	支干	國曆	支干
初一	2月4	辛未	3月4	庚子	4月3	庚午	5月2	己亥	6月1	己巳	6月30	戊戊
初二	2月5	壬申	3月5	辛丑	4月4	辛未	5月3	庚子	6月2	庚午	7月1	己亥
初三	2月6	癸酉	3月6	壬寅	4月5	壬申	5月4	辛丑	6月3	辛未	7月2	庚子
初四	2月7	甲戌	3月7	癸卯	4月6	癸酉	5月5	壬寅	6月4	壬申	7月3	辛丑
初五	2月8	乙亥	3月8	甲辰	4月7	甲戌	5月6	癸卯	6月5	癸酉	7月4	壬寅
初六	2月9	丙子	3月9	乙巳	4月8	乙亥	5月7	甲辰	6月6	甲戌	7月5	癸卯
初七	2月10	丁丑	3月10	丙午	4月9	丙子	5月8	乙巳	6月7	乙亥	7月6	甲辰
初八	2月11	戊寅	3月11	丁未	4月10	丁丑	5月9	丙午	6月8	丙子	7月7	乙巳
初九	2月12	己卯	3月12	戊申	4月11	戊寅	5月10	丁未	6月9	丁丑	7月8	丙午
初十	2月13	庚辰	3月13	己酉	4月12	己卯	5月11	戊申	6月10	戊寅	7月9	丁未
十一	2月14	辛巳	3月14	庚戌	4月13	庚辰	5月12	己酉	6月11	己卯	7月10	戊申
十二	2月15	壬午	3月15	辛亥	4月14	辛巳	5月13	庚戌	6月12	庚辰	7月11	己酉
十三	2月16	癸未	3月16	壬子	4月15	壬午	5月14	辛亥	6月13	辛巳	7月12	庚戌
十四	2月17	甲申	3月17	癸丑	4月16	癸未	5月15	壬子	6月14	壬午	7月13	辛亥
十五	2月18	乙酉	3月18	甲寅	4月17	甲申	5月16	癸丑	6月15	癸未	7月14	壬子
十六	2月19	丙戌	3月19	乙卯	4月18	乙酉	5月17	甲寅	6月16	甲申	7月15	癸丑
十七	2月20	丁亥	3月20	丙辰	4月19	丙戌	5月18	乙卯	6月17	乙酉	7月16	甲寅
十八	2月21	戊子	3月21	丁巳	4月20	丁亥	5月19	丙辰	6月18	丙戌	7月17	乙卯
十九	2月22	己丑	3月22	戊午	4月21	戊子	5月20	丁巳	6月19	丁亥	7月18	丙辰
二十	2月23	庚寅	3月23	己未	4月22	己丑	5月21	戊午	6月20	戊子	7月19	丁巳
廿一	2月24	辛卯	3月24	庚申	4月23	庚寅	5月22	己未	6月21	己丑	7月20	戊午
廿二	2月25	壬辰	3月25	辛酉	4月24	辛卯	5月23	庚申	6月22	庚寅	7月21	己未
廿三	2月26	癸巳	3月26	壬戌	4月25	壬辰	5月24	辛酉	6月23	辛卯	7月22	庚申
廿四	2月27	甲午	3月27	癸亥	4月26	癸巳	5月25	壬戌	6月24	壬辰	7月23	辛酉
廿五	2月28	乙未	3月28	甲子	4月27	甲午	5月26	癸亥	6月25	癸巳	7月24	壬戌
廿六	2月29	丙申	3月29	乙丑	4月28	乙未	5月27	甲子	6月26	甲午	7月25	癸亥
廿七	3月1	丁酉	3月30	丙寅	4月29	丙申	5月28	乙丑	6月27	乙未	7月26	甲子
廿八	3月2	戊戌	3月31	丁卯	4月30	丁酉	5月29	丙寅	6月28	丙申	7月27	乙丑
廿九	3月3	己亥	4月1	戊辰	5月1	戊戌	5月30	丁卯	6月29	丁酉	7月28	丙寅
三十			4月2	己巳			5月31	戊辰			7月29	丁卯

· 154 ·

西元1916年

月別	農曆十二月		農曆十一月		農曆十月		農曆九月		農曆八月		農曆七月	
干支	辛丑		庚子		己亥		戊戌		丁酉		丙申	
節	大寒	小寒	冬至	大雪	小雪	立冬	霜降	寒露	秋分	白露	處暑	立秋
氣	22時38分 廿七亥時	5時10分 十三卯時	11時59分 廿八午時	18時6分 十二酉時	22時58分 廿七亥時	1時43分 十三丑時	1時57分 廿八丑時	23時8分 十二夜子	17時15分 廿六酉時	8時5分 十一辰時	20時9分 廿五戌時	5時35分 初十卯時
農曆	國曆	支干	國曆	支干	國曆	支干	國曆	支干	國曆	支干	國曆	支干
初一	12月25	申丙	11月25	寅丙	10月27	酉丁	9月27	卯丁	8月29	戌戊	7月30	辰戊
初二	12月26	酉丁	11月26	卯丁	10月28	戌戊	9月28	辰戊	8月30	亥己	7月31	巳己
初三	12月27	戌戊	11月27	辰戊	10月29	亥己	9月29	巳己	8月31	子庚	8月1	午庚
初四	12月28	亥己	11月28	巳己	10月30	子庚	9月30	午庚	9月1	丑辛	8月2	未辛
初五	12月29	子庚	11月29	午庚	10月31	丑辛	10月1	未辛	9月2	寅壬	8月3	申壬
初六	12月30	丑辛	11月30	未辛	11月1	寅壬	10月2	申壬	9月3	卯癸	8月4	酉癸
初七	12月31	寅壬	12月1	申壬	11月2	卯癸	10月3	酉癸	9月4	辰甲	8月5	戌甲
初八	1月1	卯癸	12月2	酉癸	11月3	辰甲	10月4	戌甲	9月5	巳乙	8月6	亥乙
初九	1月2	辰甲	12月3	戌甲	11月4	巳乙	10月5	亥乙	9月6	午丙	8月7	子丙
初十	1月3	巳乙	12月4	亥乙	11月5	午丙	10月6	子丙	9月7	未丁	8月8	丑丁
十一	1月4	午丙	12月5	子丙	11月6	未丁	10月7	丑丁	9月8	申戊	8月9	寅戊
十二	1月5	未丁	12月6	丑丁	11月7	申戊	10月8	寅戊	9月9	酉己	8月10	卯己
十三	1月6	申戊	12月7	寅戊	11月8	酉己	10月9	卯己	9月10	戌庚	8月11	辰庚
十四	1月7	酉己	12月8	卯己	11月9	戌庚	10月10	辰庚	9月11	亥辛	8月12	巳辛
十五	1月8	戌庚	12月9	辰庚	11月10	亥辛	10月11	巳辛	9月12	子壬	8月13	午壬
十六	1月9	亥辛	12月10	巳辛	11月11	子壬	10月12	午壬	9月13	丑癸	8月14	未癸
十七	1月10	子壬	12月11	午壬	11月12	丑癸	10月13	未癸	9月14	寅甲	8月15	申甲
十八	1月11	丑癸	12月12	未癸	11月13	寅甲	10月14	申甲	9月15	卯乙	8月16	酉乙
十九	1月12	寅甲	12月13	申甲	11月14	卯乙	10月15	酉乙	9月16	辰丙	8月17	戌丙
二十	1月13	卯乙	12月14	酉乙	11月15	辰丙	10月16	戌丙	9月17	巳丁	8月18	亥丁
廿一	1月14	辰丙	12月15	戌丙	11月16	巳丁	10月17	亥丁	9月18	午戊	8月19	子戊
廿二	1月15	巳丁	12月16	亥丁	11月17	午戊	10月18	子戊	9月19	未己	8月20	丑己
廿三	1月16	午戊	12月17	子戊	11月18	未己	10月19	丑己	9月20	申庚	8月21	寅庚
廿四	1月17	未己	12月18	丑己	11月19	申庚	10月20	寅庚	9月21	酉辛	8月22	卯辛
廿五	1月18	申庚	12月19	寅庚	11月20	酉辛	10月21	卯辛	9月22	戌壬	8月23	辰壬
廿六	1月19	酉辛	12月20	卯辛	11月21	戌壬	10月22	辰壬	9月23	亥癸	8月24	巳癸
廿七	1月20	戌壬	12月21	辰壬	11月22	亥癸	10月23	巳癸	9月24	子甲	8月25	午甲
廿八	1月21	亥癸	12月22	巳癸	11月23	子甲	10月24	午甲	9月25	丑乙	8月26	未乙
廿九	1月22	子甲	12月23	午甲	11月24	丑乙	10月25	未乙	9月26	寅丙	8月27	申丙
三十			12月24	未乙			10月26	申丙			8月28	酉丁

中華民國 六年 歲次 丁巳 《蛇》　西元一九一七年　太歲 姓易名彦

農曆六月		農曆五月		農曆四月		農曆三月		農曆閏二月		農曆二月		農曆正月		別月
丁未		丙午		乙巳		甲辰				癸卯		壬寅		干支
立秋	大暑	小暑	夏至	芒種	小滿	立夏	穀雨	清明		春分	驚蟄	雨水	立春	節
11時30分 廿一午	19時8分 初五戊	1時51分 二十丑	8時15分 初四辰	15時23分 十七巳	23時59分 初一申	10時46分 十六巳	0時18分 初一子	16時50分 十四申		12時38分 廿八午	11時25分 十三未	13時5分 廿八寅	16時58分 十三申	氣
國曆	支干	國曆	支干	國曆	支干	國曆	支干	國曆	支干	國曆	支干	國曆	支干	農曆
7月19	戊壬	6月19	辰壬	5月21	亥癸	4月21	巳癸	3月23	子甲	2月22	未乙	1月23	丑乙	初一
7月20	亥癸	6月20	巳癸	5月22	子甲	4月22	午甲	3月24	丑乙	2月23	申丙	1月24	寅丙	初二
7月21	子甲	6月21	午甲	5月23	丑乙	4月23	未乙	3月25	寅丙	2月24	酉丁	1月25	卯丁	初三
7月22	丑乙	6月22	未乙	5月24	寅丙	4月24	申丙	3月26	卯丁	2月25	戌戊	1月26	辰戊	初四
7月23	寅丙	6月23	申丙	5月25	卯丁	4月25	酉丁	3月27	辰戊	2月26	亥己	1月27	巳己	初五
7月24	卯丁	6月24	酉丁	5月26	辰戊	4月26	戌戊	3月28	巳己	2月27	子庚	1月28	午庚	初六
7月25	辰戊	6月25	戌戊	5月27	巳己	4月27	亥己	3月29	午庚	2月28	丑辛	1月29	未辛	初七
7月26	巳己	6月26	亥己	5月28	午庚	4月28	子庚	3月30	未辛	3月 1	寅壬	1月30	申壬	初八
7月27	午庚	6月27	子庚	5月29	未辛	4月29	丑辛	3月31	申壬	3月 2	卯癸	1月31	酉癸	初九
7月28	未辛	6月28	丑辛	5月30	申壬	4月30	寅壬	4月 1	酉癸	3月 3	辰甲	2月 1	戌甲	初十
7月29	申壬	6月29	寅壬	5月31	酉癸	5月 1	卯癸	4月 2	戌甲	3月 4	巳乙	2月 2	亥乙	十一
7月30	酉癸	6月30	卯癸	6月 1	戌甲	5月 2	辰甲	4月 3	亥乙	3月 5	午丙	2月 3	子丙	十二
7月31	戌甲	7月 1	辰甲	6月 2	亥乙	5月 3	巳乙	4月 4	子丙	3月 6	未丁	2月 4	丑丁	十三
8月 1	亥乙	7月 2	巳乙	6月 3	子丙	5月 4	午丙	4月 5	丑丁	3月 7	申戊	2月 5	寅戊	十四
8月 2	子丙	7月 3	午丙	6月 4	丑丁	5月 5	未丁	4月 6	寅戊	3月 8	酉己	2月 6	卯己	十五
8月 3	丑丁	7月 4	未丁	6月 5	寅戊	5月 6	申戊	4月 7	卯己	3月 9	戌庚	2月 7	辰庚	十六
8月 4	寅戊	7月 5	申戊	6月 6	卯己	5月 7	酉己	4月 8	辰庚	3月10	亥辛	2月 8	巳辛	十七
8月 5	卯己	7月 6	酉己	6月 7	辰庚	5月 8	戌庚	4月 9	巳辛	3月11	子壬	2月 9	午壬	十八
8月 6	辰庚	7月 7	戌庚	6月 8	巳辛	5月 9	亥辛	4月10	午壬	3月12	丑癸	2月10	未癸	十九
8月 7	巳辛	7月 8	亥辛	6月 9	午壬	5月10	子壬	4月11	未癸	3月13	寅甲	2月11	申甲	二十
8月 8	午壬	7月 9	子壬	6月10	未癸	5月11	丑癸	4月12	申甲	3月14	卯乙	2月12	酉乙	一廿
8月 9	未癸	7月10	丑癸	6月11	申甲	5月12	寅甲	4月13	酉乙	3月15	辰丙	2月13	戌丙	二廿
8月10	申甲	7月11	寅甲	6月12	酉乙	5月13	卯乙	4月14	戌丙	3月16	巳丁	2月14	亥丁	三廿
8月11	酉乙	7月12	卯乙	6月13	戌丙	5月14	辰丙	4月15	亥丁	3月17	午戊	2月15	子戊	四廿
8月12	戌丙	7月13	辰丙	6月14	亥丁	5月15	巳丁	4月16	子戊	3月18	未己	2月16	丑己	五廿
8月13	亥丁	7月14	巳丁	6月15	子戊	5月16	午戊	4月17	丑己	3月19	申庚	2月17	寅庚	六廿
8月14	子戊	7月15	午戊	6月16	丑己	5月17	未己	4月18	寅庚	3月20	酉辛	2月18	卯辛	七廿
8月15	丑己	7月16	未己	6月17	寅庚	5月18	申庚	4月19	卯辛	3月21	戌壬	2月19	辰壬	八廿
8月16	寅庚	7月17	申庚	6月18	卯辛	5月19	酉辛	4月20	辰壬	3月22	亥癸	2月20	巳癸	九廿
8月17	卯辛	7月18	酉辛			5月20	戌壬					2月21	午甲	十三

156

西元1917年

月別	農曆十二月		農曆十一月		農曆十月		農曆九月		農曆八月		農曆七月	
干支	癸丑		壬子		辛亥		庚戌		己酉		戊申	
節	立春	大寒	小寒	冬至	大雪	小雪	立冬	霜降	寒露	秋分	白露	處暑
氣	廿三 22時53分 亥時	初九 4時25分 寅時	廿四 11時5分 午時	初九 17時46分 酉時	廿四 0時1分 子時	初九 4時45分 寅時	廿四 7時37分 辰時	初九 7時44分 辰時	廿四 5時3分 卯時	初八 23時0分 夜子	廿二 14時0分 未時	初七 1時54分 丑時
農曆	國曆	支干	國曆	支干	國曆	支干	國曆	支干	國曆	支干	國曆	支干
初一	1月13	庚申	12月14	庚寅	11月15	辛酉	10月16	辛卯	9月16	辛酉	8月18	壬辰
初二	1月14	辛酉	12月15	辛卯	11月16	壬戌	10月17	壬辰	9月17	壬戌	8月19	癸巳
初三	1月15	壬戌	12月16	壬辰	11月17	癸亥	10月18	癸巳	9月18	癸亥	8月20	甲午
初四	1月16	癸亥	12月17	癸巳	11月18	甲子	10月19	甲午	9月19	甲子	8月21	乙未
初五	1月17	甲子	12月18	甲午	11月19	乙丑	10月20	乙未	9月20	乙丑	8月22	丙申
初六	1月18	乙丑	12月19	乙未	11月20	丙寅	10月21	丙申	9月21	丙寅	8月23	丁酉
初七	1月19	丙寅	12月20	丙申	11月21	丁卯	10月22	丁酉	9月22	丁卯	8月24	戊戌
初八	1月20	丁卯	12月21	丁酉	11月22	戊辰	10月23	戊戌	9月23	戊辰	8月25	己亥
初九	1月21	戊辰	12月22	戊戌	11月23	己巳	10月24	己亥	9月24	己巳	8月26	庚子
初十	1月22	己巳	12月23	己亥	11月24	庚午	10月25	庚子	9月25	庚午	8月27	辛丑
十一	1月23	庚午	12月24	庚子	11月25	辛未	10月26	辛丑	9月26	辛未	8月28	壬寅
十二	1月24	辛未	12月25	辛丑	11月26	壬申	10月27	壬寅	9月27	壬申	8月29	癸卯
十三	1月25	壬申	12月26	壬寅	11月27	癸酉	10月28	癸卯	9月28	癸酉	8月30	甲辰
十四	1月26	癸酉	12月27	癸卯	11月28	甲戌	10月29	甲辰	9月29	甲戌	8月31	乙巳
十五	1月27	甲戌	12月28	甲辰	11月29	乙亥	10月30	乙巳	9月30	乙亥	9月1	丙午
十六	1月28	乙亥	12月29	乙巳	11月30	丙子	10月31	丙午	10月1	丙子	9月2	丁未
十七	1月29	丙子	12月30	丙午	12月1	丁丑	11月1	丁未	10月2	丁丑	9月3	戊申
十八	1月30	丁丑	12月31	丁未	12月2	戊寅	11月2	戊申	10月3	戊寅	9月4	己酉
十九	1月31	戊寅	1月1	戊申	12月3	己卯	11月3	己酉	10月4	己卯	9月5	戊庚
二十	2月1	己卯	1月2	己酉	12月4	庚辰	11月4	庚戌	10月5	庚辰	9月6	辛亥
廿一	2月2	庚辰	1月3	庚戌	12月5	辛巳	11月5	辛亥	10月6	辛巳	9月7	壬子
廿二	2月3	辛巳	1月4	辛亥	12月6	壬午	11月6	壬子	10月7	壬午	9月8	癸丑
廿三	2月4	壬午	1月5	壬子	12月7	癸未	11月7	癸丑	10月8	癸未	9月9	甲寅
廿四	2月5	癸未	1月6	癸丑	12月8	甲申	11月8	甲寅	10月9	甲申	9月10	乙卯
廿五	2月6	甲申	1月7	甲寅	12月9	乙酉	11月9	乙卯	10月10	乙酉	9月11	丙辰
廿六	2月7	乙酉	1月8	乙卯	12月10	丙戌	11月10	丙辰	10月11	丙戌	9月12	丁巳
廿七	2月8	丙戌	1月9	丙辰	12月11	丁亥	11月11	丁巳	10月12	丁亥	9月13	戊午
廿八	2月9	丁亥	1月10	丁巳	12月12	戊子	11月12	戊午	10月13	戊子	9月14	己未
廿九	2月10	戊子	1月11	戊午	12月13	己丑	11月13	己未	10月14	己丑	9月15	庚申
三十			1月12	己未			11月14	庚申	10月15	庚寅		

中華民國七年　歲次　戊午《馬》　西元一九一八年　太歲　姓姚名黎

節氣

節	時刻	氣（農曆日時）
大暑	0時52分	十七子時
小暑	7時32分	初一辰時
夏至	14時0分	十四未時
芒種	21時11分	廿八亥時
小滿	5時46分	十三卯時
立夏	16時38分	廿六申時
穀雨	6時6分	十一卯時
清明	22時46分	廿四亥時
春分	18時26分	初九酉時
驚蟄	17時21分	廿四酉時
雨水	18時53分	初九酉時

農曆各月對照表

農曆六月 己未 國曆	支干	農曆五月 戊午 國曆	支干	農曆四月 丁巳 國曆	支干	農曆三月 丙辰 國曆	支干	農曆二月 乙卯 國曆	支干	農曆正月 甲寅 國曆	支干	別月 農曆
7月8	辰丙	6月9	亥丁	5月10	巳丁	4月11	子戊	3月13	未己	2月11	丑己	初一
7月9	巳丁	6月10	子戊	5月11	午戊	4月12	丑己	3月14	申庚	2月12	寅庚	初二
7月10	午戊	6月11	丑己	5月12	未己	4月13	寅庚	3月15	酉辛	2月13	卯辛	初三
7月11	未己	6月12	寅庚	5月13	申庚	4月14	卯辛	3月16	戌壬	2月14	辰壬	初四
7月12	申庚	6月13	卯辛	5月14	酉辛	4月15	辰壬	3月17	亥癸	2月15	巳癸	初五
7月13	酉辛	6月14	辰壬	5月15	戌壬	4月16	巳癸	3月18	子甲	2月16	午甲	初六
7月14	戌壬	6月15	巳癸	5月16	亥癸	4月17	午甲	3月19	丑乙	2月17	未乙	初七
7月15	亥癸	6月16	午甲	5月17	子甲	4月18	未乙	3月20	寅丙	2月18	申丙	初八
7月16	子甲	6月17	未乙	5月18	丑乙	4月19	申丙	3月21	卯丁	2月19	酉丁	初九
7月17	丑乙	6月18	申丙	5月19	寅丙	4月20	酉丁	3月22	辰戊	2月20	戌戊	初十
7月18	寅丙	6月19	酉丁	5月20	卯丁	4月21	戌戊	3月23	巳己	2月21	亥己	十一
7月19	卯丁	6月20	戌戊	5月21	辰戊	4月22	亥己	3月24	午庚	2月22	子庚	十二
7月20	辰戊	6月21	亥己	5月22	巳己	4月23	子庚	3月25	未辛	2月23	丑辛	十三
7月21	巳己	6月22	子庚	5月23	午庚	4月24	丑辛	3月26	申壬	2月24	寅壬	十四
7月22	午庚	6月23	丑辛	5月24	未辛	4月25	寅壬	3月27	酉癸	2月25	卯癸	十五
7月23	未辛	6月24	寅壬	5月25	申壬	4月26	卯癸	3月28	戌甲	2月26	辰甲	十六
7月24	申壬	6月25	卯癸	5月26	酉癸	4月27	辰甲	3月29	亥乙	2月27	巳乙	十七
7月25	酉癸	6月26	辰甲	5月27	戌甲	4月28	巳乙	3月30	子丙	2月28	午丙	十八
7月26	戌甲	6月27	巳乙	5月28	亥乙	4月29	午丙	3月31	丑丁	3月1	未丁	十九
7月27	亥乙	6月28	午丙	5月29	子丙	4月30	未丁	4月1	寅戊	3月2	申戊	二十
7月28	子丙	6月29	未丁	5月30	丑丁	5月1	申戊	4月2	卯己	3月3	酉己	廿一
7月29	丑丁	6月30	申戊	5月31	寅戊	5月2	酉己	4月3	辰庚	3月4	戌庚	廿二
7月30	寅戊	7月1	酉己	6月1	卯己	5月3	戌庚	4月4	巳辛	3月5	亥辛	廿三
7月31	卯己	7月2	戌庚	6月2	辰庚	5月4	亥辛	4月5	午壬	3月6	子壬	廿四
8月1	辰庚	7月3	亥辛	6月3	巳辛	5月5	子壬	4月6	未癸	3月7	丑癸	廿五
8月2	巳辛	7月4	子壬	6月4	午壬	5月6	丑癸	4月7	申甲	3月8	寅甲	廿六
8月3	午壬	7月5	丑癸	6月5	未癸	5月7	寅甲	4月8	酉乙	3月9	卯乙	廿七
8月4	未癸	7月6	寅甲	6月6	申甲	5月8	卯乙	4月9	戌丙	3月10	辰丙	廿八
8月5	申甲	7月7	卯乙	6月7	酉乙	5月9	辰丙	4月10	亥丁	3月11	巳丁	廿九
8月6	酉乙			6月8	戌丙					3月12	午戊	三十

西元1918年

月別	農曆十二月		農曆十一月		農曆十月		農曆九月		農曆八月		農曆七月	
干支	乙丑		甲子		癸亥		壬戌		辛酉		庚申	
節	大寒	小寒	冬至	大雪	小雪	立冬	霜降	寒露	秋分	白露	處暑	立秋
氣	二十日 10時21分 巳時	初五 16時52分 申時	二十 23時42分 夜子時	初六 5時47分 卯時	二十 10時39分 巳時	初五 13時19分 未時	二十 13時33分 未時	初五 10時41分 巳時	二十 4時46分 寅時	初四 19時36分 戌時	十八 7時37分 辰時	初二 17時8分 酉時
農曆	國曆	干支	國曆	干支	國曆	干支	國曆	干支	國曆	干支	國曆	干支
初一	1月2	寅甲	12月3	申甲	11月4	卯乙	10月5	酉乙	9月5	卯乙	8月7	戌丙
初二	1月3	卯乙	12月4	酉乙	11月5	辰丙	10月6	戌丙	9月6	辰丙	8月8	亥丁
初三	1月4	辰丙	12月5	戌丙	11月6	巳丁	10月7	亥丁	9月7	巳丁	8月9	子戊
初四	1月5	巳丁	12月6	亥丁	11月7	午戊	10月8	子戊	9月8	午戊	8月10	丑己
初五	1月6	午戊	12月7	子戊	11月8	未己	10月9	丑己	9月9	未己	8月11	寅庚
初六	1月7	未己	12月8	丑己	11月9	申庚	10月10	寅庚	9月10	申庚	8月12	卯辛
初七	1月8	申庚	12月9	寅庚	11月10	酉辛	10月11	卯辛	9月11	酉辛	8月13	辰壬
初八	1月9	酉辛	12月10	卯辛	11月11	戌壬	10月12	辰壬	9月12	戌壬	8月14	巳癸
初九	1月10	戌壬	12月11	辰壬	11月12	亥癸	10月13	巳癸	9月13	亥癸	8月15	午甲
初十	1月11	亥癸	12月12	巳癸	11月13	子甲	10月14	午甲	9月14	子甲	8月16	未乙
十一	1月12	子甲	12月13	午甲	11月14	丑乙	10月15	未乙	9月15	丑乙	8月17	申丙
十二	1月13	丑乙	12月14	未乙	11月15	寅丙	10月16	申丙	9月16	寅丙	8月18	酉丁
十三	1月14	寅丙	12月15	申丙	11月16	卯丁	10月17	酉丁	9月17	卯丁	8月19	戌戊
十四	1月15	卯丁	12月16	酉丁	11月17	辰戊	10月18	戌戊	9月18	辰戊	8月20	亥己
十五	1月16	辰戊	12月17	戌戊	11月18	巳己	10月19	亥己	9月19	巳己	8月21	子庚
十六	1月17	巳己	12月18	亥己	11月19	午庚	10月20	子庚	9月20	午庚	8月22	丑辛
十七	1月18	午庚	12月19	子庚	11月20	未辛	10月21	丑辛	9月21	未辛	8月23	寅壬
十八	1月19	未辛	12月20	丑辛	11月21	申壬	10月22	寅壬	9月22	申壬	8月24	卯癸
十九	1月20	申壬	12月21	寅壬	11月22	酉癸	10月23	卯癸	9月23	酉癸	8月25	辰甲
二十	1月21	酉癸	12月22	卯癸	11月23	戌甲	10月24	辰甲	9月24	戌甲	8月26	巳乙
廿一	1月22	戌甲	12月23	辰甲	11月24	亥乙	10月25	巳乙	9月25	亥乙	8月27	午丙
廿二	1月23	亥乙	12月24	巳乙	11月25	子丙	10月26	午丙	9月26	子丙	8月28	未丁
廿三	1月24	子丙	12月25	午丙	11月26	丑丁	10月27	未丁	9月27	丑丁	8月29	申戊
廿四	1月25	丑丁	12月26	未丁	11月27	寅戊	10月28	申戊	9月28	寅戊	8月30	酉己
廿五	1月26	寅戊	12月27	申戊	11月28	卯己	10月29	酉己	9月29	卯己	8月31	戌庚
廿六	1月27	卯己	12月28	酉己	11月29	辰庚	10月30	戌庚	9月30	辰庚	9月1	亥辛
廿七	1月28	辰庚	12月29	戌庚	11月30	巳辛	10月31	亥辛	10月1	巳辛	9月2	子壬
廿八	1月29	巳辛	12月30	亥辛	12月1	午壬	11月1	子壬	10月2	午壬	9月3	丑癸
廿九	1月30	午壬	12月31	子壬	12月2	未癸	11月2	丑癸	10月3	未癸	9月4	寅甲
三十	1月31	未癸	1月1	丑癸			11月3	寅甲	10月4	申甲		

中華民國八年 歲次己未《羊》

西元一九一九年 太歲姓傅名稅

月別	農曆正月		農曆二月		農曆三月		農曆四月		農曆五月		農曆六月	
干支	丙寅		丁卯		戊辰		己巳		庚午		辛未	
節	立春	雨水	驚蟄	春分	清明	穀雨	立夏	小滿	芒種	夏至	小暑	大暑
氣	初五寅時 4時40分	二十子時 0時48分	初五夜子 23時6分	廿一子時 0時19分	初六寅時 4時29分	廿一午時 11時59分	初七亥時 22時22分	廿三午時 11時39分	初十丑時 2時57分	廿五戌時 19時54分	十一未時 13時21分	廿七卯時 6時45分
農曆	干支	國曆	干支	國曆	干支	國曆	干支	國曆	干支	國曆	干支	國曆
初一	甲申	2月1	癸丑	3月2	癸未	4月1	壬子	4月30	辛巳	5月29	辛亥	6月28
初二	乙酉	2月2	甲寅	3月3	甲申	4月2	癸丑	5月1	壬午	5月30	壬子	6月29
初三	丙戌	2月3	乙卯	3月4	乙酉	4月3	甲寅	5月2	癸未	5月31	癸丑	6月30
初四	丁亥	2月4	丙辰	3月5	丙戌	4月4	乙卯	5月3	甲申	6月1	甲寅	7月1
初五	戊子	2月5	丁巳	3月6	丁亥	4月5	丙辰	5月4	乙酉	6月2	乙卯	7月2
初六	己丑	2月6	戊午	3月7	戊子	4月6	丁巳	5月5	丙戌	6月3	丙辰	7月3
初七	庚寅	2月7	己未	3月8	己丑	4月7	戊午	5月6	丁亥	6月4	丁巳	7月4
初八	辛卯	2月8	庚申	3月9	庚寅	4月8	己未	5月7	戊子	6月5	戊午	7月5
初九	壬辰	2月9	辛酉	3月10	辛卯	4月9	庚申	5月8	己丑	6月6	己未	7月6
初十	癸巳	2月10	壬戌	3月11	壬辰	4月10	辛酉	5月9	庚寅	6月7	庚申	7月7
十一	甲午	2月11	癸亥	3月12	癸巳	4月11	壬戌	5月10	辛卯	6月8	辛酉	7月8
十二	乙未	2月12	甲子	3月13	甲午	4月12	癸亥	5月11	壬辰	6月9	壬戌	7月9
十三	丙申	2月13	乙丑	3月14	乙未	4月13	甲子	5月12	癸巳	6月10	癸亥	7月10
十四	丁酉	2月14	丙寅	3月15	丙申	4月14	乙丑	5月13	甲午	6月11	甲子	7月11
十五	戊戌	2月15	丁卯	3月16	丁酉	4月15	丙寅	5月14	乙未	6月12	乙丑	7月12
十六	己亥	2月16	戊辰	3月17	戊戌	4月16	丁卯	5月15	丙申	6月13	丙寅	7月13
十七	庚子	2月17	己巳	3月18	己亥	4月17	戊辰	5月16	丁酉	6月14	丁卯	7月14
十八	辛丑	2月18	庚午	3月19	庚子	4月18	己巳	5月17	戊戌	6月15	戊辰	7月15
十九	壬寅	2月19	辛未	3月20	辛丑	4月19	庚午	5月18	己亥	6月16	己巳	7月16
二十	癸卯	2月20	壬申	3月21	壬寅	4月20	辛未	5月19	庚子	6月17	庚午	7月17
廿一	甲辰	2月21	癸酉	3月22	癸卯	4月21	壬申	5月20	辛丑	6月18	辛未	7月18
廿二	乙巳	2月22	甲戌	3月23	甲辰	4月22	癸酉	5月21	壬寅	6月19	壬申	7月19
廿三	丙午	2月23	乙亥	3月24	乙巳	4月23	甲戌	5月22	癸卯	6月20	癸酉	7月20
廿四	丁未	2月24	丙子	3月25	丙午	4月24	乙亥	5月23	甲辰	6月21	甲戌	7月21
廿五	戊申	2月25	丁丑	3月26	丁未	4月25	丙子	5月24	乙巳	6月22	乙亥	7月22
廿六	己酉	2月26	戊寅	3月27	戊申	4月26	丁丑	5月25	丙午	6月23	丙子	7月23
廿七	庚戌	2月27	己卯	3月28	己酉	4月27	戊寅	5月26	丁未	6月24	丁丑	7月24
廿八	辛亥	2月28	庚辰	3月29	庚戌	4月28	己卯	5月27	戊申	6月25	戊寅	7月25
廿九	壬子	3月1	辛巳	3月30	辛亥	4月29	庚辰	5月28	己酉	6月26	己卯	7月26
三十			壬午	3月31					庚戌	6月27		

西元1919年

月別	農曆十二月		農曆十一月		農曆十月		農曆九月		農曆八月		農曆閏七月		農曆七月	
干支	丑 丁		子 丙		亥 乙		戌 甲		酉 癸				申 壬	
節	春立	寒大	寒小	至冬	雪大	雪小	冬立	降霜	露寒	分秋	露白		暑處	秋立
氣	10時27分 十六巳時	16時5分 初一申時	22時41分 十六亥時	5時27分 初二卯時	11時38分 十七午時	16時26分 初二申時	19時12分 十六戌時	19時22分 初一戌時	16時34分 十六申時	10時36分 初一巳時	1時28分 十六丑時		13時29分 廿九未時	22時58分 十三亥時
農曆	國曆	支干	國曆	支干	國曆	支干	國曆	支干	國曆	支干	國曆	支干	國曆	支干
初一	1月21	寅戊	12月22	申戊	11月22	寅戊	10月24	酉己	9月24	卯己	8月25	酉己	7月27	辰庚
初二	1月22	卯己	12月23	酉己	11月23	卯己	10月25	戌庚	9月25	辰庚	8月26	戌庚	7月28	巳辛
初三	1月23	辰庚	12月24	戌庚	11月24	辰庚	10月26	亥辛	9月26	巳辛	8月27	亥辛	7月29	午壬
初四	1月24	巳辛	12月25	亥辛	11月25	巳辛	10月27	子壬	9月27	午壬	8月28	子壬	7月30	未癸
初五	1月25	午壬	12月26	子壬	11月26	午壬	10月28	丑癸	9月28	未癸	8月29	丑癸	7月31	申甲
初六	1月26	未癸	12月27	丑癸	11月27	未癸	10月29	寅甲	9月29	申甲	8月30	寅甲	8月1	酉乙
初七	1月27	申甲	12月28	寅甲	11月28	申甲	10月30	卯乙	9月30	酉乙	8月31	卯乙	8月2	戌丙
初八	1月28	酉乙	12月29	卯乙	11月29	酉乙	10月31	辰丙	10月1	戌丙	9月1	辰丙	8月3	亥丁
初九	1月29	戌丙	12月30	辰丙	11月30	戌丙	11月1	巳丁	10月2	亥丁	9月2	巳丁	8月4	子戊
初十	1月30	亥丁	12月31	巳丁	12月1	亥丁	11月2	午戊	10月3	子戊	9月3	午戊	8月5	丑己
十一	1月31	子戊	1月1	午戊	12月2	子戊	11月3	未己	10月4	丑己	9月4	未己	8月6	寅庚
十二	2月1	丑己	1月2	未己	12月3	丑己	11月4	申庚	10月5	寅庚	9月5	申庚	8月7	卯辛
十三	2月2	寅庚	1月3	申庚	12月4	寅庚	11月5	酉辛	10月6	卯辛	9月6	酉辛	8月8	辰壬
十四	2月3	卯辛	1月4	酉辛	12月5	卯辛	11月6	戌壬	10月7	辰壬	9月7	戌壬	8月9	巳癸
十五	2月4	辰壬	1月5	戌壬	12月6	辰壬	11月7	亥癸	10月8	巳癸	9月8	亥癸	8月10	午甲
十六	2月5	巳癸	1月6	亥癸	12月7	巳癸	11月8	子甲	10月9	午甲	9月9	子甲	8月11	未乙
十七	2月6	午甲	1月7	子甲	12月8	午甲	11月9	丑乙	10月10	未乙	9月10	丑乙	8月12	申丙
十八	2月7	未乙	1月8	丑乙	12月9	未乙	11月10	寅丙	10月11	申丙	9月11	寅丙	8月13	酉丁
十九	2月8	申丙	1月9	寅丙	12月10	申丙	11月11	卯丁	10月12	酉丁	9月12	卯丁	8月14	戌戊
二十	2月9	酉丁	1月10	卯丁	12月11	酉丁	11月12	辰戊	10月13	戌戊	9月13	辰戊	8月15	亥己
廿一	2月10	戌戊	1月11	辰戊	12月12	戌戊	11月13	巳己	10月14	亥己	9月14	巳己	8月16	子庚
廿二	2月11	亥己	1月12	巳己	12月13	亥己	11月14	午庚	10月15	子庚	9月15	午庚	8月17	丑辛
廿三	2月12	子庚	1月13	午庚	12月14	子庚	11月15	未辛	10月16	丑辛	9月16	未辛	8月18	寅壬
廿四	2月13	丑辛	1月14	未辛	12月15	丑辛	11月16	申壬	10月17	寅壬	9月17	申壬	8月19	卯癸
廿五	2月14	寅壬	1月15	申壬	12月16	寅壬	11月17	酉癸	10月18	卯癸	9月18	酉癸	8月20	辰甲
廿六	2月15	卯癸	1月16	酉癸	12月17	卯癸	11月18	戌甲	10月19	辰甲	9月19	戌甲	8月21	巳乙
廿七	2月16	辰甲	1月17	戌甲	12月18	辰甲	11月19	亥乙	10月20	巳乙	9月20	亥乙	8月22	午丙
廿八	2月17	巳乙	1月18	亥乙	12月19	巳乙	11月20	子丙	10月21	午丙	9月21	子丙	8月23	未丁
廿九	2月18	午丙	1月19	子丙	12月20	午丙	11月21	丑丁	10月22	未丁	9月22	丑丁	8月24	申戊
三十	2月19	未丁	1月20	丑丁	12月21	未丁			10月23	申戊	9月23	寅戊		

中華民國九年 歲次庚申《猴》

西元一九二〇年 太歲姓毛名倖

月別	農曆正月		農曆二月		農曆三月		農曆四月		農曆五月		農曆六月	
干支	戊寅		己卯		庚辰		辛巳		壬午		癸未	
節	雨水	驚蟄	春分	清明	穀雨	立夏	小滿	芒種	夏至	小暑	大暑	立秋
氣	初一卯時 6時29分	十六寅時 4時51分	初二卯時 6時0分	十七巳時 10時15分	初二酉時 17時39分	十八寅時 4時12分	初四酉時 17時22分	二十辰時 8時51分	初七丑時 1時40分	廿二戌時 19時19分	初八午時 12時35分	廿四寅時 4時58分
農曆	國曆	干支	國曆	干支	國曆	干支	國曆	干支	國曆	干支	國曆	干支
初一	2月20	戊申	3月20	丁丑	4月19	丁未	5月18	丙子	6月16	乙巳	7月16	乙亥
初二	2月21	己酉	3月21	戊寅	4月20	戊申	5月19	丁丑	6月17	丙午	7月17	丙子
初三	2月22	庚戌	3月22	己卯	4月21	己酉	5月20	戊寅	6月18	丁未	7月18	丁丑
初四	2月23	辛亥	3月23	庚辰	4月22	庚戌	5月21	己卯	6月19	戊申	7月19	戊寅
初五	2月24	壬子	3月24	辛巳	4月23	辛亥	5月22	庚辰	6月20	己酉	7月20	己卯
初六	2月25	癸丑	3月25	壬午	4月24	壬子	5月23	辛巳	6月21	庚戌	7月21	庚辰
初七	2月26	甲寅	3月26	癸未	4月25	癸丑	5月24	壬午	6月22	辛亥	7月22	辛巳
初八	2月27	乙卯	3月27	甲申	4月26	甲寅	5月25	癸未	6月23	壬子	7月23	壬午
初九	2月28	丙辰	3月28	乙酉	4月27	乙卯	5月26	甲申	6月24	癸丑	7月24	癸未
初十	2月29	丁巳	3月29	丙戌	4月28	丙辰	5月27	乙酉	6月25	甲寅	7月25	甲申
十一	3月1	戊午	3月30	丁亥	4月29	丁巳	5月28	丙戌	6月26	乙卯	7月26	乙酉
十二	3月2	己未	3月31	戊子	4月30	戊午	5月29	丁亥	6月27	丙辰	7月27	丙戌
十三	3月3	庚申	4月1	己丑	5月1	己未	5月30	戊子	6月28	丁巳	7月28	丁亥
十四	3月4	辛酉	4月2	庚寅	5月2	庚申	5月31	己丑	6月29	戊午	7月29	戊子
十五	3月5	壬戌	4月3	辛卯	5月3	辛酉	6月1	庚寅	6月30	己未	7月30	己丑
十六	3月6	癸亥	4月4	壬辰	5月4	壬戌	6月2	辛卯	7月1	庚申	7月31	庚寅
十七	3月7	甲子	4月5	癸巳	5月5	癸亥	6月3	壬辰	7月2	辛酉	8月1	辛卯
十八	3月8	乙丑	4月6	甲午	5月6	甲子	6月4	癸巳	7月3	壬戌	8月2	壬辰
十九	3月9	丙寅	4月7	乙未	5月7	乙丑	6月5	甲午	7月4	癸亥	8月3	癸巳
二十	3月10	丁卯	4月8	丙申	5月8	丙寅	6月6	乙未	7月5	甲子	8月4	甲午
廿一	3月11	戊辰	4月9	丁酉	5月9	丁卯	6月7	丙申	7月6	乙丑	8月5	乙未
廿二	3月12	己巳	4月10	戊戌	5月10	戊辰	6月8	丁酉	7月7	丙寅	8月6	丙申
廿三	3月13	庚午	4月11	己亥	5月11	己巳	6月9	戊戌	7月8	丁卯	8月7	丁酉
廿四	3月14	辛未	4月12	庚子	5月12	庚午	6月10	己亥	7月9	戊辰	8月8	戊戌
廿五	3月15	壬申	4月13	辛丑	5月13	辛未	6月11	庚子	7月10	己巳	8月9	己亥
廿六	3月16	癸酉	4月14	壬寅	5月14	壬申	6月12	辛丑	7月11	庚午	8月10	庚子
廿七	3月17	甲戌	4月15	癸卯	5月15	癸酉	6月13	壬寅	7月12	辛未	8月11	辛丑
廿八	3月18	乙亥	4月16	甲辰	5月16	甲戌	6月14	癸卯	7月13	壬申	8月12	壬寅
廿九	3月19	丙子	4月17	乙巳	5月17	乙亥	6月15	甲辰	7月14	癸酉	8月13	癸卯
三十			4月18	丙午					7月15	甲戌		

西元1920年

月別	農曆十二月		農曆十一月		農曆十月		農曆九月		農曆八月		農曆七月	
干支	己丑		戊子		丁亥		丙戌		乙酉		甲申	
節	立春	大寒	小寒	冬至	大雪	小雪	立冬	霜降	寒露	秋分	白露	處暑
氣	16時廿七21分申時	21時十二55分亥時	4時廿八34分寅時	11時十三17分午時	17時廿七31分酉時	22時十二16分亥時	1時廿八5分丑時	1時十三13分丑時	22時廿七30分亥時	16時十二29分申時	7時廿六27分辰時	19時初十22分戌時
農曆	國曆	支干	國曆	支干	國曆	支干	國曆	支干	國曆	支干	國曆	支干
初一	1月9	壬申	12月10	壬寅	11月11	癸酉	10月12	癸卯	9月12	癸酉	8月14	甲辰
初二	1月10	癸酉	12月11	癸卯	11月12	甲戌	10月13	甲辰	9月13	甲戌	8月15	乙巳
初三	1月11	甲戌	12月12	甲辰	11月13	乙亥	10月14	乙巳	9月14	乙亥	8月16	丙午
初四	1月12	乙亥	12月13	乙巳	11月14	丙子	10月15	丙午	9月15	丙子	8月17	丁未
初五	1月13	丙子	12月14	丙午	11月15	丁丑	10月16	丁未	9月16	丁丑	8月18	戊申
初六	1月14	丁丑	12月15	丁未	11月16	戊寅	10月17	戊申	9月17	戊寅	8月19	己酉
初七	1月15	戊寅	12月16	戊申	11月17	己卯	10月18	己酉	9月18	己卯	8月20	庚戌
初八	1月16	己卯	12月17	己酉	11月18	庚辰	10月19	庚戌	9月19	庚辰	8月21	辛亥
初九	1月17	庚辰	12月18	庚戌	11月19	辛巳	10月20	辛亥	9月20	辛巳	8月22	壬子
初十	1月18	辛巳	12月19	辛亥	11月20	壬午	10月21	壬子	9月21	壬午	8月23	癸丑
十一	1月19	壬午	12月20	壬子	11月21	癸未	10月22	癸丑	9月22	癸未	8月24	甲寅
十二	1月20	癸未	12月21	癸丑	11月22	甲申	10月23	甲寅	9月23	甲申	8月25	乙卯
十三	1月21	甲申	12月22	甲寅	11月23	乙酉	10月24	乙卯	9月24	乙酉	8月26	丙辰
十四	1月22	乙酉	12月23	乙卯	11月24	丙戌	10月25	丙辰	9月25	丙戌	8月27	丁巳
十五	1月23	丙戌	12月24	丙辰	11月25	丁亥	10月26	丁巳	9月26	丁亥	8月28	戊午
十六	1月24	丁亥	12月25	丁巳	11月26	戊子	10月27	戊午	9月27	戊子	8月29	己未
十七	1月25	戊子	12月26	戊午	11月27	己丑	10月28	己未	9月28	己丑	8月30	庚申
十八	1月26	己丑	12月27	己未	11月28	庚寅	10月29	庚申	9月29	庚寅	8月31	辛酉
十九	1月27	庚寅	12月28	庚申	11月29	辛卯	10月30	辛酉	9月30	辛卯	9月1	壬戌
二十	1月28	辛卯	12月29	辛酉	11月30	壬辰	10月31	壬戌	10月1	壬辰	9月2	癸亥
廿一	1月29	壬辰	12月30	壬戌	12月1	癸巳	11月1	癸亥	10月2	癸巳	9月3	甲子
廿二	1月30	癸巳	12月31	癸亥	12月2	甲午	11月2	甲子	10月3	甲午	9月4	乙丑
廿三	1月31	甲午	1月1	甲子	12月3	乙未	11月3	乙丑	10月4	乙未	9月5	丙寅
廿四	2月1	乙未	1月2	乙丑	12月4	丙申	11月4	丙寅	10月5	丙申	9月6	丁卯
廿五	2月2	丙申	1月3	丙寅	12月5	丁酉	11月5	丁卯	10月6	丁酉	9月7	戊辰
廿六	2月3	丁酉	1月4	丁卯	12月6	戊戌	11月6	戊辰	10月7	戊戌	9月8	己巳
廿七	2月4	戊戌	1月5	戊辰	12月7	己亥	11月7	己巳	10月8	己亥	9月9	庚午
廿八	2月5	己亥	1月6	己巳	12月8	庚子	11月8	庚午	10月9	庚子	9月10	辛未
廿九	2月6	庚子	1月7	庚午	12月9	辛丑	11月9	辛未	10月10	辛丑	9月11	壬申
三十	2月7	辛丑	1月8	辛未			11月10	壬申	10月11	壬寅		

中華民國十年 歲次 辛酉《雞》

西元一九二一年 太歲 姓文名政

月別	農曆正月		農曆二月		農曆三月		農曆四月		農曆五月		農曆六月	
干支	庚寅		辛卯		壬辰		癸巳		甲午		乙未	
節	雨水	驚蟄	春分	清明	穀雨	立夏	小滿		芒種	夏至	小暑	大暑
氣	十二午時 12時20分	廿七巳時 10時46分	十二午時 11時51分	廿七申時 16時9分	十三夜子 23時33分	廿九巳時 10時5分	十四夜子 23時17分		初一未時 14時42分	十七辰時 7時36分	初四丑時 1時7分	十九酉時 18時31分
農曆	國曆	干支	國曆	干支	國曆	干支	國曆	干支	國曆	干支	國曆	干支
初一	2月 8	壬寅	3月10	壬申	4月 8	辛丑	5月 8	辛未	6月 6	庚子	7月 5	己巳
初二	2月 9	癸卯	3月11	癸酉	4月 9	壬寅	5月 9	壬申	6月 7	辛丑	7月 6	庚午
初三	2月10	甲辰	3月12	甲戌	4月10	癸卯	5月10	癸酉	6月 8	壬寅	7月 7	辛未
初四	2月11	乙巳	3月13	乙亥	4月11	甲辰	5月11	甲戌	6月 9	癸卯	7月 8	壬申
初五	2月12	丙午	3月14	丙子	4月12	乙巳	5月12	乙亥	6月10	甲辰	7月 9	癸酉
初六	2月13	丁未	3月15	丁丑	4月13	丙午	5月13	丙子	6月11	乙巳	7月10	甲戌
初七	2月14	戊申	3月16	戊寅	4月14	丁未	5月14	丁丑	6月12	丙午	7月11	乙亥
初八	2月15	己酉	3月17	己卯	4月15	戊申	5月15	戊寅	6月13	丁未	7月12	丙子
初九	2月16	庚戌	3月18	庚辰	4月16	己酉	5月16	己卯	6月14	戊申	7月13	丁丑
初十	2月17	辛亥	3月19	辛巳	4月17	庚戌	5月17	庚辰	6月15	己酉	7月14	戊寅
十一	2月18	壬子	3月20	壬午	4月18	辛亥	5月18	辛巳	6月16	庚戌	7月15	己卯
十二	2月19	癸丑	3月21	癸未	4月19	壬子	5月19	壬午	6月17	辛亥	7月16	庚辰
十三	2月20	甲寅	3月22	甲申	4月20	癸丑	5月20	癸未	6月18	壬子	7月17	辛巳
十四	2月21	乙卯	3月23	乙酉	4月21	甲寅	5月21	甲申	6月19	癸丑	7月18	壬午
十五	2月22	丙辰	3月24	丙戌	4月22	乙卯	5月22	乙酉	6月20	甲寅	7月19	癸未
十六	2月23	丁巳	3月25	丁亥	4月23	丙辰	5月23	丙戌	6月21	乙卯	7月20	甲申
十七	2月24	戊午	3月26	戊子	4月24	丁巳	5月24	丁亥	6月22	丙辰	7月21	乙酉
十八	2月25	己未	3月27	己丑	4月25	戊午	5月25	戊子	6月23	丁巳	7月22	丙戌
十九	2月26	庚申	3月28	庚寅	4月26	己未	5月26	己丑	6月24	戊午	7月23	丁亥
二十	2月27	辛酉	3月29	辛卯	4月27	庚申	5月27	庚寅	6月25	己未	7月24	戊子
廿一	2月28	壬戌	3月30	壬辰	4月28	辛酉	5月28	辛卯	6月26	庚申	7月25	己丑
廿二	3月 1	癸亥	3月31	癸巳	4月29	壬戌	5月29	壬辰	6月27	辛酉	7月26	庚寅
廿三	3月 2	甲子	4月 1	甲午	4月30	癸亥	5月30	癸巳	6月28	壬戌	7月27	辛卯
廿四	3月 3	乙丑	4月 2	乙未	5月 1	甲子	5月31	甲午	6月29	癸亥	7月28	壬辰
廿五	3月 4	丙寅	4月 3	丙申	5月 2	乙丑	6月 1	乙未	6月30	甲子	7月29	癸巳
廿六	3月 5	丁卯	4月 4	丁酉	5月 3	丙寅	6月 2	丙申	7月 1	乙丑	7月30	甲午
廿七	3月 6	戊辰	4月 5	戊戌	5月 4	丁卯	6月 3	丁酉	7月 2	丙寅	7月31	乙未
廿八	3月 7	己巳	4月 6	己亥	5月 5	戊辰	6月 4	戊戌	7月 3	丁卯	8月 1	丙申
廿九	3月 8	庚午	4月 7	庚子	5月 6	己巳	6月 5	己亥	7月 4	戊辰	8月 2	丁酉
三十	3月 9	辛未			5月 7	庚午					8月 3	戊戌

月別	農曆十二月		農曆十一月		農曆十月		農曆九月		農曆八月		農曆七月	
干支	辛 丑		庚 子		己 亥		戊 戌		丁 酉		丙 申	
節	大寒	小寒	冬至	大雪	小雪	立冬	霜降	寒露	秋分	白露	處暑	立秋
氣	廿四3時48分寅時	初九10時17分巳時	廿四17時8分酉時	初九23時12夜子	廿四4時5分寅時	初九6時46卯時	廿四7時3分辰時	初九4時11寅時	廿二22時20亥時	初七13時10未時	廿一1時15丑時	初五10時44巳時
農曆	國曆	干支	國曆	干支	國曆	干支	國曆	干支	國曆	干支	國曆	干支
初一	12月29	丙寅	11月29	丙申	10月31	丁卯	10月 1	丁酉	9月 2	戊辰	8月 4	己亥
初二	12月30	丁卯	11月30	丁酉	11月 1	戊辰	10月 2	戊戌	9月 3	己巳	8月 5	庚子
初三	12月31	戊辰	12月 1	戊戌	11月 2	己巳	10月 3	己亥	9月 4	庚午	8月 6	辛丑
初四	1月 1	己巳	12月 2	己亥	11月 3	庚午	10月 4	庚子	9月 5	辛未	8月 7	壬寅
初五	1月 2	庚午	12月 3	庚子	11月 4	辛未	10月 5	辛丑	9月 6	壬申	8月 8	癸卯
初六	1月 3	辛未	12月 4	辛丑	11月 5	壬申	10月 6	壬寅	9月 7	癸酉	8月 9	甲辰
初七	1月 4	壬申	12月 5	壬寅	11月 6	癸酉	10月 7	癸卯	9月 8	甲戌	8月10	乙巳
初八	1月 5	癸酉	12月 6	癸卯	11月 7	甲戌	10月 8	甲辰	9月 9	乙亥	8月11	丙午
初九	1月 6	甲戌	12月 7	甲辰	11月 8	乙亥	10月 9	乙巳	9月10	丙子	8月12	丁未
初十	1月 7	乙亥	12月 8	乙巳	11月 9	丙子	10月10	丙午	9月11	丁丑	8月13	戊申
十一	1月 8	丙子	12月 9	丙午	11月10	丁丑	10月11	丁未	9月12	戊寅	8月14	己酉
十二	1月 9	丁丑	12月10	丁未	11月11	戊寅	10月12	戊申	9月13	己卯	8月15	庚戌
十三	1月10	戊寅	12月11	戊申	11月12	己卯	10月13	己酉	9月14	庚辰	8月16	辛亥
十四	1月11	己卯	12月12	己酉	11月13	庚辰	10月14	庚戌	9月15	辛巳	8月17	壬子
十五	1月12	庚辰	12月13	庚戌	11月14	辛巳	10月15	辛亥	9月16	壬午	8月18	癸丑
十六	1月13	辛巳	12月14	辛亥	11月15	壬午	10月16	壬子	9月17	癸未	8月19	甲寅
十七	1月14	壬午	12月15	壬子	11月16	癸未	10月17	癸丑	9月18	甲申	8月20	乙卯
十八	1月15	癸未	12月16	癸丑	11月17	甲申	10月18	甲寅	9月19	乙酉	8月21	丙辰
十九	1月16	甲申	12月17	甲寅	11月18	乙酉	10月19	乙卯	9月20	丙戌	8月22	丁巳
二十	1月17	乙酉	12月18	乙卯	11月19	丙戌	10月20	丙辰	9月21	丁亥	8月23	戊午
廿一	1月18	丙戌	12月19	丙辰	11月20	丁亥	10月21	丁巳	9月22	戊子	8月24	己未
廿二	1月19	丁亥	12月20	丁巳	11月21	戊子	10月22	戊午	9月23	己丑	8月25	庚申
廿三	1月20	戊子	12月21	戊午	11月22	己丑	10月23	己未	9月24	庚寅	8月26	辛酉
廿四	1月21	己丑	12月22	己未	11月23	庚寅	10月24	庚申	9月25	辛卯	8月27	壬戌
廿五	1月22	庚寅	12月23	庚申	11月24	辛卯	10月25	辛酉	9月26	壬辰	8月28	癸亥
廿六	1月23	辛卯	12月24	辛酉	11月25	壬辰	10月26	壬戌	9月27	癸巳	8月29	甲子
廿七	1月24	壬辰	12月25	壬戌	11月26	癸巳	10月27	癸亥	9月28	甲午	8月30	乙丑
廿八	1月25	癸巳	12月26	癸亥	11月27	甲午	10月28	甲子	9月29	乙未	8月31	丙寅
廿九	1月26	甲午	12月27	甲子	11月28	乙未	10月29	乙丑	9月30	丙申	9月 1	丁卯
三十	1月27	乙未	12月28	乙丑			10月30	丙寅				

中華民國十一年 歲次庚戌《狗》

西元一九二二年 太歲姓洪名范

月別	農曆正月		農曆二月		農曆三月		農曆四月		農曆五月		農曆閏五月		農曆六月	
干支	壬寅		癸卯		甲辰		乙巳		丙午				丁未	
節	立春	雨水	驚蟄	春分	清明	穀雨	立夏	小滿	芒種	夏至	小暑		大暑	立秋
氣	初八亥時 22時7分	廿三酉時 18時16分	初八申時 16時34分	廿三酉時 17時49分	初九亥時 21時58分	廿五卯時 5時29分	初十申時 15時53分	廿六卯時 5時10分	十一戌時 20時30分	廿七未時 13時27分	十四卯時 6時58分		初一子時 0時20分	十六申時 16時38分
農曆	干支	國曆	干支	國曆	干支	國曆	干支	國曆	干支	國曆	干支	國曆	干支	國曆
初一	丙申	1月28	丙寅	2月27	乙未	3月28	乙丑	4月27	乙未	5月27	甲子	6月25	癸巳	7月24
初二	丁酉	1月29	丁卯	2月28	丙申	3月29	丙寅	4月28	丙申	5月28	乙丑	6月26	甲午	7月25
初三	戊戌	1月30	戊辰	3月 1	丁酉	3月30	丁卯	4月29	丁酉	5月29	丙寅	6月27	乙未	7月26
初四	己亥	1月31	己巳	3月 2	戊戌	3月31	戊辰	4月30	戊戌	5月30	丁卯	6月28	丙申	7月27
初五	庚子	2月 1	庚午	3月 3	己亥	4月 1	己巳	5月 1	己亥	5月31	戊辰	6月29	丁酉	7月28
初六	辛丑	2月 2	辛未	3月 4	庚子	4月 2	庚午	5月 2	庚子	6月 1	己巳	6月30	戊戌	7月29
初七	壬寅	2月 3	壬申	3月 5	辛丑	4月 3	辛未	5月 3	辛丑	6月 2	庚午	7月 1	己亥	7月30
初八	癸卯	2月 4	癸酉	3月 6	壬寅	4月 4	壬申	5月 4	壬寅	6月 3	辛未	7月 2	庚子	7月31
初九	甲辰	2月 5	甲戌	3月 7	癸卯	4月 5	癸酉	5月 5	癸卯	6月 4	壬申	7月 3	辛丑	8月 1
初十	乙巳	2月 6	乙亥	3月 8	甲辰	4月 6	甲戌	5月 6	甲辰	6月 5	癸酉	7月 4	壬寅	8月 2
十一	丙午	2月 7	丙子	3月 9	乙巳	4月 7	乙亥	5月 7	乙巳	6月 6	甲戌	7月 5	癸卯	8月 3
十二	丁未	2月 8	丁丑	3月10	丙午	4月 8	丙子	5月 8	丙午	6月 7	乙亥	7月 6	甲辰	8月 4
十三	戊申	2月 9	戊寅	3月11	丁未	4月 9	丁丑	5月 9	丁未	6月 8	丙子	7月 7	乙巳	8月 5
十四	己酉	2月10	己卯	3月12	戊申	4月10	戊寅	5月10	戊申	6月 9	丁丑	7月 8	丙午	8月 6
十五	庚戌	2月11	庚辰	3月13	己酉	4月11	己卯	5月11	己酉	6月10	戊寅	7月 9	丁未	8月 7
十六	辛亥	2月12	辛巳	3月14	庚戌	4月12	庚辰	5月12	庚戌	6月11	己卯	7月10	戊申	8月 8
十七	壬子	2月13	壬午	3月15	辛亥	4月13	辛巳	5月13	辛亥	6月12	庚辰	7月11	己酉	8月 9
十八	癸丑	2月14	癸未	3月16	壬子	4月14	壬午	5月14	壬子	6月13	辛巳	7月12	庚戌	8月10
十九	甲寅	2月15	甲申	3月17	癸丑	4月15	癸未	5月15	癸丑	6月14	壬午	7月13	辛亥	8月11
二十	乙卯	2月16	乙酉	3月18	甲寅	4月16	甲申	5月16	甲寅	6月15	癸未	7月14	壬子	8月12
廿一	丙辰	2月17	丙戌	3月19	乙卯	4月17	乙酉	5月17	乙卯	6月16	甲申	7月15	癸丑	8月13
廿二	丁巳	2月18	丁亥	3月20	丙辰	4月18	丙戌	5月18	丙辰	6月17	乙酉	7月16	甲寅	8月14
廿三	戊午	2月19	戊子	3月21	丁巳	4月19	丁亥	5月19	丁巳	6月18	丙戌	7月17	乙卯	8月15
廿四	己未	2月20	己丑	3月22	戊午	4月20	戊子	5月20	戊午	6月19	丁亥	7月18	丙辰	8月16
廿五	庚申	2月21	庚寅	3月23	己未	4月21	己丑	5月21	己未	6月20	戊子	7月19	丁巳	8月17
廿六	辛酉	2月22	辛卯	3月24	庚申	4月22	庚寅	5月22	庚申	6月21	己丑	7月20	戊午	8月18
廿七	壬戌	2月23	壬辰	3月25	辛酉	4月23	辛卯	5月23	辛酉	6月22	庚寅	7月21	己未	8月19
廿八	癸亥	2月24	癸巳	3月26	壬戌	4月24	壬辰	5月24	壬戌	6月23	辛卯	7月22	庚申	8月20
廿九	甲子	2月25	甲午	3月27	癸亥	4月25	癸巳	5月25	癸亥	6月24	壬辰	7月23	辛酉	8月21
三十	乙丑	2月26			甲子	4月26	甲午	5月26					壬戌	8月22

西元1922年

月別	農曆十二月		農曆十一月		農曆十月		農曆九月		農曆八月		農曆七月	
干支	癸丑		壬子		辛亥		庚戌		己酉		戊申	
節	立春	大寒	小寒	冬至	大雪	小雪	立冬	霜降	寒露	秋分	白露	處暑
氣	4時1分 二十日寅時	9時35分 初五巳時	16時15分 二十日申時	22時57分 初五亥時	5時11分 二十日卯時	9時56分 初五巳時	12時46分 二十日午時	12時53分 初五午時	10時10分 十九日巳時	4時10分 初四寅時	19時7分 十七日戌時	7時5分 初二辰時
農曆	國曆	干支	國曆	干支	國曆	干支	國曆	干支	國曆	干支	國曆	干支
初一	1月17	庚寅	12月18	庚申	11月19	辛卯	10月20	辛酉	9月21	壬辰	8月23	癸亥
初二	1月18	辛卯	12月19	辛酉	11月20	壬辰	10月21	壬戌	9月22	癸巳	8月24	甲子
初三	1月19	壬辰	12月20	壬戌	11月21	癸巳	10月22	癸亥	9月23	甲午	8月25	乙丑
初四	1月20	癸巳	12月21	癸亥	11月22	甲午	10月23	甲子	9月24	乙未	8月26	丙寅
初五	1月21	甲午	12月22	甲子	11月23	乙未	10月24	乙丑	9月25	丙申	8月27	丁卯
初六	1月22	乙未	12月23	乙丑	11月24	丙申	10月25	丙寅	9月26	丁酉	8月28	戊辰
初七	1月23	丙申	12月24	丙寅	11月25	丁酉	10月26	丁卯	9月27	戊戌	8月29	己巳
初八	1月24	丁酉	12月25	丁卯	11月26	戊戌	10月27	戊辰	9月28	己亥	8月30	庚午
初九	1月25	戊戌	12月26	戊辰	11月27	己亥	10月28	己巳	9月29	庚子	8月31	辛未
初十	1月26	己亥	12月27	己巳	11月28	庚子	10月29	庚午	9月30	辛丑	9月1	壬申
十一	1月27	庚子	12月28	庚午	11月29	辛丑	10月30	辛未	10月1	壬寅	9月2	癸酉
十二	1月28	辛丑	12月29	辛未	11月30	壬寅	10月31	壬申	10月2	癸卯	9月3	甲戌
十三	1月29	壬寅	12月30	壬申	12月1	癸卯	11月1	癸酉	10月3	甲辰	9月4	乙亥
十四	1月30	癸卯	12月31	癸酉	12月2	甲辰	11月2	甲戌	10月4	乙巳	9月5	丙子
十五	1月31	甲辰	1月1	甲戌	12月3	乙巳	11月3	乙亥	10月5	丙午	9月6	丁丑
十六	2月1	乙巳	1月2	乙亥	12月4	丙午	11月4	丙子	10月6	丁未	9月7	戊寅
十七	2月2	丙午	1月3	丙子	12月5	丁未	11月5	丁丑	10月7	戊申	9月8	己卯
十八	2月3	丁未	1月4	丁丑	12月6	戊申	11月6	戊寅	10月8	己酉	9月9	庚辰
十九	2月4	戊申	1月5	戊寅	12月7	己酉	11月7	己卯	10月9	庚戌	9月10	辛巳
二十	2月5	己酉	1月6	己卯	12月8	庚戌	11月8	庚辰	10月10	辛亥	9月11	壬午
廿一	2月6	庚戌	1月7	庚辰	12月9	辛亥	11月9	辛巳	10月11	壬子	9月12	癸未
廿二	2月7	辛亥	1月8	辛巳	12月10	壬子	11月10	壬午	10月12	癸丑	9月13	甲申
廿三	2月8	壬子	1月9	壬午	12月11	癸丑	11月11	癸未	10月13	甲寅	9月14	乙酉
廿四	2月9	癸丑	1月10	癸未	12月12	甲寅	11月12	甲申	10月14	乙卯	9月15	丙戌
廿五	2月10	甲寅	1月11	甲申	12月13	乙卯	11月13	乙酉	10月15	丙辰	9月16	丁亥
廿六	2月11	乙卯	1月12	乙酉	12月14	丙辰	11月14	丙戌	10月16	丁巳	9月17	戊子
廿七	2月12	丙辰	1月13	丙戌	12月15	丁巳	11月15	丁亥	10月17	戊午	9月18	己丑
廿八	2月13	丁巳	1月14	丁亥	12月16	戊午	11月16	戊子	10月18	己未	9月19	庚寅
廿九	2月14	戊午	1月15	戊子	12月17	己未	11月17	己丑	10月19	庚申	9月20	辛卯
三十	2月15	己未	1月16	己丑			11月18	庚寅				

中華民國 十二年 歲次 癸亥 《豬》

西元一九二三年 太歲 姓虞名程

農曆六月 己未		農曆五月 戊午		農曆四月 丁巳		農曆三月 丙辰		農曆二月 乙卯		農曆正月 甲寅		別月 支干
立秋	大暑	小暑	夏至	芒種	小滿	立夏	穀雨	清明	春分	驚蟄	雨水	節
22時25分 廿六亥時	6時1分 十一卯時	12時42分 廿五午時	19時3分 初九戌時	2時15分 廿三丑時	10時46分 初七巳時	21時39分 廿一亥時	11時6分 初六午時	3時46分 廿一寅時	23時29分 初五子夜	22時25分 十九亥時	0時0分 初五子時	氣
國曆	支干	國曆	支干	國曆	支干	國曆	支干	國曆	支干	國曆	支干	農曆
7月14	子戊	6月14	午戊	5月16	丑己	4月16	未己	3月17	丑己	2月16	申庚	初一
7月15	丑己	6月15	未己	5月17	寅庚	4月17	申庚	3月18	寅庚	2月17	酉辛	初二
7月16	寅庚	6月16	申庚	5月18	卯辛	4月18	酉辛	3月19	卯辛	2月18	戌壬	初三
7月17	卯辛	6月17	酉辛	5月19	辰壬	4月19	戌壬	3月20	辰壬	2月19	亥癸	初四
7月18	辰壬	6月18	戌壬	5月20	巳癸	4月20	亥癸	3月21	巳癸	2月20	子甲	初五
7月19	巳癸	6月19	亥癸	5月21	午甲	4月21	子甲	3月22	午甲	2月21	丑乙	初六
7月20	午甲	6月20	子甲	5月22	未乙	4月22	丑乙	3月23	未乙	2月22	寅丙	初七
7月21	未乙	6月21	丑乙	5月23	申丙	4月23	寅丙	3月24	申丙	2月23	卯丁	初八
7月22	申丙	6月22	寅丙	5月24	酉丁	4月24	卯丁	3月25	酉丁	2月24	辰戊	初九
7月23	酉丁	6月23	卯丁	5月25	戌戊	4月25	辰戊	3月26	戌戊	2月25	巳己	初十
7月24	戌戊	6月24	辰戊	5月26	亥己	4月26	巳己	3月27	亥己	2月26	午庚	十一
7月25	亥己	6月25	巳己	5月27	子庚	4月27	午庚	3月28	子庚	2月27	未辛	十二
7月26	子庚	6月26	午庚	5月28	丑辛	4月28	未辛	3月29	丑辛	2月28	申壬	十三
7月27	丑辛	6月27	未辛	5月29	寅壬	4月29	申壬	3月30	寅壬	3月1	酉癸	十四
7月28	寅壬	6月28	申壬	5月30	卯癸	4月30	酉癸	3月31	卯癸	3月2	戌甲	十五
7月29	卯癸	6月29	酉癸	5月31	辰甲	5月1	戌甲	4月1	辰甲	3月3	亥乙	十六
7月30	辰甲	6月30	戌甲	6月1	巳乙	5月2	亥乙	4月2	巳乙	3月4	子丙	十七
7月31	巳乙	7月1	亥乙	6月2	午丙	5月3	子丙	4月3	午丙	3月5	丑丁	十八
8月1	午丙	7月2	子丙	6月3	未丁	5月4	丑丁	4月4	未丁	3月6	寅戊	十九
8月2	未丁	7月3	丑丁	6月4	申戊	5月5	寅戊	4月5	申戊	3月7	卯己	二十
8月3	申戊	7月4	寅戊	6月5	酉己	5月6	卯己	4月6	酉己	3月8	辰庚	廿一
8月4	酉己	7月5	卯己	6月6	戌庚	5月7	辰庚	4月7	戌庚	3月9	巳辛	廿二
8月5	戌庚	7月6	辰庚	6月7	亥辛	5月8	巳辛	4月8	亥辛	3月10	午壬	廿三
8月6	亥辛	7月7	巳辛	6月8	子壬	5月9	午壬	4月9	子壬	3月11	未癸	廿四
8月7	子壬	7月8	午壬	6月9	丑癸	5月10	未癸	4月10	丑癸	3月12	申甲	廿五
8月8	丑癸	7月9	未癸	6月10	寅甲	5月11	申甲	4月11	寅甲	3月13	酉乙	廿六
8月9	寅甲	7月10	申甲	6月11	卯乙	5月12	酉乙	4月12	卯乙	3月14	戌丙	廿七
8月10	卯乙	7月11	酉乙	6月12	辰丙	5月13	戌丙	4月13	辰丙	3月15	亥丁	廿八
8月11	辰丙	7月12	戌丙	6月13	巳丁	5月14	亥丁	4月14	巳丁	3月16	子戊	廿九
		7月13	亥丁			5月15	子戊	4月15	午戊			三十

西元1923年

月別	農曆十二月		農曆十一月		農曆十月		農曆九月		農曆八月		農曆七月	
干支	乙丑		甲子		癸亥		壬戌		辛酉		庚申	
節	大寒	小寒	冬至	大雪	小雪	立冬	霜降		寒露	秋分	白露	處暑
氣	15時29分 十六申時	22時6分 初一亥時	4時54分 十六寅時	11時5分 初一午時	15時54分 十六申時	18時41分 初一酉時	18時51分 十五酉時		16時4分 廿九申時	10時4分 十四巳時	0時58分 廿九子時	12時52分 十三午時
農曆	國曆	干支	國曆	干支	國曆	干支	國曆	干支	國曆	干支	國曆	干支
初一	1月6	申甲	12月8	卯乙	11月8	酉乙	10月10	辰丙	9月11	亥丁	8月12	巳丁
初二	1月7	酉乙	12月9	辰丙	11月9	戌丙	10月11	巳丁	9月12	子戊	8月13	午戊
初三	1月8	戌丙	12月10	巳丁	11月10	亥丁	10月12	午戊	9月13	丑己	8月14	未己
初四	1月9	亥丁	12月11	午戊	11月11	子戊	10月13	未己	9月14	寅庚	8月15	申庚
初五	1月10	子戊	12月12	未己	11月12	丑己	10月14	申庚	9月15	卯辛	8月16	酉辛
初六	1月11	丑己	12月13	申庚	11月13	寅庚	10月15	酉辛	9月16	辰壬	8月17	戌壬
初七	1月12	寅庚	12月14	酉辛	11月14	卯辛	10月16	戌壬	9月17	巳癸	8月18	亥癸
初八	1月13	卯辛	12月15	戌壬	11月15	辰壬	10月17	亥癸	9月18	午甲	8月19	子甲
初九	1月14	辰壬	12月16	亥癸	11月16	巳癸	10月18	子甲	9月19	未乙	8月20	丑乙
初十	1月15	巳癸	12月17	子甲	11月17	午甲	10月19	丑乙	9月20	申丙	8月21	寅丙
十一	1月16	午甲	12月18	丑乙	11月18	未乙	10月20	寅丙	9月21	酉丁	8月22	卯丁
十二	1月17	未乙	12月19	寅丙	11月19	申丙	10月21	卯丁	9月22	戌戊	8月23	辰戊
十三	1月18	申丙	12月20	卯丁	11月20	酉丁	10月22	辰戊	9月23	亥己	8月24	巳己
十四	1月19	酉丁	12月21	辰戊	11月21	戌戊	10月23	巳己	9月24	子庚	8月25	午庚
十五	1月20	戌戊	12月22	巳己	11月22	亥己	10月24	午庚	9月25	丑辛	8月26	未辛
十六	1月21	亥己	12月23	午庚	11月23	子庚	10月25	未辛	9月26	寅壬	8月27	申壬
十七	1月22	子庚	12月24	未辛	11月24	丑辛	10月26	申壬	9月27	卯癸	8月28	酉癸
十八	1月23	丑辛	12月25	申壬	11月25	寅壬	10月27	酉癸	9月28	辰甲	8月29	戌甲
十九	1月24	寅壬	12月26	酉癸	11月26	卯癸	10月28	戌甲	9月29	巳乙	8月30	亥乙
二十	1月25	卯癸	12月27	戌甲	11月27	辰甲	10月29	亥乙	9月30	午丙	8月31	子丙
廿一	1月26	辰甲	12月28	亥乙	11月28	巳乙	10月30	子丙	10月1	未丁	9月1	丑丁
廿二	1月27	巳乙	12月29	子丙	11月29	午丙	10月31	丑丁	10月2	申戊	9月2	寅戊
廿三	1月28	午丙	12月30	丑丁	11月30	未丁	11月1	寅戊	10月3	酉己	9月3	卯己
廿四	1月29	未丁	12月31	寅戊	12月1	申戊	11月2	卯己	10月4	戌庚	9月4	辰庚
廿五	1月30	申戊	1月1	卯己	12月2	酉己	11月3	辰庚	10月5	亥辛	9月5	巳辛
廿六	1月31	酉己	1月2	辰庚	12月3	戌庚	11月4	巳辛	10月6	子壬	9月6	午壬
廿七	2月1	戌庚	1月3	巳辛	12月4	亥辛	11月5	午壬	10月7	丑癸	9月7	未癸
廿八	2月2	亥辛	1月4	午壬	12月5	子壬	11月6	未癸	10月8	寅甲	9月8	申甲
廿九	2月3	子壬	1月5	未癸	12月6	丑癸	11月7	申甲	10月9	卯乙	9月9	酉乙
三十	2月4	丑癸			12月7	寅甲					9月10	戌丙

中華民國十三年 歲次甲子《鼠》

西元一九二四年 太歲姓金名赤

農曆六月		農曆五月		農曆四月		農曆三月		農曆二月		農曆正月		月別
辛未		庚午		己巳		戊辰		丁卯		丙寅		干支
大暑	小暑	夏至	芒種	小滿	立夏	穀雨	清明	春分	驚蟄	雨水	立春	節氣
廿二午時 11時58分	初六酉時 18時30分	廿一丑時 1時0分	初五辰時 8時2分	十八申時 16時41分	初三寅時 3時26分	十七申時 16時59分	初二巳時 9時34分	十七卯時 5時21分	初二寅時 4時13分	十六卯時 5時52分	初一巳時 9時50分	
國曆	干支	國曆	干支	國曆	干支	國曆	干支	國曆	干支	國曆	干支	農曆
7月2	壬午	6月2	壬子	5月4	癸未	4月4	癸丑	3月5	癸未	2月5	甲寅	初一
7月3	癸未	6月3	癸丑	5月5	甲申	4月5	甲寅	3月6	甲申	2月6	乙卯	初二
7月4	甲申	6月4	甲寅	5月6	乙酉	4月6	乙卯	3月7	乙酉	2月7	丙辰	初三
7月5	乙酉	6月5	乙卯	5月7	丙戌	4月7	丙辰	3月8	丙戌	2月8	丁巳	初四
7月6	丙戌	6月6	丙辰	5月8	丁亥	4月8	丁巳	3月9	丁亥	2月9	戊午	初五
7月7	丁亥	6月7	丁巳	5月9	戊子	4月9	戊午	3月10	戊子	2月10	己未	初六
7月8	戊子	6月8	戊午	5月10	己丑	4月10	己未	3月11	己丑	2月11	庚申	初七
7月9	己丑	6月9	己未	5月11	庚寅	4月11	庚申	3月12	庚寅	2月12	辛酉	初八
7月10	庚寅	6月10	庚申	5月12	辛卯	4月12	辛酉	3月13	辛卯	2月13	壬戌	初九
7月11	辛卯	6月11	辛酉	5月13	壬辰	4月13	壬戌	3月14	壬辰	2月14	癸亥	初十
7月12	壬辰	6月12	壬戌	5月14	癸巳	4月14	癸亥	3月15	癸巳	2月15	甲子	十一
7月13	癸巳	6月13	癸亥	5月15	甲午	4月15	甲子	3月16	甲午	2月16	乙丑	十二
7月14	甲午	6月14	甲子	5月16	乙未	4月16	乙丑	3月17	乙未	2月17	丙寅	十三
7月15	乙未	6月15	乙丑	5月17	丙申	4月17	丙寅	3月18	丙申	2月18	丁卯	十四
7月16	丙申	6月16	丙寅	5月18	丁酉	4月18	丁卯	3月19	丁酉	2月19	戊辰	十五
7月17	丁酉	6月17	丁卯	5月19	戊戌	4月19	戊辰	3月20	戊戌	2月20	己巳	十六
7月18	戊戌	6月18	戊辰	5月20	己亥	4月20	己巳	3月21	己亥	2月21	庚午	十七
7月19	己亥	6月19	己巳	5月21	庚子	4月21	庚午	3月22	庚子	2月22	辛未	十八
7月20	庚子	6月20	庚午	5月22	辛丑	4月22	辛未	3月23	辛丑	2月23	壬申	十九
7月21	辛丑	6月21	辛未	5月23	壬寅	4月23	壬申	3月24	壬寅	2月24	癸酉	二十
7月22	壬寅	6月22	壬申	5月24	癸卯	4月24	癸酉	3月25	癸卯	2月25	甲戌	廿一
7月23	癸卯	6月23	癸酉	5月25	甲辰	4月25	甲戌	3月26	甲辰	2月26	乙亥	廿二
7月24	甲辰	6月24	甲戌	5月26	乙巳	4月26	乙亥	3月27	乙巳	2月27	丙子	廿三
7月25	乙巳	6月25	乙亥	5月27	丙午	4月27	丙子	3月28	丙午	2月28	丁丑	廿四
7月26	丙午	6月26	丙子	5月28	丁未	4月28	丁丑	3月29	丁未	2月29	戊寅	廿五
7月27	丁未	6月27	丁丑	5月29	戊申	4月29	戊寅	3月30	戊申	3月1	己卯	廿六
7月28	戊申	6月28	戊寅	5月30	己酉	4月30	己卯	3月31	己酉	3月2	庚辰	廿七
7月29	己酉	6月29	己卯	5月31	庚戌	5月1	庚辰	4月1	庚戌	3月3	辛巳	廿八
7月30	庚戌	6月30	庚辰	6月1	辛亥	5月2	辛巳	4月2	辛亥	3月4	壬午	廿九
7月31	辛亥	7月1	辛巳			5月3	壬午	4月3	壬子			三十

西元1924年

月別	農曆十二月		農曆十一月		農曆十月		農曆九月		農曆八月		農曆七月	
干支	丁丑		丙子		乙亥		甲戌		癸酉		壬申	
節	大寒	小寒	冬至	大雪	小雪	立冬	霜降	寒露	秋分	白露	處暑	立秋
氣	21時21分 廿六 亥時	3時54分 十二 寅時	10時46分 廿六 巳時	16時54分 十一 申時	21時47分 廿六 亥時	0時30分 十二 子時	0時45分 廿六 子時	21時53分 初十 亥時	15時59分 廿五 申時	6時46分 初十 卯時	18時48分 廿三 酉時	4時13分 初八 寅時
農曆	國曆	支干	國曆	支干	國曆	支干	國曆	支干	國曆	支干	國曆	支干
初一	12月26	己卯	11月27	庚戌	10月28	庚辰	9月29	辛亥	8月30	辛巳	8月1	壬子
初二	12月27	庚辰	11月28	辛亥	10月29	辛巳	9月30	壬子	8月31	壬午	8月2	癸丑
初三	12月28	辛巳	11月29	壬子	10月30	壬午	10月1	癸丑	9月1	癸未	8月3	甲寅
初四	12月29	壬午	11月30	癸丑	10月31	癸未	10月2	甲寅	9月2	甲申	8月4	乙卯
初五	12月30	癸未	12月1	甲寅	11月1	甲申	10月3	乙卯	9月3	乙酉	8月5	丙辰
初六	12月31	甲申	12月2	乙卯	11月2	乙酉	10月4	丙辰	9月4	丙戌	8月6	丁巳
初七	1月1	乙酉	12月3	丙辰	11月3	丙戌	10月5	丁巳	9月5	丁亥	8月7	戊午
初八	1月2	丙戌	12月4	丁巳	11月4	丁亥	10月6	戊午	9月6	戊子	8月8	己未
初九	1月3	丁亥	12月5	戊午	11月5	戊子	10月7	己未	9月7	己丑	8月9	庚申
初十	1月4	戊子	12月6	己未	11月6	己丑	10月8	庚申	9月8	庚寅	8月10	辛酉
十一	1月5	己丑	12月7	庚申	11月7	庚寅	10月9	辛酉	9月9	辛卯	8月11	壬戌
十二	1月6	庚寅	12月8	辛酉	11月8	辛卯	10月10	壬戌	9月10	壬辰	8月12	癸亥
十三	1月7	辛卯	12月9	壬戌	11月9	壬辰	10月11	癸亥	9月11	癸巳	8月13	甲子
十四	1月8	壬辰	12月10	癸亥	11月10	癸巳	10月12	甲子	9月12	甲午	8月14	乙丑
十五	1月9	癸巳	12月11	甲子	11月11	甲午	10月13	乙丑	9月13	乙未	8月15	丙寅
十六	1月10	甲午	12月12	乙丑	11月12	乙未	10月14	丙寅	9月14	丙申	8月16	丁卯
十七	1月11	乙未	12月13	丙寅	11月13	丙申	10月15	丁卯	9月15	丁酉	8月17	戊辰
十八	1月12	丙申	12月14	丁卯	11月14	丁酉	10月16	戊辰	9月16	戊戌	8月18	己巳
十九	1月13	丁酉	12月15	戊辰	11月15	戊戌	10月17	己巳	9月17	己亥	8月19	午庚
二十	1月14	戊戌	12月16	己巳	11月16	己亥	10月18	午庚	9月18	子庚	8月20	未辛
廿一	1月15	己亥	12月17	午庚	11月17	子庚	10月19	未辛	9月19	丑辛	8月21	申壬
廿二	1月16	子庚	12月18	未辛	11月18	丑辛	10月20	申壬	9月20	寅壬	8月22	酉癸
廿三	1月17	丑辛	12月19	申壬	11月19	寅壬	10月21	酉癸	9月21	卯癸	8月23	戌甲
廿四	1月18	寅壬	12月20	酉癸	11月20	卯癸	10月22	戌甲	9月22	辰甲	8月24	亥乙
廿五	1月19	卯癸	12月21	戌甲	11月21	辰甲	10月23	亥乙	9月23	巳乙	8月25	子丙
廿六	1月20	辰甲	12月22	亥乙	11月22	巳乙	10月24	子丙	9月24	午丙	8月26	丑丁
廿七	1月21	巳乙	12月23	子丙	11月23	午丙	10月25	丑丁	9月25	未丁	8月27	寅戊
廿八	1月22	午丙	12月24	丑丁	11月24	未丁	10月26	寅戊	9月26	申戊	8月28	卯己
廿九	1月23	未丁	12月25	寅戊	11月25	申戊	10月27	卯己	9月27	酉己	8月29	辰庚
三十					11月26	酉己			9月28	戌庚		

中華民國十四年 歲次乙丑《牛》

西元一九二五年 太歲姓陳名泰

月六曆農		月五曆農		月四閏曆農		月四曆農		月三曆農		月二曆農		月正曆農		別月
未	癸	午	壬			巳	辛	辰	庚	卯	己	寅	戊	支干
秋立	暑大	暑小	至夏	種芒		滿小	夏立	雨穀	明清	分春	蟄驚	水雨	春立	節
十九巳時 10時8分	初三酉時 17時45分	十八子時 0時25分	初二卯時 6時50分	十六未時 13時57分		廿九亥時 22時33分	十四巳時 9時18分	廿八亥時 22時52分	十三申時 15時23分	廿七午時 11時13分	十二巳時 10時0分	廿七午時 11時43分	十二申時 15時37分	氣
曆國	支干	曆國	支干	曆國	支干	曆國	支干	曆國	支干	曆國	支干	曆國	支干	曆農
7月21	午丙	6月21	子丙	5月22	午丙	4月23	丑丁	3月24	未丁	2月23	寅戊	1月24	申戊	一初
7月22	未丁	6月22	丑丁	5月23	未丁	4月24	寅戊	3月25	申戊	2月24	卯己	1月25	酉己	二初
7月23	申戊	6月23	寅戊	5月24	申戊	4月25	卯己	3月26	酉己	2月25	辰庚	1月26	戌庚	三初
7月24	酉己	6月24	卯己	5月25	酉己	4月26	辰庚	3月27	戌庚	2月26	巳辛	1月27	亥辛	四初
7月25	戌庚	6月25	辰庚	5月26	戌庚	4月27	巳辛	3月28	亥辛	2月27	午壬	1月28	子壬	五初
7月26	亥辛	6月26	巳辛	5月27	亥辛	4月28	午壬	3月29	子壬	2月28	未癸	1月29	丑癸	六初
7月27	子壬	6月27	午壬	5月28	子壬	4月29	未癸	3月30	丑癸	3月 1	申甲	1月30	寅甲	七初
7月28	丑癸	6月28	未癸	5月29	丑癸	4月30	申甲	3月31	寅甲	3月 2	酉乙	1月31	卯乙	八初
7月29	寅甲	6月29	申甲	5月30	寅甲	5月 1	酉乙	4月 1	卯乙	3月 3	戌丙	2月 1	辰丙	九初
7月30	卯乙	6月30	酉乙	5月31	卯乙	5月 2	戌丙	4月 2	辰丙	3月 4	亥丁	2月 2	巳丁	十初
7月31	辰丙	7月 1	戌丙	6月 1	辰丙	5月 3	亥丁	4月 3	巳丁	3月 5	子戊	2月 3	午戊	一十
8月 1	巳丁	7月 2	亥丁	6月 2	巳丁	5月 4	子戊	4月 4	午戊	3月 6	丑己	2月 4	未己	二十
8月 2	午戊	7月 3	子戊	6月 3	午戊	5月 5	丑己	4月 5	未己	3月 7	寅庚	2月 5	申庚	三十
8月 3	未己	7月 4	丑己	6月 4	未己	5月 6	寅庚	4月 6	申庚	3月 8	卯辛	2月 6	酉辛	四十
8月 4	申庚	7月 5	寅庚	6月 5	申庚	5月 7	卯辛	4月 7	酉辛	3月 9	辰壬	2月 7	戌壬	五十
8月 5	酉辛	7月 6	卯辛	6月 6	酉辛	5月 8	辰壬	4月 8	戌壬	3月10	巳癸	2月 8	亥癸	六十
8月 6	戌壬	7月 7	辰壬	6月 7	戌壬	5月 9	巳癸	4月 9	亥癸	3月11	午甲	2月 9	子甲	七十
8月 7	亥癸	7月 8	巳癸	6月 8	亥癸	5月10	午甲	4月10	子甲	3月12	未乙	2月10	丑乙	八十
8月 8	子甲	7月 9	午甲	6月 9	子甲	5月11	未乙	4月11	丑乙	3月13	申丙	2月11	寅丙	九十
8月 9	丑乙	7月10	未乙	6月10	丑乙	5月12	申丙	4月12	寅丙	3月14	酉丁	2月12	卯丁	十二
8月10	寅丙	7月11	申丙	6月11	寅丙	5月13	酉丁	4月13	卯丁	3月15	戌戊	2月13	辰戊	一廿
8月11	卯丁	7月12	酉丁	6月12	卯丁	5月14	戌戊	4月14	辰戊	3月16	亥己	2月14	巳己	二廿
8月12	辰戊	7月13	戌戊	6月13	辰戊	5月15	亥己	4月15	巳己	3月17	子庚	2月15	午庚	三廿
8月13	巳己	7月14	亥己	6月14	巳己	5月16	子庚	4月16	午庚	3月18	丑辛	2月16	未辛	四廿
8月14	午庚	7月15	子庚	6月15	午庚	5月17	丑辛	4月17	未辛	3月19	寅壬	2月17	申壬	五廿
8月15	未辛	7月16	丑辛	6月16	未辛	5月18	寅壬	4月18	申壬	3月20	卯癸	2月18	酉癸	六廿
8月16	申壬	7月17	寅壬	6月17	申壬	5月19	卯癸	4月19	酉癸	3月21	辰甲	2月19	戌甲	七廿
8月17	酉癸	7月18	卯癸	6月18	酉癸	5月20	辰甲	4月20	戌甲	3月22	巳乙	2月20	亥乙	八廿
8月18	戌甲	7月19	辰甲	6月19	戌甲	5月21	巳乙	4月21	亥乙	3月23	午丙	2月21	子丙	九廿
		7月20	巳乙	6月20	亥乙			4月22	子丙			2月22	丑丁	十三

西元1925年

月別	農曆十二月		農曆十一月		農曆十月		農曆九月		農曆八月		農曆七月	
干支	己丑		戊子		丁亥		丙戌		乙酉		甲申	
節	立春	大寒	小寒	冬至	大雪	小雪	立冬	霜降	寒露	秋分	白露	處暑
氣	21時39分 亥時 廿二	3時13分 寅時 初八	9時55分 巳時 廿二	16時37分 申時 初七	22時53分 亥時 廿二	3時36分 寅時 初八	6時27分 卯時 廿二	6時32分 卯時 初七	3時48分 寅時 廿二	21時44分 亥時 初六	12時40分 午時 廿一	0時33分 子時 初六
農曆	國曆	支干	國曆	支干	國曆	支干	國曆	支干	國曆	支干	國曆	支干
初一	1月14	卯癸	12月16	戌甲	11月16	辰甲	10月18	亥乙	9月18	巳乙	8月19	亥乙
初二	1月15	辰甲	12月17	亥乙	11月17	巳乙	10月19	子丙	9月19	午丙	8月20	子丙
初三	1月16	巳乙	12月18	子丙	11月18	午丙	10月20	丑丁	9月20	未丁	8月21	丑丁
初四	1月17	午丙	12月19	丑丁	11月19	未丁	10月21	寅戊	9月21	申戊	8月22	寅戊
初五	1月18	未丁	12月20	寅戊	11月20	申戊	10月22	卯己	9月22	酉己	8月23	卯己
初六	1月19	申戊	12月21	卯己	11月21	酉己	10月23	辰庚	9月23	戌庚	8月24	辰庚
初七	1月20	酉己	12月22	辰庚	11月22	戌庚	10月24	巳辛	9月24	亥辛	8月25	巳辛
初八	1月21	戌庚	12月23	巳辛	11月23	亥辛	10月25	午壬	9月25	子壬	8月26	午壬
初九	1月22	亥辛	12月24	午壬	11月24	子壬	10月26	未癸	9月26	丑癸	8月27	未癸
初十	1月23	子壬	12月25	未癸	11月25	丑癸	10月27	申甲	9月27	寅甲	8月28	申甲
十一	1月24	丑癸	12月26	申甲	11月26	寅甲	10月28	酉乙	9月28	卯乙	8月29	酉乙
十二	1月25	寅甲	12月27	酉乙	11月27	卯乙	10月29	戌丙	9月29	辰丙	8月30	戌丙
十三	1月26	卯乙	12月28	戌丙	11月28	辰丙	10月30	亥丁	9月30	巳丁	8月31	亥丁
十四	1月27	辰丙	12月29	亥丁	11月29	巳丁	10月31	子戊	10月1	午戊	9月1	子戊
十五	1月28	巳丁	12月30	子戊	11月30	午戊	11月1	丑己	10月2	未己	9月2	丑己
十六	1月29	午戊	12月31	丑己	12月1	未己	11月2	寅庚	10月3	申庚	9月3	寅庚
十七	1月30	未己	1月1	寅庚	12月2	申庚	11月3	卯辛	10月4	酉辛	9月4	卯辛
十八	1月31	申庚	1月2	卯辛	12月3	酉辛	11月4	辰壬	10月5	戌壬	9月5	辰壬
十九	2月1	酉辛	1月3	辰壬	12月4	戌壬	11月5	巳癸	10月6	亥癸	9月6	巳癸
二十	2月2	戌壬	1月4	巳癸	12月5	亥癸	11月6	午甲	10月7	子甲	9月7	午甲
廿一	2月3	亥癸	1月5	午甲	12月6	子甲	11月7	未乙	10月8	丑乙	9月8	未乙
廿二	2月4	子甲	1月6	未乙	12月7	丑乙	11月8	申丙	10月9	寅丙	9月9	申丙
廿三	2月5	丑乙	1月7	申丙	12月8	寅丙	11月9	酉丁	10月10	卯丁	9月10	酉丁
廿四	2月6	寅丙	1月8	酉丁	12月9	卯丁	11月10	戌戊	10月11	辰戊	9月11	戌戊
廿五	2月7	卯丁	1月9	戌戊	12月10	辰戊	11月11	亥己	10月12	巳己	9月12	亥己
廿六	2月8	辰戊	1月10	亥己	12月11	巳己	11月12	子庚	10月13	午庚	9月13	子庚
廿七	2月9	巳己	1月11	子庚	12月12	午庚	11月13	丑辛	10月14	未辛	9月14	丑辛
廿八	2月10	午庚	1月12	丑辛	12月13	未辛	11月14	寅壬	10月15	申壬	9月15	寅壬
廿九	2月11	未辛	1月13	寅壬	12月14	申壬	11月15	卯癸	10月16	酉癸	9月16	卯癸
三十	2月12	申壬			12月15	酉癸			10月17	戌甲	9月17	辰甲

173

農曆六月		農曆五月		農曆四月		農曆三月		農曆二月		農曆正月		月別	中華民國 十五 年 歲次 丙寅《虎》 西元一九二六年 太歲 姓沈名興
乙 未		甲 午		癸 巳		壬 辰		辛 卯		庚 寅		干支	
大暑		小暑		夏至		芒種		小滿		立夏		穀雨		清明		春分		驚蟄		雨水		節	
23時25分 十四夜子		6時6分 廿九卯		12時30分 十三午時		19時42分 廿六戌時		4時15分 十一寅時		15時9分 廿五申時		4時37分 初十寅時		21時19分 廿三亥時		17時2分 初八酉時		16時0分 廿二申時		17時35分 初七酉時		氣	
國曆	干支	國曆	干支	國曆	干支	國曆	干支	國曆	干支	國曆	干支	農曆	
7月10	庚子	6月10	庚午	5月12	辛丑	4月12	辛未	3月14	壬寅	2月13	癸酉	初一	
7月11	辛丑	6月11	辛未	5月13	壬寅	4月13	壬申	3月15	癸卯	2月14	甲戌	初二	
7月12	壬寅	6月12	壬申	5月14	癸卯	4月14	癸酉	3月16	甲辰	2月15	乙亥	初三	
7月13	癸卯	6月13	癸酉	5月15	甲辰	4月15	甲戌	3月17	乙巳	2月16	丙子	初四	
7月14	甲辰	6月14	甲戌	5月16	乙巳	4月16	乙亥	3月18	丙午	2月17	丁丑	初五	
7月15	乙巳	6月15	乙亥	5月17	丙午	4月17	丙子	3月19	丁未	2月18	戊寅	初六	
7月16	丙午	6月16	丙子	5月18	丁未	4月18	丁丑	3月20	戊申	2月19	己卯	初七	
7月17	丁未	6月17	丁丑	5月19	戊申	4月19	戊寅	3月21	己酉	2月20	庚辰	初八	
7月18	戊申	6月18	戊寅	5月20	己酉	4月20	己卯	3月22	庚戌	2月21	辛巳	初九	
7月19	己酉	6月19	己卯	5月21	庚戌	4月21	庚辰	3月23	辛亥	2月22	壬午	初十	
7月20	庚戌	6月20	庚辰	5月22	辛亥	4月22	辛巳	3月24	壬子	2月23	癸未	十一	
7月21	辛亥	6月21	辛巳	5月23	壬子	4月23	壬午	3月25	癸丑	2月24	甲申	十二	
7月22	壬子	6月22	壬午	5月24	癸丑	4月24	癸未	3月26	甲寅	2月25	乙酉	十三	
7月23	癸丑	6月23	癸未	5月25	甲寅	4月25	甲申	3月27	乙卯	2月26	丙戌	十四	
7月24	甲寅	6月24	甲申	5月26	乙卯	4月26	乙酉	3月28	丙辰	2月27	丁亥	十五	
7月25	乙卯	6月25	乙酉	5月27	丙辰	4月27	丙戌	3月29	丁巳	2月28	戊子	十六	
7月26	丙辰	6月26	丙戌	5月28	丁巳	4月28	丁亥	3月30	戊午	3月 1	己丑	十七	
7月27	丁巳	6月27	丁亥	5月29	戊午	4月29	戊子	3月31	己未	3月 2	庚寅	十八	
7月28	戊午	6月28	戊子	5月30	己未	4月30	己丑	4月 1	庚申	3月 3	辛卯	十九	
7月29	己未	6月29	己丑	5月31	庚申	5月 1	庚寅	4月 2	辛酉	3月 4	壬辰	二十	
7月30	庚申	6月30	庚寅	6月 1	辛酉	5月 2	辛卯	4月 3	壬戌	3月 5	癸巳	廿一	
7月31	辛酉	7月 1	辛卯	6月 2	壬戌	5月 3	壬辰	4月 4	癸亥	3月 6	甲午	廿二	
8月 1	壬戌	7月 2	壬辰	6月 3	癸亥	5月 4	癸巳	4月 5	甲子	3月 7	乙未	廿三	
8月 2	癸亥	7月 3	癸巳	6月 4	甲子	5月 5	甲午	4月 6	乙丑	3月 8	丙申	廿四	
8月 3	甲子	7月 4	甲午	6月 5	乙丑	5月 6	乙未	4月 7	丙寅	3月 9	丁酉	廿五	
8月 4	乙丑	7月 5	乙未	6月 6	丙寅	5月 7	丙申	4月 8	丁卯	3月10	戊戌	廿六	
8月 5	丙寅	7月 6	丙申	6月 7	丁卯	5月 8	丁酉	4月 9	戊辰	3月11	己亥	廿七	
8月 6	丁卯	7月 7	丁酉	6月 8	戊辰	5月 9	戊戌	4月10	己巳	3月12	庚子	廿八	
8月 7	戊辰	7月 8	戊戌	6月 9	己巳	5月10	己亥	4月11	庚午	3月13	辛丑	廿九	
		7月 9	己亥			5月11	庚子					三十	

· 174 ·

西元1926年

月別	月二十曆農		月一十曆農		月十曆農		月九曆農		月八曆農		月七曆農	
干支	丑	辛	子	庚	亥	己	戌	戊	酉	丁	申	丙
節	寒大	寒小	至冬	雪大	雪小	冬立	降霜	露寒	分秋	露白	暑處	秋立
氣	十八巳時 9時12分	初三申時 15時45分	十八亥時 22時34分	初四寅時 4時39分	十九巳時 9時28分	初四午時 12時8分	十八午時 12時19分	初三巳時 9時25分	十八寅時 3時27分	初二酉時 18時16分	十七卯時 6時14分	初一申時 15時45分
農曆	曆國	支干	曆國	支干	曆國	支干	曆國	支干	曆國	支干	曆國	支干
初一	1月 4	戌戊	12月 5	辰戊	11月 5	戌戊	10月 7	巳己	9月 7	亥己	8月 8	巳己
初二	1月 5	亥己	12月 6	巳己	11月 6	亥己	10月 8	午庚	9月 8	子庚	8月 9	午庚
初三	1月 6	子庚	12月 7	午庚	11月 7	子庚	10月 9	未辛	9月 9	丑辛	8月10	未辛
初四	1月 7	丑辛	12月 8	未辛	11月 8	丑辛	10月10	申壬	9月10	寅壬	8月11	申壬
初五	1月 8	寅壬	12月 9	申壬	11月 9	寅壬	10月11	酉癸	9月11	卯癸	8月12	酉癸
初六	1月 9	卯癸	12月10	酉癸	11月10	卯癸	10月12	戌甲	9月12	辰甲	8月13	戌甲
初七	1月10	辰甲	12月11	戌甲	11月11	辰甲	10月13	亥乙	9月13	巳乙	8月14	亥乙
初八	1月11	巳乙	12月12	亥乙	11月12	巳乙	10月14	子丙	9月14	午丙	8月15	子丙
初九	1月12	午丙	12月13	子丙	11月13	午丙	10月15	丑丁	9月15	未丁	8月16	丑丁
初十	1月13	未丁	12月14	丑丁	11月14	未丁	10月16	寅戊	9月16	申戊	8月17	寅戊
十一	1月14	申戊	12月15	寅戊	11月15	申戊	10月17	卯己	9月17	酉己	8月18	卯己
十二	1月15	酉己	12月16	卯己	11月16	酉己	10月18	辰庚	9月18	戌庚	8月19	辰庚
十三	1月16	戌庚	12月17	辰庚	11月17	戌庚	10月19	巳辛	9月19	亥辛	8月20	巳辛
十四	1月17	亥辛	12月18	巳辛	11月18	亥辛	10月20	午壬	9月20	子壬	8月21	午壬
十五	1月18	子壬	12月19	午壬	11月19	子壬	10月21	未癸	9月21	丑癸	8月22	未癸
十六	1月19	丑癸	12月20	未癸	11月20	丑癸	10月22	申甲	9月22	寅甲	8月23	申甲
十七	1月20	寅甲	12月21	申甲	11月21	寅甲	10月23	酉乙	9月23	卯乙	8月24	酉乙
十八	1月21	卯乙	12月22	酉乙	11月22	卯乙	10月24	戌丙	9月24	辰丙	8月25	戌丙
十九	1月22	辰丙	12月23	戌丙	11月23	辰丙	10月25	亥丁	9月25	巳丁	8月26	亥丁
二十	1月23	巳丁	12月24	亥丁	11月24	巳丁	10月26	子戊	9月26	午戊	8月27	子戊
廿一	1月24	午戊	12月25	子戊	11月25	午戊	10月27	丑己	9月27	未己	8月28	丑己
廿二	1月25	未己	12月26	丑己	11月26	未己	10月28	寅庚	9月28	申庚	8月29	寅庚
廿三	1月26	申庚	12月27	寅庚	11月27	申庚	10月29	卯辛	9月29	酉辛	8月30	卯辛
廿四	1月27	酉辛	12月28	卯辛	11月28	酉辛	10月30	辰壬	9月30	戌壬	8月31	辰壬
廿五	1月28	戌壬	12月29	辰壬	11月29	戌壬	10月31	巳癸	10月 1	亥癸	9月 1	巳癸
廿六	1月29	亥癸	12月30	巳癸	11月30	亥癸	11月 1	午甲	10月 2	子甲	9月 2	午甲
廿七	1月30	子甲	12月31	午甲	12月 1	子甲	11月 2	未乙	10月 3	丑乙	9月 3	未乙
廿八	1月31	丑乙	1月 1	未乙	12月 2	丑乙	11月 3	申丙	10月 4	寅丙	9月 4	申丙
廿九	2月 1	寅丙	1月 2	申丙	12月 3	寅丙	11月 4	酉丁	10月 5	卯丁	9月 5	酉丁
三十			1月 3	酉丁	12月 4	卯丁			10月 6	辰戊	9月 6	戌戊

月六曆農		月五曆農		月四曆農		月三曆農		月二曆農		月正曆農		別月
未 丁		午 丙		巳 乙		辰 甲		卯 癸		寅 壬		支干
暑大	暑小	至夏	種芒	滿小	夏立	雨穀	明清	分春	蟄驚	水雨	春立	節
5時17分 廿六卯時	11時50分 初十午時	18時23分 廿三酉時	1時25分 初八丑時	10時8分 廿二巳時	20時54分 初六戌時	10時32分 二十巳時	3時7分 初五寅時	22時59分 十八亥時	21時51分 初三亥時	23時35分 十八夜子	3時31分 初四寅時	氣
曆國	支干	曆國	支干	曆國	支干	曆國	支干	曆國	支干	曆國	支干	曆農
6月29	午甲	5月31	丑乙	5月 1	未乙	4月 2	寅丙	3月 4	酉丁	2月 2	卯丁	初一
6月30	未乙	6月 1	寅丙	5月 2	申丙	4月 3	卯丁	3月 5	戌戊	2月 3	辰戊	初二
7月 1	申丙	6月 2	卯丁	5月 3	酉丁	4月 4	辰戊	3月 6	亥己	2月 4	巳己	初三
7月 2	酉丁	6月 3	辰戊	5月 4	戌戊	4月 5	巳己	3月 7	子庚	2月 5	午庚	初四
7月 3	戌戊	6月 4	巳己	5月 5	亥己	4月 6	午庚	3月 8	丑辛	2月 6	未辛	初五
7月 4	亥己	6月 5	午庚	5月 6	子庚	4月 7	未辛	3月 9	寅壬	2月 7	申壬	初六
7月 5	子庚	6月 6	未辛	5月 7	丑辛	4月 8	申壬	3月10	卯癸	2月 8	酉癸	初七
7月 6	丑辛	6月 7	申壬	5月 8	寅壬	4月 9	酉癸	3月11	辰甲	2月 9	戌甲	初八
7月 7	寅壬	6月 8	酉癸	5月 9	卯癸	4月10	戌甲	3月12	巳乙	2月10	亥乙	初九
7月 8	卯癸	6月 9	戌甲	5月10	辰甲	4月11	亥乙	3月13	午丙	2月11	子丙	初十
7月 9	辰甲	6月10	亥乙	5月11	巳乙	4月12	子丙	3月14	未丁	2月12	丑丁	十一
7月10	巳乙	6月11	子丙	5月12	午丙	4月13	丑丁	3月15	申戊	2月13	寅戊	十二
7月11	午丙	6月12	丑丁	5月13	未丁	4月14	寅戊	3月16	酉己	2月14	卯己	十三
7月12	未丁	6月13	寅戊	5月14	申戊	4月15	卯己	3月17	戌庚	2月15	辰庚	十四
7月13	申戊	6月14	卯己	5月15	酉己	4月16	辰庚	3月18	亥辛	2月16	巳辛	十五
7月14	酉己	6月15	辰庚	5月16	戌庚	4月17	巳辛	3月19	子壬	2月17	午壬	十六
7月15	戌庚	6月16	巳辛	5月17	亥辛	4月18	午壬	3月20	丑癸	2月18	未癸	十七
7月16	亥辛	6月17	午壬	5月18	子壬	4月19	未癸	3月21	寅甲	2月19	申甲	十八
7月17	子壬	6月18	未癸	5月19	丑癸	4月20	申甲	3月22	卯乙	2月20	酉乙	十九
7月18	丑癸	6月19	申甲	5月20	寅甲	4月21	酉乙	3月23	辰丙	2月21	戌丙	十二
7月19	寅甲	6月20	酉乙	5月21	卯乙	4月22	戌丙	3月24	巳丁	2月22	亥丁	一廿
7月20	卯乙	6月21	戌丙	5月22	辰丙	4月23	亥丁	3月25	午戊	2月23	子戊	二廿
7月21	辰丙	6月22	亥丁	5月23	巳丁	4月24	子戊	3月26	未己	2月24	丑己	三廿
7月22	巳丁	6月23	子戊	5月24	午戊	4月25	丑己	3月27	申庚	2月25	寅庚	四廿
7月23	午戊	6月24	丑己	5月25	未己	4月26	寅庚	3月28	酉辛	2月26	卯辛	五廿
7月24	未己	6月25	寅庚	5月26	申庚	4月27	卯辛	3月29	戌壬	2月27	辰壬	六廿
7月25	申庚	6月26	卯辛	5月27	酉辛	4月28	辰壬	3月30	亥癸	2月28	巳癸	七廿
7月26	酉辛	6月27	辰壬	5月28	戌壬	4月29	巳癸	3月31	子甲	3月 1	午甲	八廿
7月27	戌壬	6月28	巳癸	5月29	亥癸	4月30	午甲	4月 1	丑乙	3月 2	未乙	九廿
7月28	亥癸			5月30	子甲					3月 3	申丙	十三

中華民國 十六 年 歲次 丁卯 《兔》 西元一九二七年 太歲 姓耿名章

西元1927年

月別	農曆十二月		農曆十一月		農曆十月		農曆九月		農曆八月		農曆七月	
干支	癸丑		壬子		辛亥		庚戌		己酉		戊申	
節	大寒	小寒	冬至	大雪	小雪	立冬	霜降	寒露	秋分	白露	處暑	立秋
氣	14時57分 廿九未時	21時32分 十四亥時	4時19分 三十寅時	10時27分 十五巳時	15時14分 三十申時	17時57分 十五酉時	18時7分 廿九酉時	15時16分 十四申時	9時17分 十九巳時	0時6分 十四子時	12時6分 廿七午時	21時32分 十一亥時
農曆	國曆	干支	國曆	干支	國曆	干支	國曆	干支	國曆	干支	國曆	干支
初一	12月24	壬辰	11月24	壬戌	10月25	壬辰	9月26	癸亥	8月27	癸巳	7月29	甲子
初二	12月25	癸巳	11月25	癸亥	10月26	癸巳	9月27	甲子	8月28	甲午	7月30	乙丑
初三	12月26	甲午	11月26	甲子	10月27	甲午	9月28	乙丑	8月29	乙未	7月31	丙寅
初四	12月27	乙未	11月27	乙丑	10月28	乙未	9月29	丙寅	8月30	丙申	8月1	丁卯
初五	12月28	丙申	11月28	丙寅	10月29	丙申	9月30	丁卯	8月31	丁酉	8月2	戊辰
初六	12月29	丁酉	11月29	丁卯	10月30	丁酉	10月1	戊辰	9月1	戊戌	8月3	己巳
初七	12月30	戊戌	11月30	戊辰	10月31	戊戌	10月2	己巳	9月2	己亥	8月4	庚午
初八	12月31	己亥	12月1	己巳	11月1	己亥	10月3	庚午	9月3	庚子	8月5	辛未
初九	1月1	庚子	12月2	庚午	11月2	庚子	10月4	辛未	9月4	辛丑	8月6	壬申
初十	1月2	辛丑	12月3	辛未	11月3	辛丑	10月5	壬申	9月5	壬寅	8月7	癸酉
十一	1月3	壬寅	12月4	壬申	11月4	壬寅	10月6	癸酉	9月6	癸卯	8月8	甲戌
十二	1月4	癸卯	12月5	癸酉	11月5	癸卯	10月7	甲戌	9月7	甲辰	8月9	乙亥
十三	1月5	甲辰	12月6	甲戌	11月6	甲辰	10月8	乙亥	9月8	乙巳	8月10	丙子
十四	1月6	乙巳	12月7	乙亥	11月7	乙巳	10月9	丙子	9月9	丙午	8月11	丁丑
十五	1月7	丙午	12月8	丙子	11月8	丙午	10月10	丁丑	9月10	丁未	8月12	戊寅
十六	1月8	丁未	12月9	丁丑	11月9	丁未	10月11	戊寅	9月11	戊申	8月13	己卯
十七	1月9	戊申	12月10	戊寅	11月10	戊申	10月12	己卯	9月12	己酉	8月14	庚辰
十八	1月10	己酉	12月11	己卯	11月11	己酉	10月13	庚辰	9月13	庚戌	8月15	辛巳
十九	1月11	庚戌	12月12	庚辰	11月12	庚戌	10月14	辛巳	9月14	辛亥	8月16	壬午
二十	1月12	辛亥	12月13	辛巳	11月13	辛亥	10月15	壬午	9月15	壬子	8月17	癸未
廿一	1月13	壬子	12月14	壬午	11月14	壬子	10月16	癸未	9月16	癸丑	8月18	甲申
廿二	1月14	癸丑	12月15	癸未	11月15	癸丑	10月17	甲申	9月17	甲寅	8月19	乙酉
廿三	1月15	甲寅	12月16	甲申	11月16	甲寅	10月18	乙酉	9月18	乙卯	8月20	丙戌
廿四	1月16	乙卯	12月17	乙酉	11月17	乙卯	10月19	丙戌	9月19	丙辰	8月21	丁亥
廿五	1月17	丙辰	12月18	丙戌	11月18	丙辰	10月20	丁亥	9月20	丁巳	8月22	戊子
廿六	1月18	丁巳	12月19	丁亥	11月19	丁巳	10月21	戊子	9月21	戊午	8月23	己丑
廿七	1月19	戊午	12月20	戊子	11月20	戊午	10月22	己丑	9月22	己未	8月24	庚寅
廿八	1月20	己未	12月21	己丑	11月21	己未	10月23	庚寅	9月23	庚申	8月25	辛卯
廿九	1月21	庚申	12月22	庚寅	11月22	庚申	10月24	辛卯	9月24	辛酉	8月26	壬辰
三十	1月22	辛酉	12月23	辛卯	11月23	辛酉			9月25	壬戌		

中華民國 十七年 歲次 戊辰 《龍》　西元一九二八年　太歲 姓趙名達

節氣

節	立秋	大暑	小暑	夏至	芒種	小滿	立夏	穀雨	清明	春分	驚蟄	雨水	立春
氣	3時28分 廿三寅時	11時3分 初七午時	17時45分 二十酉時	0時7分 初五子時	7時18分 十九辰時	15時53分 初三申時	2時44分 十七丑時	16時17分 初一申時	8時55分 十五辰時	4時45分 三十寅時	3時38分 十五寅時	5時20分 廿九卯時	9時17分 十四巳時

農曆月別：月六曆農(己未)、月五曆農(戊午)、月四曆農(丁巳)、月三曆農(丙辰)、月二閏曆農、月二曆農(乙卯)、月正曆農(甲寅)

日曆對照

六月 國曆	支干	五月 國曆	支干	四月 國曆	支干	三月 國曆	支干	閏二月 國曆	支干	二月 國曆	支干	正月 國曆	支干	農曆
7月17	午戊	6月18	丑己	5月19	未己	4月20	寅庚	3月22	酉辛	2月21	卯辛	1月23	戌壬	初一
7月18	未己	6月19	寅庚	5月20	申庚	4月21	卯辛	3月23	戌壬	2月22	辰壬	1月24	亥癸	初二
7月19	申庚	6月20	卯辛	5月21	酉辛	4月22	辰壬	3月24	亥癸	2月23	巳癸	1月25	子甲	初三
7月20	酉辛	6月21	辰壬	5月22	戌壬	4月23	巳癸	3月25	子甲	2月24	午甲	1月26	丑乙	初四
7月21	戌壬	6月22	巳癸	5月23	亥癸	4月24	午甲	3月26	丑乙	2月25	未乙	1月27	寅丙	初五
7月22	亥癸	6月23	午甲	5月24	子甲	4月25	未乙	3月27	寅丙	2月26	申丙	1月28	卯丁	初六
7月23	子甲	6月24	未乙	5月25	丑乙	4月26	申丙	3月28	卯丁	2月27	酉丁	1月29	辰戊	初七
7月24	丑乙	6月25	申丙	5月26	寅丙	4月27	酉丁	3月29	辰戊	2月28	戌戊	1月30	巳己	初八
7月25	寅丙	6月26	酉丁	5月27	卯丁	4月28	戌戊	3月30	巳己	2月29	亥己	1月31	午庚	初九
7月26	卯丁	6月27	戌戊	5月28	辰戊	4月29	亥己	3月31	午庚	3月1	子庚	2月1	未辛	初十
7月27	辰戊	6月28	亥己	5月29	巳己	4月30	子庚	4月1	未辛	3月2	丑辛	2月2	申壬	十一
7月28	巳己	6月29	子庚	5月30	午庚	5月1	丑辛	4月2	申壬	3月3	寅壬	2月3	酉癸	十二
7月29	午庚	6月30	丑辛	5月31	未辛	5月2	寅壬	4月3	酉癸	3月4	卯癸	2月4	戌甲	十三
7月30	未辛	7月1	寅壬	6月1	申壬	5月3	卯癸	4月4	戌甲	3月5	辰甲	2月5	亥乙	十四
7月31	申壬	7月2	卯癸	6月2	酉癸	5月4	辰甲	4月5	亥乙	3月6	巳乙	2月6	子丙	十五
8月1	酉癸	7月3	辰甲	6月3	戌甲	5月5	巳乙	4月6	子丙	3月7	午丙	2月7	丑丁	十六
8月2	戌甲	7月4	巳乙	6月4	亥乙	5月6	午丙	4月7	丑丁	3月8	未丁	2月8	寅戊	十七
8月3	亥乙	7月5	午丙	6月5	子丙	5月7	未丁	4月8	寅戊	3月9	申戊	2月9	卯己	十八
8月4	子丙	7月6	未丁	6月6	丑丁	5月8	申戊	4月9	卯己	3月10	酉己	2月10	辰庚	十九
8月5	丑丁	7月7	申戊	6月7	寅戊	5月9	酉己	4月10	辰庚	3月11	戌庚	2月11	巳辛	二十
8月6	寅戊	7月8	酉己	6月8	卯己	5月10	戌庚	4月11	巳辛	3月12	亥辛	2月12	午壬	廿一
8月7	卯己	7月9	戌庚	6月9	辰庚	5月11	亥辛	4月12	午壬	3月13	子壬	2月13	未癸	廿二
8月8	辰庚	7月10	亥辛	6月10	巳辛	5月12	子壬	4月13	未癸	3月14	丑癸	2月14	申甲	廿三
8月9	巳辛	7月11	子壬	6月11	午壬	5月13	丑癸	4月14	申甲	3月15	寅甲	2月15	酉乙	廿四
8月10	午壬	7月12	丑癸	6月12	未癸	5月14	寅甲	4月15	酉乙	3月16	卯乙	2月16	戌丙	廿五
8月11	未癸	7月13	寅甲	6月13	申甲	5月15	卯乙	4月16	戌丙	3月17	辰丙	2月17	亥丁	廿六
8月12	申甲	7月14	卯乙	6月14	酉乙	5月16	辰丙	4月17	亥丁	3月18	巳丁	2月18	子戊	廿七
8月13	酉乙	7月15	辰丙	6月15	戌丙	5月17	巳丁	4月18	子戊	3月19	午戊	2月19	丑己	廿八
8月14	戌丙	7月16	巳丁	6月16	亥丁	5月18	午戊	4月19	丑己	3月20	未己	2月20	寅庚	廿九
				6月17	子戊					3月21	申庚			三十

西元1928年

179

月別	農曆十二月		農曆十一月		農曆十月		農曆九月		農曆八月		農曆七月	
干支	乙丑		甲子		癸亥		壬戌		辛酉		庚申	
節	立春	大寒	小寒	冬至	大雪	小雪	立冬	霜降	寒露	秋分	白露	處暑
氣	15時9分 廿五 申時	20時43分 初十 戌時	3時23分 廿六 寅時	10時4分 十一 巳時	16時18分 廿六 申時	21時10分 十一 亥時	23時50分 廿六 夜子時	23時55分 十一 夜子時	21時11分 廿五 亥時	15時6分 初十 申時	6時2分 廿五 卯時	17時54分 初九 酉時

農曆	國曆	干支	國曆	干支	國曆	干支	國曆	干支	國曆	干支	國曆	干支
初一	1月11	丙辰	12月12	丙戌	11月12	丙辰	10月13	丙戌	9月14	丁巳	8月15	丁亥
初二	1月12	丁巳	12月13	丁亥	11月13	丁巳	10月14	丁亥	9月15	戊午	8月16	戊子
初三	1月13	戊午	12月14	戊子	11月14	戊午	10月15	戊子	9月16	己未	8月17	己丑
初四	1月14	己未	12月15	己丑	11月15	己未	10月16	己丑	9月17	庚申	8月18	庚寅
初五	1月15	庚申	12月16	庚寅	11月16	庚申	10月17	庚寅	9月18	辛酉	8月19	辛卯
初六	1月16	辛酉	12月17	辛卯	11月17	辛酉	10月18	辛卯	9月19	壬戌	8月20	壬辰
初七	1月17	壬戌	12月18	壬辰	11月18	壬戌	10月19	壬辰	9月20	癸亥	8月21	癸巳
初八	1月18	癸亥	12月19	癸巳	11月19	癸亥	10月20	癸巳	9月21	甲子	8月22	甲午
初九	1月19	甲子	12月20	甲午	11月20	甲子	10月21	甲午	9月22	乙丑	8月23	乙未
初十	1月20	乙丑	12月21	乙未	11月21	乙丑	10月22	乙未	9月23	丙寅	8月24	丙申
十一	1月21	丙寅	12月22	丙申	11月22	丙寅	10月23	丙申	9月24	丁卯	8月25	丁酉
十二	1月22	丁卯	12月23	丁酉	11月23	丁卯	10月24	丁酉	9月25	戊辰	8月26	戊戌
十三	1月23	戊辰	12月24	戊戌	11月24	戊辰	10月25	戊戌	9月26	己巳	8月27	己亥
十四	1月24	己巳	12月25	己亥	11月25	己巳	10月26	己亥	9月27	庚午	8月28	庚子
十五	1月25	庚午	12月26	庚子	11月26	庚午	10月27	庚子	9月28	辛未	8月29	辛丑
十六	1月26	辛未	12月27	辛丑	11月27	辛未	10月28	辛丑	9月29	壬申	8月30	壬寅
十七	1月27	壬申	12月28	壬寅	11月28	壬申	10月29	壬寅	9月30	癸酉	8月31	癸卯
十八	1月28	癸酉	12月29	癸卯	11月29	癸酉	10月30	癸卯	10月1	甲戌	9月1	甲辰
十九	1月29	甲戌	12月30	甲辰	11月30	甲戌	10月31	甲辰	10月2	乙亥	9月2	乙巳
二十	1月30	乙亥	12月31	乙巳	12月1	乙亥	11月1	乙巳	10月3	丙子	9月3	丙午
廿一	1月31	丙子	1月1	丙午	12月2	丙子	11月2	丙午	10月4	丁丑	9月4	丁未
廿二	2月1	丁丑	1月2	丁未	12月3	丁丑	11月3	丁未	10月5	戊寅	9月5	戊申
廿三	2月2	戊寅	1月3	戊申	12月4	戊寅	11月4	戊申	10月6	己卯	9月6	己酉
廿四	2月3	己卯	1月4	己酉	12月5	己卯	11月5	己酉	10月7	庚辰	9月7	庚戌
廿五	2月4	庚辰	1月5	庚戌	12月6	庚辰	11月6	庚戌	10月8	辛巳	9月8	辛亥
廿六	2月5	辛巳	1月6	辛亥	12月7	辛巳	11月7	辛亥	10月9	壬午	9月9	壬子
廿七	2月6	壬午	1月7	壬子	12月8	壬午	11月8	壬子	10月10	癸未	9月10	癸丑
廿八	2月7	癸未	1月8	癸丑	12月9	癸未	11月9	癸丑	10月11	甲申	9月11	甲寅
廿九	2月8	甲申	1月9	甲寅	12月10	甲申	11月10	甲寅	10月12	乙酉	9月12	乙卯
三十	2月9	乙酉	1月10	乙卯	12月11	乙酉	11月11	乙卯			9月13	丙辰

中華民國 十八年　歲次 己巳《蛇》　西元一九二九年　太歲姓郭名燦

農曆六月 辛未	農曆五月 庚午	農曆四月 己巳	農曆三月 戊辰	農曆二月 丁卯	農曆正月 丙寅	月別 / 干支
大暑・小暑	夏至	芒種・小滿	立夏・穀雨	清明・春分	驚蟄・雨水	節

氣（節氣時刻）

- 六月：大暑 16時54分（十七申時）、小暑 23時32分（初一夜子時）
- 五月：夏至 6時1分（十六卯時）
- 四月：芒種 13時11分（廿九未時）、小滿 21時48分（十三亥時）
- 三月：立夏 8時41分（廿七辰時）、穀雨 22時11分（十一亥時）
- 二月：清明 14時52分（廿六未時）、春分 10時35分（十一巳時）
- 正月：驚蟄 9時32分（廿五巳時）、雨水 11時7分（初十午時）

六月 國曆	干支	五月 國曆	干支	四月 國曆	干支	三月 國曆	干支	二月 國曆	干支	正月 國曆	干支	農曆
7月7	癸丑	6月7	癸未	5月9	甲寅	4月10	乙酉	3月11	乙卯	2月10	丙戌	初一
7月8	甲寅	6月8	甲申	5月10	乙卯	4月11	丙戌	3月12	丙辰	2月11	丁亥	初二
7月9	乙卯	6月9	乙酉	5月11	丙辰	4月12	丁亥	3月13	丁巳	2月12	戊子	初三
7月10	丙辰	6月10	丙戌	5月12	丁巳	4月13	戊子	3月14	戊午	2月13	己丑	初四
7月11	丁巳	6月11	丁亥	5月13	戊午	4月14	己丑	3月15	己未	2月14	庚寅	初五
7月12	戊午	6月12	戊子	5月14	己未	4月15	庚寅	3月16	庚申	2月15	辛卯	初六
7月13	己未	6月13	己丑	5月15	庚申	4月16	辛卯	3月17	辛酉	2月16	壬辰	初七
7月14	庚申	6月14	庚寅	5月16	辛酉	4月17	壬辰	3月18	壬戌	2月17	癸巳	初八
7月15	辛酉	6月15	辛卯	5月17	壬戌	4月18	癸巳	3月19	癸亥	2月18	甲午	初九
7月16	壬戌	6月16	壬辰	5月18	癸亥	4月19	甲午	3月20	甲子	2月19	乙未	初十
7月17	癸亥	6月17	癸巳	5月19	甲子	4月20	乙未	3月21	乙丑	2月20	丙申	十一
7月18	甲子	6月18	甲午	5月20	乙丑	4月21	丙申	3月22	丙寅	2月21	丁酉	十二
7月19	乙丑	6月19	乙未	5月21	丙寅	4月22	丁酉	3月23	丁卯	2月22	戊戌	十三
7月20	丙寅	6月20	丙申	5月22	丁卯	4月23	戊戌	3月24	戊辰	2月23	己亥	十四
7月21	丁卯	6月21	丁酉	5月23	戊辰	4月24	己亥	3月25	己巳	2月24	庚子	十五
7月22	戊辰	6月22	戊戌	5月24	己巳	4月25	庚子	3月26	庚午	2月25	辛丑	十六
7月23	己巳	6月23	己亥	5月25	庚午	4月26	辛丑	3月27	辛未	2月26	壬寅	十七
7月24	庚午	6月24	庚子	5月26	辛未	4月27	壬寅	3月28	壬申	2月27	癸卯	十八
7月25	辛未	6月25	辛丑	5月27	壬申	4月28	癸卯	3月29	癸酉	2月28	甲辰	十九
7月26	壬申	6月26	壬寅	5月28	癸酉	4月29	甲辰	3月30	甲戌	3月1	乙巳	二十
7月27	癸酉	6月27	癸卯	5月29	甲戌	4月30	乙巳	3月31	乙亥	3月2	丙午	廿一
7月28	甲戌	6月28	甲辰	5月30	乙亥	5月1	丙午	4月1	丙子	3月3	丁未	廿二
7月29	乙亥	6月29	乙巳	5月31	丙子	5月2	丁未	4月2	丁丑	3月4	戊申	廿三
7月30	丙子	6月30	丙午	6月1	丁丑	5月3	戊申	4月3	戊寅	3月5	己酉	廿四
7月31	丁丑	7月1	丁未	6月2	戊寅	5月4	己酉	4月4	己卯	3月6	庚戌	廿五
8月1	戊寅	7月2	戊申	6月3	己卯	5月5	庚戌	4月5	庚辰	3月7	辛亥	廿六
8月2	己卯	7月3	己酉	6月4	庚辰	5月6	辛亥	4月6	辛巳	3月8	壬子	廿七
8月3	庚辰	7月4	庚戌	6月5	辛巳	5月7	壬子	4月7	壬午	3月9	癸丑	廿八
8月4	辛巳	7月5	辛亥	6月6	壬午	5月8	癸丑	4月8	癸未	3月10	甲寅	廿九
		7月6	壬子					4月9	甲申			三十

西元1929年

農曆	農曆十二月		農曆十一月		農曆十月		農曆九月		農曆八月		農曆七月	
干支	丁丑		丙子		乙亥		甲戌		癸酉		壬申	
節	大寒	小寒	冬至	大雪	小雪	立冬	霜降	寒露	秋分	白露	處暑	立秋
氣	廿二 2時 33分 丑時	初七 9時 3分 巳時	廿二 15時 53分 申時	初七 21時 57分 亥時	廿三 2時 49分 丑時	初八 6時 28分 卯時	廿二 5時 42分 卯時	初七 2時 48分 丑時	廿一 20時 53分 戌時	初六 11時 40分 午時	十九 23時 42分 夜子	初四 9時 9分 巳時
農曆	國曆	干支	國曆	干支	國曆	干支	國曆	干支	國曆	干支	國曆	干支
初一	12月31	庚戌	12月 1	庚辰	11月 1	庚戌	10月 3	辛巳	9月 3	辛亥	8月 5	壬午
初二	1月 1	辛亥	12月 2	辛巳	11月 2	辛亥	10月 4	壬午	9月 4	壬子	8月 6	癸未
初三	1月 2	壬子	12月 3	壬午	11月 3	壬子	10月 5	癸未	9月 5	癸丑	8月 7	甲申
初四	1月 3	癸丑	12月 4	癸未	11月 4	癸丑	10月 6	甲申	9月 6	甲寅	8月 8	乙酉
初五	1月 4	甲寅	12月 5	甲申	11月 5	甲寅	10月 7	乙酉	9月 7	乙卯	8月 9	丙戌
初六	1月 5	乙卯	12月 6	乙酉	11月 6	乙卯	10月 8	丙戌	9月 8	丙辰	8月10	丁亥
初七	1月 6	丙辰	12月 7	丙戌	11月 7	丙辰	10月 9	丁亥	9月 9	丁巳	8月11	戊子
初八	1月 7	丁巳	12月 8	丁亥	11月 8	丁巳	10月10	戊子	9月10	戊午	8月12	己丑
初九	1月 8	戊午	12月 9	戊子	11月 9	戊午	10月11	己丑	9月11	己未	8月13	庚寅
初十	1月 9	己未	12月10	己丑	11月10	己未	10月12	庚寅	9月12	庚申	8月14	辛卯
十一	1月10	庚申	12月11	庚寅	11月11	庚申	10月13	辛卯	9月13	辛酉	8月15	壬辰
十二	1月11	辛酉	12月12	辛卯	11月12	辛酉	10月14	壬辰	9月14	壬戌	8月16	癸巳
十三	1月12	壬戌	12月13	壬辰	11月13	壬戌	10月15	癸巳	9月15	癸亥	8月17	甲午
十四	1月13	癸亥	12月14	癸巳	11月14	癸亥	10月16	甲午	9月16	甲子	8月18	乙未
十五	1月14	甲子	12月15	甲午	11月15	甲子	10月17	乙未	9月17	乙丑	8月19	丙申
十六	1月15	乙丑	12月16	乙未	11月16	乙丑	10月18	丙申	9月18	丙寅	8月20	丁酉
十七	1月16	丙寅	12月17	丙申	11月17	丙寅	10月19	丁酉	9月19	丁卯	8月21	戊戌
十八	1月17	丁卯	12月18	丁酉	11月18	丁卯	10月20	戊戌	9月20	戊辰	8月22	己亥
十九	1月18	戊辰	12月19	戊戌	11月19	戊辰	10月21	己亥	9月21	己巳	8月23	庚子
二十	1月19	己巳	12月20	己亥	11月20	己巳	10月22	庚子	9月22	庚午	8月24	辛丑
廿一	1月20	庚午	12月21	庚子	11月21	庚午	10月23	辛丑	9月23	辛未	8月25	壬寅
廿二	1月21	辛未	12月22	辛丑	11月22	辛未	10月24	壬寅	9月24	壬申	8月26	癸卯
廿三	1月22	壬申	12月23	壬寅	11月23	壬申	10月25	癸卯	9月25	癸酉	8月27	甲辰
廿四	1月23	癸酉	12月24	癸卯	11月24	癸酉	10月26	甲辰	9月26	甲戌	8月28	乙巳
廿五	1月24	甲戌	12月25	甲辰	11月25	甲戌	10月27	乙巳	9月27	乙亥	8月29	丙午
廿六	1月25	乙亥	12月26	乙巳	11月26	乙亥	10月28	丙午	9月28	丙子	8月30	丁未
廿七	1月26	丙子	12月27	丙午	11月27	丙子	10月29	丁未	9月29	丁丑	8月31	戊申
廿八	1月27	丁丑	12月28	丁未	11月28	丁丑	10月30	戊申	9月30	戊寅	9月 1	己酉
廿九	1月28	戊寅	12月29	戊申	11月29	戊寅	10月31	己酉	10月 1	己卯	9月 2	庚戌
三十	1月29	己卯	12月30	己酉	11月30	己卯			10月 2	庚辰		

中華民國十九年 歲次庚午《馬》

西元一九三〇年 太歲姓王名清

月別	農曆正月		農曆二月		農曆三月		農曆四月		農曆五月		農曆六月		農曆閏六月	
干支	戊寅		己卯		庚辰		辛巳		壬午		癸未			
節	立春	雨水	驚蟄	春分	清明	穀雨	立夏	小滿	芒種	夏至	小暑	大暑	立秋	
氣	初六戌時 20時52分	廿一酉時 17時0分	初七申時 15時17分	廿二申時 16時30分	初七戌時 20時38分	廿三寅時 4時6分	初八未時 14時28分	廿四寅時 3時42分	初十酉時 18時58分	廿六午時 11時53分	十三卯時 5時20分	廿八亥時 22時42分	十四未時 14時58分	
農曆	干支	國曆	干支	國曆	干支	國曆	干支	國曆	干支	國曆	干支	國曆	干支	國曆
初一	庚辰	1月30	己酉	2月28	己卯	3月30	己酉	4月29	戊寅	5月28	丁未	6月26	丁丑	7月26
初二	辛巳	1月31	庚戌	3月1	庚辰	3月31	庚戌	4月30	己卯	5月29	戊申	6月27	戊寅	7月27
初三	壬午	2月1	辛亥	3月2	辛巳	4月1	辛亥	5月1	庚辰	5月30	己酉	6月28	己卯	7月28
初四	癸未	2月2	壬子	3月3	壬午	4月2	壬子	5月2	辛巳	5月31	庚戌	6月29	庚辰	7月29
初五	甲申	2月3	癸丑	3月4	癸未	4月3	癸丑	5月3	壬午	6月1	辛亥	6月30	辛巳	7月30
初六	乙酉	2月4	甲寅	3月5	甲申	4月4	甲寅	5月4	癸未	6月2	壬子	7月1	壬午	7月31
初七	丙戌	2月5	乙卯	3月6	乙酉	4月5	乙卯	5月5	甲申	6月3	癸丑	7月2	癸未	8月1
初八	丁亥	2月6	丙辰	3月7	丙戌	4月6	丙辰	5月6	乙酉	6月4	甲寅	7月3	甲申	8月2
初九	戊子	2月7	丁巳	3月8	丁亥	4月7	丁巳	5月7	丙戌	6月5	乙卯	7月4	乙酉	8月3
初十	己丑	2月8	戊午	3月9	戊子	4月8	戊午	5月8	丁亥	6月6	丙辰	7月5	丙戌	8月4
十一	庚寅	2月9	己未	3月10	己丑	4月9	己未	5月9	戊子	6月7	丁巳	7月6	丁亥	8月5
十二	辛卯	2月10	庚申	3月11	庚寅	4月10	庚申	5月10	己丑	6月8	戊午	7月7	戊子	8月6
十三	壬辰	2月11	辛酉	3月12	辛卯	4月11	辛酉	5月11	庚寅	6月9	己未	7月8	己丑	8月7
十四	癸巳	2月12	壬戌	3月13	壬辰	4月12	壬戌	5月12	辛卯	6月10	庚申	7月9	庚寅	8月8
十五	甲午	2月13	癸亥	3月14	癸巳	4月13	癸亥	5月13	壬辰	6月11	辛酉	7月10	辛卯	8月9
十六	乙未	2月14	甲子	3月15	甲午	4月14	甲子	5月14	癸巳	6月12	壬戌	7月11	壬辰	8月10
十七	丙申	2月15	乙丑	3月16	乙未	4月15	乙丑	5月15	甲午	6月13	癸亥	7月12	癸巳	8月11
十八	丁酉	2月16	丙寅	3月17	丙申	4月16	丙寅	5月16	乙未	6月14	甲子	7月13	甲午	8月12
十九	戊戌	2月17	丁卯	3月18	丁酉	4月17	丁卯	5月17	丙申	6月15	乙丑	7月14	乙未	8月13
二十	己亥	2月18	戊辰	3月19	戊戌	4月18	戊辰	5月18	丁酉	6月16	丙寅	7月15	丙申	8月14
廿一	庚子	2月19	己巳	3月20	己亥	4月19	己巳	5月19	戊戌	6月17	丁卯	7月16	丁酉	8月15
廿二	辛丑	2月20	庚午	3月21	庚子	4月20	庚午	5月20	己亥	6月18	戊辰	7月17	戊戌	8月16
廿三	壬寅	2月21	辛未	3月22	辛丑	4月21	辛未	5月21	庚子	6月19	己巳	7月18	己亥	8月17
廿四	癸卯	2月22	壬申	3月23	壬寅	4月22	壬申	5月22	辛丑	6月20	庚午	7月19	庚子	8月18
廿五	甲辰	2月23	癸酉	3月24	癸卯	4月23	癸酉	5月23	壬寅	6月21	辛未	7月20	辛丑	8月19
廿六	乙巳	2月24	甲戌	3月25	甲辰	4月24	甲戌	5月24	癸卯	6月22	壬申	7月21	壬寅	8月20
廿七	丙午	2月25	乙亥	3月26	乙巳	4月25	乙亥	5月25	甲辰	6月23	癸酉	7月22	癸卯	8月21
廿八	丁未	2月26	丙子	3月27	丙午	4月26	丙子	5月26	乙巳	6月24	甲戌	7月23	甲辰	8月22
廿九	戊申	2月27	丁丑	3月28	丁未	4月27	丁丑	5月27	丙午	6月25	乙亥	7月24	乙巳	8月23
三十			戊寅	3月29	戊申	4月28					丙子	7月25		

西元1930年

月別	農曆十二月		農曆十一月		農曆十月		農曆九月		農曆八月		農曆七月	
干支	己丑		戊子		丁亥		丙戌		乙酉		甲申	
節	立春	大寒	小寒	冬至	大雪	小雪	立冬	霜降	寒露	秋分	白露	處暑
氣	十八日丑時 2時41分	初三日辰時 8時18分	十八日未時 14時56分	初三日亥時 21時40分	十九日寅時 3時51分	初四日辰時 8時35分	十八日午時 11時21分	初三日午時 11時26分	十八日辰時 8時38分	初三日丑時 2時36分	十六日酉時 17時29分	初一日卯時 5時27分
農曆	國曆	支干	國曆	支干	國曆	支干	國曆	支干	國曆	支干	國曆	支干
初一	1月19	甲戌	12月20	甲辰	11月20	甲戌	10月22	乙巳	9月22	乙亥	8月24	丙午
初二	1月20	乙亥	12月21	乙巳	11月21	乙亥	10月23	丙午	9月23	丙子	8月25	丁未
初三	1月21	丙子	12月22	丙午	11月22	丙子	10月24	丁未	9月24	丁丑	8月26	戊申
初四	1月22	丁丑	12月23	丁未	11月23	丁丑	10月25	戊申	9月25	戊寅	8月27	己酉
初五	1月23	戊寅	12月24	戊申	11月24	戊寅	10月26	己酉	9月26	己卯	8月28	庚戌
初六	1月24	己卯	12月25	己酉	11月25	己卯	10月27	庚戌	9月27	庚辰	8月29	辛亥
初七	1月25	庚辰	12月26	庚戌	11月26	庚辰	10月28	辛亥	9月28	辛巳	8月30	壬子
初八	1月26	辛巳	12月27	辛亥	11月27	辛巳	10月29	壬子	9月29	壬午	8月31	癸丑
初九	1月27	壬午	12月28	壬子	11月28	壬午	10月30	癸丑	9月30	癸未	9月1	甲寅
初十	1月28	癸未	12月29	癸丑	11月29	癸未	10月31	甲寅	10月1	甲申	9月2	乙卯
十一	1月29	甲申	12月30	甲寅	11月30	甲申	11月1	乙卯	10月2	乙酉	9月3	丙辰
十二	1月30	乙酉	12月31	乙卯	12月1	乙酉	11月2	丙辰	10月3	丙戌	9月4	丁巳
十三	1月31	丙戌	1月1	丙辰	12月2	丙戌	11月3	丁巳	10月4	丁亥	9月5	戊午
十四	2月1	丁亥	1月2	丁巳	12月3	丁亥	11月4	戊午	10月5	戊子	9月6	己未
十五	2月2	戊子	1月3	戊午	12月4	戊子	11月5	己未	10月6	己丑	9月7	庚申
十六	2月3	己丑	1月4	己未	12月5	己丑	11月6	庚申	10月7	庚寅	9月8	辛酉
十七	2月4	庚寅	1月5	庚申	12月6	庚寅	11月7	辛酉	10月8	辛卯	9月9	壬戌
十八	2月5	辛卯	1月6	辛酉	12月7	辛卯	11月8	壬戌	10月9	壬辰	9月10	癸亥
十九	2月6	壬辰	1月7	壬戌	12月8	壬辰	11月9	癸亥	10月10	癸巳	9月11	甲子
二十	2月7	癸巳	1月8	癸亥	12月9	癸巳	11月10	甲子	10月11	甲午	9月12	乙丑
廿一	2月8	甲午	1月9	甲子	12月10	甲午	11月11	乙丑	10月12	乙未	9月13	丙寅
廿二	2月9	乙未	1月10	乙丑	12月11	乙未	11月12	丙寅	10月13	丙申	9月14	丁卯
廿三	2月10	丙申	1月11	丙寅	12月12	丙申	11月13	丁卯	10月14	丁酉	9月15	戊辰
廿四	2月11	丁酉	1月12	丁卯	12月13	丁酉	11月14	戊辰	10月15	戊戌	9月16	己巳
廿五	2月12	戊戌	1月13	戊辰	12月14	戊戌	11月15	己巳	10月16	己亥	9月17	庚午
廿六	2月13	己亥	1月14	己巳	12月15	己亥	11月16	庚午	10月17	庚子	9月18	辛未
廿七	2月14	庚子	1月15	庚午	12月16	庚子	11月17	辛未	10月18	辛丑	9月19	壬申
廿八	2月15	辛丑	1月16	辛未	12月17	辛丑	11月18	壬申	10月19	壬寅	9月20	癸酉
廿九	2月16	壬寅	1月17	壬申	12月18	壬寅	11月19	癸酉	10月20	癸卯	9月21	甲戌
三十			1月18	癸酉	12月19	癸卯			10月21	甲辰		

中華民國二十年 歲次 辛未《羊》

西元一九三一年 太歲 姓李名素

月別	農曆正月		農曆二月		農曆三月		農曆四月		農曆五月		農曆六月	
干支	庚	寅	辛	卯	壬	辰	癸	巳	甲	午	乙	未
節	雨水	驚蟄	春分	清明	穀雨	立夏	小滿	芒種	夏至	小暑	大暑	立秋
氣	初三亥時 22時41分	十八亥時 21時3分	初三亥時 22時7分	十九丑時 2時21分	初四巳時 9時40分	十九戌時 20時10分	初六巳時 9時16分	廿二子時 0時42分	初七酉時 17時28分	廿三午時 11時6分	初十寅時 4時22分	廿五戌時 20時45分
農曆	干支	國曆	干支	國曆	干支	國曆	干支	國曆	干支	國曆	干支	國曆
初一	癸卯	2月17	癸酉	3月19	癸卯	4月18	壬申	5月17	壬寅	6月16	辛未	7月15
初二	甲辰	2月18	甲戌	3月20	甲辰	4月19	癸酉	5月18	癸卯	6月17	壬申	7月16
初三	乙巳	2月19	乙亥	3月21	乙巳	4月20	甲戌	5月19	甲辰	6月18	癸酉	7月17
初四	丙午	2月20	丙子	3月22	丙午	4月21	乙亥	5月20	乙巳	6月19	甲戌	7月18
初五	丁未	2月21	丁丑	3月23	丁未	4月22	丙子	5月21	丙午	6月20	乙亥	7月19
初六	戊申	2月22	戊寅	3月24	戊申	4月23	丁丑	5月22	丁未	6月21	丙子	7月20
初七	己酉	2月23	己卯	3月25	己酉	4月24	戊寅	5月23	戊申	6月22	丁丑	7月21
初八	庚戌	2月24	庚辰	3月26	庚戌	4月25	己卯	5月24	己酉	6月23	戊寅	7月22
初九	辛亥	2月25	辛巳	3月27	辛亥	4月26	庚辰	5月25	庚戌	6月24	己卯	7月23
初十	壬子	2月26	壬午	3月28	壬子	4月27	辛巳	5月26	辛亥	6月25	庚辰	7月24
十一	癸丑	2月27	癸未	3月29	癸丑	4月28	壬午	5月27	壬子	6月26	辛巳	7月25
十二	甲寅	2月28	甲申	3月30	甲寅	4月29	癸未	5月28	癸丑	6月27	壬午	7月26
十三	乙卯	3月 1	乙酉	3月31	乙卯	4月30	甲申	5月29	甲寅	6月28	癸未	7月27
十四	丙辰	3月 2	丙戌	4月 1	丙辰	5月 1	乙酉	5月30	乙卯	6月29	甲申	7月28
十五	丁巳	3月 3	丁亥	4月 2	丁巳	5月 2	丙戌	5月31	丙辰	6月30	乙酉	7月29
十六	戊午	3月 4	戊子	4月 3	戊午	5月 3	丁亥	6月 1	丁巳	7月 1	丙戌	7月30
十七	己未	3月 5	己丑	4月 4	己未	5月 4	戊子	6月 2	戊午	7月 2	丁亥	7月31
十八	庚申	3月 6	庚寅	4月 5	庚申	5月 5	己丑	6月 3	己未	7月 3	戊子	8月 1
十九	辛酉	3月 7	辛卯	4月 6	辛酉	5月 6	庚寅	6月 4	庚申	7月 4	己丑	8月 2
二十	壬戌	3月 8	壬辰	4月 7	壬戌	5月 7	辛卯	6月 5	辛酉	7月 5	庚寅	8月 3
廿一	癸亥	3月 9	癸巳	4月 8	癸亥	5月 8	壬辰	6月 6	壬戌	7月 6	辛卯	8月 4
廿二	甲子	3月10	甲午	4月 9	甲子	5月 9	癸巳	6月 7	癸亥	7月 7	壬辰	8月 5
廿三	乙丑	3月11	乙未	4月10	乙丑	5月10	甲午	6月 8	甲子	7月 8	癸巳	8月 6
廿四	丙寅	3月12	丙申	4月11	丙寅	5月11	乙未	6月 9	乙丑	7月 9	甲午	8月 7
廿五	丁卯	3月13	丁酉	4月12	丁卯	5月12	丙申	6月10	丙寅	7月10	乙未	8月 8
廿六	戊辰	3月14	戊戌	4月13	戊辰	5月13	丁酉	6月11	丁卯	7月11	丙申	8月 9
廿七	己巳	3月15	己亥	4月14	己巳	5月14	戊戌	6月12	戊辰	7月12	丁酉	8月10
廿八	庚午	3月16	庚子	4月15	庚午	5月15	己亥	6月13	己巳	7月13	戊戌	8月11
廿九	辛未	3月17	辛丑	4月16	辛未	5月16	庚子	6月14	庚午	7月14	己亥	8月12
三十	壬申	3月18	壬寅	4月17			辛丑	6月15			庚子	8月13

西元1931年

月別	農曆十二月		農曆十一月		農曆十月		農曆九月		農曆八月		農曆七月	
干支	辛丑		庚子		己亥		戊戌		丁酉		丙申	
節	立春	大寒	小寒	冬至	大雪	小雪	立冬	霜降	寒露	秋分	白露	處暑
氣	8時30分 廿九辰	14時7分 十四未	20時46分 廿九戌	3時30分 十五寅	9時41分 廿九巳	14時25分 十四未	17時10分 廿九酉	17時16分 十四酉	14時27分 廿八未	8時24分 十三辰	23時18分 廿六夜子	11時11分 十一午
農曆	國曆	干支	國曆	干支	國曆	干支	國曆	干支	國曆	干支	國曆	干支
初一	1月8	戊辰	12月9	戊戌	11月10	己巳	10月11	己亥	9月12	庚午	8月14	辛丑
初二	1月9	己巳	12月10	己亥	11月11	庚午	10月12	庚子	9月13	辛未	8月15	壬寅
初三	1月10	庚午	12月11	庚子	11月12	辛未	10月13	辛丑	9月14	壬申	8月16	癸卯
初四	1月11	辛未	12月12	辛丑	11月13	壬申	10月14	壬寅	9月15	癸酉	8月17	甲辰
初五	1月12	壬申	12月13	壬寅	11月14	癸酉	10月15	癸卯	9月16	甲戌	8月18	乙巳
初六	1月13	癸酉	12月14	癸卯	11月15	甲戌	10月16	甲辰	9月17	乙亥	8月19	丙午
初七	1月14	甲戌	12月15	甲辰	11月16	乙亥	10月17	乙巳	9月18	丙子	8月20	丁未
初八	1月15	乙亥	12月16	乙巳	11月17	丙子	10月18	丙午	9月19	丁丑	8月21	戊申
初九	1月16	丙子	12月17	丙午	11月18	丁丑	10月19	丁未	9月20	戊寅	8月22	己酉
初十	1月17	丁丑	12月18	丁未	11月19	戊寅	10月20	戊申	9月21	己卯	8月23	庚戌
十一	1月18	戊寅	12月19	戊申	11月20	己卯	10月21	己酉	9月22	庚辰	8月24	辛亥
十二	1月19	己卯	12月20	己酉	11月21	庚辰	10月22	庚戌	9月23	辛巳	8月25	壬子
十三	1月20	庚辰	12月21	庚戌	11月22	辛巳	10月23	辛亥	9月24	壬午	8月26	癸丑
十四	1月21	辛巳	12月22	辛亥	11月23	壬午	10月24	壬子	9月25	癸未	8月27	甲寅
十五	1月22	壬午	12月23	壬子	11月24	癸未	10月25	癸丑	9月26	甲申	8月28	乙卯
十六	1月23	癸未	12月24	癸丑	11月25	甲申	10月26	甲寅	9月27	乙酉	8月29	丙辰
十七	1月24	甲申	12月25	甲寅	11月26	乙酉	10月27	乙卯	9月28	丙戌	8月30	丁巳
十八	1月25	乙酉	12月26	乙卯	11月27	丙戌	10月28	丙辰	9月29	丁亥	8月31	戊午
十九	1月26	丙戌	12月27	丙辰	11月28	丁亥	10月29	丁巳	9月30	戊子	9月1	己未
二十	1月27	丁亥	12月28	丁巳	11月29	戊子	10月30	戊午	10月1	己丑	9月2	庚申
廿一	1月28	戊子	12月29	戊午	11月30	己丑	10月31	己未	10月2	庚寅	9月3	辛酉
廿二	1月29	己丑	12月30	己未	12月1	庚寅	11月1	庚申	10月3	辛卯	9月4	壬戌
廿三	1月30	庚寅	12月31	庚申	12月2	辛卯	11月2	辛酉	10月4	壬辰	9月5	癸亥
廿四	1月31	辛卯	1月1	辛酉	12月3	壬辰	11月3	壬戌	10月5	癸巳	9月6	甲子
廿五	2月1	壬辰	1月2	壬戌	12月4	癸巳	11月4	癸亥	10月6	甲午	9月7	乙丑
廿六	2月2	癸巳	1月3	癸亥	12月5	甲午	11月5	甲子	10月7	乙未	9月8	丙寅
廿七	2月3	甲午	1月4	甲子	12月6	乙未	11月6	乙丑	10月8	丙申	9月9	丁卯
廿八	2月4	乙未	1月5	乙丑	12月7	丙申	11月7	丙寅	10月9	丁酉	9月10	戊辰
廿九	2月5	丙申	1月6	丙寅	12月8	丁酉	11月8	丁卯	10月10	戊戌	9月11	己巳
三十			1月7	丁卯			11月9	戊辰				

中華民國 廿一年 歲次 壬申 《猴》　西元一九三二年　太歲 姓劉名旺

農曆六月		農曆五月		農曆四月		農曆三月		農曆二月		農曆正月		別月
丁未		丙午		乙巳		甲辰		癸卯		壬寅		干支
大暑	小暑	夏至	芒種	小滿	立夏	穀雨		清明	春分	驚蟄	雨水	節氣
10時18分 巳時 二十	16時53分 申時 初四	23時23分 子時 十八	6時28分 卯時 初三	15時7分 申時 十六	1時55分 丑時 初一	15時28分 申時 十五		8時7分 辰時 三十	3時54分 寅時 十五	2時50分 丑時 三十	4時29分 寅時 十五	
國曆	干支	國曆	干支	國曆	干支	國曆	干支	國曆	干支	國曆	干支	農曆
7月4	丙寅	6月4	丙申	5月6	丁卯	4月6	丁酉	3月7	丁卯	2月6	丁酉	初一
7月5	丁卯	6月5	丁酉	5月7	戊辰	4月7	戊戌	3月8	戊辰	2月7	戊戌	初二
7月6	戊辰	6月6	戊戌	5月8	己巳	4月8	己亥	3月9	己巳	2月8	己亥	初三
7月7	己巳	6月7	己亥	5月9	庚午	4月9	庚子	3月10	庚午	2月9	庚子	初四
7月8	庚午	6月8	庚子	5月10	辛未	4月10	辛丑	3月11	辛未	2月10	辛丑	初五
7月9	辛未	6月9	辛丑	5月11	壬申	4月11	壬寅	3月12	壬申	2月11	壬寅	初六
7月10	壬申	6月10	壬寅	5月12	癸酉	4月12	癸卯	3月13	癸酉	2月12	癸卯	初七
7月11	癸酉	6月11	癸卯	5月13	甲戌	4月13	甲辰	3月14	甲戌	2月13	甲辰	初八
7月12	甲戌	6月12	甲辰	5月14	乙亥	4月14	乙巳	3月15	乙亥	2月14	乙巳	初九
7月13	乙亥	6月13	乙巳	5月15	丙子	4月15	丙午	3月16	丙子	2月15	丙午	初十
7月14	丙子	6月14	丙午	5月16	丁丑	4月16	丁未	3月17	丁丑	2月16	丁未	十一
7月15	丁丑	6月15	丁未	5月17	戊寅	4月17	戊申	3月18	戊寅	2月17	戊申	十二
7月16	戊寅	6月16	戊申	5月18	己卯	4月18	己酉	3月19	己卯	2月18	己酉	十三
7月17	己卯	6月17	己酉	5月19	庚辰	4月19	庚戌	3月20	庚辰	2月19	庚戌	十四
7月18	庚辰	6月18	庚戌	5月20	辛巳	4月20	辛亥	3月21	辛巳	2月20	辛亥	十五
7月19	辛巳	6月19	辛亥	5月21	壬午	4月21	壬子	3月22	壬午	2月21	壬子	十六
7月20	壬午	6月20	壬子	5月22	癸未	4月22	癸丑	3月23	癸未	2月22	癸丑	十七
7月21	癸未	6月21	癸丑	5月23	甲申	4月23	甲寅	3月24	甲申	2月23	甲寅	十八
7月22	甲申	6月22	甲寅	5月24	乙酉	4月24	乙卯	3月25	乙酉	2月24	乙卯	十九
7月23	乙酉	6月23	乙卯	5月25	丙戌	4月25	丙辰	3月26	丙戌	2月25	丙辰	二十
7月24	丙戌	6月24	丙辰	5月26	丁亥	4月26	丁巳	3月27	丁亥	2月26	丁巳	廿一
7月25	丁亥	6月25	丁巳	5月27	戊子	4月27	戊午	3月28	戊子	2月27	戊午	廿二
7月26	戊子	6月26	戊午	5月28	己丑	4月28	己未	3月29	己丑	2月28	己未	廿三
7月27	己丑	6月27	己未	5月29	庚寅	4月29	庚申	3月30	庚寅	2月29	庚申	廿四
7月28	庚寅	6月28	庚申	5月30	辛卯	4月30	辛酉	3月31	辛卯	3月1	辛酉	廿五
7月29	辛卯	6月29	辛酉	5月31	壬辰	5月1	壬戌	4月1	壬辰	3月2	壬戌	廿六
7月30	壬辰	6月30	壬戌	6月1	癸巳	5月2	癸亥	4月2	癸巳	3月3	癸亥	廿七
7月31	癸巳	7月1	癸亥	6月2	甲午	5月3	甲子	4月3	甲午	3月4	甲子	廿八
8月1	甲午	7月2	甲子	6月3	乙未	5月4	乙丑	4月4	乙未	3月5	乙丑	廿九
		7月3	乙丑			5月5	丙寅	4月5	丙申	3月6	丙寅	三十

西元1932年

月別	農曆十二月		農曆十一月		農曆十月		農曆九月		農曆八月		農曆七月	
干支	癸丑		壬子		辛亥		庚戌		己酉		戊申	
節	大寒	小寒	冬至	大雪	小雪	立冬	霜降	寒露	秋分	白露	處暑	立秋
氣	廿五19時53分戊	十一2時24分丑	廿五9時15分巳	初十15時19分申	廿五20時11分戊	初十22時50分亥	廿四23時4分夜子	初九20時10分戊	廿三14時16分未	初八5時3分卯	廿二17時6分酉	初七2時32分丑
農曆	國曆	支干	國曆	支干	國曆	支干	國曆	支干	國曆	支干	國曆	支干
初一	12月27	戌壬	11月28	巳癸	10月29	亥癸	9月30	午甲	9月1	丑乙	8月2	未乙
初二	12月28	亥癸	11月29	午甲	10月30	子甲	10月1	未乙	9月2	寅丙	8月3	申丙
初三	12月29	子甲	11月30	未乙	10月31	丑乙	10月2	申丙	9月3	卯丁	8月4	酉丁
初四	12月30	丑乙	12月1	申丙	11月1	寅丙	10月3	酉丁	9月4	辰戊	8月5	戌戊
初五	12月31	寅丙	12月2	酉丁	11月2	卯丁	10月4	戌戊	9月5	巳己	8月6	亥己
初六	1月1	卯丁	12月3	戌戊	11月3	辰戊	10月5	亥己	9月6	午庚	8月7	子庚
初七	1月2	辰戊	12月4	亥己	11月4	巳己	10月6	子庚	9月7	未辛	8月8	丑辛
初八	1月3	巳己	12月5	子庚	11月5	午庚	10月7	丑辛	9月8	申壬	8月9	寅壬
初九	1月4	午庚	12月6	丑辛	11月6	未辛	10月8	寅壬	9月9	酉癸	8月10	卯癸
初十	1月5	未辛	12月7	寅壬	11月7	申壬	10月9	卯癸	9月10	戌甲	8月11	辰甲
十一	1月6	申壬	12月8	卯癸	11月8	酉癸	10月10	辰甲	9月11	亥乙	8月12	巳乙
十二	1月7	酉癸	12月9	辰甲	11月9	戌甲	10月11	巳乙	9月12	子丙	8月13	午丙
十三	1月8	戌甲	12月10	巳乙	11月10	亥乙	10月12	午丙	9月13	丑丁	8月14	未丁
十四	1月9	亥乙	12月11	午丙	11月11	子丙	10月13	未丁	9月14	寅戊	8月15	申戊
十五	1月10	子丙	12月12	未丁	11月12	丑丁	10月14	申戊	9月15	卯己	8月16	酉己
十六	1月11	丑丁	12月13	申戊	11月13	寅戊	10月15	酉己	9月16	辰庚	8月17	戌庚
十七	1月12	寅戊	12月14	酉己	11月14	卯己	10月16	戌庚	9月17	巳辛	8月18	亥辛
十八	1月13	卯己	12月15	戌庚	11月15	辰庚	10月17	亥辛	9月18	午壬	8月19	子壬
十九	1月14	辰庚	12月16	亥辛	11月16	巳辛	10月18	子壬	9月19	未癸	8月20	丑癸
二十	1月15	巳辛	12月17	子壬	11月17	午壬	10月19	丑癸	9月20	申甲	8月21	寅甲
廿一	1月16	午壬	12月18	丑癸	11月18	未癸	10月20	寅甲	9月21	酉乙	8月22	卯乙
廿二	1月17	未癸	12月19	寅甲	11月19	申甲	10月21	卯乙	9月22	戌丙	8月23	辰丙
廿三	1月18	申甲	12月20	卯乙	11月20	酉乙	10月22	辰丙	9月23	亥丁	8月24	巳丁
廿四	1月19	酉乙	12月21	辰丙	11月21	戌丙	10月23	巳丁	9月24	子戊	8月25	午戊
廿五	1月20	戌丙	12月22	巳丁	11月22	亥丁	10月24	午戊	9月25	丑己	8月26	未己
廿六	1月21	亥丁	12月23	午戊	11月23	子戊	10月25	未己	9月26	寅庚	8月27	申庚
廿七	1月22	子戊	12月24	未己	11月24	丑己	10月26	申庚	9月27	卯辛	8月28	酉辛
廿八	1月23	丑己	12月25	申庚	11月25	寅庚	10月27	酉辛	9月28	辰壬	8月29	戌壬
廿九	1月24	寅庚	12月26	酉辛	11月26	卯辛	10月28	戌壬	9月29	巳癸	8月30	亥癸
三十	1月25	卯辛			11月27	辰壬					8月31	子甲

中華民國廿二年 歲次癸酉《雞》

西元一九三三年 太歲姓康名忠

月六曆農		月五閏曆農		月五曆農		月四曆農		月三曆農		月二曆農		月正曆農		別月
未	己			午	戊	巳	丁	辰	丙	卯	乙	寅	甲	支干
秋立	暑大	暑小		至夏	種芒	滿小	夏立	雨穀	明清	分春	蟄驚	水雨	春立	節
8時26分 十八辰時	16時6分 初一申時	22時45分 十五亥時		5時12分 三十卯時	12時18分 十四午時	20時57分 廿七戌時	7時42分 十二辰時	21時19分 廿六亥時	13時51分 十一未時	9時44分 廿六巳時	8時32分 十一辰時	10時17分 廿五巳時	14時10分 初十未時	氣
曆國	支干	曆國	支干	曆國	支干	曆國	支干	曆國	支干	曆國	支干	曆國	支干	曆農
7月23	寅庚	6月23	申庚	5月24	寅庚	4月25	酉辛	3月26	卯辛	2月24	酉辛	1月26	辰壬	一初
7月24	卯辛	6月24	酉辛	5月25	卯辛	4月26	戌壬	3月27	辰壬	2月25	戌壬	1月27	巳癸	二初
7月25	辰壬	6月25	戌壬	5月26	辰壬	4月27	亥癸	3月28	巳癸	2月26	亥癸	1月28	午甲	三初
7月26	巳癸	6月26	亥癸	5月27	巳癸	4月28	子甲	3月29	午甲	2月27	子甲	1月29	未乙	四初
7月27	午甲	6月27	子甲	5月28	午甲	4月29	丑乙	3月30	未乙	2月28	丑乙	1月30	申丙	五初
7月28	未乙	6月28	丑乙	5月29	未乙	4月30	寅丙	3月31	申丙	3月 1	寅丙	1月31	酉丁	六初
7月29	申丙	6月29	寅丙	5月30	申丙	5月 1	卯丁	4月 1	酉丁	3月 2	卯丁	2月 1	戌戊	七初
7月30	酉丁	6月30	卯丁	5月31	酉丁	5月 2	辰戊	4月 2	戌戊	3月 3	辰戊	2月 2	亥己	八初
7月31	戌戊	7月 1	辰戊	6月 1	戌戊	5月 3	巳己	4月 3	亥己	3月 4	巳己	2月 3	子庚	九初
8月 1	亥己	7月 2	巳己	6月 2	亥己	5月 4	午庚	4月 4	子庚	3月 5	午庚	2月 4	丑辛	十初
8月 2	子庚	7月 3	午庚	6月 3	子庚	5月 5	未辛	4月 5	丑辛	3月 6	未辛	2月 5	寅壬	一十
8月 3	丑辛	7月 4	未辛	6月 4	丑辛	5月 6	申壬	4月 6	寅壬	3月 7	申壬	2月 6	卯癸	二十
8月 4	寅壬	7月 5	申壬	6月 5	寅壬	5月 7	酉癸	4月 7	卯癸	3月 8	酉癸	2月 7	辰甲	三十
8月 5	卯癸	7月 6	酉癸	6月 6	卯癸	5月 8	戌甲	4月 8	辰甲	3月 9	戌甲	2月 8	巳乙	四十
8月 6	辰甲	7月 7	戌甲	6月 7	辰甲	5月 9	亥乙	4月 9	巳乙	3月10	亥乙	2月 9	午丙	五十
8月 7	巳乙	7月 8	亥乙	6月 8	巳乙	5月10	子丙	4月10	午丙	3月11	子丙	2月10	未丁	六十
8月 8	午丙	7月 9	子丙	6月 9	午丙	5月11	丑丁	4月11	未丁	3月12	丑丁	2月11	申戊	七十
8月 9	未丁	7月10	丑丁	6月10	未丁	5月12	寅戊	4月12	申戊	3月13	寅戊	2月12	酉己	八十
8月10	申戊	7月11	寅戊	6月11	申戊	5月13	卯己	4月13	酉己	3月14	卯己	2月13	戌庚	九十
8月11	酉己	7月12	卯己	6月12	酉己	5月14	辰庚	4月14	戌庚	3月15	辰庚	2月14	亥辛	十二
8月12	戌庚	7月13	辰庚	6月13	戌庚	5月15	巳辛	4月15	亥辛	3月16	巳辛	2月15	子壬	一廿
8月13	亥辛	7月14	巳辛	6月14	亥辛	5月16	午壬	4月16	子壬	3月17	午壬	2月16	丑癸	二廿
8月14	子壬	7月15	午壬	6月15	子壬	5月17	未癸	4月17	丑癸	3月18	未癸	2月17	寅甲	三廿
8月15	丑癸	7月16	未癸	6月16	丑癸	5月18	申甲	4月18	寅甲	3月19	申甲	2月18	卯乙	四廿
8月16	寅甲	7月17	申甲	6月17	寅甲	5月19	酉乙	4月19	卯乙	3月20	酉乙	2月19	辰丙	五廿
8月17	卯乙	7月18	酉乙	6月18	卯乙	5月20	戌丙	4月20	辰丙	3月21	戌丙	2月20	巳丁	六廿
8月18	辰丙	7月19	戌丙	6月19	辰丙	5月21	亥丁	4月21	巳丁	3月22	亥丁	2月21	午戊	七廿
8月19	巳丁	7月20	亥丁	6月20	巳丁	5月22	子戊	4月22	午戊	3月23	子戊	2月22	未己	八廿
8月20	午戊	7月21	子戊	6月21	午戊	5月23	丑己	4月23	未己	3月24	丑己	2月23	申庚	九廿
		7月22	丑己	6月22	未己			4月24	申庚	3月25	寅庚			十三

西元1933年

月別	農曆十二月 國曆	支干	農曆十一月 國曆	支干	農曆十月 國曆	支干	農曆九月 國曆	支干	農曆八月 國曆	支干	農曆七月 國曆	支干
干支	乙丑		甲子		癸亥		壬戌		辛酉		庚申	
節	立春	大寒	小寒		冬至		大雪	小雪	立冬	霜降	寒露	秋分 白露 處暑
氣	20時4分 廿一戌	1時37分 初七丑	8時17分 廿一辰		14時58分 初六未		21時12分 二十亥	1時55分 初六丑	4時44分 廿一寅	4時49分 初六寅	2時8分 二十丑 秋分20時1分 初四戌	10時58分 十九巳 白露 / 22時53分 初三亥 處暑
農曆	國曆	支干	國曆	支干	國曆	支干	國曆	支干	國曆	支干	國曆	支干
初一	1月15日	丙戌	12月17日	丁巳	11月18日	戊子	10月19日	戊午	9月20日	己丑	8月21日	己未
初二	1月16日	丁亥	12月18日	戊午	11月19日	己丑	10月20日	己未	9月21日	庚寅	8月22日	庚申
初三	1月17日	戊子	12月19日	己未	11月20日	庚寅	10月21日	庚申	9月22日	辛卯	8月23日	辛酉
初四	1月18日	己丑	12月20日	庚申	11月21日	辛卯	10月22日	辛酉	9月23日	壬辰	8月24日	壬戌
初五	1月19日	庚寅	12月21日	辛酉	11月22日	壬辰	10月23日	壬戌	9月24日	癸巳	8月25日	癸亥
初六	1月20日	辛卯	12月22日	壬戌	11月23日	癸巳	10月24日	癸亥	9月25日	甲午	8月26日	甲子
初七	1月21日	壬辰	12月23日	癸亥	11月24日	甲午	10月25日	甲子	9月26日	乙未	8月27日	乙丑
初八	1月22日	癸巳	12月24日	甲子	11月25日	乙未	10月26日	乙丑	9月27日	丙申	8月28日	丙寅
初九	1月23日	甲午	12月25日	乙丑	11月26日	丙申	10月27日	丙寅	9月28日	丁酉	8月29日	丁卯
初十	1月24日	乙未	12月26日	丙寅	11月27日	丁酉	10月28日	丁卯	9月29日	戊戌	8月30日	戊辰
十一	1月25日	丙申	12月27日	丁卯	11月28日	戊戌	10月29日	戊辰	9月30日	己亥	8月31日	己巳
十二	1月26日	丁酉	12月28日	戊辰	11月29日	己亥	10月30日	己巳	10月1日	庚子	9月1日	庚午
十三	1月27日	戊戌	12月29日	己巳	11月30日	庚子	10月31日	庚午	10月2日	辛丑	9月2日	辛未
十四	1月28日	己亥	12月30日	庚午	12月1日	辛丑	11月1日	辛未	10月3日	壬寅	9月3日	壬申
十五	1月29日	庚子	12月31日	辛未	12月2日	壬寅	11月2日	壬申	10月4日	癸卯	9月4日	癸酉
十六	1月30日	辛丑	1月1日	壬申	12月3日	癸卯	11月3日	癸酉	10月5日	甲辰	9月5日	甲戌
十七	1月31日	壬寅	1月2日	癸酉	12月4日	甲辰	11月4日	甲戌	10月6日	乙巳	9月6日	乙亥
十八	2月1日	癸卯	1月3日	甲戌	12月5日	乙巳	11月5日	乙亥	10月7日	丙午	9月7日	丙子
十九	2月2日	甲辰	1月4日	乙亥	12月6日	丙午	11月6日	丙子	10月8日	丁未	9月8日	丁丑
二十	2月3日	乙巳	1月5日	丙子	12月7日	丁未	11月7日	丁丑	10月9日	戊申	9月9日	戊寅
廿一	2月4日	丙午	1月6日	丁丑	12月8日	戊申	11月8日	戊寅	10月10日	己酉	9月10日	己卯
廿二	2月5日	丁未	1月7日	戊寅	12月9日	己酉	11月9日	己卯	10月11日	庚戌	9月11日	庚辰
廿三	2月6日	戊申	1月8日	己卯	12月10日	庚戌	11月10日	庚辰	10月12日	辛亥	9月12日	辛巳
廿四	2月7日	己酉	1月9日	庚辰	12月11日	辛亥	11月11日	辛巳	10月13日	壬子	9月13日	壬午
廿五	2月8日	庚戌	1月10日	辛巳	12月12日	壬子	11月12日	壬午	10月14日	癸丑	9月14日	癸未
廿六	2月9日	辛亥	1月11日	壬午	12月13日	癸丑	11月13日	癸未	10月15日	甲寅	9月15日	甲申
廿七	2月10日	壬子	1月12日	癸未	12月14日	甲寅	11月14日	甲申	10月16日	乙卯	9月16日	乙酉
廿八	2月11日	癸丑	1月13日	甲申	12月15日	乙卯	11月15日	乙酉	10月17日	丙辰	9月17日	丙戌
廿九	2月12日	甲寅	1月14日	乙酉	12月16日	丙辰	11月16日	丙戌	10月18日	丁巳	9月18日	丁亥
三十	2月13日	乙卯					11月17日	丁亥			9月19日	戊子

中華民國廿三年 歲次甲戌《狗》

西元一九三四年 太歲姓誓名廣

月別	農曆正月		農曆二月		農曆三月		農曆四月		農曆五月		農曆六月	
干支	丙寅		丁卯		戊辰		己巳		庚午		辛未	
節氣	雨水	驚蟄	春分	清明	穀雨	立夏	小滿	芒種	夏至	小暑	大暑	立秋
	初六申時 16時2分	廿一未時 14時27分	初七申時 15時28分	廿二戌時 19時44分	初八寅時 3時1分	廿三未時 13時31分	初十丑時 2時35分	廿五酉時 18時2分	十一巳時 10時48分	廿七寅時 4時25分	十二亥時 21時44分	廿八未時 14時4分
農曆	干支	國曆	干支	國曆	干支	國曆	干支	國曆	干支	國曆	干支	國曆
初一	丙辰	2月14	乙酉	3月15	乙卯	4月14	甲申	5月13	甲寅	6月12	甲申	7月12
初二	丁巳	2月15	丙戌	3月16	丙辰	4月15	乙酉	5月14	乙卯	6月13	乙酉	7月13
初三	戊午	2月16	丁亥	3月17	丁巳	4月16	丙戌	5月15	丙辰	6月14	丙戌	7月14
初四	己未	2月17	戊子	3月18	戊午	4月17	丁亥	5月16	丁巳	6月15	丁亥	7月15
初五	庚申	2月18	己丑	3月19	己未	4月18	戊子	5月17	戊午	6月16	戊子	7月16
初六	辛酉	2月19	庚寅	3月20	庚申	4月19	己丑	5月18	己未	6月17	己丑	7月17
初七	壬戌	2月20	辛卯	3月21	辛酉	4月20	庚寅	5月19	庚申	6月18	庚寅	7月18
初八	癸亥	2月21	壬辰	3月22	壬戌	4月21	辛卯	5月20	辛酉	6月19	辛卯	7月19
初九	甲子	2月22	癸巳	3月23	癸亥	4月22	壬辰	5月21	壬戌	6月20	壬辰	7月20
初十	乙丑	2月23	甲午	3月24	甲子	4月23	癸巳	5月22	癸亥	6月21	癸巳	7月21
十一	丙寅	2月24	乙未	3月25	乙丑	4月24	甲午	5月23	甲子	6月22	甲午	7月22
十二	丁卯	2月25	丙申	3月26	丙寅	4月25	乙未	5月24	乙丑	6月23	乙未	7月23
十三	戊辰	2月26	丁酉	3月27	丁卯	4月26	丙申	5月25	丙寅	6月24	丙申	7月24
十四	己巳	2月27	戊戌	3月28	戊辰	4月27	丁酉	5月26	丁卯	6月25	丁酉	7月25
十五	庚午	2月28	己亥	3月29	己巳	4月28	戊戌	5月27	戊辰	6月26	戊戌	7月26
十六	辛未	3月1	庚子	3月30	庚午	4月29	己亥	5月28	己巳	6月27	己亥	7月27
十七	壬申	3月2	辛丑	3月31	辛未	4月30	庚子	5月29	庚午	6月28	庚子	7月28
十八	癸酉	3月3	壬寅	4月1	壬申	5月1	辛丑	5月30	辛未	6月29	辛丑	7月29
十九	甲戌	3月4	癸卯	4月2	癸酉	5月2	壬寅	5月31	壬申	6月30	壬寅	7月30
二十	乙亥	3月5	甲辰	4月3	甲戌	5月3	癸卯	6月1	癸酉	7月1	癸卯	7月31
廿一	丙子	3月6	乙巳	4月4	乙亥	5月4	甲辰	6月2	甲戌	7月2	甲辰	8月1
廿二	丁丑	3月7	丙午	4月5	丙子	5月5	乙巳	6月3	乙亥	7月3	乙巳	8月2
廿三	戊寅	3月8	丁未	4月6	丁丑	5月6	丙午	6月4	丙子	7月4	丙午	8月3
廿四	己卯	3月9	戊申	4月7	戊寅	5月7	丁未	6月5	丁丑	7月5	丁未	8月4
廿五	庚辰	3月10	己酉	4月8	己卯	5月8	戊申	6月6	戊寅	7月6	戊申	8月5
廿六	辛巳	3月11	庚戌	4月9	庚辰	5月9	己酉	6月7	己卯	7月7	己酉	8月6
廿七	壬午	3月12	辛亥	4月10	辛巳	5月10	庚戌	6月8	庚辰	7月8	庚戌	8月7
廿八	癸未	3月13	壬子	4月11	壬午	5月11	辛亥	6月9	辛巳	7月9	辛亥	8月8
廿九	甲申	3月14	癸丑	4月12	癸未	5月12	壬子	6月10	壬午	7月10	壬子	8月9
三十			甲寅	4月13			癸丑	6月11	癸未	7月11		

西元1934年

月別	農曆十二月		農曆十一月		農曆十月		農曆九月		農曆八月		農曆七月	
干支	丁丑		丙子		乙亥		甲戌		癸酉		壬申	
節	大寒	小寒	冬至	大雪	小雪	立冬	霜降	寒露	秋分		白露	處暑
氣	7時29分 十七辰時	14時3分 初二未時	20時50分 十六戌時	2時57分 初二丑時	7時45分 十七辰時	10時27分 初二巳時	10時37分 十七巳時	7時45分 初二辰時	1時46分 十六丑時		16時37分 三十申時	4時33分 十五寅時
農曆	國曆	支干	國曆	支干	國曆	支干	國曆	支干	國曆	支干	國曆	支干
初一	1月5	巳辛	12月7	子壬	11月7	午壬	10月8	子壬	9月9	未癸	8月10	丑癸
初二	1月6	午壬	12月8	丑癸	11月8	未癸	10月9	丑癸	9月10	申甲	8月11	寅甲
初三	1月7	未癸	12月9	寅甲	11月9	申甲	10月10	寅甲	9月11	酉乙	8月12	卯乙
初四	1月8	申甲	12月10	卯乙	11月10	酉乙	10月11	卯乙	9月12	戌丙	8月13	辰丙
初五	1月9	酉乙	12月11	辰丙	11月11	戌丙	10月12	辰丙	9月13	亥丁	8月14	巳丁
初六	1月10	戌丙	12月12	巳丁	11月12	亥丁	10月13	巳丁	9月14	子戊	8月15	午戊
初七	1月11	亥丁	12月13	午戊	11月13	子戊	10月14	午戊	9月15	丑己	8月16	未己
初八	1月12	子戊	12月14	未己	11月14	丑己	10月15	未己	9月16	寅庚	8月17	申庚
初九	1月13	丑己	12月15	申庚	11月15	寅庚	10月16	申庚	9月17	卯辛	8月18	酉辛
初十	1月14	寅庚	12月16	酉辛	11月16	卯辛	10月17	酉辛	9月18	辰壬	8月19	戌壬
十一	1月15	卯辛	12月17	戌壬	11月17	辰壬	10月18	戌壬	9月19	巳癸	8月20	亥癸
十二	1月16	辰壬	12月18	亥癸	11月18	巳癸	10月19	亥癸	9月20	午甲	8月21	子甲
十三	1月17	巳癸	12月19	子甲	11月19	午甲	10月20	子甲	9月21	未乙	8月22	丑乙
十四	1月18	午甲	12月20	丑乙	11月20	未乙	10月21	丑乙	9月22	申丙	8月23	寅丙
十五	1月19	未乙	12月21	寅丙	11月21	申丙	10月22	寅丙	9月23	酉丁	8月24	卯丁
十六	1月20	申丙	12月22	卯丁	11月22	酉丁	10月23	卯丁	9月24	戌戊	8月25	辰戊
十七	1月21	酉丁	12月23	辰戊	11月23	戌戊	10月24	辰戊	9月25	亥己	8月26	巳己
十八	1月22	戌戊	12月24	巳己	11月24	亥己	10月25	巳己	9月26	子庚	8月27	午庚
十九	1月23	亥己	12月25	午庚	11月25	子庚	10月26	午庚	9月27	丑辛	8月28	未辛
二十	1月24	子庚	12月26	未辛	11月26	丑辛	10月27	未辛	9月28	寅壬	8月29	申壬
廿一	1月25	丑辛	12月27	申壬	11月27	寅壬	10月28	申壬	9月29	卯癸	8月30	酉癸
廿二	1月26	寅壬	12月28	酉癸	11月28	卯癸	10月29	酉癸	9月30	辰甲	8月31	戌甲
廿三	1月27	卯癸	12月29	戌甲	11月29	辰甲	10月30	戌甲	10月1	巳乙	9月1	亥乙
廿四	1月28	辰甲	12月30	亥乙	11月30	巳乙	10月31	亥乙	10月2	午丙	9月2	子丙
廿五	1月29	巳乙	12月31	子丙	12月1	午丙	11月1	子丙	10月3	未丁	9月3	丑丁
廿六	1月30	午丙	1月1	丑丁	12月2	未丁	11月2	丑丁	10月4	申戊	9月4	寅戊
廿七	1月31	未丁	1月2	寅戊	12月3	申戊	11月3	寅戊	10月5	酉己	9月5	卯己
廿八	2月1	申戊	1月3	卯己	12月4	酉己	11月4	卯己	10月6	戌庚	9月6	辰庚
廿九	2月2	酉己	1月4	辰庚	12月5	戌庚	11月5	辰庚	10月7	亥辛	9月7	巳辛
三十	2月3	戌庚			12月6	亥辛	11月6	巳辛			9月8	午壬

中華民國 廿四年 歲次 乙亥 《豬》 西元一九三五年 太歲 姓伍名保

農曆六月		農曆五月		農曆四月		農曆三月		農曆二月		農曆正月		月別
癸未		壬午		辛巳		庚辰		己卯		戊寅		支干
大暑	小暑	夏至	芒種	小滿	立夏	穀雨	清明	春分	驚蟄	雨水	立春	節氣
3時33分 廿四寅時	10時6分 初八巳時	16時38分 廿二申時	23時42分 初六夜子時	8時25分 二十辰時	19時12分 初四戌時	8時50分 十九辰時	1時27分 初四丑時	21時18分 十七亥時	20時11分 初二戌時	21時52分 十六亥時	1時49分 初二丑時	

國曆	支干	國曆	支干	國曆	支干	國曆	支干	國曆	支干	國曆	支干	農曆
7月1	戊寅	6月1	戊申	5月3	己卯	4月3	己酉	3月5	庚辰	2月4	辛亥	初一
7月2	己卯	6月2	己酉	5月4	庚辰	4月4	庚戌	3月6	辛巳	2月5	壬子	初二
7月3	庚辰	6月3	庚戌	5月5	辛巳	4月5	辛亥	3月7	壬午	2月6	癸丑	初三
7月4	辛巳	6月4	辛亥	5月6	壬午	4月6	壬子	3月8	癸未	2月7	甲寅	初四
7月5	壬午	6月5	壬子	5月7	癸未	4月7	癸丑	3月9	甲申	2月8	乙卯	初五
7月6	癸未	6月6	癸丑	5月8	甲申	4月8	甲寅	3月10	乙酉	2月9	丙辰	初六
7月7	甲申	6月7	甲寅	5月9	乙酉	4月9	乙卯	3月11	丙戌	2月10	丁巳	初七
7月8	乙酉	6月8	乙卯	5月10	丙戌	4月10	丙辰	3月12	丁亥	2月11	戊午	初八
7月9	丙戌	6月9	丙辰	5月11	丁亥	4月11	丁巳	3月13	戊子	2月12	己未	初九
7月10	丁亥	6月10	丁巳	5月12	戊子	4月12	戊午	3月14	己丑	2月13	庚申	初十
7月11	戊子	6月11	戊午	5月13	己丑	4月13	己未	3月15	庚寅	2月14	辛酉	十一
7月12	己丑	6月12	己未	5月14	庚寅	4月14	庚申	3月16	辛卯	2月15	壬戌	十二
7月13	庚寅	6月13	庚申	5月15	辛卯	4月15	辛酉	3月17	壬辰	2月16	癸亥	十三
7月14	辛卯	6月14	辛酉	5月16	壬辰	4月16	壬戌	3月18	癸巳	2月17	甲子	十四
7月15	壬辰	6月15	壬戌	5月17	癸巳	4月17	癸亥	3月19	甲午	2月18	乙丑	十五
7月16	癸巳	6月16	癸亥	5月18	甲午	4月18	甲子	3月20	乙未	2月19	丙寅	十六
7月17	甲午	6月17	甲子	5月19	乙未	4月19	乙丑	3月21	丙申	2月20	丁卯	十七
7月18	乙未	6月18	乙丑	5月20	丙申	4月20	丙寅	3月22	丁酉	2月21	戊辰	十八
7月19	丙申	6月19	丙寅	5月21	丁酉	4月21	丁卯	3月23	戊戌	2月22	己巳	十九
7月20	丁酉	6月20	丁卯	5月22	戊戌	4月22	戊辰	3月24	己亥	2月23	庚午	二十
7月21	戊戌	6月21	戊辰	5月23	己亥	4月23	己巳	3月25	庚子	2月24	辛未	廿一
7月22	己亥	6月22	己巳	5月24	庚子	4月24	庚午	3月26	辛丑	2月25	壬申	廿二
7月23	庚子	6月23	庚午	5月25	辛丑	4月25	辛未	3月27	壬寅	2月26	癸酉	廿三
7月24	辛丑	6月24	辛未	5月26	壬寅	4月26	壬申	3月28	癸卯	2月27	甲戌	廿四
7月25	壬寅	6月25	壬申	5月27	癸卯	4月27	癸酉	3月29	甲辰	2月28	乙亥	廿五
7月26	癸卯	6月26	癸酉	5月28	甲辰	4月28	甲戌	3月30	乙巳	3月1	丙子	廿六
7月27	甲辰	6月27	甲戌	5月29	乙巳	4月29	乙亥	3月31	丙午	3月2	丁丑	廿七
7月28	乙巳	6月28	乙亥	5月30	丙午	4月30	丙子	4月1	丁未	3月3	戊寅	廿八
7月29	丙午	6月29	丙子	5月31	丁未	5月1	丁丑	4月2	戊申	3月4	己卯	廿九
		6月30	丁丑			5月2	戊寅					三十

西元1935年

月別	農曆十二月		農曆十一月		農曆十月		農曆九月		農曆八月		農曆七月	
干支	己丑		戊子		丁亥		丙戌		乙酉		甲申	
節	大寒	小寒	冬至	大雪	小雪	立冬	霜降	寒露	秋分	白露	處暑	秋立
氣	13時13分 廿七未時	19時47分 十二戌時	2時37分 廿八丑時	8時45分 十三辰時	13時36分 廿八未時	16時18分 十三申時	16時30分 廿七申時	13時36分 十二未時	7時39分 廿七辰時	22時25分 十一亥時	10時24分 廿六巳時	19時48分 初十戌時
農曆	國曆	支干	國曆	支干	國曆	支干	國曆	支干	國曆	支干	國曆	支干
初一	12月26	丙子	11月26	丙午	10月27	丙子	9月28	丁未	8月29	丁丑	7月30	丁未
初二	12月27	丁丑	11月27	丁未	10月28	丁丑	9月29	戊申	8月30	戊寅	7月31	戊申
初三	12月28	戊寅	11月28	戊申	10月29	戊寅	9月30	己酉	8月31	己卯	8月1	己酉
初四	12月29	己卯	11月29	己酉	10月30	己卯	10月1	庚戌	9月1	庚辰	8月2	庚戌
初五	12月30	庚辰	11月30	庚戌	10月31	庚辰	10月2	辛亥	9月2	辛巳	8月3	辛亥
初六	12月31	辛巳	12月1	辛亥	11月1	辛巳	10月3	壬子	9月3	壬午	8月4	壬子
初七	1月1	壬午	12月2	壬子	11月2	壬午	10月4	癸丑	9月4	癸未	8月5	癸丑
初八	1月2	癸未	12月3	癸丑	11月3	癸未	10月5	甲寅	9月5	甲申	8月6	甲寅
初九	1月3	甲申	12月4	甲寅	11月4	甲申	10月6	乙卯	9月6	乙酉	8月7	乙卯
初十	1月4	乙酉	12月5	乙卯	11月5	乙酉	10月7	丙辰	9月7	丙戌	8月8	丙辰
十一	1月5	丙戌	12月6	丙辰	11月6	丙戌	10月8	丁巳	9月8	丁亥	8月9	丁巳
十二	1月6	丁亥	12月7	丁巳	11月7	丁亥	10月9	戊午	9月9	戊子	8月10	戊午
十三	1月7	戊子	12月8	戊午	11月8	戊子	10月10	己未	9月10	己丑	8月11	己未
十四	1月8	己丑	12月9	己未	11月9	己丑	10月11	庚申	9月11	庚寅	8月12	庚申
十五	1月9	庚寅	12月10	庚申	11月10	庚寅	10月12	辛酉	9月12	辛卯	8月13	辛酉
十六	1月10	辛卯	12月11	辛酉	11月11	辛卯	10月13	壬戌	9月13	壬辰	8月14	壬戌
十七	1月11	壬辰	12月12	壬戌	11月12	壬辰	10月14	癸亥	9月14	癸巳	8月15	癸亥
十八	1月12	癸巳	12月13	癸亥	11月13	癸巳	10月15	甲子	9月15	甲午	8月16	甲子
十九	1月13	甲午	12月14	甲子	11月14	甲午	10月16	乙丑	9月16	乙未	8月17	乙丑
二十	1月14	乙未	12月15	乙丑	11月15	乙未	10月17	丙寅	9月17	丙申	8月18	丙寅
廿一	1月15	丙申	12月16	丙寅	11月16	丙申	10月18	丁卯	9月18	丁酉	8月19	丁卯
廿二	1月16	丁酉	12月17	丁卯	11月17	丁酉	10月19	戊辰	9月19	戊戌	8月20	戊辰
廿三	1月17	戊戌	12月18	戊辰	11月18	戊戌	10月20	己巳	9月20	己亥	8月21	己巳
廿四	1月18	己亥	12月19	己巳	11月19	己亥	10月21	庚午	9月21	庚子	8月22	庚午
廿五	1月19	庚子	12月20	庚午	11月20	庚子	10月22	辛未	9月22	辛丑	8月23	辛未
廿六	1月20	辛丑	12月21	辛未	11月21	辛丑	10月23	壬申	9月23	壬寅	8月24	壬申
廿七	1月21	壬寅	12月22	壬申	11月22	壬寅	10月24	癸酉	9月24	癸卯	8月25	癸酉
廿八	1月22	癸卯	12月23	癸酉	11月23	癸卯	10月25	甲戌	9月25	甲辰	8月26	甲戌
廿九	1月23	甲辰	12月24	甲戌	11月24	甲辰	10月26	乙亥	9月26	乙巳	8月27	乙亥
三十			12月25	乙亥	11月25	乙巳			9月27	丙午	8月28	丙子

中華民國廿五年 歲次丙子《鼠》

西元一九三六年 太歲姓郭名嘉

月別	農曆正月		農曆二月		農曆三月		農曆閏三月		農曆四月		農曆五月		農曆六月	
干支	庚寅		辛卯		壬辰				癸巳		甲午		乙未	
節	立春	雨水	驚蟄	春分	清明	穀雨	立夏		小滿	芒種	夏至	小暑	大暑	立秋
氣	十三辰時 7時30分	廿八寅時 3時34分	十三丑時 1時50分	廿八丑時 2時58分	十四辰時 7時7分	廿九未時 14時31分	十六子時 0時57分		初一未時 14時8分	十七卯時 5時31分	初三亥時 22時22分	十九申時 15時59分	初六巳時 9時18分	廿二丑時 1時43分
農曆	干支	國曆	干支	國曆	干支	國曆	干支	國曆	干支	國曆	干支	國曆	干支	國曆
初一	乙巳	1月24	乙亥	2月23	甲辰	3月23	癸酉	4月21	癸卯	5月21	壬申	6月19	辛丑	7月18
初二	丙午	1月25	丙子	2月24	乙巳	3月24	甲戌	4月22	甲辰	5月22	癸酉	6月20	壬寅	7月19
初三	丁未	1月26	丁丑	2月25	丙午	3月25	乙亥	4月23	乙巳	5月23	甲戌	6月21	癸卯	7月20
初四	戊申	1月27	戊寅	2月26	丁未	3月26	丙子	4月24	丙午	5月24	乙亥	6月22	甲辰	7月21
初五	己酉	1月28	己卯	2月27	戊申	3月27	丁丑	4月25	丁未	5月25	丙子	6月23	乙巳	7月22
初六	庚戌	1月29	庚辰	2月28	己酉	3月28	戊寅	4月26	戊申	5月26	丁丑	6月24	丙午	7月23
初七	辛亥	1月30	辛巳	2月29	庚戌	3月29	己卯	4月27	己酉	5月27	戊寅	6月25	丁未	7月24
初八	壬子	1月31	壬午	3月 1	辛亥	3月30	庚辰	4月28	庚戌	5月28	己卯	6月26	戊申	7月25
初九	癸丑	2月 1	癸未	3月 2	壬子	3月31	辛巳	4月29	辛亥	5月29	庚辰	6月27	己酉	7月26
初十	甲寅	2月 2	甲申	3月 3	癸丑	4月 1	壬午	4月30	壬子	5月30	辛巳	6月28	庚戌	7月27
十一	乙卯	2月 3	乙酉	3月 4	甲寅	4月 2	癸未	5月 1	癸丑	5月31	壬午	6月29	辛亥	7月28
十二	丙辰	2月 4	丙戌	3月 5	乙卯	4月 3	甲申	5月 2	甲寅	6月 1	癸未	6月30	壬子	7月29
十三	丁巳	2月 5	丁亥	3月 6	丙辰	4月 4	乙酉	5月 3	乙卯	6月 2	甲申	7月 1	癸丑	7月30
十四	戊午	2月 6	戊子	3月 7	丁巳	4月 5	丙戌	5月 4	丙辰	6月 3	乙酉	7月 2	甲寅	7月31
十五	己未	2月 7	己丑	3月 8	戊午	4月 6	丁亥	5月 5	丁巳	6月 4	丙戌	7月 3	乙卯	8月 1
十六	庚申	2月 8	庚寅	3月 9	己未	4月 7	戊子	5月 6	戊午	6月 5	丁亥	7月 4	丙辰	8月 2
十七	辛酉	2月 9	辛卯	3月10	庚申	4月 8	己丑	5月 7	己未	6月 6	戊子	7月 5	丁巳	8月 3
十八	壬戌	2月10	壬辰	3月11	辛酉	4月 9	庚寅	5月 8	庚申	6月 7	己丑	7月 6	戊午	8月 4
十九	癸亥	2月11	癸巳	3月12	壬戌	4月10	辛卯	5月 9	辛酉	6月 8	庚寅	7月 7	己未	8月 5
二十	甲子	2月12	甲午	3月13	癸亥	4月11	壬辰	5月10	壬戌	6月 9	辛卯	7月 8	庚申	8月 6
廿一	乙丑	2月13	乙未	3月14	甲子	4月12	癸巳	5月11	癸亥	6月10	壬辰	7月 9	辛酉	8月 7
廿二	丙寅	2月14	丙申	3月15	乙丑	4月13	甲午	5月12	甲子	6月11	癸巳	7月10	壬戌	8月 8
廿三	丁卯	2月15	丁酉	3月16	丙寅	4月14	乙未	5月13	乙丑	6月12	甲午	7月11	癸亥	8月 9
廿四	戊辰	2月16	戊戌	3月17	丁卯	4月15	丙申	5月14	丙寅	6月13	乙未	7月12	甲子	8月10
廿五	己巳	2月17	己亥	3月18	戊辰	4月16	丁酉	5月15	丁卯	6月14	丙申	7月13	乙丑	8月11
廿六	庚午	2月18	庚子	3月19	己巳	4月17	戊戌	5月16	戊辰	6月15	丁酉	7月14	丙寅	8月12
廿七	辛未	2月19	辛丑	3月20	庚午	4月18	己亥	5月17	己巳	6月16	戊戌	7月15	丁卯	8月13
廿八	壬申	2月20	壬寅	3月21	辛未	4月19	庚子	5月18	庚午	6月17	己亥	7月16	戊辰	8月14
廿九	癸酉	2月21	癸卯	3月22	壬申	4月20	辛丑	5月19	辛未	6月18	庚子	7月17	己巳	8月15
三十	甲戌	2月22					壬寅	5月20					庚午	8月16

西元1936年

月別	農曆十二月		農曆十一月		農曆十月		農曆九月		農曆八月		農曆七月	
干支	辛丑		庚子		己亥		戊戌		丁酉		丙申	
節	立春	大寒	小寒	冬至	大雪	小雪	立冬	霜降	寒露	秋分	白露	處暑
氣	13時26分 廿三未	19時1分 初八戌時	1時44分 廿四丑時	8時27分 初九辰時	14時43分 廿四未分	19時26分 初九戌時	22時15分 廿四亥時	22時19分 初九亥時	19時33分 廿三戌時	13時26分 初八未時	4時21分 廿三寅時	16時11分 初七申時
農曆	國曆	干支	國曆	干支	國曆	干支	國曆	干支	國曆	干支	國曆	干支
初一	1月13	庚子	12月14	庚午	11月14	庚子	10月15	庚午	9月16	辛丑	8月17	辛未
初二	1月14	辛丑	12月15	辛未	11月15	辛丑	10月16	辛未	9月17	壬寅	8月18	壬申
初三	1月15	壬寅	12月16	壬申	11月16	壬寅	10月17	壬申	9月18	癸卯	8月19	酉癸
初四	1月16	卯癸	12月17	酉癸	11月17	卯癸	10月18	酉癸	9月19	辰甲	8月20	戌甲
初五	1月17	辰甲	12月18	戌甲	11月18	辰甲	10月19	戌甲	9月20	巳乙	8月21	亥乙
初六	1月18	巳乙	12月19	亥乙	11月19	巳乙	10月20	亥乙	9月21	午丙	8月22	子丙
初七	1月19	午丙	12月20	子丙	11月20	午丙	10月21	子丙	9月22	未丁	8月23	丑丁
初八	1月20	未丁	12月21	丑丁	11月21	未丁	10月22	丑丁	9月23	申戊	8月24	寅戊
初九	1月21	申戊	12月22	寅戊	11月22	申戊	10月23	寅戊	9月24	酉己	8月25	卯己
初十	1月22	酉己	12月23	卯己	11月23	酉己	10月24	卯己	9月25	戌庚	8月26	辰庚
十一	1月23	戌庚	12月24	辰庚	11月24	戌庚	10月25	辰庚	9月26	亥辛	8月27	巳辛
十二	1月24	亥辛	12月25	巳辛	11月25	亥辛	10月26	巳辛	9月27	子壬	8月28	午壬
十三	1月25	子壬	12月26	午壬	11月26	子壬	10月27	午壬	9月28	丑癸	8月29	未癸
十四	1月26	丑癸	12月27	未癸	11月27	丑癸	10月28	未癸	9月29	寅甲	8月30	申甲
十五	1月27	寅甲	12月28	申甲	11月28	寅甲	10月29	申甲	9月30	卯乙	8月31	酉乙
十六	1月28	卯乙	12月29	酉乙	11月29	卯乙	10月30	酉乙	10月1	辰丙	9月1	戌丙
十七	1月29	辰丙	12月30	戌丙	11月30	辰丙	10月31	戌丙	10月2	巳丁	9月2	亥丁
十八	1月30	巳丁	12月31	亥丁	12月1	巳丁	11月1	亥丁	10月3	午戊	9月3	子戊
十九	1月31	午戊	1月1	子戊	12月2	午戊	11月2	子戊	10月4	未己	9月4	丑己
二十	2月1	未己	1月2	丑己	12月3	未己	11月3	丑己	10月5	申庚	9月5	寅庚
廿一	2月2	申庚	1月3	寅庚	12月4	申庚	11月4	寅庚	10月6	酉辛	9月6	卯辛
廿二	2月3	酉辛	1月4	卯辛	12月5	酉辛	11月5	卯辛	10月7	戌壬	9月7	辰壬
廿三	2月4	戌壬	1月5	辰壬	12月6	戌壬	11月6	辰壬	10月8	亥癸	9月8	巳癸
廿四	2月5	亥癸	1月6	巳癸	12月7	亥癸	11月7	巳癸	10月9	子甲	9月9	午甲
廿五	2月6	子甲	1月7	午甲	12月8	子甲	11月8	午甲	10月10	丑乙	9月10	未乙
廿六	2月7	丑乙	1月8	未乙	12月9	丑乙	11月9	未乙	10月11	寅丙	9月11	申丙
廿七	2月8	寅丙	1月9	申丙	12月10	寅丙	11月10	申丙	10月12	卯丁	9月12	酉丁
廿八	2月9	卯丁	1月10	酉丁	12月11	卯丁	11月11	酉丁	10月13	辰戊	9月13	戌戊
廿九	2月10	辰戊	1月11	戌戊	12月12	辰戊	11月12	戌戊	10月14	巳己	9月14	亥己
三十			1月12	亥己	12月13	巳己	11月13	亥己			9月15	子庚

農曆六月		農曆五月		農曆四月		農曆三月		農曆二月		農曆正月		月別
丁 未		丙 午		乙 巳		甲 辰		癸 卯		壬 寅		干支
大暑		小暑		夏至		芒種		小滿		立夏		穀雨		清明		春分		驚蟄		雨水		節

中華民國 廿六年 歲次 丁丑《牛》 西元一九三七年 太歲 姓汪名文

15時7分 十六申時		21時46分 廿九亥時		4時12分 十四寅時		11時23分 十八午時		19時57分 十二戌時		6時51分 廿六卯時		20時20分 初十戌時		13時2分 廿四未時		8時46分 初九辰時		7時45分 廿四辰時		9時21分 初九巳時		氣
國曆	干支	國曆	干支	國曆	干支	國曆	干支	國曆	干支	國曆	干支	農曆
7月8	丙申	6月9	丁卯	5月10	丁酉	4月11	戊辰	3月13	己亥	2月11	己巳	初一
7月9	丁酉	6月10	戊辰	5月11	戊戌	4月12	己巳	3月14	庚子	2月12	庚午	初二
7月10	戊戌	6月11	己巳	5月12	己亥	4月13	庚午	3月15	辛丑	2月13	辛未	初三
7月11	己亥	6月12	庚午	5月13	庚子	4月14	辛未	3月16	壬寅	2月14	壬申	初四
7月12	庚子	6月13	辛未	5月14	辛丑	4月15	壬申	3月17	癸卯	2月15	癸酉	初五
7月13	辛丑	6月14	壬申	5月15	壬寅	4月16	癸酉	3月18	甲辰	2月16	甲戌	初六
7月14	壬寅	6月15	癸酉	5月16	癸卯	4月17	甲戌	3月19	乙巳	2月17	乙亥	初七
7月15	癸卯	6月16	甲戌	5月17	甲辰	4月18	乙亥	3月20	丙午	2月18	丙子	初八
7月16	甲辰	6月17	乙亥	5月18	乙巳	4月19	丙子	3月21	丁未	2月19	丁丑	初九
7月17	乙巳	6月18	丙子	5月19	丙午	4月20	丁丑	3月22	戊申	2月20	戊寅	初十
7月18	丙午	6月19	丁丑	5月20	丁未	4月21	戊寅	3月23	己酉	2月21	己卯	十一
7月19	丁未	6月20	戊寅	5月21	戊申	4月22	己卯	3月24	庚戌	2月22	庚辰	十二
7月20	戊申	6月21	己卯	5月22	己酉	4月23	庚辰	3月25	辛亥	2月23	辛巳	十三
7月21	己酉	6月22	庚辰	5月23	庚戌	4月24	辛巳	3月26	壬子	2月24	壬午	十四
7月22	庚戌	6月23	辛巳	5月24	辛亥	4月25	壬午	3月27	癸丑	2月25	癸未	十五
7月23	辛亥	6月24	壬午	5月25	壬子	4月26	癸未	3月28	甲寅	2月26	甲申	十六
7月24	壬子	6月25	癸未	5月26	癸丑	4月27	甲申	3月29	乙卯	2月27	乙酉	十七
7月25	癸丑	6月26	甲申	5月27	甲寅	4月28	乙酉	3月30	丙辰	2月28	丙戌	十八
7月26	甲寅	6月27	乙酉	5月28	乙卯	4月29	丙戌	3月31	丁巳	3月1	丁亥	十九
7月27	乙卯	6月28	丙戌	5月29	丙辰	4月30	丁亥	4月1	戊午	3月2	戊子	二十
7月28	丙辰	6月29	丁亥	5月30	丁巳	5月1	戊子	4月2	己未	3月3	己丑	廿一
7月29	丁巳	6月30	戊子	5月31	戊午	5月2	己丑	4月3	庚申	3月4	庚寅	廿二
7月30	戊午	7月1	己丑	6月1	己未	5月3	庚寅	4月4	辛酉	3月5	辛卯	廿三
7月31	己未	7月2	庚寅	6月2	庚申	5月4	辛卯	4月5	壬戌	3月6	壬辰	廿四
8月1	庚申	7月3	辛卯	6月3	辛酉	5月5	壬辰	4月6	癸亥	3月7	癸巳	廿五
8月2	辛酉	7月4	壬辰	6月4	壬戌	5月6	癸巳	4月7	甲子	3月8	甲午	廿六
8月3	壬戌	7月5	癸巳	6月5	癸亥	5月7	甲午	4月8	乙丑	3月9	乙未	廿七
8月4	癸亥	7月6	甲午	6月6	甲子	5月8	乙未	4月9	丙寅	3月10	丙申	廿八
8月5	甲子	7月7	乙未	6月7	乙丑	5月9	丙申	4月10	丁卯	3月11	丁酉	廿九
				6月8	丙寅					3月12	戊戌	三十

西元1937年

月別	農曆十二月		農曆十一月		農曆十月		農曆九月		農曆八月		農曆七月	
干支	癸丑		壬子		辛亥		庚戌		己酉		戊申	
節	大寒	小寒	冬至	大雪	小雪	立冬	霜降	寒露	秋分	白露	處暑	立秋
氣	二十子時 0時59分	初五辰時 7時32分	二十未時 14時22分	初五戌時 20時27分	廿一丑時 1時17分	初六寅時 3時56分	廿一寅時 4時7分	初六丑時 1時11分	十九戌時 19時13分	初四巳時 10時0分	十八亥時 21時58分	初三辰時 7時26分
農曆	國曆	干支	國曆	干支	國曆	干支	國曆	干支	國曆	干支	國曆	干支
初一	1月 2	甲午	12月 3	甲子	11月 3	甲午	10月 4	甲子	9月 5	乙未	8月 6	乙丑
初二	1月 3	乙未	12月 4	乙丑	11月 4	乙未	10月 5	乙丑	9月 6	丙申	8月 7	丙寅
初三	1月 4	丙申	12月 5	丙寅	11月 5	丙申	10月 6	丙寅	9月 7	丁酉	8月 8	丁卯
初四	1月 5	丁酉	12月 6	丁卯	11月 6	丁酉	10月 7	丁卯	9月 8	戊戌	8月 9	戊辰
初五	1月 6	戊戌	12月 7	戊辰	11月 7	戊戌	10月 8	戊辰	9月 9	己亥	8月10	己巳
初六	1月 7	己亥	12月 8	己巳	11月 8	己亥	10月 9	己巳	9月10	庚子	8月11	庚午
初七	1月 8	庚子	12月 9	庚午	11月 9	庚子	10月10	庚午	9月11	辛丑	8月12	辛未
初八	1月 9	辛丑	12月10	辛未	11月10	辛丑	10月11	辛未	9月12	壬寅	8月13	壬申
初九	1月10	壬寅	12月11	壬申	11月11	壬寅	10月12	壬申	9月13	癸卯	8月14	癸酉
初十	1月11	癸卯	12月12	癸酉	11月12	癸卯	10月13	癸酉	9月14	甲辰	8月15	甲戌
十一	1月12	甲辰	12月13	甲戌	11月13	甲辰	10月14	甲戌	9月15	乙巳	8月16	乙亥
十二	1月13	乙巳	12月14	乙亥	11月14	乙巳	10月15	乙亥	9月16	丙午	8月17	丙子
十三	1月14	丙午	12月15	丙子	11月15	丙午	10月16	丙子	9月17	丁未	8月18	丁丑
十四	1月15	丁未	12月16	丁丑	11月16	丁未	10月17	丁丑	9月18	戊申	8月19	戊寅
十五	1月16	戊申	12月17	戊寅	11月17	戊申	10月18	戊寅	9月19	己酉	8月20	己卯
十六	1月17	己酉	12月18	己卯	11月18	己酉	10月19	己卯	9月20	庚戌	8月21	庚辰
十七	1月18	庚戌	12月19	庚辰	11月19	庚戌	10月20	庚辰	9月21	辛亥	8月22	辛巳
十八	1月19	辛亥	12月20	辛巳	11月20	辛亥	10月21	辛巳	9月22	壬子	8月23	壬午
十九	1月20	壬子	12月21	壬午	11月21	壬子	10月22	壬午	9月23	癸丑	8月24	癸未
二十	1月21	癸丑	12月22	癸未	11月22	癸丑	10月23	癸未	9月24	甲寅	8月25	甲申
廿一	1月22	甲寅	12月23	甲申	11月23	甲寅	10月24	甲申	9月25	乙卯	8月26	乙酉
廿二	1月23	乙卯	12月24	乙酉	11月24	乙卯	10月25	乙酉	9月26	丙辰	8月27	丙戌
廿三	1月24	丙辰	12月25	丙戌	11月25	丙辰	10月26	丙戌	9月27	丁巳	8月28	丁亥
廿四	1月25	丁巳	12月26	丁亥	11月26	丁巳	10月27	丁亥	9月28	戊午	8月29	戊子
廿五	1月26	戊午	12月27	戊子	11月27	戊午	10月28	戊子	9月29	己未	8月30	己丑
廿六	1月27	己未	12月28	己丑	11月28	己未	10月29	己丑	9月30	庚申	8月31	庚寅
廿七	1月28	庚申	12月29	庚寅	11月29	庚申	10月30	庚寅	10月 1	辛酉	9月 1	辛卯
廿八	1月29	辛酉	12月30	辛卯	11月30	辛酉	10月31	辛卯	10月 2	壬戌	9月 2	壬辰
廿九	1月30	壬戌	12月31	壬辰	12月 1	壬戌	11月 1	壬辰	10月 3	癸亥	9月 3	癸巳
三十			1月 1	癸巳	12月 2	癸亥	11月 2	癸巳			9月 4	甲午

中華民國廿七年 歲次戊寅《虎》

西元一九三八年 太歲姓曾名光

月別	農曆正月		農曆二月		農曆三月		農曆四月		農曆五月		農曆六月	
干支	甲寅		乙卯		丙辰		丁巳		戊午		己未	
節	立春	雨水	驚蟄	春分	清明	穀雨	立夏	小滿	芒種	夏至	小暑	大暑
氣	初五戌時 19時15分	二十申時 15時20分	初五未時 13時34分	二十未時 14時43分	初五酉時 18時49分	廿一丑時 2時15分	初七午時 12時36分	廿三丑時 1時51分	初九酉時 17時7分	廿五巳時 10時4分	十一寅時 3時32分	廿六戌時 20時57分
農曆	干支	國曆	干支	國曆	干支	國曆	干支	國曆	干支	國曆	干支	國曆
初一	癸亥	1月31	癸巳	3月2	癸亥	4月1	壬辰	4月30	辛酉	5月29	辛卯	6月28
初二	甲子	2月1	甲午	3月3	甲子	4月2	癸巳	5月1	壬戌	5月30	壬辰	6月29
初三	乙丑	2月2	乙未	3月4	乙丑	4月3	甲午	5月2	癸亥	5月31	癸巳	6月30
初四	丙寅	2月3	丙申	3月5	丙寅	4月4	乙未	5月3	甲子	6月1	甲午	7月1
初五	丁卯	2月4	丁酉	3月6	丁卯	4月5	丙申	5月4	乙丑	6月2	乙未	7月2
初六	戊辰	2月5	戊戌	3月7	戊辰	4月6	丁酉	5月5	丙寅	6月3	丙申	7月3
初七	己巳	2月6	己亥	3月8	己巳	4月7	戊戌	5月6	丁卯	6月4	丁酉	7月4
初八	庚午	2月7	庚子	3月9	庚午	4月8	己亥	5月7	戊辰	6月5	戊戌	7月5
初九	辛未	2月8	辛丑	3月10	辛未	4月9	庚子	5月8	己巳	6月6	己亥	7月6
初十	壬申	2月9	壬寅	3月11	壬申	4月10	辛丑	5月9	庚午	6月7	庚子	7月7
十一	癸酉	2月10	癸卯	3月12	癸酉	4月11	壬寅	5月10	辛未	6月8	辛丑	7月8
十二	甲戌	2月11	甲辰	3月13	甲戌	4月12	癸卯	5月11	壬申	6月9	壬寅	7月9
十三	乙亥	2月12	乙巳	3月14	乙亥	4月13	甲辰	5月12	癸酉	6月10	癸卯	7月10
十四	丙子	2月13	丙午	3月15	丙子	4月14	乙巳	5月13	甲戌	6月11	甲辰	7月11
十五	丁丑	2月14	丁未	3月16	丁丑	4月15	丙午	5月14	乙亥	6月12	乙巳	7月12
十六	戊寅	2月15	戊申	3月17	戊寅	4月16	丁未	5月15	丙子	6月13	丙午	7月13
十七	己卯	2月16	己酉	3月18	己卯	4月17	戊申	5月16	丁丑	6月14	丁未	7月14
十八	庚辰	2月17	庚戌	3月19	庚辰	4月18	己酉	5月17	戊寅	6月15	戊申	7月15
十九	辛巳	2月18	辛亥	3月20	辛巳	4月19	庚戌	5月18	己卯	6月16	己酉	7月16
二十	壬午	2月19	壬子	3月21	壬午	4月20	辛亥	5月19	庚辰	6月17	庚戌	7月17
廿一	癸未	2月20	癸丑	3月22	癸未	4月21	壬子	5月20	辛巳	6月18	辛亥	7月18
廿二	甲申	2月21	甲寅	3月23	甲申	4月22	癸丑	5月21	壬午	6月19	壬子	7月19
廿三	乙酉	2月22	乙卯	3月24	乙酉	4月23	甲寅	5月22	癸未	6月20	癸丑	7月20
廿四	丙戌	2月23	丙辰	3月25	丙戌	4月24	乙卯	5月23	甲申	6月21	甲寅	7月21
廿五	丁亥	2月24	丁巳	3月26	丁亥	4月25	丙辰	5月24	乙酉	6月22	乙卯	7月22
廿六	戊子	2月25	戊午	3月27	戊子	4月26	丁巳	5月25	丙戌	6月23	丙辰	7月23
廿七	己丑	2月26	己未	3月28	己丑	4月27	戊午	5月26	丁亥	6月24	丁巳	7月24
廿八	庚寅	2月27	庚申	3月29	庚寅	4月28	己未	5月27	戊子	6月25	戊午	7月25
廿九	辛卯	2月28	辛酉	3月30	辛卯	4月29	庚申	5月28	己丑	6月26	己未	7月26
三十	壬辰	3月1	壬戌	3月31					庚寅	6月27		

西元1938年

月別	農曆十二月		農曆十一月		農曆十月		農曆九月		農曆八月		農曆閏七月		農曆七月	
干支	乙丑		甲子		癸亥		壬戌		辛酉				庚申	
節	立春 大寒		小寒		大雪 小雪		立冬 霜降		寒露 秋分		白露		處暑 立秋	
氣	立春 十七 1時11分 丑時 ／ 大寒 初二 6時51分 卯時		小寒 十六 13時28分 未時		大雪 初一 20時14分 戌時 ／ 小雪 十七 2時23分 丑時		立冬 初二 7時7分 辰時 ／ 霜降 十七 9時49分 巳時		寒露 初二 9時54分 巳時 ／ 秋分 十六 7時2分 辰時		白露 十五 15時49分 申時		處暑 廿九 3時46分 寅時 ／ 立秋 十三 13時13分 未時	
農曆	國曆	干支	國曆	干支	國曆	干支	國曆	干支	國曆	干支	國曆	干支	國曆	干支
初一	1月20	丁巳	12月22	戊子	11月22	戊午	10月23	戊子	9月24	己未	8月25	己丑	7月27	庚申
初二	1月21	戊午	12月23	己丑	11月23	己未	10月24	己丑	9月25	庚申	8月26	庚寅	7月28	辛酉
初三	1月22	己未	12月24	庚寅	11月24	庚申	10月25	庚寅	9月26	辛酉	8月27	辛卯	7月29	壬戌
初四	1月23	庚申	12月25	辛卯	11月25	辛酉	10月26	辛卯	9月27	壬戌	8月28	壬辰	7月30	癸亥
初五	1月24	辛酉	12月26	壬辰	11月26	壬戌	10月27	壬辰	9月28	癸亥	8月29	癸巳	7月31	甲子
初六	1月25	壬戌	12月27	癸巳	11月27	癸亥	10月28	癸巳	9月29	甲子	8月30	甲午	8月1	乙丑
初七	1月26	癸亥	12月28	甲午	11月28	甲子	10月29	甲午	9月30	乙丑	8月31	乙未	8月2	丙寅
初八	1月27	甲子	12月29	乙未	11月29	乙丑	10月30	乙未	10月1	丙寅	9月1	丙申	8月3	丁卯
初九	1月28	乙丑	12月30	丙申	11月30	丙寅	10月31	丙申	10月2	丁卯	9月2	丁酉	8月4	戊辰
初十	1月29	丙寅	12月31	丁酉	12月1	丁卯	11月1	丁酉	10月3	戊辰	9月3	戊戌	8月5	己巳
十一	1月30	丁卯	1月1	戊戌	12月2	戊辰	11月2	戊戌	10月4	己巳	9月4	己亥	8月6	庚午
十二	1月31	戊辰	1月2	己亥	12月3	己巳	11月3	己亥	10月5	庚午	9月5	庚子	8月7	辛未
十三	2月1	己巳	1月3	庚子	12月4	庚午	11月4	庚子	10月6	辛未	9月6	辛丑	8月8	壬申
十四	2月2	庚午	1月4	辛丑	12月5	辛未	11月5	辛丑	10月7	壬申	9月7	壬寅	8月9	癸酉
十五	2月3	辛未	1月5	壬寅	12月6	壬申	11月6	壬寅	10月8	癸酉	9月8	癸卯	8月10	甲戌
十六	2月4	壬申	1月6	癸卯	12月7	癸酉	11月7	癸卯	10月9	甲戌	9月9	甲辰	8月11	乙亥
十七	2月5	癸酉	1月7	甲辰	12月8	甲戌	11月8	甲辰	10月10	乙亥	9月10	乙巳	8月12	丙子
十八	2月6	甲戌	1月8	乙巳	12月9	乙亥	11月9	乙巳	10月11	丙子	9月11	丙午	8月13	丁丑
十九	2月7	乙亥	1月9	丙午	12月10	丙子	11月10	丙午	10月12	丁丑	9月12	丁未	8月14	戊寅
二十	2月8	丙子	1月10	丁未	12月11	丁丑	11月11	丁未	10月13	戊寅	9月13	戊申	8月15	己卯
廿一	2月9	丁丑	1月11	戊申	12月12	戊寅	11月12	戊申	10月14	己卯	9月14	己酉	8月16	庚辰
廿二	2月10	戊寅	1月12	己酉	12月13	己卯	11月13	己酉	10月15	庚辰	9月15	庚戌	8月17	辛巳
廿三	2月11	己卯	1月13	庚戌	12月14	庚辰	11月14	庚戌	10月16	辛巳	9月16	辛亥	8月18	壬午
廿四	2月12	庚辰	1月14	辛亥	12月15	辛巳	11月15	辛亥	10月17	壬午	9月17	壬子	8月19	癸未
廿五	2月13	辛巳	1月15	壬子	12月16	壬午	11月16	壬子	10月18	癸未	9月18	癸丑	8月20	甲申
廿六	2月14	壬午	1月16	癸丑	12月17	癸未	11月17	癸丑	10月19	甲申	9月19	甲寅	8月21	乙酉
廿七	2月15	癸未	1月17	甲寅	12月18	甲申	11月18	甲寅	10月20	乙酉	9月20	乙卯	8月22	丙戌
廿八	2月16	甲申	1月18	乙卯	12月19	乙酉	11月19	乙卯	10月21	丙戌	9月21	丙辰	8月23	丁亥
廿九	2月17	乙酉	1月19	丙辰	12月20	丙戌	11月20	丙辰	10月22	丁亥	9月22	丁巳	8月24	戊子
三十	2月18	丙戌			12月21	丁亥	11月21	丁巳			9月23	戊午		

中華民國 廿八年 歲次 己卯 《兔》

西元一九三九年 太歲姓伍名仲

農曆正月 丙寅		農曆二月 丁卯		農曆三月 戊辰		農曆四月 己巳		農曆五月 庚午		農曆六月 辛未		別月 支干
雨水	驚蟄	春分	清明	穀雨	立夏	小滿	芒種	夏至	小暑	大暑	立秋	節氣
21時10分 初一亥時	19時27分 十六戌時	20時30分 初一戌時	0時38分 十七子時	7時55分 初二辰時	18時21分 十七酉時	7時27分 初四辰時	22時52分 十九亥時	15時40分 初六申時	9時19分 廿二巳時	2時37分 初八寅時	19時4分 廿三戌時	氣
國曆	支干	國曆	支干	國曆	支干	國曆	支干	國曆	支干	國曆	支干	農曆
2月19	亥丁	3月21	巳丁	4月20	亥丁	5月19	辰丙	6月17	酉乙	7月17	卯乙	初一
2月20	子戊	3月22	午戊	4月21	子戊	5月20	巳丁	6月18	戌丙	7月18	辰丙	初二
2月21	丑己	3月23	未己	4月22	丑己	5月21	午戊	6月19	亥丁	7月19	巳丁	初三
2月22	寅庚	3月24	申庚	4月23	寅庚	5月22	未己	6月20	子戊	7月20	午戊	初四
2月23	卯辛	3月25	酉辛	4月24	卯辛	5月23	申庚	6月21	丑己	7月21	未己	初五
2月24	辰壬	3月26	戌壬	4月25	辰壬	5月25	酉辛	6月22	寅庚	7月22	申庚	初六
2月25	巳癸	3月27	亥癸	4月26	巳癸	5月26	戌壬	6月23	卯辛	7月23	酉辛	初七
2月26	午甲	3月28	子甲	4月27	午甲	5月27	亥癸	6月24	辰壬	7月24	戌壬	初八
2月27	未乙	3月29	丑乙	4月28	未乙	5月28	子甲	6月25	巳癸	7月25	亥癸	初九
2月28	申丙	3月30	寅丙	4月29	申丙	5月29	丑乙	6月26	午甲	7月26	子甲	初十
3月1	酉丁	3月31	卯丁	4月30	酉丁	5月30	寅丙	6月27	未乙	7月27	丑乙	十一
3月2	戌戊	4月1	辰戊	5月1	戌戊	5月31	卯丁	6月28	申丙	7月28	寅丙	十二
3月3	亥己	4月2	巳己	5月2	亥己	6月1	辰戊	6月29	酉丁	7月29	卯丁	十三
3月4	子庚	4月3	午庚	5月3	子庚	6月1	巳己	6月30	戌戊	7月30	辰戊	十四
3月5	丑辛	4月4	未辛	5月4	丑辛	6月2	午庚	7月1	亥己	7月31	巳己	十五
3月6	寅壬	4月5	申壬	5月5	寅壬	6月3	未辛	7月2	子庚	8月1	午庚	十六
3月7	卯癸	4月6	酉癸	5月6	卯癸	6月4	申壬	7月3	丑辛	8月2	未辛	十七
3月8	辰甲	4月7	戌甲	5月7	辰甲	6月5	酉癸	7月4	寅壬	8月3	申壬	十八
3月9	巳乙	4月8	亥乙	5月8	巳乙	6月6	戌甲	7月5	卯癸	8月4	酉癸	十九
3月10	午丙	4月9	子丙	5月9	午丙	6月7	亥乙	7月6	辰甲	8月5	戌甲	二十
3月11	未丁	4月10	丑丁	5月10	未丁	6月8	子丙	7月7	巳乙	8月6	亥乙	廿一
3月12	申戊	4月11	寅戊	5月11	申戊	6月9	丑丁	7月8	午丙	8月7	子丙	廿二
3月13	酉己	4月12	卯己	5月12	酉己	6月10	寅戊	7月9	未丁	8月8	丑丁	廿三
3月14	戌庚	4月13	辰庚	5月13	戌庚	6月11	卯己	7月10	申戊	8月9	寅戊	廿四
3月15	亥辛	4月14	巳辛	5月14	亥辛	6月12	辰庚	7月11	酉己	8月10	卯己	廿五
3月16	子壬	4月15	午壬	5月15	子壬	6月13	巳辛	7月12	戌庚	8月11	辰庚	廿六
3月17	丑癸	4月16	未癸	5月16	丑癸	6月14	午壬	7月13	亥辛	8月12	巳辛	廿七
3月18	寅甲	4月17	申甲	5月17	寅甲	6月15	未癸	7月14	子壬	8月13	午壬	廿八
3月19	卯乙	4月18	酉乙	5月18	卯乙	6月16	申甲	7月15	丑癸	8月14	未癸	廿九
3月20	辰丙	4月19	戌丙					7月16	寅甲			三十

· 200 ·

西元1939年

月別	農曆十二月		農曆十一月		農曆十月		農曆九月		農曆八月		農曆七月	
干支	丁丑		丙子		乙亥		甲戌		癸酉		壬申	
節	立春	大寒	小寒	冬至	大雪	小雪	立冬	霜降	寒露	秋分	白露	處暑
氣	7時8分 廿八辰	12時44分 十三午	19時24分 廿七戌	2時6分 十三丑	8時18分 廿八辰	12時59分 十三午	15時40分 廿七申	15時46分 十二申	12時57分 廿七午	6時50分 十二卯	21時42分 廿五亥	10時32分 初十巳
農曆	國曆	干支	國曆	干支	國曆	干支	國曆	干支	國曆	干支	國曆	干支
初一	1月9	亥辛	12月11	午壬	11月11	子壬	10月13	未癸	9月13	丑癸	8月15	申甲
初二	1月10	子壬	12月12	未癸	11月12	丑癸	10月14	申甲	9月14	寅甲	8月16	酉乙
初三	1月11	丑癸	12月13	申甲	11月13	寅甲	10月15	酉乙	9月15	卯乙	8月17	戌丙
初四	1月12	寅甲	12月14	酉乙	11月14	卯乙	10月16	戌丙	9月16	辰丙	8月18	亥丁
初五	1月13	卯乙	12月15	戌丙	11月15	辰丙	10月17	亥丁	9月17	巳丁	8月19	子戊
初六	1月14	辰丙	12月16	亥丁	11月16	巳丁	10月18	子戊	9月18	午戊	8月20	丑己
初七	1月15	巳丁	12月17	子戊	11月17	午戊	10月19	丑己	9月19	未己	8月21	寅庚
初八	1月16	午戊	12月18	丑己	11月18	未己	10月20	寅庚	9月20	申庚	8月22	卯辛
初九	1月17	未己	12月19	寅庚	11月19	申庚	10月21	卯辛	9月21	酉辛	8月23	辰壬
初十	1月18	申庚	12月20	卯辛	11月20	酉辛	10月22	辰壬	9月22	戌壬	8月24	巳癸
十一	1月19	酉辛	12月21	辰壬	11月21	戌壬	10月23	巳癸	9月23	亥癸	8月25	午甲
十二	1月20	戌壬	12月22	巳癸	11月22	亥癸	10月24	午甲	9月24	子甲	8月26	未乙
十三	1月21	亥癸	12月23	午甲	11月23	子甲	10月25	未乙	9月25	丑乙	8月27	申丙
十四	1月22	子甲	12月24	未乙	11月24	丑乙	10月26	申丙	9月26	寅丙	8月28	酉丁
十五	1月23	丑乙	12月25	申丙	11月25	寅丙	10月27	酉丁	9月27	卯丁	8月29	戌戊
十六	1月24	寅丙	12月26	酉丁	11月26	卯丁	10月28	戌戊	9月28	辰戊	8月30	亥己
十七	1月25	卯丁	12月27	戌戊	11月27	辰戊	10月29	亥己	9月29	巳己	8月31	子庚
十八	1月26	辰戊	12月28	亥己	11月28	巳己	10月30	子庚	9月30	午庚	9月1	丑辛
十九	1月27	巳己	12月29	子庚	11月29	午庚	10月31	丑辛	10月1	未辛	9月2	寅壬
二十	1月28	午庚	12月30	丑辛	11月30	未辛	11月1	寅壬	10月2	申壬	9月3	卯癸
廿一	1月29	未辛	12月31	寅壬	12月1	申壬	11月2	卯癸	10月3	酉癸	9月4	辰甲
廿二	1月30	申壬	1月1	卯癸	12月2	酉癸	11月3	辰甲	10月4	戌甲	9月5	巳乙
廿三	1月31	酉癸	1月2	辰甲	12月3	戌甲	11月4	巳乙	10月5	亥乙	9月6	午丙
廿四	2月1	戌甲	1月3	巳乙	12月4	亥乙	11月5	午丙	10月6	子丙	9月7	未丁
廿五	2月2	亥乙	1月4	午丙	12月5	子丙	11月6	未丁	10月7	丑丁	9月8	申戊
廿六	2月3	子丙	1月5	未丁	12月6	丑丁	11月7	申戊	10月8	寅戊	9月9	酉己
廿七	2月4	丑丁	1月6	申戊	12月7	寅戊	11月8	酉己	10月9	卯己	9月10	戌庚
廿八	2月5	寅戊	1月7	酉己	12月8	卯己	11月9	戌庚	10月10	辰庚	9月11	亥辛
廿九	2月6	卯己	1月8	戌庚	12月9	辰庚	11月10	亥辛	10月11	巳辛	9月12	子壬
三十	2月7	辰庚			12月10	巳辛			10月12	午壬		

中華民國 廿九 年　歲次 庚辰 《龍》　西元一九四〇年　太歲 姓重名德

節氣表

農曆	干支	節	節
正月	戊寅	雨水　十三日寅時　3時4分	驚蟄　十八日丑時　1時24分
二月	己卯	春分　十三日丑時　2時24分	清明　廿八日卯時　6時33分
三月	庚辰	穀雨　十三日未時　13時51分	立夏　廿九日子時　0時16分
四月	辛巳	小滿　十五日未時　13時23分	芒種　初一日寅時　4時44分
五月	壬午	夏至　十六日亥時　21時37分	小暑　初三日申時　15時8分
六月	癸未	大暑　十九日辰時　8時35分	

月曆表

農曆六月(癸未) 國曆	支干	農曆五月(壬午) 國曆	支干	農曆四月(辛巳) 國曆	支干	農曆三月(庚辰) 國曆	支干	農曆二月(己卯) 國曆	支干	農曆正月(戊寅) 國曆	支干	農曆
7月5	酉己	6月6	辰庚	5月7	戌庚	4月8	巳辛	3月9	亥辛	2月8	巳辛	初一
7月6	戌庚	6月7	巳辛	5月8	亥辛	4月9	午壬	3月10	子壬	2月9	午壬	初二
7月7	亥辛	6月8	午壬	5月9	子壬	4月10	未癸	3月11	丑癸	2月10	未癸	初三
7月8	子壬	6月9	未癸	5月10	丑癸	4月11	申甲	3月12	寅甲	2月11	申甲	初四
7月9	丑癸	6月10	申甲	5月11	寅甲	4月12	酉乙	3月13	卯乙	2月12	酉乙	初五
7月10	寅甲	6月11	酉乙	5月12	卯乙	4月13	戌丙	3月14	辰丙	2月13	戌丙	初六
7月11	卯乙	6月12	戌丙	5月13	辰丙	4月14	亥丁	3月15	巳丁	2月14	亥丁	初七
7月12	辰丙	6月13	亥丁	5月14	巳丁	4月15	子戊	3月16	午戊	2月15	子戊	初八
7月13	巳丁	6月14	子戊	5月15	午戊	4月16	丑己	3月17	未己	2月16	丑己	初九
7月14	午戊	6月15	丑己	5月16	未己	4月17	寅庚	3月18	申庚	2月17	寅庚	初十
7月15	未己	6月16	寅庚	5月17	申庚	4月18	卯辛	3月19	酉辛	2月18	卯辛	十一
7月16	申庚	6月17	卯辛	5月18	酉辛	4月19	辰壬	3月20	戌壬	2月19	辰壬	十二
7月17	酉辛	6月18	辰壬	5月19	戌壬	4月20	巳癸	3月21	亥癸	2月20	巳癸	十三
7月18	戌壬	6月19	巳癸	5月20	亥癸	4月21	午甲	3月22	子甲	2月21	午甲	十四
7月19	亥癸	6月20	午甲	5月21	子甲	4月22	未乙	3月23	丑乙	2月22	未乙	十五
7月20	子甲	6月21	未乙	5月22	丑乙	4月23	申丙	3月24	寅丙	2月23	申丙	十六
7月21	丑乙	6月22	申丙	5月23	寅丙	4月24	酉丁	3月25	卯丁	2月24	酉丁	十七
7月22	寅丙	6月23	酉丁	5月24	卯丁	4月25	戌戊	3月26	辰戊	2月25	戌戊	十八
7月23	卯丁	6月24	戌戊	5月25	辰戊	4月26	亥己	3月27	巳己	2月26	亥己	十九
7月24	辰戊	6月25	亥己	5月26	巳己	4月27	子庚	3月28	午庚	2月27	子庚	二十
7月25	巳己	6月26	子庚	5月27	午庚	4月28	丑辛	3月29	未辛	2月28	丑辛	廿一
7月26	午庚	6月27	丑辛	5月28	未辛	4月29	寅壬	3月30	申壬	2月29	寅壬	廿二
7月27	未辛	6月28	寅壬	5月29	申壬	4月30	卯癸	3月31	酉癸	3月1	卯癸	廿三
7月28	申壬	6月29	卯癸	5月30	酉癸	5月1	辰甲	4月1	戌甲	3月2	辰甲	廿四
7月29	酉癸	6月30	辰甲	5月31	戌甲	5月2	巳乙	4月2	亥乙	3月3	巳乙	廿五
7月30	戌甲	7月1	巳乙	6月1	亥乙	5月3	午丙	4月3	子丙	3月4	午丙	廿六
7月31	亥乙	7月2	午丙	6月2	子丙	5月4	未丁	4月4	丑丁	3月5	未丁	廿七
8月1	子丙	7月3	未丁	6月3	丑丁	5月5	申戊	4月5	寅戊	3月6	申戊	廿八
8月2	丑丁	7月4	申戊	6月4	寅戊	5月6	酉己	4月6	卯己	3月7	酉己	廿九
8月3	寅戊			6月5	卯己			4月7	辰庚	3月8	戌庚	三十

西元1940年

月別	農曆十二月		農曆十一月		農曆十月		農曆九月		農曆八月		農曆七月	
干支	己丑		戊子		丁亥		丙戌		乙酉		甲申	
節	大寒 小寒		大雪 冬至		小雪 立冬		霜降 寒露		秋分 白露		處暑 立秋	
氣	18時34分 廿三酉時 / 1時4分 初九丑時		7時55分 廿四辰時 / 13時58分 初九未時		18時49分 廿三酉時 / 21時27分 初八亥時		21時40分 廿三亥時 / 18時43分 初八寅時		12時46分 二十午時 / 3時30分 初七寅時		15時29分 廿一申時 / 0時52分 初五子時	
農曆	國曆	支干	國曆	支干	國曆	支干	國曆	支干	國曆	支干	國曆	支干
初一	12月29	丙午	11月29	丙子	10月31	丁未	10月1	丁丑	9月2	戊申	8月4	丁卯
初二	12月30	丁未	11月30	丁丑	11月1	戊申	10月2	戊寅	9月3	己酉	8月5	庚辰
初三	12月31	戊申	12月1	戊寅	11月2	己酉	10月3	己卯	9月4	庚戌	8月6	辛巳
初四	1月1	己酉	12月2	己卯	11月3	庚戌	10月4	庚辰	9月5	辛亥	8月7	壬午
初五	1月2	庚戌	12月3	庚辰	11月4	辛亥	10月5	辛巳	9月6	壬子	8月8	癸未
初六	1月3	辛亥	12月4	辛巳	11月5	壬子	10月6	壬午	9月7	癸丑	8月9	甲申
初七	1月4	壬子	12月5	壬午	11月6	癸丑	10月7	癸未	9月8	甲寅	8月10	乙酉
初八	1月5	癸丑	12月6	癸未	11月7	甲寅	10月8	甲申	9月9	乙卯	8月11	丙戌
初九	1月6	甲寅	12月7	甲申	11月8	乙卯	10月9	乙酉	9月10	丙辰	8月12	丁亥
初十	1月7	乙卯	12月8	乙酉	11月9	丙辰	10月10	丙戌	9月11	丁巳	8月13	戊子
十一	1月8	丙辰	12月9	丙戌	11月10	丁巳	10月11	丁亥	9月12	戊午	8月14	己丑
十二	1月9	丁巳	12月10	丁亥	11月11	戊午	10月12	戊子	9月13	己未	8月15	庚寅
十三	1月10	戊午	12月11	戊子	11月12	己未	10月13	己丑	9月14	庚申	8月16	辛卯
十四	1月11	己未	12月12	己丑	11月13	庚申	10月14	庚寅	9月15	辛酉	8月17	壬辰
十五	1月12	庚申	12月13	庚寅	11月14	辛酉	10月15	辛卯	9月16	壬戌	8月18	癸巳
十六	1月13	辛酉	12月14	辛卯	11月15	壬戌	10月16	壬辰	9月17	癸亥	8月19	甲午
十七	1月14	壬戌	12月15	壬辰	11月16	癸亥	10月17	癸巳	9月18	甲子	8月20	乙未
十八	1月15	癸亥	12月16	癸巳	11月17	甲子	10月18	甲午	9月19	乙丑	8月21	丙申
十九	1月16	甲子	12月17	甲午	11月18	乙丑	10月19	乙未	9月20	丙寅	8月22	丁酉
二十	1月17	乙丑	12月18	乙未	11月19	丙寅	10月20	丙申	9月21	丁卯	8月23	戊戌
廿一	1月18	丙寅	12月19	丙申	11月20	丁卯	10月21	丁酉	9月22	戊辰	8月24	己亥
廿二	1月19	丁卯	12月20	丁酉	11月21	戊辰	10月22	戊戌	9月23	己巳	8月25	庚子
廿三	1月20	戊辰	12月21	戊戌	11月22	己巳	10月23	己亥	9月24	庚午	8月26	辛丑
廿四	1月21	己巳	12月22	己亥	11月23	庚午	10月24	庚子	9月25	辛未	8月27	壬寅
廿五	1月22	庚午	12月23	庚子	11月24	辛未	10月25	辛丑	9月26	壬申	8月28	癸卯
廿六	1月23	辛未	12月24	辛丑	11月25	壬申	10月26	壬寅	9月27	癸酉	8月29	甲辰
廿七	1月24	壬申	12月25	壬寅	11月26	癸酉	10月27	癸卯	9月28	甲戌	8月30	乙巳
廿八	1月25	癸酉	12月26	癸卯	11月27	甲戌	10月28	甲辰	9月29	乙亥	8月31	丙午
廿九	1月26	甲戌	12月27	甲辰	11月28	乙亥	10月29	乙巳	9月30	丙子	9月1	丁未
三十			12月28	乙巳			10月30	丙午				

中華民國 三十 年 歲次 辛巳 《蛇》 西元一九四一年 太歲姓鄭名祖

農曆六月		農曆五月		農曆四月		農曆三月		農曆二月		農曆正月		月別
乙未		甲午		癸巳		壬辰		辛卯		庚寅		干支
大暑	小暑	夏至	芒種	小滿	立夏	穀雨	清明	春分	驚蟄	雨水	立春	節氣
14時27分 廿九未時	21時13分 十三亥時	3時34分 廿八寅時	10時40分 十二巳時	19時23分 廿六戌時	6時10分 十一卯時	19時51分 廿四戌時	12時25分 初九午時	8時21分 廿四辰時	7時10分 初九辰時	8時57分 廿四辰時	12時50分 初九午時	節氣

國曆	干支	國曆	干支	國曆	干支	國曆	干支	國曆	干支	國曆	干支	農曆
6月25	辰甲	5月26	戌甲	4月26	辰甲	3月28	亥乙	2月26	巳乙	1月27	亥乙	初一
6月26	巳乙	5月27	亥乙	4月27	巳乙	3月29	子丙	2月27	午丙	1月28	子丙	初二
6月27	午丙	5月28	子丙	4月28	午丙	3月30	丑丁	2月28	未丁	1月29	丑丁	初三
6月28	未丁	5月29	丑丁	4月29	未丁	3月31	寅戊	3月1	申戊	1月30	寅戊	初四
6月29	申戊	5月30	寅戊	4月30	申戊	4月1	卯己	3月2	酉己	1月31	卯己	初五
6月30	酉己	5月31	卯己	5月1	酉己	4月2	辰庚	3月3	戌庚	2月1	辰庚	初六
7月1	戌庚	6月1	辰庚	5月2	戌庚	4月3	巳辛	3月4	亥辛	2月2	巳辛	初七
7月2	亥辛	6月2	巳辛	5月3	亥辛	4月4	午壬	3月5	子壬	2月3	午壬	初八
7月3	子壬	6月3	午壬	5月4	子壬	4月5	未癸	3月6	丑癸	2月4	未癸	初九
7月4	丑癸	6月4	未癸	5月5	丑癸	4月6	申甲	3月7	寅甲	2月5	申甲	初十
7月5	寅甲	6月5	申甲	5月6	寅甲	4月7	酉乙	3月8	卯乙	2月6	酉乙	十一
7月6	卯乙	6月6	酉乙	5月7	卯乙	4月8	戌丙	3月9	辰丙	2月7	戌丙	十二
7月7	辰丙	6月7	戌丙	5月8	辰丙	4月9	亥丁	3月10	巳丁	2月8	亥丁	十三
7月8	巳丁	6月8	亥丁	5月9	巳丁	4月10	子戊	3月11	午戊	2月9	子戊	十四
7月9	午戊	6月9	子戊	5月10	午戊	4月11	丑己	3月12	未己	2月10	丑己	十五
7月10	未己	6月10	丑己	5月11	未己	4月12	寅庚	3月13	申庚	2月11	寅庚	十六
7月11	申庚	6月11	寅庚	5月12	申庚	4月13	卯辛	3月14	酉辛	2月12	卯辛	十七
7月12	酉辛	6月12	卯辛	5月13	酉辛	4月14	辰壬	3月15	戌壬	2月13	辰壬	十八
7月13	戌壬	6月13	辰壬	5月14	戌壬	4月15	巳癸	3月16	亥癸	2月14	巳癸	十九
7月14	亥癸	6月14	巳癸	5月15	亥癸	4月16	午甲	3月17	子甲	2月15	午甲	二十
7月15	子甲	6月15	午甲	5月16	子甲	4月17	未乙	3月18	丑乙	2月16	未乙	廿一
7月16	丑乙	6月16	未乙	5月17	丑乙	4月18	申丙	3月19	寅丙	2月17	申丙	廿二
7月17	寅丙	6月17	申丙	5月18	寅丙	4月19	酉丁	3月20	卯丁	2月18	酉丁	廿三
7月18	卯丁	6月18	酉丁	5月19	卯丁	4月20	戌戊	3月21	辰戊	2月19	戌戊	廿四
7月19	辰戊	6月19	戌戊	5月20	辰戊	4月21	亥己	3月22	巳己	2月20	亥己	廿五
7月20	巳己	6月20	亥己	5月21	巳己	4月22	子庚	3月23	午庚	2月21	子庚	廿六
7月21	午庚	6月21	子庚	5月22	午庚	4月23	丑辛	3月24	未辛	2月22	丑辛	廿七
7月22	未辛	6月22	丑辛	5月23	未辛	4月24	寅壬	3月25	申壬	2月23	寅壬	廿八
7月23	申壬	6月23	寅壬	5月24	申壬	4月25	卯癸	3月26	酉癸	2月24	卯癸	廿九
		6月24	卯癸	5月25	酉癸			3月27	戌甲	2月25	辰甲	三十

西元1941年

月別	農曆十二月		農曆十一月		農曆十月		農曆九月		農曆八月		農曆七月		農曆閏六月	
干支	辛丑		庚子		己亥		戊戌		丁酉		丙申			
節	立春	大寒	小寒	冬至	大雪	小雪	立冬	霜降	寒露	秋分	白露	處暑	立秋	
氣	18時49分 十九酉時	0時24分 初五子時	7時3分 二十辰時	13時45分 初五未時	19時57分 十九戌時	0時38分 初五子時	3時25分 二十寅時	3時28分 初五寅時	0時39分 十九子時	18時33分 初三酉時	9時24分 十七巳時	21時21分 初一亥時	6時46分 十六辰時	
農曆	國曆	干支	國曆	干支	國曆	干支	國曆	干支	國曆	干支	國曆	干支	國曆	干支
初一	1月17	午庚	12月18	子庚	11月19	未辛	10月20	丑辛	9月21	申壬	8月23	卯癸	7月24	酉癸
初二	1月18	未辛	12月19	丑辛	11月20	申壬	10月21	寅壬	9月22	酉癸	8月24	辰甲	7月25	戌甲
初三	1月19	申壬	12月20	寅壬	11月21	酉癸	10月22	卯癸	9月23	戌甲	8月25	巳乙	7月26	亥乙
初四	1月20	酉癸	12月21	卯癸	11月22	戌甲	10月23	辰甲	9月24	亥乙	8月26	午丙	7月27	子丙
初五	1月21	戌甲	12月22	辰甲	11月23	亥乙	10月24	巳乙	9月25	子丙	8月27	未丁	7月28	丑丁
初六	1月22	亥乙	12月23	巳乙	11月24	子丙	10月25	午丙	9月26	丑丁	8月28	申戊	7月29	寅戊
初七	1月23	子丙	12月24	午丙	11月25	丑丁	10月26	未丁	9月27	寅戊	8月29	酉己	7月30	卯己
初八	1月24	丑丁	12月25	未丁	11月26	寅戊	10月27	申戊	9月28	卯己	8月30	戌庚	7月31	辰庚
初九	1月25	寅戊	12月26	申戊	11月27	卯己	10月28	酉己	9月29	辰庚	8月31	亥辛	8月1	巳辛
初十	1月26	卯己	12月27	酉己	11月28	辰庚	10月29	戌庚	9月30	巳辛	9月1	子壬	8月2	午壬
十一	1月27	辰庚	12月28	戌庚	11月29	巳辛	10月30	亥辛	10月1	午壬	9月2	丑癸	8月3	未癸
十二	1月28	巳辛	12月29	亥辛	11月30	午壬	10月31	子壬	10月2	未癸	9月3	寅甲	8月4	申甲
十三	1月29	午壬	12月30	子壬	12月1	未癸	11月1	丑癸	10月3	申甲	9月4	卯乙	8月5	酉乙
十四	1月30	未癸	12月31	丑癸	12月2	申甲	11月2	寅甲	10月4	酉乙	9月5	辰丙	8月6	戌丙
十五	1月31	申甲	1月1	寅甲	12月3	酉乙	11月3	卯乙	10月5	戌丙	9月6	巳丁	8月7	亥丁
十六	2月1	酉乙	1月2	卯乙	12月4	戌丙	11月4	辰丙	10月6	亥丁	9月7	午戊	8月8	子戊
十七	2月2	戌丙	1月3	辰丙	12月5	亥丁	11月5	巳丁	10月7	子戊	9月8	未己	8月9	丑己
十八	2月3	亥丁	1月4	巳丁	12月6	子戊	11月6	午戊	10月8	丑己	9月9	申庚	8月10	寅庚
十九	2月4	子戊	1月5	午戊	12月7	丑己	11月7	未己	10月9	寅庚	9月10	酉辛	8月11	卯辛
二十	2月5	丑己	1月6	未己	12月8	寅庚	11月8	申庚	10月10	卯辛	9月11	戌壬	8月12	辰壬
廿一	2月6	寅庚	1月7	申庚	12月9	卯辛	11月9	酉辛	10月11	辰壬	9月12	亥癸	8月13	巳癸
廿二	2月7	卯辛	1月8	酉辛	12月10	辰壬	11月10	戌壬	10月12	巳癸	9月13	子甲	8月14	午甲
廿三	2月8	辰壬	1月9	戌壬	12月11	巳癸	11月11	亥癸	10月13	午甲	9月14	丑乙	8月15	未乙
廿四	2月9	巳癸	1月10	亥癸	12月12	午甲	11月12	子甲	10月14	未乙	9月15	寅丙	8月16	申丙
廿五	2月10	午甲	1月11	子甲	12月13	未乙	11月13	丑乙	10月15	申丙	9月16	卯丁	8月17	酉丁
廿六	2月11	未乙	1月12	丑乙	12月14	申丙	11月14	寅丙	10月16	酉丁	9月17	辰戊	8月18	戌戊
廿七	2月12	申丙	1月13	寅丙	12月15	酉丁	11月15	卯丁	10月17	戌戊	9月18	巳己	8月19	亥己
廿八	2月13	酉丁	1月14	卯丁	12月16	戌戊	11月16	辰戊	10月18	亥己	9月19	午庚	8月20	子庚
廿九	2月14	戌戊	1月15	辰戊	12月17	亥己	11月17	巳己	10月19	子庚	9月20	未辛	8月21	丑辛
三十			1月16	巳己			11月18	午庚					8月22	寅壬

中華民國卅一年 歲次壬午《馬》

西元一九四二年 太歲姓路名明

月別	農曆正月		農曆二月		農曆三月		農曆四月		農曆五月		農曆六月	
干支	壬	寅	癸	卯	甲	辰	乙	巳	丙	午	丁	未
節	雨水	驚蟄	春分	清明	穀雨	立夏	小滿	芒種	夏至	小暑	大暑	立秋
氣	初五未時 14時47分	二十未時 13時10分	初五未時 14時11分	二十酉時 18時24分	初七丑時 1時40分	廿二午時 12時7分	初八丑時 1時9分	廿三申時 16時37分	初九巳時 9時17分	廿五丑時 2時52分	十一戌時 20時8分	廿七午時 12時31分
農曆	干支	國曆	干支	國曆	干支	國曆	干支	國曆	干支	國曆	干支	國曆
初一	己亥	2月15	己巳	3月17	戊戌	4月15	戊辰	5月15	戊戌	6月14	丁卯	7月13
初二	庚子	2月16	庚午	3月18	己亥	4月16	己巳	5月16	己亥	6月15	戊辰	7月14
初三	辛丑	2月17	辛未	3月19	庚子	4月17	庚午	5月17	庚子	6月16	己巳	7月15
初四	壬寅	2月18	壬申	3月20	辛丑	4月18	辛未	5月18	辛丑	6月17	庚午	7月16
初五	癸卯	2月19	癸酉	3月21	壬寅	4月19	壬申	5月19	壬寅	6月18	辛未	7月17
初六	甲辰	2月20	甲戌	3月22	癸卯	4月20	癸酉	5月20	癸卯	6月19	壬申	7月18
初七	乙巳	2月21	乙亥	3月23	甲辰	4月21	甲戌	5月21	甲辰	6月20	癸酉	7月19
初八	丙午	2月22	丙子	3月24	乙巳	4月22	乙亥	5月22	乙巳	6月21	甲戌	7月20
初九	丁未	2月23	丁丑	3月25	丙午	4月23	丙子	5月23	丙午	6月22	乙亥	7月21
初十	戊申	2月24	戊寅	3月26	丁未	4月24	丁丑	5月24	丁未	6月23	丙子	7月22
十一	己酉	2月25	己卯	3月27	戊申	4月25	戊寅	5月25	戊申	6月24	丁丑	7月23
十二	庚戌	2月26	庚辰	3月28	己酉	4月26	己卯	5月26	己酉	6月25	戊寅	7月24
十三	辛亥	2月27	辛巳	3月29	庚戌	4月27	庚辰	5月27	庚戌	6月26	己卯	7月25
十四	壬子	2月28	壬午	3月30	辛亥	4月28	辛巳	5月28	辛亥	6月27	庚辰	7月26
十五	癸丑	3月1	癸未	3月31	壬子	4月29	壬午	5月29	壬子	6月28	辛巳	7月27
十六	甲寅	3月2	甲申	4月1	癸丑	4月30	癸未	5月30	癸丑	6月29	壬午	7月28
十七	乙卯	3月3	乙酉	4月2	甲寅	5月1	甲申	5月31	甲寅	6月30	癸未	7月29
十八	丙辰	3月4	丙戌	4月3	乙卯	5月2	乙酉	6月1	乙卯	7月1	甲申	7月30
十九	丁巳	3月5	丁亥	4月4	丙辰	5月3	丙戌	6月2	丙辰	7月2	乙酉	7月31
二十	戊午	3月6	戊子	4月5	丁巳	5月4	丁亥	6月3	丁巳	7月3	丙戌	8月1
廿一	己未	3月7	己丑	4月6	戊午	5月5	戊子	6月4	戊午	7月4	丁亥	8月2
廿二	庚申	3月8	庚寅	4月7	己未	5月6	己丑	6月5	己未	7月5	戊子	8月3
廿三	辛酉	3月9	辛卯	4月8	庚申	5月7	庚寅	6月6	庚申	7月6	己丑	8月4
廿四	壬戌	3月10	壬辰	4月9	辛酉	5月8	辛卯	6月7	辛酉	7月7	庚寅	8月5
廿五	癸亥	3月11	癸巳	4月10	壬戌	5月9	壬辰	6月8	壬戌	7月8	辛卯	8月6
廿六	甲子	3月12	甲午	4月11	癸亥	5月10	癸巳	6月9	癸亥	7月9	壬辰	8月7
廿七	乙丑	3月13	乙未	4月12	甲子	5月11	甲午	6月10	甲子	7月10	癸巳	8月8
廿八	丙寅	3月14	丙申	4月13	乙丑	5月12	乙未	6月11	乙丑	7月11	甲午	8月9
廿九	丁卯	3月15	丁酉	4月14	丙寅	5月13	丙申	6月12	丙寅	7月12	乙未	8月10
三十	戊辰	3月16			丁卯	5月14	丁酉	6月13			丙申	8月11

農曆	農曆十二月		農曆十一月		農曆十月		農曆九月		農曆八月		農曆七月	
干支	癸丑		壬子		辛亥		庚戌		己酉		戊申	
節	大寒	小寒	冬至	大雪	小雪	立冬	降霜		寒露	秋分	白露	處暑
氣	十六卯時6時19分	初一午時12時55分	十五戌時19時40分	初一丑時1時47分	十六卯時6時31分	初一巳時9時12分	十五巳時9時16分		三十卯時6時22分	十五子時0時17分	廿八申時15時7分	十三丑時2時59分
農曆	國曆	干支	國曆	干支	國曆	干支	國曆	干支	國曆	干支	國曆	干支
初一	1月 6	甲子	12月 8	乙未	11月 8	乙丑	10月10	丙申	9月10	丙寅	8月12	丁酉
初二	1月 7	乙丑	12月 9	丙申	11月 9	丙寅	10月11	丁酉	9月11	丁卯	8月13	戊戌
初三	1月 8	丙寅	12月10	丁酉	11月10	丁卯	10月12	戊戌	9月12	戊辰	8月14	己亥
初四	1月 9	丁卯	12月11	戊戌	11月11	戊辰	10月13	己亥	9月13	己巳	8月15	庚子
初五	1月10	戊辰	12月12	己亥	11月12	己巳	10月14	庚子	9月14	庚午	8月16	辛丑
初六	1月11	己巳	12月13	庚子	11月13	庚午	10月15	辛丑	9月15	辛未	8月17	壬寅
初七	1月12	庚午	12月14	辛丑	11月14	辛未	10月16	壬寅	9月16	壬申	8月18	癸卯
初八	1月13	辛未	12月15	壬寅	11月15	壬申	10月17	癸卯	9月17	癸酉	8月19	甲辰
初九	1月14	壬申	12月16	癸卯	11月16	癸酉	10月18	甲辰	9月18	甲戌	8月20	乙巳
初十	1月15	癸酉	12月17	甲辰	11月17	甲戌	10月19	乙巳	9月19	乙亥	8月21	丙午
十一	1月16	甲戌	12月18	乙巳	11月18	乙亥	10月20	丙午	9月20	丙子	8月22	丁未
十二	1月17	乙亥	12月19	丙午	11月19	丙子	10月21	丁未	9月21	丁丑	8月23	戊申
十三	1月18	丙子	12月20	丁未	11月20	丁丑	10月22	戊申	9月22	戊寅	8月24	己酉
十四	1月19	丁丑	12月21	戊申	11月21	戊寅	10月23	己酉	9月23	己卯	8月25	庚戌
十五	1月20	戊寅	12月22	己酉	11月22	己卯	10月24	庚戌	9月24	庚辰	8月26	辛亥
十六	1月21	己卯	12月23	庚戌	11月23	庚辰	10月25	辛亥	9月25	辛巳	8月27	壬子
十七	1月22	庚辰	12月24	辛亥	11月24	辛巳	10月26	壬子	9月26	壬午	8月28	癸丑
十八	1月23	辛巳	12月25	壬子	11月25	壬午	10月27	癸丑	9月27	癸未	8月29	甲寅
十九	1月24	壬午	12月26	癸丑	11月26	癸未	10月28	甲寅	9月28	甲申	8月30	乙卯
二十	1月25	癸未	12月27	甲寅	11月27	甲申	10月29	乙卯	9月29	乙酉	8月31	丙辰
廿一	1月26	甲申	12月28	乙卯	11月28	乙酉	10月30	丙辰	9月30	丙戌	9月 1	丁巳
廿二	1月27	乙酉	12月29	丙辰	11月29	丙戌	10月31	丁巳	10月 1	丁亥	9月 2	戊午
廿三	1月28	丙戌	12月30	丁巳	11月30	丁亥	11月 1	戊午	10月 2	戊子	9月 3	己未
廿四	1月29	丁亥	12月31	戊午	12月 1	戊子	11月 2	己未	10月 3	己丑	9月 4	庚申
廿五	1月30	戊子	1月 1	己未	12月 2	己丑	11月 3	庚申	10月 4	庚寅	9月 5	辛酉
廿六	1月31	己丑	1月 2	庚申	12月 3	庚寅	11月 4	辛酉	10月 5	辛卯	9月 6	壬戌
廿七	2月 1	庚寅	1月 3	辛酉	12月 4	辛卯	11月 5	壬戌	10月 6	壬辰	9月 7	癸亥
廿八	2月 2	辛卯	1月 4	壬戌	12月 5	壬辰	11月 6	癸亥	10月 7	癸巳	9月 8	甲子
廿九	2月 3	壬辰	1月 5	癸亥	12月 6	癸巳	11月 7	甲子	10月 8	甲午	9月 9	乙丑
三十	2月 4	癸巳			12月 7	甲午			10月 9	乙未		

中華民國 卅二年 歲次 癸未《羊》　西元一九四三年　太歲姓魏名明

農曆六月		農曆五月		農曆四月		農曆三月		農曆二月		農曆正月		別月
己未		戊午		丁巳		丙辰		乙卯		甲寅		支干
大暑 / 小暑		夏至 / 芒種		小滿 / 夏立		穀雨 / 清明		分春 / 蟄驚		水雨 / 春立		節
大暑 廿三 2時5分丑時 / 小暑 初七 8時39分辰時		夏至 二十 15時13分申時 / 芒種 初四 22時30分亥時		小滿 十九 7時3分辰時 / 立夏 初三 17時54分酉時		穀雨 十七 7時32分辰時 / 清明 初二 0時12分子時		春分 十六 20時3分戌時 / 驚蟄 初一 18時59分酉時		雨水 十五 20時41分戌時 / 立春 初一 0時41分子時		氣
國曆	支干	國曆	支干	國曆	支干	國曆	支干	國曆	支干	國曆	支干	農曆
7月2	酉辛	6月3	辰壬	5月4	戌壬	4月5	巳癸	3月6	亥癸	2月5	午甲	初一
7月3	戌壬	6月4	巳癸	5月5	亥癸	4月6	午甲	3月7	子甲	2月6	未乙	初二
7月4	亥癸	6月5	午甲	5月6	子甲	4月7	未乙	3月8	丑乙	2月7	申丙	初三
7月5	子甲	6月6	未乙	5月7	丑乙	4月8	申丙	3月9	寅丙	2月8	酉丁	初四
7月6	丑乙	6月7	申丙	5月8	寅丙	4月9	酉丁	3月10	卯丁	2月9	戌戊	初五
7月7	寅丙	6月8	酉丁	5月9	卯丁	4月10	戌戊	3月11	辰戊	2月10	亥己	初六
7月8	卯丁	6月9	戌戊	5月10	辰戊	4月11	亥己	3月12	巳己	2月11	子庚	初七
7月9	辰戊	6月10	亥己	5月11	巳己	4月12	子庚	3月13	午庚	2月12	丑辛	初八
7月10	巳己	6月11	子庚	5月12	午庚	4月13	丑辛	3月14	未辛	2月13	寅壬	初九
7月11	午庚	6月12	丑辛	5月13	未辛	4月14	寅壬	3月15	申壬	2月14	卯癸	初十
7月12	未辛	6月13	寅壬	5月14	申壬	4月15	卯癸	3月16	酉癸	2月15	辰甲	十一
7月13	申壬	6月14	卯癸	5月15	酉癸	4月16	辰甲	3月17	戌甲	2月16	巳乙	十二
7月14	酉癸	6月15	辰甲	5月16	戌甲	4月17	巳乙	3月18	亥乙	2月17	午丙	十三
7月15	戌甲	6月16	巳乙	5月17	亥乙	4月18	午丙	3月19	子丙	2月18	未丁	十四
7月16	亥乙	6月17	午丙	5月18	子丙	4月19	未丁	3月20	丑丁	2月19	申戊	十五
7月17	子丙	6月18	未丁	5月19	丑丁	4月20	申戊	3月21	寅戊	2月20	酉己	十六
7月18	丑丁	6月19	申戊	5月20	寅戊	4月21	酉己	3月22	卯己	2月21	戌庚	十七
7月19	寅戊	6月20	酉己	5月21	卯己	4月22	戌庚	3月23	辰庚	2月22	亥辛	十八
7月20	卯己	6月21	戌庚	5月22	辰庚	4月23	亥辛	3月24	巳辛	2月23	子壬	十九
7月21	辰庚	6月22	亥辛	5月23	巳辛	4月24	子壬	3月25	午壬	2月24	丑癸	二十
7月22	巳辛	6月23	子壬	5月24	午壬	4月25	丑癸	3月26	未癸	2月25	寅甲	廿一
7月23	午壬	6月24	丑癸	5月25	未癸	4月26	寅甲	3月27	申甲	2月26	卯乙	廿二
7月24	未癸	6月25	寅甲	5月26	申甲	4月27	卯乙	3月28	酉乙	2月27	辰丙	廿三
7月25	申甲	6月26	卯乙	5月27	酉乙	4月28	辰丙	3月29	戌丙	2月28	巳丁	廿四
7月26	酉乙	6月27	辰丙	5月28	戌丙	4月29	巳丁	3月30	亥丁	3月1	午戊	廿五
7月27	戌丙	6月28	巳丁	5月29	亥丁	4月30	午戊	3月31	子戊	3月2	未己	廿六
7月28	亥丁	6月29	午戊	5月30	子戊	5月1	未己	4月1	丑己	3月3	申庚	廿七
7月29	子戊	6月30	未己	5月31	丑己	5月2	申庚	4月2	寅庚	3月4	酉辛	廿八
7月30	丑己	7月1	申庚	6月1	寅庚	5月3	酉辛	4月3	卯辛	3月5	戌壬	廿九
7月31	寅庚			6月2	卯辛			4月4	辰壬			三十

西元1943年

農曆	農曆十二月		農曆十一月		農曆十月		農曆九月		農曆八月		農曆七月	
干支	乙 丑		甲 子		癸 亥		壬 戌		辛 酉		庚 申	
節	大寒	小寒	冬至	大雪	小雪	立冬	霜降	寒露	秋分	白露	處暑	立秋
氣	12時8分 廿六午	18時40分 十一酉時	1時30分 廿七丑時	7時33分 十二辰時	12時22分 廿六午	14時59分 十一未時	15時9分 廿六申時	12時11分 十一午時	6時12分 廿五卯時	20時56分 初九戌時	8時55分 廿四辰時	18時19分 初八酉時
農曆	國曆	干支	國曆	干支	國曆	干支	國曆	干支	國曆	干支	國曆	干支
初一	12月27	己未	11月27	己丑	10月29	庚申	9月29	庚寅	8月31	辛酉	8月 1	卯己
初二	12月28	庚申	11月28	庚寅	10月30	辛酉	9月30	辛卯	9月 1	壬戌	8月 2	辰庚
初三	12月29	辛酉	11月29	辛卯	10月31	壬戌	10月 1	壬辰	9月 2	癸亥	8月 3	巳辛
初四	12月30	壬戌	11月30	壬辰	11月 1	癸亥	10月 2	癸巳	9月 3	甲子	8月 4	午甲
初五	12月31	癸亥	12月 1	癸巳	11月 2	甲子	10月 3	甲午	9月 4	乙丑	8月 5	未乙
初六	1月 1	甲子	12月 2	甲午	11月 3	乙丑	10月 4	乙未	9月 5	丙寅	8月 6	申丙
初七	1月 2	乙丑	12月 3	乙未	11月 4	丙寅	10月 5	丙申	9月 6	丁卯	8月 7	酉丁
初八	1月 3	丙寅	12月 4	丙申	11月 5	丁卯	10月 6	丁酉	9月 7	戊辰	8月 8	戌戊
初九	1月 4	丁卯	12月 5	丁酉	11月 6	戊辰	10月 7	戊戌	9月 8	己巳	8月 9	亥己
初十	1月 5	戊辰	12月 6	戊戌	11月 7	己巳	10月 8	己亥	9月 9	庚午	8月10	子庚
十一	1月 6	己巳	12月 7	己亥	11月 8	庚午	10月 9	庚子	9月10	辛未	8月11	丑辛
十二	1月 7	庚午	12月 8	庚子	11月 9	辛未	10月10	辛丑	9月11	壬申	8月12	寅壬
十三	1月 8	辛未	12月 9	辛丑	11月10	壬申	10月11	壬寅	9月12	癸酉	8月13	卯癸
十四	1月 9	壬申	12月10	壬寅	11月11	癸酉	10月12	癸卯	9月13	甲戌	8月14	辰甲
十五	1月10	癸酉	12月11	癸卯	11月12	甲戌	10月13	甲辰	9月14	乙亥	8月15	巳乙
十六	1月11	甲戌	12月12	甲辰	11月13	乙亥	10月14	乙巳	9月15	丙子	8月16	午丙
十七	1月12	乙亥	12月13	乙巳	11月14	丙子	10月15	丙午	9月16	丁丑	8月17	未丁
十八	1月13	丙子	12月14	丙午	11月15	丁丑	10月16	丁未	9月17	戊寅	8月18	申戊
十九	1月14	丁丑	12月15	丁未	11月16	戊寅	10月17	戊申	9月18	己卯	8月19	酉己
二十	1月15	戊寅	12月16	戊申	11月17	己卯	10月18	己酉	9月19	庚辰	8月20	戌庚
廿一	1月16	己卯	12月17	己酉	11月18	庚辰	10月19	庚戌	9月20	辛巳	8月21	亥辛
廿二	1月17	庚辰	12月18	庚戌	11月19	辛巳	10月20	辛亥	9月21	壬午	8月22	子壬
廿三	1月18	辛巳	12月19	辛亥	11月20	壬午	10月21	壬子	9月22	癸未	8月23	丑癸
廿四	1月19	壬午	12月20	壬子	11月21	癸未	10月22	癸丑	9月23	甲申	8月24	寅甲
廿五	1月20	癸未	12月21	癸丑	11月22	甲申	10月23	甲寅	9月24	乙酉	8月25	卯乙
廿六	1月21	甲申	12月22	甲寅	11月23	乙酉	10月24	乙卯	9月25	丙戌	8月26	辰丙
廿七	1月22	乙酉	12月23	乙卯	11月24	丙戌	10月25	丙辰	9月26	丁亥	8月27	巳丁
廿八	1月23	丙戌	12月24	丙辰	11月25	丁亥	10月26	丁巳	9月27	戊子	8月28	午戊
廿九	1月24	丁亥	12月25	丁巳	11月26	戊子	10月27	戊午	9月28	己丑	8月29	未己
三十			12月26	戊午			10月28	己未			8月30	申庚

中華民國 卅三年 歲次 甲申《猴》 西元一九四四年 太歲 姓方名公

月六曆農	月五曆農	月四閏曆農	月四曆農	月三曆農	月二曆農	月正曆農	別月
辛 未	庚 午		己 巳	戊 辰	丁 卯	丙 寅	支干
立秋 / 大暑	小暑 / 夏至	芒種	立夏 / 小滿	清明 / 穀雨	驚蟄 / 春分	立春 / 雨水	節
立秋 0時19分 二十子時 / 大暑 7時56分 初四辰時	小暑 14時37分 十七未時 / 夏至 21時3分 初一亥時	芒種 4時11分 十六寅時	立夏 23時42分 十三夜子分 / 小滿 12時51分 廿九午時	清明 5時54分 十三卯時 / 穀雨 13時18分 廿八未時	驚蟄 0時41分 十二子時 / 春分 1時49分 廿一子時	立春 6時22分 十二卯時 / 雨水 2時28分 廿七丑時	氣

月六曆農 國曆／支干	月五曆農 國曆／支干	月閏四曆農 國曆／支干	月四曆農 國曆／支干	月三曆農 國曆／支干	月二曆農 國曆／支干	月正曆農 國曆／支干	農曆
7月20 乙酉	6月21 丙辰	5月22 丙戌	4月23 丁巳	3月24 丁亥	2月24 戊午	1月25 戊子	初一
7月21 丙戌	6月22 丁巳	5月23 丁亥	4月24 戊午	3月25 戊子	2月25 己未	1月26 己丑	初二
7月22 丁亥	6月23 戊午	5月24 戊子	4月25 己未	3月26 己丑	2月26 庚申	1月27 庚寅	初三
7月23 戊子	6月24 己未	5月25 己丑	4月26 庚申	3月27 庚寅	2月27 辛酉	1月28 辛卯	初四
7月24 己丑	6月25 庚申	5月26 庚寅	4月27 辛酉	3月28 辛卯	2月28 壬戌	1月29 壬辰	初五
7月25 庚寅	6月26 辛酉	5月27 辛卯	4月28 壬戌	3月29 壬辰	2月29 癸亥	1月30 癸巳	初六
7月26 辛卯	6月27 壬戌	5月28 壬辰	4月29 癸亥	3月30 癸巳	3月1 甲子	1月31 甲午	初七
7月27 壬辰	6月28 癸亥	5月29 癸巳	4月30 甲子	3月31 甲午	3月2 乙丑	2月1 乙未	初八
7月28 癸巳	6月29 甲子	5月30 甲午	5月1 乙丑	4月1 乙未	3月3 丙寅	2月2 丙申	初九
7月29 甲午	6月30 乙丑	5月31 乙未	5月2 丙寅	4月2 丙申	3月4 丁卯	2月3 丁酉	初十
7月30 乙未	7月1 丙寅	6月1 丙申	5月3 丁卯	4月3 丁酉	3月5 戊辰	2月4 戊戌	十一
7月31 丙申	7月2 丁卯	6月2 丁酉	5月4 戊辰	4月4 戊戌	3月6 己巳	2月5 己亥	十二
8月1 丁酉	7月3 戊辰	6月3 戊戌	5月5 己巳	4月5 己亥	3月7 庚午	2月6 庚子	十三
8月2 戊戌	7月4 己巳	6月4 己亥	5月6 庚午	4月6 庚子	3月8 辛未	2月7 辛丑	十四
8月3 己亥	7月5 庚午	6月5 庚子	5月7 辛未	4月7 辛丑	3月9 壬申	2月8 壬寅	十五
8月4 庚子	7月6 辛未	6月6 辛丑	5月8 壬申	4月8 壬寅	3月10 癸酉	2月9 癸卯	十六
8月5 辛丑	7月7 壬申	6月7 壬寅	5月9 癸酉	4月9 癸卯	3月11 甲戌	2月10 甲辰	十七
8月6 壬寅	7月8 癸酉	6月8 癸卯	5月10 甲戌	4月10 甲辰	3月12 乙亥	2月11 乙巳	十八
8月7 癸卯	7月9 甲戌	6月9 甲辰	5月11 乙亥	4月11 乙巳	3月13 丙子	2月12 丙午	十九
8月8 甲辰	7月10 乙亥	6月10 乙巳	5月12 丙子	4月12 丙午	3月14 丁丑	2月13 丁未	二十
8月9 乙巳	7月11 丙子	6月11 丙午	5月13 丁丑	4月13 丁未	3月15 戊寅	2月14 戊申	廿一
8月10 丙午	7月12 丁丑	6月12 丁未	5月14 戊寅	4月14 戊申	3月16 己卯	2月15 己酉	廿二
8月11 丁未	7月13 戊寅	6月13 戊申	5月15 己卯	4月15 己酉	3月17 庚辰	2月16 庚戌	廿三
8月12 戊申	7月14 己卯	6月14 己酉	5月16 庚辰	4月16 庚戌	3月18 辛巳	2月17 辛亥	廿四
8月13 己酉	7月15 庚辰	6月15 庚戌	5月17 辛巳	4月17 辛亥	3月19 壬午	2月18 壬子	廿五
8月14 庚戌	7月16 辛巳	6月16 辛亥	5月18 壬午	4月18 壬子	3月20 癸未	2月19 癸丑	廿六
8月15 辛亥	7月17 壬午	6月17 壬子	5月19 癸未	4月19 癸丑	3月21 甲申	2月20 甲寅	廿七
8月16 壬子	7月18 癸未	6月18 癸丑	5月20 甲申	4月20 甲寅	3月22 乙酉	2月21 乙卯	廿八
8月17 癸丑	7月19 甲申	6月19 甲寅	5月21 乙酉	4月21 乙卯	3月23 丙戌	2月22 丙辰	廿九
8月18 甲寅		6月20 乙卯		4月22 丙辰		2月23 丁巳	三十

西元1944年

月別	農曆十二月		農曆十一月		農曆十月		農曆九月		農曆八月		農曆七月	
干支	丁丑		丙子		乙亥		甲戌		癸酉		壬申	
節	立春 大寒		小寒 冬至		大雪 小雪		立冬 霜降		寒露 秋分		白露 處暑	
氣	廿二 12時20分午時／初七 17時54分酉時		廿三 0時35分子時／初八 7時15分辰時		廿二 13時28分未時／初七 18時8分酉時		廿二 20時55分戌時／初七 20時57分戌時		廿二 18時9分酉時／初七 12時2分午時		廿二 2時56分丑時／初五 14時47分未時	
農曆	國曆	干支	國曆	干支	國曆	干支	國曆	干支	國曆	干支	國曆	干支
初一	1月14	癸未	12月15	癸丑	11月16	甲申	10月17	甲寅	9月17	甲申	8月19	乙卯
初二	1月15	甲申	12月16	甲寅	11月17	乙酉	10月18	乙卯	9月18	乙酉	8月20	丙辰
初三	1月16	乙酉	12月17	乙卯	11月18	丙戌	10月19	丙辰	9月19	丙戌	8月21	丁巳
初四	1月17	丙戌	12月18	丙辰	11月19	丁亥	10月20	丁巳	9月20	丁亥	8月22	戊午
初五	1月18	丁亥	12月19	丁巳	11月20	戊子	10月21	戊午	9月21	戊子	8月23	己未
初六	1月19	戊子	12月20	戊午	11月21	己丑	10月22	己未	9月22	己丑	8月24	庚申
初七	1月20	己丑	12月21	己未	11月22	庚寅	10月23	庚申	9月23	庚寅	8月25	辛酉
初八	1月21	庚寅	12月22	庚申	11月23	辛卯	10月24	辛酉	9月24	辛卯	8月26	壬戌
初九	1月22	辛卯	12月23	辛酉	11月24	壬辰	10月25	壬戌	9月25	壬辰	8月27	癸亥
初十	1月23	壬辰	12月24	壬戌	11月25	癸巳	10月26	癸亥	9月26	癸巳	8月28	甲子
十一	1月24	癸巳	12月25	癸亥	11月26	甲午	10月27	甲子	9月27	甲午	8月29	乙丑
十二	1月25	甲午	12月26	甲子	11月27	乙未	10月28	乙丑	9月28	乙未	8月30	丙寅
十三	1月26	乙未	12月27	乙丑	11月28	丙申	10月29	丙寅	9月29	丙申	8月31	丁卯
十四	1月27	丙申	12月28	丙寅	11月29	丁酉	10月30	丁卯	9月30	丁酉	9月1	戊辰
十五	1月28	丁酉	12月29	丁卯	11月30	戊戌	10月31	戊辰	10月1	戊戌	9月2	己巳
十六	1月29	戊戌	12月30	戊辰	12月1	己亥	11月1	己巳	10月2	己亥	9月3	庚午
十七	1月30	己亥	12月31	己巳	12月2	庚子	11月2	庚午	10月3	庚子	9月4	辛未
十八	1月31	庚子	1月1	庚午	12月3	辛丑	11月3	辛未	10月4	辛丑	9月5	壬申
十九	2月1	辛丑	1月2	辛未	12月4	壬寅	11月4	壬申	10月5	壬寅	9月6	癸酉
二十	2月2	壬寅	1月3	壬申	12月5	癸卯	11月5	癸酉	10月6	癸卯	9月7	甲戌
廿一	2月3	癸卯	1月4	癸酉	12月6	甲辰	11月6	甲戌	10月7	甲辰	9月8	乙亥
廿二	2月4	甲辰	1月5	甲戌	12月7	乙巳	11月7	乙亥	10月8	乙巳	9月9	丙子
廿三	2月5	乙巳	1月6	乙亥	12月8	丙午	11月8	丙子	10月9	丙午	9月10	丁丑
廿四	2月6	丙午	1月7	丙子	12月9	丁未	11月9	丁丑	10月10	丁未	9月11	戊寅
廿五	2月7	丁未	1月8	丁丑	12月10	戊申	11月10	戊寅	10月11	戊申	9月12	己卯
廿六	2月8	戊申	1月9	戊寅	12月11	己酉	11月11	己卯	10月12	己酉	9月13	庚辰
廿七	2月9	己酉	1月10	己卯	12月12	庚戌	11月12	庚辰	10月13	庚戌	9月14	辛巳
廿八	2月10	庚戌	1月11	庚辰	12月13	辛亥	11月13	辛巳	10月14	辛亥	9月15	壬午
廿九	2月11	辛亥	1月12	辛巳	12月14	壬子	11月14	壬午	10月15	壬子	9月16	癸未
三十	2月12	壬子	1月13	壬午			11月15	癸未	10月16	癸丑		

中華民國卅四年 歲次乙酉《雞》

西元一九四五年 太歲姓蔣名嵩

月別	農曆正月		農曆二月		農曆三月		農曆四月		農曆五月		農曆六月	
干支	戊寅		己卯		庚辰		辛巳		壬午		癸未	
節	雨水	驚蟄	春分	清明	穀雨	立夏	小滿	芒種	夏至	小暑	大暑	
氣	初七辰時 8時15分	廿二卯時 6時38分	初八辰時 7時38分	廿三午時 11時52分	初九戌時 19時7分	廿五卯時 5時37分	初十酉時 18時43分	廿六巳時 10時8分	十三丑時 2時52分	廿八戌時 20時27分	十五未時 13時46分	
農曆	干支	國曆	干支	國曆	干支	國曆	干支	國曆	干支	國曆	干支	國曆
初一	癸丑	2月13	壬午	3月14	辛亥	4月12	辛巳	5月12	庚戌	6月10	己卯	7月9
初二	甲寅	2月14	癸未	3月15	壬子	4月13	壬午	5月13	辛亥	6月11	庚辰	7月10
初三	乙卯	2月15	甲申	3月16	癸丑	4月14	癸未	5月14	壬子	6月12	辛巳	7月11
初四	丙辰	2月16	乙酉	3月17	甲寅	4月15	甲申	5月15	癸丑	6月13	壬午	7月12
初五	丁巳	2月17	丙戌	3月18	乙卯	4月16	乙酉	5月16	甲寅	6月14	癸未	7月13
初六	戊午	2月18	丁亥	3月19	丙辰	4月17	丙戌	5月17	乙卯	6月15	甲申	7月14
初七	己未	2月19	戊子	3月20	丁巳	4月18	丁亥	5月18	丙辰	6月16	乙酉	7月15
初八	庚申	2月20	己丑	3月21	戊午	4月19	戊子	5月19	丁巳	6月17	丙戌	7月16
初九	辛酉	2月21	庚寅	3月22	己未	4月20	己丑	5月20	戊午	6月18	丁亥	7月17
初十	壬戌	2月22	辛卯	3月23	庚申	4月21	庚寅	5月21	己未	6月19	戊子	7月18
十一	癸亥	2月23	壬辰	3月24	辛酉	4月22	辛卯	5月22	庚申	6月20	己丑	7月19
十二	甲子	2月24	癸巳	3月25	壬戌	4月23	壬辰	5月23	辛酉	6月21	庚寅	7月20
十三	乙丑	2月25	甲午	3月26	癸亥	4月24	癸巳	5月24	壬戌	6月22	辛卯	7月21
十四	丙寅	2月26	乙未	3月27	甲子	4月25	甲午	5月25	癸亥	6月23	壬辰	7月22
十五	丁卯	2月27	丙申	3月28	乙丑	4月26	乙未	5月26	甲子	6月24	癸巳	7月23
十六	戊辰	2月28	丁酉	3月29	丙寅	4月27	丙申	5月27	乙丑	6月25	甲午	7月24
十七	己巳	3月1	戊戌	3月30	丁卯	4月28	丁酉	5月28	丙寅	6月26	乙未	7月25
十八	庚午	3月2	己亥	3月31	戊辰	4月29	戊戌	5月29	丁卯	6月27	丙申	7月26
十九	辛未	3月3	庚子	4月1	己巳	4月30	己亥	5月30	戊辰	6月28	丁酉	7月27
二十	壬申	3月4	辛丑	4月2	庚午	5月1	庚子	5月31	己巳	6月29	戊戌	7月28
廿一	癸酉	3月5	壬寅	4月3	辛未	5月2	辛丑	6月1	庚午	6月30	己亥	7月29
廿二	甲戌	3月6	癸卯	4月4	壬申	5月3	壬寅	6月2	辛未	7月1	庚子	7月30
廿三	乙亥	3月7	甲辰	4月5	癸酉	5月4	癸卯	6月3	壬申	7月2	辛丑	7月31
廿四	丙子	3月8	乙巳	4月6	甲戌	5月5	甲辰	6月4	癸酉	7月3	壬寅	8月1
廿五	丁丑	3月9	丙午	4月7	乙亥	5月6	乙巳	6月5	甲戌	7月4	癸卯	8月2
廿六	戊寅	3月10	丁未	4月8	丙子	5月7	丙午	6月6	乙亥	7月5	甲辰	8月3
廿七	己卯	3月11	戊申	4月9	丁丑	5月8	丁未	6月7	丙子	7月6	乙巳	8月4
廿八	庚辰	3月12	己酉	4月10	戊寅	5月9	戊申	6月8	丁丑	7月7	丙午	8月5
廿九	辛巳	3月13	庚戌	4月11	己卯	5月10	己酉	6月9	戊寅	7月8	丁未	8月6
三十					庚辰	5月11					戊申	8月7

西元1945年

月別	農曆十二月		農曆十一月		農曆十月		農曆九月		農曆八月		農曆七月	
干支	己丑		戊子		丁亥		丙戌		乙酉		甲申	
節	大寒	小寒	冬至	大雪	小雪	立冬	霜降	寒露	秋分	白露	處暑	立秋
氣	十八夜子23時45分	初四卯時6時17分	十八未時13時4分	初三戌時19時8分	十八夜子23時56分	初四丑時2時35分	十九丑時2時44分	初三夜子23時50分	十八酉時17時50分	初三辰時8時39分	十六戌時20時36分	初一卯時6時6分
農曆	國曆	干支	國曆	干支	國曆	干支	國曆	干支	國曆	干支	國曆	干支
初一	1月3	丁丑	12月5	戊申	11月5	戊寅	10月6	戊申	9月6	戊寅	8月8	癸酉
初二	1月4	戊寅	12月6	己酉	11月6	己卯	10月7	己酉	9月7	己卯	8月9	戌
初三	1月5	己卯	12月7	庚戌	11月7	庚辰	10月8	庚戌	9月8	庚辰	8月10	辛亥
初四	1月6	庚辰	12月8	辛亥	11月8	辛巳	10月9	辛亥	9月9	辛巳	8月11	壬子
初五	1月7	辛巳	12月9	壬子	11月9	壬午	10月10	壬子	9月10	壬午	8月12	癸丑
初六	1月8	壬午	12月10	癸丑	11月10	癸未	10月11	癸丑	9月11	癸未	8月13	寅
初七	1月9	癸未	12月11	甲寅	11月11	甲申	10月12	甲寅	9月12	甲申	8月14	卯
初八	1月10	甲申	12月12	乙卯	11月12	乙酉	10月13	乙卯	9月13	乙酉	8月15	辰
初九	1月11	乙酉	12月13	丙辰	11月13	丙戌	10月14	丙辰	9月14	丙戌	8月16	巳
初十	1月12	丙戌	12月14	丁巳	11月14	丁亥	10月15	丁巳	9月15	丁亥	8月17	午
十一	1月13	丁亥	12月15	戊午	11月15	戊子	10月16	戊午	9月16	戊子	8月18	未己
十二	1月14	戊子	12月16	己未	11月16	己丑	10月17	己未	9月17	己丑	8月19	申庚
十三	1月15	己丑	12月17	庚申	11月17	庚寅	10月18	庚申	9月18	庚寅	8月20	酉辛
十四	1月16	庚寅	12月18	辛酉	11月18	辛卯	10月19	辛酉	9月19	辛卯	8月21	戌壬
十五	1月17	辛卯	12月19	壬戌	11月19	壬辰	10月20	壬戌	9月20	壬辰	8月22	亥癸
十六	1月18	壬辰	12月20	癸亥	11月20	癸巳	10月21	癸亥	9月21	癸巳	8月23	子甲
十七	1月19	癸巳	12月21	甲子	11月21	甲午	10月22	甲子	9月22	甲午	8月24	丑乙
十八	1月20	甲午	12月22	乙丑	11月22	乙未	10月23	乙丑	9月23	乙未	8月25	寅丙
十九	1月21	乙未	12月23	丙寅	11月23	丙申	10月24	丙寅	9月24	丙申	8月26	卯丁
二十	1月22	丙申	12月24	丁卯	11月24	丁酉	10月25	丁卯	9月25	丁酉	8月27	辰戊
廿一	1月23	丁酉	12月25	戊辰	11月25	戊戌	10月26	戊辰	9月26	戊戌	8月28	巳己
廿二	1月24	戊戌	12月26	己巳	11月26	己亥	10月27	己巳	9月27	己亥	8月29	午庚
廿三	1月25	己亥	12月27	庚午	11月27	庚子	10月28	庚午	9月28	庚子	8月30	未辛
廿四	1月26	庚子	12月28	辛未	11月28	辛丑	10月29	辛未	9月29	辛丑	8月31	申壬
廿五	1月27	辛丑	12月29	壬申	11月29	壬寅	10月30	壬申	9月30	壬寅	9月1	酉癸
廿六	1月28	壬寅	12月30	癸酉	11月30	癸卯	10月31	癸酉	10月1	癸卯	9月2	戌甲
廿七	1月29	癸卯	12月31	甲戌	12月1	甲辰	11月1	甲戌	10月2	甲辰	9月3	亥乙
廿八	1月30	甲辰	1月1	乙亥	12月2	乙巳	11月2	乙亥	10月3	乙巳	9月4	子丙
廿九	1月31	乙巳	1月2	丙子	12月3	丙午	11月3	丙子	10月4	丙午	9月5	丑丁
三十	2月1	丙午			12月4	丁未	11月4	丁丑	10月5	丁未		

農曆六月		農曆五月		農曆四月		農曆三月		農曆二月		農曆正月		月別
乙未		甲午		癸巳		壬辰		辛卯		庚寅		干支
大暑	小暑	夏至	芒種	小滿	立夏	穀雨	清明	春分	驚蟄	雨水	立春	節
廿五 19時37分 戊時	初十 2時11分 丑時	廿三 8時45分 辰時	初七 15時49分 申時	廿二 0時34分 子時	初六 11時22分 午時	二十 1時2分 丑時	初四 17時39分 酉時	十八 13時33分 未時	初三 12時25分 午時	十八 14時9分 未時	初三 18時5分 酉時	氣
國曆	干支	國曆	干支	國曆	干支	國曆	干支	國曆	干支	國曆	干支	農曆
6月29	甲戊	5月31	乙巳	5月 1	乙亥	4月 2	丙午	3月 4	丁丑	2月 2	丁未	初一
6月30	乙亥	6月 1	丙午	5月 2	丙子	4月 3	丁未	3月 5	戊寅	2月 3	戊申	初二
7月 1	丙子	6月 2	丁未	5月 3	丁丑	4月 4	戊申	3月 6	己卯	2月 4	己酉	初三
7月 2	丁丑	6月 3	戊申	5月 4	戊寅	4月 5	己酉	3月 7	庚辰	2月 5	庚戊	初四
7月 3	戊寅	6月 4	己酉	5月 5	己卯	4月 6	庚戊	3月 8	辛巳	2月 6	辛亥	初五
7月 4	己卯	6月 5	庚戊	5月 6	庚辰	4月 7	辛亥	3月 9	壬午	2月 7	壬子	初六
7月 5	庚辰	6月 6	辛亥	5月 7	辛巳	4月 8	壬子	3月10	癸未	2月 8	癸丑	初七
7月 6	辛巳	6月 7	壬子	5月 8	壬午	4月 9	癸丑	3月11	甲申	2月 9	甲寅	初八
7月 7	壬午	6月 8	癸丑	5月 9	癸未	4月10	甲寅	3月12	乙酉	2月10	乙卯	初九
7月 8	癸未	6月 9	甲寅	5月10	甲申	4月11	乙卯	3月13	丙戊	2月11	丙辰	初十
7月 9	甲申	6月10	乙卯	5月11	乙酉	4月12	丙辰	3月14	丁亥	2月12	丁巳	十一
7月10	乙酉	6月11	丙辰	5月12	丙戊	4月13	丁巳	3月15	戊子	2月13	戊午	十二
7月11	丙戊	6月12	丁巳	5月13	丁亥	4月14	戊午	3月16	己丑	2月14	己未	十三
7月12	丁亥	6月13	戊午	5月14	戊子	4月15	己未	3月17	庚寅	2月15	庚申	十四
7月13	戊子	6月14	己未	5月15	己丑	4月16	庚申	3月18	辛卯	2月16	辛酉	十五
7月14	己丑	6月15	庚申	5月16	庚寅	4月17	辛酉	3月19	壬辰	2月17	壬戊	十六
7月15	庚寅	6月16	辛酉	5月17	辛卯	4月18	壬戊	3月20	癸巳	2月18	癸亥	十七
7月16	辛卯	6月17	壬戊	5月18	壬辰	4月19	癸亥	3月21	甲午	2月19	甲子	十八
7月17	壬辰	6月18	癸亥	5月19	癸巳	4月20	甲子	3月22	乙未	2月20	乙丑	十九
7月18	癸巳	6月19	甲子	5月20	甲午	4月21	乙丑	3月23	丙申	2月21	丙寅	二十
7月19	甲午	6月20	乙丑	5月21	乙未	4月22	丙寅	3月24	丁酉	2月22	丁卯	廿一
7月20	乙未	6月21	丙寅	5月22	丙申	4月23	丁卯	3月25	戊戊	2月23	戊辰	廿二
7月21	丙申	6月22	丁卯	5月23	丁酉	4月24	戊辰	3月26	己亥	2月24	己巳	廿三
7月22	丁酉	6月23	戊辰	5月24	戊戊	4月25	己巳	3月27	庚子	2月25	庚午	廿四
7月23	戊戊	6月24	己巳	5月25	己亥	4月26	庚午	3月28	辛丑	2月26	辛未	廿五
7月24	己亥	6月25	庚午	5月26	庚子	4月27	辛未	3月29	壬寅	2月27	壬申	廿六
7月25	庚子	6月26	辛未	5月27	辛丑	4月28	壬申	3月30	癸卯	2月28	癸酉	廿七
7月26	辛丑	6月27	壬申	5月28	壬寅	4月29	癸酉	3月31	甲辰	3月 1	甲戊	廿八
7月27	壬寅	6月28	癸酉	5月29	癸卯	4月30	甲戊	4月 1	乙巳	3月 2	乙亥	廿九
				5月30	甲辰					3月 3	丙子	十三

中華民國 卅五年 歲次 丙戌 《狗》 西元一九四六年 太歲 姓向名般

月別	農曆十二月		農曆十一月		農曆十月		農曆九月		農曆八月		農曆七月	
干支	辛丑		庚子		己亥		戊戌		丁酉		丙申	
節	大寒	小寒	冬至	大雪	小雪	立冬	霜降	寒露	秋分	白露	處暑	立秋
氣	三十 5時35分 卯	十五 12時11分 午	廿九 18時54分 酉	十五 1時1分 丑	三十 5時47分 卯	十五 8時28分 辰	三十 8時35分 辰	十五 5時42分 卯	廿八 23時41分 夜子	十三 14時28分 未	廿八 2時27分 丑	十二 11時52分 午
農曆	國曆	干支	國曆	干支	國曆	干支	國曆	干支	國曆	干支	國曆	干支
初一	12月23	辛未	11月24	壬寅	10月25	壬申	9月25	壬寅	8月27	癸酉	7月28	癸卯
初二	12月24	壬申	11月25	癸卯	10月26	癸酉	9月26	癸卯	8月28	甲戌	7月29	甲辰
初三	12月25	癸酉	11月26	甲辰	10月27	甲戌	9月27	甲辰	8月29	乙亥	7月30	乙巳
初四	12月26	甲戌	11月27	乙巳	10月28	乙亥	9月28	乙巳	8月30	丙子	7月31	丙午
初五	12月27	乙亥	11月28	丙午	10月29	丙子	9月29	丙午	8月31	丁丑	8月 1	丁未
初六	12月28	丙子	11月29	丁未	10月30	丁丑	9月30	丁未	9月 1	戊寅	8月 2	戊申
初七	12月29	丁丑	11月30	戊申	10月31	戊寅	10月 1	戊申	9月 2	己卯	8月 3	己酉
初八	12月30	戊寅	12月 1	己酉	11月 1	己卯	10月 2	己酉	9月 3	庚辰	8月 4	庚戌
初九	12月31	己卯	12月 2	庚戌	11月 2	庚辰	10月 3	庚戌	9月 4	辛巳	8月 5	辛亥
初十	1月 1	庚辰	12月 3	辛亥	11月 3	辛巳	10月 4	辛亥	9月 5	壬午	8月 6	壬子
十一	1月 2	辛巳	12月 4	壬子	11月 4	壬午	10月 5	壬子	9月 6	癸未	8月 7	癸丑
十二	1月 3	壬午	12月 5	癸丑	11月 5	癸未	10月 6	癸丑	9月 7	甲申	8月 8	甲寅
十三	1月 4	癸未	12月 6	甲寅	11月 6	甲申	10月 7	甲寅	9月 8	乙酉	8月 9	乙卯
十四	1月 5	甲申	12月 7	乙卯	11月 7	乙酉	10月 8	乙卯	9月 9	丙戌	8月10	丙辰
十五	1月 6	乙酉	12月 8	丙辰	11月 8	丙戌	10月 9	丙辰	9月10	丁亥	8月11	丁巳
十六	1月 7	丙戌	12月 9	丁巳	11月 9	丁亥	10月10	丁巳	9月11	戊子	8月12	戊午
十七	1月 8	丁亥	12月10	戊午	11月10	戊子	10月11	戊午	9月12	己丑	8月13	己未
十八	1月 9	戊子	12月11	己未	11月11	己丑	10月12	己未	9月13	庚寅	8月14	庚申
十九	1月10	己丑	12月12	庚申	11月12	庚寅	10月13	庚申	9月14	辛卯	8月15	辛酉
二十	1月11	庚寅	12月13	辛酉	11月13	辛卯	10月14	辛酉	9月15	壬辰	8月16	壬戌
廿一	1月12	辛卯	12月14	壬戌	11月14	壬辰	10月15	壬戌	9月16	癸巳	8月17	癸亥
廿二	1月13	壬辰	12月15	癸亥	11月15	癸巳	10月16	癸亥	9月17	甲午	8月18	甲子
廿三	1月14	癸巳	12月16	甲子	11月16	甲午	10月17	甲子	9月18	乙未	8月19	乙丑
廿四	1月15	甲午	12月17	乙丑	11月17	乙未	10月18	乙丑	9月19	丙申	8月20	丙寅
廿五	1月16	乙未	12月18	丙寅	11月18	丙申	10月19	丙寅	9月20	丁酉	8月21	丁卯
廿六	1月17	丙申	12月19	丁卯	11月19	丁酉	10月20	丁卯	9月21	戊戌	8月22	戊辰
廿七	1月18	丁酉	12月20	戊辰	11月20	戊戌	10月21	戊辰	9月22	己亥	8月23	己巳
廿八	1月19	戊戌	12月21	己巳	11月21	己亥	10月22	己巳	9月23	庚子	8月24	庚午
廿九	1月20	己亥	12月22	庚午	11月22	庚子	10月23	庚午	9月24	辛丑	8月25	辛未
三十	1月21	庚子			11月23	辛丑	10月24	辛未			8月26	壬申

中華民國 卅六年 歲次 丁亥《豬》 西元一九四七年 太歲 姓封名齊

節氣時刻

農曆月	月干支	節	氣
農曆正月	壬寅	立春 廿三 23時55分 子夜	雨水 廿九 19時55分 戌時
農曆二月	癸卯	驚蟄 十四 18時12分 酉時	春分 廿九 19時15分 戌時
閏農曆二月		清明 十四 23時23分 子夜	
農曆三月	甲辰	立夏 十六 17時5分 酉時	穀雨 初一 6時42分 卯時
農曆四月	乙巳	芒種 十八 21時33分 亥時	小滿 初三 6時13分 卯時
農曆五月	丙午	小暑 二十 7時56分 辰時	夏至 初四 14時24分 未時
農曆六月	丁未	立秋 廿二 17時39分 酉時	大暑 初七 1時19分 丑時

國曆 ／ 干支 對照

農曆	農曆六月	農曆五月	農曆四月	農曆三月	閏農曆二月	農曆二月	農曆正月
初一	7月18日 戊戌	6月19日 己巳	5月20日 己亥	4月21日 庚午	3月23日 辛丑	2月21日 辛未	1月22日 辛丑
初二	7月19日 己亥	6月20日 庚午	5月21日 庚子	4月22日 辛未	3月24日 壬寅	2月22日 壬申	1月23日 壬寅
初三	7月20日 庚子	6月21日 辛未	5月22日 辛丑	4月23日 壬申	3月25日 癸卯	2月23日 癸酉	1月24日 癸卯
初四	7月21日 辛丑	6月22日 壬申	5月23日 壬寅	4月24日 癸酉	3月26日 甲辰	2月24日 甲戌	1月25日 甲辰
初五	7月22日 壬寅	6月23日 癸酉	5月24日 癸卯	4月25日 甲戌	3月27日 乙巳	2月25日 乙亥	1月26日 乙巳
初六	7月23日 癸卯	6月24日 甲戌	5月25日 甲辰	4月26日 乙亥	3月28日 丙午	2月26日 丙子	1月27日 丙午
初七	7月24日 甲辰	6月25日 乙亥	5月26日 乙巳	4月27日 丙子	3月29日 丁未	2月27日 丁丑	1月28日 丁未
初八	7月25日 乙巳	6月26日 丙子	5月27日 丙午	4月28日 丁丑	3月30日 戊申	2月28日 戊寅	1月29日 戊申
初九	7月26日 丙午	6月27日 丁丑	5月28日 丁未	4月29日 戊寅	3月31日 己酉	3月1日 己卯	1月30日 己酉
初十	7月27日 丁未	6月28日 戊寅	5月29日 戊申	4月30日 己卯	4月1日 庚戌	3月2日 庚辰	1月31日 庚戌
十一	7月28日 戊申	6月29日 己卯	5月30日 己酉	5月1日 庚辰	4月2日 辛亥	3月3日 辛巳	2月1日 辛亥
十二	7月29日 己酉	6月30日 庚辰	5月31日 庚戌	5月2日 辛巳	4月3日 壬子	3月4日 壬午	2月2日 壬子
十三	7月30日 庚戌	7月1日 辛巳	6月1日 辛亥	5月3日 壬午	4月4日 癸丑	3月5日 癸未	2月3日 癸丑
十四	7月31日 辛亥	7月2日 壬午	6月2日 壬子	5月4日 癸未	4月5日 甲寅	3月6日 甲申	2月4日 甲寅
十五	8月1日 壬子	7月3日 癸未	6月3日 癸丑	5月5日 甲申	4月6日 乙卯	3月7日 乙酉	2月5日 乙卯
十六	8月2日 癸丑	7月4日 甲申	6月4日 甲寅	5月6日 乙酉	4月7日 丙辰	3月8日 丙戌	2月6日 丙辰
十七	8月3日 甲寅	7月5日 乙酉	6月5日 乙卯	5月7日 丙戌	4月8日 丁巳	3月9日 丁亥	2月7日 丁巳
十八	8月4日 乙卯	7月6日 丙戌	6月6日 丙辰	5月8日 丁亥	4月9日 戊午	3月10日 戊子	2月8日 戊午
十九	8月5日 丙辰	7月7日 丁亥	6月7日 丁巳	5月9日 戊子	4月10日 己未	3月11日 己丑	2月9日 己未
二十	8月6日 丁巳	7月8日 戊子	6月8日 戊午	5月10日 己丑	4月11日 庚申	3月12日 庚寅	2月10日 庚申
廿一	8月7日 戊午	7月9日 己丑	6月9日 己未	5月11日 庚寅	4月12日 辛酉	3月13日 辛卯	2月11日 辛酉
廿二	8月8日 己未	7月10日 庚寅	6月10日 庚申	5月12日 辛卯	4月13日 壬戌	3月14日 壬辰	2月12日 壬戌
廿三	8月9日 庚申	7月11日 辛卯	6月11日 辛酉	5月13日 壬辰	4月14日 癸亥	3月15日 癸巳	2月13日 癸亥
廿四	8月10日 辛酉	7月12日 壬辰	6月12日 壬戌	5月14日 癸巳	4月15日 甲子	3月16日 甲午	2月14日 甲子
廿五	8月11日 壬戌	7月13日 癸巳	6月13日 癸亥	5月15日 甲午	4月16日 乙丑	3月17日 乙未	2月15日 乙丑
廿六	8月12日 癸亥	7月14日 甲午	6月14日 甲子	5月16日 乙未	4月17日 丙寅	3月18日 丙申	2月16日 丙寅
廿七	8月13日 甲子	7月15日 乙未	6月15日 乙丑	5月17日 丙申	4月18日 丁卯	3月19日 丁酉	2月17日 丁卯
廿八	8月14日 乙丑	7月16日 丙申	6月16日 丙寅	5月18日 丁酉	4月19日 戊辰	3月20日 戊戌	2月18日 戊辰
廿九	8月15日 丙寅	7月17日 丁酉	6月17日 丁卯	5月19日 戊戌	4月20日 己巳	3月21日 己亥	2月19日 己巳
三十			6月18日 戊辰			3月22日 庚子	2月20日 庚午

西元1947年

月別	農曆十二月	農曆十一月	農曆十月	農曆九月	農曆八月	農曆七月
干支	癸丑	壬子	辛亥	庚戌	己酉	戊申
節	立春 大寒	小寒 冬至	大雪 小雪	立冬 霜降	寒露 秋分	白露 處暑
氣	5時43分 廿六卯時 / 11時19分 十一午時	18時1分 廿六酉時 / 0時45分 十二子時	6時53分 廿六卯時 / 11時37分 十一午時	14時19分 廿六未時 / 14時24分 十一未時	11時32分 廿五午時 / 5時28分 初十卯時	20時17分 廿四戌時 / 8時11分 初九辰時
農曆	國曆　支干	國曆　支干	國曆　支干	國曆　支干	國曆　支干	國曆　支干
初一	1月11　乙未	12月12　乙丑	11月13　丙申	10月14　丙寅	9月15　丁酉	8月16　丁卯
初二	1月12　丙申	12月13　丙寅	11月14　丁酉	10月15　丁卯	9月16　戊戌	8月17　戊辰
初三	1月13　丁酉	12月14　丁卯	11月15　戊戌	10月16　戊辰	9月17　己亥	8月18　己巳
初四	1月14　戊戌	12月15　戊辰	11月16　己亥	10月17　己巳	9月18　庚子	8月19　庚午
初五	1月15　己亥	12月16　己巳	11月17　庚子	10月18　庚午	9月19　辛丑	8月20　辛未
初六	1月16　庚子	12月17　庚午	11月18　辛丑	10月19　辛未	9月20　壬寅	8月21　壬申
初七	1月17　辛丑	12月18　辛未	11月19　壬寅	10月20　壬申	9月21　癸卯	8月22　癸酉
初八	1月18　壬寅	12月19　壬申	11月20　癸卯	10月21　癸酉	9月22　甲辰	8月23　甲戌
初九	1月19　癸卯	12月20　癸酉	11月21　甲辰	10月22　甲戌	9月23　乙巳	8月24　乙亥
初十	1月20　甲辰	12月21　甲戌	11月22　乙巳	10月23　乙亥	9月24　丙午	8月25　丙子
十一	1月21　乙巳	12月22　乙亥	11月23　丙午	10月24　丙子	9月25　丁未	8月26　丁丑
十二	1月22　丙午	12月23　丙子	11月24　丁未	10月25　丁丑	9月26　戊申	8月27　戊寅
十三	1月23　丁未	12月24　丁丑	11月25　戊申	10月26　戊寅	9月27　己酉	8月28　己卯
十四	1月24　戊申	12月25　戊寅	11月26　己酉	10月27　己卯	9月28　庚戌	8月29　庚辰
十五	1月25　己酉	12月26　己卯	11月27　庚戌	10月28　庚辰	9月29　辛亥	8月30　辛巳
十六	1月26　庚戌	12月27　庚辰	11月28　辛亥	10月29　辛巳	9月30　壬子	8月31　壬午
十七	1月27　辛亥	12月28　辛巳	11月29　壬子	10月30　壬午	10月1　癸丑	9月1　癸未
十八	1月28　壬子	12月29　壬午	11月30　癸丑	10月31　癸未	10月2　甲寅	9月2　甲申
十九	1月29　癸丑	12月30　癸未	12月1　甲寅	11月1　甲申	10月3　乙卯	9月3　乙酉
二十	1月30　甲寅	12月31　甲申	12月2　乙卯	11月2　乙酉	10月4　丙辰	9月4　丙戌
廿一	1月31　乙卯	1月1　乙酉	12月3　丙辰	11月3　丙戌	10月5　丁巳	9月5　丁亥
廿二	2月1　丙辰	1月2　丙戌	12月4　丁巳	11月4　丁亥	10月6　戊午	9月6　戊子
廿三	2月2　丁巳	1月3　丁亥	12月5　戊午	11月5　戊子	10月7　己未	9月7　己丑
廿四	2月3　戊午	1月4　戊子	12月6　己未	11月6　己丑	10月8　庚申	9月8　庚寅
廿五	2月4　己未	1月5　己丑	12月7　庚申	11月7　庚寅	10月9　辛酉	9月9　辛卯
廿六	2月5　庚申	1月6　庚寅	12月8　辛酉	11月8　辛卯	10月10　壬戌	9月10　壬辰
廿七	2月6　辛酉	1月7　辛卯	12月9　壬戌	11月9　壬辰	10月11　癸亥	9月11　癸巳
廿八	2月7　壬戌	1月8　壬辰	12月10　癸亥	11月10　癸巳	10月12　甲子	9月12　甲午
廿九	2月8　癸亥	1月9　癸巳	12月11　甲子	11月11　甲午	10月13　乙丑	9月13　乙未
三十	2月9　甲子	1月10　甲午		11月12　乙未		9月14　丙申

中華民國 卅七年 歲次 戊子《鼠》 西元一九四八年 太歲 姓郢名班

農曆六月		農曆五月		農曆四月		農曆三月		農曆二月		農曆正月		別月
己 未		戊 午		丁 巳		丙 辰		乙 卯		甲 寅		干支
大暑	小暑	夏至		芒種	小滿	立夏	穀雨	清明	春分	驚蟄	雨水	節
7時8分 十七辰時	13時44分 初一未時	20時11分 十五戌時		3時21分 廿九寅時	11時58分 十三午時	22時53分 廿七亥時	12時25分 十二午時	5時10分 廿六卯時	0時57分 十一子時	23時58分 廿五夜子	1時37分 十一丑時	氣
國曆	干支	國曆	干支	國曆	干支	國曆	干支	國曆	干支	國曆	干支	農曆
7月7	巳癸	6月7	亥癸	5月9	午甲	4月9	子甲	3月11	未乙	2月10	丑乙	初一
7月8	午甲	6月8	子甲	5月10	未乙	4月10	丑乙	3月12	申丙	2月11	寅丙	初二
7月9	未乙	6月9	丑乙	5月11	申丙	4月11	寅丙	3月13	酉丁	2月12	卯丁	初三
7月10	申丙	6月10	寅丙	5月12	酉丁	4月12	卯丁	3月14	戌戊	2月13	辰戊	初四
7月11	酉丁	6月11	卯丁	5月13	戌戊	4月13	辰戊	3月15	亥己	2月14	巳己	初五
7月12	戌戊	6月12	辰戊	5月14	亥己	4月14	巳己	3月16	子庚	2月15	午庚	初六
7月13	亥己	6月13	巳己	5月15	子庚	4月15	午庚	3月17	丑辛	2月16	未辛	初七
7月14	子庚	6月14	午庚	5月16	丑辛	4月16	未辛	3月18	寅壬	2月17	申壬	初八
7月15	丑辛	6月15	未辛	5月17	寅壬	4月17	申壬	3月19	卯癸	2月18	酉癸	初九
7月16	寅壬	6月16	申壬	5月18	卯癸	4月18	酉癸	3月20	辰甲	2月19	戌甲	初十
7月17	卯癸	6月17	酉癸	5月19	辰甲	4月19	戌甲	3月21	巳乙	2月20	亥乙	十一
7月18	辰甲	6月18	戌甲	5月20	巳乙	4月20	亥乙	3月22	午丙	2月21	子丙	十二
7月19	巳乙	6月19	亥乙	5月21	午丙	4月21	子丙	3月23	未丁	2月22	丑丁	十三
7月20	午丙	6月20	子丙	5月22	未丁	4月22	丑丁	3月24	申戊	2月23	寅戊	十四
7月21	未丁	6月21	丑丁	5月23	申戊	4月23	寅戊	3月25	酉己	2月24	卯己	十五
7月22	申戊	6月22	寅戊	5月24	酉己	4月24	卯己	3月26	戌庚	2月25	辰庚	十六
7月23	酉己	6月23	卯己	5月25	戌庚	4月25	辰庚	3月27	亥辛	2月26	巳辛	十七
7月24	戌庚	6月24	辰庚	5月26	亥辛	4月26	巳辛	3月28	子壬	2月27	午壬	十八
7月25	亥辛	6月25	巳辛	5月27	子壬	4月27	午壬	3月29	丑癸	2月28	未癸	十九
7月26	子壬	6月26	午壬	5月28	丑癸	4月28	未癸	3月30	寅甲	2月29	申甲	二十
7月27	丑癸	6月27	未癸	5月29	寅甲	4月29	申甲	3月31	卯乙	3月1	酉乙	廿一
7月28	寅甲	6月28	申甲	5月30	卯乙	4月30	酉乙	4月1	辰丙	3月2	戌丙	廿二
7月29	卯乙	6月29	酉乙	5月31	辰丙	5月1	戌丙	4月2	巳丁	3月3	亥丁	廿三
7月30	辰丙	6月30	戌丙	6月1	巳丁	5月2	亥丁	4月3	午戊	3月4	子戊	廿四
7月31	巳丁	7月1	亥丁	6月2	午戊	5月3	子戊	4月4	未己	3月5	丑己	廿五
8月1	午戊	7月2	子戊	6月3	未己	5月4	丑己	4月5	申庚	3月6	寅庚	廿六
8月2	未己	7月3	丑己	6月4	申庚	5月5	寅庚	4月6	酉辛	3月7	卯辛	廿七
8月3	申庚	7月4	寅庚	6月5	酉辛	5月6	卯辛	4月7	戌壬	3月8	辰壬	廿八
8月4	酉辛	7月5	卯辛	6月6	戌壬	5月7	辰壬	4月8	亥癸	3月9	巳癸	廿九
		7月6	辰壬			5月8	巳癸			3月10	午甲	三十

西元1948年

月別	農曆十二月		農曆十一月		農曆十月		農曆九月		農曆八月		農曆七月	
干支	乙丑		甲子		癸亥		壬戌		辛酉		庚申	
節	大寒	小寒	冬至	大雪	小雪	立冬	霜降	寒露	秋分	白露	處暑	立秋
氣	廿二17時9分酉時	初七23時42夜子時	廿二6時34分卯時	初七12時38午時	廿二17時30分酉時	初七20時7戌時	廿一20時19分戌時	初六17時21酉時	廿一11時22分午時	初六2時6丑時	十九14時3分未時	初三23時27夜子時

農曆	國曆	干支	國曆	干支	國曆	干支	國曆	干支	國曆	干支	國曆	干支
初一	12月30	己丑	12月1	庚申	11月1	庚寅	10月3	辛酉	9月3	辛卯	8月5	壬戌
初二	12月31	庚寅	12月2	辛酉	11月2	辛卯	10月4	壬戌	9月4	壬辰	8月6	癸亥
初三	1月1	辛卯	12月3	壬戌	11月3	壬辰	10月5	癸亥	9月5	癸巳	8月7	甲子
初四	1月2	壬辰	12月4	癸亥	11月4	癸巳	10月6	甲子	9月6	甲午	8月8	乙丑
初五	1月3	癸巳	12月5	甲子	11月5	甲午	10月7	乙丑	9月7	乙未	8月9	丙寅
初六	1月4	甲午	12月6	乙丑	11月6	乙未	10月8	丙寅	9月8	丙申	8月10	丁卯
初七	1月5	乙未	12月7	丙寅	11月7	丙申	10月9	丁卯	9月9	丁酉	8月11	戊辰
初八	1月6	丙申	12月8	丁卯	11月8	丁酉	10月10	戊辰	9月10	戊戌	8月12	己巳
初九	1月7	丁酉	12月9	戊辰	11月9	戊戌	10月11	己巳	9月11	己亥	8月13	庚午
初十	1月8	戊戌	12月10	己巳	11月10	己亥	10月12	庚午	9月12	庚子	8月14	辛未
十一	1月9	己亥	12月11	庚午	11月11	庚子	10月13	辛未	9月13	辛丑	8月15	壬申
十二	1月10	庚子	12月12	辛未	11月12	辛丑	10月14	壬申	9月14	壬寅	8月16	癸酉
十三	1月11	辛丑	12月13	壬申	11月13	壬寅	10月15	癸酉	9月15	癸卯	8月17	甲戌
十四	1月12	壬寅	12月14	癸酉	11月14	癸卯	10月16	甲戌	9月16	甲辰	8月18	乙亥
十五	1月13	癸卯	12月15	甲戌	11月15	甲辰	10月17	乙亥	9月17	乙巳	8月19	丙子
十六	1月14	甲辰	12月16	乙亥	11月16	乙巳	10月18	丙子	9月18	丙午	8月20	丁丑
十七	1月15	乙巳	12月17	丙子	11月17	丙午	10月19	丁丑	9月19	丁未	8月21	戊寅
十八	1月16	丙午	12月18	丁丑	11月18	丁未	10月20	戊寅	9月20	戊申	8月22	己卯
十九	1月17	丁未	12月19	戊寅	11月19	戊申	10月21	己卯	9月21	己酉	8月23	庚辰
二十	1月18	戊申	12月20	己卯	11月20	己酉	10月22	庚辰	9月22	庚戌	8月24	辛巳
廿一	1月19	己酉	12月21	庚辰	11月21	庚戌	10月23	辛巳	9月23	辛亥	8月25	壬午
廿二	1月20	庚戌	12月22	辛巳	11月22	辛亥	10月24	壬午	9月24	壬子	8月26	癸未
廿三	1月21	辛亥	12月23	壬午	11月23	壬子	10月25	癸未	9月25	癸丑	8月27	甲申
廿四	1月22	壬子	12月24	癸未	11月24	癸丑	10月26	甲申	9月26	甲寅	8月28	乙酉
廿五	1月23	癸丑	12月25	甲申	11月25	甲寅	10月27	乙酉	9月27	乙卯	8月29	丙戌
廿六	1月24	甲寅	12月26	乙酉	11月26	乙卯	10月28	丙戌	9月28	丙辰	8月30	丁亥
廿七	1月25	乙卯	12月27	丙戌	11月27	丙辰	10月29	丁亥	9月29	丁巳	8月31	戊子
廿八	1月26	丙辰	12月28	丁亥	11月28	丁巳	10月30	戊子	9月30	戊午	9月1	己丑
廿九	1月27	丁巳	12月29	戊子	11月29	戊午	10月31	己丑	10月1	己未	9月2	庚寅
三十	1月28	戊午			11月30	己未			10月2	庚申		

農曆六月		農曆五月		農曆四月		農曆三月		農曆二月		農曆正月		月別
辛 未		庚 午		己 巳		戊 辰		丁 卯		丙 寅		干支
大暑	小暑	夏至	芒種	小滿	立夏	穀雨	清明	春分	驚蟄	雨水	立春	節
廿八 12時57分 午	十二 19時32分 戌時	廿六 2時3分 丑時	初十 9時7分 巳時	廿四 17時52分 酉時	初九 4時37分 寅時	廿三 18時18分 酉時	初八 10時52分 巳時	廿二 6時49分 卯時	初七 5時40分 卯時	廿二 7時28分 辰時	初七 11時23分 午時	氣
國曆	干支	國曆	干支	國曆	干支	國曆	干支	國曆	干支	國曆	干支	農曆
6月26	丁亥	5月28	戊午	4月28	戊子	3月29	戊午	2月28	己丑	1月29	己未	初一
6月27	戊子	5月29	己未	4月29	己丑	3月30	己未	3月1	庚寅	1月30	庚申	初二
6月28	己丑	5月30	庚申	4月30	庚寅	3月31	庚申	3月2	辛卯	1月31	辛酉	初三
6月29	庚寅	5月31	辛酉	5月1	辛卯	4月1	辛酉	3月3	壬辰	2月1	壬戌	初四
6月30	辛卯	6月1	壬戌	5月2	壬辰	4月2	壬戌	3月4	癸巳	2月2	癸亥	初五
7月1	壬辰	6月2	癸亥	5月3	癸巳	4月3	癸亥	3月5	甲午	2月3	甲子	初六
7月2	癸巳	6月3	甲子	5月4	甲午	4月4	甲子	3月6	乙未	2月4	乙丑	初七
7月3	甲午	6月4	乙丑	5月5	乙未	4月5	乙丑	3月7	丙申	2月5	丙寅	初八
7月4	乙未	6月5	丙寅	5月6	丙申	4月6	丙寅	3月8	丁酉	2月6	丁卯	初九
7月5	丙申	6月6	丁卯	5月7	丁酉	4月7	丁卯	3月9	戊戌	2月7	戊辰	初十
7月6	丁酉	6月7	戊辰	5月8	戊戌	4月8	戊辰	3月10	己亥	2月8	己巳	十一
7月7	戊戌	6月8	己巳	5月9	己亥	4月9	己巳	3月11	庚子	2月9	庚午	十二
7月8	己亥	6月9	庚午	5月10	庚子	4月10	庚午	3月12	辛丑	2月10	辛未	十三
7月9	庚子	6月10	辛未	5月11	辛丑	4月11	辛未	3月13	壬寅	2月11	壬申	十四
7月10	辛丑	6月11	壬申	5月12	壬寅	4月12	壬申	3月14	癸卯	2月12	癸酉	十五
7月11	壬寅	6月12	癸酉	5月13	癸卯	4月13	癸酉	3月15	甲辰	2月13	甲戌	十六
7月12	癸卯	6月13	甲戌	5月14	甲辰	4月14	甲戌	3月16	乙巳	2月14	乙亥	十七
7月13	甲辰	6月14	乙亥	5月15	乙巳	4月15	乙亥	3月17	丙午	2月15	丙子	十八
7月14	乙巳	6月15	丙子	5月16	丙午	4月16	丙子	3月18	丁未	2月16	丁丑	十九
7月15	丙午	6月16	丁丑	5月17	丁未	4月17	丁丑	3月19	戊申	2月17	戊寅	二十
7月16	丁未	6月17	戊寅	5月18	戊申	4月18	戊寅	3月20	己酉	2月18	己卯	廿一
7月17	戊申	6月18	己卯	5月19	己酉	4月19	己卯	3月21	庚戌	2月19	庚辰	廿二
7月18	己酉	6月19	庚辰	5月20	庚戌	4月20	庚辰	3月22	辛亥	2月20	辛巳	廿三
7月19	庚戌	6月20	辛巳	5月21	辛亥	4月21	辛巳	3月23	壬子	2月21	壬午	廿四
7月20	辛亥	6月21	壬午	5月22	壬子	4月22	壬午	3月24	癸丑	2月22	癸未	廿五
7月21	壬子	6月22	癸未	5月23	癸丑	4月23	癸未	3月25	甲寅	2月23	甲申	廿六
7月22	癸丑	6月23	甲申	5月24	甲寅	4月24	甲申	3月26	乙卯	2月24	乙酉	廿七
7月23	甲寅	6月24	乙酉	5月25	乙卯	4月25	乙酉	3月27	丙辰	2月25	丙戌	廿八
7月24	乙卯	6月25	丙戌	5月26	丙辰	4月26	丙戌	3月28	丁巳	2月26	丁亥	廿九
7月25	丙辰			5月27	丁巳	4月27	丁亥			2月27	戊子	三十

中華民國 卅八年 歲次 己丑 《牛》

西元一九四九年 太歲 姓潘名佛

西元1949年

月別	農曆十二月		農曆十一月		農曆十月		農曆九月		農曆八月		農曆閏七月		農曆七月	
干支	丁丑		丙子		乙亥		甲戌		癸酉				壬申	
節	立春 / 大寒		小寒 / 冬至		大雪 / 小雪		立冬 / 霜降		寒露 / 秋分		白露		處暑 / 立秋	
氣	17時20分 酉 十八 / 23時0分 子 初三		5時39分 卯 十八 / 12時24分 午 初三		18時34分 酉 十八 / 23時17分 夜子 初四		2時0分 丑 十八 / 2時4分 丑 初三		23時12分 夜子 十七 / 17時6分 酉 初二		7時55分 辰 十六		19時49分 戌 廿九 / 5時16分 卯 十四	
農曆	國曆	支干	國曆	支干	國曆	支干	國曆	支干	國曆	支干	國曆	支干	國曆	支干
初一	1月18	丑癸	12月20	申甲	11月20	寅甲	10月22	酉乙	9月22	卯乙	8月24	戌丙	7月26	巳丁
初二	1月19	寅甲	12月21	酉乙	11月21	卯乙	10月23	戌丙	9月23	辰丙	8月25	亥丁	7月27	午戊
初三	1月20	卯乙	12月22	戌丙	11月22	辰丙	10月24	亥丁	9月24	巳丁	8月26	子戊	7月28	未己
初四	1月21	辰丙	12月23	亥丁	11月23	巳丁	10月25	子戊	9月25	午戊	8月27	丑己	7月29	申庚
初五	1月22	巳丁	12月24	子戊	11月24	午戊	10月26	丑己	9月26	未己	8月28	寅庚	7月30	酉辛
初六	1月23	午戊	12月25	丑己	11月25	未己	10月27	寅庚	9月27	申庚	8月29	卯辛	7月31	戌壬
初七	1月24	未己	12月26	寅庚	11月26	申庚	10月28	卯辛	9月28	酉辛	8月30	辰壬	8月1	亥癸
初八	1月25	申庚	12月27	卯辛	11月27	酉辛	10月29	辰壬	9月29	戌壬	8月31	巳癸	8月2	子甲
初九	1月26	酉辛	12月28	辰壬	11月28	戌壬	10月30	巳癸	9月30	亥癸	9月1	午甲	8月3	丑乙
初十	1月27	戌壬	12月29	巳癸	11月29	亥癸	10月31	午甲	10月1	子甲	9月2	未乙	8月4	寅丙
十一	1月28	亥癸	12月30	午甲	11月30	子甲	11月1	未乙	10月2	丑乙	9月3	申丙	8月5	卯丁
十二	1月29	子甲	12月31	未乙	12月1	丑乙	11月2	申丙	10月3	寅丙	9月4	酉丁	8月6	辰戊
十三	1月30	丑乙	1月1	申丙	12月2	寅丙	11月3	酉丁	10月4	卯丁	9月5	戌戊	8月7	巳己
十四	1月31	寅丙	1月2	酉丁	12月3	卯丁	11月4	戌戊	10月5	辰戊	9月6	亥己	8月8	午庚
十五	2月1	卯丁	1月3	戌戊	12月4	辰戊	11月5	亥己	10月6	巳己	9月7	子庚	8月9	未辛
十六	2月2	辰戊	1月4	亥己	12月5	巳己	11月6	子庚	10月7	午庚	9月8	丑辛	8月10	申壬
十七	2月3	巳己	1月5	子庚	12月6	午庚	11月7	丑辛	10月8	未辛	9月9	寅壬	8月11	酉癸
十八	2月4	午庚	1月6	丑辛	12月7	未辛	11月8	寅壬	10月9	申壬	9月10	卯癸	8月12	戌甲
十九	2月5	未辛	1月7	寅壬	12月8	申壬	11月9	卯癸	10月10	酉癸	9月11	辰甲	8月13	亥乙
二十	2月6	申壬	1月8	卯癸	12月9	酉癸	11月10	辰甲	10月11	戌甲	9月12	巳乙	8月14	子丙
廿一	2月7	酉癸	1月9	辰甲	12月10	戌甲	11月11	巳乙	10月12	亥乙	9月13	午丙	8月15	丑丁
廿二	2月8	戌甲	1月10	巳乙	12月11	亥乙	11月12	午丙	10月13	子丙	9月14	未丁	8月16	寅戊
廿三	2月9	亥乙	1月11	午丙	12月12	子丙	11月13	未丁	10月14	丑丁	9月15	申戊	8月17	卯己
廿四	2月10	子丙	1月12	未丁	12月13	丑丁	11月14	申戊	10月15	寅戊	9月16	酉己	8月18	辰庚
廿五	2月11	丑丁	1月13	申戊	12月14	寅戊	11月15	酉己	10月16	卯己	9月17	戌庚	8月19	巳辛
廿六	2月12	寅戊	1月14	酉己	12月15	卯己	11月16	戌庚	10月17	辰庚	9月18	亥辛	8月20	午壬
廿七	2月13	卯己	1月15	戌庚	12月16	辰庚	11月17	亥辛	10月18	巳辛	9月19	子壬	8月21	未癸
廿八	2月14	辰庚	1月16	亥辛	12月17	巳辛	11月18	子壬	10月19	午壬	9月20	丑癸	8月22	申甲
廿九	2月15	巳辛	1月17	子壬	12月18	午壬	11月19	丑癸	10月20	未癸	9月21	寅甲	8月23	酉乙
三十	2月16	午壬			12月19	未癸			10月21	申甲				

中華民國卅九年 歲次庚寅《虎》

西元一九五〇年 太歲姓鄔名桓

月別	農曆正月		農曆二月		農曆三月		農曆四月		農曆五月		農曆六月	
干支	戊寅		己卯		庚辰		辛巳		壬午		癸未	
節氣	雨水 初三未時 13時18分	驚蟄 十八午時 11時36分	春分 初四午時 12時36分	清明 十九申時 16時45分	穀雨 初五子時 0時0分	立夏 二十巳時 10時25分	小滿 初五夜子 23時28分	芒種 廿一未時 14時52分	夏至 初八辰時 7時37分	小暑 廿四丑時 1時14分	大暑 初九酉時 18時30分	立秋 廿五巳時 10時56分
農曆	干支	國曆	干支	國曆	干支	國曆	干支	國曆	干支	國曆	干支	國曆
初一	癸未	2月17	壬子	3月18	壬午	4月17	壬子	5月17	辛巳	6月15	辛亥	7月15
初二	甲申	2月18	癸丑	3月19	癸未	4月18	癸丑	5月18	壬午	6月16	壬子	7月16
初三	乙酉	2月19	甲寅	3月20	甲申	4月19	甲寅	5月19	癸未	6月17	癸丑	7月17
初四	丙戌	2月20	乙卯	3月21	乙酉	4月20	乙卯	5月20	甲申	6月18	甲寅	7月18
初五	丁亥	2月21	丙辰	3月22	丙戌	4月21	丙辰	5月21	乙酉	6月19	乙卯	7月19
初六	戊子	2月22	丁巳	3月23	丁亥	4月22	丁巳	5月22	丙戌	6月20	丙辰	7月20
初七	己丑	2月23	戊午	3月24	戊子	4月23	戊午	5月23	丁亥	6月21	丁巳	7月21
初八	庚寅	2月24	己未	3月25	己丑	4月24	己未	5月24	戊子	6月22	戊午	7月22
初九	辛卯	2月25	庚申	3月26	庚寅	4月25	庚申	5月25	己丑	6月23	己未	7月23
初十	壬辰	2月26	辛酉	3月27	辛卯	4月26	辛酉	5月26	庚寅	6月24	庚申	7月24
十一	癸巳	2月27	壬戌	3月28	壬辰	4月27	壬戌	5月27	辛卯	6月25	辛酉	7月25
十二	甲午	2月28	癸亥	3月29	癸巳	4月28	癸亥	5月28	壬辰	6月26	壬戌	7月26
十三	乙未	3月1	甲子	3月30	甲午	4月29	甲子	5月29	癸巳	6月27	癸亥	7月27
十四	丙申	3月2	乙丑	3月31	乙未	4月30	乙丑	5月30	甲午	6月28	甲子	7月28
十五	丁酉	3月3	丙寅	4月1	丙申	5月1	丙寅	5月31	乙未	6月29	乙丑	7月29
十六	戊戌	3月4	丁卯	4月2	丁酉	5月2	丁卯	6月1	丙申	6月30	丙寅	7月30
十七	己亥	3月5	戊辰	4月3	戊戌	5月3	戊辰	6月2	丁酉	7月1	丁卯	7月31
十八	庚子	3月6	己巳	4月4	己亥	5月4	己巳	6月3	戊戌	7月2	戊辰	8月1
十九	辛丑	3月7	庚午	4月5	庚子	5月5	庚午	6月4	己亥	7月3	己巳	8月2
二十	壬寅	3月8	辛未	4月6	辛丑	5月6	辛未	6月5	庚子	7月4	庚午	8月3
廿一	癸卯	3月9	壬申	4月7	壬寅	5月7	壬申	6月6	辛丑	7月5	辛未	8月4
廿二	甲辰	3月10	癸酉	4月8	癸卯	5月8	癸酉	6月7	壬寅	7月6	壬申	8月5
廿三	乙巳	3月11	甲戌	4月9	甲辰	5月9	甲戌	6月8	癸卯	7月7	癸酉	8月6
廿四	丙午	3月12	乙亥	4月10	乙巳	5月10	乙亥	6月9	甲辰	7月8	甲戌	8月7
廿五	丁未	3月13	丙子	4月11	丙午	5月11	丙子	6月10	乙巳	7月9	乙亥	8月8
廿六	戊申	3月14	丁丑	4月12	丁未	5月12	丁丑	6月11	丙午	7月10	丙子	8月9
廿七	己酉	3月15	戊寅	4月13	戊申	5月13	戊寅	6月12	丁未	7月11	丁丑	8月10
廿八	庚戌	3月16	己卯	4月14	己酉	5月14	己卯	6月13	戊申	7月12	戊寅	8月11
廿九	辛亥	3月17	庚辰	4月15	庚戌	5月15	庚辰	6月14	己酉	7月13	己卯	8月12
三十			辛巳	4月16	辛亥	5月16			庚戌	7月14	庚辰	8月13

西元1950年

月別	農曆十二月		農曆十一月		農曆十月		農曆九月		農曆八月		農曆七月	
干支	己 丑		戊 子		丁 亥		丙 戌		乙 酉		甲 申	
節	立春	大寒	小寒	冬至	大雪	小雪	立冬	霜降	寒露	秋分	白露	處暑
氣	23時8分 廿八夜子	4時53分 十四寅時	11時31分 廿九午時	18時14分 十四酉時	0時22分 廿九子時	5時3分 十四卯時	7時44分 廿九辰時	7時45分 十四辰時	4時52分 廿八寅時	22時44分 十二亥時	13時34分 廿六未時	1時24分 十一丑時
農曆	國曆	支干	國曆	支干	國曆	支干	國曆	支干	國曆	支干	國曆	支干
初一	1月8	申戊	12月9	寅戊	11月10	酉己	10月11	卯己	9月12	戌庚	8月14	巳辛
初二	1月9	酉己	12月10	卯己	11月11	戌庚	10月12	辰庚	9月13	亥辛	8月15	午壬
初三	1月10	戌庚	12月11	辰庚	11月12	亥辛	10月13	巳辛	9月14	子壬	8月16	未癸
初四	1月11	亥辛	12月12	巳辛	11月13	子壬	10月14	午壬	9月15	丑癸	8月17	申甲
初五	1月12	子壬	12月13	午壬	11月14	丑癸	10月15	未癸	9月16	寅甲	8月18	酉乙
初六	1月13	丑癸	12月14	未癸	11月15	寅甲	10月16	申甲	9月17	卯乙	8月19	戌丙
初七	1月14	寅甲	12月15	申甲	11月16	卯乙	10月17	酉乙	9月18	辰丙	8月20	亥丁
初八	1月15	卯乙	12月16	酉乙	11月17	辰丙	10月18	戌丙	9月19	巳丁	8月21	子戊
初九	1月16	辰丙	12月17	戌丙	11月18	巳丁	10月19	亥丁	9月20	午戊	8月22	丑己
初十	1月17	巳丁	12月18	亥丁	11月19	午戊	10月20	子戊	9月21	未己	8月23	寅庚
十一	1月18	午戊	12月19	子戊	11月20	未己	10月21	丑己	9月22	申庚	8月24	卯辛
十二	1月19	未己	12月20	丑己	11月21	申庚	10月22	寅庚	9月23	酉辛	8月25	辰壬
十三	1月20	申庚	12月21	寅庚	11月22	酉辛	10月23	卯辛	9月24	戌壬	8月26	巳癸
十四	1月21	酉辛	12月22	卯辛	11月23	戌壬	10月24	辰壬	9月25	亥癸	8月27	午甲
十五	1月22	戌壬	12月23	辰壬	11月24	亥癸	10月25	巳癸	9月26	子甲	8月28	未乙
十六	1月23	亥癸	12月24	巳癸	11月25	子甲	10月26	午甲	9月27	丑乙	8月29	申丙
十七	1月24	子甲	12月25	午甲	11月26	丑乙	10月27	未乙	9月28	寅丙	8月30	酉丁
十八	1月25	丑乙	12月26	未乙	11月27	寅丙	10月28	申丙	9月29	卯丁	8月31	戌戊
十九	1月26	寅丙	12月27	申丙	11月28	卯丁	10月29	酉丁	9月30	辰戊	9月1	亥己
二十	1月27	卯丁	12月28	酉丁	11月29	辰戊	10月30	戌戊	10月1	巳己	9月2	子庚
廿一	1月28	辰戊	12月29	戌戊	11月30	巳己	10月31	亥己	10月2	午庚	9月3	丑辛
廿二	1月29	巳己	12月30	亥己	12月1	午庚	11月1	子庚	10月3	未辛	9月4	寅壬
廿三	1月30	午庚	12月31	子庚	12月2	未辛	11月2	丑辛	10月4	申壬	9月5	卯癸
廿四	1月31	未辛	1月1	丑辛	12月3	申壬	11月3	寅壬	10月5	酉癸	9月6	辰甲
廿五	2月1	申壬	1月2	寅壬	12月4	酉癸	11月4	卯癸	10月6	戌甲	9月7	巳乙
廿六	2月2	酉癸	1月3	卯癸	12月5	戌甲	11月5	辰甲	10月7	亥乙	9月8	午丙
廿七	2月3	戌甲	1月4	辰甲	12月6	亥乙	11月6	巳乙	10月8	子丙	9月9	未丁
廿八	2月4	亥乙	1月5	巳乙	12月7	子丙	11月7	午丙	10月9	丑丁	9月10	申戊
廿九	2月5	子丙	1月6	午丙	12月8	丑丁	11月8	未丁	10月10	寅戊	9月11	酉己
三十			1月7	未丁			11月9	申戊				

中華民國 四十年 歲次 辛卯 《兔》 西元一九五一年 太歲 姓范名寧

月別	農曆六月 國曆	支干	農曆五月 國曆	支干	農曆四月 國曆	支干	農曆三月 國曆	支干	農曆二月 國曆	支干	農曆正月 國曆	支干
干支		乙未		甲午		癸巳		壬辰		辛卯		庚寅
節	大暑	小暑	夏至	芒種	小滿	立夏		穀雨	清明	分春	蟄驚	水雨
氣	0時21分 子時 廿一	6時54分 卯時 初五	13時25分 未時 十八	20時33分 戌時 初二	5時16分 卯時 十七	16時10分 申時 初一		5時49分 卯時 十六	22時33分 亥時 廿九	18時26分 酉時 十四	17時27分 酉時 廿九	19時10分 戌時 十四
農曆												農曆
初一	7月4	乙巳	6月5	丙子	5月6	丙午	4月6	丙子	3月8	丁未	2月6	丁丑
初二	7月5	丙午	6月6	丁丑	5月7	丁未	4月7	丁丑	3月9	戊申	2月7	戊寅
初三	7月6	丁未	6月7	戊寅	5月8	戊申	4月8	戊寅	3月10	己酉	2月8	己卯
初四	7月7	戊申	6月8	己卯	5月9	己酉	4月9	己卯	3月11	庚戌	2月9	庚辰
初五	7月8	己酉	6月9	庚辰	5月10	庚戌	4月10	庚辰	3月12	辛亥	2月10	辛巳
初六	7月9	庚戌	6月10	辛巳	5月11	辛亥	4月11	辛巳	3月13	壬子	2月11	壬午
初七	7月10	辛亥	6月11	壬午	5月12	壬子	4月12	壬午	3月14	癸丑	2月12	癸未
初八	7月11	壬子	6月12	癸未	5月13	癸丑	4月13	癸未	3月15	甲寅	2月13	甲申
初九	7月12	癸丑	6月13	甲申	5月14	甲寅	4月14	甲申	3月16	乙卯	2月14	乙酉
初十	7月13	甲寅	6月14	乙酉	5月15	乙卯	4月15	乙酉	3月17	丙辰	2月15	丙戌
十一	7月14	乙卯	6月15	丙戌	5月16	丙辰	4月16	丙戌	3月18	丁巳	2月16	丁亥
十二	7月15	丙辰	6月16	丁亥	5月17	丁巳	4月17	丁亥	3月19	戊午	2月17	戊子
十三	7月16	丁巳	6月17	戊子	5月18	戊午	4月18	戊子	3月20	己未	2月18	己丑
十四	7月17	戊午	6月18	己丑	5月19	己未	4月19	己丑	3月21	庚申	2月19	庚寅
十五	7月18	己未	6月19	庚寅	5月20	庚申	4月20	庚寅	3月22	辛酉	2月20	辛卯
十六	7月19	庚申	6月20	辛卯	5月21	辛酉	4月21	辛卯	3月23	壬戌	2月21	壬辰
十七	7月20	辛酉	6月21	壬辰	5月22	壬戌	4月22	壬辰	3月24	癸亥	2月22	癸巳
十八	7月21	壬戌	6月22	癸巳	5月23	癸亥	4月23	癸巳	3月25	甲子	2月23	甲午
十九	7月22	癸亥	6月23	甲午	5月24	甲子	4月24	甲午	3月26	乙丑	2月24	乙未
二十	7月23	甲子	6月24	乙未	5月25	乙丑	4月25	乙未	3月27	丙寅	2月25	丙申
廿一	7月24	乙丑	6月25	丙申	5月26	丙寅	4月26	丙申	3月28	丁卯	2月26	丁酉
廿二	7月25	丙寅	6月26	丁酉	5月27	丁卯	4月27	丁酉	3月29	戊辰	2月27	戊戌
廿三	7月26	丁卯	6月27	戊戌	5月28	戊辰	4月28	戊戌	3月30	己巳	2月28	己亥
廿四	7月27	戊辰	6月28	己亥	5月29	己巳	4月29	己亥	3月31	庚午	3月1	庚子
廿五	7月28	己巳	6月29	庚子	5月30	庚午	4月30	庚子	4月1	辛未	3月2	辛丑
廿六	7月29	庚午	6月30	辛丑	5月31	辛未	5月1	辛丑	4月2	壬申	3月3	壬寅
廿七	7月30	辛未	7月1	壬寅	6月1	壬申	5月2	壬寅	4月3	癸酉	3月4	癸卯
廿八	7月31	壬申	7月2	癸卯	6月2	癸酉	5月3	癸卯	4月4	甲戌	3月5	甲辰
廿九	8月1	癸酉	7月3	甲辰	6月3	甲戌	5月4	甲辰	4月5	乙亥	3月6	乙巳
三十	8月2	甲戌			6月4	乙亥	5月5	乙巳			3月7	丙午

224

西元1951年

農曆	農曆十二月		農曆十一月		農曆十月		農曆九月		農曆八月		農曆七月	
干支	辛丑		庚子		己亥		戊戌		丁酉		丙申	
節	大寒	小寒	冬至	大雪	小雪	立冬	霜降	寒露	秋分	白露	處暑	立秋
氣	10時39分 廿五巳時	17時10分 初十酉時	0時1分 廿五子時	6時3分 初十卯時	10時52分 廿五巳時	13時27分 初十未時	13時37分 廿四未時	10時37分 初九巳時	4時38分 廿四寅時	19時19分 初八戌時	7時17分 廿二辰時	16時38分 初六申時
農曆	國曆	干支	國曆	干支	國曆	干支	國曆	干支	國曆	干支	國曆	干支
初一	12月28	壬寅	11月29	癸酉	10月30	癸卯	10月1	甲戌	9月1	甲辰	8月3	乙亥
初二	12月29	癸卯	11月30	甲戌	10月31	甲辰	10月2	乙亥	9月2	乙巳	8月4	丙子
初三	12月30	甲辰	12月1	乙亥	11月1	乙巳	10月3	丙子	9月3	丙午	8月5	丁丑
初四	12月31	乙巳	12月2	丙子	11月2	丙午	10月4	丁丑	9月4	丁未	8月6	戊寅
初五	1月1	丙午	12月3	丁丑	11月3	丁未	10月5	戊寅	9月5	戊申	8月7	己卯
初六	1月2	丁未	12月4	戊寅	11月4	戊申	10月6	己卯	9月6	己酉	8月8	庚辰
初七	1月3	戊申	12月5	己卯	11月5	己酉	10月7	庚辰	9月7	庚戌	8月9	辛巳
初八	1月4	己酉	12月6	庚辰	11月6	庚戌	10月8	辛巳	9月8	辛亥	8月10	壬午
初九	1月5	庚戌	12月7	辛巳	11月7	辛亥	10月9	壬午	9月9	壬子	8月11	癸未
初十	1月6	辛亥	12月8	壬午	11月8	壬子	10月10	癸未	9月10	癸丑	8月12	甲申
十一	1月7	壬子	12月9	癸未	11月9	癸丑	10月11	甲申	9月11	甲寅	8月13	乙酉
十二	1月8	癸丑	12月10	甲申	11月10	甲寅	10月12	乙酉	9月12	乙卯	8月14	丙戌
十三	1月9	甲寅	12月11	乙酉	11月11	乙卯	10月13	丙戌	9月13	丙辰	8月15	丁亥
十四	1月10	乙卯	12月12	丙戌	11月12	丙辰	10月14	丁亥	9月14	丁巳	8月16	戊子
十五	1月11	丙辰	12月13	丁亥	11月13	丁巳	10月15	戊子	9月15	戊午	8月17	己丑
十六	1月12	丁巳	12月14	戊子	11月14	戊午	10月16	己丑	9月16	己未	8月18	庚寅
十七	1月13	戊午	12月15	己丑	11月15	己未	10月17	庚寅	9月17	庚申	8月19	辛卯
十八	1月14	己未	12月16	庚寅	11月16	庚申	10月18	辛卯	9月18	辛酉	8月20	壬辰
十九	1月15	庚申	12月17	辛卯	11月17	辛酉	10月19	壬辰	9月19	壬戌	8月21	癸巳
二十	1月16	辛酉	12月18	壬辰	11月18	壬戌	10月20	癸巳	9月20	癸亥	8月22	甲午
廿一	1月17	壬戌	12月19	癸巳	11月19	癸亥	10月21	甲午	9月21	甲子	8月23	乙未
廿二	1月18	癸亥	12月20	甲午	11月20	甲子	10月22	乙未	9月22	乙丑	8月24	丙申
廿三	1月19	甲子	12月21	乙未	11月21	乙丑	10月23	丙申	9月23	丙寅	8月25	丁酉
廿四	1月20	乙丑	12月22	丙申	11月22	丙寅	10月24	丁酉	9月24	丁卯	8月26	戊戌
廿五	1月21	丙寅	12月23	丁酉	11月23	丁卯	10月25	戊戌	9月25	戊辰	8月27	己亥
廿六	1月22	丁卯	12月24	戊戌	11月24	戊辰	10月26	己亥	9月26	己巳	8月28	庚子
廿七	1月23	戊辰	12月25	己亥	11月25	己巳	10月27	庚子	9月27	庚午	8月29	辛丑
廿八	1月24	己巳	12月26	庚子	11月26	庚午	10月28	辛丑	9月28	辛未	8月30	壬寅
廿九	1月25	庚午	12月27	辛丑	11月27	辛未	10月29	壬寅	9月29	壬申	8月31	癸卯
三十	1月26	辛未			11月28	壬申			9月30	癸酉		

中華民國四十一年 歲次 壬辰《龍》 西元一九五二年 太歲姓彭名泰

月六曆農		月五閏曆農		月五曆農		月四曆農		月三曆農		月二曆農		月正曆農		別月
丁未 支干				丙午		乙巳		甲辰		癸卯		壬寅		支干
立秋 大暑		小暑		夏至 芒種		小滿 立夏		穀雨 清明		春分 驚蟄		雨水 立春		節
22時32分 十七亥 / 6時8分 初二卯		12時45分 十六		19時13分 廿戌 / 2時21分 十四丑		11時4分 廿八午 / 21時54分 十二亥		11時37分 廿六 / 4時16分 十一寅		0時14分 廿子 / 23時8分 初十		0時57分 廿五子 / 4時54分 十一寅		氣
國曆	支干	國曆	支干	國曆	支干	國曆	支干	國曆	支干	國曆	支干	國曆	支干	農曆
7月22日	巳己	6月22日	亥己	5月24日	午庚	4月24日	子庚	3月26日	未辛	2月25日	丑辛	1月27日	申壬	初一
7月23日	午庚	6月23日	子庚	5月25日	未辛	4月25日	丑辛	3月27日	申壬	2月26日	寅壬	1月28日	酉癸	初二
7月24日	未辛	6月24日	丑辛	5月26日	申壬	4月26日	寅壬	3月28日	酉癸	2月27日	卯癸	1月29日	戌甲	初三
7月25日	申壬	6月25日	寅壬	5月27日	酉癸	4月27日	卯癸	3月29日	戌甲	2月28日	辰甲	1月30日	亥乙	初四
7月26日	酉癸	6月26日	卯癸	5月28日	戌甲	4月28日	辰甲	3月30日	亥乙	2月29日	巳乙	1月31日	子丙	初五
7月27日	戌甲	6月27日	辰甲	5月29日	亥乙	4月29日	巳乙	3月31日	子丙	3月1日	午丙	2月1日	丑丁	初六
7月28日	亥乙	6月28日	巳乙	5月30日	子丙	4月30日	午丙	4月1日	丑丁	3月2日	未丁	2月2日	寅戊	初七
7月29日	子丙	6月29日	午丙	5月31日	丑丁	5月1日	未丁	4月2日	寅戊	3月3日	申戊	2月3日	卯己	初八
7月30日	丑丁	6月30日	未丁	6月1日	寅戊	5月2日	申戊	4月3日	卯己	3月4日	酉己	2月4日	辰庚	初九
7月31日	寅戊	7月1日	申戊	6月2日	卯己	5月3日	酉己	4月4日	辰庚	3月5日	戌庚	2月5日	巳辛	初十
8月1日	卯己	7月2日	酉己	6月3日	辰庚	5月4日	戌庚	4月5日	巳辛	3月6日	亥辛	2月6日	午壬	十一
8月2日	辰庚	7月3日	戌庚	6月4日	巳辛	5月5日	亥辛	4月6日	午壬	3月7日	子壬	2月7日	未癸	十二
8月3日	巳辛	7月4日	亥辛	6月5日	午壬	5月6日	子壬	4月7日	未癸	3月8日	丑癸	2月8日	申甲	十三
8月4日	午壬	7月5日	子壬	6月6日	未癸	5月7日	丑癸	4月8日	申甲	3月9日	寅甲	2月9日	酉乙	十四
8月5日	未癸	7月6日	丑癸	6月7日	申甲	5月8日	寅甲	4月9日	酉乙	3月10日	卯乙	2月10日	戌丙	十五
8月6日	申甲	7月7日	寅甲	6月8日	酉乙	5月9日	卯乙	4月10日	戌丙	3月11日	辰丙	2月11日	亥丁	十六
8月7日	酉乙	7月8日	卯乙	6月9日	戌丙	5月10日	辰丙	4月11日	亥丁	3月12日	巳丁	2月12日	子戊	十七
8月8日	戌丙	7月9日	辰丙	6月10日	亥丁	5月11日	巳丁	4月12日	子戊	3月13日	午戊	2月13日	丑己	十八
8月9日	亥丁	7月10日	巳丁	6月11日	子戊	5月12日	午戊	4月13日	丑己	3月14日	未己	2月14日	寅庚	十九
8月10日	子戊	7月11日	午戊	6月12日	丑己	5月13日	未己	4月14日	寅庚	3月15日	申庚	2月15日	卯辛	二十
8月11日	丑己	7月12日	未己	6月13日	寅庚	5月14日	申庚	4月15日	卯辛	3月16日	酉辛	2月16日	辰壬	廿一
8月12日	寅庚	7月13日	申庚	6月14日	卯辛	5月15日	酉辛	4月16日	辰壬	3月17日	戌壬	2月17日	巳癸	廿二
8月13日	卯辛	7月14日	酉辛	6月15日	辰壬	5月16日	戌壬	4月17日	巳癸	3月18日	亥癸	2月18日	午甲	廿三
8月14日	辰壬	7月15日	戌壬	6月16日	巳癸	5月17日	亥癸	4月18日	午甲	3月19日	子甲	2月19日	未乙	廿四
8月15日	巳癸	7月16日	亥癸	6月17日	午甲	5月18日	子甲	4月19日	未乙	3月20日	丑乙	2月20日	申丙	廿五
8月16日	午甲	7月17日	子甲	6月18日	未乙	5月19日	丑乙	4月20日	申丙	3月21日	寅丙	2月21日	酉丁	廿六
8月17日	未乙	7月18日	丑乙	6月19日	申丙	5月20日	寅丙	4月21日	酉丁	3月22日	卯丁	2月22日	戌戊	廿七
8月18日	申丙	7月19日	寅丙	6月20日	酉丁	5月21日	卯丁	4月22日	戌戊	3月23日	辰戊	2月23日	亥己	廿八
8月19日	酉丁	7月20日	卯丁	6月21日	戌戊	5月22日	辰戊	4月23日	亥己	3月24日	巳己	2月24日	子庚	廿九
		7月21日	辰戊			5月23日	巳己			3月25日	午庚			三十

西元1952年

月別	農曆十二月		農曆十一月		農曆十月		農曆九月		農曆八月		農曆七月	
干支	癸丑		壬子		辛亥		庚戌		己酉		戊申	
節	立春 大寒		小寒 冬至		大雪 小雪		立冬 霜降		寒露 秋分		白露 處暑	
氣	10時46分 廿一巳時 / 16時22分 初六申時		23時3分 二十夜子時 / 5時44分 初六卯時		11時56分 廿一午時 / 16時36分 初六申時		19時22分 二十戌時 / 19時23分 初五戌時		16時33分 二十申時 / 10時24分 初五巳時		1時14分 二十丑時 / 13時3分 初四未時	
農曆	國曆	干支	國曆	干支	國曆	干支	國曆	干支	國曆	干支	國曆	干支
初一	1月15	丙寅	12月17	丁酉	11月17	丁卯	10月19	戊戌	9月19	戊辰	8月20	戊戌
初二	1月16	丁卯	12月18	戊戌	11月18	戊辰	10月20	己亥	9月20	己巳	8月21	己亥
初三	1月17	戊辰	12月19	己亥	11月19	己巳	10月21	庚子	9月21	庚午	8月22	庚子
初四	1月18	己巳	12月20	庚子	11月20	庚午	10月22	辛丑	9月22	辛未	8月23	辛丑
初五	1月19	庚午	12月21	辛丑	11月21	辛未	10月23	壬寅	9月23	壬申	8月24	壬寅
初六	1月20	辛未	12月22	壬寅	11月22	壬申	10月24	癸卯	9月24	癸酉	8月25	癸卯
初七	1月21	壬申	12月23	癸卯	11月23	癸酉	10月25	甲辰	9月25	甲戌	8月26	甲辰
初八	1月22	癸酉	12月24	甲辰	11月24	甲戌	10月26	乙巳	9月26	乙亥	8月27	乙巳
初九	1月23	甲戌	12月25	乙巳	11月25	乙亥	10月27	丙午	9月27	丙子	8月28	丙午
初十	1月24	乙亥	12月26	丙午	11月26	丙子	10月28	丁未	9月28	丁丑	8月29	丁未
十一	1月25	丙子	12月27	丁未	11月27	丁丑	10月29	戊申	9月29	戊寅	8月30	戊申
十二	1月26	丁丑	12月28	戊申	11月28	戊寅	10月30	己酉	9月30	己卯	8月31	己酉
十三	1月27	戊寅	12月29	己酉	11月29	己卯	10月31	庚戌	10月1	庚辰	9月1	庚戌
十四	1月28	己卯	12月30	庚戌	11月30	庚辰	11月1	辛亥	10月2	辛巳	9月2	辛亥
十五	1月29	庚辰	12月31	辛亥	12月1	辛巳	11月2	壬子	10月3	壬午	9月3	壬子
十六	1月30	辛巳	1月1	壬子	12月2	壬午	11月3	癸丑	10月4	癸未	9月4	癸丑
十七	1月31	壬午	1月2	癸丑	12月3	癸未	11月4	甲寅	10月5	甲申	9月5	甲寅
十八	2月1	癸未	1月3	甲寅	12月4	甲申	11月5	乙卯	10月6	乙酉	9月6	乙卯
十九	2月2	甲申	1月4	乙卯	12月5	乙酉	11月6	丙辰	10月7	丙戌	9月7	丙辰
二十	2月3	乙酉	1月5	丙辰	12月6	丙戌	11月7	丁巳	10月8	丁亥	9月8	丁巳
廿一	2月4	丙戌	1月6	丁巳	12月7	丁亥	11月8	戊午	10月9	戊子	9月9	戊午
廿二	2月5	丁亥	1月7	戊午	12月8	戊子	11月9	己未	10月10	己丑	9月10	己未
廿三	2月6	戊子	1月8	己未	12月9	己丑	11月10	庚申	10月11	庚寅	9月11	庚申
廿四	2月7	己丑	1月9	庚申	12月10	庚寅	11月11	辛酉	10月12	辛卯	9月12	辛酉
廿五	2月8	庚寅	1月10	辛酉	12月11	辛卯	11月12	壬戌	10月13	壬辰	9月13	壬戌
廿六	2月9	辛卯	1月11	壬戌	12月12	壬辰	11月13	癸亥	10月14	癸巳	9月14	癸亥
廿七	2月10	壬辰	1月12	癸亥	12月13	癸巳	11月14	甲子	10月15	甲午	9月15	甲子
廿八	2月11	癸巳	1月13	甲子	12月14	甲午	11月15	乙丑	10月16	乙未	9月16	乙丑
廿九	2月12	甲午	1月14	乙丑	12月15	乙未	11月16	丙寅	10月17	丙申	9月17	丙寅
三十	2月13	乙未			12月16	丙申			10月18	丁酉	9月18	丁卯

中華民國四十二年 歲次 癸巳《蛇》

西元一九五三年 太歲 姓徐名舜

月別	農曆正月		農曆二月		農曆三月		農曆四月		農曆五月		農曆六月	
干支	甲寅		乙卯		丙辰		丁巳		戊午		己未	
節	雨水	驚蟄	春分	清明	穀雨	立夏	小滿	芒種	夏至	小暑	大暑	立秋
氣	初六卯時 6時42分	廿一卯時 5時3分	初七卯時 6時1分	廿二巳時 10時13分	初七酉時 17時26分	廿三寅時 3時53分	初九申時 16時54分	廿五辰時 8時17分	十二丑時 1時0分	廿七酉時 18時36分	十三午時 11時53分	廿九寅時 4時15分
農曆	干支	國曆	干支	國曆	干支	國曆	干支	國曆	干支	國曆	干支	國曆
初一	丙申	2月14	乙丑	3月15	乙未	4月14	甲子	5月13	癸巳	6月11	癸亥	7月11
初二	丁酉	2月15	丙寅	3月16	丙申	4月15	乙丑	5月14	甲午	6月12	甲子	7月12
初三	戊戌	2月16	丁卯	3月17	丁酉	4月16	丙寅	5月15	乙未	6月13	乙丑	7月13
初四	己亥	2月17	戊辰	3月18	戊戌	4月17	丁卯	5月16	丙申	6月14	丙寅	7月14
初五	庚子	2月18	己巳	3月19	己亥	4月18	戊辰	5月17	丁酉	6月15	丁卯	7月15
初六	辛丑	2月19	庚午	3月20	庚子	4月19	己巳	5月18	戊戌	6月16	戊辰	7月16
初七	壬寅	2月20	辛未	3月21	辛丑	4月20	庚午	5月19	己亥	6月17	己巳	7月17
初八	癸卯	2月21	壬申	3月22	壬寅	4月21	辛未	5月20	庚子	6月18	庚午	7月18
初九	甲辰	2月22	癸酉	3月23	癸卯	4月22	壬申	5月21	辛丑	6月19	辛未	7月19
初十	乙巳	2月23	甲戌	3月24	甲辰	4月23	癸酉	5月22	壬寅	6月20	壬申	7月20
十一	丙午	2月24	乙亥	3月25	乙巳	4月24	甲戌	5月23	癸卯	6月21	癸酉	7月21
十二	丁未	2月25	丙子	3月26	丙午	4月25	乙亥	5月24	甲辰	6月22	甲戌	7月22
十三	戊申	2月26	丁丑	3月27	丁未	4月26	丙子	5月25	乙巳	6月23	乙亥	7月23
十四	己酉	2月27	戊寅	3月28	戊申	4月27	丁丑	5月26	丙午	6月24	丙子	7月24
十五	庚戌	2月28	己卯	3月29	己酉	4月28	戊寅	5月27	丁未	6月25	丁丑	7月25
十六	辛亥	3月1	庚辰	3月30	庚戌	4月29	己卯	5月28	戊申	6月26	戊寅	7月26
十七	壬子	3月2	辛巳	3月31	辛亥	4月30	庚辰	5月29	己酉	6月27	己卯	7月27
十八	癸丑	3月3	壬午	4月1	壬子	5月1	辛巳	5月30	庚戌	6月28	庚辰	7月28
十九	甲寅	3月4	癸未	4月2	癸丑	5月2	壬午	5月31	辛亥	6月29	辛巳	7月29
二十	乙卯	3月5	甲申	4月3	甲寅	5月3	癸未	6月1	壬子	6月30	壬午	7月30
廿一	丙辰	3月6	乙酉	4月4	乙卯	5月4	甲申	6月2	癸丑	7月1	癸未	7月31
廿二	丁巳	3月7	丙戌	4月5	丙辰	5月5	乙酉	6月3	甲寅	7月2	甲申	8月1
廿三	戊午	3月8	丁亥	4月6	丁巳	5月6	丙戌	6月4	乙卯	7月3	乙酉	8月2
廿四	己未	3月9	戊子	4月7	戊午	5月7	丁亥	6月5	丙辰	7月4	丙戌	8月3
廿五	庚申	3月10	己丑	4月8	己未	5月8	戊子	6月6	丁巳	7月5	丁亥	8月4
廿六	辛酉	3月11	庚寅	4月9	庚申	5月9	己丑	6月7	戊午	7月6	戊子	8月5
廿七	壬戌	3月12	辛卯	4月10	辛酉	5月10	庚寅	6月8	己未	7月7	己丑	8月6
廿八	癸亥	3月13	壬辰	4月11	壬戌	5月11	辛卯	6月9	庚申	7月8	庚寅	8月7
廿九	甲子	3月14	癸巳	4月12	癸亥	5月12	壬辰	6月10	辛酉	7月9	辛卯	8月8
三十			甲午	4月13					壬戌	7月10	壬辰	8月9

西元1953年

月別	農曆十二月		農曆十一月		農曆十月		農曆九月		農曆八月		農曆七月	
干支	乙丑		甲子		癸亥		壬戌		辛酉		庚申	
節	大寒	小寒	冬至	大雪	小雪	立冬	霜降	寒露	秋分	白露	處暑	
氣	22時12分 十六亥時	4時46分 初一寅時	11時32分 十七午時	17時38分 初二酉時	22時23分 十六亥時	1時2分 初二丑時	1時7分 十七丑時	22時11分 初一亥時	16時7分 十六申時	6時54分 初一卯時	18時46分 十四酉時	
農曆	國曆	干支	國曆	干支	國曆	干支	國曆	干支	國曆	干支	國曆	干支
初一	1月5	酉辛	12月6	卯辛	11月7	戌壬	10月8	辰壬	9月8	戌壬	8月10	巳癸
初二	1月6	戌壬	12月7	辰壬	11月8	亥癸	10月9	巳癸	9月9	亥癸	8月11	午甲
初三	1月7	亥癸	12月8	巳癸	11月9	子甲	10月10	午甲	9月10	子甲	8月12	未乙
初四	1月8	子甲	12月9	午甲	11月10	丑乙	10月11	未乙	9月11	丑乙	8月13	申丙
初五	1月9	丑乙	12月10	未乙	11月11	寅丙	10月12	申丙	9月12	寅丙	8月14	酉丁
初六	1月10	寅丙	12月11	申丙	11月12	卯丁	10月13	酉丁	9月13	卯丁	8月15	戌戊
初七	1月11	卯丁	12月12	酉丁	11月13	辰戊	10月14	戌戊	9月14	辰戊	8月16	亥己
初八	1月12	辰戊	12月13	戌戊	11月14	巳己	10月15	亥己	9月15	巳己	8月17	子庚
初九	1月13	巳己	12月14	亥己	11月15	午庚	10月16	子庚	9月16	午庚	8月18	丑辛
初十	1月14	午庚	12月15	子庚	11月16	未辛	10月17	丑辛	9月17	未辛	8月19	寅壬
十一	1月15	未辛	12月16	丑辛	11月17	申壬	10月18	寅壬	9月18	申壬	8月20	卯癸
十二	1月16	申壬	12月17	寅壬	11月18	酉癸	10月19	卯癸	9月19	酉癸	8月21	辰甲
十三	1月17	酉癸	12月18	卯癸	11月19	戌甲	10月20	辰甲	9月20	戌甲	8月22	巳乙
十四	1月18	戌甲	12月19	辰甲	11月20	亥乙	10月21	巳乙	9月21	亥乙	8月23	午丙
十五	1月19	亥乙	12月20	巳乙	11月21	子丙	10月22	午丙	9月22	子丙	8月24	未丁
十六	1月20	子丙	12月21	午丙	11月22	丑丁	10月23	未丁	9月23	丑丁	8月25	申戊
十七	1月21	丑丁	12月22	未丁	11月23	寅戊	10月24	申戊	9月24	寅戊	8月26	酉己
十八	1月22	寅戊	12月23	申戊	11月24	卯己	10月25	酉己	9月25	卯己	8月27	戌庚
十九	1月23	卯己	12月24	酉己	11月25	辰庚	10月26	戌庚	9月26	辰庚	8月28	亥辛
二十	1月24	辰庚	12月25	戌庚	11月26	巳辛	10月27	亥辛	9月27	巳辛	8月29	子壬
廿一	1月25	巳辛	12月26	亥辛	11月27	午壬	10月28	子壬	9月28	午壬	8月30	丑癸
廿二	1月26	午壬	12月27	子壬	11月28	未癸	10月29	丑癸	9月29	未癸	8月31	寅甲
廿三	1月27	未癸	12月28	丑癸	11月29	申甲	10月30	寅甲	9月30	申甲	9月1	卯乙
廿四	1月28	申甲	12月29	寅甲	11月30	酉乙	10月31	卯乙	10月1	酉乙	9月2	辰丙
廿五	1月29	酉乙	12月30	卯乙	12月1	戌丙	11月1	辰丙	10月2	戌丙	9月3	巳丁
廿六	1月30	戌丙	12月31	辰丙	12月2	亥丁	11月2	巳丁	10月3	亥丁	9月4	午戊
廿七	1月31	亥丁	1月1	巳丁	12月3	子戊	11月3	午戊	10月4	子戊	9月5	未己
廿八	2月1	子戊	1月2	午戊	12月4	丑己	11月4	未己	10月5	丑己	9月6	申庚
廿九	2月2	丑己	1月3	未己	12月5	寅庚	11月5	申庚	10月6	寅庚	9月7	酉辛
三十			1月4	申庚			11月6	酉辛	10月7	卯辛		

中華民國四十三年　歲次　甲午《馬》　西元一九五四年　太歲　姓張名詞

農曆六月		農曆五月		農曆四月		農曆三月		農曆二月		農曆正月		別月
辛未		庚午		己巳		戊辰		丁卯		丙寅		支干
大暑 小暑		夏至 芒種		小滿 立夏		穀雨 清明		春分 驚蟄		雨水 立春		節
大暑 17時45分 廿四酉時 / 小暑 0時20分 初九子時		夏至 6時55分 廿二卯時 / 芒種 14時2分 初六未時		小滿 22時48分 十九亥時 / 立夏 9時39分 初四巳時		穀雨 23時20分 十八子夜 / 清明 16時0分 初三申時		春分 11時54分 十七午時 / 驚蟄 10時49分 初二巳時		雨水 12時32分 十七午時 / 立春 16時31分 初二申時		氣
國曆	支干	國曆	支干	國曆	支干	國曆	支干	國曆	支干	國曆	支干	農曆
6月30	丁巳	6月1	戊子	5月3	己未	4月3	己丑	3月5	庚申	2月3	庚寅	初一
7月1	戊午	6月2	己丑	5月4	庚申	4月4	庚寅	3月6	辛酉	2月4	辛卯	初二
7月2	己未	6月3	庚寅	5月5	辛酉	4月5	辛卯	3月7	壬戌	2月5	壬辰	初三
7月3	庚申	6月4	辛卯	5月6	壬戌	4月6	壬辰	3月8	癸亥	2月6	癸巳	初四
7月4	辛酉	6月5	壬辰	5月7	癸亥	4月7	癸巳	3月9	甲子	2月7	甲午	初五
7月5	壬戌	6月6	癸巳	5月8	甲子	4月8	甲午	3月10	乙丑	2月8	乙未	初六
7月6	癸亥	6月7	甲午	5月9	乙丑	4月9	乙未	3月11	丙寅	2月9	丙申	初七
7月7	甲子	6月8	乙未	5月10	丙寅	4月10	丙申	3月12	丁卯	2月10	丁酉	初八
7月8	乙丑	6月9	丙申	5月11	丁卯	4月11	丁酉	3月13	戊辰	2月11	戊戌	初九
7月9	丙寅	6月10	丁酉	5月12	戊辰	4月12	戊戌	3月14	己巳	2月12	己亥	初十
7月10	丁卯	6月11	戊戌	5月13	己巳	4月13	己亥	3月15	庚午	2月13	庚子	十一
7月11	戊辰	6月12	己亥	5月14	庚午	4月14	庚子	3月16	辛未	2月14	辛丑	十二
7月12	己巳	6月13	庚子	5月15	辛未	4月15	辛丑	3月17	壬申	2月15	壬寅	十三
7月13	庚午	6月14	辛丑	5月16	壬申	4月16	壬寅	3月18	癸酉	2月16	癸卯	十四
7月14	辛未	6月15	壬寅	5月17	癸酉	4月17	癸卯	3月19	甲戌	2月17	甲辰	十五
7月15	壬申	6月16	癸卯	5月18	甲戌	4月18	甲辰	3月20	乙亥	2月18	乙巳	十六
7月16	癸酉	6月17	甲辰	5月19	乙亥	4月19	乙巳	3月21	丙子	2月19	丙午	十七
7月17	甲戌	6月18	乙巳	5月20	丙子	4月20	丙午	3月22	丁丑	2月20	丁未	十八
7月18	乙亥	6月19	丙午	5月21	丁丑	4月21	丁未	3月23	戊寅	2月21	戊申	十九
7月19	丙子	6月20	丁未	5月22	戊寅	4月22	戊申	3月24	己卯	2月22	己酉	二十
7月20	丁丑	6月21	戊申	5月23	己卯	4月23	己酉	3月25	庚辰	2月23	庚戌	廿一
7月21	戊寅	6月22	己酉	5月24	庚辰	4月24	庚戌	3月26	辛巳	2月24	辛亥	廿二
7月22	己卯	6月23	庚戌	5月25	辛巳	4月25	辛亥	3月27	壬午	2月25	壬子	廿三
7月23	庚辰	6月24	辛亥	5月26	壬午	4月26	壬子	3月28	癸未	2月26	癸丑	廿四
7月24	辛巳	6月25	壬子	5月27	癸未	4月27	癸丑	3月29	甲申	2月27	甲寅	廿五
7月25	壬午	6月26	癸丑	5月28	甲申	4月28	甲寅	3月30	乙酉	2月28	乙卯	廿六
7月26	癸未	6月27	甲寅	5月29	乙酉	4月29	乙卯	3月31	丙戌	3月1	丙辰	廿七
7月27	甲申	6月28	乙卯	5月30	丙戌	4月30	丙辰	4月1	丁亥	3月2	丁巳	廿八
7月28	乙酉	6月29	丙辰	5月31	丁亥	5月1	丁巳	4月2	戊子	3月3	戊午	廿九
7月29	丙戌					5月2	戊午			3月4	己未	三十

西元1954年

月別	農曆十二月		農曆十一月		農曆十月		農曆九月		農曆八月		農曆七月	
干支	丁丑		丙子		乙亥		甲戌		癸酉		壬申	
節	大寒 小寒		冬至 大雪		小雪 立冬		霜降 寒露		秋分 白露		處暑 立秋	
氣	大寒 4時2分 廿八寅時 / 小寒 10時36分 十三巳時		冬至 17時25分 廿八酉時 / 大雪 23時29分 十三夜子時		小雪 4時15分 廿八寅時 / 立冬 6時51分 十三卯時		霜降 6時57分 廿八卯時 / 寒露 3時58分 十三寅時		秋分 21時56分 廿七亥時 / 白露 12時39分 十二未時		處暑 0時37分 廿六子時 / 立秋 10時0分 初十巳時	
農曆	國曆	支干	國曆	支干	國曆	支干	國曆	支干	國曆	支干	國曆	支干
初一	12月25	卯乙	11月25	酉乙	10月27	辰丙	9月27	戌丙	8月28	辰丙	7月30	亥丁
初二	12月26	辰丙	11月26	戌丙	10月28	巳丁	9月28	亥丁	8月29	巳丁	7月31	子戊
初三	12月27	巳丁	11月27	亥丁	10月29	午戊	9月29	子戊	8月30	午戊	8月1	丑己
初四	12月28	午戊	11月28	子戊	10月30	未己	9月30	丑己	8月31	未己	8月2	寅庚
初五	12月29	未己	11月29	丑己	10月31	申庚	10月1	寅庚	9月1	申庚	8月3	卯辛
初六	12月30	申庚	11月30	寅庚	11月1	酉辛	10月2	卯辛	9月2	酉辛	8月4	辰壬
初七	12月31	酉辛	12月1	卯辛	11月2	戌壬	10月3	辰壬	9月3	戌壬	8月5	巳癸
初八	1月1	戌壬	12月2	辰壬	11月3	亥癸	10月4	巳癸	9月4	亥癸	8月6	午甲
初九	1月2	亥癸	12月3	巳癸	11月4	子甲	10月5	午甲	9月5	子甲	8月7	未乙
初十	1月3	子甲	12月4	午甲	11月5	丑乙	10月6	未乙	9月6	丑乙	8月8	申丙
十一	1月4	丑乙	12月5	未乙	11月6	寅丙	10月7	申丙	9月7	寅丙	8月9	酉丁
十二	1月5	寅丙	12月6	申丙	11月7	卯丁	10月8	酉丁	9月8	卯丁	8月10	戌戊
十三	1月6	卯丁	12月7	酉丁	11月8	辰戊	10月9	戌戊	9月9	辰戊	8月11	亥己
十四	1月7	辰戊	12月8	戌戊	11月9	巳己	10月10	亥己	9月10	巳己	8月12	子庚
十五	1月8	巳己	12月9	亥己	11月10	午庚	10月11	子庚	9月11	午庚	8月13	丑辛
十六	1月9	午庚	12月10	子庚	11月11	未辛	10月12	丑辛	9月12	未辛	8月14	寅壬
十七	1月10	未辛	12月11	丑辛	11月12	申壬	10月13	寅壬	9月13	申壬	8月15	卯癸
十八	1月11	申壬	12月12	寅壬	11月13	酉癸	10月14	卯癸	9月14	酉癸	8月16	辰甲
十九	1月12	酉癸	12月13	卯癸	11月14	戌甲	10月15	辰甲	9月15	戌甲	8月17	巳乙
二十	1月13	戌甲	12月14	辰甲	11月15	亥乙	10月16	巳乙	9月16	亥乙	8月18	午丙
廿一	1月14	亥乙	12月15	巳乙	11月16	子丙	10月17	午丙	9月17	子丙	8月19	未丁
廿二	1月15	子丙	12月16	午丙	11月17	丑丁	10月18	未丁	9月18	丑丁	8月20	申戊
廿三	1月16	丑丁	12月17	未丁	11月18	寅戊	10月19	申戊	9月19	寅戊	8月21	酉己
廿四	1月17	寅戊	12月18	申戊	11月19	卯己	10月20	酉己	9月20	卯己	8月22	戌庚
廿五	1月18	卯己	12月19	酉己	11月20	辰庚	10月21	戌庚	9月21	辰庚	8月23	亥辛
廿六	1月19	辰庚	12月20	戌庚	11月21	巳辛	10月22	亥辛	9月22	巳辛	8月24	子壬
廿七	1月20	巳辛	12月21	亥辛	11月22	午壬	10月23	子壬	9月23	午壬	8月25	丑癸
廿八	1月21	午壬	12月22	子壬	11月23	未癸	10月24	丑癸	9月24	未癸	8月26	寅甲
廿九	1月22	未癸	12月23	丑癸	11月24	申甲	10月25	寅甲	9月25	申甲	8月27	卯乙
三十	1月23	申甲	12月24	寅甲			10月26	卯乙	9月26	酉乙		

西元1955年

中華民國四十四年 歲次 乙未《羊》

西元一九五五年 太歲 姓楊名賢

月六曆農		月五曆農		月四曆農		月三閏曆農		月三曆農		月二曆農		月正曆農		別月
未	癸	午	壬	巳	辛			辰	庚	卯	己	寅	戊	支干
秋立	暑大	暑小	至夏	種芒	滿小	夏立		雨穀	明清	分春	蟄驚	水雨	春立	節
15時50分 廿一申時	23時25分 初五夜子	6時7分 十九卯時	12時32分 初三午時	19時44分 十六戌時	4時25分 初一寅時	5時18分 十五申時		4時58分 廿九寅時	21時39分 十三亥時	17時37分 廿八酉時	16時34分 十三申時	18時32分 廿七酉時	22時18分 十二亥時	氣
曆國	支干	曆國	支干	曆國	支干	曆國	支干	曆國	支干	曆國	支干	曆國	支干	曆農
7月19	巳辛	6月20	子壬	5月22	未癸	4月22	丑癸	3月24	申甲	2月22	寅甲	1月24	酉乙	一初
7月20	午壬	6月21	丑癸	5月23	申甲	4月23	寅甲	3月25	酉乙	2月23	卯乙	1月25	戌丙	二初
7月21	未癸	6月22	寅甲	5月24	酉乙	4月24	卯乙	3月26	戌丙	2月24	辰丙	1月26	亥丁	三初
7月22	申甲	6月23	卯乙	5月25	戌丙	4月25	辰丙	3月27	亥丁	2月25	巳丁	1月27	子戊	四初
7月23	酉乙	6月24	辰丙	5月26	亥丁	4月26	巳丁	3月28	子戊	2月26	午戊	1月28	丑己	五初
7月24	戌丙	6月25	巳丁	5月27	子戊	4月27	午戊	3月29	丑己	2月27	未己	1月29	寅庚	六初
7月25	亥丁	6月26	午戊	5月28	丑己	4月28	未己	3月30	寅庚	2月28	申庚	1月30	卯辛	七初
7月26	子戊	6月27	未己	5月29	寅庚	4月29	申庚	3月31	卯辛	3月 1	酉辛	1月31	辰壬	八初
7月27	丑己	6月28	申庚	5月30	卯辛	4月30	酉辛	4月 1	辰壬	3月 2	戌壬	2月 1	巳癸	九初
7月28	寅庚	6月29	酉辛	5月31	辰壬	5月 1	戌壬	4月 2	巳癸	3月 3	亥癸	2月 2	午甲	十初
7月29	卯辛	6月30	戌壬	6月 1	巳癸	5月 2	亥癸	4月 3	午甲	3月 4	子甲	2月 3	未乙	一十
7月30	辰壬	7月 1	亥癸	6月 2	午甲	5月 3	子甲	4月 4	未乙	3月 5	丑乙	2月 4	申丙	二十
7月31	巳癸	7月 2	子甲	6月 3	未乙	5月 4	丑乙	4月 5	申丙	3月 6	寅丙	2月 5	酉丁	三十
8月 1	午甲	7月 3	丑乙	6月 4	申丙	5月 5	寅丙	4月 6	酉丁	3月 7	卯丁	2月 6	戌戊	四十
8月 2	未乙	7月 4	寅丙	6月 5	酉丁	5月 6	卯丁	4月 7	戌戊	3月 8	辰戊	2月 7	亥己	五十
8月 3	申丙	7月 5	卯丁	6月 6	戌戊	5月 7	辰戊	4月 8	亥己	3月 9	巳己	2月 8	子庚	六十
8月 4	酉丁	7月 6	辰戊	6月 7	亥己	5月 8	巳己	4月 9	子庚	3月10	午庚	2月 9	丑辛	七十
8月 5	戌戊	7月 7	巳己	6月 8	子庚	5月 9	午庚	4月10	丑辛	3月11	未辛	2月10	寅壬	八十
8月 6	亥己	7月 8	午庚	6月 9	丑辛	5月10	未辛	4月11	寅壬	3月12	申壬	2月11	卯癸	九十
8月 7	子庚	7月 9	未辛	6月10	寅壬	5月11	申壬	4月12	卯癸	3月13	酉癸	2月12	辰甲	十二
8月 8	丑辛	7月10	申壬	6月11	卯癸	5月12	酉癸	4月13	辰甲	3月14	戌甲	2月13	巳乙	一廿
8月 9	寅壬	7月11	酉癸	6月12	辰甲	5月13	戌甲	4月14	巳乙	3月15	亥乙	2月14	午丙	二廿
8月10	卯癸	7月12	戌甲	6月13	巳乙	5月14	亥乙	4月15	午丙	3月16	子丙	2月15	未丁	三廿
8月11	辰甲	7月13	亥乙	6月14	午丙	5月15	子丙	4月16	未丁	3月17	丑丁	2月16	申戊	四廿
8月12	巳乙	7月14	子丙	6月15	未丁	5月16	丑丁	4月17	申戊	3月18	寅戊	2月17	酉己	五廿
8月13	午丙	7月15	丑丁	6月16	申戊	5月17	寅戊	4月18	酉己	3月19	卯己	2月18	戌庚	六廿
8月14	未丁	7月16	寅戊	6月17	酉己	5月18	卯己	4月19	戌庚	3月20	辰庚	2月19	亥辛	七廿
8月15	申戊	7月17	卯己	6月18	戌庚	5月19	辰庚	4月20	亥辛	3月21	巳辛	2月20	子壬	八廿
8月16	酉己	7月18	辰庚	6月19	亥辛	5月20	巳辛	4月21	子壬	3月22	午壬	2月21	丑癸	九廿
8月17	戌庚					5月21	午壬			3月23	未癸			十三

月別	農曆十二月		農曆十一月		農曆十月		農曆九月		農曆八月		農曆七月	
干支	己丑		戊子		丁亥		丙戌		乙酉		甲申	
節	立春 大寒		小寒 冬至		大雪 小雪		立冬 霜降		寒露 秋分		白露 處暑	
氣	4時13分 廿四寅時 / 9時49分 初九巳時		16時31分 廿四申時 / 23時12分 初九夜子時		5時23分 廿五卯時 / 10時2分 初十巳時		12時46分 廿四午時 / 12時44分 初九午時		9時53分 廿四巳時 / 3時42分 初九寅時		18時32分 廿二酉時 / 6時20分 初七卯時	
農曆	國曆	干支	國曆	干支	國曆	干支	國曆	干支	國曆	干支	國曆	干支
初一	1月13	己卯	12月14	己酉	11月14	己卯	10月16	庚戌	9月16	庚辰	8月18	辛亥
初二	1月14	庚辰	12月15	庚戌	11月15	庚辰	10月17	辛亥	9月17	辛巳	8月19	壬子
初三	1月15	辛巳	12月16	辛亥	11月16	辛巳	10月18	壬子	9月18	壬午	8月20	癸丑
初四	1月16	壬午	12月17	壬子	11月17	壬午	10月19	癸丑	9月19	癸未	8月21	甲寅
初五	1月17	癸未	12月18	癸丑	11月18	癸未	10月20	甲寅	9月20	甲申	8月22	乙卯
初六	1月18	甲申	12月19	甲寅	11月19	甲申	10月21	乙卯	9月21	乙酉	8月23	丙辰
初七	1月19	乙酉	12月20	乙卯	11月20	乙酉	10月22	丙辰	9月22	丙戌	8月24	丁巳
初八	1月20	丙戌	12月21	丙辰	11月21	丙戌	10月23	丁巳	9月23	丁亥	8月25	戊午
初九	1月21	丁亥	12月22	丁巳	11月22	丁亥	10月24	戊午	9月24	戊子	8月26	己未
初十	1月22	戊子	12月23	戊午	11月23	戊子	10月25	己未	9月25	己丑	8月27	庚申
十一	1月23	己丑	12月24	己未	11月24	己丑	10月26	庚申	9月26	庚寅	8月28	辛酉
十二	1月24	庚寅	12月25	庚申	11月25	庚寅	10月27	辛酉	9月27	辛卯	8月29	壬戌
十三	1月25	辛卯	12月26	辛酉	11月26	辛卯	10月28	壬戌	9月28	壬辰	8月30	癸亥
十四	1月26	壬辰	12月27	壬戌	11月27	壬辰	10月29	癸亥	9月29	癸巳	8月31	甲子
十五	1月27	癸巳	12月28	癸亥	11月28	癸巳	10月30	甲子	9月30	甲午	9月1	乙丑
十六	1月28	甲午	12月29	甲子	11月29	甲午	10月31	乙丑	10月1	乙未	9月2	丙寅
十七	1月29	乙未	12月30	乙丑	11月30	乙未	11月1	丙寅	10月2	丙申	9月3	丁卯
十八	1月30	丙申	12月31	丙寅	12月1	丙申	11月2	丁卯	10月3	丁酉	9月4	戊辰
十九	1月31	丁酉	1月1	丁卯	12月2	丁酉	11月3	戊辰	10月4	戊戌	9月5	己巳
二十	2月1	戊戌	1月2	戊辰	12月3	戊戌	11月4	己巳	10月5	己亥	9月6	庚午
廿一	2月2	己亥	1月3	己巳	12月4	己亥	11月5	庚午	10月6	庚子	9月7	辛未
廿二	2月3	庚子	1月4	庚午	12月5	庚子	11月6	辛未	10月7	辛丑	9月8	壬申
廿三	2月4	辛丑	1月5	辛未	12月6	辛丑	11月7	壬申	10月8	壬寅	9月9	癸酉
廿四	2月5	壬寅	1月6	壬申	12月7	壬寅	11月8	癸酉	10月9	癸卯	9月10	甲戌
廿五	2月6	癸卯	1月7	癸酉	12月8	癸卯	11月9	甲戌	10月10	甲辰	9月11	乙亥
廿六	2月7	甲辰	1月8	甲戌	12月9	甲辰	11月10	乙亥	10月11	乙巳	9月12	丙子
廿七	2月8	乙巳	1月9	乙亥	12月10	乙巳	11月11	丙子	10月12	丙午	9月13	丁丑
廿八	2月9	丙午	1月10	丙子	12月11	丙午	11月12	丁丑	10月13	丁未	9月14	戊寅
廿九	2月10	丁未	1月11	丁丑	12月12	丁未	11月13	戊寅	10月14	戊申	9月15	己卯
三十	2月11	戊申	1月12	戊寅	12月13	戊申			10月15	己酉		

中華民國四十五年　歲次　丙申《猴》　西元一九五六年　太歲姓管名仲

農曆六月		農曆五月		農曆四月		農曆三月		農曆二月		農曆正月		月別
乙未		甲午		癸巳		壬辰		辛卯		庚寅		干支
大暑	小暑	夏至	芒種	小滿	立夏	穀雨	清明	春分	驚蟄	雨水		節
5時21分 十六卯時	11時59分 廿九卯時	18時24分 十三午時	1時36分 廿八丑時	10時13分 十二巳時	21時11分 廿五亥時	10時44分 初十巳時	3時32分 廿五寅時	23時21分 初五夜子時	22時24分 廿三亥時	0時5分 初九子時		氣

國曆	支干	國曆	支干	國曆	支干	國曆	支干	國曆	支干	國曆	支干	農曆
7月8	丙子	6月9	丁未	5月10	丁丑	4月11	戊申	3月12	戊寅	2月12	己酉	初一
7月9	丁丑	6月10	戊申	5月11	戊寅	4月12	己酉	3月13	己卯	2月13	庚戌	初二
7月10	戊寅	6月11	己酉	5月12	己卯	4月13	庚戌	3月14	庚辰	2月14	辛亥	初三
7月11	己卯	6月12	庚戌	5月13	庚辰	4月14	辛亥	3月15	辛巳	2月15	壬子	初四
7月12	庚辰	6月13	辛亥	5月14	辛巳	4月15	壬子	3月16	壬午	2月16	癸丑	初五
7月13	辛巳	6月14	壬子	5月15	壬午	4月16	癸丑	3月17	癸未	2月17	甲寅	初六
7月14	壬午	6月15	癸丑	5月16	癸未	4月17	甲寅	3月18	甲申	2月18	乙卯	初七
7月15	癸未	6月16	甲寅	5月17	甲申	4月18	乙卯	3月19	乙酉	2月19	丙辰	初八
7月16	甲申	6月17	乙卯	5月18	乙酉	4月19	丙辰	3月20	丙戌	2月20	丁巳	初九
7月17	乙酉	6月18	丙辰	5月19	丙戌	4月20	丁巳	3月21	丁亥	2月21	戊午	初十
7月18	丙戌	6月19	丁巳	5月20	丁亥	4月21	戊午	3月22	戊子	2月22	己未	十一
7月19	丁亥	6月20	戊午	5月21	戊子	4月22	己未	3月23	己丑	2月23	庚申	十二
7月20	戊子	6月21	己未	5月22	己丑	4月23	庚申	3月24	庚寅	2月24	辛酉	十三
7月21	己丑	6月22	庚申	5月23	庚寅	4月24	辛酉	3月25	辛卯	2月25	壬戌	十四
7月22	庚寅	6月23	辛酉	5月24	辛卯	4月25	壬戌	3月26	壬辰	2月26	癸亥	十五
7月23	辛卯	6月24	壬戌	5月25	壬辰	4月26	癸亥	3月27	癸巳	2月27	甲子	十六
7月24	壬辰	6月25	癸亥	5月26	癸巳	4月27	甲子	3月28	甲午	2月28	乙丑	十七
7月25	癸巳	6月26	甲子	5月27	甲午	4月28	乙丑	3月29	乙未	2月29	丙寅	十八
7月26	甲午	6月27	乙丑	5月28	乙未	4月29	丙寅	3月30	丙申	3月1	丁卯	十九
7月27	乙未	6月28	丙寅	5月29	丙申	4月30	丁卯	3月31	丁酉	3月2	戊辰	二十
7月28	丙申	6月29	丁卯	5月30	丁酉	5月1	戊辰	4月1	戊戌	3月3	己巳	廿一
7月29	丁酉	6月30	戊辰	5月31	戊戌	5月2	己巳	4月2	己亥	3月4	庚午	廿二
7月30	戊戌	7月1	己巳	6月1	己亥	5月3	庚午	4月3	庚子	3月5	辛未	廿三
7月31	己亥	7月2	庚午	6月2	庚子	5月4	辛未	4月4	辛丑	3月6	壬申	廿四
8月1	庚子	7月3	辛未	6月3	辛丑	5月5	壬申	4月5	壬寅	3月7	癸酉	廿五
8月2	辛丑	7月4	壬申	6月4	壬寅	5月6	癸酉	4月6	癸卯	3月8	甲戌	廿六
8月3	壬寅	7月5	癸酉	6月5	癸卯	5月7	甲戌	4月7	甲辰	3月9	乙亥	廿七
8月4	癸卯	7月6	甲戌	6月6	甲辰	5月8	乙亥	4月8	乙巳	3月10	丙子	廿八
8月5	甲辰	7月7	乙亥	6月7	乙巳	5月9	丙子	4月9	丙午	3月11	丁丑	廿九
				6月8	丙午			4月10	丁未			三十

西元1956年

月別	農曆十二月		農曆十一月		農曆十月		農曆九月		農曆八月		農曆七月	
干支	辛丑		庚子		己亥		戊戌		丁酉		丙申	
節	大寒	小寒	冬至	大雪	小雪	立冬	霜降	寒露	秋分	白露	處暑	立秋
氣	15時39分 二十申時	22時11分 初五亥時	5時0分 廿一卯時	11時3分 初六午時	15時51分 二十申時	18時27分 初五酉時	18時35分 二十酉時	15時37分 初五申時	9時36分 十九巳時	0時20分 初四子時	12時15分 十八午時	21時41分 初二亥時
農曆	國曆	支干	國曆	支干	國曆	支干	國曆	支干	國曆	支干	國曆	支干
初一	1月 1	酉癸	12月 2	卯癸	11月 3	戌甲	10月 4	辰甲	9月 5	亥乙	8月 6	巳乙
初二	1月 2	戌甲	12月 3	辰甲	11月 4	亥乙	10月 5	巳乙	9月 6	子丙	8月 7	午丙
初三	1月 3	亥乙	12月 4	巳乙	11月 5	子丙	10月 6	午丙	9月 7	丑丁	8月 8	未丁
初四	1月 4	子丙	12月 5	午丙	11月 6	丑丁	10月 7	未丁	9月 8	寅戊	8月 9	申戊
初五	1月 5	丑丁	12月 6	未丁	11月 7	寅戊	10月 8	申戊	9月 9	卯己	8月10	酉己
初六	1月 6	寅戊	12月 7	申戊	11月 8	卯己	10月 9	酉己	9月10	辰庚	8月11	戌庚
初七	1月 7	卯己	12月 8	酉己	11月 9	辰庚	10月10	戌庚	9月11	巳辛	8月12	亥辛
初八	1月 8	辰庚	12月 9	戌庚	11月10	巳辛	10月11	亥辛	9月12	午壬	8月13	子壬
初九	1月 9	巳辛	12月10	亥辛	11月11	午壬	10月12	子壬	9月13	未癸	8月14	丑癸
初十	1月10	午壬	12月11	子壬	11月12	未癸	10月13	丑癸	9月14	申甲	8月15	寅甲
十一	1月11	未癸	12月12	丑癸	11月13	申甲	10月14	寅甲	9月15	酉乙	8月16	卯乙
十二	1月12	申甲	12月13	寅甲	11月14	酉乙	10月15	卯乙	9月16	戌丙	8月17	辰丙
十三	1月13	酉乙	12月14	卯乙	11月15	戌丙	10月16	辰丙	9月17	亥丁	8月18	巳丁
十四	1月14	戌丙	12月15	辰丙	11月16	亥丁	10月17	巳丁	9月18	子戊	8月19	午戊
十五	1月15	亥丁	12月16	巳丁	11月17	子戊	10月18	午戊	9月19	丑己	8月20	未己
十六	1月16	子戊	12月17	午戊	11月18	丑己	10月19	未己	9月20	寅庚	8月21	申庚
十七	1月17	丑己	12月18	未己	11月19	寅庚	10月20	申庚	9月21	卯辛	8月22	酉辛
十八	1月18	寅庚	12月19	申庚	11月20	卯辛	10月21	酉辛	9月22	辰壬	8月23	戌壬
十九	1月19	卯辛	12月20	酉辛	11月21	辰壬	10月22	戌壬	9月23	巳癸	8月24	亥癸
二十	1月20	辰壬	12月21	戌壬	11月22	巳癸	10月23	亥癸	9月24	午甲	8月25	子甲
廿一	1月21	巳癸	12月22	亥癸	11月23	午甲	10月24	子甲	9月25	未乙	8月26	丑乙
廿二	1月22	午甲	12月23	子甲	11月24	未乙	10月25	丑乙	9月26	申丙	8月27	寅丙
廿三	1月23	未乙	12月24	丑乙	11月25	申丙	10月26	寅丙	9月27	酉丁	8月28	卯丁
廿四	1月24	申丙	12月25	寅丙	11月26	酉丁	10月27	卯丁	9月28	戌戊	8月29	辰戊
廿五	1月25	酉丁	12月26	卯丁	11月27	戌戊	10月28	辰戊	9月29	亥己	8月30	巳己
廿六	1月26	戌戊	12月27	辰戊	11月28	亥己	10月29	巳己	9月30	子庚	8月31	午庚
廿七	1月27	亥己	12月28	巳己	11月29	子庚	10月30	午庚	10月 1	丑辛	9月 1	未辛
廿八	1月28	子庚	12月29	午庚	11月30	丑辛	10月31	未辛	10月 2	寅壬	9月 2	申壬
廿九	1月29	丑辛	12月30	未辛	12月 1	寅壬	11月 1	申壬	10月 3	卯癸	9月 3	酉癸
三十	1月30	寅壬	12月31	申壬			11月 2	酉癸			9月 4	戌甲

中華民國四十六年　歲次　丁酉《雞》　西元一九五七年　太歲姓康名傑

節氣

月	農曆正月 壬寅		農曆二月 癸卯		農曆三月 甲辰		農曆四月 乙巳		農曆五月 丙午		農曆六月 丁未	
節	立春	雨水	驚蟄	春分	清明	穀雨	立夏	小滿	芒種	夏至	小暑	大暑
氣	9時55分 初五巳	5時58分 二十卯	4時13分 初五寅	5時15分 二十卯	9時19分 初六巳	16時42分 廿一申	2時59分 初七丑	16時11分 廿二申	7時25分 初九辰	0時21分 廿五子	17時49分 初十酉	11時15分 廿六午

日曆

農曆	正月 國曆	干支	二月 國曆	干支	三月 國曆	干支	四月 國曆	干支	五月 國曆	干支	六月 國曆	干支
初一	1月31	癸卯	3月2	癸酉	3月31	壬寅	4月30	壬申	5月29	辛丑	6月28	辛未
初二	2月1	甲辰	3月3	甲戌	4月1	癸卯	5月1	癸酉	5月30	壬寅	6月29	壬申
初三	2月2	乙巳	3月4	乙亥	4月2	甲辰	5月2	甲戌	5月31	癸卯	6月30	癸酉
初四	2月3	丙午	3月5	丙子	4月3	乙巳	5月3	乙亥	6月1	甲辰	7月1	甲戌
初五	2月4	丁未	3月6	丁丑	4月4	丙午	5月4	丙子	6月2	乙巳	7月2	乙亥
初六	2月5	戊申	3月7	戊寅	4月5	丁未	5月5	丁丑	6月3	丙午	7月3	丙子
初七	2月6	己酉	3月8	己卯	4月6	戊申	5月6	戊寅	6月4	丁未	7月4	丁丑
初八	2月7	庚戌	3月9	庚辰	4月7	己酉	5月7	己卯	6月5	戊申	7月5	戊寅
初九	2月8	辛亥	3月10	辛巳	4月8	庚戌	5月8	庚辰	6月6	己酉	7月6	己卯
初十	2月9	壬子	3月11	壬午	4月9	辛亥	5月9	辛巳	6月7	庚戌	7月7	庚辰
十一	2月10	癸丑	3月12	癸未	4月10	壬子	5月10	壬午	6月8	辛亥	7月8	辛巳
十二	2月11	甲寅	3月13	甲申	4月11	癸丑	5月11	癸未	6月9	壬子	7月9	壬午
十三	2月12	乙卯	3月14	乙酉	4月12	甲寅	5月12	甲申	6月10	癸丑	7月10	癸未
十四	2月13	丙辰	3月15	丙戌	4月13	乙卯	5月13	乙酉	6月11	甲寅	7月11	甲申
十五	2月14	丁巳	3月16	丁亥	4月14	丙辰	5月14	丙戌	6月12	乙卯	7月12	乙酉
十六	2月15	戊午	3月17	戊子	4月15	丁巳	5月15	丁亥	6月13	丙辰	7月13	丙戌
十七	2月16	己未	3月18	己丑	4月16	戊午	5月16	戊子	6月14	丁巳	7月14	丁亥
十八	2月17	庚申	3月19	庚寅	4月17	己未	5月17	己丑	6月15	戊午	7月15	戊子
十九	2月18	辛酉	3月20	辛卯	4月18	庚申	5月18	庚寅	6月16	己未	7月16	己丑
二十	2月19	壬戌	3月21	壬辰	4月19	辛酉	5月19	辛卯	6月17	庚申	7月17	庚寅
廿一	2月20	癸亥	3月22	癸巳	4月20	壬戌	5月20	壬辰	6月18	辛酉	7月18	辛卯
廿二	2月21	甲子	3月23	甲午	4月21	癸亥	5月21	癸巳	6月19	壬戌	7月19	壬辰
廿三	2月22	乙丑	3月24	乙未	4月22	甲子	5月22	甲午	6月20	癸亥	7月20	癸巳
廿四	2月23	丙寅	3月25	丙申	4月23	乙丑	5月23	乙未	6月21	甲子	7月21	甲午
廿五	2月24	丁卯	3月26	丁酉	4月24	丙寅	5月24	丙申	6月22	乙丑	7月22	乙未
廿六	2月25	戊辰	3月27	戊戌	4月25	丁卯	5月25	丁酉	6月23	丙寅	7月23	丙申
廿七	2月26	己巳	3月28	己亥	4月26	戊辰	5月26	戊戌	6月24	丁卯	7月24	丁酉
廿八	2月27	庚午	3月29	庚子	4月27	己巳	5月27	己亥	6月25	戊辰	7月25	戊戌
廿九	2月28	辛未	3月30	辛丑	4月28	庚午	5月28	庚子	6月26	己巳	7月26	己亥
三十	3月1	壬申			4月29	辛未			6月27	庚午		

236

西元1957年

干支：農曆十二月 癸丑；農曆十一月 壬子；農曆十月 辛亥；農曆九月 庚戌；農曆閏八月（無）；農曆八月 己酉；農曆七月 戊申

節氣：
- 農曆十二月：立春 15時50分 十六申時；大寒 21時29分 初一亥時
- 農曆十一月：小寒 4時5分 十七寅時；冬至 10時49分 初二巳時
- 農曆十月：大雪 16時57分 十六申時；小雪 21時40分 初一亥時
- 農曆九月：立冬 0時21分 十七子時；霜降 0時25分 初二子時
- 農曆閏八月：寒露 21時31分 十五亥時
- 農曆八月：秋分 15時27分 三十申時；白露 6時13分 十五卯時
- 農曆七月：處暑 18時8分 廿八酉時；立秋 3時33分 十三寅時

農曆	農曆十二月 國曆	支干	農曆十一月 國曆	支干	農曆十月 國曆	支干	農曆九月 國曆	支干	農曆閏八月 國曆	支干	農曆八月 國曆	支干	農曆七月 國曆	支干
初一	1月20	丁酉	12月21	丁卯	11月22	戊戌	10月23	戊辰	9月24	己亥	8月25	己巳	7月27	庚子
初二	1月21	戊戌	12月22	戊辰	11月23	己亥	10月24	己巳	9月25	庚子	8月26	庚午	7月28	辛丑
初三	1月22	己亥	12月23	己巳	11月24	庚子	10月25	庚午	9月26	辛丑	8月27	辛未	7月29	壬寅
初四	1月23	庚子	12月24	庚午	11月25	辛丑	10月26	辛未	9月27	壬寅	8月28	壬申	7月30	癸卯
初五	1月24	辛丑	12月25	辛未	11月26	壬寅	10月27	壬申	9月28	癸卯	8月29	癸酉	7月31	甲辰
初六	1月25	壬寅	12月26	壬申	11月27	癸卯	10月28	癸酉	9月29	甲辰	8月30	甲戌	8月1	乙巳
初七	1月26	癸卯	12月27	癸酉	11月28	甲辰	10月29	甲戌	9月30	乙巳	8月31	乙亥	8月2	丙午
初八	1月27	甲辰	12月28	甲戌	11月29	乙巳	10月30	乙亥	10月1	丙午	9月1	丙子	8月3	丁未
初九	1月28	乙巳	12月29	乙亥	11月30	丙午	10月31	丙子	10月2	丁未	9月2	丁丑	8月4	戊申
初十	1月29	丙午	12月30	丙子	12月1	丁未	11月1	丁丑	10月3	戊申	9月3	戊寅	8月5	己酉
十一	1月30	丁未	12月31	丁丑	12月2	戊申	11月2	戊寅	10月4	己酉	9月4	己卯	8月6	庚戌
十二	1月31	戊申	1月1	戊寅	12月3	己酉	11月3	己卯	10月5	庚戌	9月5	庚辰	8月7	辛亥
十三	2月1	己酉	1月2	己卯	12月4	庚戌	11月4	庚辰	10月6	辛亥	9月6	辛巳	8月8	壬子
十四	2月2	庚戌	1月3	庚辰	12月5	辛亥	11月5	辛巳	10月7	壬子	9月7	壬午	8月9	癸丑
十五	2月3	辛亥	1月4	辛巳	12月6	壬子	11月6	壬午	10月8	癸丑	9月8	癸未	8月10	甲寅
十六	2月4	壬子	1月5	壬午	12月7	癸丑	11月7	癸未	10月9	甲寅	9月9	甲申	8月11	乙卯
十七	2月5	癸丑	1月6	癸未	12月8	甲寅	11月8	甲申	10月10	乙卯	9月10	乙酉	8月12	丙辰
十八	2月6	甲寅	1月7	甲申	12月9	乙卯	11月9	乙酉	10月11	丙辰	9月11	丙戌	8月13	丁巳
十九	2月7	乙卯	1月8	乙酉	12月10	丙辰	11月10	丙戌	10月12	丁巳	9月12	丁亥	8月14	戊午
二十	2月8	丙辰	1月9	丙戌	12月11	丁巳	11月11	丁亥	10月13	戊午	9月13	戊子	8月15	己未
廿一	2月9	丁巳	1月10	丁亥	12月12	戊午	11月12	戊子	10月14	己未	9月14	己丑	8月16	庚申
廿二	2月10	戊午	1月11	戊子	12月13	己未	11月13	己丑	10月15	庚申	9月15	庚寅	8月17	辛酉
廿三	2月11	己未	1月12	己丑	12月14	庚申	11月14	庚寅	10月16	辛酉	9月16	辛卯	8月18	壬戌
廿四	2月12	庚申	1月13	庚寅	12月15	辛酉	11月15	辛卯	10月17	壬戌	9月17	壬辰	8月19	癸亥
廿五	2月13	辛酉	1月14	辛卯	12月16	壬戌	11月16	壬辰	10月18	癸亥	9月18	癸巳	8月20	甲子
廿六	2月14	壬戌	1月15	壬辰	12月17	癸亥	11月17	癸巳	10月19	甲子	9月19	甲午	8月21	乙丑
廿七	2月15	癸亥	1月16	癸巳	12月18	甲子	11月18	甲午	10月20	乙丑	9月20	乙未	8月22	丙寅
廿八	2月16	甲子	1月17	甲午	12月19	乙丑	11月19	乙未	10月21	丙寅	9月21	丙申	8月23	丁卯
廿九	2月17	乙丑	1月18	乙未	12月20	丙寅	11月20	丙申	10月22	丁卯	9月22	丁酉	8月24	戊辰
三十			1月19	丙申			11月21	丁酉			9月23	戊戌		

中華民國四十七年　歲次　戊戌《狗》　西元一九五八年　太歲　姓姜名武

別月	月正曆農		月二曆農		月三曆農		月四曆農		月五曆農		月六曆農	
支干	寅	甲	卯	乙	辰	丙	巳	丁	午	戊	未	己
節	水雨	蟄驚	分春	明清	雨穀	夏立	滿小	種芒	至夏	暑小	暑大	秋立
氣	11初 時二 50午 分時	10初 時七 6巳 分時	11初 時二 4午 分時	11初 時七 13申 分時	15十 時七 13申 分時	22初 時二 28亥 分時	8十 時八 50辰 分時	21初 時三 52亥 分時	13十 時九 13未 分時	5初 時六 34夜 分子	23廿 時一 51申 分時	9廿 時三 18巳 分時
曆農	國曆	支干	國曆	支干	國曆	支干	國曆	支干	國曆	支干	國曆	支干
一初	2月18	寅丙	3月20	申丙	4月19	寅丙	5月19	申丙	6月17	丑乙	7月17	未乙
二初	2月19	卯丁	3月21	酉丁	4月20	卯丁	5月20	酉丁	6月18	寅丙	7月18	申丙
三初	2月20	辰戊	3月22	戌戊	4月21	辰戊	5月21	戌戊	6月19	卯丁	7月19	酉丁
四初	2月21	巳己	3月23	亥己	4月22	巳己	5月22	亥己	6月20	辰戊	7月20	戌戊
五初	2月22	午庚	3月24	子庚	4月23	午庚	5月23	子庚	6月21	巳己	7月21	亥己
六初	2月23	未辛	3月25	丑辛	4月24	未辛	5月25	丑辛	6月22	午庚	7月22	子庚
七初	2月24	申壬	3月26	寅壬	4月25	申壬	5月26	寅壬	6月23	未辛	7月23	丑辛
八初	2月25	酉癸	3月27	卯癸	4月26	酉癸	5月26	卯癸	6月24	申壬	7月24	寅壬
九初	2月26	戌甲	3月28	辰甲	4月27	戌甲	5月27	辰甲	6月25	酉癸	7月25	卯癸
十初	2月27	亥乙	3月29	巳乙	4月28	亥乙	5月28	巳乙	6月26	戌甲	7月26	辰甲
一十	2月28	子丙	3月30	午丙	4月29	子丙	5月29	午丙	6月27	亥乙	7月27	巳乙
二十	3月 1	丑丁	3月31	未丁	4月30	丑丁	5月30	未丁	6月28	子丙	7月28	午丙
三十	3月 2	寅戊	4月 1	申戊	5月 1	寅戊	5月31	申戊	6月29	丑丁	7月29	未丁
四十	3月 3	卯己	4月 2	酉己	5月 2	卯己	6月 1	酉己	6月30	寅戊	7月30	申戊
五十	3月 4	辰庚	4月 3	戌庚	5月 3	辰庚	6月 2	戌庚	7月 1	卯己	7月31	酉己
六十	3月 5	巳辛	4月 4	亥辛	5月 4	巳辛	6月 3	亥辛	7月 2	辰庚	8月 1	戌庚
七十	3月 6	午壬	4月 5	子壬	5月 5	午壬	6月 4	子壬	7月 3	巳辛	8月 2	亥辛
八十	3月 7	未癸	4月 6	丑癸	5月 6	未癸	6月 5	丑癸	7月 4	午壬	8月 3	子壬
九十	3月 8	申甲	4月 7	寅甲	5月 7	申甲	6月 6	寅甲	7月 5	未癸	8月 4	丑癸
十二	3月 9	酉乙	4月 8	卯乙	5月 8	酉乙	6月 7	卯乙	7月 6	申甲	8月 5	寅甲
一廿	3月10	戌丙	4月 9	辰丙	5月 9	戌丙	6月 8	辰丙	7月 7	酉乙	8月 6	卯乙
二廿	3月11	亥丁	4月10	巳丁	5月10	亥丁	6月 9	巳丁	7月 8	戌丙	8月 7	辰丙
三廿	3月12	子戊	4月11	午戊	5月11	子戊	6月10	午戊	7月 9	亥丁	8月 8	巳丁
四廿	3月13	丑己	4月12	未己	5月12	丑己	6月11	未己	7月10	子戊	8月 9	午戊
五廿	3月14	寅庚	4月13	申庚	5月13	寅庚	6月12	申庚	7月11	丑己	8月10	未己
六廿	3月15	卯辛	4月14	酉辛	5月14	卯辛	6月13	酉辛	7月12	寅庚	8月11	申庚
七廿	3月16	辰壬	4月15	戌壬	5月15	辰壬	6月14	戌壬	7月13	卯辛	8月12	酉辛
八廿	3月17	巳癸	4月16	亥癸	5月16	巳癸	6月15	亥癸	7月14	辰壬	8月13	戌壬
九廿	3月18	午甲	4月17	子甲	5月17	午甲	6月16	子甲	7月15	巳癸	8月14	亥癸
十三	3月19	未乙	4月18	丑乙	5月18	未乙			7月16	午甲		

西元1958年

月別	農曆十二月		農曆十一月		農曆十月		農曆九月		農曆八月		農曆七月	
干支	乙丑		甲子		癸亥		壬戌		辛酉		庚申	
節	立春	大寒	小寒	冬至	大雪	小雪	立冬	霜降	寒露	秋分	白露	處暑
氣	21時43分 廿七亥時	3時20分 十三寅時	9時59分 廿七巳時	16時40分 十二酉時	22時50分 廿七亥時	3時30分 十三寅時	6時13分 廿七卯時	6時12分 十二卯時	3時20分 廿七寅時	21時10分 十一亥時	12時0分 廿五午時	23時47分 初九夜子
農曆	國曆	支干	國曆	支干	國曆	支干	國曆	支干	國曆	支干	國曆	支干
初一	1月9	卯辛	12月11	戌壬	11月11	辰壬	10月13	亥癸	9月13	巳癸	8月15	子甲
初二	1月10	辰壬	12月12	亥癸	11月12	巳癸	10月14	子甲	9月14	午甲	8月16	丑乙
初三	1月11	巳癸	12月13	子甲	11月13	午甲	10月15	丑乙	9月15	未乙	8月17	寅丙
初四	1月12	午甲	12月14	丑乙	11月14	未乙	10月16	寅丙	9月16	申丙	8月18	卯丁
初五	1月13	未乙	12月15	寅丙	11月15	申丙	10月17	卯丁	9月17	酉丁	8月19	辰戊
初六	1月14	申丙	12月16	卯丁	11月16	酉丁	10月18	辰戊	9月18	戌戊	8月20	巳己
初七	1月15	酉丁	12月17	辰戊	11月17	戌戊	10月19	巳己	9月19	亥己	8月21	午庚
初八	1月16	戌戊	12月18	巳己	11月18	亥己	10月20	午庚	9月20	子庚	8月22	未辛
初九	1月17	亥己	12月19	午庚	11月19	子庚	10月21	未辛	9月21	丑辛	8月23	申壬
初十	1月18	子庚	12月20	未辛	11月20	丑辛	10月22	申壬	9月22	寅壬	8月24	酉癸
十一	1月19	丑辛	12月21	申壬	11月21	寅壬	10月23	酉癸	9月23	卯癸	8月25	戌甲
十二	1月20	寅壬	12月22	酉癸	11月22	卯癸	10月24	戌甲	9月24	辰甲	8月26	亥乙
十三	1月21	卯癸	12月23	戌甲	11月23	辰甲	10月25	亥乙	9月25	巳乙	8月27	子丙
十四	1月22	辰甲	12月24	亥乙	11月24	巳乙	10月26	子丙	9月26	午丙	8月28	丑丁
十五	1月23	巳乙	12月25	子丙	11月25	午丙	10月27	丑丁	9月27	未丁	8月29	寅戊
十六	1月24	午丙	12月26	丑丁	11月26	未丁	10月28	寅戊	9月28	申戊	8月30	卯己
十七	1月25	未丁	12月27	寅戊	11月27	申戊	10月29	卯己	9月29	酉己	8月31	辰庚
十八	1月26	申戊	12月28	卯己	11月28	酉己	10月30	辰庚	9月30	戌庚	9月1	巳辛
十九	1月27	酉己	12月29	辰庚	11月29	戌庚	10月31	巳辛	10月1	亥辛	9月2	午壬
二十	1月28	戌庚	12月30	巳辛	11月30	亥辛	11月1	午壬	10月2	子壬	9月3	未癸
廿一	1月29	亥辛	12月31	午壬	12月1	子壬	11月2	未癸	10月3	丑癸	9月4	申甲
廿二	1月30	子壬	1月1	未癸	12月2	丑癸	11月3	申甲	10月4	寅甲	9月5	酉乙
廿三	1月31	丑癸	1月2	申甲	12月3	寅甲	11月4	酉乙	10月5	卯乙	9月6	戌丙
廿四	2月1	寅甲	1月3	酉乙	12月4	卯乙	11月5	戌丙	10月6	辰丙	9月7	亥丁
廿五	2月2	卯乙	1月4	戌丙	12月5	辰丙	11月6	亥丁	10月7	巳丁	9月8	子戊
廿六	2月3	辰丙	1月5	亥丁	12月6	巳丁	11月7	子戊	10月8	午戊	9月9	丑己
廿七	2月4	巳丁	1月6	子戊	12月7	午戊	11月8	丑己	10月9	未己	9月10	寅庚
廿八	2月5	午戊	1月7	丑己	12月8	未己	11月9	寅庚	10月10	申庚	9月11	卯辛
廿九	2月6	未己	1月8	寅庚	12月9	申庚	11月10	卯辛	10月11	酉辛	9月12	辰壬
三十	2月7	申庚			12月10	酉辛			10月12	戌壬		

中華民國四十八年　歲次　己亥《豬》　西元一九五九年　太歲　姓謝名壽

農曆六月		農曆五月		農曆四月		農曆三月		農曆二月		農曆正月		月別
辛未		庚午		己巳		戊辰		丁卯		丙寅		支干
大暑 22時46分 十八亥時／小暑 5時21分 初三卯時		夏至 11時51分 十七卯時／芒種 19時1分 初一戌時		小滿 3時43分 十五寅時／立夏 14時39分 廿九未時		穀雨 4時17分 十四寅時／清明 21時4分 廿八亥時		春分 16時55分 十三申時／驚蟄 15時57分 廿七申時		雨水 17時38分 十二酉時／立春		節氣
國曆	支干	國曆	支干	國曆	支干	國曆	支干	國曆	支干	國曆	支干	農曆
7月 6	丑己	6月 6	未己	5月 8	寅庚	4月 8	申庚	3月 9	寅庚	2月 8	酉辛	初一
7月 7	寅庚	6月 7	申庚	5月 9	卯辛	4月 9	酉辛	3月10	卯辛	2月 9	戌壬	初二
7月 8	卯辛	6月 8	酉辛	5月10	辰壬	4月10	戌壬	3月11	辰壬	2月10	亥癸	初三
7月 9	辰壬	6月 9	戌壬	5月11	巳癸	4月11	亥癸	3月12	巳癸	2月11	子甲	初四
7月10	巳癸	6月10	亥癸	5月12	午甲	4月12	子甲	3月13	午甲	2月12	丑乙	初五
7月11	午甲	6月11	子甲	5月13	未乙	4月13	丑乙	3月14	未乙	2月13	寅丙	初六
7月12	未乙	6月12	丑乙	5月14	申丙	4月14	寅丙	3月15	申丙	2月14	卯丁	初七
7月13	申丙	6月13	寅丙	5月15	酉丁	4月15	卯丁	3月16	酉丁	2月15	辰戊	初八
7月14	酉丁	6月14	卯丁	5月16	戌戊	4月16	辰戊	3月17	戌戊	2月16	巳己	初九
7月15	戌戊	6月15	辰戊	5月17	亥己	4月17	巳己	3月18	亥己	2月17	午庚	初十
7月16	亥己	6月16	巳己	5月18	子庚	4月18	午庚	3月19	子庚	2月18	未辛	十一
7月17	子庚	6月17	午庚	5月19	丑辛	4月19	未辛	3月20	丑辛	2月19	申壬	十二
7月18	丑辛	6月18	未辛	5月20	寅壬	4月20	申壬	3月21	寅壬	2月20	酉癸	十三
7月19	寅壬	6月19	申壬	5月21	卯癸	4月21	酉癸	3月22	卯癸	2月21	戌甲	十四
7月20	卯癸	6月20	酉癸	5月22	辰甲	4月22	戌甲	3月23	辰甲	2月22	亥乙	十五
7月21	辰甲	6月21	戌甲	5月23	巳乙	4月23	亥乙	3月24	巳乙	2月23	子丙	十六
7月22	巳乙	6月22	亥乙	5月24	午丙	4月24	子丙	3月25	午丙	2月24	丑丁	十七
7月23	午丙	6月23	子丙	5月25	未丁	4月25	丑丁	3月26	未丁	2月25	寅戊	十八
7月24	未丁	6月24	丑丁	5月26	申戊	4月26	寅戊	3月27	申戊	2月26	卯己	十九
7月25	申戊	6月25	寅戊	5月27	酉己	4月27	卯己	3月28	酉己	2月27	辰庚	二十
7月26	酉己	6月26	卯己	5月28	戌庚	4月28	辰庚	3月29	戌庚	2月28	巳辛	廿一
7月27	戌庚	6月27	辰庚	5月29	亥辛	4月29	巳辛	3月30	亥辛	3月 1	午壬	廿二
7月28	亥辛	6月28	巳辛	5月30	子壬	4月30	午壬	3月31	子壬	3月 2	未癸	廿三
7月29	子壬	6月29	午壬	5月31	丑癸	5月 1	未癸	4月 1	丑癸	3月 3	申甲	廿四
7月30	丑癸	6月30	未癸	6月 1	寅甲	5月 2	申甲	4月 2	寅甲	3月 4	酉乙	廿五
7月31	寅甲	7月 1	申甲	6月 2	卯乙	5月 3	酉乙	4月 3	卯乙	3月 5	戌丙	廿六
8月 1	卯乙	7月 2	酉乙	6月 3	辰丙	5月 4	戌丙	4月 4	辰丙	3月 6	亥丁	廿七
8月 2	辰丙	7月 3	戌丙	6月 4	巳丁	5月 5	亥丁	4月 5	巳丁	3月 7	子戊	廿八
8月 3	巳丁	7月 4	亥丁	6月 5	午戊	5月 6	子戊	4月 6	午戊	3月 8	丑己	廿九
		7月 5	子戊			5月 7	丑己	4月 7	未己			三十

西元1959年

月別	農曆十二月 國曆	支干	農曆十一月 國曆	支干	農曆十月 國曆	支干	農曆九月 國曆	支干	農曆八月 國曆	支干	農曆七月 國曆	支干
干支	丁丑		丙子		乙亥		甲戌		癸酉		壬申	
節	大寒	小寒	冬至	大雪	小雪	立冬	霜降	寒露	秋分	白露	處暑	立秋
氣	廿三 9時10分 巳時	初八 15時43分 申時	廿三 22時35分 亥時	初九 4時38分 寅時	廿三 9時28分 巳時	初八 12時3分 午時	廿三 12時12分 午時	初八 9時11分 巳時	廿二 3時9分 寅時	初六 17時49分 酉時	廿一 5時44分 卯時	初五 15時5分 申時
初一	12月30	丙戌	11月30	丙辰	11月1	丁亥	10月2	丁巳	9月3	戊子	8月4	戊午
初二	12月31	丁亥	12月1	丁巳	11月2	戊子	10月3	戊午	9月4	己丑	8月5	己未
初三	1月1	戊子	12月2	戊午	11月3	己丑	10月4	己未	9月5	庚寅	8月6	庚申
初四	1月2	己丑	12月3	己未	11月4	庚寅	10月5	庚申	9月6	辛卯	8月7	辛酉
初五	1月3	庚寅	12月4	庚申	11月5	辛卯	10月6	辛酉	9月7	壬辰	8月8	壬戌
初六	1月4	辛卯	12月5	辛酉	11月6	壬辰	10月7	壬戌	9月8	癸巳	8月9	癸亥
初七	1月5	壬辰	12月6	壬戌	11月7	癸巳	10月8	癸亥	9月9	甲午	8月10	甲子
初八	1月6	癸巳	12月7	癸亥	11月8	甲午	10月9	甲子	9月10	乙未	8月11	乙丑
初九	1月7	甲午	12月8	甲子	11月9	乙未	10月10	乙丑	9月11	丙申	8月12	丙寅
初十	1月8	乙未	12月9	乙丑	11月10	丙申	10月11	丙寅	9月12	丁酉	8月13	丁卯
十一	1月9	丙申	12月10	丙寅	11月11	丁酉	10月12	丁卯	9月13	戊戌	8月14	戊辰
十二	1月10	丁酉	12月11	丁卯	11月12	戊戌	10月13	戊辰	9月14	己亥	8月15	己巳
十三	1月11	戊戌	12月12	戊辰	11月13	己亥	10月14	己巳	9月15	庚子	8月16	庚午
十四	1月12	己亥	12月13	己巳	11月14	庚子	10月15	庚午	9月16	辛丑	8月17	辛未
十五	1月13	庚子	12月14	庚午	11月15	辛丑	10月16	辛未	9月17	壬寅	8月18	壬申
十六	1月14	辛丑	12月15	辛未	11月16	壬寅	10月17	壬申	9月18	癸卯	8月19	癸酉
十七	1月15	壬寅	12月16	壬申	11月17	癸卯	10月18	癸酉	9月19	甲辰	8月20	甲戌
十八	1月16	癸卯	12月17	癸酉	11月18	甲辰	10月19	甲戌	9月20	乙巳	8月21	乙亥
十九	1月17	甲辰	12月18	甲戌	11月19	乙巳	10月20	乙亥	9月21	丙午	8月22	丙子
二十	1月18	乙巳	12月19	乙亥	11月20	丙午	10月21	丙子	9月22	丁未	8月23	丁丑
廿一	1月19	丙午	12月20	丙子	11月21	丁未	10月22	丁丑	9月23	戊申	8月24	戊寅
廿二	1月20	丁未	12月21	丁丑	11月22	戊申	10月23	戊寅	9月24	己酉	8月25	己卯
廿三	1月21	戊申	12月22	戊寅	11月23	己酉	10月24	己卯	9月25	庚戌	8月26	庚辰
廿四	1月22	己酉	12月23	己卯	11月24	庚戌	10月25	庚辰	9月26	辛亥	8月27	辛巳
廿五	1月23	庚戌	12月24	庚辰	11月25	辛亥	10月26	辛巳	9月27	壬子	8月28	壬午
廿六	1月24	辛亥	12月25	辛巳	11月26	壬子	10月27	壬午	9月28	癸丑	8月29	癸未
廿七	1月25	壬子	12月26	壬午	11月27	癸丑	10月28	癸未	9月29	甲寅	8月30	甲申
廿八	1月26	癸丑	12月27	癸未	11月28	甲寅	10月29	甲申	9月30	乙卯	8月31	乙酉
廿九	1月27	甲寅	12月28	甲申	11月29	乙卯	10月30	乙酉	10月1	丙辰	9月1	丙戌
三十			12月29	乙酉			10月31	丙戌			9月2	丁亥

中華民國四十九年 歲次 庚子《鼠》

西元一九六〇年 太歲 姓虞名起

月別	農曆正月		農曆二月		農曆三月		農曆四月		農曆五月		農曆六月		農曆閏六月	
干支	戊寅		己卯		庚辰		辛巳		壬午		癸未			
節	立春	雨水	驚蟄	春分	清明	穀雨	立夏	小滿	芒種	夏至	小暑	大暑	立秋	
氣	初九寅時 3時23分	廿三夜子 23時26分	初八亥時 21時36分	廿三亥時 22時42分	初十丑時 2時44分	廿五巳時 10時6分	初十戌時 20時23分	廿六巳時 9時34分	十三子時 0時49分	廿八酉時 17時42分	十四午時 11時13分	三十寅時 4時38分	十五亥時 21時0分	
農曆	干支	國曆	干支	國曆	干支	國曆	干支	國曆	干支	國曆	干支	國曆	干支	國曆
初一	乙卯	1月28	乙酉	2月27	甲寅	3月27	甲申	4月26	癸丑	5月25	癸未	6月24	癸丑	7月24
初二	丙辰	1月29	丙戌	2月28	乙卯	3月28	乙酉	4月27	甲寅	5月26	甲申	6月25	甲寅	7月25
初三	丁巳	1月30	丁亥	2月29	丙辰	3月29	丙戌	4月28	乙卯	5月27	乙酉	6月26	乙卯	7月26
初四	戊午	1月31	戊子	3月1	丁巳	3月30	丁亥	4月29	丙辰	5月28	丙戌	6月27	丙辰	7月27
初五	己未	2月1	己丑	3月2	戊午	3月31	戊子	4月30	丁巳	5月29	丁亥	6月28	丁巳	7月28
初六	庚申	2月2	庚寅	3月3	己未	4月1	己丑	5月1	戊午	5月30	戊子	6月29	戊午	7月29
初七	辛酉	2月3	辛卯	3月4	庚申	4月2	庚寅	5月2	己未	5月31	己丑	6月30	己未	7月30
初八	壬戌	2月4	壬辰	3月5	辛酉	4月3	辛卯	5月3	庚申	6月1	庚寅	7月1	庚申	7月31
初九	癸亥	2月5	癸巳	3月6	壬戌	4月4	壬辰	5月4	辛酉	6月2	辛卯	7月2	辛酉	8月1
初十	甲子	2月6	甲午	3月7	癸亥	4月5	癸巳	5月5	壬戌	6月3	壬辰	7月3	壬戌	8月2
十一	乙丑	2月7	乙未	3月8	甲子	4月6	甲午	5月6	癸亥	6月4	癸巳	7月4	癸亥	8月3
十二	丙寅	2月8	丙申	3月9	乙丑	4月7	乙未	5月7	甲子	6月5	甲午	7月5	甲子	8月4
十三	丁卯	2月9	丁酉	3月10	丙寅	4月8	丙申	5月8	乙丑	6月6	乙未	7月6	乙丑	8月5
十四	戊辰	2月10	戊戌	3月11	丁卯	4月9	丁酉	5月9	丙寅	6月7	丙申	7月7	丙寅	8月6
十五	己巳	2月11	己亥	3月12	戊辰	4月10	戊戌	5月10	丁卯	6月8	丁酉	7月8	丁卯	8月7
十六	庚午	2月12	庚子	3月13	己巳	4月11	己亥	5月11	戊辰	6月9	戊戌	7月9	戊辰	8月8
十七	辛未	2月13	辛丑	3月14	庚午	4月12	庚子	5月12	己巳	6月10	己亥	7月10	己巳	8月9
十八	壬申	2月14	壬寅	3月15	辛未	4月13	辛丑	5月13	庚午	6月11	庚子	7月11	庚午	8月10
十九	癸酉	2月15	癸卯	3月16	壬申	4月14	壬寅	5月14	辛未	6月12	辛丑	7月12	辛未	8月11
二十	甲戌	2月16	甲辰	3月17	癸酉	4月15	癸卯	5月15	壬申	6月13	壬寅	7月13	壬申	8月12
廿一	乙亥	2月17	乙巳	3月18	甲戌	4月16	甲辰	5月16	癸酉	6月14	癸卯	7月14	癸酉	8月13
廿二	丙子	2月18	丙午	3月19	乙亥	4月17	乙巳	5月17	甲戌	6月15	甲辰	7月15	甲戌	8月14
廿三	丁丑	2月19	丁未	3月20	丙子	4月18	丙午	5月18	乙亥	6月16	乙巳	7月16	乙亥	8月15
廿四	戊寅	2月20	戊申	3月21	丁丑	4月19	丁未	5月19	丙子	6月17	丙午	7月17	丙子	8月16
廿五	己卯	2月21	己酉	3月22	戊寅	4月20	戊申	5月20	丁丑	6月18	丁未	7月18	丁丑	8月17
廿六	庚辰	2月22	庚戌	3月23	己卯	4月21	己酉	5月21	戊寅	6月19	戊申	7月19	戊寅	8月18
廿七	辛巳	2月23	辛亥	3月24	庚辰	4月22	庚戌	5月22	己卯	6月20	己酉	7月20	己卯	8月19
廿八	壬午	2月24	壬子	3月25	辛巳	4月23	辛亥	5月23	庚辰	6月21	庚戌	7月21	庚辰	8月20
廿九	癸未	2月25	癸丑	3月26	壬午	4月24	壬子	5月24	辛巳	6月22	辛亥	7月22	辛巳	8月21
三十	甲申	2月26			癸未	4月25			壬午	6月23	壬子	7月23		

西元1960年

月別	農曆十二月		農曆十一月		農曆十月		農曆九月		農曆八月		農曆七月	
干支	己丑		戊子		丁亥		丙戌		乙酉		甲申	
節	立春	大寒	小寒	冬至	大雪	小雪	立冬	霜降	寒露	秋分	白露	處暑
氣	9時23分 十九巳時	15時1分 初四申時	21時43分 十九亥時	4時26分 初五寅時	10時38分 十九巳時	15時18分 初四申時	18時6分 十九酉時	18時2分 初四酉時	15時9分 十八申時	8時59分 初三辰時	23時46分 十七夜子	11時35分 初二午時
農曆	國曆	干支	國曆	干支	國曆	干支	國曆	干支	國曆	干支	國曆	干支
初一	1月17	庚戌	12月18	庚辰	11月19	辛亥	10月20	辛巳	9月21	壬子	8月22	午壬
初二	1月18	辛亥	12月19	辛巳	11月20	壬子	10月21	壬午	9月22	癸丑	8月23	未癸
初三	1月19	壬子	12月20	壬午	11月21	癸丑	10月22	癸未	9月23	甲寅	8月24	申甲
初四	1月20	癸丑	12月21	癸未	11月22	甲寅	10月23	甲申	9月24	乙卯	8月25	酉乙
初五	1月21	甲寅	12月22	甲申	11月23	乙卯	10月24	乙酉	9月25	丙辰	8月26	戌丙
初六	1月22	乙卯	12月23	乙酉	11月24	丙辰	10月25	丙戌	9月26	丁巳	8月27	亥丁
初七	1月23	丙辰	12月24	丙戌	11月25	丁巳	10月26	丁亥	9月27	戊午	8月28	子戊
初八	1月24	丁巳	12月25	丁亥	11月26	戊午	10月27	戊子	9月28	己未	8月29	丑己
初九	1月25	戊午	12月26	戊子	11月27	己未	10月28	己丑	9月29	庚申	8月30	寅庚
初十	1月26	己未	12月27	己丑	11月28	庚申	10月29	庚寅	9月30	辛酉	8月31	卯辛
十一	1月27	庚申	12月28	庚寅	11月29	辛酉	10月30	辛卯	10月1	壬戌	9月1	辰壬
十二	1月28	辛酉	12月29	辛卯	11月30	壬戌	10月31	壬辰	10月2	癸亥	9月2	巳癸
十三	1月29	壬戌	12月30	壬辰	12月1	癸亥	11月1	癸巳	10月3	甲子	9月3	午甲
十四	1月30	癸亥	12月31	癸巳	12月2	甲子	11月2	甲午	10月4	乙丑	9月4	未乙
十五	1月31	甲子	1月1	甲午	12月3	乙丑	11月3	乙未	10月5	丙寅	9月5	申丙
十六	2月1	乙丑	1月2	乙未	12月4	丙寅	11月4	丙申	10月6	丁卯	9月6	酉丁
十七	2月2	丙寅	1月3	丙申	12月5	丁卯	11月5	丁酉	10月7	戊辰	9月7	戌戊
十八	2月3	丁卯	1月4	丁酉	12月6	戊辰	11月6	戊戌	10月8	己巳	9月8	亥己
十九	2月4	戊辰	1月5	戊戌	12月7	己巳	11月7	己亥	10月9	午庚	9月9	子庚
二十	2月5	己巳	1月6	己亥	12月8	午庚	11月8	子庚	10月10	未辛	9月10	丑辛
廿一	2月6	午庚	1月7	子庚	12月9	未辛	11月9	丑辛	10月11	申壬	9月11	寅壬
廿二	2月7	未辛	1月8	丑辛	12月10	申壬	11月10	寅壬	10月12	酉癸	9月12	卯癸
廿三	2月8	申壬	1月9	寅壬	12月11	酉癸	11月11	卯癸	10月13	戌甲	9月13	辰甲
廿四	2月9	酉癸	1月10	卯癸	12月12	戌甲	11月12	辰甲	10月14	亥乙	9月14	巳乙
廿五	2月10	戌甲	1月11	辰甲	12月13	亥乙	11月13	巳乙	10月15	子丙	9月15	午丙
廿六	2月11	亥乙	1月12	巳乙	12月14	子丙	11月14	午丙	10月16	丑丁	9月16	未丁
廿七	2月12	子丙	1月13	午丙	12月15	丑丁	11月15	未丁	10月17	寅戊	9月17	申戊
廿八	2月13	丑丁	1月14	未丁	12月16	寅戊	11月16	申戊	10月18	卯己	9月18	酉己
廿九	2月14	寅戊	1月15	申戊	12月17	卯己	11月17	酉己	10月19	辰庚	9月19	戌庚
三十			1月16	酉己			11月18	戌庚			9月20	亥辛

<table>
<tr><th colspan="2">月六曆農</th><th colspan="2">月五曆農</th><th colspan="2">月四曆農</th><th colspan="2">月三曆農</th><th colspan="2">月二曆農</th><th colspan="2">月正曆農</th><th>別月</th><th rowspan="6">中華民國 五十年 歲次 辛丑 《牛》 西元一九六一年 太歲 姓湯名信</th></tr>
<tr><td colspan="2">未 乙</td><td colspan="2">午 甲</td><td colspan="2">巳 癸</td><td colspan="2">辰 壬</td><td colspan="2">卯 辛</td><td colspan="2">寅 庚</td><td>支干</td></tr>
<tr><td>秋立</td><td>暑大</td><td>暑小</td><td>至夏</td><td>種芒</td><td>滿小</td><td>夏立</td><td>雨穀</td><td>明清</td><td>分春</td><td>蟄驚</td><td>水雨</td><td>節</td></tr>
<tr><td>2時49分</td><td>廿七丑時</td><td>10時24分</td><td>十一巳時</td><td>17時7分</td><td>廿五酉時</td><td>23時30分</td><td>初九夜子</td><td>6時46分</td><td>廿三卯時</td><td>15時22分</td><td>初七申時</td><td>2時21分</td><td>廿二丑時</td><td>15時55分</td><td>初六申時</td><td>8時42分</td><td>二十辰時</td><td>4時32分</td><td>初五寅時</td><td>3時35分</td><td>二十寅時</td><td>5時18分</td><td>初五卯時</td><td>氣</td></tr>
<tr><td>曆國</td><td>支干</td><td>曆國</td><td>支干</td><td>曆國</td><td>支干</td><td>曆國</td><td>支干</td><td>曆國</td><td>支干</td><td>曆國</td><td>支干</td><td>曆農</td></tr>
<tr><td>7月13</td><td>未丁</td><td>6月13</td><td>丑丁</td><td>5月15</td><td>申戊</td><td>4月15</td><td>寅戊</td><td>3月17</td><td>酉己</td><td>2月15</td><td>卯己</td><td>一初</td></tr>
<tr><td>7月14</td><td>申戊</td><td>6月14</td><td>寅戊</td><td>5月16</td><td>酉己</td><td>4月16</td><td>卯己</td><td>3月18</td><td>戌庚</td><td>2月16</td><td>辰庚</td><td>二初</td></tr>
<tr><td>7月15</td><td>酉己</td><td>6月15</td><td>卯己</td><td>5月17</td><td>戌庚</td><td>4月17</td><td>辰庚</td><td>3月19</td><td>亥辛</td><td>2月17</td><td>巳辛</td><td>三初</td></tr>
<tr><td>7月16</td><td>戌庚</td><td>6月16</td><td>辰庚</td><td>5月18</td><td>亥辛</td><td>4月18</td><td>巳辛</td><td>3月20</td><td>子壬</td><td>2月18</td><td>午壬</td><td>四初</td></tr>
<tr><td>7月17</td><td>亥辛</td><td>6月17</td><td>巳辛</td><td>5月19</td><td>子壬</td><td>4月19</td><td>午壬</td><td>3月21</td><td>丑癸</td><td>2月19</td><td>未癸</td><td>五初</td></tr>
<tr><td>7月18</td><td>子壬</td><td>6月18</td><td>午壬</td><td>5月20</td><td>丑癸</td><td>4月20</td><td>未癸</td><td>3月22</td><td>寅甲</td><td>2月20</td><td>申甲</td><td>六初</td></tr>
<tr><td>7月19</td><td>丑癸</td><td>6月19</td><td>未癸</td><td>5月21</td><td>寅甲</td><td>4月21</td><td>申甲</td><td>3月23</td><td>卯乙</td><td>2月21</td><td>酉乙</td><td>七初</td></tr>
<tr><td>7月20</td><td>寅甲</td><td>6月20</td><td>申甲</td><td>5月22</td><td>卯乙</td><td>4月22</td><td>酉乙</td><td>3月24</td><td>辰丙</td><td>2月22</td><td>戌丙</td><td>八初</td></tr>
<tr><td>7月21</td><td>卯乙</td><td>6月21</td><td>酉乙</td><td>5月23</td><td>辰丙</td><td>4月23</td><td>戌丙</td><td>3月25</td><td>巳丁</td><td>2月23</td><td>亥丁</td><td>九初</td></tr>
<tr><td>7月22</td><td>辰丙</td><td>6月22</td><td>戌丙</td><td>5月24</td><td>巳丁</td><td>4月24</td><td>亥丁</td><td>3月26</td><td>午戊</td><td>2月24</td><td>子戊</td><td>十初</td></tr>
<tr><td>7月23</td><td>巳丁</td><td>6月23</td><td>亥丁</td><td>5月25</td><td>午戊</td><td>4月25</td><td>子戊</td><td>3月27</td><td>未己</td><td>2月25</td><td>丑己</td><td>一十</td></tr>
<tr><td>7月24</td><td>午戊</td><td>6月24</td><td>子戊</td><td>5月26</td><td>未己</td><td>4月26</td><td>丑己</td><td>3月28</td><td>申庚</td><td>2月26</td><td>寅庚</td><td>二十</td></tr>
<tr><td>7月25</td><td>未己</td><td>6月25</td><td>丑己</td><td>5月27</td><td>申庚</td><td>4月27</td><td>寅庚</td><td>3月29</td><td>酉辛</td><td>2月27</td><td>卯辛</td><td>三十</td></tr>
<tr><td>7月26</td><td>申庚</td><td>6月26</td><td>寅庚</td><td>5月28</td><td>酉辛</td><td>4月28</td><td>卯辛</td><td>3月30</td><td>戌壬</td><td>2月28</td><td>辰壬</td><td>四十</td></tr>
<tr><td>7月27</td><td>酉辛</td><td>6月27</td><td>卯辛</td><td>5月29</td><td>戌壬</td><td>4月29</td><td>辰壬</td><td>3月31</td><td>亥癸</td><td>3月 1</td><td>巳癸</td><td>五十</td></tr>
<tr><td>7月28</td><td>戌壬</td><td>6月28</td><td>辰壬</td><td>5月30</td><td>亥癸</td><td>4月30</td><td>巳癸</td><td>4月 1</td><td>子甲</td><td>3月 2</td><td>午甲</td><td>六十</td></tr>
<tr><td>7月29</td><td>亥癸</td><td>6月29</td><td>巳癸</td><td>5月31</td><td>子甲</td><td>5月 1</td><td>午甲</td><td>4月 2</td><td>丑乙</td><td>3月 3</td><td>未乙</td><td>七十</td></tr>
<tr><td>7月30</td><td>子甲</td><td>6月30</td><td>午甲</td><td>6月 1</td><td>丑乙</td><td>5月 2</td><td>未乙</td><td>4月 3</td><td>寅丙</td><td>3月 4</td><td>申丙</td><td>八十</td></tr>
<tr><td>7月31</td><td>丑乙</td><td>7月 1</td><td>未乙</td><td>6月 2</td><td>寅丙</td><td>5月 3</td><td>申丙</td><td>4月 4</td><td>卯丁</td><td>3月 5</td><td>酉丁</td><td>九十</td></tr>
<tr><td>8月 1</td><td>寅丙</td><td>7月 2</td><td>申丙</td><td>6月 3</td><td>卯丁</td><td>5月 4</td><td>酉丁</td><td>4月 5</td><td>辰戊</td><td>3月 6</td><td>戌戊</td><td>十二</td></tr>
<tr><td>8月 2</td><td>卯丁</td><td>7月 3</td><td>酉丁</td><td>6月 4</td><td>辰戊</td><td>5月 5</td><td>戌戊</td><td>4月 6</td><td>巳己</td><td>3月 7</td><td>亥己</td><td>一廿</td></tr>
<tr><td>8月 3</td><td>辰戊</td><td>7月 4</td><td>戌戊</td><td>6月 5</td><td>巳己</td><td>5月 6</td><td>亥己</td><td>4月 7</td><td>午庚</td><td>3月 8</td><td>子庚</td><td>二廿</td></tr>
<tr><td>8月 4</td><td>巳己</td><td>7月 5</td><td>亥己</td><td>6月 6</td><td>午庚</td><td>5月 7</td><td>子庚</td><td>4月 8</td><td>未辛</td><td>3月 9</td><td>丑辛</td><td>三廿</td></tr>
<tr><td>8月 5</td><td>午庚</td><td>7月 6</td><td>子庚</td><td>6月 7</td><td>未辛</td><td>5月 8</td><td>丑辛</td><td>4月 9</td><td>申壬</td><td>3月10</td><td>寅壬</td><td>四廿</td></tr>
<tr><td>8月 6</td><td>未辛</td><td>7月 7</td><td>丑辛</td><td>6月 8</td><td>申壬</td><td>5月 9</td><td>寅壬</td><td>4月10</td><td>酉癸</td><td>3月11</td><td>卯癸</td><td>五廿</td></tr>
<tr><td>8月 7</td><td>申壬</td><td>7月 8</td><td>寅壬</td><td>6月 9</td><td>酉癸</td><td>5月10</td><td>卯癸</td><td>4月11</td><td>戌甲</td><td>3月12</td><td>辰甲</td><td>六廿</td></tr>
<tr><td>8月 8</td><td>酉癸</td><td>7月 9</td><td>卯癸</td><td>6月10</td><td>戌甲</td><td>5月11</td><td>辰甲</td><td>4月12</td><td>亥乙</td><td>3月13</td><td>巳乙</td><td>七廿</td></tr>
<tr><td>8月 9</td><td>戌甲</td><td>7月10</td><td>辰甲</td><td>6月11</td><td>亥乙</td><td>5月12</td><td>巳乙</td><td>4月13</td><td>子丙</td><td>3月14</td><td>午丙</td><td>八廿</td></tr>
<tr><td>8月10</td><td>亥乙</td><td>7月11</td><td>巳乙</td><td>6月12</td><td>子丙</td><td>5月13</td><td>午丙</td><td>4月14</td><td>丑丁</td><td>3月15</td><td>未丁</td><td>九廿</td></tr>
<tr><td></td><td></td><td>7月12</td><td>午丙</td><td></td><td></td><td>5月14</td><td>未丁</td><td></td><td></td><td>3月16</td><td>申戊</td><td>十三</td></tr>
</table>

244

西元1961年

農曆各月節氣表

月別	農曆十二月	農曆十一月	農曆十月	農曆九月	農曆八月	農曆七月
干支	辛丑	庚子	己亥	戊戌	丁酉	丙申
節	立春　大寒	小寒　冬至	大雪　小雪	立冬　霜降	寒露　秋分	白露　處暑
氣	15時18分 申時（三十）／20時58分 戌時（十五）	3時35分 寅時（廿九）／10時20分 巳時（十五）	16時26分 申時（三十）／21時8分 申時（十五）	23時46分 夜子（廿九）／23時47分 夜子（十四）	20時51分 戌時（廿九）／14時43分 未時（十四）	5時29分 卯時（廿九）／17時19分 酉時（十三）

農曆	農曆十二月（國曆・支干）	農曆十一月（國曆・支干）	農曆十月（國曆・支干）	農曆九月（國曆・支干）	農曆八月（國曆・支干）	農曆七月（國曆・支干）
初一	1月6 甲辰	12月8 乙亥	11月8 乙巳	10月10 丙子	9月10 丙午	8月11 丙子
初二	1月7 乙巳	12月9 丙子	11月9 丙午	10月11 丁丑	9月11 丁未	8月12 丁丑
初三	1月8 丙午	12月10 丁丑	11月10 丁未	10月12 戊寅	9月12 戊申	8月13 戊寅
初四	1月9 丁未	12月11 戊寅	11月11 戊申	10月13 己卯	9月13 己酉	8月14 己卯
初五	1月10 戊申	12月12 己卯	11月12 己酉	10月14 庚辰	9月14 庚戌	8月15 庚辰
初六	1月11 己酉	12月13 庚辰	11月13 庚戌	10月15 辛巳	9月15 辛亥	8月16 辛巳
初七	1月12 庚戌	12月14 辛巳	11月14 辛亥	10月16 壬午	9月16 壬子	8月17 壬午
初八	1月13 辛亥	12月15 壬午	11月15 壬子	10月17 癸未	9月17 癸丑	8月18 癸未
初九	1月14 壬子	12月16 癸未	11月16 癸丑	10月18 甲申	9月18 甲寅	8月19 甲申
初十	1月15 癸丑	12月17 甲申	11月17 甲寅	10月19 乙酉	9月19 乙卯	8月20 乙酉
十一	1月16 甲寅	12月18 乙酉	11月18 乙卯	10月20 丙戌	9月20 丙辰	8月21 丙戌
十二	1月17 乙卯	12月19 丙戌	11月19 丙辰	10月21 丁亥	9月21 丁巳	8月22 丁亥
十三	1月18 丙辰	12月20 丁亥	11月20 丁巳	10月22 戊子	9月22 戊午	8月23 戊子
十四	1月19 丁巳	12月21 戊子	11月21 戊午	10月23 己丑	9月23 己未	8月24 己丑
十五	1月20 戊午	12月22 己丑	11月22 己未	10月24 庚寅	9月24 庚申	8月25 庚寅
十六	1月21 己未	12月23 庚寅	11月23 庚申	10月25 辛卯	9月25 辛酉	8月26 辛卯
十七	1月22 庚申	12月24 辛卯	11月24 辛酉	10月26 壬辰	9月26 壬戌	8月27 壬辰
十八	1月23 辛酉	12月25 壬辰	11月25 壬戌	10月27 癸巳	9月27 癸亥	8月28 癸巳
十九	1月24 壬戌	12月26 癸巳	11月26 癸亥	10月28 甲午	9月28 甲子	8月29 甲午
二十	1月25 癸亥	12月27 甲午	11月27 甲子	10月29 乙未	9月29 乙丑	8月30 乙未
廿一	1月26 甲子	12月28 乙未	11月28 乙丑	10月30 丙申	9月30 丙寅	8月31 丙申
廿二	1月27 乙丑	12月29 丙申	11月29 丙寅	10月31 丁酉	10月1 丁卯	9月1 丁酉
廿三	1月28 丙寅	12月30 丁酉	11月30 丁卯	11月1 戊戌	10月2 戊辰	9月2 戊戌
廿四	1月29 丁卯	12月31 戊戌	12月1 戊辰	11月2 己亥	10月3 己巳	9月3 己亥
廿五	1月30 戊辰	1月1 己亥	12月2 己巳	11月3 庚子	10月4 庚午	9月4 庚子
廿六	1月31 己巳	1月2 庚子	12月3 庚午	11月4 辛丑	10月5 辛未	9月5 辛丑
廿七	2月1 庚午	1月3 辛丑	12月4 辛未	11月5 壬寅	10月6 壬申	9月6 壬寅
廿八	2月2 辛未	1月4 壬寅	12月5 壬申	11月6 癸卯	10月7 癸酉	9月7 癸卯
廿九	2月3 壬申	1月5 癸卯	12月6 癸酉	11月7 甲辰	10月8 甲戌	9月8 甲辰
三十	2月4 癸酉		12月7 甲戌		10月9 乙亥	9月9 乙巳

中華民國五十一年　歲次　壬寅《虎》　西元一九六二年　太歲　姓賀名諤

節氣

月	節氣	時刻	農曆日
農曆正月（壬寅）	雨水	11時15分　午時	十五
農曆二月（癸卯）	驚蟄	9時30分　巳時	初一
農曆二月（癸卯）	春分	10時30分　巳時	十六
農曆三月（甲辰）	清明	14時34分　未時	初一
農曆三月（甲辰）	穀雨	21時51分　亥時	十六
農曆四月（乙巳）	立夏	8時10分　辰時	初三
農曆四月（乙巳）	小滿	21時17分　亥時	十八
農曆五月（丙午）	芒種	12時31分　午時	初五
農曆五月（丙午）	夏至	5時24分　卯時	廿一
農曆六月（丁未）	小暑	22時51分　亥時	初六
農曆六月（丁未）	大暑	16時18分　申時	廿二

日曆對照表

農曆六月 丁未（國曆）	干支	農曆五月 丙午（國曆）	干支	農曆四月 乙巳（國曆）	干支	農曆三月 甲辰（國曆）	干支	農曆二月 癸卯（國曆）	干支	農曆正月 壬寅（國曆）	干支	別月
7月2	辛丑	6月2	辛未	5月4	壬寅	4月5	癸酉	3月6	癸卯	2月5	甲戌	初一
7月3	壬寅	6月3	壬申	5月5	癸卯	4月6	甲戌	3月7	甲辰	2月6	乙亥	初二
7月4	癸卯	6月4	癸酉	5月6	甲辰	4月7	乙亥	3月8	乙巳	2月7	丙子	初三
7月5	甲辰	6月5	甲戌	5月7	乙巳	4月8	丙子	3月9	丙午	2月8	丁丑	初四
7月6	乙巳	6月6	乙亥	5月8	丙午	4月9	丁丑	3月10	丁未	2月9	戊寅	初五
7月7	丙午	6月7	丙子	5月9	丁未	4月10	戊寅	3月11	戊申	2月10	己卯	初六
7月8	丁未	6月8	丁丑	5月10	戊申	4月11	己卯	3月12	己酉	2月11	庚辰	初七
7月9	戊申	6月9	戊寅	5月11	己酉	4月12	庚辰	3月13	庚戌	2月12	辛巳	初八
7月10	己酉	6月10	己卯	5月12	庚戌	4月13	辛巳	3月14	辛亥	2月13	壬午	初九
7月11	庚戌	6月11	庚辰	5月13	辛亥	4月14	壬午	3月15	壬子	2月14	癸未	初十
7月12	辛亥	6月12	辛巳	5月14	壬子	4月15	癸未	3月16	癸丑	2月15	甲申	十一
7月13	壬子	6月13	壬午	5月15	癸丑	4月16	甲申	3月17	甲寅	2月16	乙酉	十二
7月14	癸丑	6月14	癸未	5月16	甲寅	4月17	乙酉	3月18	乙卯	2月17	丙戌	十三
7月15	甲寅	6月15	甲申	5月17	乙卯	4月18	丙戌	3月19	丙辰	2月18	丁亥	十四
7月16	乙卯	6月16	乙酉	5月18	丙辰	4月19	丁亥	3月20	丁巳	2月19	戊子	十五
7月17	丙辰	6月17	丙戌	5月19	丁巳	4月20	戊子	3月21	戊午	2月20	己丑	十六
7月18	丁巳	6月18	丁亥	5月20	戊午	4月21	己丑	3月22	己未	2月21	庚寅	十七
7月19	戊午	6月19	戊子	5月21	己未	4月22	庚寅	3月23	庚申	2月22	辛卯	十八
7月20	己未	6月20	己丑	5月22	庚申	4月23	辛卯	3月24	辛酉	2月23	壬辰	十九
7月21	庚申	6月21	庚寅	5月23	辛酉	4月24	壬辰	3月25	壬戌	2月24	癸巳	二十
7月22	辛酉	6月22	辛卯	5月24	壬戌	4月25	癸巳	3月26	癸亥	2月25	甲午	廿一
7月23	壬戌	6月23	壬辰	5月25	癸亥	4月26	甲午	3月27	甲子	2月26	乙未	廿二
7月24	癸亥	6月24	癸巳	5月26	甲子	4月27	乙未	3月28	乙丑	2月27	丙申	廿三
7月25	甲子	6月25	甲午	5月27	乙丑	4月28	丙申	3月29	丙寅	2月28	丁酉	廿四
7月26	乙丑	6月26	乙未	5月28	丙寅	4月29	丁酉	3月30	丁卯	3月1	戊戌	廿五
7月27	丙寅	6月27	丙申	5月29	丁卯	4月30	戊戌	3月31	戊辰	3月2	己亥	廿六
7月28	丁卯	6月28	丁酉	5月30	戊辰	5月1	己亥	4月1	己巳	3月3	庚子	廿七
7月29	戊辰	6月29	戊戌	5月31	己巳	5月2	庚子	4月2	庚午	3月4	辛丑	廿八
7月30	己巳	6月30	己亥	6月1	庚午	5月3	辛丑	4月3	辛未	3月5	壬寅	廿九
		7月1	庚子					4月4	壬申			三十

西元1962年

月別	農曆十二月 國曆	干支	農曆十一月 國曆	干支	農曆十月 國曆	干支	農曆九月 國曆	干支	農曆八月 國曆	干支	農曆七月 國曆	干支
干支	癸丑		壬子		辛亥		庚戌		己酉		戊申	
節	大寒	小寒	冬至	大雪	小雪	立冬	霜降	寒露	秋分	白露	處暑	立秋
氣	廿六丑時 2時56分	十一巳時 9時27分	廿六申時 16時15分	十一亥時 22時17分	廿七寅時 3時3分	十二卯時 5時35分	廿六卯時 5時40分	十一丑時 2時38分	廿二戌時 20時35分	初十午時 11時16分	廿四夜子時 23時13分	初九辰時 8時34分
農曆	國曆	干支	國曆	干支	國曆	干支	國曆	干支	國曆	干支	國曆	干支
初一	12月27	亥己	11月27	巳己	10月28	亥己	9月29	午庚	8月30	子庚	7月31	午庚
初二	12月28	子庚	11月28	午庚	10月29	子庚	9月30	未辛	8月31	丑辛	8月1	未辛
初三	12月29	丑辛	11月29	未辛	10月30	丑辛	10月1	申壬	9月1	寅壬	8月2	申壬
初四	12月30	寅壬	11月30	申壬	10月31	寅壬	10月2	酉癸	9月2	卯癸	8月3	酉癸
初五	12月31	卯癸	12月1	酉癸	11月1	卯癸	10月3	戌甲	9月3	辰甲	8月4	戌甲
初六	1月1	辰甲	12月2	戌甲	11月2	辰甲	10月4	亥乙	9月4	巳乙	8月5	亥乙
初七	1月2	巳乙	12月3	亥乙	11月3	巳乙	10月5	子丙	9月5	午丙	8月6	子丙
初八	1月3	午丙	12月4	子丙	11月4	午丙	10月6	丑丁	9月6	未丁	8月7	丑丁
初九	1月4	未丁	12月5	丑丁	11月5	未丁	10月7	寅戊	9月7	申戊	8月8	寅戊
初十	1月5	申戊	12月6	寅戊	11月6	申戊	10月8	卯己	9月8	酉己	8月9	卯己
十一	1月6	酉己	12月7	卯己	11月7	酉己	10月9	辰庚	9月9	戌庚	8月10	辰庚
十二	1月7	戌庚	12月8	辰庚	11月8	戌庚	10月10	巳辛	9月10	亥辛	8月11	巳辛
十三	1月8	亥辛	12月9	巳辛	11月9	亥辛	10月11	午壬	9月11	子壬	8月12	午壬
十四	1月9	子壬	12月10	午壬	11月10	子壬	10月12	未癸	9月12	丑癸	8月13	未癸
十五	1月10	丑癸	12月11	未癸	11月11	丑癸	10月13	申甲	9月13	寅甲	8月14	申甲
十六	1月11	寅甲	12月12	申甲	11月12	寅甲	10月14	酉乙	9月14	卯乙	8月15	酉乙
十七	1月12	卯乙	12月13	酉乙	11月13	卯乙	10月15	戌丙	9月15	辰丙	8月16	戌丙
十八	1月13	辰丙	12月14	戌丙	11月14	辰丙	10月16	亥丁	9月16	巳丁	8月17	亥丁
十九	1月14	巳丁	12月15	亥丁	11月15	巳丁	10月17	子戊	9月17	午戊	8月18	子戊
二十	1月15	午戊	12月16	子戊	11月16	午戊	10月18	丑己	9月18	未己	8月19	丑己
廿一	1月16	未己	12月17	丑己	11月17	未己	10月19	寅庚	9月19	申庚	8月20	寅庚
廿二	1月17	申庚	12月18	寅庚	11月18	申庚	10月20	卯辛	9月20	酉辛	8月21	卯辛
廿三	1月18	酉辛	12月19	卯辛	11月19	酉辛	10月21	辰壬	9月21	戌壬	8月22	辰壬
廿四	1月19	戌壬	12月20	辰壬	11月20	戌壬	10月22	巳癸	9月22	亥癸	8月23	巳癸
廿五	1月20	亥癸	12月21	巳癸	11月21	亥癸	10月23	午甲	9月23	子甲	8月24	午甲
廿六	1月21	子甲	12月22	午甲	11月22	子甲	10月24	未乙	9月24	丑乙	8月25	未乙
廿七	1月22	丑乙	12月23	未乙	11月23	丑乙	10月25	申丙	9月25	寅丙	8月26	申丙
廿八	1月23	寅丙	12月24	申丙	11月24	寅丙	10月26	酉丁	9月26	卯丁	8月27	酉丁
廿九	1月24	卯丁	12月25	酉丁	11月25	卯丁	10月27	戌戊	9月27	辰戊	8月28	戌戊
三十			12月26	戌戊	11月26	辰戊			9月28	巳己	8月29	亥己

西元1963年

中華民國五十二年　歲次　癸卯　《兔》　西元一九六三年　太歲姓皮名時

節氣

	農曆六月（己未）	農曆五月（戊午）	閏四月	農曆四月（丁巳）	農曆三月（丙辰）	農曆二月（乙卯）	農曆正月（甲寅）
節	立秋 十九未 14時26分	小暑 十八寅 4時26分	芒種 十五酉 18時15分	立夏 十三未 13時52分	清明 十二戌 20時18分	驚蟄 十一辰 15時17分	立春 十一亥 21時6分
氣	大暑 初三亥 21時59分	夏至 初二午 11時4分		小滿 廿九丑 2時58分	穀雨 廿八寅 3時38分	春分 廿六申 16時20分	雨水 廿六酉 17時9分

曆表

農曆六月 國曆	干支	農曆五月 國曆	干支	閏四月 國曆	干支	農曆四月 國曆	干支	農曆三月 國曆	干支	農曆二月 國曆	干支	農曆正月 國曆	干支	別月
7月21	丑乙	6月21	未乙	5月23	寅丙	4月24	酉丁	3月25	卯丁	2月24	戌戊	1月25	辰戊	初一
7月22	寅丙	6月22	申丙	5月24	卯丁	4月25	戌戊	3月26	辰戊	2月25	亥己	1月26	巳己	初二
7月23	卯丁	6月23	酉丁	5月25	辰戊	4月26	亥己	3月27	巳己	2月26	子庚	1月27	午庚	初三
7月24	辰戊	6月24	戌戊	5月26	巳己	4月27	子庚	3月28	午庚	2月27	丑辛	1月28	未辛	初四
7月25	巳己	6月25	亥己	5月27	午庚	4月28	丑辛	3月29	未辛	2月28	寅壬	1月29	申壬	初五
7月26	午庚	6月26	子庚	5月28	未辛	4月29	寅壬	3月30	申壬	3月1	卯癸	1月30	酉癸	初六
7月27	未辛	6月27	丑辛	5月29	申壬	4月30	卯癸	3月31	酉癸	3月2	辰甲	1月31	戌甲	初七
7月28	申壬	6月28	寅壬	5月30	酉癸	5月1	辰甲	4月1	戌甲	3月3	巳乙	2月1	亥乙	初八
7月29	酉癸	6月29	卯癸	5月31	戌甲	5月2	巳乙	4月2	亥乙	3月4	午丙	2月2	子丙	初九
7月30	戌甲	6月30	辰甲	6月1	亥乙	5月3	午丙	4月3	子丙	3月5	未丁	2月3	丑丁	初十
7月31	亥乙	7月1	巳乙	6月2	子丙	5月4	未丁	4月4	丑丁	3月6	申戊	2月4	寅戊	十一
8月1	子丙	7月2	午丙	6月3	丑丁	5月5	申戊	4月5	寅戊	3月7	酉己	2月5	卯己	十二
8月2	丑丁	7月3	未丁	6月4	寅戊	5月6	酉己	4月6	卯己	3月8	戌庚	2月6	辰庚	十三
8月3	寅戊	7月4	申戊	6月5	卯己	5月7	戌庚	4月7	辰庚	3月9	亥辛	2月7	巳辛	十四
8月4	卯己	7月5	酉己	6月6	辰庚	5月8	亥辛	4月8	巳辛	3月10	子壬	2月8	午壬	十五
8月5	辰庚	7月6	戌庚	6月7	巳辛	5月9	子壬	4月9	午壬	3月11	丑癸	2月9	未癸	十六
8月6	巳辛	7月7	亥辛	6月8	午壬	5月10	丑癸	4月10	未癸	3月12	寅甲	2月10	申甲	十七
8月7	午壬	7月8	子壬	6月9	未癸	5月11	寅甲	4月11	申甲	3月13	卯乙	2月11	酉乙	十八
8月8	未癸	7月9	丑癸	6月10	申甲	5月12	卯乙	4月12	酉乙	3月14	辰丙	2月12	戌丙	十九
8月9	申甲	7月10	寅甲	6月11	酉乙	5月13	辰丙	4月13	戌丙	3月15	巳丁	2月13	亥丁	二十
8月10	酉乙	7月11	卯乙	6月12	戌丙	5月14	巳丁	4月14	亥丁	3月16	午戊	2月14	子戊	廿一
8月11	戌丙	7月12	辰丙	6月13	亥丁	5月15	午戊	4月15	子戊	3月17	未己	2月15	丑己	廿二
8月12	亥丁	7月13	巳丁	6月14	子戊	5月16	未己	4月16	丑己	3月18	申庚	2月16	寅庚	廿三
8月13	子戊	7月14	午戊	6月15	丑己	5月17	申庚	4月17	寅庚	3月19	酉辛	2月17	卯辛	廿四
8月14	丑己	7月15	未己	6月16	寅庚	5月18	酉辛	4月18	卯辛	3月20	戌壬	2月18	辰壬	廿五
8月15	寅庚	7月16	申庚	6月17	卯辛	5月19	戌壬	4月19	辰壬	3月21	亥癸	2月19	巳癸	廿六
8月16	卯辛	7月17	酉辛	6月18	辰壬	5月20	亥癸	4月20	巳癸	3月22	子甲	2月20	午甲	廿七
8月17	辰壬	7月18	戌壬	6月19	巳癸	5月21	子甲	4月21	午甲	3月23	丑乙	2月21	未乙	廿八
8月18	巳癸	7月19	亥癸	6月20	午甲	5月22	丑乙	4月22	未乙	3月24	寅丙	2月22	申丙	廿九
		7月20	子甲					4月23	申丙			2月23	酉丁	三十

西元1963年

月別	農曆十二月		農曆十一月		農曆十月		農曆九月		農曆八月		農曆七月	
干支	乙丑		甲子		癸亥		壬戌		辛酉		庚申	
節	立春	大寒	小寒	冬至	大雪	小雪	立冬	霜降	寒露	秋分	白露	處暑
氣	3時5分 廿二寅時	8時41分 初七辰時	15時22分 廿二申時	22時2分 初七亥時	4時13分 廿三寅時	8時50分 初八辰時	11時32分 廿三午時	11時29分 初八午時	8時36分 廿二辰時	2時24分 初七丑時	17時12分 廿一酉時	4時58分 初六寅時
農曆	國曆	支干	國曆	支干	國曆	支干	國曆	支干	國曆	支干	國曆	支干
初一	1月15	癸亥	12月16	癸巳	11月16	癸亥	10月17	癸巳	9月18	甲子	8月19	甲午
初二	1月16	甲子	12月17	甲午	11月17	甲子	10月18	甲午	9月19	乙丑	8月20	乙未
初三	1月17	乙丑	12月18	乙未	11月18	乙丑	10月19	乙未	9月20	丙寅	8月21	丙申
初四	1月18	丙寅	12月19	丙申	11月19	丙寅	10月20	丙申	9月21	丁卯	8月22	丁酉
初五	1月19	丁卯	12月20	丁酉	11月20	丁卯	10月21	丁酉	9月22	戊辰	8月23	戊戌
初六	1月20	戊辰	12月21	戊戌	11月21	戊辰	10月22	戊戌	9月23	己巳	8月24	己亥
初七	1月21	己巳	12月22	己亥	11月22	己巳	10月23	己亥	9月24	庚午	8月25	庚子
初八	1月22	庚午	12月23	庚子	11月23	庚午	10月24	庚子	9月25	辛未	8月26	辛丑
初九	1月23	辛未	12月24	辛丑	11月24	辛未	10月25	辛丑	9月26	壬申	8月27	壬寅
初十	1月24	壬申	12月25	壬寅	11月25	壬申	10月26	壬寅	9月27	癸酉	8月28	癸卯
十一	1月25	癸酉	12月26	癸卯	11月26	癸酉	10月27	癸卯	9月28	甲戌	8月29	甲辰
十二	1月26	甲戌	12月27	甲辰	11月27	甲戌	10月28	甲辰	9月29	乙亥	8月30	乙巳
十三	1月27	乙亥	12月28	乙巳	11月28	乙亥	10月29	乙巳	9月30	丙子	8月31	丙午
十四	1月28	丙子	12月29	丙午	11月29	丙子	10月30	丙午	10月1	丁丑	9月1	丁未
十五	1月29	丁丑	12月30	丁未	11月30	丁丑	10月31	丁未	10月2	戊寅	9月2	戊申
十六	1月30	戊寅	12月31	戊申	12月1	戊寅	11月1	戊申	10月3	己卯	9月3	己酉
十七	1月31	己卯	1月1	己酉	12月2	己卯	11月2	己酉	10月4	庚辰	9月4	庚戌
十八	2月1	庚辰	1月2	庚戌	12月3	庚辰	11月3	庚戌	10月5	辛巳	9月5	辛亥
十九	2月2	辛巳	1月3	辛亥	12月4	辛巳	11月4	辛亥	10月6	壬午	9月6	壬子
二十	2月3	壬午	1月4	壬子	12月5	壬午	11月5	壬子	10月7	癸未	9月7	癸丑
廿一	2月4	癸未	1月5	癸丑	12月6	癸未	11月6	癸丑	10月8	甲申	9月8	甲寅
廿二	2月5	甲申	1月6	甲寅	12月7	甲申	11月7	甲寅	10月9	乙酉	9月9	乙卯
廿三	2月6	乙酉	1月7	乙卯	12月8	乙酉	11月8	乙卯	10月10	丙戌	9月10	丙辰
廿四	2月7	丙戌	1月8	丙辰	12月9	丙戌	11月9	丙辰	10月11	丁亥	9月11	丁巳
廿五	2月8	丁亥	1月9	丁巳	12月10	丁亥	11月10	丁巳	10月12	戊子	9月12	戊午
廿六	2月9	戊子	1月10	戊午	12月11	戊子	11月11	戊午	10月13	己丑	9月13	己未
廿七	2月10	己丑	1月11	己未	12月12	己丑	11月12	己未	10月14	庚寅	9月14	庚申
廿八	2月11	庚寅	1月12	庚申	12月13	庚寅	11月13	庚申	10月15	辛卯	9月15	辛酉
廿九	2月12	辛卯	1月13	辛酉	12月14	辛卯	11月14	辛酉	10月16	壬辰	9月16	壬戌
三十			1月14	壬戌	12月15	壬辰	11月15	壬戌			9月17	癸亥

中華民國五十三年　歲次　甲辰《龍》　西元一九六四年　太歲　姓李名成

農曆六月		農曆五月		農曆四月		農曆三月		農曆二月		農曆正月		月別
辛	未	庚	午	己	巳	戊	辰	丁	卯	丙	寅	干支
立秋	大暑	小暑	夏至	芒種	小滿	立夏	穀雨	清明	春分	驚蟄	雨水	節
20時15分 三十戊時	3時53分 十五寅時	10時32分 廿八巳時	16時57分 十二申時	0時12分 廿六子時	8時50分 初十辰時	19時52分 廿四戌時	9時27分 初九巳時	2時18分 廿三丑時	22時10分 初七亥時	21時16分 廿二亥時	22時57分 初七亥時	氣
國曆	干支	國曆	干支	國曆	干支	國曆	干支	國曆	干支	國曆	干支	農曆
7月9	己未	6月10	庚寅	5月12	辛酉	4月12	辛卯	3月14	壬戌	2月13	壬辰	初一
7月10	庚申	6月11	辛卯	5月13	壬戌	4月13	壬辰	3月15	癸亥	2月14	癸巳	初二
7月11	辛酉	6月12	壬辰	5月14	癸亥	4月14	癸巳	3月16	甲子	2月15	甲午	初三
7月12	壬戌	6月13	癸巳	5月15	甲子	4月15	甲午	3月17	乙丑	2月16	乙未	初四
7月13	癸亥	6月14	甲午	5月16	乙丑	4月16	乙未	3月18	丙寅	2月17	丙申	初五
7月14	甲子	6月15	乙未	5月17	丙寅	4月17	丙申	3月19	丁卯	2月18	丁酉	初六
7月15	乙丑	6月16	丙申	5月18	丁卯	4月18	丁酉	3月20	戊辰	2月19	戊戌	初七
7月16	丙寅	6月17	丁酉	5月19	戊辰	4月19	戊戌	3月21	己巳	2月20	己亥	初八
7月17	丁卯	6月18	戊戌	5月20	己巳	4月20	己亥	3月22	庚午	2月21	庚子	初九
7月18	戊辰	6月19	己亥	5月21	庚午	4月21	庚子	3月23	辛未	2月22	辛丑	初十
7月19	己巳	6月20	庚子	5月22	辛未	4月22	辛丑	3月24	壬申	2月23	壬寅	十一
7月20	庚午	6月21	辛丑	5月23	壬申	4月23	壬寅	3月25	癸酉	2月24	癸卯	十二
7月21	辛未	6月22	壬寅	5月24	癸酉	4月24	癸卯	3月26	甲戌	2月25	甲辰	十三
7月22	壬申	6月23	癸卯	5月25	甲戌	4月25	甲辰	3月27	乙亥	2月26	乙巳	十四
7月23	癸酉	6月24	甲辰	5月26	乙亥	4月26	乙巳	3月28	丙子	2月27	丙午	十五
7月24	甲戌	6月25	乙巳	5月27	丙子	4月27	丙午	3月29	丁丑	2月28	丁未	十六
7月25	乙亥	6月26	丙午	5月28	丁丑	4月28	丁未	3月30	戊寅	2月29	戊申	十七
7月26	丙子	6月27	丁未	5月29	戊寅	4月29	戊申	3月31	己卯	3月1	己酉	十八
7月27	丁丑	6月28	戊申	5月30	己卯	4月30	己酉	4月1	庚辰	3月2	庚戌	十九
7月28	戊寅	6月29	己酉	5月31	庚辰	5月1	庚戌	4月2	辛巳	3月3	辛亥	二十
7月29	己卯	6月30	庚戌	6月1	辛巳	5月2	辛亥	4月3	壬午	3月4	壬子	廿一
7月30	庚辰	7月1	辛亥	6月2	壬午	5月3	壬子	4月4	癸未	3月5	癸丑	廿二
7月31	辛巳	7月2	壬子	6月3	癸未	5月4	癸丑	4月5	甲申	3月6	甲寅	廿三
8月1	壬午	7月3	癸丑	6月4	甲申	5月5	甲寅	4月6	乙酉	3月7	乙卯	廿四
8月2	癸未	7月4	甲寅	6月5	乙酉	5月6	乙卯	4月7	丙戌	3月8	丙辰	廿五
8月3	甲申	7月5	乙卯	6月6	丙戌	5月7	丙辰	4月8	丁亥	3月9	丁巳	廿六
8月4	乙酉	7月6	丙辰	6月7	丁亥	5月8	丁巳	4月9	戊子	3月10	戊午	廿七
8月5	丙戌	7月7	丁巳	6月8	戊子	5月9	戊午	4月10	己丑	3月11	己未	廿八
8月6	丁亥	7月8	戊午	6月9	己丑	5月10	己未	4月11	庚寅	3月12	庚申	廿九
8月7	戊子					5月11	庚申			3月13	辛酉	三十

西元1964年

月別	農曆十二月		農曆十一月		農曆十月		農曆九月		農曆八月		農曆七月	
干支	丁丑		丙子		乙亥		甲戌		癸酉		壬申	
節	大寒 小寒		冬至 大雪		小雪 立冬		霜降 寒露		秋分 白露		處暑	
氣	14時29分 十八未時　21時2分 初三亥時		3時50分 十九亥時　9時53分 初四巳時		14時39分 十九未時　17時15分 初四酉時		17時21分 十八酉時　14時22分 初三未時		8時17分 十八辰時　23時0分 初二夜子		10時51分 十六巳時	
農曆	國曆	支干	國曆	支干	國曆	支干	國曆	支干	國曆	支干	國曆	支干
初一	1月3	巳丁	12月4	亥丁	11月4	巳丁	10月6	子戊	9月6	午戊	8月8	丑己
初二	1月4	午戊	12月5	子戊	11月5	午戊	10月7	丑己	9月7	未己	8月9	寅庚
初三	1月5	未己	12月6	丑己	11月6	未己	10月8	寅庚	9月8	申庚	8月10	卯辛
初四	1月6	申庚	12月7	寅庚	11月7	申庚	10月9	卯辛	9月9	酉辛	8月11	辰壬
初五	1月7	酉辛	12月8	卯辛	11月8	酉辛	10月10	辰壬	9月10	戌壬	8月12	巳癸
初六	1月8	戌壬	12月9	辰壬	11月9	戌壬	10月11	巳癸	9月11	亥癸	8月13	午甲
初七	1月9	亥癸	12月10	巳癸	11月10	亥癸	10月12	午甲	9月12	子甲	8月14	未乙
初八	1月10	子甲	12月11	午甲	11月11	子甲	10月13	未乙	9月13	丑乙	8月15	申丙
初九	1月11	丑乙	12月12	未乙	11月12	丑乙	10月14	申丙	9月14	寅丙	8月16	酉丁
初十	1月12	寅丙	12月13	申丙	11月13	寅丙	10月15	酉丁	9月15	卯丁	8月17	戌戊
十一	1月13	卯丁	12月14	酉丁	11月14	卯丁	10月16	戌戊	9月16	辰戊	8月18	亥己
十二	1月14	辰戊	12月15	戌戊	11月15	辰戊	10月17	亥己	9月17	巳己	8月19	子庚
十三	1月15	巳己	12月16	亥己	11月16	巳己	10月18	子庚	9月18	午庚	8月20	丑辛
十四	1月16	午庚	12月17	子庚	11月17	午庚	10月19	丑辛	9月19	未辛	8月21	寅壬
十五	1月17	未辛	12月18	丑辛	11月18	未辛	10月20	寅壬	9月20	申壬	8月22	卯癸
十六	1月18	申壬	12月19	寅壬	11月19	申壬	10月21	卯癸	9月21	酉癸	8月23	辰甲
十七	1月19	酉癸	12月20	卯癸	11月20	酉癸	10月22	辰甲	9月22	戌甲	8月24	巳乙
十八	1月20	戌甲	12月21	辰甲	11月21	戌甲	10月23	巳乙	9月23	亥乙	8月25	午丙
十九	1月21	亥乙	12月22	巳乙	11月22	亥乙	10月24	午丙	9月24	子丙	8月26	未丁
二十	1月22	子丙	12月23	午丙	11月23	子丙	10月25	未丁	9月25	丑丁	8月27	申戊
廿一	1月23	丑丁	12月24	未丁	11月24	丑丁	10月26	申戊	9月26	寅戊	8月28	酉己
廿二	1月24	寅戊	12月25	申戊	11月25	寅戊	10月27	酉己	9月27	卯己	8月29	戌庚
廿三	1月25	卯己	12月26	酉己	11月26	卯己	10月28	戌庚	9月28	辰庚	8月30	亥辛
廿四	1月26	辰庚	12月27	戌庚	11月27	辰庚	10月29	亥辛	9月29	巳辛	8月31	子壬
廿五	1月27	巳辛	12月28	亥辛	11月28	巳辛	10月30	子壬	9月30	午壬	9月1	丑癸
廿六	1月28	午壬	12月29	子壬	11月29	午壬	10月31	丑癸	10月1	未癸	9月2	寅甲
廿七	1月29	未癸	12月30	丑癸	11月30	未癸	11月1	寅甲	10月2	申甲	9月3	卯乙
廿八	1月30	申甲	12月31	寅甲	12月1	申甲	11月2	卯乙	10月3	酉乙	9月4	辰丙
廿九	1月31	酉乙	1月1	卯乙	12月2	酉乙	11月3	辰丙	10月4	戌丙	9月5	巳丁
三十	2月1	戌丙	1月2	辰丙	12月3	戌丙			10月5	亥丁		

中華民國五十四年 歲次 乙巳《蛇》 西元一九六五年 太歲 姓吳 名遂

農曆六月		農曆五月		農曆四月		農曆三月		農曆二月		農曆正月		別月
癸	未	壬	午	辛	巳	庚	辰	己	卯	戊	寅	支干
大暑	小暑	夏至	芒種	小滿	立夏	穀雨	清明	春分	驚蟄	雨水	立春	節氣
19時48分 廿五 巳時	16時22分 初九 申時	22時56分 廿二 亥時	6時2分 初七 卯時	14時49分 廿一 未時	1時42分 初六 丑時	15時26分 十九 申時	8時7分 初四 辰時	4時5分 十九 寅時	3時1分 初四 寅時	4時48分 十八 寅時	8時45分 初三 辰時	氣
國曆	支干	國曆	支干	國曆	支干	國曆	支干	國曆	支干	國曆	支干	農曆
6月29	寅甲	5月31	酉乙	5月1	卯乙	4月2	戌丙	3月3	辰丙	2月2	亥丁	初一
6月30	卯乙	6月1	戌丙	5月2	辰丙	4月3	亥丁	3月4	巳丁	2月3	子戊	初二
7月1	辰丙	6月2	亥丁	5月3	巳丁	4月4	子戊	3月5	午戊	2月4	丑己	初三
7月2	巳丁	6月3	子戊	5月4	午戊	4月5	丑己	3月6	未己	2月5	寅庚	初四
7月3	午戊	6月4	丑己	5月5	未己	4月6	寅庚	3月7	申庚	2月6	卯辛	初五
7月4	未己	6月5	寅庚	5月6	申庚	4月7	卯辛	3月8	酉辛	2月7	辰壬	初六
7月5	申庚	6月6	卯辛	5月7	酉辛	4月8	辰壬	3月9	戌壬	2月8	巳癸	初七
7月6	酉辛	6月7	辰壬	5月8	戌壬	4月9	巳癸	3月10	亥癸	2月9	午甲	初八
7月7	戌壬	6月8	巳癸	5月9	亥癸	4月10	午甲	3月11	子甲	2月10	未乙	初九
7月8	亥癸	6月9	午甲	5月10	子甲	4月11	未乙	3月12	丑乙	2月11	申丙	初十
7月9	子甲	6月10	未乙	5月11	丑乙	4月12	申丙	3月13	寅丙	2月12	酉丁	一十
7月10	丑乙	6月11	申丙	5月12	寅丙	4月13	酉丁	3月14	卯丁	2月13	戌戊	二十
7月11	寅丙	6月12	酉丁	5月13	卯丁	4月14	戌戊	3月15	辰戊	2月14	亥己	三十
7月12	卯丁	6月13	戌戊	5月14	辰戊	4月15	亥己	3月16	巳己	2月15	子庚	四十
7月13	辰戊	6月14	亥己	5月15	巳己	4月16	子庚	3月17	午庚	2月16	丑辛	五十
7月14	巳己	6月15	子庚	5月16	午庚	4月17	丑辛	3月18	未辛	2月17	寅壬	六十
7月15	午庚	6月16	丑辛	5月17	未辛	4月18	寅壬	3月19	申壬	2月18	卯癸	七十
7月16	未辛	6月17	寅壬	5月18	申壬	4月19	卯癸	3月20	酉癸	2月19	辰甲	八十
7月17	申壬	6月18	卯癸	5月19	酉癸	4月20	辰甲	3月21	戌甲	2月20	巳乙	九十
7月18	酉癸	6月19	辰甲	5月20	戌甲	4月21	巳乙	3月22	亥乙	2月21	午丙	十二
7月19	戌甲	6月20	巳乙	5月21	亥乙	4月22	午丙	3月23	子丙	2月22	未丁	一廿
7月20	亥乙	6月21	午丙	5月22	子丙	4月23	未丁	3月24	丑丁	2月23	申戊	二廿
7月21	子丙	6月22	未丁	5月23	丑丁	4月24	申戊	3月25	寅戊	2月24	酉己	三廿
7月22	丑丁	6月23	申戊	5月24	寅戊	4月25	酉己	3月26	卯己	2月25	戌庚	四廿
7月23	寅戊	6月24	酉己	5月25	卯己	4月26	戌庚	3月27	辰庚	2月26	亥辛	五廿
7月24	卯己	6月25	戌庚	5月26	辰庚	4月27	亥辛	3月28	巳辛	2月27	子壬	六廿
7月25	辰庚	6月26	亥辛	5月27	巳辛	4月28	子壬	3月29	午壬	2月28	丑癸	七廿
7月26	巳辛	6月27	子壬	5月28	午壬	4月29	丑癸	3月30	未癸	3月1	寅甲	八廿
7月27	午壬	6月28	丑癸	5月29	未癸	4月30	寅甲	3月31	申甲	3月2	卯乙	九廿
				5月30	申甲			4月1	酉乙			十三

西元1965年

月別	農曆十二月		農曆十一月		農曆十月		農曆九月		農曆八月		農曆七月	
干支	己 丑		戊 子		丁 亥		丙 戌		乙 酉		甲 申	
節	大寒	小寒	冬至	大雪	小雪	立冬	霜降	寒露	秋分	白露	處暑	立秋
氣	廿九 20時 20分 戌	十五 2時 55分 丑	三十 9時 41分 巳	十五 15時 46分 申	三十 20時 29分 戌	十五 23時 7分 子夜	廿九 23時 10分 子夜	十四 20時 11分 戌	廿八 14時 6分 未	十三 4時 48分 寅	廿七 16時 43分 申	十二 2時 5分 丑
農曆	國曆	干支	國曆	干支	國曆	干支	國曆	干支	國曆	干支	國曆	干支
初一	12月23	辛亥	11月23	辛巳	10月24	辛亥	9月25	壬午	8月27	癸丑	7月28	癸未
初二	12月24	壬子	11月24	壬午	10月25	壬子	9月26	癸未	8月28	甲寅	7月29	甲申
初三	12月25	癸丑	11月25	癸未	10月26	癸丑	9月27	甲申	8月29	乙卯	7月30	乙酉
初四	12月26	甲寅	11月26	甲申	10月27	甲寅	9月28	乙酉	8月30	丙辰	7月31	丙戌
初五	12月27	乙卯	11月27	乙酉	10月28	乙卯	9月29	丙戌	8月31	丁巳	8月 1	丁亥
初六	12月28	丙辰	11月28	丙戌	10月29	丙辰	9月30	丁亥	9月 1	戊午	8月 2	戊子
初七	12月29	丁巳	11月29	丁亥	10月30	丁巳	10月 1	戊子	9月 2	己未	8月 3	己丑
初八	12月30	戊午	11月30	戊子	10月31	戊午	10月 2	己丑	9月 3	庚申	8月 4	庚寅
初九	12月31	己未	12月 1	己丑	11月 1	己未	10月 3	庚寅	9月 4	辛酉	8月 5	辛卯
初十	1月 1	庚申	12月 2	庚寅	11月 2	庚申	10月 4	辛卯	9月 5	壬戌	8月 6	壬辰
十一	1月 2	辛酉	12月 3	辛卯	11月 3	辛酉	10月 5	壬辰	9月 6	癸亥	8月 7	癸巳
十二	1月 3	壬戌	12月 4	壬辰	11月 4	壬戌	10月 6	癸巳	9月 7	甲子	8月 8	甲午
十三	1月 4	癸亥	12月 5	癸巳	11月 5	癸亥	10月 7	甲午	9月 8	乙丑	8月 9	乙未
十四	1月 5	甲子	12月 6	甲午	11月 6	甲子	10月 8	乙未	9月 9	丙寅	8月10	丙申
十五	1月 6	乙丑	12月 7	乙未	11月 7	乙丑	10月 9	丙申	9月10	丁卯	8月11	丁酉
十六	1月 7	丙寅	12月 8	丙申	11月 8	丙寅	10月10	丁酉	9月11	戊辰	8月12	戊戌
十七	1月 8	丁卯	12月 9	丁酉	11月 9	丁卯	10月11	戊戌	9月12	己巳	8月13	己亥
十八	1月 9	戊辰	12月10	戊戌	11月10	戊辰	10月12	己亥	9月13	庚午	8月14	庚子
十九	1月10	己巳	12月11	己亥	11月11	己巳	10月13	庚子	9月14	辛未	8月15	辛丑
二十	1月11	庚午	12月12	庚子	11月12	庚午	10月14	辛丑	9月15	壬申	8月16	壬寅
廿一	1月12	辛未	12月13	辛丑	11月13	辛未	10月15	壬寅	9月16	癸酉	8月17	癸卯
廿二	1月13	壬申	12月14	壬寅	11月14	壬申	10月16	癸卯	9月17	甲戌	8月18	甲辰
廿三	1月14	癸酉	12月15	癸卯	11月15	癸酉	10月17	甲辰	9月18	乙亥	8月19	乙巳
廿四	1月15	甲戌	12月16	甲辰	11月16	甲戌	10月18	乙巳	9月19	丙子	8月20	丙午
廿五	1月16	乙亥	12月17	乙巳	11月17	乙亥	10月19	丙午	9月20	丁丑	8月21	丁未
廿六	1月17	丙子	12月18	丙午	11月18	丙子	10月20	丁未	9月21	戊寅	8月22	戊申
廿七	1月18	丁丑	12月19	丁未	11月19	丁丑	10月21	戊申	9月22	己卯	8月23	己酉
廿八	1月19	戊寅	12月20	戊申	11月20	戊寅	10月22	己酉	9月23	庚辰	8月24	庚戌
廿九	1月20	己卯	12月21	己酉	11月21	己卯	10月23	庚戌	9月24	辛巳	8月25	辛亥
三十			12月22	庚戌	11月22	庚辰					8月26	壬子

253

中華民國五十五年 歲次 丙午 《馬》

西元一九六六年 太歲 姓文名折

節氣時刻

節氣	時刻	日時辰
立秋	7時49分	廿二辰時
大暑	15時23分	初六申時
小暑	22時7分	十九亥時
夏至	4時34分	初四寅時
芒種	11時50分	十八午時
小滿	20時32分	初二戌時
立夏	7時31分	十六辰時
穀雨	21時12分	三十亥時
清明	13時57分	十五未時
春分	9時53分	初三巳時
驚蟄	8時51分	十五巳時
雨水	10時38分	三十巳時
立春	14時35分	十五未時

節氣所屬月份：農曆六月（立秋、大暑）／農曆五月（小暑、夏至）／農曆四月（芒種、小滿）／農曆閏三月（立夏）／農曆三月（穀雨、清明）／農曆二月（春分、驚蟄）／農曆正月（雨水、立春）

農曆六月 乙未 國曆	支干	農曆五月 甲午 國曆	支干	農曆四月 癸巳 國曆	支干	農曆閏三月 國曆	支干	農曆三月 壬辰 國曆	支干	農曆二月 辛卯 國曆	支干	農曆正月 庚寅 國曆	支干	別月 農曆
7月18	戊寅	6月19	己酉	5月20	己卯	4月21	庚戌	3月22	庚辰	2月20	庚戌	1月21	庚辰	初一
7月19	己卯	6月20	庚戌	5月21	庚辰	4月22	辛亥	3月23	辛巳	2月21	辛亥	1月22	辛巳	初二
7月20	庚辰	6月21	辛亥	5月22	辛巳	4月23	壬子	3月24	壬午	2月22	壬子	1月23	壬午	初三
7月21	辛巳	6月22	壬子	5月23	壬午	4月24	癸丑	3月25	癸未	2月23	癸丑	1月24	癸未	初四
7月22	壬午	6月23	癸丑	5月24	癸未	4月25	甲寅	3月26	甲申	2月24	甲寅	1月25	甲申	初五
7月23	癸未	6月24	甲寅	5月25	甲申	4月26	乙卯	3月27	乙酉	2月25	乙卯	1月26	乙酉	初六
7月24	甲申	6月25	乙卯	5月26	乙酉	4月27	丙辰	3月28	丙戌	2月26	丙辰	1月27	丙戌	初七
7月25	乙酉	6月26	丙辰	5月27	丙戌	4月28	丁巳	3月29	丁亥	2月27	丁巳	1月28	丁亥	初八
7月26	丙戌	6月27	丁巳	5月28	丁亥	4月29	戊午	3月30	戊子	2月28	戊午	1月29	戊子	初九
7月27	丁亥	6月28	戊午	5月29	戊子	4月30	己未	3月31	己丑	3月1	己未	1月30	己丑	初十
7月28	戊子	6月29	己未	5月30	己丑	5月1	庚申	4月1	庚寅	3月2	庚申	1月31	庚寅	十一
7月29	己丑	6月30	庚申	5月31	庚寅	5月2	辛酉	4月2	辛卯	3月3	辛酉	2月1	辛卯	十二
7月30	庚寅	7月1	辛酉	6月1	辛卯	5月3	壬戌	4月3	壬辰	3月4	壬戌	2月2	壬辰	十三
7月31	辛卯	7月2	壬戌	6月2	壬辰	5月4	癸亥	4月4	癸巳	3月5	癸亥	2月3	癸巳	十四
8月1	壬辰	7月3	癸亥	6月3	癸巳	5月5	甲子	4月5	甲午	3月6	甲子	2月4	甲午	十五
8月2	癸巳	7月4	甲子	6月4	甲午	5月6	乙丑	4月6	乙未	3月7	乙丑	2月5	乙未	十六
8月3	甲午	7月5	乙丑	6月5	乙未	5月7	丙寅	4月7	丙申	3月8	丙寅	2月6	丙申	十七
8月4	乙未	7月6	丙寅	6月6	丙申	5月8	丁卯	4月8	丁酉	3月9	丁卯	2月7	丁酉	十八
8月5	丙申	7月7	丁卯	6月7	丁酉	5月9	戊辰	4月9	戊戌	3月10	戊辰	2月8	戊戌	十九
8月6	丁酉	7月8	戊辰	6月8	戊戌	5月10	己巳	4月10	己亥	3月11	己巳	2月9	己亥	二十
8月7	戊戌	7月9	己巳	6月9	己亥	5月11	庚午	4月11	庚子	3月12	庚午	2月10	庚子	廿一
8月8	己亥	7月10	庚午	6月10	庚子	5月12	辛未	4月12	辛丑	3月13	辛未	2月11	辛丑	廿二
8月9	庚子	7月11	辛未	6月11	辛丑	5月13	壬申	4月13	壬寅	3月14	壬申	2月12	壬寅	廿三
8月10	辛丑	7月12	壬申	6月12	壬寅	5月14	癸酉	4月14	癸卯	3月15	癸酉	2月13	癸卯	廿四
8月11	壬寅	7月13	癸酉	6月13	癸卯	5月15	甲戌	4月15	甲辰	3月16	甲戌	2月14	甲辰	廿五
8月12	癸卯	7月14	甲戌	6月14	甲辰	5月16	乙亥	4月16	乙巳	3月17	乙亥	2月15	乙巳	廿六
8月13	甲辰	7月15	乙亥	6月15	乙巳	5月17	丙子	4月17	丙午	3月18	丙子	2月16	丙午	廿七
8月14	乙巳	7月16	丙子	6月16	丙午	5月18	丁丑	4月18	丁未	3月19	丁丑	2月17	丁未	廿八
8月15	丙午	7月17	丁丑	6月17	丁未	5月19	戊寅	4月19	戊申	3月20	戊寅	2月18	戊申	廿九
				6月18	戊申			4月20	己酉	3月21	己卯	2月19	己酉	三十

西元1966年

月別	農曆十二月		農曆十一月		農曆十月		農曆九月		農曆八月		農曆七月	
干支	辛丑		庚子		己亥		戊戌		丁酉		丙申	
節氣	立春	大寒	小寒	冬至	大雪	小雪	立冬	霜降	寒露	秋分	白露	處暑
氣	20時31分 廿五戊時	2時8分 十一丑時	8時48分 廿六辰時	15時28分 十一申時	21時38分 廿六亥時	2時14分 十二丑時	4時56分 廿六寅時	4時51分 十一寅時	1時57分 廿五丑時	19時43分 初九戌時	10時32分 廿四巳時	22時18分 初八亥時
農曆	國曆	干支	國曆	干支	國曆	干支	國曆	干支	國曆	干支	國曆	干支
初一	1月11	乙亥	12月12	乙巳	11月12	乙亥	10月14	丙午	9月15	丁丑	8月16	丁未
初二	1月12	丙子	12月13	丙午	11月13	丙子	10月15	丁未	9月16	戊寅	8月17	戊申
初三	1月13	丁丑	12月14	丁未	11月14	丁丑	10月16	戊申	9月17	己卯	8月18	己酉
初四	1月14	戊寅	12月15	戊申	11月15	戊寅	10月17	己酉	9月18	庚辰	8月19	庚戌
初五	1月15	己卯	12月16	己酉	11月16	己卯	10月18	庚戌	9月19	辛巳	8月20	辛亥
初六	1月16	庚辰	12月17	庚戌	11月17	庚辰	10月19	辛亥	9月20	壬午	8月21	壬子
初七	1月17	辛巳	12月18	辛亥	11月18	辛巳	10月20	壬子	9月21	癸未	8月22	癸丑
初八	1月18	壬午	12月19	壬子	11月19	壬午	10月21	癸丑	9月22	甲申	8月23	甲寅
初九	1月19	癸未	12月20	癸丑	11月20	癸未	10月22	甲寅	9月23	乙酉	8月24	乙卯
初十	1月20	甲申	12月21	甲寅	11月21	甲申	10月23	乙卯	9月24	丙戌	8月25	丙辰
十一	1月21	乙酉	12月22	乙卯	11月22	乙酉	10月24	丙辰	9月25	丁亥	8月26	丁巳
十二	1月22	丙戌	12月23	丙辰	11月23	丙戌	10月25	丁巳	9月26	戊子	8月27	戊午
十三	1月23	丁亥	12月24	丁巳	11月24	丁亥	10月26	戊午	9月27	己丑	8月28	己未
十四	1月24	戊子	12月25	戊午	11月25	戊子	10月27	己未	9月28	庚寅	8月29	庚申
十五	1月25	己丑	12月26	己未	11月26	己丑	10月28	庚申	9月29	辛卯	8月30	辛酉
十六	1月26	庚寅	12月27	庚申	11月27	庚寅	10月29	辛酉	9月30	壬辰	8月31	壬戌
十七	1月27	辛卯	12月28	辛酉	11月28	辛卯	10月30	壬戌	10月1	癸巳	9月1	癸亥
十八	1月28	壬辰	12月29	壬戌	11月29	壬辰	10月31	癸亥	10月2	甲午	9月2	甲子
十九	1月29	癸巳	12月30	癸亥	11月30	癸巳	11月1	甲子	10月3	乙未	9月3	乙丑
二十	1月30	甲午	12月31	甲子	12月1	甲午	11月2	乙丑	10月4	丙申	9月4	丙寅
廿一	1月31	乙未	1月1	乙丑	12月2	乙未	11月3	丙寅	10月5	丁酉	9月5	丁卯
廿二	2月1	丙申	1月2	丙寅	12月3	丙申	11月4	丁卯	10月6	戊戌	9月6	戊辰
廿三	2月2	丁酉	1月3	丁卯	12月4	丁酉	11月5	戊辰	10月7	己亥	9月7	己巳
廿四	2月3	戊戌	1月4	戊辰	12月5	戊戌	11月6	己巳	10月8	庚子	9月8	庚午
廿五	2月4	己亥	1月5	己巳	12月6	己亥	11月7	庚午	10月9	辛丑	9月9	辛未
廿六	2月5	庚子	1月6	庚午	12月7	庚子	11月8	辛未	10月10	壬寅	9月10	壬申
廿七	2月6	辛丑	1月7	辛未	12月8	辛丑	11月9	壬申	10月11	癸卯	9月11	癸酉
廿八	2月7	壬寅	1月8	壬申	12月9	壬寅	11月10	癸酉	10月12	甲辰	9月12	甲戌
廿九	2月8	癸卯	1月9	癸酉	12月10	癸卯	11月11	甲戌	10月13	乙巳	9月13	乙亥
三十			1月10	甲戌	12月11	甲辰					9月14	丙子

中華民國五十六年 歲次 丁未《羊》

西元一九六七年 太歲 姓繆名丙

月別	農曆正月		農曆二月		農曆三月		農曆四月		農曆五月		農曆六月	
干支	壬寅		癸卯		甲辰		乙巳		丙午		丁未	
節	雨水	驚蟄	春分	清明	穀雨	立夏	小滿	芒種	夏至		小暑	大暑
氣	十一申時 16時24分	廿六未時 14時42分	十一申時 15時37分	廿六戌時 19時45分	十二丑時 2時53分	廿七未時 13時15分	十四丑時 2時18分	廿九酉時 17時36分	十五巳時 10時23分		初一寅時 3時54分	十六亥時 21時16分
農曆	干支	國曆	干支	國曆	干支	國曆	干支	國曆	干支	國曆	干支	國曆
初一	甲辰	2月 9	甲戌	3月11	甲辰	4月10	癸酉	5月 9	癸卯	6月 8	癸酉	7月 8
初二	乙巳	2月10	乙亥	3月12	乙巳	4月11	甲戌	5月10	甲辰	6月 9	甲戌	7月 9
初三	丙午	2月11	丙子	3月13	丙午	4月12	乙亥	5月11	乙巳	6月10	乙亥	7月10
初四	丁未	2月12	丁丑	3月14	丁未	4月13	丙子	5月12	丙午	6月11	丙子	7月11
初五	戊申	2月13	戊寅	3月15	戊申	4月14	丁丑	5月13	丁未	6月12	丁丑	7月12
初六	己酉	2月14	己卯	3月16	己酉	4月15	戊寅	5月14	戊申	6月13	戊寅	7月13
初七	庚戌	2月15	庚辰	3月17	庚戌	4月16	己卯	5月15	己酉	6月14	己卯	7月14
初八	辛亥	2月16	辛巳	3月18	辛亥	4月17	庚辰	5月16	庚戌	6月15	庚辰	7月15
初九	壬子	2月17	壬午	3月19	壬子	4月18	辛巳	5月17	辛亥	6月16	辛巳	7月16
初十	癸丑	2月18	癸未	3月20	癸丑	4月19	壬午	5月18	壬子	6月17	壬午	7月17
十一	甲寅	2月19	甲申	3月21	甲寅	4月20	癸未	5月19	癸丑	6月18	癸未	7月18
十二	乙卯	2月20	乙酉	3月22	乙卯	4月21	甲申	5月20	甲寅	6月19	甲申	7月19
十三	丙辰	2月21	丙戌	3月23	丙辰	4月22	乙酉	5月21	乙卯	6月20	乙酉	7月20
十四	丁巳	2月22	丁亥	3月24	丁巳	4月23	丙戌	5月22	丙辰	6月21	丙戌	7月21
十五	戊午	2月23	戊子	3月25	戊午	4月24	丁亥	5月23	丁巳	6月22	丁亥	7月22
十六	己未	2月24	己丑	3月26	己未	4月25	戊子	5月24	戊午	6月23	戊子	7月23
十七	庚申	2月25	庚寅	3月27	庚申	4月26	己丑	5月25	己未	6月24	己丑	7月24
十八	辛酉	2月26	辛卯	3月28	辛酉	4月27	庚寅	5月26	庚申	6月25	庚寅	7月25
十九	壬戌	2月27	壬辰	3月29	壬戌	4月28	辛卯	5月27	辛酉	6月26	辛卯	7月26
二十	癸亥	2月28	癸巳	3月30	癸亥	4月29	壬辰	5月28	壬戌	6月27	壬辰	7月27
廿一	甲子	3月 1	甲午	3月31	甲子	4月30	癸巳	5月29	癸亥	6月28	癸巳	7月28
廿二	乙丑	3月 2	乙未	4月 1	乙丑	5月 1	甲午	5月30	甲子	6月29	甲午	7月29
廿三	丙寅	3月 3	丙申	4月 2	丙寅	5月 2	乙未	5月31	乙丑	6月30	乙未	7月30
廿四	丁卯	3月 4	丁酉	4月 3	丁卯	5月 3	丙申	6月 1	丙寅	7月 1	丙申	7月31
廿五	戊辰	3月 5	戊戌	4月 4	戊辰	5月 4	丁酉	6月 2	丁卯	7月 2	丁酉	8月 1
廿六	己巳	3月 6	己亥	4月 5	己巳	5月 5	戊戌	6月 3	戊辰	7月 3	戊戌	8月 2
廿七	庚午	3月 7	庚子	4月 6	庚午	5月 6	己亥	6月 4	己巳	7月 4	己亥	8月 3
廿八	辛未	3月 8	辛丑	4月 7	辛未	5月 7	庚子	6月 5	庚午	7月 5	庚子	8月 4
廿九	壬申	3月 9	壬寅	4月 8	壬申	5月 8	辛丑	6月 6	辛未	7月 6	辛丑	8月 5
三十	癸酉	3月10	癸卯	4月 9			壬寅	6月 7	壬申	7月 7		

西元1967年

月別	農曆十二月		農曆十一月		農曆十月		農曆九月		農曆八月		農曆七月	
干支	癸丑		壬子		辛亥		庚戌		己酉		戊申	
節	大寒	小寒	冬至	大雪	小雪	立冬	霜降	寒露	秋分	白露	處暑	立秋
氣	廿二 7時54分 辰時	初七 14時26分 未時	廿一 21時17分 亥時	初七 3時18分 寅時	廿二 8時5分 辰時	初七 10時38分 巳時	廿一 10時44分 巳時	初六 7時42分 辰時	廿一 1時38分 丑時	初五 16時18分 申時	十九 4時13分 寅時	初三 13時35分 未時
農曆	國曆	干支	國曆	干支	國曆	干支	國曆	干支	國曆	干支	國曆	干支
初一	12月31	己巳	12月2	庚子	11月2	庚午	10月4	辛丑	9月4	辛未	8月6	壬寅
初二	1月1	庚午	12月3	辛丑	11月3	辛未	10月5	壬寅	9月5	壬申	8月7	癸卯
初三	1月2	辛未	12月4	壬寅	11月4	壬申	10月6	癸卯	9月6	癸酉	8月8	甲辰
初四	1月3	壬申	12月5	癸卯	11月5	癸酉	10月7	甲辰	9月7	甲戌	8月9	乙巳
初五	1月4	癸酉	12月6	甲辰	11月6	甲戌	10月8	乙巳	9月8	乙亥	8月10	丙午
初六	1月5	甲戌	12月7	乙巳	11月7	乙亥	10月9	丙午	9月9	丙子	8月11	丁未
初七	1月6	乙亥	12月8	丙午	11月8	丙子	10月10	丁未	9月10	丁丑	8月12	戊申
初八	1月7	丙子	12月9	丁未	11月9	丁丑	10月11	戊申	9月11	戊寅	8月13	己酉
初九	1月8	丁丑	12月10	戊申	11月10	戊寅	10月12	己酉	9月12	己卯	8月14	庚戌
初十	1月9	戊寅	12月11	己酉	11月11	己卯	10月13	庚戌	9月13	庚辰	8月15	辛亥
十一	1月10	己卯	12月12	庚戌	11月12	庚辰	10月14	辛亥	9月14	辛巳	8月16	壬子
十二	1月11	庚辰	12月13	辛亥	11月13	辛巳	10月15	壬子	9月15	壬午	8月17	癸丑
十三	1月12	辛巳	12月14	壬子	11月14	壬午	10月16	癸丑	9月16	癸未	8月18	甲寅
十四	1月13	壬午	12月15	癸丑	11月15	癸未	10月17	甲寅	9月17	甲申	8月19	乙卯
十五	1月14	癸未	12月16	甲寅	11月16	甲申	10月18	乙卯	9月18	乙酉	8月20	丙辰
十六	1月15	甲申	12月17	乙卯	11月17	乙酉	10月19	丙辰	9月19	丙戌	8月21	丁巳
十七	1月16	乙酉	12月18	丙辰	11月18	丙戌	10月20	丁巳	9月20	丁亥	8月22	戊午
十八	1月17	丙戌	12月19	丁巳	11月19	丁亥	10月21	戊午	9月21	戊子	8月23	己未
十九	1月18	丁亥	12月20	戊午	11月20	戊子	10月22	己未	9月22	己丑	8月24	庚申
二十	1月19	戊子	12月21	己未	11月21	己丑	10月23	庚申	9月23	庚寅	8月25	辛酉
廿一	1月20	己丑	12月22	庚申	11月22	庚寅	10月24	辛酉	9月24	辛卯	8月26	壬戌
廿二	1月21	庚寅	12月23	辛酉	11月23	辛卯	10月25	壬戌	9月25	壬辰	8月27	癸亥
廿三	1月22	辛卯	12月24	壬戌	11月24	壬辰	10月26	癸亥	9月26	癸巳	8月28	甲子
廿四	1月23	壬辰	12月25	癸亥	11月25	癸巳	10月27	甲子	9月27	甲午	8月29	乙丑
廿五	1月24	癸巳	12月26	甲子	11月26	甲午	10月28	乙丑	9月28	乙未	8月30	丙寅
廿六	1月25	甲午	12月27	乙丑	11月27	乙未	10月29	丙寅	9月29	丙申	8月31	丁卯
廿七	1月26	乙未	12月28	丙寅	11月28	丙申	10月30	丁卯	9月30	丁酉	9月1	戊辰
廿八	1月27	丙申	12月29	丁卯	11月29	丁酉	10月31	戊辰	10月1	戊戌	9月2	己巳
廿九	1月28	丁酉	12月30	戊辰	11月30	戊戌	11月1	己巳	10月2	己亥	9月3	庚午
三十	1月29	戊戌			12月1	己亥			10月3	庚子		

中華民國五十七年 歲次 戊申《猴》

西元一九六八年 太歲 姓俞名志

月別	農曆正月		農曆二月		農曆三月		農曆四月		農曆五月		農曆六月	
干支	甲寅		乙卯		丙辰		丁巳		戊午		己未	
節	立春	雨水	驚蟄	春分	清明	穀雨	立夏	小滿	芒種	夏至	小暑	大暑
氣	初七丑時 2時8分	廿一亥時 22時9分	初七戌時 20時16分	廿二亥時 21時22分	初八丑時 1時23分	廿三辰時 8時42分	初九酉時 18時56分	廿五辰時 8時6分	初十夜子 23時19分	廿六申時 16時13分	十二巳時 9時42分	廿八寅時 3時8分
農曆	干支	國曆	干支	國曆	干支	國曆	干支	國曆	干支	國曆	干支	國曆
初一	己亥	1月30	戊辰	2月28	戊戌	3月29	丁卯	4月27	丁酉	5月27	丁卯	6月26
初二	庚子	1月31	己巳	2月29	己亥	3月30	戊辰	4月28	戊戌	5月28	戊辰	6月27
初三	辛丑	2月1	庚午	3月1	庚子	3月31	己巳	4月29	己亥	5月29	己巳	6月28
初四	壬寅	2月2	辛未	3月2	辛丑	4月1	庚午	4月30	庚子	5月30	庚午	6月29
初五	癸卯	2月3	壬申	3月3	壬寅	4月2	辛未	5月1	辛丑	5月31	辛未	6月30
初六	甲辰	2月4	癸酉	3月4	癸卯	4月3	壬申	5月2	壬寅	6月1	壬申	7月1
初七	乙巳	2月5	甲戌	3月5	甲辰	4月4	癸酉	5月3	癸卯	6月2	癸酉	7月2
初八	丙午	2月6	乙亥	3月6	乙巳	4月5	甲戌	5月4	甲辰	6月3	甲戌	7月3
初九	丁未	2月7	丙子	3月7	丙午	4月6	乙亥	5月5	乙巳	6月4	乙亥	7月4
初十	戊申	2月8	丁丑	3月8	丁未	4月7	丙子	5月6	丙午	6月5	丙子	7月5
十一	己酉	2月9	戊寅	3月9	戊申	4月8	丁丑	5月7	丁未	6月6	丁丑	7月6
十二	庚戌	2月10	己卯	3月10	己酉	4月9	戊寅	5月8	戊申	6月7	戊寅	7月7
十三	辛亥	2月11	庚辰	3月11	庚戌	4月10	己卯	5月9	己酉	6月8	己卯	7月8
十四	壬子	2月12	辛巳	3月12	辛亥	4月11	庚辰	5月10	庚戌	6月9	庚辰	7月9
十五	癸丑	2月13	壬午	3月13	壬子	4月12	辛巳	5月11	辛亥	6月10	辛巳	7月10
十六	甲寅	2月14	癸未	3月14	癸丑	4月13	壬午	5月12	壬子	6月11	壬午	7月11
十七	乙卯	2月15	甲申	3月15	甲寅	4月14	癸未	5月13	癸丑	6月12	癸未	7月12
十八	丙辰	2月16	乙酉	3月16	乙卯	4月15	甲申	5月14	甲寅	6月13	甲申	7月13
十九	丁巳	2月17	丙戌	3月17	丙辰	4月16	乙酉	5月15	乙卯	6月14	乙酉	7月14
二十	戊午	2月18	丁亥	3月18	丁巳	4月17	丙戌	5月16	丙辰	6月15	丙戌	7月15
廿一	己未	2月19	戊子	3月19	戊午	4月18	丁亥	5月17	丁巳	6月16	丁亥	7月16
廿二	庚申	2月20	己丑	3月20	己未	4月19	戊子	5月18	戊午	6月17	戊子	7月17
廿三	辛酉	2月21	庚寅	3月21	庚申	4月20	己丑	5月19	己未	6月18	己丑	7月18
廿四	壬戌	2月22	辛卯	3月22	辛酉	4月21	庚寅	5月20	庚申	6月19	庚寅	7月19
廿五	癸亥	2月23	壬辰	3月23	壬戌	4月22	辛卯	5月21	辛酉	6月20	辛卯	7月20
廿六	甲子	2月24	癸巳	3月24	癸亥	4月23	壬辰	5月22	壬戌	6月21	壬辰	7月21
廿七	乙丑	2月25	甲午	3月25	甲子	4月24	癸巳	5月23	癸亥	6月22	癸巳	7月22
廿八	丙寅	2月26	乙未	3月26	乙丑	4月25	甲午	5月24	甲子	6月23	甲午	7月23
廿九	丁卯	2月27	丙申	3月27	丙寅	4月26	乙未	5月25	乙丑	6月24	乙未	7月24
三十			丁酉	3月28			丙申	5月26	丙寅	6月25		

西元1968年

月別	農曆十二月		農曆十一月		農曆十月		農曆九月		農曆八月		農曆閏七月		農曆七月	
干支	乙丑		甲子		癸亥		壬戌		辛酉				庚申	
節	立春	大寒	小寒	冬至	大雪	小雪	立冬	霜降	寒露	秋分	白露		處暑	立秋
氣	7時59分 十八辰時	13時38分 初三未時	20時17分 十七戌時	3時0分 初三寅時	9時9分 十八巳時	13時49分 初三未時	16時29分 十七申時	16時30分 初二申時	13時35分 十七未時	7時26分 初二辰時	22時12分 十五亥時		10時3分 三十巳時	19時27分 十四戌時
農曆	國曆	干支	國曆	干支	國曆	干支	國曆	干支	國曆	干支	國曆	干支	國曆	干支
初一	1月18	癸巳	12月20	甲子	11月20	甲午	10月22	乙丑	9月22	乙未	8月24	丙寅	7月25	丙申
初二	1月19	甲午	12月21	乙丑	11月21	乙未	10月23	丙寅	9月23	申丙	8月25	丁卯	7月26	丁酉
初三	1月20	乙未	12月22	丙寅	11月22	申丙	10月24	丁卯	9月24	酉丁	8月26	戊辰	7月27	戊戌
初四	1月21	丙申	12月23	丁卯	11月23	酉丁	10月25	戊辰	9月25	戊戌	8月27	己巳	7月28	亥己
初五	1月22	酉丁	12月24	戊辰	11月24	戊戌	10月26	己巳	9月26	亥己	8月28	午庚	7月29	子庚
初六	1月23	戊戌	12月25	己巳	11月25	亥己	10月27	午庚	9月27	子庚	8月29	未辛	7月30	丑辛
初七	1月24	亥己	12月26	午庚	11月26	子庚	10月28	未辛	9月28	丑辛	8月30	申壬	7月31	寅壬
初八	1月25	子庚	12月27	未辛	11月27	丑辛	10月29	申壬	9月29	寅壬	8月31	酉癸	8月1	卯癸
初九	1月26	丑辛	12月28	申壬	11月28	寅壬	10月30	酉癸	9月30	卯癸	9月1	戌甲	8月2	辰甲
初十	1月27	寅壬	12月29	酉癸	11月29	卯癸	10月31	戌甲	10月1	辰甲	9月2	亥乙	8月3	巳乙
十一	1月28	卯癸	12月30	戌甲	11月30	辰甲	11月1	亥乙	10月2	巳乙	9月3	子丙	8月4	午丙
十二	1月29	辰甲	12月31	亥乙	12月1	巳乙	11月2	子丙	10月3	午丙	9月4	丑丁	8月5	未丁
十三	1月30	巳乙	1月1	子丙	12月2	午丙	11月3	丑丁	10月4	未丁	9月5	寅戊	8月6	申戊
十四	1月31	午丙	1月2	丑丁	12月3	未丁	11月4	寅戊	10月5	申戊	9月6	卯己	8月7	酉己
十五	2月1	未丁	1月3	寅戊	12月4	申戊	11月5	卯己	10月6	酉己	9月7	辰庚	8月8	戌庚
十六	2月2	申戊	1月4	卯己	12月5	酉己	11月6	辰庚	10月7	戌庚	9月8	巳辛	8月9	亥辛
十七	2月3	酉己	1月5	辰庚	12月6	戌庚	11月7	巳辛	10月8	亥辛	9月9	午壬	8月10	子壬
十八	2月4	戌庚	1月6	巳辛	12月7	亥辛	11月8	午壬	10月9	子壬	9月10	未癸	8月11	丑癸
十九	2月5	亥辛	1月7	午壬	12月8	子壬	11月9	未癸	10月10	丑癸	9月11	申甲	8月12	寅甲
二十	2月6	子壬	1月8	未癸	12月9	丑癸	11月10	申甲	10月11	寅甲	9月12	酉乙	8月13	卯乙
廿一	2月7	丑癸	1月9	申甲	12月10	寅甲	11月11	酉乙	10月12	卯乙	9月13	戌丙	8月14	辰丙
廿二	2月8	寅甲	1月10	酉乙	12月11	卯乙	11月12	戌丙	10月13	辰丙	9月14	亥丁	8月15	巳丁
廿三	2月9	卯乙	1月11	戌丙	12月12	辰丙	11月13	亥丁	10月14	巳丁	9月15	子戊	8月16	午戊
廿四	2月10	辰丙	1月12	亥丁	12月13	巳丁	11月14	子戊	10月15	午戊	9月16	丑己	8月17	未己
廿五	2月11	巳丁	1月13	子戊	12月14	午戊	11月15	丑己	10月16	未己	9月17	寅庚	8月18	申庚
廿六	2月12	午戊	1月14	丑己	12月15	未己	11月16	寅庚	10月17	申庚	9月18	卯辛	8月19	酉辛
廿七	2月13	未己	1月15	寅庚	12月16	申庚	11月17	卯辛	10月18	酉辛	9月19	辰壬	8月20	戌壬
廿八	2月14	申庚	1月16	卯辛	12月17	酉辛	11月18	辰壬	10月19	戌壬	9月20	巳癸	8月21	亥癸
廿九	2月15	酉辛	1月17	辰壬	12月18	戌壬	11月19	巳癸	10月20	亥癸	9月21	午甲	8月22	子甲
三十	2月16	戌壬			12月19	亥癸			10月21	子甲			8月23	丑乙

中華民國五十八年　歲次　己酉《雞》

西元一九六九年　太歲　姓程名寅

農曆六月		農曆五月		農曆四月		農曆三月		農曆二月		農曆正月		月別
辛未		庚午		己巳		戊辰		丁卯		丙寅		干支
立秋	大暑	小暑	夏至	芒種	小滿	立夏	穀雨	清明	春分	驚蟄	雨水	節氣
1時14分 廿六丑時	8時48分 初十辰時	15時32分 廿三申時	21時55分 初七亥時	5時12分 廿二卯時	13時50分 初六未時	0時50分 二十子時	14時27分 初四未時	7時12分 十九辰時	3時8分 初四寅時	2時11分 十八丑時	3時55分 初三寅時	
國曆	干支	國曆	干支	國曆	干支	國曆	干支	國曆	干支	國曆	干支	農曆
7月14	庚寅	6月15	辛酉	5月16	辛卯	4月17	壬戌	3月18	壬辰	2月17	癸亥	初一
7月15	辛卯	6月16	壬戌	5月17	壬辰	4月18	癸亥	3月19	癸巳	2月18	甲子	初二
7月16	壬辰	6月17	癸亥	5月18	癸巳	4月19	甲子	3月20	甲午	2月19	乙丑	初三
7月17	癸巳	6月18	甲子	5月19	甲午	4月20	乙丑	3月21	乙未	2月20	丙寅	初四
7月18	甲午	6月19	乙丑	5月20	乙未	4月21	丙寅	3月22	丙申	2月21	丁卯	初五
7月19	乙未	6月20	丙寅	5月21	丙申	4月22	丁卯	3月23	丁酉	2月22	戊辰	初六
7月20	丙申	6月21	丁卯	5月22	丁酉	4月23	戊辰	3月24	戊戌	2月23	己巳	初七
7月21	丁酉	6月22	戊辰	5月23	戊戌	4月24	己巳	3月25	己亥	2月24	庚午	初八
7月22	戊戌	6月23	己巳	5月24	己亥	4月25	庚午	3月26	庚子	2月25	辛未	初九
7月23	己亥	6月24	庚午	5月25	庚子	4月26	辛未	3月27	辛丑	2月26	壬申	初十
7月24	庚子	6月25	辛未	5月26	辛丑	4月27	壬申	3月28	壬寅	2月27	癸酉	一十
7月25	辛丑	6月26	壬申	5月27	壬寅	4月28	癸酉	3月29	癸卯	2月28	甲戌	二十
7月26	壬寅	6月27	癸酉	5月28	癸卯	4月29	甲戌	3月30	甲辰	3月1	乙亥	三十
7月27	癸卯	6月28	甲戌	5月29	甲辰	4月30	乙亥	3月31	乙巳	3月2	丙子	四十
7月28	甲辰	6月29	乙亥	5月30	乙巳	5月1	丙子	4月1	丙午	3月3	丁丑	五十
7月29	乙巳	6月30	丙子	5月31	丙午	5月2	丁丑	4月2	丁未	3月4	戊寅	六十
7月30	丙午	7月1	丁丑	6月1	丁未	5月3	戊寅	4月3	戊申	3月5	己卯	七十
7月31	丁未	7月2	戊寅	6月2	戊申	5月4	己卯	4月4	己酉	3月6	庚辰	八十
8月1	戊申	7月3	己卯	6月3	己酉	5月5	庚辰	4月5	庚戌	3月7	辛巳	九十
8月2	己酉	7月4	庚辰	6月4	庚戌	5月6	辛巳	4月6	辛亥	3月8	壬午	十二
8月3	庚戌	7月5	辛巳	6月5	辛亥	5月7	壬午	4月7	壬子	3月9	癸未	一廿
8月4	辛亥	7月6	壬午	6月6	壬子	5月8	癸未	4月8	癸丑	3月10	甲申	二廿
8月5	壬子	7月7	癸未	6月7	癸丑	5月9	甲申	4月9	甲寅	3月11	乙酉	三廿
8月6	癸丑	7月8	甲申	6月8	甲寅	5月10	乙酉	4月10	乙卯	3月12	丙戌	四廿
8月7	甲寅	7月9	乙酉	6月9	乙卯	5月11	丙戌	4月11	丙辰	3月13	丁亥	五廿
8月8	乙卯	7月10	丙戌	6月10	丙辰	5月12	丁亥	4月12	丁巳	3月14	戊子	六廿
8月9	丙辰	7月11	丁亥	6月11	丁巳	5月13	戊子	4月13	戊午	3月15	己丑	七廿
8月10	丁巳	7月12	戊子	6月12	戊午	5月14	己丑	4月14	己未	3月16	庚寅	八廿
8月11	戊午	7月13	己丑	6月13	己未	5月15	庚寅	4月15	庚申	3月17	辛卯	九廿
8月12	己未			6月14	庚申			4月16	辛酉			十三

西元1969年

月別	農曆十二月		農曆十一月		農曆十月		農曆九月		農曆八月		農曆七月	
干支	丁丑		丙子		乙亥		甲戌		癸酉		壬申	
節	立春	大寒	小寒	冬至	大雪	小雪	立冬	霜降	寒露	秋分	白露	處暑
氣	13時46分 廿八未時	19時23分 十三戌時	1時59分 廿九丑時	8時44分 十四辰時	14時51分 廿八未時	19時31分 十三戌時	22時12分 廿八亥時	22時11分 十三亥時	19時17分 廿七戌時	13時7分 十二未時	3時3分 廿七寅時	15時43分 十一申時
農曆	國曆	支干	國曆	支干	國曆	支干	國曆	支干	國曆	支干	國曆	支干
初一	1月8	子戊	12月9	午戊	11月10	丑己	10月11	未己	9月12	寅庚	8月13	申庚
初二	1月9	丑己	12月10	未己	11月11	寅庚	10月12	申庚	9月13	卯辛	8月14	酉辛
初三	1月10	寅庚	12月11	申庚	11月12	卯辛	10月13	酉辛	9月14	辰壬	8月15	戌壬
初四	1月11	卯辛	12月12	酉辛	11月13	辰壬	10月14	戌壬	9月15	巳癸	8月16	亥癸
初五	1月12	辰壬	12月13	戌壬	11月14	巳癸	10月15	亥癸	9月16	午甲	8月17	子甲
初六	1月13	巳癸	12月14	亥癸	11月15	午甲	10月16	子甲	9月17	未乙	8月18	丑乙
初七	1月14	午甲	12月15	子甲	11月16	未乙	10月17	丑乙	9月18	申丙	8月19	寅丙
初八	1月15	未乙	12月16	丑乙	11月17	申丙	10月18	寅丙	9月19	酉丁	8月20	卯丁
初九	1月16	申丙	12月17	寅丙	11月18	酉丁	10月19	卯丁	9月20	戌戊	8月21	辰戊
初十	1月17	酉丁	12月18	卯丁	11月19	戌戊	10月20	辰戊	9月21	亥己	8月22	巳己
十一	1月18	戌戊	12月19	辰戊	11月20	亥己	10月21	巳己	9月22	子庚	8月23	午庚
十二	1月19	亥己	12月20	巳己	11月21	子庚	10月22	午庚	9月23	丑辛	8月24	未辛
十三	1月20	子庚	12月21	午庚	11月22	丑辛	10月23	未辛	9月24	寅壬	8月25	申壬
十四	1月21	丑辛	12月22	未辛	11月23	寅壬	10月24	申壬	9月25	卯癸	8月26	酉癸
十五	1月22	寅壬	12月23	申壬	11月24	卯癸	10月25	酉癸	9月26	辰甲	8月27	戌甲
十六	1月23	卯癸	12月24	酉癸	11月25	辰甲	10月26	戌甲	9月27	巳乙	8月28	亥乙
十七	1月24	辰甲	12月25	戌甲	11月26	巳乙	10月27	亥乙	9月28	午丙	8月29	子丙
十八	1月25	巳乙	12月26	亥乙	11月27	午丙	10月28	子丙	9月29	未丁	8月30	丑丁
十九	1月26	午丙	12月27	子丙	11月28	未丁	10月29	丑丁	9月30	申戊	8月31	寅戊
二十	1月27	未丁	12月28	丑丁	11月29	申戊	10月30	寅戊	10月1	酉己	9月1	卯己
廿一	1月28	申戊	12月29	寅戊	11月30	酉己	10月31	卯己	10月2	戌庚	9月2	辰庚
廿二	1月29	酉己	12月30	卯己	12月1	戌庚	11月1	辰庚	10月3	亥辛	9月3	巳辛
廿三	1月30	戌庚	12月31	辰庚	12月2	亥辛	11月2	巳辛	10月4	子壬	9月4	午壬
廿四	1月31	亥辛	1月1	巳辛	12月3	子壬	11月3	午壬	10月5	丑癸	9月5	未癸
廿五	2月1	子壬	1月2	午壬	12月4	丑癸	11月4	未癸	10月6	寅甲	9月6	申甲
廿六	2月2	丑癸	1月3	未癸	12月5	寅甲	11月5	申甲	10月7	卯乙	9月7	酉乙
廿七	2月3	寅甲	1月4	申甲	12月6	卯乙	11月6	酉乙	10月8	辰丙	9月8	戌丙
廿八	2月4	卯乙	1月5	酉乙	12月7	辰丙	11月7	戌丙	10月9	巳丁	9月9	亥丁
廿九	2月5	辰丙	1月6	戌丙	12月8	巳丁	11月8	亥丁	10月10	午戊	9月10	子戊
三十			1月7	亥丁			11月9	子戊			9月11	丑己

中華民國五十九年 歲次 庚戌《狗》

西元一九七〇年 太歲 姓化名秋

月別	農曆正月		農曆二月		農曆三月		農曆四月		農曆五月		農曆六月	
干支	戊寅		己卯		庚辰		辛巳		壬午		癸未	
節	雨水	驚蟄	春分	清明	穀雨		立夏	小滿	芒種	夏至	小暑	大暑
氣	十四巳時 9時41分	廿九辰時 7時51分	十四辰時 8時54分	廿九午時 12時54分	十五戌時 20時14分		初二卯時 6時28分	十七戌時 19時39分	初三巳時 10時51分	十九寅時 3時43分	初五亥時 21時14分	廿一未時 14時38分
農曆	干支	國曆	干支	國曆	干支	國曆	干支	國曆	干支	國曆	干支	國曆
初一	丁巳	2月6	丁亥	3月8	丙辰	4月6	乙酉	5月5	乙卯	6月4	甲申	7月3
初二	戊午	2月7	戊子	3月9	丁巳	4月7	丙戌	5月6	丙辰	6月5	乙酉	7月4
初三	己未	2月8	己丑	3月10	戊午	4月8	丁亥	5月7	丁巳	6月6	丙戌	7月5
初四	庚申	2月9	庚寅	3月11	己未	4月9	戊子	5月8	戊午	6月7	丁亥	7月6
初五	辛酉	2月10	辛卯	3月12	庚申	4月10	己丑	5月9	己未	6月8	戊子	7月7
初六	壬戌	2月11	壬辰	3月13	辛酉	4月11	庚寅	5月10	庚申	6月9	己丑	7月8
初七	癸亥	2月12	癸巳	3月14	壬戌	4月12	辛卯	5月11	辛酉	6月10	庚寅	7月9
初八	甲子	2月13	甲午	3月15	癸亥	4月13	壬辰	5月12	壬戌	6月11	辛卯	7月10
初九	乙丑	2月14	乙未	3月16	甲子	4月14	癸巳	5月13	癸亥	6月12	壬辰	7月11
初十	丙寅	2月15	丙申	3月17	乙丑	4月15	甲午	5月14	甲子	6月13	癸巳	7月12
十一	丁卯	2月16	丁酉	3月18	丙寅	4月16	乙未	5月15	乙丑	6月14	甲午	7月13
十二	戊辰	2月17	戊戌	3月19	丁卯	4月17	丙申	5月16	丙寅	6月15	乙未	7月14
十三	己巳	2月18	己亥	3月20	戊辰	4月18	丁酉	5月17	丁卯	6月16	丙申	7月15
十四	庚午	2月19	庚子	3月21	己巳	4月19	戊戌	5月18	戊辰	6月17	丁酉	7月16
十五	辛未	2月20	辛丑	3月22	庚午	4月20	己亥	5月19	己巳	6月18	戊戌	7月17
十六	壬申	2月21	壬寅	3月23	辛未	4月21	庚子	5月20	庚午	6月19	己亥	7月18
十七	癸酉	2月22	癸卯	3月24	壬申	4月22	辛丑	5月21	辛未	6月20	庚子	7月19
十八	甲戌	2月23	甲辰	3月25	癸酉	4月23	壬寅	5月22	壬申	6月21	辛丑	7月20
十九	乙亥	2月24	乙巳	3月26	甲戌	4月24	癸卯	5月23	癸酉	6月22	壬寅	7月21
二十	丙子	2月25	丙午	3月27	乙亥	4月25	甲辰	5月24	甲戌	6月23	癸卯	7月22
廿一	丁丑	2月26	丁未	3月28	丙子	4月26	乙巳	5月25	乙亥	6月24	甲辰	7月23
廿二	戊寅	2月27	戊申	3月29	丁丑	4月27	丙午	5月26	丙子	6月25	乙巳	7月24
廿三	己卯	2月28	己酉	3月30	戊寅	4月28	丁未	5月27	丁丑	6月26	丙午	7月25
廿四	庚辰	3月1	庚戌	3月31	己卯	4月29	戊申	5月28	戊寅	6月27	丁未	7月26
廿五	辛巳	3月2	辛亥	4月1	庚辰	4月30	己酉	5月29	己卯	6月28	戊申	7月27
廿六	壬午	3月3	壬子	4月2	辛巳	5月1	庚戌	5月30	庚辰	6月29	己酉	7月28
廿七	癸未	3月4	癸丑	4月3	壬午	5月2	辛亥	5月31	辛巳	6月30	庚戌	7月29
廿八	甲申	3月5	甲寅	4月4	癸未	5月3	壬子	6月1	壬午	7月1	辛亥	7月30
廿九	乙酉	3月6	乙卯	4月5	甲申	5月4	癸丑	6月2	癸未	7月2	壬子	7月31
三十	丙戌	3月7					甲寅	6月3			癸丑	8月1

西元1970年

月別	農曆十二月		農曆十一月		農曆十月		農曆九月		農曆八月		農曆七月	
干支	己丑		戊子		丁亥		丙戌		乙酉		甲申	
節	大寒	小寒	冬至	大雪	小雪	立冬	霜降	寒露	秋分	白露	處暑	立秋
氣	廿五 1時14分 丑	初十 7時45分 辰	廿四 14時36分 未	初九 20時41分 戌	廿五 1時23分 丑	初十 4時1分 寅	廿五 4時2分 寅	初十 1時6分 丑	廿三 18時56分 酉	初八 9時44分 巳	廿二 21時33分 亥	初七 6時58分 卯
農曆	國曆	支干	國曆	支干	國曆	支干	國曆	支干	國曆	支干	國曆	支干
初一	12月28	壬午	11月29	癸丑	10月30	癸未	9月30	癸丑	9月1	甲申	8月2	甲寅
初二	12月29	癸未	11月30	甲寅	10月31	甲申	10月1	甲寅	9月2	乙酉	8月3	乙卯
初三	12月30	甲申	12月1	乙卯	11月1	乙酉	10月2	乙卯	9月3	丙戌	8月4	丙辰
初四	12月31	乙酉	12月2	丙辰	11月2	丙戌	10月3	丙辰	9月4	丁亥	8月5	丁巳
初五	1月1	丙戌	12月3	丁巳	11月3	丁亥	10月4	丁巳	9月5	戊子	8月6	戊午
初六	1月2	丁亥	12月4	戊午	11月4	戊子	10月5	戊午	9月6	己丑	8月7	己未
初七	1月3	戊子	12月5	己未	11月5	己丑	10月6	己未	9月7	庚寅	8月8	庚申
初八	1月4	己丑	12月6	庚申	11月6	庚寅	10月7	庚申	9月8	辛卯	8月9	辛酉
初九	1月5	庚寅	12月7	辛酉	11月7	辛卯	10月8	辛酉	9月9	壬辰	8月10	壬戌
初十	1月6	辛卯	12月8	壬戌	11月8	壬辰	10月9	壬戌	9月10	癸巳	8月11	癸亥
十一	1月7	壬辰	12月9	癸亥	11月9	癸巳	10月10	癸亥	9月11	甲午	8月12	甲子
十二	1月8	癸巳	12月10	甲子	11月10	甲午	10月11	甲子	9月12	乙未	8月13	乙丑
十三	1月9	甲午	12月11	乙丑	11月11	乙未	10月12	乙丑	9月13	丙申	8月14	丙寅
十四	1月10	乙未	12月12	丙寅	11月12	丙申	10月13	丙寅	9月14	丁酉	8月15	丁卯
十五	1月11	丙申	12月13	丁卯	11月13	丁酉	10月14	丁卯	9月15	戊戌	8月16	戊辰
十六	1月12	丁酉	12月14	戊辰	11月14	戊戌	10月15	戊辰	9月16	己亥	8月17	己巳
十七	1月13	戊戌	12月15	己巳	11月15	己亥	10月16	己巳	9月17	庚子	8月18	庚午
十八	1月14	己亥	12月16	庚午	11月16	庚子	10月17	庚午	9月18	辛丑	8月19	辛未
十九	1月15	庚子	12月17	辛未	11月17	辛丑	10月18	辛未	9月19	壬寅	8月20	壬申
二十	1月16	辛丑	12月18	壬申	11月18	壬寅	10月19	壬申	9月20	癸卯	8月21	癸酉
廿一	1月17	壬寅	12月19	癸酉	11月19	癸卯	10月20	癸酉	9月21	甲辰	8月22	甲戌
廿二	1月18	癸卯	12月20	甲戌	11月20	甲辰	10月21	甲戌	9月22	乙巳	8月23	乙亥
廿三	1月19	甲辰	12月21	乙亥	11月21	乙巳	10月22	乙亥	9月23	丙午	8月24	丙子
廿四	1月20	乙巳	12月22	丙子	11月22	丙午	10月23	丙子	9月24	丁未	8月25	丁丑
廿五	1月21	丙午	12月23	丁丑	11月23	丁未	10月24	丁丑	9月25	戊申	8月26	戊寅
廿六	1月22	丁未	12月24	戊寅	11月24	戊申	10月25	戊寅	9月26	己酉	8月27	己卯
廿七	1月23	戊申	12月25	己卯	11月25	己酉	10月26	己卯	9月27	庚戌	8月28	庚辰
廿八	1月24	己酉	12月26	庚辰	11月26	庚戌	10月27	庚辰	9月28	辛亥	8月29	辛巳
廿九	1月25	庚戌	12月27	辛巳	11月27	辛亥	10月28	辛巳	9月29	壬子	8月30	壬午
三十	1月26	辛亥			11月28	壬子	10月29	壬午			8月31	癸未

中華民國六十年 歲次辛亥《豬》

西元一九七一年 太歲姓葉名堅

月別	農曆正月		農曆二月		農曆三月		農曆四月		農曆五月		農曆閏五月		農曆六月	
干支	庚寅		辛卯		壬辰		癸巳		甲午				乙未	
節	立春	雨水	驚蟄	春分	清明	穀雨	立夏	小滿	芒種	夏至	小暑		大暑	立秋
氣	初九戌時 19時26分	廿四申時 15時27分	初十未時 13時35分	廿五未時 14時38分	初十酉時 18時36分	廿六丑時 1時54分	十二午時 12時8分	廿八丑時 1時15分	十四申時 16時29分	三十巳時 9時20分	十六丑時 2時51分		初二戌時 20時15分	十八午時 12時40分
農曆	干支	國曆	干支	國曆	干支	國曆	干支	國曆	干支	國曆	干支	國曆	干支	國曆
初一	壬子	1月27	辛巳	2月25	辛亥	3月27	庚辰	4月25	己酉	5月24	己卯	6月23	戊申	7月22
初二	癸丑	1月28	壬午	2月26	壬子	3月28	辛巳	4月26	庚戌	5月25	庚辰	6月24	己酉	7月23
初三	甲寅	1月29	癸未	2月27	癸丑	3月29	壬午	4月27	辛亥	5月26	辛巳	6月25	庚戌	7月24
初四	乙卯	1月30	甲申	2月28	甲寅	3月30	癸未	4月28	壬子	5月27	壬午	6月26	辛亥	7月25
初五	丙辰	1月31	乙酉	3月1	乙卯	3月31	甲申	4月29	癸丑	5月28	癸未	6月27	壬子	7月26
初六	丁巳	2月1	丙戌	3月2	丙辰	4月1	乙酉	4月30	甲寅	5月29	甲申	6月28	癸丑	7月27
初七	戊午	2月2	丁亥	3月3	丁巳	4月2	丙戌	5月1	乙卯	5月30	乙酉	6月29	甲寅	7月28
初八	己未	2月3	戊子	3月4	戊午	4月3	丁亥	5月2	丙辰	5月31	丙戌	6月30	乙卯	7月29
初九	庚申	2月4	己丑	3月5	己未	4月4	戊子	5月3	丁巳	6月1	丁亥	7月1	丙辰	7月30
初十	辛酉	2月5	庚寅	3月6	庚申	4月5	己丑	5月4	戊午	6月2	戊子	7月2	丁巳	7月31
十一	壬戌	2月6	辛卯	3月7	辛酉	4月6	庚寅	5月5	己未	6月3	己丑	7月3	戊午	8月1
十二	癸亥	2月7	壬辰	3月8	壬戌	4月7	辛卯	5月6	庚申	6月4	庚寅	7月4	己未	8月2
十三	甲子	2月8	癸巳	3月9	癸亥	4月8	壬辰	5月7	辛酉	6月5	辛卯	7月5	庚申	8月3
十四	乙丑	2月9	甲午	3月10	甲子	4月9	癸巳	5月8	壬戌	6月6	壬辰	7月6	辛酉	8月4
十五	丙寅	2月10	乙未	3月11	乙丑	4月10	甲午	5月9	癸亥	6月7	癸巳	7月7	壬戌	8月5
十六	丁卯	2月11	丙申	3月12	丙寅	4月11	乙未	5月10	甲子	6月8	甲午	7月8	癸亥	8月6
十七	戊辰	2月12	丁酉	3月13	丁卯	4月12	丙申	5月11	乙丑	6月9	乙未	7月9	甲子	8月7
十八	己巳	2月13	戊戌	3月14	戊辰	4月13	丁酉	5月12	丙寅	6月10	丙申	7月10	乙丑	8月8
十九	庚午	2月14	己亥	3月15	己巳	4月14	戊戌	5月13	丁卯	6月11	丁酉	7月11	丙寅	8月9
二十	辛未	2月15	庚子	3月16	庚午	4月15	己亥	5月14	戊辰	6月12	戊戌	7月12	丁卯	8月10
廿一	壬申	2月16	辛丑	3月17	辛未	4月16	庚子	5月15	己巳	6月13	己亥	7月13	戊辰	8月11
廿二	癸酉	2月17	壬寅	3月18	壬申	4月17	辛丑	5月16	庚午	6月14	庚子	7月14	己巳	8月12
廿三	甲戌	2月18	癸卯	3月19	癸酉	4月18	壬寅	5月17	辛未	6月15	辛丑	7月15	庚午	8月13
廿四	乙亥	2月19	甲辰	3月20	甲戌	4月19	癸卯	5月18	壬申	6月16	壬寅	7月16	辛未	8月14
廿五	丙子	2月20	乙巳	3月21	乙亥	4月20	甲辰	5月19	癸酉	6月17	癸卯	7月17	壬申	8月15
廿六	丁丑	2月21	丙午	3月22	丙子	4月21	乙巳	5月20	甲戌	6月18	甲辰	7月18	癸酉	8月16
廿七	戊寅	2月22	丁未	3月23	丁丑	4月22	丙午	5月21	乙亥	6月19	乙巳	7月19	甲戌	8月17
廿八	己卯	2月23	戊申	3月24	戊寅	4月23	丁未	5月22	丙子	6月20	丙午	7月20	乙亥	8月18
廿九	庚辰	2月24	己酉	3月25	己卯	4月24	戊申	5月23	丁丑	6月21	丁未	7月21	丙子	8月19
三十			庚戌	3月26					戊寅	6月22			丁丑	8月20

西元1971年

月別	農曆十二月		農曆十一月		農曆十月		農曆九月		農曆八月		農曆七月	
干支	辛丑		庚子		己亥		戊戌		丁酉		丙申	
節	立春	大寒	小寒	冬至	大雪	小雪	立冬	霜降	寒露	秋分	白露	處暑
氣	廿一 1時20分 丑時	初六 7時0分 辰時	二十 13時43分 未時	初五 20時24分 戌時	廿一 2時36分 丑時	初六 7時14分 辰時	廿一 9時57分 巳時	初六 9時57分 巳時	廿一 6時59分 卯時	初六 11時45分 夜子	十九 16時33分 申時	初四 3時15分 寅時
農曆	國曆	干支	國曆	干支	國曆	干支	國曆	干支	國曆	干支	國曆	干支
初一	1月16	丙午	12月18	丁丑	11月18	丁未	10月19	丁丑	9月19	丁未	8月21	戊寅
初二	1月17	丁未	12月19	戊寅	11月19	戊申	10月20	戊寅	9月20	戊申	8月22	己卯
初三	1月18	戊申	12月20	己卯	11月20	己酉	10月21	己卯	9月21	己酉	8月23	庚辰
初四	1月19	己酉	12月21	庚辰	11月21	庚戌	10月22	庚辰	9月22	庚戌	8月24	辛巳
初五	1月20	庚戌	12月22	辛巳	11月22	辛亥	10月23	辛巳	9月23	辛亥	8月25	壬午
初六	1月21	辛亥	12月23	壬午	11月23	壬子	10月24	壬午	9月24	壬子	8月26	癸未
初七	1月22	壬子	12月24	癸未	11月24	癸丑	10月25	癸未	9月25	癸丑	8月27	甲申
初八	1月23	癸丑	12月25	甲申	11月25	甲寅	10月26	甲申	9月26	甲寅	8月28	乙酉
初九	1月24	甲寅	12月26	乙酉	11月26	乙卯	10月27	乙酉	9月27	乙卯	8月29	丙戌
初十	1月25	乙卯	12月27	丙戌	11月27	丙辰	10月28	丙戌	9月28	丙辰	8月30	丁亥
十一	1月26	丙辰	12月28	丁亥	11月28	丁巳	10月29	丁亥	9月29	丁巳	8月31	戊子
十二	1月27	丁巳	12月29	戊子	11月29	戊午	10月30	戊子	9月30	戊午	9月1	己丑
十三	1月28	戊午	12月30	己丑	11月30	己未	10月31	己丑	10月1	己未	9月2	庚寅
十四	1月29	己未	12月31	庚寅	12月1	庚申	11月1	庚寅	10月2	庚申	9月3	辛卯
十五	1月30	庚申	1月1	辛卯	12月2	辛酉	11月2	辛卯	10月3	辛酉	9月4	壬辰
十六	1月31	辛酉	1月2	壬辰	12月3	壬戌	11月3	壬辰	10月4	壬戌	9月5	癸巳
十七	2月1	壬戌	1月3	癸巳	12月4	癸亥	11月4	癸巳	10月5	癸亥	9月6	甲午
十八	2月2	癸亥	1月4	甲午	12月5	甲子	11月5	甲午	10月6	甲子	9月7	乙未
十九	2月3	甲子	1月5	乙未	12月6	乙丑	11月6	乙未	10月7	乙丑	9月8	丙申
二十	2月4	乙丑	1月6	丙申	12月7	丙寅	11月7	丙申	10月8	丙寅	9月9	丁酉
廿一	2月5	丙寅	1月7	丁酉	12月8	丁卯	11月8	丁酉	10月9	丁卯	9月10	戊戌
廿二	2月6	丁卯	1月8	戊戌	12月9	戊辰	11月9	戊戌	10月10	戊辰	9月11	己亥
廿三	2月7	戊辰	1月9	己亥	12月10	己巳	11月10	己亥	10月11	己巳	9月12	庚子
廿四	2月8	己巳	1月10	庚子	12月11	庚午	11月11	庚子	10月12	庚午	9月13	辛丑
廿五	2月9	庚午	1月11	辛丑	12月12	辛未	11月12	辛丑	10月13	辛未	9月14	壬寅
廿六	2月10	辛未	1月12	壬寅	12月13	壬申	11月13	壬寅	10月14	壬申	9月15	癸卯
廿七	2月11	壬申	1月13	癸卯	12月14	癸酉	11月14	癸卯	10月15	癸酉	9月16	甲辰
廿八	2月12	癸酉	1月14	甲辰	12月15	甲戌	11月15	甲辰	10月16	甲戌	9月17	乙巳
廿九	2月13	甲戌	1月15	乙巳	12月16	乙亥	11月16	乙巳	10月17	乙亥	9月18	丙午
三十	2月14	乙亥			12月17	丙子	11月17	丙午	10月18	丙子		

中華民國六十一年 歲次 壬子《鼠》

西元一九七二年 太歲 姓邱名德

月別	農曆正月		農曆二月		農曆三月		農曆四月		農曆五月		農曆六月	
干支	壬寅		癸卯		甲辰		乙巳		丙午		丁未	
節	雨水	驚蟄	春分	清明	穀雨	立夏	小滿	芒種	夏至	小暑	大暑	立秋
氣	初五亥時 21時12分	二十戌時 19時28分	初六戌時 20時22分	廿二夜子 11時29分	初七辰時 7時38分	廿二酉時 18時16分	初九辰時 7時0分	廿四亥時 22時22分	十一申時 15時6分	廿七辰時 8時43分	十三丑時 2時3分	廿八酉時 18時29分
農曆	干支	國曆	干支	國曆	干支	國曆	干支	國曆	干支	國曆	干支	國曆
初一	丙子	2月15	乙巳	3月15	乙亥	4月14	甲辰	5月13	癸酉	6月11	癸卯	7月11
初二	丁丑	2月16	丙午	3月16	丙子	4月15	乙巳	5月14	甲戌	6月12	甲辰	7月12
初三	戊寅	2月17	丁未	3月17	丁丑	4月16	丙午	5月15	乙亥	6月13	乙巳	7月13
初四	己卯	2月18	戊申	3月18	戊寅	4月17	丁未	5月16	丙子	6月14	丙午	7月14
初五	庚辰	2月19	己酉	3月19	己卯	4月18	戊申	5月17	丁丑	6月15	丁未	7月15
初六	辛巳	2月20	庚戌	3月20	庚辰	4月19	己酉	5月18	戊寅	6月16	戊申	7月16
初七	壬午	2月21	辛亥	3月21	辛巳	4月20	庚戌	5月19	己卯	6月17	己酉	7月17
初八	癸未	2月22	壬子	3月22	壬午	4月21	辛亥	5月20	庚辰	6月18	庚戌	7月18
初九	甲申	2月23	癸丑	3月23	癸未	4月22	壬子	5月21	辛巳	6月19	辛亥	7月19
初十	乙酉	2月24	甲寅	3月24	甲申	4月23	癸丑	5月22	壬午	6月20	壬子	7月20
十一	丙戌	2月25	乙卯	3月25	乙酉	4月24	甲寅	5月23	癸未	6月21	癸丑	7月21
十二	丁亥	2月26	丙辰	3月26	丙戌	4月25	乙卯	5月24	甲申	6月22	甲寅	7月22
十三	戊子	2月27	丁巳	3月27	丁亥	4月26	丙辰	5月25	乙酉	6月23	乙卯	7月23
十四	己丑	2月28	戊午	3月28	戊子	4月27	丁巳	5月26	丙戌	6月24	丙辰	7月24
十五	庚寅	2月29	己未	3月29	己丑	4月28	戊午	5月27	丁亥	6月25	丁巳	7月25
十六	辛卯	3月1	庚申	3月30	庚寅	4月29	己未	5月28	戊子	6月26	戊午	7月26
十七	壬辰	3月2	辛酉	3月31	辛卯	4月30	庚申	5月29	己丑	6月27	己未	7月27
十八	癸巳	3月3	壬戌	4月1	壬辰	5月1	辛酉	5月30	庚寅	6月28	庚申	7月28
十九	甲午	3月4	癸亥	4月2	癸巳	5月2	壬戌	5月31	辛卯	6月29	辛酉	7月29
二十	乙未	3月5	甲子	4月3	甲午	5月3	癸亥	6月1	壬辰	6月30	壬戌	7月30
廿一	丙申	3月6	乙丑	4月4	乙未	5月4	甲子	6月2	癸巳	7月1	癸亥	7月31
廿二	丁酉	3月7	丙寅	4月5	丙申	5月5	乙丑	6月3	甲午	7月2	甲子	8月1
廿三	戊戌	3月8	丁卯	4月6	丁酉	5月6	丙寅	6月4	乙未	7月3	乙丑	8月2
廿四	己亥	3月9	戊辰	4月7	戊戌	5月7	丁卯	6月5	丙申	7月4	丙寅	8月3
廿五	庚子	3月10	己巳	4月8	己亥	5月8	戊辰	6月6	丁酉	7月5	丁卯	8月4
廿六	辛丑	3月11	庚午	4月9	庚子	5月9	己巳	6月7	戊戌	7月6	戊辰	8月5
廿七	壬寅	3月12	辛未	4月10	辛丑	5月10	庚午	6月8	己亥	7月7	己巳	8月6
廿八	癸卯	3月13	壬申	4月11	壬寅	5月11	辛未	6月9	庚子	7月8	庚午	8月7
廿九	甲辰	3月14	癸酉	4月12	癸卯	5月12	壬申	6月10	辛丑	7月9	辛未	8月8
三十			甲戌	4月13					壬寅	7月10		

西元1972年

節氣：

月別	農曆十二月 癸丑	農曆十一月 壬子	農曆十月 辛亥	農曆九月 庚戌	農曆八月 己酉	農曆七月 戊申
節	大寒　小寒	冬至　大雪	小雪　立冬	霜降　寒露	秋分	白露　處暑
氣	大寒 12時48分 十七午時／小寒 19時26分 初二戌時	冬至 2時13分 十七丑時／大雪 8時19分 初二辰時	小雪 13時3分 十七未時／立冬 15時40分 初二申時	霜降 15時42分 十七申時／寒露 12時42分 初二午時	秋分 6時33分 十六卯時	白露 21時15分 三十亥時／處暑 9時3分 十五巳時

農曆	國曆	支干	國曆	支干	國曆	支干	國曆	支干	國曆	支干	國曆	支干
初一	1月4	庚子	12月6	辛未	11月6	辛丑	10月7	辛未	9月8	壬寅	8月9	壬申
初二	1月5	辛丑	12月7	壬申	11月7	壬寅	10月8	壬申	9月9	癸卯	8月10	癸酉
初三	1月6	壬寅	12月8	癸酉	11月8	癸卯	10月9	癸酉	9月10	甲辰	8月11	甲戌
初四	1月7	癸卯	12月9	甲戌	11月9	甲辰	10月10	甲戌	9月11	乙巳	8月12	乙亥
初五	1月8	甲辰	12月10	乙亥	11月10	乙巳	10月11	乙亥	9月12	午丙	8月13	子丙
初六	1月9	乙巳	12月11	子丙	11月11	午丙	10月12	子丙	9月13	未丁	8月14	丑丁
初七	1月10	午丙	12月12	丑丁	11月12	未丁	10月13	丑丁	9月14	申戊	8月15	寅戊
初八	1月11	未丁	12月13	寅戊	11月13	申戊	10月14	寅戊	9月15	酉己	8月16	卯己
初九	1月12	申戊	12月14	卯己	11月14	酉己	10月15	卯己	9月16	戌庚	8月17	辰庚
初十	1月13	酉己	12月15	辰庚	11月15	戌庚	10月16	辰庚	9月17	亥辛	8月18	巳辛
十一	1月14	戌庚	12月16	巳辛	11月16	亥辛	10月17	巳辛	9月18	子壬	8月19	午壬
十二	1月15	亥辛	12月17	午壬	11月17	子壬	10月18	午壬	9月19	丑癸	8月20	未癸
十三	1月16	子壬	12月18	未癸	11月18	丑癸	10月19	未癸	9月20	寅甲	8月21	申甲
十四	1月17	丑癸	12月19	申甲	11月19	寅甲	10月20	申甲	9月21	卯乙	8月22	酉乙
十五	1月18	寅甲	12月20	酉乙	11月20	卯乙	10月21	酉乙	9月22	辰丙	8月23	戌丙
十六	1月19	卯乙	12月21	戌丙	11月21	辰丙	10月22	戌丙	9月23	巳丁	8月24	亥丁
十七	1月20	辰丙	12月22	亥丁	11月22	巳丁	10月23	亥丁	9月24	午戊	8月25	子戊
十八	1月21	巳丁	12月23	子戊	11月23	午戊	10月24	子戊	9月25	未己	8月26	丑己
十九	1月22	午戊	12月24	丑己	11月24	未己	10月25	丑己	9月26	申庚	8月27	寅庚
二十	1月23	未己	12月25	寅庚	11月25	申庚	10月26	寅庚	9月27	酉辛	8月28	卯辛
廿一	1月24	申庚	12月26	卯辛	11月26	酉辛	10月27	卯辛	9月28	戌壬	8月29	辰壬
廿二	1月25	酉辛	12月27	辰壬	11月27	戌壬	10月28	辰壬	9月29	亥癸	8月30	巳癸
廿三	1月26	戌壬	12月28	巳癸	11月28	亥癸	10月29	巳癸	9月30	子甲	8月31	午甲
廿四	1月27	亥癸	12月29	午甲	11月29	子甲	10月30	午甲	10月1	丑乙	9月1	未乙
廿五	1月28	子甲	12月30	未乙	11月30	丑乙	10月31	未乙	10月2	寅丙	9月2	申丙
廿六	1月29	丑乙	12月31	申丙	12月1	寅丙	11月1	申丙	10月3	卯丁	9月3	酉丁
廿七	1月30	寅丙	1月1	酉丁	12月2	卯丁	11月2	酉丁	10月4	辰戊	9月4	戌戊
廿八	1月31	卯丁	1月2	戌戊	12月3	辰戊	11月3	戌戊	10月5	巳己	9月5	亥己
廿九	2月1	辰戊	1月3	亥己	12月4	巳己	11月4	亥己	10月6	午庚	9月6	子庚
三十	2月2	巳己			12月5	午庚	11月5	子庚			9月7	丑辛

中華民國六十二年 歲次 癸丑《牛》

西元一九七三年 太歲 姓林名簿

月別	農曆正月		農曆二月		農曆三月		農曆四月		農曆五月		農曆六月	
干支	甲寅		乙卯		丙辰		丁巳		戊午		己未	
節	立春	雨水	驚蟄	春分	清明	穀雨	立夏	小滿	芒種	夏至	小暑	大暑
氣	初二辰時 7時4分	十七寅時 3時1分	初二丑時 1時13分	十七丑時 2時13分	初三卯時 6時14分	十八未時 13時30分	初四夜子 23時47分	十九午時 12時54分	初六寅時 4時7分	廿一亥時 21時1分	初八未時 14時28分	廿四辰時 7時56分
農曆	干支	國曆	干支	國曆	干支	國曆	干支	國曆	干支	國曆	干支	國曆
初一	庚午	2月3	庚子	3月5	己巳	4月3	己亥	5月3	戊辰	6月1	丁酉	6月30
初二	辛未	2月4	辛丑	3月6	庚午	4月4	庚子	5月4	己巳	6月2	戊戌	7月1
初三	壬申	2月5	壬寅	3月7	辛未	4月5	辛丑	5月5	庚午	6月3	己亥	7月2
初四	癸酉	2月6	癸卯	3月8	壬申	4月6	壬寅	5月6	辛未	6月4	庚子	7月3
初五	甲戌	2月7	甲辰	3月9	癸酉	4月7	癸卯	5月7	壬申	6月5	辛丑	7月4
初六	乙亥	2月8	乙巳	3月10	甲戌	4月8	甲辰	5月8	癸酉	6月6	壬寅	7月5
初七	丙子	2月9	丙午	3月11	乙亥	4月9	乙巳	5月9	甲戌	6月7	癸卯	7月6
初八	丁丑	2月10	丁未	3月12	丙子	4月10	丙午	5月10	乙亥	6月8	甲辰	7月7
初九	戊寅	2月11	戊申	3月13	丁丑	4月11	丁未	5月11	丙子	6月9	乙巳	7月8
初十	己卯	2月12	己酉	3月14	戊寅	4月12	戊申	5月12	丁丑	6月10	丙午	7月9
十一	庚辰	2月13	庚戌	3月15	己卯	4月13	己酉	5月13	戊寅	6月11	丁未	7月10
十二	辛巳	2月14	辛亥	3月16	庚辰	4月14	庚戌	5月14	己卯	6月12	戊申	7月11
十三	壬午	2月15	壬子	3月17	辛巳	4月15	辛亥	5月15	庚辰	6月13	己酉	7月12
十四	癸未	2月16	癸丑	3月18	壬午	4月16	壬子	5月16	辛巳	6月14	庚戌	7月13
十五	甲申	2月17	甲寅	3月19	癸未	4月17	癸丑	5月17	壬午	6月15	辛亥	7月14
十六	乙酉	2月18	乙卯	3月20	甲申	4月18	甲寅	5月18	癸未	6月16	壬子	7月15
十七	丙戌	2月19	丙辰	3月21	乙酉	4月19	乙卯	5月19	甲申	6月17	癸丑	7月16
十八	丁亥	2月20	丁巳	3月22	丙戌	4月20	丙辰	5月20	乙酉	6月18	甲寅	7月17
十九	戊子	2月21	戊午	3月23	丁亥	4月21	丁巳	5月21	丙戌	6月19	乙卯	7月18
二十	己丑	2月22	己未	3月24	戊子	4月22	戊午	5月22	丁亥	6月20	丙辰	7月19
廿一	庚寅	2月23	庚申	3月25	己丑	4月23	己未	5月23	戊子	6月21	丁巳	7月20
廿二	辛卯	2月24	辛酉	3月26	庚寅	4月24	庚申	5月24	己丑	6月22	戊午	7月21
廿三	壬辰	2月25	壬戌	3月27	辛卯	4月25	辛酉	5月25	庚寅	6月23	己未	7月22
廿四	癸巳	2月26	癸亥	3月28	壬辰	4月26	壬戌	5月26	辛卯	6月24	庚申	7月23
廿五	甲午	2月27	甲子	3月29	癸巳	4月27	癸亥	5月27	壬辰	6月25	辛酉	7月24
廿六	乙未	2月28	乙丑	3月30	甲午	4月28	甲子	5月28	癸巳	6月26	壬戌	7月25
廿七	丙申	3月1	丙寅	3月31	乙未	4月29	乙丑	5月29	甲午	6月27	癸亥	7月26
廿八	丁酉	3月2	丁卯	4月1	丙申	4月30	丙寅	5月30	乙未	6月28	甲子	7月27
廿九	戊戌	3月3	戊辰	4月2	丁酉	5月1	丁卯	5月31	丙申	6月29	乙丑	7月28
三十	己亥	3月4			戊戌	5月2					丙寅	7月29

月別	農曆十二月		農曆十一月		農曆十月		農曆九月		農曆八月		農曆七月	
干支	乙丑		甲子		癸亥		壬戌		辛酉		庚申	
節	大寒	小寒	多至	大雪	小雪	立冬	霜降	寒露	秋分	白露	處暑	立秋
氣	18時46分 廿八 酉時	1時20分 十四 丑時	8時8分 廿八 辰時	14時11分 十三 未時	18時54分 廿八 酉時	21時28分 十三 亥時	21時30分 廿八 亥時	18時27分 十三 酉時	12時21分 廿七 午時	3時0分 十二 寅時	14時54分 廿五 未時	0時13分 初十 子時
農曆	國曆	干支	國曆	干支	國曆	干支	國曆	干支	國曆	干支	國曆	干支
初一	12月24	午甲	11月25	丑乙	10月26	未乙	9月26	丑乙	8月28	申丙	7月30	卯丁
初二	12月25	未乙	11月26	寅丙	10月27	申丙	9月27	寅丙	8月29	酉丁	7月31	辰戊
初三	12月26	申丙	11月27	卯丁	10月28	酉丁	9月28	卯丁	8月30	戌戊	8月 1	巳己
初四	12月27	酉丁	11月28	辰戊	10月29	戌戊	9月29	辰戊	8月31	亥己	8月 2	午庚
初五	12月28	戌戊	11月29	巳己	10月30	亥己	9月30	巳己	9月 1	子庚	8月 3	未辛
初六	12月29	亥己	11月30	午庚	10月31	子庚	10月 1	午庚	9月 2	丑辛	8月 4	申壬
初七	12月30	子庚	12月 1	未辛	11月 1	丑辛	10月 2	未辛	9月 3	寅壬	8月 5	酉癸
初八	12月31	丑辛	12月 2	申壬	11月 2	寅壬	10月 3	申壬	9月 4	卯癸	8月 6	戌甲
初九	1月 1	寅壬	12月 3	酉癸	11月 3	卯癸	10月 4	酉癸	9月 5	辰甲	8月 7	亥乙
初十	1月 2	卯癸	12月 4	戌甲	11月 4	辰甲	10月 5	戌甲	9月 6	巳乙	8月 8	子丙
十一	1月 3	辰甲	12月 5	亥乙	11月 5	巳乙	10月 6	亥乙	9月 7	午丙	8月 9	丑丁
十二	1月 4	巳乙	12月 6	子丙	11月 6	午丙	10月 7	子丙	9月 8	未丁	8月10	寅戊
十三	1月 5	午丙	12月 7	丑丁	11月 7	未丁	10月 8	丑丁	9月 9	申戊	8月11	卯己
十四	1月 6	未丁	12月 8	寅戊	11月 8	申戊	10月 9	寅戊	9月10	酉己	8月12	辰庚
十五	1月 7	申戊	12月 9	卯己	11月 9	酉己	10月10	卯己	9月11	戌庚	8月13	巳辛
十六	1月 8	酉己	12月10	辰庚	11月10	戌庚	10月11	辰庚	9月12	亥辛	8月14	午壬
十七	1月 9	戌庚	12月11	巳辛	11月11	亥辛	10月12	巳辛	9月13	子壬	8月15	未癸
十八	1月10	亥辛	12月12	午壬	11月12	子壬	10月13	午壬	9月14	丑癸	8月16	申甲
十九	1月11	子壬	12月13	未癸	11月13	丑癸	10月14	未癸	9月15	寅甲	8月17	酉乙
二十	1月12	丑癸	12月14	申甲	11月14	寅甲	10月15	申甲	9月16	卯乙	8月18	戌丙
廿一	1月13	寅甲	12月15	酉乙	11月15	卯乙	10月16	酉乙	9月17	辰丙	8月19	亥丁
廿二	1月14	卯乙	12月16	戌丙	11月16	辰丙	10月17	戌丙	9月18	巳丁	8月20	子戊
廿三	1月15	辰丙	12月17	亥丁	11月17	巳丁	10月18	亥丁	9月19	午戊	8月21	丑己
廿四	1月16	巳丁	12月18	子戊	11月18	午戊	10月19	子戊	9月20	未己	8月22	寅庚
廿五	1月17	午戊	12月19	丑己	11月19	未己	10月20	丑己	9月21	申庚	8月23	卯辛
廿六	1月18	未己	12月20	寅庚	11月20	申庚	10月21	寅庚	9月22	酉辛	8月24	辰壬
廿七	1月19	申庚	12月21	卯辛	11月21	酉辛	10月22	卯辛	9月23	戌壬	8月25	巳癸
廿八	1月20	酉辛	12月22	辰壬	11月22	戌壬	10月23	辰壬	9月24	亥癸	8月26	午甲
廿九	1月21	戌壬	12月23	巳癸	11月23	亥癸	10月24	巳癸	9月25	子甲	8月27	未乙
三十	1月22	亥癸			11月24	子甲	10月25	午甲				

中華民國六十三年 歲次 甲寅《虎》 西元一九七四年 太歲 姓張名朝

	農曆六月	農曆五月	農曆閏四月	農曆四月	農曆三月	農曆二月	農曆正月	月別
干支	辛 未	庚 午		己 巳	戊 辰	丁 卯	丙 寅	干支
節	立秋 大暑	小暑 夏至	芒種	小滿 立夏	穀雨 清明	春分 驚蟄	雨水 立春	節
氣	立秋 5時57分 廿一卯時／大暑 13時30分 初五未時	小暑 20時13分 十八未時／夏至 2時38分 初三丑時	芒種 9時52分 十六巳時	小滿 18時36分 三十酉時／立夏 5時34分 十五卯時	穀雨 19時19分 廿一戌時／清明 12時5分 十三午時	春分 8時7分 廿八辰時／驚蟄 7時7分 十三辰時	雨水 8時59分 廿八辰時／立春 13時0分 十三未時	氣

國曆	支干	國曆	支干	國曆	支干	國曆	支干	國曆	支干	國曆	支干	國曆	支干	農曆
7月19	酉辛	6月20	辰壬	5月22	亥癸	4月22	巳癸	3月24	子甲	2月22	午甲	1月23	子甲	初一
7月20	戌壬	6月21	巳癸	5月23	子甲	4月23	午甲	3月25	丑乙	2月23	未乙	1月24	丑乙	初二
7月21	亥癸	6月22	午甲	5月24	丑乙	4月24	未乙	3月26	寅丙	2月24	申丙	1月25	寅丙	初三
7月22	子甲	6月23	未乙	5月25	寅丙	4月25	申丙	3月27	卯丁	2月25	酉丁	1月26	卯丁	初四
7月23	丑乙	6月24	申丙	5月26	卯丁	4月26	酉丁	3月28	辰戊	2月26	戌戊	1月27	辰戊	初五
7月24	寅丙	6月25	酉丁	5月27	辰戊	4月27	戌戊	3月29	巳己	2月27	亥己	1月28	巳己	初六
7月25	卯丁	6月26	戌戊	5月28	巳己	4月28	亥己	3月30	午庚	2月28	子庚	1月29	午庚	初七
7月26	辰戊	6月27	亥己	5月29	午庚	4月29	子庚	3月31	未辛	3月 1	丑辛	1月30	未辛	初八
7月27	巳己	6月28	子庚	5月30	未辛	4月30	丑辛	4月 1	申壬	3月 2	寅壬	1月31	申壬	初九
7月28	午庚	6月29	丑辛	5月31	申壬	5月 1	寅壬	4月 2	酉癸	3月 3	卯癸	2月 1	酉癸	初十
7月29	未辛	6月30	寅壬	6月 1	酉癸	5月 2	卯癸	4月 3	戌甲	3月 4	辰甲	2月 2	戌甲	十一
7月30	申壬	7月 1	卯癸	6月 2	戌甲	5月 3	辰甲	4月 4	亥乙	3月 5	巳乙	2月 3	亥乙	十二
7月31	酉癸	7月 2	辰甲	6月 3	亥乙	5月 4	巳乙	4月 5	子丙	3月 6	午丙	2月 4	子丙	十三
8月 1	戌甲	7月 3	巳乙	6月 4	子丙	5月 5	午丙	4月 6	丑丁	3月 7	未丁	2月 5	丑丁	十四
8月 2	亥乙	7月 4	午丙	6月 5	丑丁	5月 6	未丁	4月 7	寅戊	3月 8	申戊	2月 6	寅戊	十五
8月 3	子丙	7月 5	未丁	6月 6	寅戊	5月 7	申戊	4月 8	卯己	3月 9	酉己	2月 7	卯己	十六
8月 4	丑丁	7月 6	申戊	6月 7	卯己	5月 8	酉己	4月 9	辰庚	3月10	戌庚	2月 8	辰庚	十七
8月 5	寅戊	7月 7	酉己	6月 8	辰庚	5月 9	戌庚	4月10	巳辛	3月11	亥辛	2月 9	巳辛	十八
8月 6	卯己	7月 8	戌庚	6月 9	巳辛	5月10	亥辛	4月11	午壬	3月12	子壬	2月10	午壬	十九
8月 7	辰庚	7月 9	亥辛	6月10	午壬	5月11	子壬	4月12	未癸	3月13	丑癸	2月11	未癸	二十
8月 8	巳辛	7月10	子壬	6月11	未癸	5月12	丑癸	4月13	申甲	3月14	寅甲	2月12	申甲	廿一
8月 9	午壬	7月11	丑癸	6月12	申甲	5月13	寅甲	4月14	酉乙	3月15	卯乙	2月13	酉乙	廿二
8月10	未癸	7月12	寅甲	6月13	酉乙	5月14	卯乙	4月15	戌丙	3月16	辰丙	2月14	戌丙	廿三
8月11	申甲	7月13	卯乙	6月14	戌丙	5月15	辰丙	4月16	亥丁	3月17	巳丁	2月15	亥丁	廿四
8月12	酉乙	7月14	辰丙	6月15	亥丁	5月16	巳丁	4月17	子戊	3月18	午戊	2月16	子戊	廿五
8月13	戌丙	7月15	巳丁	6月16	子戊	5月17	午戊	4月18	丑己	3月19	未己	2月17	丑己	廿六
8月14	亥丁	7月16	午戊	6月17	丑己	5月18	未己	4月19	寅庚	3月20	申庚	2月18	寅庚	廿七
8月15	子戊	7月17	未己	6月18	寅庚	5月19	申庚	4月20	卯辛	3月21	酉辛	2月19	卯辛	廿八
8月16	丑己	7月18	申庚	6月19	卯辛	5月20	酉辛	4月21	辰壬	3月22	戌壬	2月20	辰壬	廿九
8月17	寅庚					5月21	戌壬			3月23	亥癸	2月21	巳癸	三十

西元1974年

月別	農曆十二月		農曆十一月		農曆十月		農曆九月		農曆八月		農曆七月	
干支	丁丑		丙子		乙亥		甲戌		癸酉		壬申	
節	立春 大寒		小寒 冬至		大雪 小雪		立冬 霜降		寒露 秋分		白露 處暑	
氣	18時59分 廿四酉時 ／ 0時36分 初十子時		7時18分 廿四辰時 ／ 13時56分 初九未時		20時5分 廿四戌時 ／ 0時39分 初十子時		3時18分 廿五寅時 ／ 3時11分 初十寅時		0時15分 廿四子時 ／ 17時59分 初八酉時		8時45分 廿二辰時 ／ 20時29分 初六戌時	
農曆	國曆	干支	國曆	干支	國曆	干支	國曆	干支	國曆	干支	國曆	干支
初一	1月12	戊午	12月14	己丑	11月14	己未	10月15	己丑	9月16	庚申	8月18	辛卯
初二	1月13	己未	12月15	庚寅	11月15	庚申	10月16	庚寅	9月17	辛酉	8月19	壬辰
初三	1月14	庚申	12月16	辛卯	11月16	辛酉	10月17	辛卯	9月18	壬戌	8月20	癸巳
初四	1月15	辛酉	12月17	壬辰	11月17	壬戌	10月18	壬辰	9月19	癸亥	8月21	甲午
初五	1月16	壬戌	12月18	癸巳	11月18	癸亥	10月19	癸巳	9月20	甲子	8月22	乙未
初六	1月17	癸亥	12月19	甲午	11月19	甲子	10月20	甲午	9月21	乙丑	8月23	丙申
初七	1月18	甲子	12月20	乙未	11月20	乙丑	10月21	乙未	9月22	丙寅	8月24	丁酉
初八	1月19	乙丑	12月21	丙申	11月21	丙寅	10月22	丙申	9月23	丁卯	8月25	戊戌
初九	1月20	丙寅	12月22	丁酉	11月22	丁卯	10月23	丁酉	9月24	戊辰	8月26	己亥
初十	1月21	丁卯	12月23	戊戌	11月23	戊辰	10月24	戊戌	9月25	己巳	8月27	庚子
十一	1月22	戊辰	12月24	己亥	11月24	己巳	10月25	己亥	9月26	庚午	8月28	辛丑
十二	1月23	己巳	12月25	庚子	11月25	庚午	10月26	庚子	9月27	辛未	8月29	壬寅
十三	1月24	庚午	12月26	辛丑	11月26	辛未	10月27	辛丑	9月28	壬申	8月30	癸卯
十四	1月25	辛未	12月27	壬寅	11月27	壬申	10月28	壬寅	9月29	癸酉	8月31	甲辰
十五	1月26	壬申	12月28	癸卯	11月28	癸酉	10月29	癸卯	9月30	甲戌	9月1	乙巳
十六	1月27	癸酉	12月29	甲辰	11月29	甲戌	10月30	甲辰	10月1	乙亥	9月2	午甲
十七	1月28	甲戌	12月30	乙巳	11月30	乙亥	10月31	乙巳	10月2	丙子	9月3	未乙
十八	1月29	乙亥	12月31	丙午	12月1	丙子	11月1	丙午	10月3	丁丑	9月4	申丙
十九	1月30	丙子	1月1	丁未	12月2	丁丑	11月2	丁未	10月4	戊寅	9月5	酉丁
二十	1月31	丁丑	1月2	戊申	12月3	戊寅	11月3	戊申	10月5	己卯	9月6	戌戊
廿一	2月1	戊寅	1月3	己酉	12月4	己卯	11月4	己酉	10月6	庚辰	9月7	亥己
廿二	2月2	己卯	1月4	庚戌	12月5	庚辰	11月5	庚戌	10月7	辛巳	9月8	子庚
廿三	2月3	庚辰	1月5	辛亥	12月6	辛巳	11月6	辛亥	10月8	壬午	9月9	丑辛
廿四	2月4	辛巳	1月6	壬子	12月7	壬午	11月7	壬子	10月9	癸未	9月10	寅壬
廿五	2月5	壬午	1月7	癸丑	12月8	癸未	11月8	癸丑	10月10	甲申	9月11	卯癸
廿六	2月6	癸未	1月8	甲寅	12月9	甲申	11月9	甲寅	10月11	乙酉	9月12	辰甲
廿七	2月7	甲申	1月9	乙卯	12月10	乙酉	11月10	乙卯	10月12	丙戌	9月13	巳丁
廿八	2月8	乙酉	1月10	丙辰	12月11	丙戌	11月11	丙辰	10月13	丁亥	9月14	午戊
廿九	2月9	丙戌	1月11	丁巳	12月12	丁亥	11月12	丁巳	10月14	戊子	9月15	未己
三十	2月10	丁亥			12月13	戊子	11月13	戊午				

中華民國六十四年　歲次　乙卯　《兔》　西元一九七五年　太歲　姓方名清

農曆六月		農曆五月		農曆四月		農曆三月		農曆二月		農曆正月		月別
癸	未	壬	午	辛	巳	庚	辰	己	卯	戊	寅	干支
大暑		小暑		夏至		芒種		小滿		立夏		穀雨		清明		春分		驚蟄		雨水		節
十五時19時22戊分		廿九2時0丑時		十三8時27辰分		廿七15時42申分		十二0時24子時		廿五11時27午分		初十1時7丑分		廿四18時2酉分		初九13時57未分		廿四13時6未時		初九14時52未分		氣
國曆	干支	國曆	干支	國曆	干支	國曆	干支	國曆	干支	國曆	干支	農曆
7月9	丙辰	6月10	亥丁	5月11	丁巳	4月12	戊子	3月13	戊午	2月11	戊子	初一
7月10	丁巳	6月11	戊子	5月12	戊午	4月13	己丑	3月14	己未	2月12	己丑	初二
7月11	戊午	6月12	己丑	5月13	己未	4月14	庚寅	3月15	庚申	2月13	庚寅	初三
7月12	己未	6月13	庚寅	5月14	庚申	4月15	辛卯	3月16	辛酉	2月14	辛卯	初四
7月13	庚申	6月14	辛卯	5月15	辛酉	4月16	壬辰	3月17	壬戌	2月15	壬辰	初五
7月14	辛酉	6月15	壬辰	5月16	壬戌	4月17	癸巳	3月18	癸亥	2月16	癸巳	初六
7月15	壬戌	6月16	癸巳	5月17	癸亥	4月18	甲午	3月19	甲子	2月17	甲午	初七
7月16	癸亥	6月17	甲午	5月18	甲子	4月19	乙未	3月20	乙丑	2月18	乙未	初八
7月17	甲子	6月18	乙未	5月19	乙丑	4月20	丙申	3月21	丙寅	2月19	丙申	初九
7月18	乙丑	6月19	丙申	5月20	丙寅	4月21	丁酉	3月22	丁卯	2月20	丁酉	初十
7月19	丙寅	6月20	丁酉	5月21	丁卯	4月22	戊戌	3月23	戊辰	2月21	戊戌	十一
7月20	丁卯	6月21	戊戌	5月22	戊辰	4月23	己亥	3月24	己巳	2月22	己亥	十二
7月21	戊辰	6月22	己亥	5月23	己巳	4月24	庚子	3月25	庚午	2月23	庚子	十三
7月22	己巳	6月23	庚子	5月24	庚午	4月25	辛丑	3月26	辛未	2月24	辛丑	十四
7月23	庚午	6月24	辛丑	5月25	辛未	4月26	壬寅	3月27	壬申	2月25	壬寅	十五
7月24	辛未	6月25	壬寅	5月26	壬申	4月27	癸卯	3月28	癸酉	2月26	癸卯	十六
7月25	壬申	6月26	癸卯	5月27	癸酉	4月28	甲辰	3月29	甲戌	2月27	甲辰	十七
7月26	癸酉	6月27	甲辰	5月28	甲戌	4月29	乙巳	3月30	乙亥	2月28	乙巳	十八
7月27	甲戌	6月28	乙巳	5月29	乙亥	4月30	丙午	3月31	丙子	3月 1	丙午	十九
7月28	乙亥	6月29	丙午	5月30	丙子	5月 1	丁未	4月 1	丁丑	3月 2	丁未	二十
7月29	丙子	6月30	丁未	5月31	丁丑	5月 2	戊申	4月 2	戊寅	3月 3	戊申	廿一
7月30	丁丑	7月 1	戊申	6月 1	戊寅	5月 3	己酉	4月 3	己卯	3月 4	己酉	廿二
7月31	戊寅	7月 2	己酉	6月 2	己卯	5月 4	庚戌	4月 4	庚辰	3月 5	庚戌	廿三
8月 1	己卯	7月 3	庚戌	6月 3	庚辰	5月 5	辛亥	4月 5	辛巳	3月 6	辛亥	廿四
8月 2	庚辰	7月 4	辛亥	6月 4	辛巳	5月 6	壬子	4月 6	壬午	3月 7	壬子	廿五
8月 3	辛巳	7月 5	壬子	6月 5	壬午	5月 7	癸丑	4月 7	癸未	3月 8	癸丑	廿六
8月 4	壬午	7月 6	癸丑	6月 6	癸未	5月 8	甲寅	4月 8	甲申	3月 9	甲寅	廿七
8月 5	癸未	7月 7	甲寅	6月 7	甲申	5月 9	乙卯	4月 9	乙酉	3月10	乙卯	廿八
8月 6	甲申	7月 8	乙卯	6月 8	乙酉	5月10	丙辰	4月10	丙戌	3月11	丙辰	廿九
				6月 9	丙戌			4月11	丁亥	3月12	丁巳	三十

西元1975年

月別	農曆十二月		農曆十一月		農曆十月		農曆九月		農曆八月		農曆七月	
干支	己丑		戊子		丁亥		丙戌		乙酉		甲申	
節	大寒	小寒	冬至	大雪	小雪	立冬	霜降	寒露	秋分	白露	處暑	立秋
氣	廿一卯時6時25分	初六午時12時58分	二十戌時19時46分	初六丑時1時46分	廿一卯時6時31分	初六巳時9時3分	二十巳時9時2分	初五卯時6時2分	十八夜子23時55分	初三未時14時33分	十八丑時2時24分	初二午時11時45分
農曆	國曆	干支	國曆	干支	國曆	干支	國曆	干支	國曆	干支	國曆	干支
初一	1月1	壬子	12月3	癸未	11月3	癸丑	10月5	甲申	9月6	乙卯	8月7	乙酉
初二	1月2	癸丑	12月4	甲申	11月4	甲寅	10月6	乙酉	9月7	丙辰	8月8	丙戌
初三	1月3	甲寅	12月5	乙酉	11月5	乙卯	10月7	丙戌	9月8	丁巳	8月9	丁亥
初四	1月4	乙卯	12月6	丙戌	11月6	丙辰	10月8	丁亥	9月9	戊午	8月10	戊子
初五	1月5	丙辰	12月7	丁亥	11月7	丁巳	10月9	戊子	9月10	己未	8月11	己丑
初六	1月6	丁巳	12月8	戊子	11月8	戊午	10月10	己丑	9月11	庚申	8月12	庚寅
初七	1月7	戊午	12月9	己丑	11月9	己未	10月11	庚寅	9月12	辛酉	8月13	辛卯
初八	1月8	己未	12月10	庚寅	11月10	庚申	10月12	辛卯	9月13	壬戌	8月14	壬辰
初九	1月9	庚申	12月11	辛卯	11月11	辛酉	10月13	壬辰	9月14	癸亥	8月15	癸巳
初十	1月10	辛酉	12月12	壬辰	11月12	壬戌	10月14	癸巳	9月15	甲子	8月16	甲午
十一	1月11	壬戌	12月13	癸巳	11月13	癸亥	10月15	甲午	9月16	乙丑	8月17	乙未
十二	1月12	癸亥	12月14	甲午	11月14	甲子	10月16	乙未	9月17	丙寅	8月18	丙申
十三	1月13	甲子	12月15	乙未	11月15	乙丑	10月17	丙申	9月18	丁卯	8月19	丁酉
十四	1月14	乙丑	12月16	丙申	11月16	丙寅	10月18	丁酉	9月19	戊辰	8月20	戊戌
十五	1月15	丙寅	12月17	丁酉	11月17	丁卯	10月19	戊戌	9月20	己巳	8月21	己亥
十六	1月16	丁卯	12月18	戊戌	11月18	辰戊	10月20	己亥	9月21	庚午	8月22	庚子
十七	1月17	戊辰	12月19	己亥	11月19	己巳	10月21	庚子	9月22	辛未	8月23	辛丑
十八	1月18	己巳	12月20	庚子	11月20	庚午	10月22	辛丑	9月23	壬申	8月24	壬寅
十九	1月19	庚午	12月21	辛丑	11月21	辛未	10月23	壬寅	9月24	癸酉	8月25	癸卯
二十	1月20	辛未	12月22	壬寅	11月22	壬申	10月24	癸卯	9月25	甲戌	8月26	甲辰
廿一	1月21	壬申	12月23	癸卯	11月23	癸酉	10月25	甲辰	9月26	乙亥	8月27	乙巳
廿二	1月22	癸酉	12月24	甲辰	11月24	甲戌	10月26	乙巳	9月27	丙子	8月28	丙午
廿三	1月23	甲戌	12月25	乙巳	11月25	乙亥	10月27	丙午	9月28	丁丑	8月29	丁未
廿四	1月24	乙亥	12月26	丙午	11月26	丙子	10月28	丁未	9月29	戊寅	8月30	戊申
廿五	1月25	丙子	12月27	丁未	11月27	丁丑	10月29	戊申	9月30	己卯	8月31	己酉
廿六	1月26	丁丑	12月28	戊申	11月28	戊寅	10月30	己酉	10月1	庚辰	9月1	庚戌
廿七	1月27	戊寅	12月29	己酉	11月29	己卯	10月31	庚戌	10月2	辛巳	9月2	辛亥
廿八	1月28	己卯	12月30	庚戌	11月30	庚辰	11月1	辛亥	10月3	壬午	9月3	壬子
廿九	1月29	庚辰	12月31	辛亥	12月1	辛巳	11月2	壬子	10月4	癸未	9月4	癸丑
三十	1月30	辛巳			12月2	壬午					9月5	甲寅

中華民國六十五年　歲次　丙辰《龍》　西元一九七六年　太歲　姓辛名亞

節氣交節時刻

農曆月	干支	節	交節時刻	中氣	交中氣時刻
正月	庚寅	立春	初六日 0時40分 子時	雨水	二十日 20時42分 戌時
二月	辛卯	驚蟄	初五日 18時51分 酉時	春分	二十日 19時49分 戌時
三月	壬辰	清明	初五日 23時15分 夜子時	穀雨	廿一日 7時47分 辰時
四月	癸巳	立夏	初七日 17時3分 酉時	小滿	廿三日 6時15分 卯時
五月	甲午	芒種	初八日 21時31分 亥時	夏至	廿四日 14時24分 未時
六月	乙未	小暑	十一日 7時51分 辰時	大暑	廿七日 1時18分 丑時

日期對照表

農曆六月 國曆	乙未 干支	農曆五月 國曆	甲午 干支	農曆四月 國曆	癸巳 干支	農曆三月 國曆	壬辰 干支	農曆二月 國曆	辛卯 干支	農曆正月 國曆	庚寅 干支	月別
6月27	庚戌	5月29	辛巳	4月29	辛亥	3月31	壬午	3月1	壬子	1月31	壬午	初一
6月28	辛亥	5月30	壬午	4月30	壬子	4月1	癸未	3月2	癸丑	2月1	癸未	初二
6月29	壬子	5月31	癸未	5月1	癸丑	4月2	甲申	3月3	甲寅	2月2	甲申	初三
6月30	癸丑	6月1	甲申	5月2	甲寅	4月3	乙酉	3月4	乙卯	2月3	乙酉	初四
7月1	甲寅	6月2	乙酉	5月3	乙卯	4月4	丙戌	3月5	丙辰	2月4	丙戌	初五
7月2	乙卯	6月3	丙戌	5月4	丙辰	4月5	丁亥	3月6	丁巳	2月5	丁亥	初六
7月3	丙辰	6月4	丁亥	5月5	丁巳	4月6	戊子	3月7	戊午	2月6	戊子	初七
7月4	丁巳	6月5	戊子	5月6	戊午	4月7	己丑	3月8	己未	2月7	己丑	初八
7月5	戊午	6月6	己丑	5月7	己未	4月8	庚寅	3月9	庚申	2月8	庚寅	初九
7月6	己未	6月7	庚寅	5月8	庚申	4月9	辛卯	3月10	辛酉	2月9	辛卯	初十
7月7	庚申	6月8	辛卯	5月9	辛酉	4月10	壬辰	3月11	壬戌	2月10	壬辰	十一
7月8	辛酉	6月9	壬辰	5月10	壬戌	4月11	癸巳	3月12	癸亥	2月11	癸巳	十二
7月9	壬戌	6月10	癸巳	5月11	癸亥	4月12	甲午	3月13	甲子	2月12	甲午	十三
7月10	癸亥	6月11	甲午	5月12	甲子	4月13	乙未	3月14	乙丑	2月13	乙未	十四
7月11	甲子	6月12	乙未	5月13	乙丑	4月14	丙申	3月15	丙寅	2月14	丙申	十五
7月12	乙丑	6月13	丙申	5月14	丙寅	4月15	丁酉	3月16	丁卯	2月15	丁酉	十六
7月13	丙寅	6月14	丁酉	5月15	丁卯	4月16	戊戌	3月17	戊辰	2月16	戊戌	十七
7月14	丁卯	6月15	戊戌	5月16	戊辰	4月17	己亥	3月18	己巳	2月17	己亥	十八
7月15	戊辰	6月16	己亥	5月17	己巳	4月18	庚子	3月19	庚午	2月18	庚子	十九
7月16	己巳	6月17	庚子	5月18	庚午	4月19	辛丑	3月20	辛未	2月19	辛丑	二十
7月17	庚午	6月18	辛丑	5月19	辛未	4月20	壬寅	3月21	壬申	2月20	壬寅	廿一
7月18	辛未	6月19	壬寅	5月20	壬申	4月21	癸卯	3月22	癸酉	2月21	癸卯	廿二
7月19	壬申	6月20	癸卯	5月21	癸酉	4月22	甲辰	3月23	甲戌	2月22	甲辰	廿三
7月20	癸酉	6月21	甲辰	5月22	甲戌	4月23	乙巳	3月24	乙亥	2月23	乙巳	廿四
7月21	甲戌	6月22	乙巳	5月23	乙亥	4月24	丙午	3月25	丙子	2月24	丙午	廿五
7月22	乙亥	6月23	丙午	5月24	丙子	4月25	丁未	3月26	丁丑	2月25	丁未	廿六
7月23	丙子	6月24	丁未	5月25	丁丑	4月26	戊申	3月27	戊寅	2月26	戊申	廿七
7月24	丁丑	6月25	戊申	5月26	戊寅	4月27	己酉	3月28	己卯	2月27	己酉	廿八
7月25	戊寅	6月26	己酉	5月27	己卯	4月28	庚戌	3月29	庚辰	2月28	庚戌	廿九
7月26	己卯			5月28	庚辰			3月30	辛巳	2月29	辛亥	三十

西元1976年

月別	農曆十二月		農曆十一月		農曆十月		農曆九月		農曆閏八月		農曆八月		農曆七月	
干支	辛丑		庚子		己亥		戊戌		戊		丁酉		丙申	
節	立春	大寒	小寒	冬至	大雪	小雪	立冬	霜降	寒露		秋分	白露	處暑	立秋
氣	6時34分 十七卯時	12時15分 初二午時	18時51分 十六酉時	1時35分 初二丑時	7時41分 十七辰時	12時22分 初二午時	14時59分 十六未時	14時58分 初一未時	11時58分 十五午時		5時48分 三十卯時	20時28分 十四戌時	8時19分 廿八辰時	17時39分 廿二酉時
農曆	國曆	支干	國曆	支干	國曆	支干	國曆	支干	國曆	支干	國曆	支干	國曆	支干
初一	1月19	丙子	12月21	丁未	11月21	丁丑	10月23	戊申	9月24	己卯	8月25	己酉	7月27	庚辰
初二	1月20	丁丑	12月22	戊申	11月22	戊寅	10月24	己酉	9月25	庚辰	8月26	庚戌	7月28	辛巳
初三	1月21	戊寅	12月23	己酉	11月23	己卯	10月25	庚戌	9月26	辛巳	8月27	辛亥	7月29	壬午
初四	1月22	己卯	12月24	庚戌	11月24	庚辰	10月26	辛亥	9月27	壬午	8月28	壬子	7月30	癸未
初五	1月23	庚辰	12月25	辛亥	11月25	辛巳	10月27	壬子	9月28	癸未	8月29	癸丑	7月31	甲申
初六	1月24	辛巳	12月26	壬子	11月26	壬午	10月28	癸丑	9月29	甲申	8月30	甲寅	8月1	乙酉
初七	1月25	壬午	12月27	癸丑	11月27	癸未	10月29	甲寅	9月30	乙酉	8月31	乙卯	8月2	丙戌
初八	1月26	癸未	12月28	甲寅	11月28	甲申	10月30	乙卯	10月1	丙戌	9月1	丙辰	8月3	丁亥
初九	1月27	甲申	12月29	乙卯	11月29	乙酉	10月31	丙辰	10月2	丁亥	9月2	丁巳	8月4	戊子
初十	1月28	乙酉	12月30	丙辰	11月30	丙戌	11月1	丁巳	10月3	戊子	9月3	戊午	8月5	己丑
十一	1月29	丙戌	12月31	丁巳	12月1	丁亥	11月2	戊午	10月4	己丑	9月4	己未	8月6	庚寅
十二	1月30	丁亥	1月1	戊午	12月2	戊子	11月3	己未	10月5	庚寅	9月5	庚申	8月7	辛卯
十三	1月31	戊子	1月2	己未	12月3	己丑	11月4	庚申	10月6	辛卯	9月6	辛酉	8月8	壬辰
十四	2月1	己丑	1月3	庚申	12月4	庚寅	11月5	辛酉	10月7	壬辰	9月7	壬戌	8月9	癸巳
十五	2月2	庚寅	1月4	辛酉	12月5	辛卯	11月6	壬戌	10月8	癸巳	9月8	癸亥	8月10	甲午
十六	2月3	辛卯	1月5	壬戌	12月6	壬辰	11月7	癸亥	10月9	甲午	9月9	甲子	8月11	乙未
十七	2月4	壬辰	1月6	癸亥	12月7	癸巳	11月8	甲子	10月10	乙未	9月10	乙丑	8月12	丙申
十八	2月5	癸巳	1月7	甲子	12月8	甲午	11月9	乙丑	10月11	丙申	9月11	丙寅	8月13	丁酉
十九	2月6	甲午	1月8	乙丑	12月9	乙未	11月10	丙寅	10月12	丁酉	9月12	丁卯	8月14	戊戌
二十	2月7	乙未	1月9	丙寅	12月10	丙申	11月11	丁卯	10月13	戊戌	9月13	戊辰	8月15	己亥
廿一	2月8	丙申	1月10	丁卯	12月11	丁酉	11月12	戊辰	10月14	己亥	9月14	己巳	8月16	庚子
廿二	2月9	丁酉	1月11	戊辰	12月12	戊戌	11月13	己巳	10月15	庚子	9月15	庚午	8月17	辛丑
廿三	2月10	戊戌	1月12	己巳	12月13	己亥	11月14	庚午	10月16	辛丑	9月16	辛未	8月18	壬寅
廿四	2月11	己亥	1月13	庚午	12月14	庚子	11月15	辛未	10月17	壬寅	9月17	壬申	8月19	癸卯
廿五	2月12	庚子	1月14	辛未	12月15	辛丑	11月16	壬申	10月18	癸卯	9月18	癸酉	8月20	甲辰
廿六	2月13	辛丑	1月15	壬申	12月16	壬寅	11月17	癸酉	10月19	甲辰	9月19	甲戌	8月21	乙巳
廿七	2月14	壬寅	1月16	癸酉	12月17	癸卯	11月18	甲戌	10月20	乙巳	9月20	乙亥	8月22	丙午
廿八	2月15	癸卯	1月17	甲戌	12月18	甲辰	11月19	乙亥	10月21	丙午	9月21	丙子	8月23	丁未
廿九	2月16	甲辰	1月18	乙亥	12月19	乙巳	11月20	丙子	10月22	丁未	9月22	丁丑	8月24	戊申
三十	2月17	乙巳			12月20	丙午					9月23	戊寅		

275

中華民國六十六年 歲次 丁巳《蛇》

西元一九七七年 太歲 姓易名彥

月六曆農		月五曆農		月四曆農		月三曆農		月二曆農		月正曆農		別月
未	丁	午	丙	巳	乙	辰	甲	卯	癸	寅	壬	支干
秋立	暑大	暑小	至夏	種芒	滿小	夏立	雨穀	明清	春分	蟄驚	水雨	節
23時30分 廿三夜子	7時4分 初八辰時	13時48分 廿一未時	20時14分 初五戌時	3時32分 二十寅時	12時15分 初四午時	23時16分 十八夜子	12時57分 初三午時	5時46分 十七卯時	1時43分 初二丑時	0時44分 十七子時	2時31分 初二丑時	氣
曆國	支干	曆國	支干	曆國	支干	曆國	支干	曆國	支干	曆國	支干	曆農
7月16	戌甲	6月17	巳乙	5月18	亥乙	4月18	巳乙	3月20	子丙	2月18	午丙	一初
7月17	亥乙	6月18	午丙	5月19	子丙	4月19	午丙	3月21	丑丁	2月19	未丁	二初
7月18	子丙	6月19	未丁	5月20	丑丁	4月20	未丁	3月22	寅戊	2月20	申戊	三初
7月19	丑丁	6月20	申戊	5月21	寅戊	4月21	申戊	3月23	卯己	2月21	酉己	四初
7月20	寅戊	6月21	酉己	5月22	卯己	4月22	酉己	3月24	辰庚	2月22	戌庚	五初
7月21	卯己	6月22	戌庚	5月23	辰庚	4月23	戌庚	3月25	巳辛	2月23	亥辛	六初
7月22	辰庚	6月23	亥辛	5月24	巳辛	4月24	亥辛	3月26	午壬	2月24	子壬	七初
7月23	巳辛	6月24	子壬	5月25	午壬	4月25	子壬	3月27	未癸	2月25	丑癸	八初
7月24	午壬	6月25	丑癸	5月26	未癸	4月26	丑癸	3月28	申甲	2月26	寅甲	九初
7月25	未癸	6月26	寅甲	5月27	申甲	4月27	寅甲	3月29	酉乙	2月27	卯乙	十初
7月26	申甲	6月27	卯乙	5月28	酉乙	4月28	卯乙	3月30	戌丙	2月28	辰丙	一十
7月27	酉乙	6月28	辰丙	5月29	戌丙	4月29	辰丙	3月31	亥丁	3月 1	巳丁	二十
7月28	戌丙	6月29	巳丁	5月30	亥丁	4月30	巳丁	4月 1	子戊	3月 2	午戊	三十
7月29	亥丁	6月30	午戊	5月31	子戊	5月 1	午戊	4月 2	丑己	3月 3	未己	四十
7月30	子戊	7月 1	未己	6月 1	丑己	5月 2	未己	4月 3	寅庚	3月 4	申庚	五十
7月31	丑己	7月 2	申庚	6月 2	寅庚	5月 3	申庚	4月 4	卯辛	3月 5	酉辛	六十
8月 1	寅庚	7月 3	酉辛	6月 3	卯辛	5月 4	酉辛	4月 5	辰壬	3月 6	戌壬	七十
8月 2	卯辛	7月 4	戌壬	6月 4	辰壬	5月 5	戌壬	4月 6	巳癸	3月 7	亥癸	八十
8月 3	辰壬	7月 5	亥癸	6月 5	巳癸	5月 6	亥癸	4月 7	午甲	3月 8	子甲	九十
8月 4	巳癸	7月 6	子甲	6月 6	午甲	5月 7	子甲	4月 8	未乙	3月 9	丑乙	十二
8月 5	午甲	7月 7	丑乙	6月 7	未乙	5月 8	丑乙	4月 9	申丙	3月10	寅丙	一廿
8月 6	未乙	7月 8	寅丙	6月 8	申丙	5月 9	寅丙	4月10	酉丁	3月11	卯丁	二廿
8月 7	申丙	7月 9	卯丁	6月 9	酉丁	5月10	卯丁	4月11	戌戊	3月12	辰戊	三廿
8月 8	酉丁	7月10	辰戊	6月10	戌戊	5月11	辰戊	4月12	亥己	3月13	巳己	四廿
8月 9	戌戊	7月11	巳己	6月11	亥己	5月12	巳己	4月13	子庚	3月14	午庚	五廿
8月10	亥己	7月12	午庚	6月12	子庚	5月13	午庚	4月14	丑辛	3月15	未辛	六廿
8月11	子庚	7月13	未辛	6月13	丑辛	5月14	未辛	4月15	寅壬	3月16	申壬	七廿
8月12	丑辛	7月14	申壬	6月14	寅壬	5月15	申壬	4月16	卯癸	3月17	酉癸	八廿
8月13	寅壬	7月15	酉癸	6月15	卯癸	5月16	酉癸	4月17	辰甲	3月18	戌甲	九廿
8月14	卯癸			6月16	辰甲	5月17	戌甲			3月19	亥乙	十三

西元1977年

月別	農曆十二月		農曆十一月		農曆十月		農曆九月		農曆八月		農曆七月	
干支	癸丑		壬子		辛亥		庚戌		己酉		戊申	
節	立春　大寒		小寒　冬至		大雪　小雪		立冬　霜降		寒露　秋分		白露　處暑	
氣	12時27分 廿七午 18時4分 十二酉時		0時43分 廿七子 7時24分 十二辰時		13時24分 廿七未 18時7分 十二酉時		20時46分 廿六戌 20時41分 十一戌時		15時44分 十六酉 11時30分 十一午時		2時16分 廿五丑 14時0分 初九未時	
農曆	國曆	支干	國曆	支干	國曆	支干	國曆	支干	國曆	支干	國曆	支干
初一	1月9	辛未	12月11	壬寅	11月11	壬申	10月13	癸卯	9月13	癸酉	8月15	甲辰
初二	1月10	壬申	12月12	癸卯	11月12	癸酉	10月14	甲辰	9月14	甲戌	8月16	乙巳
初三	1月11	癸酉	12月13	甲辰	11月13	甲戌	10月15	乙巳	9月15	乙亥	8月17	丙午
初四	1月12	甲戌	12月14	乙巳	11月14	乙亥	10月16	丙午	9月16	丙子	8月18	丁未
初五	1月13	乙亥	12月15	丙午	11月15	丙子	10月17	丁未	9月17	丁丑	8月19	戊申
初六	1月14	丙子	12月16	丁未	11月16	丁丑	10月18	戊申	9月18	戊寅	8月20	己酉
初七	1月15	丁丑	12月17	戊申	11月17	戊寅	10月19	己酉	9月19	己卯	8月21	庚戌
初八	1月16	戊寅	12月18	己酉	11月18	己卯	10月20	庚戌	9月20	庚辰	8月22	辛亥
初九	1月17	己卯	12月19	庚戌	11月19	庚辰	10月21	辛亥	9月21	辛巳	8月23	壬子
初十	1月18	庚辰	12月20	辛亥	11月20	辛巳	10月22	壬子	9月22	壬午	8月24	癸丑
十一	1月19	辛巳	12月21	壬子	11月21	壬午	10月23	癸丑	9月23	癸未	8月25	甲寅
十二	1月20	壬午	12月22	癸丑	11月22	癸未	10月24	甲寅	9月24	甲申	8月26	乙卯
十三	1月21	癸未	12月23	甲寅	11月23	甲申	10月25	乙卯	9月25	乙酉	8月27	丙辰
十四	1月22	甲申	12月24	乙卯	11月24	乙酉	10月26	丙辰	9月26	丙戌	8月28	丁巳
十五	1月23	乙酉	12月25	丙辰	11月25	丙戌	10月27	丁巳	9月27	丁亥	8月29	戊午
十六	1月24	丙戌	12月26	丁巳	11月26	丁亥	10月28	戊午	9月28	戊子	8月30	己未
十七	1月25	丁亥	12月27	戊午	11月27	戊子	10月29	己未	9月29	己丑	8月31	庚申
十八	1月26	戊子	12月28	己未	11月28	己丑	10月30	庚申	9月30	庚寅	9月1	辛酉
十九	1月27	己丑	12月29	庚申	11月29	庚寅	10月31	辛酉	10月1	辛卯	9月2	壬戌
二十	1月28	庚寅	12月30	辛酉	11月30	辛卯	11月1	壬戌	10月2	壬辰	9月3	癸亥
廿一	1月29	辛卯	12月31	壬戌	12月1	壬辰	11月2	癸亥	10月3	癸巳	9月4	甲子
廿二	1月30	壬辰	1月1	癸亥	12月2	癸巳	11月3	甲子	10月4	甲午	9月5	乙丑
廿三	1月31	癸巳	1月2	甲子	12月3	甲午	11月4	乙丑	10月5	乙未	9月6	丙寅
廿四	2月1	甲午	1月3	乙丑	12月4	乙未	11月5	丙寅	10月6	丙申	9月7	丁卯
廿五	2月2	乙未	1月4	丙寅	12月5	丙申	11月6	丁卯	10月7	丁酉	9月8	戊辰
廿六	2月3	丙申	1月5	丁卯	12月6	丁酉	11月7	戊辰	10月8	戊戌	9月9	己巳
廿七	2月4	丁酉	1月6	戊辰	12月7	戊戌	11月8	己巳	10月9	己亥	9月10	庚午
廿八	2月5	戊戌	1月7	己巳	12月8	己亥	11月9	庚午	10月10	庚子	9月11	辛未
廿九	2月6	己亥	1月8	庚午	12月9	庚子	11月10	辛未	10月11	辛丑	9月12	壬申
三十					12月10	辛丑			10月12	壬寅		

中華民國六十七年 歲次 戊午《馬》

西元一九七八年 太歲 姓姚名黎

月別	農曆正月		農曆二月		農曆三月		農曆四月		農曆五月		農曆六月	
干支	甲寅		乙卯		丙辰		丁巳		戊午		己未	
節	雨水	驚蟄	春分	清明	穀雨	立夏	小滿		芒種	夏至	小暑	大暑
氣	十三辰時 8時20分	廿八卯時 6時38分	十三辰時 7時34分	廿八午時 11時39分	十四酉時 18時49分	三十卯時 5時9分	十五酉時 18時9分		初一巳時 9時23分	十七丑時 2時10分	初三戌時 19時37分	十九未時 13時0分
農曆	干支	國曆	干支	國曆	干支	國曆	干支	國曆	干支	國曆	干支	國曆
初一	庚子	2月7	庚午	3月9	己亥	4月7	己巳	5月7	己亥	6月6	戊辰	7月5
初二	辛丑	2月8	辛未	3月10	庚子	4月8	庚午	5月8	庚子	6月7	己巳	7月6
初三	壬寅	2月9	壬申	3月11	辛丑	4月9	辛未	5月9	辛丑	6月8	庚午	7月7
初四	癸卯	2月10	癸酉	3月12	壬寅	4月10	壬申	5月10	壬寅	6月9	辛未	7月8
初五	甲辰	2月11	甲戌	3月13	癸卯	4月11	癸酉	5月11	癸卯	6月10	壬申	7月9
初六	乙巳	2月12	乙亥	3月14	甲辰	4月12	甲戌	5月12	甲辰	6月11	癸酉	7月10
初七	丙午	2月13	丙子	3月15	乙巳	4月13	乙亥	5月13	乙巳	6月12	甲戌	7月11
初八	丁未	2月14	丁丑	3月16	丙午	4月14	丙子	5月14	丙午	6月13	乙亥	7月12
初九	戊申	2月15	戊寅	3月17	丁未	4月15	丁丑	5月15	丁未	6月14	丙子	7月13
初十	己酉	2月16	己卯	3月18	戊申	4月16	戊寅	5月16	戊申	6月15	丁丑	7月14
十一	庚戌	2月17	庚辰	3月19	己酉	4月17	己卯	5月17	己酉	6月16	戊寅	7月15
十二	辛亥	2月18	辛巳	3月20	庚戌	4月18	庚辰	5月18	庚戌	6月17	己卯	7月16
十三	壬子	2月19	壬午	3月21	辛亥	4月19	辛巳	5月19	辛亥	6月18	庚辰	7月17
十四	癸丑	2月20	癸未	3月22	壬子	4月20	壬午	5月20	壬子	6月19	辛巳	7月18
十五	甲寅	2月21	甲申	3月23	癸丑	4月21	癸未	5月21	癸丑	6月20	壬午	7月19
十六	乙卯	2月22	乙酉	3月24	甲寅	4月22	甲申	5月22	甲寅	6月21	癸未	7月20
十七	丙辰	2月23	丙戌	3月25	乙卯	4月23	乙酉	5月23	乙卯	6月22	甲申	7月21
十八	丁巳	2月24	丁亥	3月26	丙辰	4月24	丙戌	5月24	丙辰	6月23	乙酉	7月22
十九	戊午	2月25	戊子	3月27	丁巳	4月25	丁亥	5月25	丁巳	6月24	丙戌	7月23
二十	己未	2月26	己丑	3月28	戊午	4月26	戊子	5月26	戊午	6月25	丁亥	7月24
廿一	庚申	2月27	庚寅	3月29	己未	4月27	己丑	5月27	己未	6月26	戊子	7月25
廿二	辛酉	2月28	辛卯	3月30	庚申	4月28	庚寅	5月28	庚申	6月27	己丑	7月26
廿三	壬戌	3月1	壬辰	3月31	辛酉	4月29	辛卯	5月29	辛酉	6月28	庚寅	7月27
廿四	癸亥	3月2	癸巳	4月1	壬戌	4月30	壬辰	5月30	壬戌	6月29	辛卯	7月28
廿五	甲子	3月3	甲午	4月2	癸亥	5月1	癸巳	5月31	癸亥	6月30	壬辰	7月29
廿六	乙丑	3月4	乙未	4月3	甲子	5月2	甲午	6月1	甲子	7月1	癸巳	7月30
廿七	丙寅	3月5	丙申	4月4	乙丑	5月3	乙未	6月2	乙丑	7月2	甲午	7月31
廿八	丁卯	3月6	丁酉	4月5	丙寅	5月4	丙申	6月3	丙寅	7月3	乙未	8月1
廿九	戊辰	3月7	戊戌	4月6	丁卯	5月5	丁酉	6月4	丁卯	7月4	丙申	8月2
三十	己巳	3月8			戊辰	5月6	戊戌	6月5			丁酉	8月3

月別	農曆十二月		農曆十一月		農曆十月		農曆九月		農曆八月		農曆七月	
干支	乙丑		甲子		癸亥		壬戌		辛酉		庚申	
節	大寒	小寒	冬至	大雪	小雪	立冬	霜降	寒露	秋分	白露	處暑	立秋
氣	廿三 0時0分 子早	初八 6時32分 卯	廿三 13時21分 未時	初八 19時20分 戌時	廿三 0時5分 子時	初八 2時34分 丑時	廿二 2時37分 丑時	初七 23時31分 夜子	廿一 17時26分 酉時	初六 8時3分 辰時	二十 19時57分 戌時	初五 5時18分 卯時
農曆	國曆	干支	國曆	干支	國曆	干支	國曆	干支	國曆	干支	國曆	干支
初一	12月30	丙寅	11月30	丙申	11月 1	丁卯	10月 2	丁酉	9月 3	戊辰	8月 4	戊戌
初二	12月31	丁卯	12月 1	丁酉	11月 2	戊辰	10月 3	戊戌	9月 4	己巳	8月 5	己亥
初三	1月 1	戊辰	12月 2	戊戌	11月 3	己巳	10月 4	己亥	9月 5	庚午	8月 6	庚子
初四	1月 2	己巳	12月 3	己亥	11月 4	庚午	10月 5	庚子	9月 6	辛未	8月 7	辛丑
初五	1月 3	庚午	12月 4	庚子	11月 5	辛未	10月 6	辛丑	9月 7	壬申	8月 8	壬寅
初六	1月 4	辛未	12月 5	辛丑	11月 6	壬申	10月 7	壬寅	9月 8	癸酉	8月 9	癸卯
初七	1月 5	壬申	12月 6	壬寅	11月 7	癸酉	10月 8	癸卯	9月 9	甲戌	8月10	甲辰
初八	1月 6	癸酉	12月 7	癸卯	11月 8	甲戌	10月 9	甲辰	9月10	乙亥	8月11	乙巳
初九	1月 7	甲戌	12月 8	甲辰	11月 9	乙亥	10月10	乙巳	9月11	丙子	8月12	丙午
初十	1月 8	乙亥	12月 9	乙巳	11月10	丙子	10月11	丙午	9月12	丁丑	8月13	丁未
十一	1月 9	丙子	12月10	丙午	11月11	丁丑	10月12	丁未	9月13	戊寅	8月14	戊申
十二	1月10	丁丑	12月11	丁未	11月12	戊寅	10月13	戊申	9月14	己卯	8月15	己酉
十三	1月11	戊寅	12月12	戊申	11月13	己卯	10月14	己酉	9月15	庚辰	8月16	庚戌
十四	1月12	己卯	12月13	己酉	11月14	庚辰	10月15	庚戌	9月16	辛巳	8月17	辛亥
十五	1月13	庚辰	12月14	庚戌	11月15	辛巳	10月16	辛亥	9月17	壬午	8月18	壬子
十六	1月14	辛巳	12月15	辛亥	11月16	壬午	10月17	壬子	9月18	癸未	8月19	癸丑
十七	1月15	壬午	12月16	壬子	11月17	癸未	10月18	癸丑	9月19	甲申	8月20	甲寅
十八	1月16	癸未	12月17	癸丑	11月18	甲申	10月19	甲寅	9月20	乙酉	8月21	乙卯
十九	1月17	甲申	12月18	甲寅	11月19	乙酉	10月20	乙卯	9月21	丙戌	8月22	丙辰
二十	1月18	乙酉	12月19	乙卯	11月20	丙戌	10月21	丙辰	9月22	丁亥	8月23	丁巳
廿一	1月19	丙戌	12月20	丙辰	11月21	丁亥	10月22	丁巳	9月23	戊子	8月24	戊午
廿二	1月20	丁亥	12月21	丁巳	11月22	戊子	10月23	戊午	9月24	己丑	8月25	己未
廿三	1月21	戊子	12月22	戊午	11月23	己丑	10月24	己未	9月25	庚寅	8月26	庚申
廿四	1月22	己丑	12月23	己未	11月24	庚寅	10月25	庚申	9月26	辛卯	8月27	辛酉
廿五	1月23	庚寅	12月24	庚申	11月25	辛卯	10月26	辛酉	9月27	壬辰	8月28	壬戌
廿六	1月24	辛卯	12月25	辛酉	11月26	壬辰	10月27	壬戌	9月28	癸巳	8月29	癸亥
廿七	1月25	壬辰	12月26	壬戌	11月27	癸巳	10月28	癸亥	9月29	甲午	8月30	甲子
廿八	1月26	癸巳	12月27	癸亥	11月28	甲午	10月29	甲子	9月30	乙未	8月31	乙丑
廿九	1月27	甲午	12月28	甲子	11月29	乙未	10月30	乙丑	10月 1	丙申	9月 1	丙寅
三十			12月29	乙丑			10月31	丙寅			9月 2	丁卯

中華民國六十八年 歲次 己未《羊》

西元一九七九年 太歲 姓傅名稅

月別	農曆正月		農曆二月		農曆三月		農曆四月		農曆五月		農曆六月	
干支	丙寅		丁卯		戊辰		己巳		庚午		辛未	
節氣	立春	雨水	驚蟄	春分	清明	穀雨	立夏	小滿	芒種	夏至	小暑	大暑
	初八酉時 18時13分	廿三未時 14時11分	初八午時 12時20分	廿三未時 13時22分	初九酉時 17時18分	廿五子時 0時38分	十一巳時 10時47分	廿六夜子 23時54分	十二申時 7時5分	廿八辰時 7時56分	十五丑時 1時25分	三十酉時 18時49分
農曆	干支	國曆	干支	國曆	干支	國曆	干支	國曆	干支	國曆	干支	國曆
初一	乙未	1月28	乙丑	2月27	甲午	3月28	癸亥	4月26	癸巳	5月26	壬戌	6月24
初二	丙申	1月29	丙寅	2月28	乙未	3月29	甲子	4月27	甲午	5月27	癸亥	6月25
初三	丁酉	1月30	丁卯	3月1	丙申	3月30	乙丑	4月28	乙未	5月28	甲子	6月26
初四	戊戌	1月31	戊辰	3月2	丁酉	3月31	丙寅	4月29	丙申	5月29	乙丑	6月27
初五	己亥	2月1	己巳	3月3	戊戌	4月1	丁卯	4月30	丁酉	5月30	丙寅	6月28
初六	庚子	2月2	庚午	3月4	己亥	4月2	戊辰	5月1	戊戌	5月31	丁卯	6月29
初七	辛丑	2月3	辛未	3月5	庚子	4月3	己巳	5月2	己亥	6月1	戊辰	6月30
初八	壬寅	2月4	壬申	3月6	辛丑	4月4	庚午	5月3	庚子	6月2	己巳	7月1
初九	癸卯	2月5	癸酉	3月7	壬寅	4月5	辛未	5月4	辛丑	6月3	庚午	7月2
初十	甲辰	2月6	甲戌	3月8	癸卯	4月6	壬申	5月5	壬寅	6月4	辛未	7月3
十一	乙巳	2月7	乙亥	3月9	甲辰	4月7	癸酉	5月6	癸卯	6月5	壬申	7月4
十二	丙午	2月8	丙子	3月10	乙巳	4月8	甲戌	5月7	甲辰	6月6	癸酉	7月5
十三	丁未	2月9	丁丑	3月11	丙午	4月9	乙亥	5月8	乙巳	6月7	甲戌	7月6
十四	戊申	2月10	戊寅	3月12	丁未	4月10	丙子	5月9	丙午	6月8	乙亥	7月7
十五	己酉	2月11	己卯	3月13	戊申	4月11	丁丑	5月10	丁未	6月9	丙子	7月8
十六	庚戌	2月12	庚辰	3月14	己酉	4月12	戊寅	5月11	戊申	6月10	丁丑	7月9
十七	辛亥	2月13	辛巳	3月15	庚戌	4月13	己卯	5月12	己酉	6月11	戊寅	7月10
十八	壬子	2月14	壬午	3月16	辛亥	4月14	庚辰	5月13	庚戌	6月12	己卯	7月11
十九	癸丑	2月15	癸未	3月17	壬子	4月15	辛巳	5月14	辛亥	6月13	庚辰	7月12
二十	甲寅	2月16	甲申	3月18	癸丑	4月16	壬午	5月15	壬子	6月14	辛巳	7月13
廿一	乙卯	2月17	乙酉	3月19	甲寅	4月17	癸未	5月16	癸丑	6月15	壬午	7月14
廿二	丙辰	2月18	丙戌	3月20	乙卯	4月18	甲申	5月17	甲寅	6月16	癸未	7月15
廿三	丁巳	2月19	丁亥	3月21	丙辰	4月19	乙酉	5月18	乙卯	6月17	甲申	7月16
廿四	戊午	2月20	戊子	3月22	丁巳	4月20	丙戌	5月19	丙辰	6月18	乙酉	7月17
廿五	己未	2月21	己丑	3月23	戊午	4月21	丁亥	5月20	丁巳	6月19	丙戌	7月18
廿六	庚申	2月22	庚寅	3月24	己未	4月22	戊子	5月21	戊午	6月20	丁亥	7月19
廿七	辛酉	2月23	辛卯	3月25	庚申	4月23	己丑	5月22	己未	6月21	戊子	7月20
廿八	壬戌	2月24	壬辰	3月26	辛酉	4月24	庚寅	5月23	庚申	6月22	己丑	7月21
廿九	癸亥	2月25	癸巳	3月27	壬戌	4月25	辛卯	5月24	辛酉	6月23	庚寅	7月22
三十	甲子	2月26					壬辰	5月25			辛卯	7月23

西元1979年

月別	農曆十二月	農曆十一月	農曆十月	農曆九月	農曆八月	農曆七月	農曆閏六月
干支	丑丁	子丙	亥乙	戌甲	酉癸	申壬	
節	春立　寒大	寒小　至冬	雪大　雪小	冬立　降霜	露寒　分秋	露白　暑處	秋立
氣	十九 0時10分子時／初四 5時29分卯時	十九 12時29分午時／初四 19時10分戌時	十九 1時18分丑時／初四 5時54分卯時	十九 8時33分辰時／初四 8時28分辰時	十九 5時17分子時／初三 23時17分夜子時	十七 14時0分未時／初二 1時47分丑時	十六 11時11分午時

農曆	十二月 國曆	支干	十一月 國曆	支干	十月 國曆	支干	九月 國曆	支干	八月 國曆	支干	七月 國曆	支干	閏六月 國曆	支干
初一	1月18	寅庚	12月19	申庚	11月20	卯辛	10月21	酉辛	9月21	卯辛	8月23	戌壬	7月24	辰壬
初二	1月19	卯辛	12月20	酉辛	11月21	辰壬	10月22	戌壬	9月22	辰壬	8月24	亥癸	7月25	巳癸
初三	1月20	辰壬	12月21	戌壬	11月22	巳癸	10月23	亥癸	9月23	巳癸	8月25	子甲	7月26	午甲
初四	1月21	巳癸	12月22	亥癸	11月23	午甲	10月24	子甲	9月24	午甲	8月26	丑乙	7月27	未乙
初五	1月22	午甲	12月23	子甲	11月24	未乙	10月25	丑乙	9月25	未乙	8月27	寅丙	7月28	申丙
初六	1月23	未乙	12月24	丑乙	11月25	申丙	10月26	寅丙	9月26	申丙	8月28	卯丁	7月29	酉丁
初七	1月24	申丙	12月25	寅丙	11月26	酉丁	10月27	卯丁	9月27	酉丁	8月29	辰戊	7月30	戌戊
初八	1月25	酉丁	12月26	卯丁	11月27	戌戊	10月28	辰戊	9月28	戌戊	8月30	巳己	7月31	亥己
初九	1月26	戌戊	12月27	辰戊	11月28	亥己	10月29	巳己	9月29	亥己	8月31	午庚	8月1	子庚
初十	1月27	亥己	12月28	巳己	11月29	子庚	10月30	午庚	9月30	子庚	9月1	未辛	8月2	丑辛
十一	1月28	子庚	12月29	午庚	11月30	丑辛	10月31	未辛	10月1	丑辛	9月2	申壬	8月3	寅壬
十二	1月29	丑辛	12月30	未辛	12月1	寅壬	11月1	申壬	10月2	寅壬	9月3	酉癸	8月4	卯癸
十三	1月30	寅壬	12月31	申壬	12月2	卯癸	11月2	酉癸	10月3	卯癸	9月4	戌甲	8月5	辰甲
十四	1月31	卯癸	1月1	酉癸	12月3	辰甲	11月3	戌甲	10月4	辰甲	9月5	亥乙	8月6	巳乙
十五	2月1	辰甲	1月2	戌甲	12月4	巳乙	11月4	亥乙	10月5	巳乙	9月6	子丙	8月7	午丙
十六	2月2	巳乙	1月3	亥乙	12月5	午丙	11月5	子丙	10月6	午丙	9月7	丑丁	8月8	未丁
十七	2月3	午丙	1月4	子丙	12月6	未丁	11月6	丑丁	10月7	未丁	9月8	寅戊	8月9	申戊
十八	2月4	未丁	1月5	丑丁	12月7	申戊	11月7	寅戊	10月8	申戊	9月9	卯己	8月10	酉己
十九	2月5	申戊	1月6	寅戊	12月8	酉己	11月8	卯己	10月9	酉己	9月10	辰庚	8月11	戌庚
二十	2月6	酉己	1月7	卯己	12月9	戌庚	11月9	辰庚	10月10	戌庚	9月11	巳辛	8月12	亥辛
廿一	2月7	戌庚	1月8	辰庚	12月10	亥辛	11月10	巳辛	10月11	亥辛	9月12	午壬	8月13	子壬
廿二	2月8	亥辛	1月9	巳辛	12月11	子壬	11月11	午壬	10月12	子壬	9月13	未癸	8月14	丑癸
廿三	2月9	子壬	1月10	午壬	12月12	丑癸	11月12	未癸	10月13	丑癸	9月14	申甲	8月15	寅甲
廿四	2月10	丑癸	1月11	未癸	12月13	寅甲	11月13	申甲	10月14	寅甲	9月15	酉乙	8月16	卯乙
廿五	2月11	寅甲	1月12	申甲	12月14	卯乙	11月14	酉乙	10月15	卯乙	9月16	戌丙	8月17	辰丙
廿六	2月12	卯乙	1月13	酉乙	12月15	辰丙	11月15	戌丙	10月16	辰丙	9月17	亥丁	8月18	巳丁
廿七	2月13	辰丙	1月14	戌丙	12月16	巳丁	11月16	亥丁	10月17	巳丁	9月18	子戊	8月19	午戊
廿八	2月14	巳丁	1月15	亥丁	12月17	午戊	11月17	子戊	10月18	午戊	9月19	丑己	8月20	未己
廿九	2月15	午戊	1月16	子戊	12月18	未己	11月18	丑己	10月19	未己	9月20	寅庚	8月21	申庚
三十			1月17	丑己			11月19	寅庚	10月20	申庚			8月22	酉辛

中華民國六十九年　歲次　庚申《猴》　西元一九八○年　太歲　姓毛名倖

農曆六月		農曆五月		農曆四月		農曆三月		農曆二月		農曆正月		月別
癸未		壬午		辛巳		庚辰		己卯		戊寅		支干
立秋 大暑		小暑 夏至		芒種 小滿		立夏 穀雨		清明 春分		驚蟄 雨水		節
17時9分酉 廿七 / 0時42分子 十二		7時24分辰 廿五 / 13時47分未 初九		21時42分卯 廿三 / 5時42分卯 初八		16時48分申 廿一 / 6時23分卯 初六		23時15分子 十九 / 19時10分戌 初四		18時17分酉 十九 / 20時2分戌 初四		氣
國曆	支干	國曆	支干	國曆	支干	國曆	支干	國曆	支干	國曆	支干	農曆
7月12	戌丙	6月13	巳丁	5月14	亥丁	4月15	午戊	3月17	丑己	2月16	未癸	初一
7月13	亥丁	6月14	午戊	5月15	子戊	4月16	未己	3月18	寅庚	2月17	申庚	初二
7月14	子戊	6月15	未己	5月16	丑己	4月17	申庚	3月19	卯辛	2月18	酉辛	初三
7月15	丑己	6月16	申庚	5月17	寅庚	4月18	酉辛	3月20	辰壬	2月19	戌壬	初四
7月16	寅庚	6月17	酉辛	5月18	卯辛	4月19	戌壬	3月21	巳癸	2月20	亥癸	初五
7月17	卯辛	6月18	戌壬	5月19	辰壬	4月20	亥癸	3月22	午甲	2月21	子甲	初六
7月18	辰壬	6月19	亥癸	5月20	巳癸	4月21	子甲	3月23	未乙	2月22	丑乙	初七
7月19	巳癸	6月20	子甲	5月21	午甲	4月22	丑乙	3月24	申丙	2月23	寅丙	初八
7月20	午甲	6月21	丑乙	5月22	未乙	4月23	寅丙	3月25	酉丁	2月24	卯丁	初九
7月21	未乙	6月22	寅丙	5月23	申丙	4月24	卯丁	3月26	戌戊	2月25	辰戊	初十
7月22	申丙	6月23	卯丁	5月24	酉丁	4月25	辰戊	3月27	亥己	2月26	巳己	十一
7月23	酉丁	6月24	辰戊	5月25	戌戊	4月26	巳己	3月28	子庚	2月27	午庚	十二
7月24	戌戊	6月25	巳己	5月26	亥己	4月27	午庚	3月29	丑辛	2月28	未辛	十三
7月25	亥己	6月26	午庚	5月27	子庚	4月28	未辛	3月30	寅壬	2月29	申壬	十四
7月26	子庚	6月27	未辛	5月28	丑辛	4月29	申壬	3月31	卯癸	3月1	酉癸	十五
7月27	丑辛	6月28	申壬	5月29	寅壬	4月30	酉癸	4月1	辰甲	3月2	戌甲	十六
7月28	寅壬	6月29	酉癸	5月30	卯癸	5月1	戌甲	4月2	巳乙	3月3	亥乙	十七
7月29	卯癸	6月30	戌甲	5月31	辰甲	5月2	亥乙	4月3	午丙	3月4	子丙	十八
7月30	辰甲	7月1	亥乙	6月1	巳乙	5月3	子丙	4月4	未丁	3月5	丑丁	十九
7月31	巳乙	7月2	子丙	6月2	午丙	5月4	丑丁	4月5	申戊	3月6	寅戊	二十
8月1	午丙	7月3	丑丁	6月3	未丁	5月5	寅戊	4月6	酉己	3月7	卯己	廿一
8月2	未丁	7月4	寅戊	6月4	申戊	5月6	卯己	4月7	戌庚	3月8	辰庚	廿二
8月3	申戊	7月5	卯己	6月5	酉己	5月7	辰庚	4月8	亥辛	3月9	巳辛	廿三
8月4	酉己	7月6	辰庚	6月6	戌庚	5月8	巳辛	4月9	子壬	3月10	午壬	廿四
8月5	戌庚	7月7	巳辛	6月7	亥辛	5月9	午壬	4月10	丑癸	3月11	未癸	廿五
8月6	亥辛	7月8	午壬	6月8	子壬	5月10	未癸	4月11	寅甲	3月12	申甲	廿六
8月7	子壬	7月9	未癸	6月9	丑癸	5月11	申甲	4月12	卯乙	3月13	酉乙	廿七
8月8	丑癸	7月10	申甲	6月10	寅甲	5月12	酉乙	4月13	辰丙	3月14	戌丙	廿八
8月9	寅甲	7月11	酉乙	6月11	卯乙	5月13	戌丙	4月14	巳丁	3月15	亥丁	廿九
8月10	卯乙			6月12	辰丙					3月16	子戊	三十

西元1980年

月別	農曆十二月		農曆十一月		農曆十月		農曆九月		農曆八月		農曆七月	
干支	己丑		戊子		丁亥		丙戌		乙酉		甲申	
節	立春	大寒	小寒	冬至	大雪	小雪	立冬	霜降	寒露	秋分	白露	處暑
氣	5時56分 卯時 三十	11時36分 午時 十五	18時13分 酉時 三十	0時56分 子時 十六	7時2分 辰時 初一	11時42分 午時 十五	14時19分 未時 三十	14時18分 未時 十五	11時19分 午時 三十	5時9分 卯時 十五	19時54分 戌時 廿八	7時41分 辰時 十三
農曆	國曆	干支	國曆	干支	國曆	干支	國曆	干支	國曆	干支	國曆	干支
初一	1月6	申甲	12月7	寅甲	11月8	酉乙	10月9	卯乙	9月9	酉乙	8月11	辰丙
初二	1月7	酉乙	12月8	卯乙	11月9	戌丙	10月10	辰丙	9月10	戌丙	8月12	巳丁
初三	1月8	戌丙	12月9	辰丙	11月10	亥丁	10月11	巳丁	9月11	亥丁	8月13	午戊
初四	1月9	亥丁	12月10	巳丁	11月11	子戊	10月12	午戊	9月12	子戊	8月14	未己
初五	1月10	子戊	12月11	午戊	11月12	丑己	10月13	未己	9月13	丑己	8月15	申庚
初六	1月11	丑己	12月12	未己	11月13	寅庚	10月14	申庚	9月14	寅庚	8月16	酉辛
初七	1月12	寅庚	12月13	申庚	11月14	卯辛	10月15	酉辛	9月15	卯辛	8月17	戌壬
初八	1月13	卯辛	12月14	酉辛	11月15	辰壬	10月16	戌壬	9月16	辰壬	8月18	亥癸
初九	1月14	辰壬	12月15	戌壬	11月16	巳癸	10月17	亥癸	9月17	巳癸	8月19	子甲
初十	1月15	巳癸	12月16	亥癸	11月17	午甲	10月18	子甲	9月18	午甲	8月20	丑乙
十一	1月16	午甲	12月17	子甲	11月18	未乙	10月19	丑乙	9月19	未乙	8月21	寅丙
十二	1月17	未乙	12月18	丑乙	11月19	申丙	10月20	寅丙	9月20	申丙	8月22	卯丁
十三	1月18	申丙	12月19	寅丙	11月20	酉丁	10月21	卯丁	9月21	酉丁	8月23	辰戊
十四	1月19	酉丁	12月20	卯丁	11月21	戌戊	10月22	辰戊	9月22	戌戊	8月24	巳己
十五	1月20	戌戊	12月21	辰戊	11月22	亥己	10月23	巳己	9月23	亥己	8月25	午庚
十六	1月21	亥己	12月22	巳己	11月23	子庚	10月24	午庚	9月24	子庚	8月26	未辛
十七	1月22	子庚	12月23	午庚	11月24	丑辛	10月25	未辛	9月25	丑辛	8月27	申壬
十八	1月23	丑辛	12月24	未辛	11月25	寅壬	10月26	申壬	9月26	寅壬	8月28	酉癸
十九	1月24	寅壬	12月25	申壬	11月26	卯癸	10月27	酉癸	9月27	卯癸	8月29	戌甲
二十	1月25	卯癸	12月26	酉癸	11月27	辰甲	10月28	戌甲	9月28	辰甲	8月30	亥乙
廿一	1月26	辰甲	12月27	戌甲	11月28	巳乙	10月29	亥乙	9月29	巳乙	8月31	子丙
廿二	1月27	巳乙	12月28	亥乙	11月29	午丙	10月30	子丙	9月30	午丙	9月1	丑丁
廿三	1月28	午丙	12月29	子丙	11月30	未丁	10月31	丑丁	10月1	未丁	9月2	寅戊
廿四	1月29	未丁	12月30	丑丁	12月1	申戊	11月1	寅戊	10月2	申戊	9月3	卯己
廿五	1月30	申戊	12月31	寅戊	12月2	酉己	11月2	卯己	10月3	酉己	9月4	辰庚
廿六	1月31	酉己	1月1	卯己	12月3	戌庚	11月3	辰庚	10月4	戌庚	9月5	巳辛
廿七	2月1	戌庚	1月2	辰庚	12月4	亥辛	11月4	巳辛	10月5	亥辛	9月6	午壬
廿八	2月2	亥辛	1月3	巳辛	12月5	子壬	11月5	午壬	10月6	子壬	9月7	未癸
廿九	2月3	子壬	1月4	午壬	12月6	丑癸	11月6	未癸	10月7	丑癸	9月8	申甲
三十	2月4	丑癸	1月5	未癸			11月7	申甲	10月8	寅甲		

中華民國七十年 歲次辛酉《雞》

西元一九八一年 太歲姓文名政

農曆六月		農曆五月		農曆四月		農曆三月		農曆二月		農曆正月		月別
乙未		甲午		癸巳		壬辰		辛卯		庚寅		干支
大暑	小暑	夏至	芒種	小滿	立夏	穀雨	清明	春分		驚蟄	雨水	節
廿二卯時 6時40分	初六未時 13時12分	二十戌時 19時45分	初五丑時 2時53分	十八午時 11時42分	初二亥時 22時36分	十六午時 12時19分	初一卯時 5時5分	十六丑時 1時3分		初一子時 0時5分	十五丑時 1時52分	氣
國曆	干支	國曆	干支	國曆	干支	國曆	干支	國曆	干支	國曆	干支	農曆
7月 2	辛巳	6月 2	辛亥	5月 4	壬午	4月 5	癸丑	3月 6	癸未	2月 5	甲寅	初一
7月 3	壬午	6月 3	壬子	5月 5	癸未	4月 6	甲寅	3月 7	甲申	2月 6	乙卯	初二
7月 4	癸未	6月 4	癸丑	5月 6	甲申	4月 7	乙卯	3月 8	乙酉	2月 7	丙辰	初三
7月 5	甲申	6月 5	甲寅	5月 7	乙酉	4月 8	丙辰	3月 9	丙戌	2月 8	丁巳	初四
7月 6	乙酉	6月 6	乙卯	5月 8	丙戌	4月 9	丁巳	3月10	丁亥	2月 9	戊午	初五
7月 7	丙戌	6月 7	丙辰	5月 9	丁亥	4月10	戊午	3月11	戊子	2月10	己未	初六
7月 8	丁亥	6月 8	丁巳	5月10	戊子	4月11	己未	3月12	己丑	2月11	庚申	初七
7月 9	戊子	6月 9	戊午	5月11	己丑	4月12	庚申	3月13	庚寅	2月12	辛酉	初八
7月10	己丑	6月10	己未	5月12	庚寅	4月13	辛酉	3月14	辛卯	2月13	壬戌	初九
7月11	庚寅	6月11	庚申	5月13	辛卯	4月14	壬戌	3月15	壬辰	2月14	癸亥	初十
7月12	辛卯	6月12	辛酉	5月14	壬辰	4月15	癸亥	3月16	癸巳	2月15	甲子	十一
7月13	壬辰	6月13	壬戌	5月15	癸巳	4月16	甲子	3月17	甲午	2月16	乙丑	十二
7月14	癸巳	6月14	癸亥	5月16	甲午	4月17	乙丑	3月18	乙未	2月17	丙寅	十三
7月15	甲午	6月15	甲子	5月17	乙未	4月18	丙寅	3月19	丙申	2月18	丁卯	十四
7月16	乙未	6月16	乙丑	5月18	丙申	4月19	丁卯	3月20	丁酉	2月19	戊辰	十五
7月17	丙申	6月17	丙寅	5月19	丁酉	4月20	戊辰	3月21	戊戌	2月20	己巳	十六
7月18	丁酉	6月18	丁卯	5月20	戊戌	4月21	己巳	3月22	己亥	2月21	庚午	十七
7月19	戊戌	6月19	戊辰	5月21	己亥	4月22	庚午	3月23	庚子	2月22	辛未	十八
7月20	己亥	6月20	己巳	5月22	庚子	4月23	辛未	3月24	辛丑	2月23	壬申	十九
7月21	庚子	6月21	庚午	5月23	辛丑	4月24	壬申	3月25	壬寅	2月24	癸酉	二十
7月22	辛丑	6月22	辛未	5月24	壬寅	4月25	癸酉	3月26	癸卯	2月25	甲戌	廿一
7月23	壬寅	6月23	壬申	5月25	癸卯	4月26	甲戌	3月27	甲辰	2月26	乙亥	廿二
7月24	癸卯	6月24	癸酉	5月26	甲辰	4月27	乙亥	3月28	乙巳	2月27	丙子	廿三
7月25	甲辰	6月25	甲戌	5月27	乙巳	4月28	丙子	3月29	丙午	2月28	丁丑	廿四
7月26	乙巳	6月26	乙亥	5月28	丙午	4月29	丁丑	3月30	丁未	3月 1	戊寅	廿五
7月27	丙午	6月27	丙子	5月29	丁未	4月30	戊寅	3月31	戊申	3月 2	己卯	廿六
7月28	丁未	6月28	丁丑	5月30	戊申	5月 1	己卯	4月 1	己酉	3月 3	庚辰	廿七
7月29	戊申	6月29	戊寅	5月31	己酉	5月 2	庚辰	4月 2	庚戌	3月 4	辛巳	廿八
7月30	己酉	6月30	己卯	6月 1	庚戌	5月 3	辛巳	4月 3	辛亥	3月 5	壬午	廿九
		7月 1	庚辰					4月 4	壬子			三十

月別	農曆十二月		農曆十一月		農曆十月		農曆九月		農曆八月		農曆七月	
干支	辛丑		庚子		己亥		戊戌		丁酉		丙申	
節	大寒	小寒	冬至	大雪	小雪	立冬	霜降	寒露	秋分	白露	處暑	立秋
氣	17時30分 廿六酉時	0時3分 十二子時	6時51分 廿七卯時	12時51分 十二午時	17時36分 廿六酉時	20時9分 十一戌時	20時13分 廿六戌時	17時10分 十一酉時	11時5分 廿六午時	1時43分 十一丑時	13時38分 廿四未時	22時57分 初八夜子
農曆	國曆	支干	國曆	支干	國曆	支干	國曆	支干	國曆	支干	國曆	支干
初一	12月26	戊寅	11月26	戊申	10月28	己卯	9月28	己酉	8月29	己卯	7月31	庚戌
初二	12月27	己卯	11月27	己酉	10月29	庚辰	9月29	庚戌	8月30	庚辰	8月1	辛亥
初三	12月28	庚辰	11月28	庚戌	10月30	辛巳	9月30	辛亥	8月31	辛巳	8月2	壬子
初四	12月29	辛巳	11月29	辛亥	10月31	壬午	10月1	壬子	9月1	壬午	8月3	癸丑
初五	12月30	壬午	11月30	壬子	11月1	癸未	10月2	癸丑	9月2	癸未	8月4	甲寅
初六	12月31	癸未	12月1	癸丑	11月2	甲申	10月3	甲寅	9月3	甲申	8月5	乙卯
初七	1月1	甲申	12月2	甲寅	11月3	乙酉	10月4	乙卯	9月4	乙酉	8月6	丙辰
初八	1月2	乙酉	12月3	乙卯	11月4	丙戌	10月5	丙辰	9月5	丙戌	8月7	丁巳
初九	1月3	丙戌	12月4	丙辰	11月5	丁亥	10月6	丁巳	9月6	丁亥	8月8	戊午
初十	1月4	丁亥	12月5	丁巳	11月6	戊子	10月7	戊午	9月7	戊子	8月9	己未
十一	1月5	戊子	12月6	戊午	11月7	己丑	10月8	己未	9月8	己丑	8月10	庚申
十二	1月6	己丑	12月7	己未	11月8	庚寅	10月9	庚申	9月9	庚寅	8月11	辛酉
十三	1月7	庚寅	12月8	庚申	11月9	辛卯	10月10	辛酉	9月10	辛卯	8月12	壬戌
十四	1月8	辛卯	12月9	辛酉	11月10	壬辰	10月11	壬戌	9月11	壬辰	8月13	癸亥
十五	1月9	壬辰	12月10	壬戌	11月11	癸巳	10月12	癸亥	9月12	癸巳	8月14	甲子
十六	1月10	癸巳	12月11	癸亥	11月12	甲午	10月13	甲子	9月13	甲午	8月15	乙丑
十七	1月11	甲午	12月12	甲子	11月13	乙未	10月14	乙丑	9月14	乙未	8月16	丙寅
十八	1月12	乙未	12月13	乙丑	11月14	丙申	10月15	丙寅	9月15	丙申	8月17	丁卯
十九	1月13	丙申	12月14	丙寅	11月15	丁酉	10月16	丁卯	9月16	丁酉	8月18	戊辰
二十	1月14	丁酉	12月15	丁卯	11月16	戊戌	10月17	戊辰	9月17	戊戌	8月19	己巳
廿一	1月15	戊戌	12月16	戊辰	11月17	己亥	10月18	己巳	9月18	己亥	8月20	庚午
廿二	1月16	己亥	12月17	己巳	11月18	庚子	10月19	庚午	9月19	庚子	8月21	辛未
廿三	1月17	庚子	12月18	庚午	11月19	辛丑	10月20	辛未	9月20	辛丑	8月22	壬申
廿四	1月18	辛丑	12月19	辛未	11月20	壬寅	10月21	壬申	9月21	壬寅	8月23	癸酉
廿五	1月19	壬寅	12月20	壬申	11月21	癸卯	10月22	癸酉	9月22	癸卯	8月24	甲戌
廿六	1月20	癸卯	12月21	癸酉	11月22	甲辰	10月23	甲戌	9月23	甲辰	8月25	乙亥
廿七	1月21	甲辰	12月22	甲戌	11月23	乙巳	10月24	乙亥	9月24	乙巳	8月26	丙子
廿八	1月22	乙巳	12月23	乙亥	11月24	丙午	10月25	丙子	9月25	丙午	8月27	丁丑
廿九	1月23	丙午	12月24	丙子	11月25	丁未	10月26	丁丑	9月26	丁未	8月28	戊寅
三十	1月24	丁未	12月25	丁丑			10月27	戊寅	9月27	戊申		

中華民國七十一年 歲次 壬戌《狗》

西元一九八二年 太歲 姓洪名范

節氣時刻表

農曆六月（丁未）		農曆五月（丙午）		農曆閏四月	農曆四月（乙巳）		農曆三月（甲辰）		農曆二月（癸卯）		農曆正月（壬寅）		別月
立秋	大暑	小暑	夏至	芒種	小滿	立夏	穀雨	清明	春分	驚蟄	雨水	立春	節
4時42分寅時 十九	12時16分午時 初三	18時55分戌時 十七	1時23分丑時 初二	8時36分辰時 十五	17時23分酉時 廿八	4時20分寅時 十三	18時53分酉時 廿七	10時08分巳時 十二	6時56分卯時 十六	5時55分卯時 十一	7時47分辰時 廿六	11時46分寅時 十一	氣

國曆・農曆對照表

農曆六月 國曆	干支	農曆五月 國曆	干支	農曆閏四月 國曆	干支	農曆四月 國曆	干支	農曆三月 國曆	干支	農曆二月 國曆	干支	農曆正月 國曆	干支	別月
7月21	乙巳	6月21	乙亥	5月23	丙午	4月24	丁丑	3月25	丁未	2月24	戊寅	1月25	戊申	初一
7月22	丙午	6月22	丙子	5月24	丁未	4月25	戊寅	3月26	戊申	2月25	己卯	1月26	己酉	初二
7月23	丁未	6月23	丁丑	5月25	戊申	4月26	己卯	3月27	己酉	2月26	庚辰	1月27	庚戌	初三
7月24	戊申	6月24	戊寅	5月26	己酉	4月27	庚辰	3月28	庚戌	2月27	辛巳	1月28	辛亥	初四
7月25	己酉	6月25	己卯	5月27	庚戌	4月28	辛巳	3月29	辛亥	2月28	壬午	1月29	壬子	初五
7月26	庚戌	6月26	庚辰	5月28	辛亥	4月29	壬午	3月30	壬子	3月1	癸未	1月30	癸丑	初六
7月27	辛亥	6月27	辛巳	5月29	壬子	4月30	癸未	3月31	癸丑	3月2	甲申	1月31	甲寅	初七
7月28	壬子	6月28	壬午	5月30	癸丑	5月1	甲申	4月1	甲寅	3月3	乙酉	2月1	乙卯	初八
7月29	癸丑	6月29	癸未	5月31	甲寅	5月2	乙酉	4月2	乙卯	3月4	丙戌	2月2	丙辰	初九
7月30	甲寅	6月30	甲申	6月1	乙卯	5月3	丙戌	4月3	丙辰	3月5	丁亥	2月3	丁巳	初十
7月31	乙卯	7月1	乙酉	6月2	丙辰	5月4	丁亥	4月4	丁巳	3月6	戊子	2月4	戊午	十一
8月1	丙辰	7月2	丙戌	6月3	丁巳	5月5	戊子	4月5	戊午	3月7	己丑	2月5	己未	十二
8月2	丁巳	7月3	丁亥	6月4	戊午	5月6	己丑	4月6	己未	3月8	庚寅	2月6	庚申	十三
8月3	戊午	7月4	戊子	6月5	己未	5月7	庚寅	4月7	庚申	3月9	辛卯	2月7	辛酉	十四
8月4	己未	7月5	己丑	6月6	庚申	5月8	辛卯	4月8	辛酉	3月10	壬辰	2月8	壬戌	十五
8月5	庚申	7月6	庚寅	6月7	辛酉	5月9	壬辰	4月9	壬戌	3月11	癸巳	2月9	癸亥	十六
8月6	辛酉	7月7	辛卯	6月8	壬戌	5月10	癸巳	4月10	癸亥	3月12	甲午	2月10	甲子	十七
8月7	壬戌	7月8	壬辰	6月9	癸亥	5月11	甲午	4月11	甲子	3月13	乙未	2月11	乙丑	十八
8月8	癸亥	7月9	癸巳	6月10	甲子	5月12	乙未	4月12	乙丑	3月14	丙申	2月12	丙寅	十九
8月9	甲子	7月10	甲午	6月11	乙丑	5月13	丙申	4月13	丙寅	3月15	丁酉	2月13	丁卯	二十
8月10	乙丑	7月11	乙未	6月12	丙寅	5月14	丁酉	4月14	丁卯	3月16	戊戌	2月14	戊辰	廿一
8月11	丙寅	7月12	丙申	6月13	丁卯	5月15	戊戌	4月15	戊辰	3月17	己亥	2月15	己巳	廿二
8月12	丁卯	7月13	丁酉	6月14	戊辰	5月16	己亥	4月16	己巳	3月18	庚子	2月16	庚午	廿三
8月13	戊辰	7月14	戊戌	6月15	己巳	5月17	庚子	4月17	庚午	3月19	辛丑	2月17	辛未	廿四
8月14	己巳	7月15	己亥	6月16	庚午	5月18	辛丑	4月18	辛未	3月20	壬寅	2月18	壬申	廿五
8月15	庚午	7月16	庚子	6月17	辛未	5月19	壬寅	4月19	壬申	3月21	癸卯	2月19	癸酉	廿六
8月16	辛未	7月17	辛丑	6月18	壬申	5月20	癸卯	4月20	癸酉	3月22	甲辰	2月20	甲戌	廿七
8月17	壬申	7月18	壬寅	6月19	癸酉	5月21	甲辰	4月21	甲戌	3月23	乙巳	2月21	乙亥	廿八
8月18	癸酉	7月19	癸卯	6月20	甲戌	5月22	乙巳	4月22	乙亥	3月24	丙午	2月22	丙子	廿九
		7月20	甲辰					4月23	丙子			2月23	丁丑	三十

286

西元1982年

月別	農曆十二月		農曆十一月		農曆十月		農曆九月		農曆八月		農曆七月	
干支	癸丑		壬子		辛亥		庚戌		己酉		戊申	
節	立春 大寒		小寒 冬至		大雪 小雪		立冬 霜降		寒露 秋分		白露 處暑	
氣	17時40分 廿二酉時 / 23時17分 初七時		5時59分 廿三卯時 / 12時39分 初八午時		18時48分 廿三酉時 / 23時24分 初八夜子時		2時4分 廿三丑時 / 1時58分 初八丑時		23時2分 廿二夜子時 / 16時46分 初七申時		7時32分 廿一辰時 / 19時15分 初五戌時	
農曆	國曆	干支	國曆	干支	國曆	干支	國曆	干支	國曆	干支	國曆	干支
初一	1月14	寅壬	12月15	申壬	11月15	寅壬	10月17	酉癸	9月17	卯癸	8月19	戌甲
初二	1月15	卯癸	12月16	酉癸	11月16	卯癸	10月18	戌甲	9月18	辰甲	8月20	亥乙
初三	1月16	辰甲	12月17	戌甲	11月17	辰甲	10月19	亥乙	9月19	巳乙	8月21	子丙
初四	1月17	巳乙	12月18	亥乙	11月18	巳乙	10月20	子丙	9月20	午丙	8月22	丑丁
初五	1月18	午丙	12月19	子丙	11月19	午丙	10月21	丑丁	9月21	未丁	8月23	寅戊
初六	1月19	未丁	12月20	丑丁	11月20	未丁	10月22	寅戊	9月22	申戊	8月24	卯己
初七	1月20	申戊	12月21	寅戊	11月21	申戊	10月23	卯己	9月23	酉己	8月25	辰庚
初八	1月21	酉己	12月22	卯己	11月22	酉己	10月24	辰庚	9月24	戌庚	8月26	巳辛
初九	1月22	戌庚	12月23	辰庚	11月23	戌庚	10月25	巳辛	9月25	亥辛	8月27	午壬
初十	1月23	亥辛	12月24	巳辛	11月24	亥辛	10月26	午壬	9月26	子壬	8月28	未癸
十一	1月24	子壬	12月25	午壬	11月25	子壬	10月27	未癸	9月27	丑癸	8月29	申甲
十二	1月25	丑癸	12月26	未癸	11月26	丑癸	10月28	申甲	9月28	寅甲	8月30	酉乙
十三	1月26	寅甲	12月27	申甲	11月27	寅甲	10月29	酉乙	9月29	卯乙	8月31	戌丙
十四	1月27	卯乙	12月28	酉乙	11月28	卯乙	10月30	戌丙	9月30	辰丙	9月1	亥丁
十五	1月28	辰丙	12月29	戌丙	11月29	辰丙	10月31	亥丁	10月1	巳丁	9月2	子戊
十六	1月29	巳丁	12月30	亥丁	11月30	巳丁	11月1	子戊	10月2	午戊	9月3	丑己
十七	1月30	午戊	12月31	子戊	12月1	午戊	11月2	丑己	10月3	未己	9月4	寅庚
十八	1月31	未己	1月1	丑己	12月2	未己	11月3	寅庚	10月4	申庚	9月5	卯辛
十九	2月1	申庚	1月2	寅庚	12月3	申庚	11月4	卯辛	10月5	酉辛	9月6	辰壬
二十	2月2	酉辛	1月3	卯辛	12月4	酉辛	11月5	辰壬	10月6	戌壬	9月7	巳癸
廿一	2月3	戌壬	1月4	辰壬	12月5	戌壬	11月6	巳癸	10月7	亥癸	9月8	午甲
廿二	2月4	亥癸	1月5	巳癸	12月6	亥癸	11月7	午甲	10月8	子甲	9月9	未乙
廿三	2月5	子甲	1月6	午甲	12月7	子甲	11月8	未乙	10月9	丑乙	9月10	申丙
廿四	2月6	丑乙	1月7	未乙	12月8	丑乙	11月9	申丙	10月10	寅丙	9月11	酉丁
廿五	2月7	寅丙	1月8	申丙	12月9	寅丙	11月10	酉丁	10月11	卯丁	9月12	戌戊
廿六	2月8	卯丁	1月9	酉丁	12月10	卯丁	11月11	戌戊	10月12	辰戊	9月13	亥己
廿七	2月9	辰戊	1月10	戌戊	12月11	辰戊	11月12	亥己	10月13	巳己	9月14	子庚
廿八	2月10	巳己	1月11	亥己	12月12	巳己	11月13	子庚	10月14	午庚	9月15	丑辛
廿九	2月11	午庚	1月12	子庚	12月13	午庚	11月14	丑辛	10月15	未辛	9月16	寅壬
三十	2月12	未辛	1月13	丑辛	12月14	未辛			10月16	申壬		

中華民國七十二年 歲次 癸亥《豬》

西元一九八三年 太歲 姓虞名程

農曆六月		農曆五月		農曆四月		農曆三月		農曆二月		農曆正月		月別
己未		戊午		丁巳		丙辰		乙卯		甲寅		干支
立秋	大暑	小暑	夏至	芒種	小滿	立夏	穀雨	清明	春分	驚蟄	雨水	節
三十巳時 10時30分	十四酉時 18時4分	廿八子時 0時43分	十二辰時 7時9分	廿五未時 14時26分	初九夜子 23時7分	廿四巳時 10時11分	初八夜子 23時52分	廿二申時 16時45分	初七午時 12時39分	廿二午時 11時47分	初七未時 13時31分	氣
國曆	干支	國曆	干支	國曆	干支	國曆	干支	國曆	干支	國曆	干支	農曆
7月10	己亥	6月11	庚午	5月13	辛丑	4月13	辛未	3月15	壬寅	2月13	壬申	初一
7月11	庚子	6月12	辛未	5月14	壬寅	4月14	壬申	3月16	癸卯	2月14	癸酉	初二
7月12	辛丑	6月13	壬申	5月15	癸卯	4月15	癸酉	3月17	甲辰	2月15	甲戌	初三
7月13	壬寅	6月14	癸酉	5月16	甲辰	4月16	甲戌	3月18	乙巳	2月16	乙亥	初四
7月14	癸卯	6月15	甲戌	5月17	乙巳	4月17	乙亥	3月19	丙午	2月17	丙子	初五
7月15	甲辰	6月16	乙亥	5月18	丙午	4月18	丙子	3月20	丁未	2月18	丁丑	初六
7月16	乙巳	6月17	丙子	5月19	丁未	4月19	丁丑	3月21	戊申	2月19	戊寅	初七
7月17	丙午	6月18	丁丑	5月20	戊申	4月20	戊寅	3月22	己酉	2月20	己卯	初八
7月18	丁未	6月19	戊寅	5月21	己酉	4月21	己卯	3月23	庚戌	2月21	庚辰	初九
7月19	戊申	6月20	己卯	5月22	庚戌	4月22	庚辰	3月24	辛亥	2月22	辛巳	初十
7月20	己酉	6月21	庚辰	5月23	辛亥	4月23	辛巳	3月25	壬子	2月23	壬午	十一
7月21	庚戌	6月22	辛巳	5月24	壬子	4月24	壬午	3月26	癸丑	2月24	癸未	十二
7月22	辛亥	6月23	壬午	5月25	癸丑	4月25	癸未	3月27	甲寅	2月25	甲申	十三
7月23	壬子	6月24	癸未	5月26	甲寅	4月26	甲申	3月28	乙卯	2月26	乙酉	十四
7月24	癸丑	6月25	甲申	5月27	乙卯	4月27	乙酉	3月29	丙辰	2月27	丙戌	十五
7月25	甲寅	6月26	乙酉	5月28	丙辰	4月28	丙戌	3月30	丁巳	2月28	丁亥	十六
7月26	乙卯	6月27	丙戌	5月29	丁巳	4月29	丁亥	3月31	戊午	3月1	戊子	十七
7月27	丙辰	6月28	丁亥	5月30	戊午	4月30	戊子	4月1	己未	3月2	己丑	十八
7月28	丁巳	6月29	戊子	5月31	己未	5月1	己丑	4月2	庚申	3月3	庚寅	十九
7月29	戊午	6月30	己丑	6月1	庚申	5月2	庚寅	4月3	辛酉	3月4	辛卯	二十
7月30	己未	7月1	庚寅	6月2	辛酉	5月3	辛卯	4月4	壬戌	3月5	壬辰	廿一
7月31	庚申	7月2	辛卯	6月3	壬戌	5月4	壬辰	4月5	癸亥	3月6	癸巳	廿二
8月1	辛酉	7月3	壬辰	6月4	癸亥	5月5	癸巳	4月6	甲子	3月7	甲午	廿三
8月2	壬戌	7月4	癸巳	6月5	甲子	5月6	甲午	4月7	乙丑	3月8	乙未	廿四
8月3	癸亥	7月5	甲午	6月6	乙丑	5月7	乙未	4月8	丙寅	3月9	丙申	廿五
8月4	甲子	7月6	乙未	6月7	丙寅	5月8	丙申	4月9	丁卯	3月10	丁酉	廿六
8月5	乙丑	7月7	丙申	6月8	丁卯	5月9	丁酉	4月10	戊辰	3月11	戊戌	廿七
8月6	丙寅	7月8	丁酉	6月9	戊辰	5月10	戊戌	4月11	己巳	3月12	己亥	廿八
8月7	丁卯	7月9	戊戌	6月10	己巳	5月11	己亥	4月12	庚午	3月13	庚子	廿九
8月8	戊辰					5月12	庚子			3月14	辛丑	三十

西元1983年

289

月別	農曆十二月		農曆十一月		農曆十月		農曆九月		農曆八月		農曆七月	
干支	乙丑		甲子		癸亥		壬戌		辛酉		庚申	
節	大寒	小寒	冬至	大雪	小雪	立冬	霜降	寒露	秋分	白露	處暑	
氣	5時十九卯時5分	11時初四午時41分	18時十九酉時30分	0時初五子時34分	5時十九卯時19分	7時初四辰時53分	7時十九辰時55分	4時初四寅時51分	22時十七亥時42分	13時初二未時20分	1時十六丑時8分	
農曆	國曆	支干	國曆	支干	國曆	支干	國曆	支干	國曆	支干	國曆	支干
初一	1月3	丙申	12月4	丙寅	11月5	丁酉	10月6	丁卯	9月7	戊戌	8月9	己巳
初二	1月4	丁酉	12月5	丁卯	11月6	戊戌	10月7	戊辰	9月8	己亥	8月10	庚午
初三	1月5	戊戌	12月6	戊辰	11月7	己亥	10月8	己巳	9月9	庚子	8月11	辛未
初四	1月6	己亥	12月7	己巳	11月8	庚子	10月9	庚午	9月10	辛丑	8月12	壬申
初五	1月7	庚子	12月8	庚午	11月9	辛丑	10月10	辛未	9月11	壬寅	8月13	癸酉
初六	1月8	辛丑	12月9	辛未	11月10	壬寅	10月11	壬申	9月12	癸卯	8月14	甲戌
初七	1月9	壬寅	12月10	壬申	11月11	癸卯	10月12	癸酉	9月13	甲辰	8月15	乙亥
初八	1月10	癸卯	12月11	癸酉	11月12	甲辰	10月13	甲戌	9月14	乙巳	8月16	丙子
初九	1月11	甲辰	12月12	甲戌	11月13	乙巳	10月14	乙亥	9月15	丙午	8月17	丁丑
初十	1月12	乙巳	12月13	乙亥	11月14	丙午	10月15	丙子	9月16	丁未	8月18	戊寅
十一	1月13	丙午	12月14	丙子	11月15	丁未	10月16	丁丑	9月17	戊申	8月19	己卯
十二	1月14	丁未	12月15	丁丑	11月16	戊申	10月17	戊寅	9月18	己酉	8月20	庚辰
十三	1月15	戊申	12月16	戊寅	11月17	己酉	10月18	己卯	9月19	庚戌	8月21	辛巳
十四	1月16	己酉	12月17	己卯	11月18	庚戌	10月19	庚辰	9月20	辛亥	8月22	壬午
十五	1月17	庚戌	12月18	庚辰	11月19	辛亥	10月20	辛巳	9月21	壬子	8月23	癸未
十六	1月18	辛亥	12月19	辛巳	11月20	壬子	10月21	壬午	9月22	癸丑	8月24	甲申
十七	1月19	壬子	12月20	壬午	11月21	癸丑	10月22	癸未	9月23	甲寅	8月25	乙酉
十八	1月20	癸丑	12月21	癸未	11月22	甲寅	10月23	甲申	9月24	乙卯	8月26	丙戌
十九	1月21	甲寅	12月22	甲申	11月23	乙卯	10月24	乙酉	9月25	丙辰	8月27	丁亥
二十	1月22	乙卯	12月23	乙酉	11月24	丙辰	10月25	丙戌	9月26	丁巳	8月28	戊子
廿一	1月23	丙辰	12月24	丙戌	11月25	丁巳	10月26	丁亥	9月27	戊午	8月29	己丑
廿二	1月24	丁巳	12月25	丁亥	11月26	戊午	10月27	戊子	9月28	己未	8月30	庚寅
廿三	1月25	戊午	12月26	戊子	11月27	己未	10月28	己丑	9月29	庚申	8月31	辛卯
廿四	1月26	己未	12月27	己丑	11月28	庚申	10月29	庚寅	9月30	辛酉	9月1	壬辰
廿五	1月27	庚申	12月28	庚寅	11月29	辛酉	10月30	辛卯	10月1	壬戌	9月2	癸巳
廿六	1月28	辛酉	12月29	辛卯	11月30	壬戌	10月31	壬辰	10月2	癸亥	9月3	甲午
廿七	1月29	壬戌	12月30	壬辰	12月1	癸亥	11月1	癸巳	10月3	甲子	9月4	乙未
廿八	1月30	癸亥	12月31	癸巳	12月2	甲子	11月2	甲午	10月4	乙丑	9月5	丙申
廿九	1月31	甲子	1月1	甲午	12月3	乙丑	11月3	乙未	10月5	丙寅	9月6	丁酉
三十	2月1	乙丑	1月2	乙未			11月4	丙申				

中華民國七十三年 歲次 甲子《鼠》

西元一九八四年 太歲 姓金名赤

月別	農曆正月		農曆二月		農曆三月		農曆四月		農曆五月		農曆六月	
干支	丙寅		丁卯		戊辰		己巳		庚午		辛未	
節	立春	雨水	驚蟄	春分	清明	穀雨	立夏	小滿	芒種	夏至	小暑	大暑
氣	初三夜子時 23時19分	十八戌時 19時18分	初三酉時 17時26分	十八酉時 18時23分	初四亥時 22時22分	二十卯時 5時38分	初五申時 15時51分	廿一寅時 4時58分	初六戌時 20時9分	廿二未時 13時2分	初九卯時 6時29分	廿四夜子時 23時58分
農曆	干支	國曆	干支	國曆	干支	國曆	干支	國曆	干支	國曆	干支	國曆
初一	丙寅	2月2	丙申	3月3	乙丑	4月1	乙未	5月1	乙丑	5月31	甲午	6月29
初二	丁卯	2月3	丁酉	3月4	丙寅	4月2	丙申	5月2	丙寅	6月1	乙未	6月30
初三	戊辰	2月4	戊戌	3月5	丁卯	4月3	丁酉	5月3	丁卯	6月2	丙申	7月1
初四	己巳	2月5	己亥	3月6	戊辰	4月4	戊戌	5月4	戊辰	6月3	丁酉	7月2
初五	庚午	2月6	庚子	3月7	己巳	4月5	己亥	5月5	己巳	6月4	戊戌	7月3
初六	辛未	2月7	辛丑	3月8	庚午	4月6	庚子	5月6	庚午	6月5	己亥	7月4
初七	壬申	2月8	壬寅	3月9	辛未	4月7	辛丑	5月7	辛未	6月6	庚子	7月5
初八	癸酉	2月9	癸卯	3月10	壬申	4月8	壬寅	5月8	壬申	6月7	辛丑	7月6
初九	甲戌	2月10	甲辰	3月11	癸酉	4月9	癸卯	5月9	癸酉	6月8	壬寅	7月7
初十	乙亥	2月11	乙巳	3月12	甲戌	4月10	甲辰	5月10	甲戌	6月9	癸卯	7月8
十一	丙子	2月12	丙午	3月13	乙亥	4月11	乙巳	5月11	乙亥	6月10	甲辰	7月9
十二	丁丑	2月13	丁未	3月14	丙子	4月12	丙午	5月12	丙子	6月11	乙巳	7月10
十三	戊寅	2月14	戊申	3月15	丁丑	4月13	丁未	5月13	丁丑	6月12	丙午	7月11
十四	己卯	2月15	己酉	3月16	戊寅	4月14	戊申	5月14	戊寅	6月13	丁未	7月12
十五	庚辰	2月16	庚戌	3月17	己卯	4月15	己酉	5月15	己卯	6月14	戊申	7月13
十六	辛巳	2月17	辛亥	3月18	庚辰	4月16	庚戌	5月16	庚辰	6月15	己酉	7月14
十七	壬午	2月18	壬子	3月19	辛巳	4月17	辛亥	5月17	辛巳	6月16	庚戌	7月15
十八	癸未	2月19	癸丑	3月20	壬午	4月18	壬子	5月18	壬午	6月17	辛亥	7月16
十九	甲申	2月20	甲寅	3月21	癸未	4月19	癸丑	5月19	癸未	6月18	壬子	7月17
二十	乙酉	2月21	乙卯	3月22	甲申	4月20	甲寅	5月20	甲申	6月19	癸丑	7月18
廿一	丙戌	2月22	丙辰	3月23	乙酉	4月21	乙卯	5月21	乙酉	6月20	甲寅	7月19
廿二	丁亥	2月23	丁巳	3月24	丙戌	4月22	丙辰	5月22	丙戌	6月21	乙卯	7月20
廿三	戊子	2月24	戊午	3月25	丁亥	4月23	丁巳	5月23	丁亥	6月22	丙辰	7月21
廿四	己丑	2月25	己未	3月26	戊子	4月24	戊午	5月24	戊子	6月23	丁巳	7月22
廿五	庚寅	2月26	庚申	3月27	己丑	4月25	己未	5月25	己丑	6月24	戊午	7月23
廿六	辛卯	2月27	辛酉	3月28	庚寅	4月26	庚申	5月26	庚寅	6月25	己未	7月24
廿七	壬辰	2月28	壬戌	3月29	辛卯	4月27	辛酉	5月27	辛卯	6月26	庚申	7月25
廿八	癸巳	2月29	癸亥	3月30	壬辰	4月28	壬戌	5月28	壬辰	6月27	辛酉	7月26
廿九	甲午	3月1	甲子	3月31	癸巳	4月29	癸亥	5月29	癸巳	6月28	壬戌	7月27
三十	乙未	3月2			甲午	4月30	甲子	5月30				

西元1984年

月別	農曆十二月		農曆十一月		農曆閏十月		農曆十月		農曆九月		農曆八月		農曆七月	
干支	丁丑		丙子				乙亥		甲戌		癸酉		壬申	
節	水雨	春立	寒大	寒小		至多	雪大	雪小	多立	降霜	露寒	分秋	露白	暑處	秋立
氣	0時55分 子時 三十	5時12分 卯時 十五	10時57分 巳時 三十	17時35分 酉時 十五		0時23分 子時 初一	6時28分 卯時 十五	11時11分 午時 三十	13時45分 未時 十五	13時43分 未時 廿九	10時43分 巳時 十四	4時33分 寅時 廿八	19時10分 戌時 十二	7時0分 辰時 廿七	16時18分 申時 十六

農曆	國曆	支干	國曆	支干	國曆	支干	國曆	支干	國曆	支干	國曆	支干	國曆	支干
初一	1月21	申庚	12月22	寅庚	11月23	酉辛	10月24	卯辛	9月25	戌壬	8月27	巳癸	7月28	亥癸
初二	1月22	酉辛	12月23	卯辛	11月24	戌壬	10月25	辰壬	9月26	亥癸	8月28	午甲	7月29	子甲
初三	1月23	戌壬	12月24	辰壬	11月25	亥癸	10月26	巳癸	9月27	子甲	8月29	未乙	7月30	丑乙
初四	1月24	亥癸	12月25	巳癸	11月26	子甲	10月27	午甲	9月28	丑乙	8月30	申丙	7月31	寅丙
初五	1月25	子甲	12月26	午甲	11月27	丑乙	10月28	未乙	9月29	寅丙	8月31	酉丁	8月1	卯丁
初六	1月26	丑乙	12月27	未乙	11月28	寅丙	10月29	申丙	9月30	卯丁	9月1	戌戊	8月2	辰戊
初七	1月27	寅丙	12月28	申丙	11月29	卯丁	10月30	酉丁	10月1	辰戊	9月2	亥己	8月3	巳己
初八	1月28	卯丁	12月29	酉丁	11月30	辰戊	10月31	戌戊	10月2	巳己	9月3	子庚	8月4	午庚
初九	1月29	辰戊	12月30	戌戊	12月1	巳己	11月1	亥己	10月3	午庚	9月4	丑辛	8月5	未辛
初十	1月30	巳己	12月31	亥己	12月2	午庚	11月2	子庚	10月4	未辛	9月5	寅壬	8月6	申壬
十一	1月31	午庚	1月1	子庚	12月3	未辛	11月3	丑辛	10月5	申壬	9月6	卯癸	8月7	酉癸
十二	2月1	未辛	1月2	丑辛	12月4	申壬	11月4	寅壬	10月6	酉癸	9月7	辰甲	8月8	戌甲
十三	2月2	申壬	1月3	寅壬	12月5	酉癸	11月5	卯癸	10月7	戌甲	9月8	巳乙	8月9	亥乙
十四	2月3	酉癸	1月4	卯癸	12月6	戌甲	11月6	辰甲	10月8	亥乙	9月9	午丙	8月10	子丙
十五	2月4	戌甲	1月5	辰甲	12月7	亥乙	11月7	巳乙	10月9	子丙	9月10	未丁	8月11	丑丁
十六	2月5	亥乙	1月6	巳乙	12月8	子丙	11月8	午丙	10月10	丑丁	9月11	申戊	8月12	寅戊
十七	2月6	子丙	1月7	午丙	12月9	丑丁	11月9	未丁	10月11	寅戊	9月12	酉己	8月13	卯己
十八	2月7	丑丁	1月8	未丁	12月10	寅戊	11月10	申戊	10月12	卯己	9月13	戌庚	8月14	辰庚
十九	2月8	寅戊	1月9	申戊	12月11	卯己	11月11	酉己	10月13	辰庚	9月14	亥辛	8月15	巳辛
二十	2月9	卯己	1月10	酉己	12月12	辰庚	11月12	戌庚	10月14	巳辛	9月15	子壬	8月16	午壬
廿一	2月10	辰庚	1月11	戌庚	12月13	巳辛	11月13	亥辛	10月15	午壬	9月16	丑癸	8月17	未癸
廿二	2月11	巳辛	1月12	亥辛	12月14	午壬	11月14	子壬	10月16	未癸	9月17	寅甲	8月18	申甲
廿三	2月12	午壬	1月13	子壬	12月15	未癸	11月15	丑癸	10月17	申甲	9月18	卯乙	8月19	酉乙
廿四	2月13	未癸	1月14	丑癸	12月16	申甲	11月16	寅甲	10月18	酉乙	9月19	辰丙	8月20	戌丙
廿五	2月14	申甲	1月15	寅甲	12月17	酉乙	11月17	卯乙	10月19	戌丙	9月20	巳丁	8月21	亥丁
廿六	2月15	酉乙	1月16	卯乙	12月18	戌丙	11月18	辰丙	10月20	亥丁	9月21	午戊	8月22	子戊
廿七	2月16	戌丙	1月17	辰丙	12月19	亥丁	11月19	巳丁	10月21	子戊	9月22	未己	8月23	丑己
廿八	2月17	亥丁	1月18	巳丁	12月20	子戊	11月20	午戊	10月22	丑己	9月23	申庚	8月24	寅庚
廿九	2月18	子戊	1月19	午戊	12月21	丑己	11月21	未己	10月23	寅庚	9月24	酉辛	8月25	卯辛
三十	2月19	丑己	1月20	未己			11月22	申庚					8月26	辰壬

中華民國七十四年 歲次 乙丑《牛》

西元一九八五年 太歲 姓陳名泰

月別	農曆正月	農曆二月	農曆三月	農曆四月	農曆五月	農曆六月
干支	戊寅	己卯	庚辰	辛巳	壬午	癸未
節氣	驚蟄 十四夜子 23時15分	春分 初一子時 0時11分；清明 十六寅時 4時16分	穀雨 初一午時 11時26分；立夏 十六亥時 21時43分	小滿 初二巳時 10時43分；芒種 十八丑時 2時0分	夏至 初四酉時 18時44分；小暑 二十午時 12時19分	大暑 初六卯時 5時37分；立秋 廿一亥時 22時4分

農曆	正月 干支	正月 國曆	二月 干支	二月 國曆	三月 干支	三月 國曆	四月 干支	四月 國曆	五月 干支	五月 國曆	六月 干支	六月 國曆
初一	庚寅	2月20	己未	3月21	己丑	4月20	己未	5月20	戊子	6月18	戊午	7月18
初二	辛卯	2月21	庚申	3月22	庚寅	4月21	庚申	5月21	己丑	6月19	己未	7月19
初三	壬辰	2月22	辛酉	3月23	辛卯	4月22	辛酉	5月22	庚寅	6月20	庚申	7月20
初四	癸巳	2月23	壬戌	3月24	壬辰	4月23	壬戌	5月23	辛卯	6月21	辛酉	7月21
初五	甲午	2月24	癸亥	3月25	癸巳	4月24	癸亥	5月24	壬辰	6月22	壬戌	7月22
初六	乙未	2月25	甲子	3月26	甲午	4月25	甲子	5月25	癸巳	6月23	癸亥	7月23
初七	丙申	2月26	乙丑	3月27	乙未	4月26	乙丑	5月26	甲午	6月24	甲子	7月24
初八	丁酉	2月27	丙寅	3月28	丙申	4月27	丙寅	5月27	乙未	6月25	乙丑	7月25
初九	戊戌	2月28	丁卯	3月29	丁酉	4月28	丁卯	5月28	丙申	6月26	丙寅	7月26
初十	己亥	3月1	戊辰	3月30	戊戌	4月29	戊辰	5月29	丁酉	6月27	丁卯	7月27
十一	庚子	3月2	己巳	3月31	己亥	4月30	己巳	5月30	戊戌	6月28	戊辰	7月28
十二	辛丑	3月3	庚午	4月1	庚子	5月1	庚午	5月31	己亥	6月29	己巳	7月29
十三	壬寅	3月4	辛未	4月2	辛丑	5月2	辛未	6月1	庚子	6月30	庚午	7月30
十四	癸卯	3月5	壬申	4月3	壬寅	5月3	壬申	6月2	辛丑	7月1	辛未	7月31
十五	甲辰	3月6	癸酉	4月4	癸卯	5月4	癸酉	6月3	壬寅	7月2	壬申	8月1
十六	乙巳	3月7	甲戌	4月5	甲辰	5月5	甲戌	6月4	癸卯	7月3	癸酉	8月2
十七	丙午	3月8	乙亥	4月6	乙巳	5月6	乙亥	6月5	甲辰	7月4	甲戌	8月3
十八	丁未	3月9	丙子	4月7	丙午	5月7	丙子	6月6	乙巳	7月5	乙亥	8月4
十九	戊申	3月10	丁丑	4月8	丁未	5月8	丁丑	6月7	丙午	7月6	丙子	8月5
二十	己酉	3月11	戊寅	4月9	戊申	5月9	戊寅	6月8	丁未	7月7	丁丑	8月6
廿一	庚戌	3月12	己卯	4月10	己酉	5月10	己卯	6月9	戊申	7月8	戊寅	8月7
廿二	辛亥	3月13	庚辰	4月11	庚戌	5月11	庚辰	6月10	己酉	7月9	己卯	8月8
廿三	壬子	3月14	辛巳	4月12	辛亥	5月12	辛巳	6月11	庚戌	7月10	庚辰	8月9
廿四	癸丑	3月15	壬午	4月13	壬子	5月13	壬午	6月12	辛亥	7月11	辛巳	8月10
廿五	甲寅	3月16	癸未	4月14	癸丑	5月14	癸未	6月13	壬子	7月12	壬午	8月11
廿六	乙卯	3月17	甲申	4月15	甲寅	5月15	甲申	6月14	癸丑	7月13	癸未	8月12
廿七	丙辰	3月18	乙酉	4月16	乙卯	5月16	乙酉	6月15	甲寅	7月14	甲申	8月13
廿八	丁巳	3月19	丙戌	4月17	丙辰	5月17	丙戌	6月16	乙卯	7月15	乙酉	8月14
廿九	戊午	3月20	丁亥	4月18	丁巳	5月18	丁亥	6月17	丙辰	7月16	丙戌	8月15
三十			戊子	4月19	戊午	5月19			丁巳	7月17		

元1985年

月別	農曆十二月		農曆十一月		農曆十月		農曆九月		農曆八月		農曆七月	
干支	己丑		戊子		丁亥		丙戌		乙酉		甲申	
節	立春 大寒		小寒 冬至		大雪 小雪		立冬 霜降		寒露 秋分		白露 處暑	
氣	11時9分 廿六申時　16時48分 十一申時		23時29分 廿五夜子　6時8分 十一卯時		12時16分 廿六午時　16時51分 十一申時		19時29分 廿五戌時　19時22分 初十戌時		16時24分 廿四申時　10時7分 初九巳時		0時53分 廿四子時　12時36分 初八午時	
農曆	國曆	支干	國曆	支干	國曆	支干	國曆	支干	國曆	支干	國曆	支干
初一	1月10	寅甲	12月12	酉乙	11月12	卯乙	10月14	戌丙	9月15	巳丁	8月16	亥丁
初二	1月11	卯乙	12月13	戌丙	11月13	辰丙	10月15	亥丁	9月16	午戊	8月17	子戊
初三	1月12	辰丙	12月14	亥丁	11月14	巳丁	10月16	子戊	9月17	未己	8月18	丑己
初四	1月13	巳丁	12月15	子戊	11月15	午戊	10月17	丑己	9月18	申庚	8月19	寅庚
初五	1月14	午戊	12月16	丑己	11月16	未己	10月18	寅庚	9月19	酉辛	8月20	卯辛
初六	1月15	未己	12月17	寅庚	11月17	申庚	10月19	卯辛	9月20	戌壬	8月21	辰壬
初七	1月16	申庚	12月18	卯辛	11月18	酉辛	10月20	辰壬	9月21	亥癸	8月22	巳癸
初八	1月17	酉辛	12月19	辰壬	11月19	戌壬	10月21	巳癸	9月22	子甲	8月23	午甲
初九	1月18	戌壬	12月20	巳癸	11月20	亥癸	10月22	午甲	9月23	丑乙	8月24	未乙
初十	1月19	亥癸	12月21	午甲	11月21	子甲	10月23	未乙	9月24	寅丙	8月25	申丙
十一	1月20	子甲	12月22	未乙	11月22	丑乙	10月24	申丙	9月25	卯丁	8月26	酉丁
十二	1月21	丑乙	12月23	申丙	11月23	寅丙	10月25	酉丁	9月26	辰戊	8月27	戌戊
十三	1月22	寅丙	12月24	酉丁	11月24	卯丁	10月26	戌戊	9月27	巳己	8月28	亥己
十四	1月23	卯丁	12月25	戌戊	11月25	辰戊	10月27	亥己	9月28	午庚	8月29	子庚
十五	1月24	辰戊	12月26	亥己	11月26	巳己	10月28	子庚	9月29	未辛	8月30	丑辛
十六	1月25	巳己	12月27	子庚	11月27	午庚	10月29	丑辛	9月30	申壬	8月31	寅壬
十七	1月26	午庚	12月28	丑辛	11月28	未辛	10月30	寅壬	10月1	酉癸	9月1	卯癸
十八	1月27	未辛	12月29	寅壬	11月29	申壬	10月31	卯癸	10月2	戌甲	9月2	辰甲
十九	1月28	申壬	12月30	卯癸	11月30	酉癸	11月1	辰甲	10月3	亥乙	9月3	巳乙
二十	1月29	酉癸	12月31	辰甲	12月1	戌甲	11月2	巳乙	10月4	子丙	9月4	午丙
廿一	1月30	戌甲	1月1	巳乙	12月2	亥乙	11月3	午丙	10月5	丑丁	9月5	未丁
廿二	1月31	亥乙	1月2	午丙	12月3	子丙	11月4	未丁	10月6	寅戊	9月6	申戊
廿三	2月1	子丙	1月3	未丁	12月4	丑丁	11月5	申戊	10月7	卯己	9月7	酉己
廿四	2月2	丑丁	1月4	申戊	12月5	寅戊	11月6	酉己	10月8	辰庚	9月8	戌庚
廿五	2月3	寅戊	1月5	酉己	12月6	卯己	11月7	戌庚	10月9	巳辛	9月9	亥辛
廿六	2月4	卯己	1月6	戌庚	12月7	辰庚	11月8	亥辛	10月10	午壬	9月10	子壬
廿七	2月5	辰庚	1月7	亥辛	12月8	巳辛	11月9	子壬	10月11	未癸	9月11	丑癸
廿八	2月6	巳辛	1月8	子壬	12月9	午壬	11月10	丑癸	10月12	申甲	9月12	寅甲
廿九	2月7	午壬	1月9	丑癸	12月10	未癸	11月11	寅甲	10月13	酉乙	9月13	卯乙
三十	2月8	未癸			12月11	申甲					9月14	辰丙

中華民國七十五年　歲次　丙寅《虎》

西元一九八六年　太歲姓沈名興

月別	農曆六月		農曆五月		農曆四月		農曆三月		農曆二月		農曆正月	
干支	乙未		甲午		癸巳		壬辰		辛卯		庚寅	
節	大暑　小暑		夏至		芒種　小滿		立夏　穀雨		清明　春分		驚蟄　雨水	
氣	大暑 11時24分午 十七	小暑 18時0分酉 初一	夏至 0時30分子 十六		芒種 7時44分辰 廿九	小滿 16時28分申 十三	立夏 3時30分寅 廿八	穀雨 17時12分酉 十二	清明 10時4分巳 廿七	春分 6時1分卯 十二	驚蟄 6時11分卯 十六	雨水 6時57分卯 十一
農曆	國曆	支干	國曆	支干	國曆	支干	國曆	支干	國曆	支干	國曆	支干
初一	7月7	子壬	6月7	午壬	5月9	丑癸	4月9	未癸	3月10	丑癸	2月9	申甲
初二	7月8	丑癸	6月8	未癸	5月10	寅甲	4月10	申甲	3月11	寅甲	2月10	酉乙
初三	7月9	寅甲	6月9	申甲	5月11	卯乙	4月11	酉乙	3月12	卯乙	2月11	戌丙
初四	7月10	卯乙	6月10	酉乙	5月12	辰丙	4月12	戌丙	3月13	辰丙	2月12	亥丁
初五	7月11	辰丙	6月11	戌丙	5月13	巳丁	4月13	亥丁	3月14	巳丁	2月13	子戊
初六	7月12	巳丁	6月12	亥丁	5月14	午戊	4月14	子戊	3月15	午戊	2月14	丑己
初七	7月13	午戊	6月13	子戊	5月15	未己	4月15	丑己	3月16	未己	2月15	寅庚
初八	7月14	未己	6月14	丑己	5月16	申庚	4月16	寅庚	3月17	申庚	2月16	卯辛
初九	7月15	申庚	6月15	寅庚	5月17	酉辛	4月17	卯辛	3月18	酉辛	2月17	辰壬
初十	7月16	酉辛	6月16	卯辛	5月18	戌壬	4月18	辰壬	3月19	戌壬	2月18	巳癸
十一	7月17	戌壬	6月17	辰壬	5月19	亥癸	4月19	巳癸	3月20	亥癸	2月19	午甲
十二	7月18	亥癸	6月18	巳癸	5月20	子甲	4月20	午甲	3月21	子甲	2月20	未乙
十三	7月19	子甲	6月19	午甲	5月21	丑乙	4月21	未乙	3月22	丑乙	2月21	申丙
十四	7月20	丑乙	6月20	未乙	5月22	寅丙	4月22	申丙	3月23	寅丙	2月22	酉丁
十五	7月21	寅丙	6月21	申丙	5月23	卯丁	4月23	酉丁	3月24	卯丁	2月23	戌戊
十六	7月22	卯丁	6月22	酉丁	5月24	辰戊	4月24	戌戊	3月25	辰戊	2月24	亥己
十七	7月23	辰戊	6月23	戌戊	5月25	巳己	4月25	亥己	3月26	巳己	2月25	子庚
十八	7月24	巳己	6月24	亥己	5月26	午庚	4月26	子庚	3月27	午庚	2月26	丑辛
十九	7月25	午庚	6月25	子庚	5月27	未辛	4月27	丑辛	3月28	未辛	2月27	寅壬
二十	7月26	未辛	6月26	丑辛	5月28	申壬	4月28	寅壬	3月29	申壬	2月28	卯癸
廿一	7月27	申壬	6月27	寅壬	5月29	酉癸	4月29	卯癸	3月30	酉癸	3月1	辰甲
廿二	7月28	酉癸	6月28	卯癸	5月30	戌甲	4月30	辰甲	3月31	戌甲	3月2	巳乙
廿三	7月29	戌甲	6月29	辰甲	5月31	亥乙	5月1	巳乙	4月1	亥乙	3月3	午丙
廿四	7月30	亥乙	6月30	巳乙	6月1	子丙	5月2	午丙	4月2	子丙	3月4	未丁
廿五	7月31	子丙	7月1	午丙	6月2	丑丁	5月3	未丁	4月3	丑丁	3月5	申戊
廿六	8月1	丑丁	7月2	未丁	6月3	寅戊	5月4	申戊	4月4	寅戊	3月6	酉己
廿七	8月2	寅戊	7月3	申戊	6月4	卯己	5月5	酉己	4月5	卯己	3月7	戌庚
廿八	8月3	卯己	7月4	酉己	6月5	辰庚	5月6	戌庚	4月6	辰庚	3月8	亥辛
廿九	8月4	辰庚	7月5	戌庚	6月6	巳辛	5月7	亥辛	4月7	巳辛	3月9	子壬
三十	8月5	巳辛	7月6	亥辛			5月8	子壬	4月8	午壬		

西元1986年

月別	農曆十二月		農曆十一月		農曆十月		農曆九月		農曆八月		農曆七月	
干支	辛丑		庚子		己亥		戊戌		丁酉		丙申	
節	大寒	小寒	冬至	大雪	小雪	立冬	霜降	寒露	秋分	白露	處暑	立秋
氣	22時40分 廿一亥時	5時13分 初七卯時	12時2分 廿一午時	18時2分 初六酉時	22時44分 廿一亥時	1時12分 初七丑時	1時14分 廿一丑時	22時8分 初五亥時	15時59分 二十申時	6時34分 初五卯時	18時26分 十八酉時	3時52分 初三寅時
農曆	國曆	支干	國曆	支干	國曆	支干	國曆	支干	國曆	支干	國曆	支干
初一	12月31	己酉	12月2	庚辰	11月2	庚戌	10月4	辛巳	9月4	辛亥	8月6	壬午
初二	1月1	庚戌	12月3	辛巳	11月3	辛亥	10月5	壬午	9月5	壬子	8月7	癸未
初三	1月2	辛亥	12月4	壬午	11月4	壬子	10月6	癸未	9月6	癸丑	8月8	甲申
初四	1月3	壬子	12月5	癸未	11月5	癸丑	10月7	甲申	9月7	甲寅	8月9	乙酉
初五	1月4	癸丑	12月6	甲申	11月6	甲寅	10月8	乙酉	9月8	乙卯	8月10	丙戌
初六	1月5	甲寅	12月7	乙酉	11月7	乙卯	10月9	丙戌	9月9	丙辰	8月11	丁亥
初七	1月6	乙卯	12月8	丙戌	11月8	丙辰	10月10	丁亥	9月10	丁巳	8月12	戊子
初八	1月7	丙辰	12月9	丁亥	11月9	丁巳	10月11	戊子	9月11	戊午	8月13	己丑
初九	1月8	丁巳	12月10	戊子	11月10	戊午	10月12	己丑	9月12	己未	8月14	庚寅
初十	1月9	戊午	12月11	己丑	11月11	己未	10月13	庚寅	9月13	庚申	8月15	辛卯
十一	1月10	己未	12月12	庚寅	11月12	庚申	10月14	辛卯	9月14	辛酉	8月16	壬辰
十二	1月11	庚申	12月13	辛卯	11月13	辛酉	10月15	壬辰	9月15	壬戌	8月17	癸巳
十三	1月12	辛酉	12月14	壬辰	11月14	壬戌	10月16	癸巳	9月16	癸亥	8月18	甲午
十四	1月13	壬戌	12月15	癸巳	11月15	癸亥	10月17	甲午	9月17	甲子	8月19	乙未
十五	1月14	癸亥	12月16	甲午	11月16	甲子	10月18	乙未	9月18	乙丑	8月20	丙申
十六	1月15	甲子	12月17	乙未	11月17	乙丑	10月19	丙申	9月19	丙寅	8月21	丁酉
十七	1月16	乙丑	12月18	丙申	11月18	丙寅	10月20	丁酉	9月20	丁卯	8月22	戊戌
十八	1月17	丙寅	12月19	丁酉	11月19	丁卯	10月21	戊戌	9月21	戊辰	8月23	己亥
十九	1月18	丁卯	12月20	戊戌	11月20	戊辰	10月22	己亥	9月22	己巳	8月24	庚子
二十	1月19	戊辰	12月21	己亥	11月21	己巳	10月23	庚子	9月23	庚午	8月25	辛丑
廿一	1月20	己巳	12月22	庚子	11月22	庚午	10月24	辛丑	9月24	辛未	8月26	壬寅
廿二	1月21	庚午	12月23	辛丑	11月23	辛未	10月25	壬寅	9月25	壬申	8月27	癸卯
廿三	1月22	辛未	12月24	壬寅	11月24	壬申	10月26	癸卯	9月26	癸酉	8月28	甲辰
廿四	1月23	壬申	12月25	癸卯	11月25	癸酉	10月27	甲辰	9月27	甲戌	8月29	乙巳
廿五	1月24	癸酉	12月26	甲辰	11月26	甲戌	10月28	乙巳	9月28	乙亥	8月30	丙午
廿六	1月25	甲戌	12月27	乙巳	11月27	乙亥	10月29	丙午	9月29	丙子	8月31	丁未
廿七	1月26	乙亥	12月28	丙午	11月28	丙子	10月30	丁未	9月30	丁丑	9月1	戊申
廿八	1月27	丙子	12月29	丁未	11月29	丁丑	10月31	戊申	10月1	戊寅	9月2	己酉
廿九	1月28	丁丑	12月30	戊申	11月30	戊寅	11月1	己酉	10月2	己卯	9月3	庚戌
三十					12月1	己卯			10月3	庚辰		

中華民國七十六年 歲次 丁卯《兔》

西元一九八七年 太歲 姓耿名章

月別	農曆正月		農曆二月		農曆三月		農曆四月		農曆五月		農曆六月	
干支	壬寅		癸卯		甲辰		乙巳		丙午		丁未	
節	立春	雨水	驚蟄	春分	清明	穀雨	立夏	小滿	芒種	夏至	小暑	大暑
氣	初七申時 16時52分	廿二午時 12時47分	初七巳時 10時54分	廿二午時 11時49分	初八申時 15時44分	廿三亥時 22時58分	初九巳時 9時7分	廿四亥時 22時10分	十一未時 13時20分	廿七卯時 6時10分	十二夜子 23時40分	廿八酉時 17時6分
農曆	干支	國曆	干支	國曆	干支	國曆	干支	國曆	干支	國曆	干支	國曆
初一	戊寅	1月29	戊申	2月28	丁丑	3月29	丁未	4月28	丙子	5月27	丙午	6月26
初二	己卯	1月30	己酉	3月1	戊寅	3月30	戊申	4月29	丁丑	5月28	丁未	6月27
初三	庚辰	1月31	庚戌	3月2	己卯	3月31	己酉	4月30	戊寅	5月29	戊申	6月28
初四	辛巳	2月1	辛亥	3月3	庚辰	4月1	庚戌	5月1	己卯	5月30	己酉	6月29
初五	壬午	2月2	壬子	3月4	辛巳	4月2	辛亥	5月2	庚辰	5月31	庚戌	6月30
初六	癸未	2月3	癸丑	3月5	壬午	4月3	壬子	5月3	辛巳	6月1	辛亥	7月1
初七	甲申	2月4	甲寅	3月6	癸未	4月4	癸丑	5月4	壬午	6月2	壬子	7月2
初八	乙酉	2月5	乙卯	3月7	甲申	4月5	甲寅	5月5	癸未	6月3	癸丑	7月3
初九	丙戌	2月6	丙辰	3月8	乙酉	4月6	乙卯	5月6	甲申	6月4	甲寅	7月4
初十	丁亥	2月7	丁巳	3月9	丙戌	4月7	丙辰	5月7	乙酉	6月5	乙卯	7月5
十一	戊子	2月8	戊午	3月10	丁亥	4月8	丁巳	5月8	丙戌	6月6	丙辰	7月6
十二	己丑	2月9	己未	3月11	戊子	4月9	戊午	5月9	丁亥	6月7	丁巳	7月7
十三	庚寅	2月10	庚申	3月12	己丑	4月10	己未	5月10	戊子	6月8	戊午	7月8
十四	辛卯	2月11	辛酉	3月13	庚寅	4月11	庚申	5月11	己丑	6月9	己未	7月9
十五	壬辰	2月12	壬戌	3月14	辛卯	4月12	辛酉	5月12	庚寅	6月10	庚申	7月10
十六	癸巳	2月13	癸亥	3月15	壬辰	4月13	壬戌	5月13	辛卯	6月11	辛酉	7月11
十七	甲午	2月14	甲子	3月16	癸巳	4月14	癸亥	5月14	壬辰	6月12	壬戌	7月12
十八	乙未	2月15	乙丑	3月17	甲午	4月15	甲子	5月15	癸巳	6月13	癸亥	7月13
十九	丙申	2月16	丙寅	3月18	乙未	4月16	乙丑	5月16	甲午	6月14	甲子	7月14
二十	丁酉	2月17	丁卯	3月19	丙申	4月17	丙寅	5月17	乙未	6月15	乙丑	7月15
廿一	戊戌	2月18	戊辰	3月20	丁酉	4月18	丁卯	5月18	丙申	6月16	丙寅	7月16
廿二	己亥	2月19	己巳	3月21	戊戌	4月19	戊辰	5月19	丁酉	6月17	丁卯	7月17
廿三	庚子	2月20	庚午	3月22	己亥	4月20	己巳	5月20	戊戌	6月18	戊辰	7月18
廿四	辛丑	2月21	辛未	3月23	庚子	4月21	庚午	5月21	己亥	6月19	己巳	7月19
廿五	壬寅	2月22	壬申	3月24	辛丑	4月22	辛未	5月22	庚子	6月20	庚午	7月20
廿六	癸卯	2月23	癸酉	3月25	壬寅	4月23	壬申	5月23	辛丑	6月21	辛未	7月21
廿七	甲辰	2月24	甲戌	3月26	癸卯	4月24	癸酉	5月24	壬寅	6月22	壬申	7月22
廿八	乙巳	2月25	乙亥	3月27	甲辰	4月25	甲戌	5月25	癸卯	6月23	癸酉	7月23
廿九	丙午	2月26	丙子	3月28	乙巳	4月26	乙亥	5月26	甲辰	6月24	甲戌	7月24
三十	丁未	2月27			丙午	4月27			乙巳	6月25	乙亥	7月25

西元1987年

月別	月二十曆農		月一十曆農		月十曆農		月九曆農		月八曆農		月七曆農		月六閏曆農	
干支	丑	癸	子	壬	亥	辛	戌	庚	酉	己	申	戊		
節	春立	寒大	寒小	至冬	雪大	雪小	冬立	降霜	露寒	分秋	露白	暑處	秋立	
氣	22時43分 十七亥時	4時24分 初三寅時	11時4分 十七午時	17時46分 初二酉時	23時51分 十七夜子	4時29分 初三寅時	7時5分 十七辰時	7時2分 初二辰時	3時59分 十七寅時	21時45分 初一亥時	12時25分 十六午時	0時10分 初一子時	9時30分 十四巳時	
農曆	曆國	支干	曆國	支干	曆國	支干	曆國	支干	曆國	支干	曆國	支干	曆國	支干
初一	1月19	酉癸	12月21	辰甲	11月21	戌甲	10月23	巳乙	9月23	亥乙	8月24	巳乙	7月26	子丙
初二	1月20	戌甲	12月22	巳乙	11月22	亥乙	10月24	午丙	9月24	子丙	8月25	午丙	7月27	丑丁
初三	1月21	亥乙	12月23	午丙	11月23	子丙	10月25	未丁	9月25	丑丁	8月26	未丁	7月28	寅戊
初四	1月22	子丙	12月24	未丁	11月24	丑丁	10月26	申戊	9月26	寅戊	8月27	申戊	7月29	卯己
初五	1月23	丑丁	12月25	申戊	11月25	寅戊	10月27	酉己	9月27	卯己	8月28	酉己	7月30	辰庚
初六	1月24	寅戊	12月26	酉己	11月26	卯己	10月28	戌庚	9月28	辰庚	8月29	戌庚	7月31	巳辛
初七	1月25	卯己	12月27	戌庚	11月27	辰庚	10月29	亥辛	9月29	巳辛	8月30	亥辛	8月 1	午壬
初八	1月26	辰庚	12月28	亥辛	11月28	巳辛	10月30	子壬	9月30	午壬	8月31	子壬	8月 2	未癸
初九	1月27	巳辛	12月29	子壬	11月29	午壬	10月31	丑癸	10月 1	未癸	9月 1	丑癸	8月 3	申甲
初十	1月28	午壬	12月30	丑癸	11月30	未癸	11月 1	寅甲	10月 2	申甲	9月 2	寅甲	8月 4	酉乙
十一	1月29	未癸	12月31	寅甲	12月 1	申甲	11月 2	卯乙	10月 3	酉乙	9月 3	卯乙	8月 5	戌丙
十二	1月30	申甲	1月 1	卯乙	12月 2	酉乙	11月 3	辰丙	10月 4	戌丙	9月 4	辰丙	8月 6	亥丁
十三	1月31	酉乙	1月 2	辰丙	12月 3	戌丙	11月 4	巳丁	10月 5	亥丁	9月 5	巳丁	8月 7	子戊
十四	2月 1	戌丙	1月 3	巳丁	12月 4	亥丁	11月 5	午戊	10月 6	子戊	9月 6	午戊	8月 8	丑己
十五	2月 2	亥丁	1月 4	午戊	12月 5	子戊	11月 6	未己	10月 7	丑己	9月 7	未己	8月 9	寅庚
十六	2月 3	子戊	1月 5	未己	12月 6	丑己	11月 7	申庚	10月 8	寅庚	9月 8	申庚	8月10	卯辛
十七	2月 4	丑己	1月 6	申庚	12月 7	寅庚	11月 8	酉辛	10月 9	卯辛	9月 9	酉辛	8月11	辰壬
十八	2月 5	寅庚	1月 7	酉辛	12月 8	卯辛	11月 9	戌壬	10月10	辰壬	9月10	戌壬	8月12	巳癸
十九	2月 6	卯辛	1月 8	戌壬	12月 9	辰壬	11月10	亥癸	10月11	巳癸	9月11	亥癸	8月13	午甲
二十	2月 7	辰壬	1月 9	亥癸	12月10	巳癸	11月11	子甲	10月12	午甲	9月12	子甲	8月14	未乙
廿一	2月 8	巳癸	1月10	子甲	12月11	午甲	11月12	丑乙	10月13	未乙	9月13	丑乙	8月15	申丙
廿二	2月 9	午甲	1月11	丑乙	12月12	未乙	11月13	寅丙	10月14	申丙	9月14	寅丙	8月16	酉丁
廿三	2月10	未乙	1月12	寅丙	12月13	申丙	11月14	卯丁	10月15	酉丁	9月15	卯丁	8月17	戌戊
廿四	2月11	申丙	1月13	卯丁	12月14	酉丁	11月15	辰戊	10月16	戌戊	9月16	辰戊	8月18	亥己
廿五	2月12	酉丁	1月14	辰戊	12月15	戌戊	11月16	巳己	10月17	亥己	9月17	巳己	8月19	子庚
廿六	2月13	戌戊	1月15	巳己	12月16	亥己	11月17	午庚	10月18	子庚	9月18	午庚	8月20	丑辛
廿七	2月14	亥己	1月16	午庚	12月17	子庚	11月18	未辛	10月19	丑辛	9月19	未辛	8月21	寅壬
廿八	2月15	子庚	1月17	未辛	12月18	丑辛	11月19	申壬	10月20	寅壬	9月20	申壬	8月22	卯癸
廿九	2月16	丑辛	1月18	申壬	12月19	寅壬	11月20	酉癸	10月21	卯癸	9月21	酉癸	8月23	辰甲
三十					12月20	卯癸			10月22	辰甲	9月22	戌甲		

中華民國七十七年　歲次　戊辰《龍》　西元一九八八年　太歲　姓趙名達

農曆六月		農曆五月		農曆四月		農曆三月		農曆二月		農曆正月		月別
己未		戊午		丁巳		丙辰		乙卯		甲寅		支干
立秋	大暑	小暑	夏至	芒種	小滿	立夏	穀雨	清明	春分	驚蟄	雨水	節
15時19分 廿五申時	22時51分 初九亥時	5時33分 廿四卯時	11時56分 初八午時	19時13分 廿一戌時	3時57分 初六寅時	15時2分 二十申時	4時45分 初五寅時	21時38分 十八亥時	17時39分 初三酉時	16時43分 十八申時	18時36分 初三酉時	氣
國曆	支干	國曆	支干	國曆	支干	國曆	支干	國曆	支干	國曆	支干	農曆
7月14	午庚	6月14	子庚	5月16	未辛	4月16	丑辛	3月18	申壬	2月17	寅壬	初一
7月15	未辛	6月15	丑辛	5月17	申壬	4月17	寅壬	3月19	酉癸	2月18	卯癸	初二
7月16	申壬	6月16	寅壬	5月18	酉癸	4月18	卯癸	3月20	戌甲	2月19	辰甲	初三
7月17	酉癸	6月17	卯癸	5月19	戌甲	4月19	辰甲	3月21	亥乙	2月20	巳乙	初四
7月18	戌甲	6月18	辰甲	5月20	亥乙	4月20	巳乙	3月22	子丙	2月21	午丙	初五
7月19	亥乙	6月19	巳乙	5月21	子丙	4月21	午丙	3月23	丑丁	2月22	未丁	初六
7月20	子丙	6月20	午丙	5月22	丑丁	4月22	未丁	3月24	寅戊	2月23	申戊	初七
7月21	丑丁	6月21	未丁	5月23	寅戊	4月23	申戊	3月25	卯己	2月24	酉己	初八
7月22	寅戊	6月22	申戊	5月24	卯己	4月24	酉己	3月26	辰庚	2月25	戌庚	初九
7月23	卯己	6月23	酉己	5月25	辰庚	4月25	戌庚	3月27	巳辛	2月26	亥辛	初十
7月24	辰庚	6月24	戌庚	5月26	巳辛	4月26	亥辛	3月28	午壬	2月27	子壬	十一
7月25	巳辛	6月25	亥辛	5月27	午壬	4月27	子壬	3月29	未癸	2月28	丑癸	十二
7月26	午壬	6月26	子壬	5月28	未癸	4月28	丑癸	3月30	申甲	2月29	寅甲	十三
7月27	未癸	6月27	丑癸	5月29	申甲	4月29	寅甲	3月31	酉乙	3月1	卯乙	十四
7月28	申甲	6月28	寅甲	5月30	酉乙	4月30	卯乙	4月1	戌丙	3月2	辰丙	十五
7月29	酉乙	6月29	卯乙	5月31	戌丙	5月1	辰丙	4月2	亥丁	3月3	巳丁	十六
7月30	戌丙	6月30	辰丙	6月1	亥丁	5月2	巳丁	4月3	子戊	3月4	午戊	十七
7月31	亥丁	7月1	巳丁	6月2	子戊	5月3	午戊	4月4	丑己	3月5	未己	十八
8月1	子戊	7月2	午戊	6月3	丑己	5月4	未己	4月5	寅庚	3月6	申庚	十九
8月2	丑己	7月3	未己	6月4	寅庚	5月5	申庚	4月6	卯辛	3月7	酉辛	二十
8月3	寅庚	7月4	申庚	6月5	卯辛	5月6	酉辛	4月7	辰壬	3月8	戌壬	廿一
8月4	卯辛	7月5	酉辛	6月6	辰壬	5月7	戌壬	4月8	巳癸	3月9	亥癸	廿二
8月5	辰壬	7月6	戌壬	6月7	巳癸	5月8	亥癸	4月9	午甲	3月10	子甲	廿三
8月6	巳癸	7月7	亥癸	6月8	午甲	5月9	子甲	4月10	未乙	3月11	丑乙	廿四
8月7	午甲	7月8	子甲	6月9	未乙	5月10	丑乙	4月11	申丙	3月12	寅丙	廿五
8月8	未乙	7月9	丑乙	6月10	申丙	5月11	寅丙	4月12	酉丁	3月13	卯丁	廿六
8月9	申丙	7月10	寅丙	6月11	酉丁	5月12	卯丁	4月13	戌戊	3月14	辰戊	廿七
8月10	酉丁	7月11	卯丁	6月12	戌戊	5月13	辰戊	4月14	亥己	3月15	巳己	廿八
8月11	戌戊	7月12	辰戊	6月13	亥己	5月14	巳己	4月15	子庚	3月16	午庚	廿九
		7月13	巳己			5月15	午庚			3月17	未辛	三十

西元1988年

月別	農曆十二月		農曆十一月		農曆十月		農曆九月		農曆八月		農曆七月	
干支	乙丑		甲子		癸亥		壬戌		辛酉		庚申	
節	立春	大寒	小寒	冬至	大雪	小雪	立冬	霜降	寒露	秋分	白露	處暑
氣	廿八寅時 4時27分	十三巳時 10時7分	廿八申時 16時45分	十三夜子 23時29分	廿九卯時 5時34分	十四巳時 10時12分	廿八午時 12時48分	十三午時 12時45分	廿八巳時 9時44分	十三寅時 3時31分	廿七酉時 18時11分	十二卯時 5時55分
農曆	國曆	干支	國曆	干支	國曆	干支	國曆	干支	國曆	干支	國曆	干支
初一	1月8	戊辰	12月9	戊戌	11月9	戊辰	10月11	己亥	9月11	己巳	8月12	己亥
初二	1月9	己巳	12月10	己亥	11月10	己巳	10月12	庚子	9月12	庚午	8月13	庚子
初三	1月10	庚午	12月11	庚子	11月11	庚午	10月13	辛丑	9月13	辛未	8月14	辛丑
初四	1月11	辛未	12月12	辛丑	11月12	辛未	10月14	壬寅	9月14	壬申	8月15	壬寅
初五	1月12	壬申	12月13	壬寅	11月13	壬申	10月15	癸卯	9月15	癸酉	8月16	癸卯
初六	1月13	癸酉	12月14	癸卯	11月14	癸酉	10月16	甲辰	9月16	甲戌	8月17	甲辰
初七	1月14	甲戌	12月15	甲辰	11月15	甲戌	10月17	乙巳	9月17	乙亥	8月18	乙巳
初八	1月15	乙亥	12月16	乙巳	11月16	乙亥	10月18	丙午	9月18	丙子	8月19	丙午
初九	1月16	丙子	12月17	丙午	11月17	丙子	10月19	丁未	9月19	丁丑	8月20	丁未
初十	1月17	丁丑	12月18	丁未	11月18	丁丑	10月20	戊申	9月20	戊寅	8月21	戊申
十一	1月18	戊寅	12月19	戊申	11月19	戊寅	10月21	己酉	9月21	己卯	8月22	己酉
十二	1月19	己卯	12月20	己酉	11月20	己卯	10月22	庚戌	9月22	庚辰	8月23	庚戌
十三	1月20	庚辰	12月21	庚戌	11月21	庚辰	10月23	辛亥	9月23	辛巳	8月24	辛亥
十四	1月21	辛巳	12月22	辛亥	11月22	辛巳	10月24	壬子	9月24	壬午	8月25	壬子
十五	1月22	壬午	12月23	壬子	11月23	壬午	10月25	癸丑	9月25	癸未	8月26	癸丑
十六	1月23	癸未	12月24	癸丑	11月24	癸未	10月26	甲寅	9月26	甲申	8月27	甲寅
十七	1月24	甲申	12月25	甲寅	11月25	甲申	10月27	乙卯	9月27	乙酉	8月28	乙卯
十八	1月25	乙酉	12月26	乙卯	11月26	乙酉	10月28	丙辰	9月28	丙戌	8月29	丙辰
十九	1月26	丙戌	12月27	丙辰	11月27	丙戌	10月29	丁巳	9月29	丁亥	8月30	丁巳
二十	1月27	丁亥	12月28	丁巳	11月28	丁亥	10月30	戊午	9月30	戊子	8月31	戊午
廿一	1月28	戊子	12月29	戊午	11月29	戊子	10月31	己未	10月1	己丑	9月1	己未
廿二	1月29	己丑	12月30	己未	11月30	己丑	11月1	庚申	10月2	庚寅	9月2	庚申
廿三	1月30	庚寅	12月31	庚申	12月1	庚寅	11月2	辛酉	10月3	辛卯	9月3	辛酉
廿四	1月31	辛卯	1月1	辛酉	12月2	辛卯	11月3	壬戌	10月4	壬辰	9月4	壬戌
廿五	2月1	壬辰	1月2	壬戌	12月3	壬辰	11月4	癸亥	10月5	癸巳	9月5	癸亥
廿六	2月2	癸巳	1月3	癸亥	12月4	癸巳	11月5	甲子	10月6	甲午	9月6	甲子
廿七	2月3	甲午	1月4	甲子	12月5	甲午	11月6	乙丑	10月7	乙未	9月7	乙丑
廿八	2月4	乙未	1月5	乙丑	12月6	乙未	11月7	丙寅	10月8	丙申	9月8	丙寅
廿九	2月5	丙申	1月6	丙寅	12月7	丙申	11月8	丁卯	10月9	丁酉	9月9	丁卯
三十			1月7	丁卯	12月8	丁酉			10月10	戊戌	9月10	戊辰

中華民國七十八年　歲次　己巳《蛇》　西元一九八九年　太歲姓郭名燦

農曆六月 辛未		農曆五月 庚午		農曆四月 己巳		農曆三月 戊辰		農曆二月 丁卯		農曆正月 丙寅		別月
節氣												節氣
大暑 4時46分 廿一寅時	小暑 11時20分 初五午時	夏至 17時53分 十八酉時	芒種 1時5分 初三丑時	小滿 9時54分 十七巳時	立夏 20時54分 初一戌時	穀雨 10時38分 十五巳時		清明 3時30分 廿九寅時	春分 23時28分 十三夜子	驚蟄 22時33分 廿八亥時	雨水 0時20分 十四子時	氣
國曆	干支	國曆	干支	國曆	干支	國曆	干支	國曆	干支	國曆	干支	農曆
7月3	子甲	6月4	未乙	5月5	丑乙	4月6	申丙	3月8	卯丁	2月6	酉丁	初一
7月4	丑乙	6月5	申丙	5月6	寅丙	4月7	酉丁	3月9	辰戊	2月7	戌戊	初二
7月5	寅丙	6月6	酉丁	5月7	卯丁	4月8	戌戊	3月10	巳己	2月8	亥己	初三
7月6	卯丁	6月7	戌戊	5月8	辰戊	4月9	亥己	3月11	午庚	2月9	子庚	初四
7月7	辰戊	6月8	亥己	5月9	巳己	4月10	子庚	3月12	未辛	2月10	丑辛	初五
7月8	巳己	6月9	子庚	5月10	午庚	4月11	丑辛	3月13	申壬	2月11	寅壬	初六
7月9	午庚	6月10	丑辛	5月11	未辛	4月12	寅壬	3月14	酉癸	2月12	卯癸	初七
7月10	未辛	6月11	寅壬	5月12	申壬	4月13	卯癸	3月15	戌甲	2月13	辰甲	初八
7月11	申壬	6月12	卯癸	5月13	酉癸	4月14	辰甲	3月16	亥乙	2月14	巳乙	初九
7月12	酉癸	6月13	辰甲	5月14	戌甲	4月15	巳乙	3月17	子丙	2月15	午丙	初十
7月13	戌甲	6月14	巳乙	5月15	亥乙	4月16	午丙	3月18	丑丁	2月16	未丁	十一
7月14	亥乙	6月15	午丙	5月16	子丙	4月17	未丁	3月19	寅戊	2月17	申戊	十二
7月15	子丙	6月16	未丁	5月17	丑丁	4月18	申戊	3月20	卯己	2月18	酉己	十三
7月16	丑丁	6月17	申戊	5月18	寅戊	4月19	酉己	3月21	辰庚	2月19	戌庚	十四
7月17	寅戊	6月18	酉己	5月19	卯己	4月20	戌庚	3月22	巳辛	2月20	亥辛	十五
7月18	卯己	6月19	戌庚	5月20	辰庚	4月21	亥辛	3月23	午壬	2月21	子壬	十六
7月19	辰庚	6月20	亥辛	5月21	巳辛	4月22	子壬	3月24	未癸	2月22	丑癸	十七
7月20	巳辛	6月21	子壬	5月22	午壬	4月23	丑癸	3月25	申甲	2月23	寅甲	十八
7月21	午壬	6月22	丑癸	5月23	未癸	4月24	寅甲	3月26	酉乙	2月24	卯乙	十九
7月22	未癸	6月23	寅甲	5月24	申甲	4月25	卯乙	3月27	戌丙	2月25	辰丙	二十
7月23	申甲	6月24	卯乙	5月25	酉乙	4月26	辰丙	3月28	亥丁	2月26	巳丁	廿一
7月24	酉乙	6月25	辰丙	5月26	戌丙	4月27	巳丁	3月29	子戊	2月27	午戊	廿二
7月25	戌丙	6月26	巳丁	5月27	亥丁	4月28	午戊	3月30	丑己	2月28	未己	廿三
7月26	亥丁	6月27	午戊	5月28	子戊	4月29	未己	3月31	寅庚	3月1	申庚	廿四
7月27	子戊	6月28	未己	5月29	丑己	4月30	申庚	4月1	卯辛	3月2	酉辛	廿五
7月28	丑己	6月29	申庚	5月30	寅庚	5月1	酉辛	4月2	辰壬	3月3	戌壬	廿六
7月29	寅庚	6月30	酉辛	5月31	卯辛	5月2	戌壬	4月3	巳癸	3月4	亥癸	廿七
7月30	卯辛	7月1	戌壬	6月1	辰壬	5月3	亥癸	4月4	午甲	3月5	子甲	廿八
7月31	辰壬	7月2	亥癸	6月2	巳癸	5月4	子甲	4月5	未乙	3月6	丑乙	廿九
8月1	巳癸			6月3	午甲					3月7	寅丙	三十

西元1989年

月別	月二十曆農		月一十曆農		月十曆農		月九曆農		月八曆農		月七曆農	
干支	丑	丁	子	丙	亥	乙	戌	甲	酉	癸	申	壬
節	寒大	寒小	至冬	雪大	雪小	冬立	降霜	露寒	分秋	露白	暑處	秋立
氣	16時2分 廿四申時	22時34分 初九亥時	5時22分 廿五卯時	11時21分 初十午時	16時4分 廿五申時	18時34分 初十酉時	18時34分 廿四酉時	18時34分 初九酉時	9時19分 廿四巳時	23時54分 初八夜子	11時45分 廿二午時	21時5分 初六亥時
農曆	曆國	支干	曆國	支干	曆國	支干	曆國	支干	曆國	支干	曆國	支干
初一	12月28	戌壬	11月28	辰壬	10月29	戌壬	9月30	巳癸	8月31	亥癸	8月 2	午甲
初二	12月29	亥癸	11月29	巳癸	10月30	亥癸	10月 1	午甲	9月 1	子甲	8月 3	未乙
初三	12月30	子甲	11月30	午甲	10月31	子甲	10月 2	未乙	9月 2	丑乙	8月 4	申丙
初四	12月31	丑乙	12月 1	未乙	11月 1	丑乙	10月 3	申丙	9月 3	寅丙	8月 5	酉丁
初五	1月 1	寅丙	12月 2	申丙	11月 2	寅丙	10月 4	酉丁	9月 4	卯丁	8月 6	戌戊
初六	1月 2	卯丁	12月 3	酉丁	11月 3	卯丁	10月 5	戌戊	9月 5	辰戊	8月 7	亥己
初七	1月 3	辰戊	12月 4	戌戊	11月 4	辰戊	10月 6	亥己	9月 6	巳己	8月 8	子庚
初八	1月 4	巳己	12月 5	亥己	11月 5	巳己	10月 7	子庚	9月 7	午庚	8月 9	丑辛
初九	1月 5	午庚	12月 6	子庚	11月 6	午庚	10月 8	丑辛	9月 8	未辛	8月10	寅壬
初十	1月 6	未辛	12月 7	丑辛	11月 7	未辛	10月 9	寅壬	9月 9	申壬	8月11	卯癸
十一	1月 7	申壬	12月 8	寅壬	11月 8	申壬	10月10	卯癸	9月10	酉癸	8月12	辰甲
十二	1月 8	酉癸	12月 9	卯癸	11月 9	酉癸	10月11	辰甲	9月11	戌甲	8月13	巳乙
十三	1月 9	戌甲	12月10	辰甲	11月10	戌甲	10月12	巳乙	9月12	亥乙	8月14	午丙
十四	1月10	亥乙	12月11	巳乙	11月11	亥乙	10月13	午丙	9月13	子丙	8月15	未丁
十五	1月11	子丙	12月12	午丙	11月12	子丙	10月14	未丁	9月14	丑丁	8月16	申戊
十六	1月12	丑丁	12月13	未丁	11月13	丑丁	10月15	申戊	9月15	寅戊	8月17	酉己
十七	1月13	寅戊	12月14	申戊	11月14	寅戊	10月16	酉己	9月16	卯己	8月18	戌庚
十八	1月14	卯己	12月15	酉己	11月15	卯己	10月17	戌庚	9月17	辰庚	8月19	亥辛
十九	1月15	辰庚	12月16	戌庚	11月16	辰庚	10月18	亥辛	9月18	巳辛	8月20	子壬
二十	1月16	巳辛	12月17	亥辛	11月17	巳辛	10月19	子壬	9月19	午壬	8月21	丑癸
廿一	1月17	午壬	12月18	子壬	11月18	午壬	10月20	丑癸	9月20	未癸	8月22	寅甲
廿二	1月18	未癸	12月19	丑癸	11月19	未癸	10月21	寅甲	9月21	申甲	8月23	卯乙
廿三	1月19	申甲	12月20	寅甲	11月20	申甲	10月22	卯乙	9月22	酉乙	8月24	辰丙
廿四	1月20	酉乙	12月21	卯乙	11月21	酉乙	10月23	辰丙	9月23	戌丙	8月25	巳丁
廿五	1月21	戌丙	12月22	辰丙	11月22	戌丙	10月24	巳丁	9月24	亥丁	8月26	午戊
廿六	1月22	亥丁	12月23	巳丁	11月23	亥丁	10月25	午戊	9月25	子戊	8月27	未己
廿七	1月23	子戊	12月24	午戊	11月24	子戊	10月26	未己	9月26	丑己	8月28	申庚
廿八	1月24	丑己	12月25	未己	11月25	丑己	10月27	申庚	9月27	寅庚	8月29	酉辛
廿九	1月25	寅庚	12月26	申庚	11月26	寅庚	10月28	酉辛	9月28	卯辛	8月30	戌壬
三十	1月26	卯辛	12月27	酉辛	11月27	卯辛			9月29	辰壬		

中華民國七十九年 歲次 庚午《馬》

西元一九九〇年 太歲 姓王名清

節氣

- 農曆六月（癸未）：立秋 2時46分（十八 丑時）／大暑 10時21分（初二 巳時）
- 農曆閏五月：小暑 17時0分（十五 酉時）
- 農曆五月（壬午）：夏至 23時32分（廿九 夜子時）／芒種 6時47分（十四 卯時）
- 農曆四月（辛巳）：小滿 15時37分（廿七 申時）／立夏 2時36分（十二 丑時）
- 農曆三月（庚辰）：穀雨 16時26分（廿五 申時）／清明 9時14分（初十 巳時）
- 農曆二月（己卯）：春分 5時17分（廿五 卯時）／驚蟄 4時22分（初十 寅時）
- 農曆正月（戊寅）：雨水 6時16分（廿四 卯時）／立春 10時15分（初九 巳時）

農曆六月 國曆	支干	農曆閏五月 國曆	支干	農曆五月 國曆	支干	農曆四月 國曆	支干	農曆三月 國曆	支干	農曆二月 國曆	支干	農曆正月 國曆	支干	農曆
7月22	子戊	6月23	未己	5月24	丑己	4月25	申庚	3月27	卯辛	2月25	酉辛	1月27	辰壬	初一
7月23	丑己	6月24	申庚	5月25	寅庚	4月26	酉辛	3月28	辰壬	2月26	戌壬	1月28	巳癸	初二
7月24	寅庚	6月25	酉辛	5月26	卯辛	4月27	戌壬	3月29	巳癸	2月27	亥癸	1月29	午甲	初三
7月25	卯辛	6月26	戌壬	5月27	辰壬	4月28	亥癸	3月30	午甲	2月28	子甲	1月30	未乙	初四
7月26	辰壬	6月27	亥癸	5月28	巳癸	4月29	子甲	3月31	未乙	3月1	丑乙	1月31	申丙	初五
7月27	巳癸	6月28	子甲	5月29	午甲	4月30	丑乙	4月1	申丙	3月2	寅丙	2月1	酉丁	初六
7月28	午甲	6月29	丑乙	5月30	未乙	5月1	寅丙	4月2	酉丁	3月3	卯丁	2月2	戌戊	初七
7月29	未乙	6月30	寅丙	5月31	申丙	5月2	卯丁	4月3	戌戊	3月4	辰戊	2月3	亥己	初八
7月30	申丙	7月1	卯丁	6月1	酉丁	5月3	辰戊	4月4	亥己	3月5	巳己	2月4	子庚	初九
7月31	酉丁	7月2	辰戊	6月2	戌戊	5月4	巳己	4月5	子庚	3月6	午庚	2月5	丑辛	初十
8月1	戌戊	7月3	巳己	6月3	亥己	5月5	午庚	4月6	丑辛	3月7	未辛	2月6	寅壬	十一
8月2	亥己	7月4	午庚	6月4	子庚	5月6	未辛	4月7	寅壬	3月8	申壬	2月7	卯癸	十二
8月3	子庚	7月5	未辛	6月5	丑辛	5月7	申壬	4月8	卯癸	3月9	酉癸	2月8	辰甲	十三
8月4	丑辛	7月6	申壬	6月6	寅壬	5月8	酉癸	4月9	辰甲	3月10	戌甲	2月9	巳乙	十四
8月5	寅壬	7月7	酉癸	6月7	卯癸	5月9	戌甲	4月10	巳乙	3月11	亥乙	2月10	午丙	十五
8月6	卯癸	7月8	戌甲	6月8	辰甲	5月10	亥乙	4月11	午丙	3月12	子丙	2月11	未丁	十六
8月7	辰甲	7月9	亥乙	6月9	巳乙	5月11	子丙	4月12	未丁	3月13	丑丁	2月12	申戊	十七
8月8	巳乙	7月10	子丙	6月10	午丙	5月12	丑丁	4月13	申戊	3月14	寅戊	2月13	酉己	十八
8月9	午丙	7月11	丑丁	6月11	未丁	5月13	寅戊	4月14	酉己	3月15	卯己	2月14	戌庚	十九
8月10	未丁	7月12	寅戊	6月12	申戊	5月14	卯己	4月15	戌庚	3月16	辰庚	2月15	亥辛	二十
8月11	申戊	7月13	卯己	6月13	酉己	5月15	辰庚	4月16	亥辛	3月17	巳辛	2月16	子壬	廿一
8月12	酉己	7月14	辰庚	6月14	戌庚	5月16	巳辛	4月17	子壬	3月18	午壬	2月17	丑癸	廿二
8月13	戌庚	7月15	巳辛	6月15	亥辛	5月17	午壬	4月18	丑癸	3月19	未癸	2月18	寅甲	廿三
8月14	亥辛	7月16	午壬	6月16	子壬	5月18	未癸	4月19	寅甲	3月20	申甲	2月19	卯乙	廿四
8月15	子壬	7月17	未癸	6月17	丑癸	5月19	申甲	4月20	卯乙	3月21	酉乙	2月20	辰丙	廿五
8月16	丑癸	7月18	申甲	6月18	寅甲	5月20	酉乙	4月21	辰丙	3月22	戌丙	2月21	巳丁	廿六
8月17	寅甲	7月19	酉乙	6月19	卯乙	5月21	戌丙	4月22	巳丁	3月23	亥丁	2月22	午戊	廿七
8月18	卯乙	7月20	戌丙	6月20	辰丙	5月22	亥丁	4月23	午戊	3月24	子戊	2月23	未己	廿八
8月19	辰丙	7月21	亥丁	6月21	巳丁	5月23	子戊	4月24	未己	3月25	丑己	2月24	申庚	廿九
				6月22	午戊					3月26	寅庚			三十

西元1990年

月別	農曆十二月		農曆十一月		農曆十月		農曆九月		農曆八月		農曆七月	
干支	己丑		戊子		丁亥		丙戌		乙酉		甲申	
節	立春	大寒	小寒	冬至	大雪	小雪	立冬	霜降	寒露	秋分	白露	處暑
氣	二十 16時 8分 申時	初五 21時 48分 亥時	二十一 4時 28分 寅時	初六 11時 8分 午時	二十一 17時 14分 酉時	初六 21時 47分 亥時	二十二 0時 23分 子時	初七 0時 14分 子時	二十 21時 13分 亥時	初五 14時 55分 未時	二十 5時 38分 卯時	初四 17時 20分 酉時
農曆	國曆	干支	國曆	干支	國曆	干支	國曆	干支	國曆	干支	國曆	干支
初一	1月16	丙戌	12月17	丙辰	11月17	丙戌	10月18	丙辰	9月19	丁亥	8月20	巳丁
初二	1月17	丁亥	12月18	丁巳	11月18	丁亥	10月19	丁巳	9月20	戊子	8月21	戊午
初三	1月18	戊子	12月19	戊午	11月19	戊子	10月20	戊午	9月21	己丑	8月22	己未
初四	1月19	己丑	12月20	己未	11月20	己丑	10月21	己未	9月22	庚寅	8月23	庚申
初五	1月20	庚寅	12月21	庚申	11月21	庚寅	10月22	庚申	9月23	辛卯	8月24	辛酉
初六	1月21	辛卯	12月22	辛酉	11月22	辛卯	10月23	辛酉	9月24	壬辰	8月25	壬戌
初七	1月22	壬辰	12月23	壬戌	11月23	壬辰	10月24	壬戌	9月25	癸巳	8月26	癸亥
初八	1月23	癸巳	12月24	癸亥	11月24	癸巳	10月25	癸亥	9月26	甲午	8月27	甲子
初九	1月24	甲午	12月25	甲子	11月25	甲午	10月26	甲子	9月27	乙未	8月28	乙丑
初十	1月25	乙未	12月26	乙丑	11月26	乙未	10月27	乙丑	9月28	丙申	8月29	丙寅
十一	1月26	丙申	12月27	丙寅	11月27	丙申	10月28	丙寅	9月29	丁酉	8月30	丁卯
十二	1月27	丁酉	12月28	丁卯	11月28	丁酉	10月29	丁卯	9月30	戊戌	8月31	戊辰
十三	1月28	戊戌	12月29	戊辰	11月29	戊戌	10月30	戊辰	10月 1	己亥	9月 1	己巳
十四	1月29	己亥	12月30	己巳	11月30	己亥	10月31	己巳	10月 2	庚子	9月 2	庚午
十五	1月30	庚子	12月31	庚午	12月 1	庚子	11月 1	庚午	10月 3	辛丑	9月 3	辛未
十六	1月31	辛丑	1月 1	辛未	12月 2	辛丑	11月 2	辛未	10月 4	壬寅	9月 4	壬申
十七	2月 1	壬寅	1月 2	壬申	12月 3	壬寅	11月 3	壬申	10月 5	癸卯	9月 5	癸酉
十八	2月 2	癸卯	1月 3	癸酉	12月 4	癸卯	11月 4	癸酉	10月 6	甲辰	9月 6	甲戌
十九	2月 3	甲辰	1月 4	甲戌	12月 5	甲辰	11月 5	甲戌	10月 7	乙巳	9月 7	乙亥
二十	2月 4	乙巳	1月 5	乙亥	12月 6	乙巳	11月 6	乙亥	10月 8	丙午	9月 8	丙子
廿一	2月 5	丙午	1月 6	丙子	12月 7	丙午	11月 7	丙子	10月 9	丁未	9月 9	丁丑
廿二	2月 6	丁未	1月 7	丁丑	12月 8	丁未	11月 8	丁丑	10月10	戊申	9月10	戊寅
廿三	2月 7	戊申	1月 8	戊寅	12月 9	戊申	11月 9	戊寅	10月11	己酉	9月11	己卯
廿四	2月 8	己酉	1月 9	己卯	12月10	己酉	11月10	己卯	10月12	庚戌	9月12	庚辰
廿五	2月 9	庚戌	1月10	庚辰	12月11	庚戌	11月11	庚辰	10月13	辛亥	9月13	辛巳
廿六	2月10	辛亥	1月11	辛巳	12月12	辛亥	11月12	辛巳	10月14	壬子	9月14	壬午
廿七	2月11	壬子	1月12	壬午	12月13	壬子	11月13	壬午	10月15	癸丑	9月15	癸未
廿八	2月12	癸丑	1月13	癸未	12月14	癸丑	11月14	癸未	10月16	甲寅	9月16	甲申
廿九	2月13	甲寅	1月14	甲申	12月15	甲寅	11月15	甲申	10月17	乙卯	9月17	乙酉
三十	2月14	乙卯	1月15	乙酉	12月16	乙卯	11月16	乙酉			9月18	丙戌

中華民國 八十年 歲次 辛未《羊》 西元一九九一年 太歲姓李名素

農曆六月		農曆五月		農曆四月		農曆三月		農曆二月		農曆正月		月別
乙未		甲午		癸巳		壬辰		辛卯		庚寅		干支
立秋	大暑	小暑	夏至	芒種	小滿	立夏	穀雨	清明	春分	驚蟄	雨水	節
8時36分辰時 廿八	16時11分申時 十二	22時52分亥時 二十六	5時19分卯時 十一	12時37分午時 二十四	21時21分亥時 初八	8時27分辰時 二十二	22時9分亥時 初六	15時9分申時 二十一	11時6分午時 初六	10時12分巳時 二十	11時59分午時 初五	氣
國曆	支干	國曆	支干	國曆	支干	國曆	支干	國曆	支干	國曆	支干	農曆
7月12	未癸	6月12	丑癸	5月14	申甲	4月15	卯乙	3月16	酉乙	2月15	辰丙	初一
7月13	申甲	6月13	寅甲	5月15	酉乙	4月16	辰丙	3月17	戌丙	2月16	巳丁	初二
7月14	酉乙	6月14	卯乙	5月16	戌丙	4月17	巳丁	3月18	亥丁	2月17	午戊	初三
7月15	戌丙	6月15	辰丙	5月17	亥丁	4月18	午戊	3月19	子戊	2月18	未己	初四
7月16	亥丁	6月16	巳丁	5月18	子戊	4月19	未己	3月20	丑己	2月19	申庚	初五
7月17	子戊	6月17	午戊	5月19	丑己	4月20	申庚	3月21	寅庚	2月20	酉辛	初六
7月18	丑己	6月18	未己	5月20	寅庚	4月21	酉辛	3月22	卯辛	2月21	戌壬	初七
7月19	寅庚	6月19	申庚	5月21	卯辛	4月22	戌壬	3月23	辰壬	2月22	亥癸	初八
7月20	卯辛	6月20	酉辛	5月22	辰壬	4月23	亥癸	3月24	巳癸	2月23	子甲	初九
7月21	辰壬	6月21	戌壬	5月23	巳癸	4月24	子甲	3月25	午甲	2月24	丑乙	初十
7月22	巳癸	6月22	亥癸	5月24	午甲	4月25	丑乙	3月26	未乙	2月25	寅丙	十一
7月23	午甲	6月23	子甲	5月25	未乙	4月26	寅丙	3月27	申丙	2月26	卯丁	十二
7月24	未乙	6月24	丑乙	5月26	申丙	4月27	卯丁	3月28	酉丁	2月27	辰戊	十三
7月25	申丙	6月25	寅丙	5月27	酉丁	4月28	辰戊	3月29	戌戊	2月28	巳己	十四
7月26	酉丁	6月26	卯丁	5月28	戌戊	4月29	巳己	3月30	亥己	3月 1	午庚	十五
7月27	戌戊	6月27	辰戊	5月29	亥己	4月30	午庚	3月31	子庚	3月 2	未辛	十六
7月28	亥己	6月28	巳己	5月30	子庚	5月 1	未辛	4月 1	丑辛	3月 3	申壬	十七
7月29	子庚	6月29	午庚	5月31	丑辛	5月 2	申壬	4月 2	寅壬	3月 4	酉癸	十八
7月30	丑辛	6月30	未辛	6月 1	寅壬	5月 3	酉癸	4月 3	卯癸	3月 5	戌甲	十九
7月31	寅壬	7月 1	申壬	6月 2	卯癸	5月 4	戌甲	4月 4	辰甲	3月 6	亥乙	二十
8月 1	卯癸	7月 2	酉癸	6月 3	辰甲	5月 5	亥乙	4月 5	巳乙	3月 7	子丙	廿一
8月 2	辰甲	7月 3	戌甲	6月 4	巳乙	5月 6	子丙	4月 6	午丙	3月 8	丑丁	廿二
8月 3	巳乙	7月 4	亥乙	6月 5	午丙	5月 7	丑丁	4月 7	未丁	3月 9	寅戊	廿三
8月 4	午丙	7月 5	子丙	6月 6	未丁	5月 8	寅戊	4月 8	申戊	3月10	卯己	廿四
8月 5	未丁	7月 6	丑丁	6月 7	申戊	5月 9	卯己	4月 9	酉己	3月11	辰庚	廿五
8月 6	申戊	7月 7	寅戊	6月 8	酉己	5月10	辰庚	4月10	戌庚	3月12	巳辛	廿六
8月 7	酉己	7月 8	卯己	6月 9	戌庚	5月11	巳辛	4月11	亥辛	3月13	午壬	廿七
8月 8	戌庚	7月 9	辰庚	6月10	亥辛	5月12	午壬	4月12	子壬	3月14	未癸	廿八
8月 9	亥辛	7月10	巳辛	6月11	子壬	5月13	未癸	4月13	丑癸	3月15	申甲	廿九
		7月11	午壬					4月14	寅甲			三十

西元1991年

月別	農曆十二月		農曆十一月		農曆十月		農曆九月		農曆八月		農曆七月	
干支	辛丑		庚子		己亥		戊戌		丁酉		丙申	
節	大寒	小寒	冬至	大雪	小雪	立冬	霜降	寒露	秋分	白露	處暑	
氣	3時32分 十七寅時	10時9分 初二巳時	16時53分 十七申時	22時56分 初二亥時	3時36分 十八寅時	6時8分 初三卯時	6時5分 十七卯時	3時1分 初二寅時	20時48分 十六戌時	11時27分 初一午時	23時14分 十五夜子時	
農曆	國曆	支干	國曆	支干	國曆	支干	國曆	支干	國曆	支干	國曆	支干
初一	1月5	辰庚	12月6	戌庚	11月6	辰庚	10月8	亥辛	9月8	巳辛	8月10	子壬
初二	1月6	巳辛	12月7	亥辛	11月7	巳辛	10月9	子壬	9月9	午壬	8月11	丑癸
初三	1月7	午壬	12月8	子壬	11月8	午壬	10月10	丑癸	9月10	未癸	8月12	寅甲
初四	1月8	未癸	12月9	丑癸	11月9	未癸	10月11	寅甲	9月11	申甲	8月13	卯乙
初五	1月9	申甲	12月10	寅甲	11月10	申甲	10月12	卯乙	9月12	酉乙	8月14	辰丙
初六	1月10	酉乙	12月11	卯乙	11月11	酉乙	10月13	辰丙	9月13	戌丙	8月15	巳丁
初七	1月11	戌丙	12月12	辰丙	11月12	戌丙	10月14	巳丁	9月14	亥丁	8月16	午戊
初八	1月12	亥丁	12月13	巳丁	11月13	亥丁	10月15	午戊	9月15	子戊	8月17	未己
初九	1月13	子戊	12月14	午戊	11月14	子戊	10月16	未己	9月16	丑己	8月18	申庚
初十	1月14	丑己	12月15	未己	11月15	丑己	10月17	申庚	9月17	寅庚	8月19	酉辛
十一	1月15	寅庚	12月16	申庚	11月16	寅庚	10月18	酉辛	9月18	卯辛	8月20	戌壬
十二	1月16	卯辛	12月17	酉辛	11月17	卯辛	10月19	戌壬	9月19	辰壬	8月21	亥癸
十三	1月17	辰壬	12月18	戌壬	11月18	辰壬	10月20	亥癸	9月20	巳癸	8月22	子甲
十四	1月18	巳癸	12月19	亥癸	11月19	巳癸	10月21	子甲	9月21	午甲	8月23	丑乙
十五	1月19	午甲	12月20	子甲	11月20	午甲	10月22	丑乙	9月22	未乙	8月24	寅丙
十六	1月20	未乙	12月21	丑乙	11月21	未乙	10月23	寅丙	9月23	申丙	8月25	卯丁
十七	1月21	申丙	12月22	寅丙	11月22	申丙	10月24	卯丁	9月24	酉丁	8月26	辰戊
十八	1月22	酉丁	12月23	卯丁	11月23	酉丁	10月25	辰戊	9月25	戌戊	8月27	巳己
十九	1月23	戌戊	12月24	辰戊	11月24	戌戊	10月26	巳己	9月26	亥己	8月28	午庚
二十	1月24	亥己	12月25	巳己	11月25	亥己	10月27	午庚	9月27	子庚	8月29	未辛
廿一	1月25	子庚	12月26	午庚	11月26	子庚	10月28	未辛	9月28	丑辛	8月30	申壬
廿二	1月26	丑辛	12月27	未辛	11月27	丑辛	10月29	申壬	9月29	寅壬	8月31	酉癸
廿三	1月27	寅壬	12月28	申壬	11月28	寅壬	10月30	酉癸	9月30	卯癸	9月1	戌甲
廿四	1月28	卯癸	12月29	酉癸	11月29	卯癸	10月31	戌甲	10月1	辰甲	9月2	亥乙
廿五	1月29	辰甲	12月30	戌甲	11月30	辰甲	11月1	亥乙	10月2	巳乙	9月3	子丙
廿六	1月30	巳乙	12月31	亥乙	12月1	巳乙	11月2	子丙	10月3	午丙	9月4	丑丁
廿七	1月31	午丙	1月1	子丙	12月2	午丙	11月3	丑丁	10月4	未丁	9月5	寅戊
廿八	2月1	未丁	1月2	丑丁	12月3	未丁	11月4	寅戊	10月5	申戊	9月6	卯己
廿九	2月2	申戊	1月3	寅戊	12月4	申戊	11月5	卯己	10月6	酉己	9月7	辰庚
三十	2月3	酉己	1月4	卯己	12月5	酉己			10月7	戌庚		

中華民國八十一年 歲次 壬申《猴》

西元一九九二年 太歲 姓劉名旺

月六曆農		月五曆農		月四曆農		月三曆農		月二曆農		月正曆農		別月
未	丁	午	丙	巳	乙	辰	甲	卯	癸	寅	壬	支干
暑大	暑小	至夏	種芒	滿小	夏立	雨穀	明清	分春	蟄驚	水雨	春立	節
廿三亥時 22時9分	初八寅時 4時40分	廿一午時 11時14分	初五酉時 18時24分	十九寅時 3時12分	初三未時 14時9分	十八寅時 3時57分	初二戌時 20時45分	十七申時 16時49分	初二申時 15時52分	十六酉時 17時44分	初一亥時 21時48分	氣
曆國	支干	曆國	支干	曆國	支干	曆國	支干	曆國	支干	曆國	支干	曆農
6月30	丑丁	6月 1	申戊	5月 3	卯己	4月 3	酉己	3月 4	卯己	2月 4	戌庚	一初
7月 1	寅戊	6月 2	酉己	5月 4	辰庚	4月 4	戌庚	3月 5	辰庚	2月 5	亥辛	二初
7月 2	卯己	6月 3	戌庚	5月 5	巳辛	4月 5	亥辛	3月 6	巳辛	2月 6	子壬	三初
7月 3	辰庚	6月 4	亥辛	5月 6	午壬	4月 6	子壬	3月 7	午壬	2月 7	丑癸	四初
7月 4	巳辛	6月 5	子壬	5月 7	未癸	4月 7	丑癸	3月 8	未癸	2月 8	寅甲	五初
7月 5	午壬	6月 6	丑癸	5月 8	申甲	4月 8	寅甲	3月 9	申甲	2月 9	卯乙	六初
7月 6	未癸	6月 7	寅甲	5月 9	酉乙	4月 9	卯乙	3月10	酉乙	2月10	辰丙	七初
7月 7	申甲	6月 8	卯乙	5月10	戌丙	4月10	辰丙	3月11	戌丙	2月11	巳丁	八初
7月 8	酉乙	6月 9	辰丙	5月11	亥丁	4月11	巳丁	3月12	亥丁	2月12	午戊	九初
7月 9	戌丙	6月10	巳丁	5月12	子戊	4月12	午戊	3月13	子戊	2月13	未己	十初
7月10	亥丁	6月11	午戊	5月13	丑己	4月13	未己	3月14	丑己	2月14	申庚	一十
7月11	子戊	6月12	未己	5月14	寅庚	4月14	申庚	3月15	寅庚	2月15	酉辛	二十
7月12	丑己	6月13	申庚	5月15	卯辛	4月15	酉辛	3月16	卯辛	2月16	戌壬	三十
7月13	寅庚	6月14	酉辛	5月16	辰壬	4月16	戌壬	3月17	辰壬	2月17	亥癸	四十
7月14	卯辛	6月15	戌壬	5月17	巳癸	4月17	亥癸	3月18	巳癸	2月18	子甲	五十
7月15	辰壬	6月16	亥癸	5月18	午甲	4月18	子甲	3月19	午甲	2月19	丑乙	六十
7月16	巳癸	6月17	子甲	5月19	未乙	4月19	丑乙	3月20	未乙	2月20	寅丙	七十
7月17	午甲	6月18	丑乙	5月20	申丙	4月20	寅丙	3月21	申丙	2月21	卯丁	八十
7月18	未乙	6月19	寅丙	5月21	酉丁	4月21	卯丁	3月22	酉丁	2月22	辰戊	九十
7月19	申丙	6月20	卯丁	5月22	戌戊	4月22	辰戊	3月23	戌戊	2月23	巳己	十二
7月20	酉丁	6月21	辰戊	5月23	亥己	4月23	巳己	3月24	亥己	2月24	午庚	一廿
7月21	戌戊	6月22	巳己	5月24	子庚	4月24	午庚	3月25	子庚	2月25	未辛	二廿
7月22	亥己	6月23	午庚	5月25	丑辛	4月25	未辛	3月26	丑辛	2月26	申壬	三廿
7月23	子庚	6月24	未辛	5月26	寅壬	4月26	申壬	3月27	寅壬	2月27	酉癸	四廿
7月24	丑辛	6月25	申壬	5月27	卯癸	4月27	酉癸	3月28	卯癸	2月28	戌甲	五廿
7月25	寅壬	6月26	酉癸	5月28	辰甲	4月28	戌甲	3月29	辰甲	2月29	亥乙	六廿
7月26	卯癸	6月27	戌甲	5月29	巳乙	4月29	亥乙	3月30	巳乙	3月 1	子丙	七廿
7月27	辰甲	6月28	亥乙	5月30	午丙	4月30	子丙	3月31	午丙	3月 2	丑丁	八廿
7月28	巳乙	6月29	子丙	5月31	未丁	5月 1	丑丁	4月 1	未丁	3月 3	寅戊	九廿
7月29	午丙					5月 2	寅戊	4月 2	申戊			十三

西元1992年

月別	農曆十二月		農曆十一月		農曆十月		農曆九月		農曆八月		農曆七月	
干支	癸丑		壬子		辛亥		庚戌		己酉		戊申	
節	大寒	小寒	冬至	大雪	小雪	立冬	霜降	寒露	秋分	白露	處暑	立秋
氣	廿八 9時23分 巳時	十三 15時57分 申時	廿八 22時40分 亥時	十四 4時44分 寅時	廿八 9時27分 巳時	十三 11時57分 辰時	廿八 11時57分 午時	十三 8時52分 辰時	廿七 2時42分 丑時	十一 17時19分 酉時	廿五 5時9分 卯時	初九 14時28分 申時
農曆	國曆	支干	國曆	支干	國曆	支干	國曆	支干	國曆	支干	國曆	支干
初一	12月24	戌甲	11月24	辰甲	10月26	亥乙	9月26	巳乙	8月28	子丙	7月30	未丁
初二	12月25	亥乙	11月25	巳乙	10月27	子丙	9月27	午丙	8月29	丑丁	7月31	申戊
初三	12月26	子丙	11月26	午丙	10月28	丑丁	9月28	未丁	8月30	寅戊	8月 1	酉己
初四	12月27	丑丁	11月27	未丁	10月29	寅戊	9月29	申戊	8月31	卯己	8月 2	戌庚
初五	12月28	寅戊	11月28	申戊	10月30	卯己	9月30	酉己	9月 1	辰庚	8月 3	亥辛
初六	12月29	卯己	11月29	酉己	10月31	辰庚	10月 1	戌庚	9月 2	巳辛	8月 4	子壬
初七	12月30	辰庚	11月30	戌庚	11月 1	巳辛	10月 2	亥辛	9月 3	午壬	8月 5	丑癸
初八	12月31	巳辛	12月 1	亥辛	11月 2	午壬	10月 3	子壬	9月 4	未癸	8月 6	寅甲
初九	1月 1	午壬	12月 2	子壬	11月 3	未癸	10月 4	丑癸	9月 5	申甲	8月 7	卯乙
初十	1月 2	未癸	12月 3	丑癸	11月 4	申甲	10月 5	寅甲	9月 6	酉乙	8月 8	辰丙
十一	1月 3	申甲	12月 4	寅甲	11月 5	酉乙	10月 6	卯乙	9月 7	戌丙	8月 9	巳丁
十二	1月 4	酉乙	12月 5	卯乙	11月 6	戌丙	10月 7	辰丙	9月 8	亥丁	8月10	午戊
十三	1月 5	戌丙	12月 6	辰丙	11月 7	亥丁	10月 8	巳丁	9月 9	子戊	8月11	未己
十四	1月 6	亥丁	12月 7	巳丁	11月 8	子戊	10月 9	午戊	9月10	丑己	8月12	申庚
十五	1月 7	子戊	12月 8	午戊	11月 9	丑己	10月10	未己	9月11	寅庚	8月13	酉辛
十六	1月 8	丑己	12月 9	未己	11月10	寅庚	10月11	申庚	9月12	卯辛	8月14	戌壬
十七	1月 9	寅庚	12月10	申庚	11月11	卯辛	10月12	酉辛	9月13	辰壬	8月15	亥癸
十八	1月10	卯辛	12月11	酉辛	11月12	辰壬	10月13	戌壬	9月14	巳癸	8月16	子甲
十九	1月11	辰壬	12月12	戌壬	11月13	巳癸	10月14	亥癸	9月15	午甲	8月17	丑乙
二十	1月12	巳癸	12月13	亥癸	11月14	午甲	10月15	子甲	9月16	未乙	8月18	寅丙
廿一	1月13	午甲	12月14	子甲	11月15	未乙	10月16	丑乙	9月17	申丙	8月19	卯丁
廿二	1月14	未乙	12月15	丑乙	11月16	申丙	10月17	寅丙	9月18	酉丁	8月20	辰戊
廿三	1月15	申丙	12月16	寅丙	11月17	酉丁	10月18	卯丁	9月19	戌戊	8月21	巳己
廿四	1月16	酉丁	12月17	卯丁	11月18	戌戊	10月19	辰戊	9月20	亥己	8月22	午庚
廿五	1月17	戌戊	12月18	辰戊	11月19	亥己	10月20	巳己	9月21	子庚	8月23	未辛
廿六	1月18	亥己	12月19	巳己	11月20	子庚	10月21	午庚	9月22	丑辛	8月24	申壬
廿七	1月19	子庚	12月20	午庚	11月21	丑辛	10月22	未辛	9月23	寅壬	8月25	酉癸
廿八	1月20	丑辛	12月21	未辛	11月22	寅壬	10月23	申壬	9月24	卯癸	8月26	戌甲
廿九	1月21	寅壬	12月22	申壬	11月23	卯癸	10月24	酉癸	9月25	辰甲	8月27	亥乙
三十	1月22	卯癸	12月23	酉癸			10月25	戌甲				

中華民國八十二年 歲次 癸酉《雞》

西元一九九三年 太歲 姓康名忠

月別	農曆正月		農曆二月		農曆三月		農曆閏三月		農曆四月		農曆五月		農曆六月	
干支	甲	寅	乙	卯	丙	辰			丁	巳	戊	午	己	未
節	立春	雨水	驚蟄	春分	清明	穀雨	立夏		小滿	芒種	夏至	小暑	大暑	立秋
氣	十三寅時 3時43分	廿七夜子 23時35分	十三亥時 21時42分	廿八亥時 22時41分	十四丑時 2時36分	廿九巳時 9時49分	十四戌時 20時2分		初一巳時 9時2分	十七子時 0時15分	初二酉時 17時0分	十八巳時 10時31分	初五寅時 3時52分	二十戌時 20時17分
農曆	干支	國曆	干支	國曆	干支	國曆	干支	國曆	干支	國曆	干支	國曆	干支	國曆
初一	甲辰	1月23	癸酉	2月21	癸卯	3月23	癸酉	4月22	壬寅	5月21	壬申	6月20	辛丑	7月19
初二	乙巳	1月24	甲戌	2月22	甲辰	3月24	甲戌	4月23	癸卯	5月22	癸酉	6月21	壬寅	7月20
初三	丙午	1月25	乙亥	2月23	乙巳	3月25	乙亥	4月24	甲辰	5月23	甲戌	6月22	癸卯	7月21
初四	丁未	1月26	丙子	2月24	丙午	3月26	丙子	4月25	乙巳	5月24	乙亥	6月23	甲辰	7月22
初五	戊申	1月27	丁丑	2月25	丁未	3月27	丁丑	4月26	丙午	5月25	丙子	6月24	乙巳	7月23
初六	己酉	1月28	戊寅	2月26	戊申	3月28	戊寅	4月27	丁未	5月26	丁丑	6月25	丙午	7月24
初七	庚戌	1月29	己卯	2月27	己酉	3月29	己卯	4月28	戊申	5月27	戊寅	6月26	丁未	7月25
初八	辛亥	1月30	庚辰	2月28	庚戌	3月30	庚辰	4月29	己酉	5月28	己卯	6月27	戊申	7月26
初九	壬子	1月31	辛巳	3月1	辛亥	3月31	辛巳	4月30	庚戌	5月29	庚辰	6月28	己酉	7月27
初十	癸丑	2月1	壬午	3月2	壬子	4月1	壬午	5月1	辛亥	5月30	辛巳	6月29	庚戌	7月28
十一	甲寅	2月2	癸未	3月3	癸丑	4月2	癸未	5月2	壬子	5月31	壬午	6月30	辛亥	7月29
十二	乙卯	2月3	甲申	3月4	甲寅	4月3	甲申	5月3	癸丑	6月1	癸未	7月1	壬子	7月30
十三	丙辰	2月4	乙酉	3月5	乙卯	4月4	乙酉	5月4	甲寅	6月2	甲申	7月2	癸丑	7月31
十四	丁巳	2月5	丙戌	3月6	丙辰	4月5	丙戌	5月5	乙卯	6月3	乙酉	7月3	甲寅	8月1
十五	戊午	2月6	丁亥	3月7	丁巳	4月6	丁亥	5月6	丙辰	6月4	丙戌	7月4	乙卯	8月2
十六	己未	2月7	戊子	3月8	戊午	4月7	戊子	5月7	丁巳	6月5	丁亥	7月5	丙辰	8月3
十七	庚申	2月8	己丑	3月9	己未	4月8	己丑	5月8	戊午	6月6	戊子	7月6	丁巳	8月4
十八	辛酉	2月9	庚寅	3月10	庚申	4月9	庚寅	5月9	己未	6月7	己丑	7月7	戊午	8月5
十九	壬戌	2月10	辛卯	3月11	辛酉	4月10	辛卯	5月10	庚申	6月8	庚寅	7月8	己未	8月6
二十	癸亥	2月11	壬辰	3月12	壬戌	4月11	壬辰	5月11	辛酉	6月9	辛卯	7月9	庚申	8月7
廿一	甲子	2月12	癸巳	3月13	癸亥	4月12	癸巳	5月12	壬戌	6月10	壬辰	7月10	辛酉	8月8
廿二	乙丑	2月13	甲午	3月14	甲子	4月13	甲午	5月13	癸亥	6月11	癸巳	7月11	壬戌	8月9
廿三	丙寅	2月14	乙未	3月15	乙丑	4月14	乙未	5月14	甲子	6月12	甲午	7月12	癸亥	8月10
廿四	丁卯	2月15	丙申	3月16	丙寅	4月15	丙申	5月15	乙丑	6月13	乙未	7月13	甲子	8月11
廿五	戊辰	2月16	丁酉	3月17	丁卯	4月16	丁酉	5月16	丙寅	6月14	丙申	7月14	乙丑	8月12
廿六	己巳	2月17	戊戌	3月18	戊辰	4月17	戊戌	5月17	丁卯	6月15	丁酉	7月15	丙寅	8月13
廿七	庚午	2月18	己亥	3月19	己巳	4月18	己亥	5月18	戊辰	6月16	戊戌	7月16	丁卯	8月14
廿八	辛未	2月19	庚子	3月20	庚午	4月19	庚子	5月19	己巳	6月17	己亥	7月17	戊辰	8月15
廿九	壬申	2月20	辛丑	3月21	辛未	4月20	辛丑	5月20	庚午	6月18	庚子	7月18	己巳	8月16
三十			壬寅	3月22	壬申	4月21			辛未	6月19			庚午	8月17

西元1993年

月別	月二十曆農		月一十曆農		月十曆農		月九曆農		月八曆農		月七曆農	
干支	丑	乙	子	甲	亥	癸	戌	壬	酉	辛	申	庚
節	春立	寒大	寒小	至多	雪大	雪小	冬立	降霜	露寒	分秋	露白	暑處
氣	9時33分 廿四巳時	15時7分 初九申時	21時46分 廿四亥時	4時29分 初十寅時	10時33分 廿四巳時	15時7分 初九申時	17時46分 廿四酉時	17時37分 初九酉時	14時41分 廿三未時	8時23分 初八辰時	23時7分 廿一夜子	10時51分 初六巳時
農曆	曆國	支干	曆國	支干	曆國	支干	曆國	支干	曆國	支干	曆國	支干
初一	1月12	戌戊	12月13	辰戊	11月14	亥己	10月15	巳己	9月16	子庚	8月18	未辛
初二	1月13	亥己	12月14	巳己	11月15	子庚	10月16	午庚	9月17	丑辛	8月19	申壬
初三	1月14	子庚	12月15	午庚	11月16	丑辛	10月17	未辛	9月18	寅壬	8月20	酉癸
初四	1月15	丑辛	12月16	未辛	11月17	寅壬	10月18	申壬	9月19	卯癸	8月21	戌甲
初五	1月16	寅壬	12月17	申壬	11月18	卯癸	10月19	酉癸	9月20	辰甲	8月22	亥乙
初六	1月17	卯癸	12月18	酉癸	11月19	辰甲	10月20	戌甲	9月21	巳乙	8月23	子丙
初七	1月18	辰甲	12月19	戌甲	11月20	巳乙	10月21	亥乙	9月22	午丙	8月24	丑丁
初八	1月19	巳乙	12月20	亥乙	11月21	午丙	10月22	子丙	9月23	未丁	8月25	寅戊
初九	1月20	午丙	12月21	子丙	11月22	未丁	10月23	丑丁	9月24	申戊	8月26	卯己
初十	1月21	未丁	12月22	丑丁	11月23	申戊	10月24	寅戊	9月25	酉己	8月27	辰庚
十一	1月22	申戊	12月23	寅戊	11月24	酉己	10月25	卯己	9月26	戌庚	8月28	巳辛
十二	1月23	酉己	12月24	卯己	11月25	戌庚	10月26	辰庚	9月27	亥辛	8月29	午壬
十三	1月24	戌庚	12月25	辰庚	11月26	亥辛	10月27	巳辛	9月28	子壬	8月30	未癸
十四	1月25	亥辛	12月26	巳辛	11月27	子壬	10月28	午壬	9月29	丑癸	8月31	申甲
十五	1月26	子壬	12月27	午壬	11月28	丑癸	10月29	未癸	9月30	寅甲	9月 1	酉乙
十六	1月27	丑癸	12月28	未癸	11月29	寅甲	10月30	申甲	10月 1	卯乙	9月 2	戌丙
十七	1月28	寅甲	12月29	申甲	11月30	卯乙	10月31	酉乙	10月 2	辰丙	9月 3	亥丁
十八	1月29	卯乙	12月30	酉乙	12月 1	辰丙	11月 1	戌丙	10月 3	巳丁	9月 4	子戊
十九	1月30	辰丙	12月31	戌丙	12月 2	巳丁	11月 2	亥丁	10月 4	午戊	9月 5	丑己
二十	1月31	巳丁	1月 1	亥丁	12月 3	午戊	11月 3	子戊	10月 5	未己	9月 6	寅庚
廿一	2月 1	午戊	1月 2	子戊	12月 4	未己	11月 4	丑己	10月 6	申庚	9月 7	卯辛
廿二	2月 2	未己	1月 3	丑己	12月 5	申庚	11月 5	寅庚	10月 7	酉辛	9月 8	辰壬
廿三	2月 3	申庚	1月 4	寅庚	12月 6	酉辛	11月 6	卯辛	10月 8	戌壬	9月 9	巳癸
廿四	2月 4	酉辛	1月 5	卯辛	12月 7	戌壬	11月 7	辰壬	10月 9	亥癸	9月10	午甲
廿五	2月 5	戌壬	1月 6	辰壬	12月 8	亥癸	11月 8	巳癸	10月10	子甲	9月11	未乙
廿六	2月 6	亥癸	1月 7	巳癸	12月 9	子甲	11月 9	午甲	10月11	丑乙	9月12	申丙
廿七	2月 7	子甲	1月 8	午甲	12月10	丑乙	11月10	未乙	10月12	寅丙	9月13	酉丁
廿八	2月 8	丑乙	1月 9	未乙	12月11	寅丙	11月11	申丙	10月13	卯丁	9月14	戌戊
廿九	2月 9	寅丙	1月10	申丙	12月12	卯丁	11月12	酉丁	10月14	辰戊	9月15	亥己
三十			1月11	酉丁			11月13	戌戊				

中華民國八十三年　歲次　甲戌《狗》　西元一九九四年　太歲姓誓名廣

月別	農曆六月		農曆五月		農曆四月		農曆三月		農曆二月		農曆正月		月別
支干	辛未		庚午		己巳		戊辰		丁卯		丙寅		支干
節	大暑		小暑 夏至		芒種 小滿		立夏 穀雨		清明 春分		驚蟄 雨水		節
氣	9時41分 十五巳時		16時19分 廿九申時 22時48分 十三亥時		6時5分 廿七卯時 14時50分 十一未時		1時54分 廿六丑時 15時37分 初十申時		8時31分 廿五辰時 4時30分 初十寅時		3時37分 廿五寅時 5時21分 初十卯時		氣
	國曆	支干	國曆	支干	國曆	支干	國曆	支干	國曆	支干	國曆	支干	農曆
	7月9	丙申	6月9	丙寅	5月11	丁酉	4月11	丁卯	3月12	丁酉	2月10	丁卯	初一
	7月10	丁酉	6月10	丁卯	5月12	戊戌	4月12	戊辰	3月13	戊戌	2月11	戊辰	初二
	7月11	戊戌	6月11	戊辰	5月13	己亥	4月13	己巳	3月14	己亥	2月12	己巳	初三
	7月12	己亥	6月12	己巳	5月14	庚子	4月14	庚午	3月15	庚子	2月13	庚午	初四
	7月13	庚子	6月13	庚午	5月15	辛丑	4月15	辛未	3月16	辛丑	2月14	辛未	初五
	7月14	辛丑	6月14	辛未	5月16	壬寅	4月16	壬申	3月17	壬寅	2月15	壬申	初六
	7月15	壬寅	6月15	壬申	5月17	癸卯	4月17	癸酉	3月18	癸卯	2月16	癸酉	初七
	7月16	癸卯	6月16	癸酉	5月18	甲辰	4月18	甲戌	3月19	甲辰	2月17	甲戌	初八
	7月17	甲辰	6月17	甲戌	5月19	乙巳	4月19	乙亥	3月20	乙巳	2月18	乙亥	初九
	7月18	乙巳	6月18	乙亥	5月20	丙午	4月20	丙子	3月21	丙午	2月19	丙子	初十
	7月19	丙午	6月19	丙子	5月21	丁未	4月21	丁丑	3月22	丁未	2月20	丁丑	十一
	7月20	丁未	6月20	丁丑	5月22	戊申	4月22	戊寅	3月23	戊申	2月21	戊寅	十二
	7月21	戊申	6月21	戊寅	5月23	己酉	4月23	己卯	3月24	己酉	2月22	己卯	十三
	7月22	己酉	6月22	己卯	5月24	庚戌	4月24	庚辰	3月25	庚戌	2月23	庚辰	十四
	7月23	庚戌	6月23	庚辰	5月25	辛亥	4月25	辛巳	3月26	辛亥	2月24	辛巳	十五
	7月24	辛亥	6月24	辛巳	5月26	壬子	4月26	壬午	3月27	壬子	2月25	壬午	十六
	7月25	壬子	6月25	壬午	5月27	癸丑	4月27	癸未	3月28	癸丑	2月26	癸未	十七
	7月26	癸丑	6月26	癸未	5月28	甲寅	4月28	甲申	3月29	甲寅	2月27	甲申	十八
	7月27	甲寅	6月27	甲申	5月29	乙卯	4月29	乙酉	3月30	乙卯	2月28	乙酉	十九
	7月28	乙卯	6月28	乙酉	5月30	丙辰	4月30	丙戌	3月31	丙辰	3月1	丙戌	二十
	7月29	丙辰	6月29	丙戌	5月31	丁巳	5月1	丁亥	4月1	丁巳	3月2	丁亥	廿一
	7月30	丁巳	6月30	丁亥	6月1	戊午	5月2	戊子	4月2	戊午	3月3	戊子	廿二
	7月31	戊午	7月1	戊子	6月2	己未	5月3	己丑	4月3	己未	3月4	己丑	廿三
	8月1	己未	7月2	己丑	6月3	庚申	5月4	庚寅	4月4	庚申	3月5	庚寅	廿四
	8月2	庚申	7月3	庚寅	6月4	辛酉	5月5	辛卯	4月5	辛酉	3月6	辛卯	廿五
	8月3	辛酉	7月4	辛卯	6月5	壬戌	5月6	壬辰	4月6	壬戌	3月7	壬辰	廿六
	8月4	壬戌	7月5	壬辰	6月6	癸亥	5月7	癸巳	4月7	癸亥	3月8	癸巳	廿七
	8月5	癸亥	7月6	癸巳	6月7	甲子	5月8	甲午	4月8	甲子	3月9	甲午	廿八
	8月6	甲子	7月7	甲午	6月8	乙丑	5月9	乙未	4月9	乙丑	3月10	乙未	廿九
			7月8	乙未			5月10	丙申	4月10	丙寅	3月11	丙申	三十

月別	農曆十二月		農曆十一月		農曆十月		農曆九月		農曆八月		農曆七月	
干支	丁丑		丙子		乙亥		甲戌		癸酉		壬申	
節	大寒	小寒	冬至	大雪	小雪	立冬	霜降	寒露	秋分	白露	處暑	立秋
氣	21時1分 二十日戊時	3時34分 初六寅時	10時23分 二十巳時	16時24分 初五申時	21時6分 二十亥時	23時36分 初五夜子	23時36分 十九夜子	20時30分 初四戌時	14時19分 十八未時	4時55分 初三寅時	16時43分 十七申時	2時5分 初二丑時
農曆	國曆	支干	國曆	支干	國曆	支干	國曆	支干	國曆	支干	國曆	支干
初一	1月1	辰壬	12月3	亥癸	11月3	巳癸	10月5	子甲	9月6	未乙	8月7	丑乙
初二	1月2	巳癸	12月4	子甲	11月4	午甲	10月6	丑乙	9月7	申丙	8月8	寅丙
初三	1月3	午甲	12月5	丑乙	11月5	未乙	10月7	寅丙	9月8	酉丁	8月9	卯丁
初四	1月4	未乙	12月6	寅丙	11月6	申丙	10月8	卯丁	9月9	戌戊	8月10	辰戊
初五	1月5	申丙	12月7	卯丁	11月7	酉丁	10月9	辰戊	9月10	亥己	8月11	巳己
初六	1月6	酉丁	12月8	辰戊	11月8	戌戊	10月10	巳己	9月11	子庚	8月12	午庚
初七	1月7	戌戊	12月9	巳己	11月9	亥己	10月11	午庚	9月12	丑辛	8月13	未辛
初八	1月8	亥己	12月10	午庚	11月10	子庚	10月12	未辛	9月13	寅壬	8月14	申壬
初九	1月9	子庚	12月11	未辛	11月11	丑辛	10月13	申壬	9月14	卯癸	8月15	酉癸
初十	1月10	丑辛	12月12	申壬	11月12	寅壬	10月14	酉癸	9月15	辰甲	8月16	戌甲
十一	1月11	寅壬	12月13	酉癸	11月13	卯癸	10月15	戌甲	9月16	巳乙	8月17	亥乙
十二	1月12	卯癸	12月14	戌甲	11月14	辰甲	10月16	亥乙	9月17	午丙	8月18	子丙
十三	1月13	辰甲	12月15	亥乙	11月15	巳乙	10月17	子丙	9月18	未丁	8月19	丑丁
十四	1月14	巳乙	12月16	子丙	11月16	午丙	10月18	丑丁	9月19	申戊	8月20	寅戊
十五	1月15	午丙	12月17	丑丁	11月17	未丁	10月19	寅戊	9月20	酉己	8月21	卯己
十六	1月16	未丁	12月18	寅戊	11月18	申戊	10月20	卯己	9月21	戌庚	8月22	辰庚
十七	1月17	申戊	12月19	卯己	11月19	酉己	10月21	辰庚	9月22	亥辛	8月23	巳辛
十八	1月18	酉己	12月20	辰庚	11月20	戌庚	10月22	巳辛	9月23	子壬	8月24	午壬
十九	1月19	戌庚	12月21	巳辛	11月21	亥辛	10月23	午壬	9月24	丑癸	8月25	未癸
二十	1月20	亥辛	12月22	午壬	11月22	子壬	10月24	未癸	9月25	寅甲	8月26	申甲
廿一	1月21	子壬	12月23	未癸	11月23	丑癸	10月25	申甲	9月26	卯乙	8月27	酉乙
廿二	1月22	丑癸	12月24	申甲	11月24	寅甲	10月26	酉乙	9月27	辰丙	8月28	戌丙
廿三	1月23	寅甲	12月25	酉乙	11月25	卯乙	10月27	戌丙	9月28	巳丁	8月29	亥丁
廿四	1月24	卯乙	12月26	戌丙	11月26	辰丙	10月28	亥丁	9月29	午戊	8月30	子戊
廿五	1月25	辰丙	12月27	亥丁	11月27	巳丁	10月29	子戊	9月30	未己	8月31	丑己
廿六	1月26	巳丁	12月28	子戊	11月28	午戊	10月30	丑己	10月1	申庚	9月1	寅庚
廿七	1月27	午戊	12月29	丑己	11月29	未己	10月31	寅庚	10月2	酉辛	9月2	卯辛
廿八	1月28	未己	12月30	寅庚	11月30	申庚	11月1	卯辛	10月3	戌壬	9月3	辰壬
廿九	1月29	申庚	12月31	卯辛	12月1	酉辛	11月2	辰壬	10月4	亥癸	9月4	巳癸
三十	1月30	酉辛			12月2	戌壬					9月5	午甲

農曆六月		農曆五月		農曆四月		農曆三月		農曆二月		農曆正月		別月	
癸 未		壬 午		辛 巳		庚 辰		己 卯		戊 寅		干支	
大暑	小暑	夏至	芒種	小滿	立夏	穀雨	清明	春分	驚蟄	雨水	立春	節	
廿六 16時30分 申時	初十 22時2分 亥時	廿五 4時34分 寅時	初九 11時43分 午時	廿二 20時34分 戌時	初七 7時31分 辰時	廿一 21時22分 亥時	初六 14時9分 未時	廿一 10時13分 巳時	初六 9時16分 巳時	二十 11時14分 午時	初五 15時14分 申時	氣	
國曆	干支	國曆	干支	國曆	干支	國曆	干支	國曆	干支	國曆	干支	農曆	
6月28	庚寅	5月29	庚申	4月30	辛卯	3月31	辛酉	3月1	辛卯	1月31	壬戌	初一	
6月29	辛卯	5月30	辛酉	5月1	壬辰	4月1	壬戌	3月2	壬辰	2月1	癸亥	初二	
6月30	壬辰	5月31	壬戌	5月2	癸巳	4月2	癸亥	3月3	癸巳	2月2	甲子	初三	
7月1	癸巳	6月1	癸亥	5月3	甲午	4月3	甲子	3月4	甲午	2月3	乙丑	初四	
7月2	甲午	6月2	甲子	5月4	乙未	4月4	乙丑	3月5	乙未	2月4	丙寅	初五	
7月3	乙未	6月3	乙丑	5月5	丙申	4月5	丙寅	3月6	丙申	2月5	丁卯	初六	
7月4	丙申	6月4	丙寅	5月6	丁酉	4月6	丁卯	3月7	丁酉	2月6	戊辰	初七	
7月5	丁酉	6月5	丁卯	5月7	戊戌	4月7	戊辰	3月8	戊戌	2月7	己巳	初八	
7月6	戊戌	6月6	戊辰	5月8	己亥	4月8	己巳	3月9	己亥	2月8	庚午	初九	
7月7	己亥	6月7	己巳	5月9	庚子	4月9	庚午	3月10	庚子	2月9	辛未	初十	
7月8	庚子	6月8	庚午	5月10	辛丑	4月10	辛未	3月11	辛丑	2月10	壬申	十一	
7月9	辛丑	6月9	辛未	5月11	壬寅	4月11	壬申	3月12	壬寅	2月11	癸酉	十二	
7月10	壬寅	6月10	壬申	5月12	癸卯	4月12	癸酉	3月13	癸卯	2月12	甲戌	十三	
7月11	癸卯	6月11	癸酉	5月13	甲辰	4月13	甲戌	3月14	甲辰	2月13	乙亥	十四	
7月12	甲辰	6月12	甲戌	5月14	乙巳	4月14	乙亥	3月15	乙巳	2月14	丙子	十五	
7月13	乙巳	6月13	乙亥	5月15	丙午	4月15	丙子	3月16	丙午	2月15	丁丑	十六	
7月14	丙午	6月14	丙子	5月16	丁未	4月16	丁丑	3月17	丁未	2月16	戊寅	十七	
7月15	丁未	6月15	丁丑	5月17	戊申	4月17	戊寅	3月18	戊申	2月17	己卯	十八	
7月16	戊申	6月16	戊寅	5月18	己酉	4月18	己卯	3月19	己酉	2月18	庚辰	十九	
7月17	己酉	6月17	己卯	5月19	庚戌	4月19	庚辰	3月20	庚戌	2月19	辛巳	二十	
7月18	庚戌	6月18	庚辰	5月20	辛亥	4月20	辛巳	3月21	辛亥	2月20	壬午	廿一	
7月19	辛亥	6月19	辛巳	5月21	壬子	4月21	壬午	3月22	壬子	2月21	癸未	廿二	
7月20	壬子	6月20	壬午	5月22	癸丑	4月22	癸未	3月23	癸丑	2月22	甲申	廿三	
7月21	癸丑	6月21	癸未	5月23	甲寅	4月23	甲申	3月24	甲寅	2月23	乙酉	廿四	
7月22	甲寅	6月22	甲申	5月24	乙卯	4月24	乙酉	3月25	乙卯	2月24	丙戌	廿五	
7月23	乙卯	6月23	乙酉	5月25	丙辰	4月25	丙戌	3月26	丙辰	2月25	丁亥	廿六	
7月24	丙辰	6月24	丙戌	5月26	丁巳	4月26	丁亥	3月27	丁巳	2月26	戊子	廿七	
7月25	丁巳	6月25	丁亥	5月27	戊午	4月27	戊子	3月28	戊午	2月27	己丑	廿八	
7月26	戊午	6月26	戊子	5月28	己未	4月28	己丑	3月29	己未	2月28	庚寅	廿九	
		6月27	己丑			4月29	庚寅	3月30	庚申			三十	

中華民國八十四年 歲次 乙亥《豬》 西元一九九五年 太歲 姓伍名保

西元1995年

月別	農曆十二月		農曆十一月		農曆十月		農曆九月		農曆閏八月		農曆八月		農曆七月	
干支	己丑		戊子		丁亥		丙戌				乙酉		甲申	
節	立春 大寒		小寒 冬至		大雪 小雪		立冬 霜降		寒露		秋分 白露		處暑 立秋	
氣	21時8分 十六亥時／2時53分 初二丑時		9時33分 十六巳時／16時17分 初一申時		22時24分 十六亥時／3時2分 初二寅時		5時35分 十六卯時／5時34分 初一卯時		2時27分 十五丑時		20時12分 廿九戌時／10時49分 十四巳時		22時35分 廿八亥時／7時53分 十三辰時	
農曆	國曆	支干	國曆	支干	國曆	支干	國曆	支干	國曆	支干	國曆	支干	國曆	支干
初一	1月20	辰丙	12月22	亥丁	11月22	巳丁	10月24	子戊	9月25	未己	8月26	丑己	7月27	未己
初二	1月21	巳丁	12月23	子戊	11月23	午戊	10月25	丑己	9月26	申庚	8月27	寅庚	7月28	申庚
初三	1月22	午戊	12月24	丑己	11月24	未己	10月26	寅庚	9月27	酉辛	8月28	卯辛	7月29	酉辛
初四	1月23	未己	12月25	寅庚	11月25	申庚	10月27	卯辛	9月28	戌壬	8月29	辰壬	7月30	戌壬
初五	1月24	申庚	12月26	卯辛	11月26	酉辛	10月28	辰壬	9月29	亥癸	8月30	巳癸	7月31	亥癸
初六	1月25	酉辛	12月27	辰壬	11月27	戌壬	10月29	巳癸	9月30	子甲	8月31	午甲	8月1	子甲
初七	1月26	戌壬	12月28	巳癸	11月28	亥癸	10月30	午甲	10月1	丑乙	9月1	未乙	8月2	丑乙
初八	1月27	亥癸	12月29	午甲	11月29	子甲	10月31	未乙	10月2	寅丙	9月2	申丙	8月3	寅丙
初九	1月28	子甲	12月30	未乙	11月30	丑乙	11月1	申丙	10月3	卯丁	9月3	酉丁	8月4	卯丁
初十	1月29	丑乙	12月31	申丙	12月1	寅丙	11月2	酉丁	10月4	辰戊	9月4	戌戊	8月5	辰戊
十一	1月30	寅丙	1月1	酉丁	12月2	卯丁	11月3	戌戊	10月5	巳己	9月5	亥己	8月6	巳己
十二	1月31	卯丁	1月2	戌戊	12月3	辰戊	11月4	亥己	10月6	午庚	9月6	子庚	8月7	午庚
十三	2月1	辰戊	1月3	亥己	12月4	巳己	11月5	子庚	10月7	未辛	9月7	丑辛	8月8	未辛
十四	2月2	巳己	1月4	子庚	12月5	午庚	11月6	丑辛	10月8	申壬	9月8	寅壬	8月9	申壬
十五	2月3	午庚	1月5	丑辛	12月6	未辛	11月7	寅壬	10月9	酉癸	9月9	卯癸	8月10	酉癸
十六	2月4	未辛	1月6	寅壬	12月7	申壬	11月8	卯癸	10月10	戌甲	9月10	辰甲	8月11	戌甲
十七	2月5	申壬	1月7	卯癸	12月8	酉癸	11月9	辰甲	10月11	亥乙	9月11	巳乙	8月12	亥乙
十八	2月6	酉癸	1月8	辰甲	12月9	戌甲	11月10	巳乙	10月12	子丙	9月12	午丙	8月13	子丙
十九	2月7	戌甲	1月9	巳乙	12月10	亥乙	11月11	午丙	10月13	丑丁	9月13	未丁	8月14	丑丁
二十	2月8	亥乙	1月10	午丙	12月11	子丙	11月12	未丁	10月14	寅戊	9月14	申戊	8月15	寅戊
廿一	2月9	子丙	1月11	未丁	12月12	丑丁	11月13	申戊	10月15	卯己	9月15	酉己	8月16	卯己
廿二	2月10	丑丁	1月12	申戊	12月13	寅戊	11月14	酉己	10月16	辰庚	9月16	戌庚	8月17	辰庚
廿三	2月11	寅戊	1月13	酉己	12月14	卯己	11月15	戌庚	10月17	巳辛	9月17	亥辛	8月18	巳辛
廿四	2月12	卯己	1月14	戌庚	12月15	辰庚	11月16	亥辛	10月18	午壬	9月18	子壬	8月19	午壬
廿五	2月13	辰庚	1月15	亥辛	12月16	巳辛	11月17	子壬	10月19	未癸	9月19	丑癸	8月20	未癸
廿六	2月14	巳辛	1月16	子壬	12月17	午壬	11月18	丑癸	10月20	申甲	9月20	寅甲	8月21	申甲
廿七	2月15	午壬	1月17	丑癸	12月18	未癸	11月19	寅甲	10月21	酉乙	9月21	卯乙	8月22	酉乙
廿八	2月16	未癸	1月18	寅甲	12月19	申甲	11月20	卯乙	10月22	戌丙	9月22	辰丙	8月23	戌丙
廿九	2月17	申甲	1月19	卯乙	12月20	酉乙	11月21	辰丙	10月23	亥丁	9月23	巳丁	8月24	亥丁
三十	2月18	酉乙			12月21	戌丙					9月24	午戊	8月25	子戊

中華民國八十五年　歲次　丙子《鼠》　西元一九九六年　太歲　姓郭名嘉

	農曆六月	農曆五月	農曆四月	農曆三月	農曆二月	農曆正月	月別
支干	乙未	甲午	癸巳	壬辰	辛卯	庚寅	支干
節	立秋 大暑	小暑 夏至	芒種 小滿	立夏 穀雨	清明 春分	驚蟄 雨水	節
氣	立秋13時49分廿三未時／大暑21時19分初七亥時	小暑4時0分廿二寅時／夏至10時25分初六巳時	芒種17時41分二十酉時／小滿2時23分初五丑時	立夏13時26分十八未時／穀雨3時10分初三寅時	清明20時3分十七戌時／春分16時3分初二申時	驚蟄15時10分十六申時／雨水17時1分初一酉時	氣

農曆六月 國曆	支干	農曆五月 國曆	支干	農曆四月 國曆	支干	農曆三月 國曆	支干	農曆二月 國曆	支干	農曆正月 國曆	支干	農曆
7月16	寅甲	6月16	申甲	5月17	寅甲	4月18	酉乙	3月19	卯乙	2月19	戌丙	初一
7月17	卯乙	6月17	酉乙	5月18	卯乙	4月19	戌丙	3月20	辰丙	2月20	亥丁	初二
7月18	辰丙	6月18	戌丙	5月19	辰丙	4月20	亥丁	3月21	巳丁	2月21	子戊	初三
7月19	巳丁	6月19	亥丁	5月20	巳丁	4月21	子戊	3月22	午戊	2月22	丑己	初四
7月20	午戊	6月20	子戊	5月21	午戊	4月22	丑己	3月23	未己	2月23	寅庚	初五
7月21	未己	6月21	丑己	5月22	未己	4月23	寅庚	3月24	申庚	2月24	卯辛	初六
7月22	申庚	6月22	寅庚	5月23	申庚	4月24	卯辛	3月25	酉辛	2月25	辰壬	初七
7月23	酉辛	6月23	卯辛	5月24	酉辛	4月25	辰壬	3月26	戌壬	2月26	巳癸	初八
7月24	戌壬	6月24	辰壬	5月25	戌壬	4月26	巳癸	3月27	亥癸	2月27	午甲	初九
7月25	亥癸	6月25	巳癸	5月26	亥癸	4月27	午甲	3月28	子甲	2月28	未乙	初十
7月26	子甲	6月26	午甲	5月27	子甲	4月28	未乙	3月29	丑乙	2月29	申丙	十一
7月27	丑乙	6月27	未乙	5月28	丑乙	4月29	申丙	3月30	寅丙	3月1	酉丁	十二
7月28	寅丙	6月28	申丙	5月29	寅丙	4月30	酉丁	3月31	卯丁	3月2	戌戊	十三
7月29	卯丁	6月29	酉丁	5月30	卯丁	5月1	戌戊	4月1	辰戊	3月3	亥己	十四
7月30	辰戊	6月30	戌戊	5月31	辰戊	5月2	亥己	4月2	巳己	3月4	子庚	十五
7月31	巳己	7月1	亥己	6月1	巳己	5月3	子庚	4月3	午庚	3月5	丑辛	十六
8月1	午庚	7月2	子庚	6月2	午庚	5月4	丑辛	4月4	未辛	3月6	寅壬	十七
8月2	未辛	7月3	丑辛	6月3	未辛	5月5	寅壬	4月5	申壬	3月7	卯癸	十八
8月3	申壬	7月4	寅壬	6月4	申壬	5月6	卯癸	4月6	酉癸	3月8	辰甲	十九
8月4	酉癸	7月5	卯癸	6月5	酉癸	5月7	辰甲	4月7	戌甲	3月9	巳乙	二十
8月5	戌甲	7月6	辰甲	6月6	戌甲	5月8	巳乙	4月8	亥乙	3月10	午丙	廿一
8月6	亥乙	7月7	巳乙	6月7	亥乙	5月9	午丙	4月9	子丙	3月11	未丁	廿二
8月7	子丙	7月8	午丙	6月8	子丙	5月10	未丁	4月10	丑丁	3月12	申戊	廿三
8月8	丑丁	7月9	未丁	6月9	丑丁	5月11	申戊	4月11	寅戊	3月13	酉己	廿四
8月9	寅戊	7月10	申戊	6月10	寅戊	5月12	酉己	4月12	卯己	3月14	戌庚	廿五
8月10	卯己	7月11	酉己	6月11	卯己	5月13	戌庚	4月13	辰庚	3月15	亥辛	廿六
8月11	辰庚	7月12	戌庚	6月12	辰庚	5月14	亥辛	4月14	巳辛	3月16	子壬	廿七
8月12	巳辛	7月13	亥辛	6月13	巳辛	5月15	子壬	4月15	午壬	3月17	丑癸	廿八
8月13	午壬	7月14	子壬	6月14	午壬	5月16	丑癸	4月16	未癸	3月18	寅甲	廿九
		7月15	丑癸	6月15	未癸			4月17	申甲			三十

西元1996年

月別	農曆十二月		農曆十一月		農曆十月		農曆九月		農曆八月		農曆七月	
干支	辛丑		庚子		己亥		戊戌		丁酉		丙申	
節	立春	大寒	小寒	冬至	大雪	小雪	立冬	霜降	寒露	秋分	白露	處暑
氣	3時4分 廿七寅時	8時36分 十二辰時	15時22分 廿六申時	22時7分 十一亥時	4時11分 廿七寅時	8時50分 十二時	11時26分 廿七時	11時18分 十二午時	8時18分 廿六辰時	2時1分 十一丑時	16時41分 廿五申時	4時23分 初十寅時

農曆	國曆	支干	國曆	支干	國曆	支干	國曆	支干	國曆	支干	國曆	支干
初一	1月9	亥辛	12月11	午壬	11月11	子壬	10月12	午壬	9月13	丑癸	8月14	未癸
初二	1月10	子壬	12月12	未癸	11月12	丑癸	10月13	未癸	9月14	寅甲	8月15	申甲
初三	1月11	丑癸	12月13	申甲	11月13	寅甲	10月14	申甲	9月15	卯乙	8月16	酉乙
初四	1月12	寅甲	12月14	酉乙	11月14	卯乙	10月15	酉乙	9月16	辰丙	8月17	戌丙
初五	1月13	卯乙	12月15	戌丙	11月15	辰丙	10月16	戌丙	9月17	巳丁	8月18	亥丁
初六	1月14	辰丙	12月16	亥丁	11月16	巳丁	10月17	亥丁	9月18	午戊	8月19	子戊
初七	1月15	巳丁	12月17	子戊	11月17	午戊	10月18	子戊	9月19	未己	8月20	丑己
初八	1月16	午戊	12月18	丑己	11月18	未己	10月19	丑己	9月20	申庚	8月21	寅庚
初九	1月17	未己	12月19	寅庚	11月19	申庚	10月20	寅庚	9月21	酉辛	8月22	卯辛
初十	1月18	申庚	12月20	卯辛	11月20	酉辛	10月21	卯辛	9月22	戌壬	8月23	辰壬
十一	1月19	酉辛	12月21	辰壬	11月21	戌壬	10月22	辰壬	9月23	亥癸	8月24	巳癸
十二	1月20	戌壬	12月22	巳癸	11月22	亥癸	10月23	巳癸	9月24	子甲	8月25	午甲
十三	1月21	亥癸	12月23	午甲	11月23	子甲	10月24	午甲	9月25	丑乙	8月26	未乙
十四	1月22	子甲	12月24	未乙	11月24	丑乙	10月25	未乙	9月26	寅丙	8月27	申丙
十五	1月23	丑乙	12月25	申丙	11月25	寅丙	10月26	申丙	9月27	卯丁	8月28	酉丁
十六	1月24	寅丙	12月26	酉丁	11月26	卯丁	10月27	酉丁	9月28	辰戊	8月29	戌戊
十七	1月25	卯丁	12月27	戌戊	11月27	辰戊	10月28	戌戊	9月29	巳己	8月30	亥己
十八	1月26	辰戊	12月28	亥己	11月28	巳己	10月29	亥己	9月30	午庚	8月31	子庚
十九	1月27	巳己	12月29	子庚	11月29	午庚	10月30	子庚	10月1	未辛	9月1	丑辛
二十	1月28	午庚	12月30	丑辛	11月30	未辛	10月31	丑辛	10月2	申壬	9月2	寅壬
廿一	1月29	未辛	12月31	寅壬	12月1	申壬	11月1	寅壬	10月3	酉癸	9月3	卯癸
廿二	1月30	申壬	1月1	卯癸	12月2	酉癸	11月2	卯癸	10月4	戌甲	9月4	辰甲
廿三	1月31	酉癸	1月2	辰甲	12月3	戌甲	11月3	辰甲	10月5	亥乙	9月5	巳乙
廿四	2月1	戌甲	1月3	巳乙	12月4	亥乙	11月4	巳乙	10月6	子丙	9月6	午丙
廿五	2月2	亥乙	1月4	午丙	12月5	子丙	11月5	午丙	10月7	丑丁	9月7	未丁
廿六	2月3	子丙	1月5	未丁	12月6	丑丁	11月6	未丁	10月8	寅戊	9月8	申戊
廿七	2月4	丑丁	1月6	申戊	12月7	寅戊	11月7	申戊	10月9	卯己	9月9	酉己
廿八	2月5	寅戊	1月7	酉己	12月8	卯己	11月8	酉己	10月10	辰庚	9月10	戌庚
廿九	2月6	卯己	1月8	戌庚	12月9	辰庚	11月9	戌庚	10月11	巳辛	9月11	亥辛
三十					12月10	巳辛	11月10	亥辛			9月12	子壬

中華民國八十六年　歲次　丁丑《牛》　西元一九九七年　太歲姓汪名文

農曆六月		農曆五月		農曆四月		農曆三月		農曆二月		農曆正月		月別
丁未		丙午		乙巳		甲辰		癸卯		壬寅		干支
大暑	小暑	夏至	芒種	小滿		立夏	穀雨	清明	春分	驚蟄	雨水	節
3時47分 十九寅時	10時36分 初三巳時	16時54分 十七申時	0時13分 初二子時	8時48分 十五辰時		19時51分 廿九戌時	9時25分 十四巳時	2時17分 廿八丑時	22時6分 十二亥時	21時14分 廿七亥時	22時53分 十二亥時	氣
國曆	支干	國曆	支干	國曆	支干	國曆	支干	國曆	支干	國曆	支干	農曆
7月5	戊申	6月5	戊寅	5月7	己酉	4月7	己卯	3月9	庚戌	2月7	庚辰	初一
7月6	己酉	6月6	己卯	5月8	庚戌	4月8	庚辰	3月10	辛亥	2月8	辛巳	初二
7月7	庚戌	6月7	庚辰	5月9	辛亥	4月9	辛巳	3月11	壬子	2月9	壬午	初三
7月8	辛亥	6月8	辛巳	5月10	壬子	4月10	壬午	3月12	癸丑	2月10	癸未	初四
7月9	壬子	6月9	壬午	5月11	癸丑	4月11	癸未	3月13	甲寅	2月11	甲申	初五
7月10	癸丑	6月10	癸未	5月12	甲寅	4月12	甲申	3月14	乙卯	2月12	乙酉	初六
7月11	甲寅	6月11	甲申	5月13	乙卯	4月13	乙酉	3月15	丙辰	2月13	丙戌	初七
7月12	乙卯	6月12	乙酉	5月14	丙辰	4月14	丙戌	3月16	丁巳	2月14	丁亥	初八
7月13	丙辰	6月13	丙戌	5月15	丁巳	4月15	丁亥	3月17	戊午	2月15	戊子	初九
7月14	丁巳	6月14	丁亥	5月16	戊午	4月16	戊子	3月18	己未	2月16	己丑	初十
7月15	戊午	6月15	戊子	5月17	己未	4月17	己丑	3月19	庚申	2月17	庚寅	十一
7月16	己未	6月16	己丑	5月18	庚申	4月18	庚寅	3月20	辛酉	2月18	辛卯	十二
7月17	庚申	6月17	庚寅	5月19	辛酉	4月19	辛卯	3月21	壬戌	2月19	壬辰	十三
7月18	辛酉	6月18	辛卯	5月20	壬戌	4月20	壬辰	3月22	癸亥	2月20	癸巳	十四
7月19	壬戌	6月19	壬辰	5月21	癸亥	4月21	癸巳	3月23	甲子	2月21	甲午	十五
7月20	癸亥	6月20	癸巳	5月22	甲子	4月22	甲午	3月24	乙丑	2月22	乙未	十六
7月21	甲子	6月21	甲午	5月23	乙丑	4月23	乙未	3月25	丙寅	2月23	丙申	十七
7月22	乙丑	6月22	乙未	5月24	丙寅	4月24	丙申	3月26	丁卯	2月24	丁酉	十八
7月23	丙寅	6月23	丙申	5月25	丁卯	4月25	丁酉	3月27	戊辰	2月25	戊戌	十九
7月24	丁卯	6月24	丁酉	5月26	戊辰	4月26	戊戌	3月28	己巳	2月26	己亥	二十
7月25	戊辰	6月25	戊戌	5月27	己巳	4月27	己亥	3月29	庚午	2月27	庚子	廿一
7月26	己巳	6月26	己亥	5月28	庚午	4月28	庚子	3月30	辛未	2月28	辛丑	廿二
7月27	庚午	6月27	庚子	5月29	辛未	4月29	辛丑	3月31	壬申	3月1	壬寅	廿三
7月28	辛未	6月28	辛丑	5月30	壬申	4月30	壬寅	4月1	癸酉	3月2	癸卯	廿四
7月29	壬申	6月29	壬寅	5月31	癸酉	5月1	癸卯	4月2	甲戌	3月3	甲辰	廿五
7月30	癸酉	6月30	癸卯	6月1	甲戌	5月2	甲辰	4月3	乙亥	3月4	乙巳	廿六
7月31	甲戌	7月1	甲辰	6月2	乙亥	5月3	乙巳	4月4	丙子	3月5	丙午	廿七
8月1	乙亥	7月2	乙巳	6月3	丙子	5月4	丙午	4月5	丁丑	3月6	丁未	廿八
8月2	丙子	7月3	丙午	6月4	丁丑	5月5	丁未	4月6	戊寅	3月7	戊申	廿九
		7月4	丁未			5月6	戊申			3月8	己酉	三十

西元1997年

月別	農曆十二月		農曆十一月		農曆十月		農曆九月		農曆八月		農曆七月	
干支	癸丑		壬子		辛亥		庚戌		己酉		戊申	
節	大寒	小寒	冬至	大雪	小雪	立冬	霜降	寒露	秋分	白露	處暑	立秋
氣	14時26分 廿二未	21時11分 初七亥	3時48分 廿三寅	10時2分 初八巳	14時35分 廿三未	17時22分 初八酉	17時13分 廿二酉	14時27分 初六未	8時7分 廿二辰	23時3分 初六子	10時43分 廿一巳	20時19分 初五戌
農曆	國曆	支干	國曆	支干	國曆	支干	國曆	支干	國曆	支干	國曆	支干
初一	12月30	丙午	11月30	丙子	10月31	丙午	10月2	丁丑	9月2	丁未	8月3	丁丑
初二	12月31	丁未	12月1	丁丑	11月1	丁未	10月3	戊寅	9月3	戊申	8月4	戊寅
初三	1月1	戊申	12月2	戊寅	11月2	戊申	10月4	己卯	9月4	己酉	8月5	己卯
初四	1月2	己酉	12月3	己卯	11月3	己酉	10月5	庚辰	9月5	庚戌	8月6	庚辰
初五	1月3	庚戌	12月4	庚辰	11月4	庚戌	10月6	辛巳	9月6	辛亥	8月7	辛巳
初六	1月4	辛亥	12月5	辛巳	11月5	辛亥	10月7	壬午	9月7	壬子	8月8	壬午
初七	1月5	壬子	12月6	壬午	11月6	壬子	10月8	癸未	9月8	癸丑	8月9	癸未
初八	1月6	癸丑	12月7	癸未	11月7	癸丑	10月9	甲申	9月9	甲寅	8月10	甲申
初九	1月7	甲寅	12月8	甲申	11月8	甲寅	10月10	乙酉	9月10	乙卯	8月11	乙酉
初十	1月8	乙卯	12月9	乙酉	11月9	乙卯	10月11	丙戌	9月11	丙辰	8月12	丙戌
十一	1月9	丙辰	12月10	丙戌	11月10	丙辰	10月12	丁亥	9月12	丁巳	8月13	丁亥
十二	1月10	丁巳	12月11	丁亥	11月11	丁巳	10月13	戊子	9月13	戊午	8月14	戊子
十三	1月11	戊午	12月12	戊子	11月12	戊午	10月14	己丑	9月14	己未	8月15	己丑
十四	1月12	己未	12月13	己丑	11月13	己未	10月15	庚寅	9月15	庚申	8月16	庚寅
十五	1月13	庚申	12月14	庚寅	11月14	庚申	10月16	辛卯	9月16	辛酉	8月17	辛卯
十六	1月14	辛酉	12月15	辛卯	11月15	辛酉	10月17	壬辰	9月17	壬戌	8月18	壬辰
十七	1月15	壬戌	12月16	壬辰	11月16	壬戌	10月18	癸巳	9月18	癸亥	8月19	癸巳
十八	1月16	癸亥	12月17	癸巳	11月17	癸亥	10月19	甲午	9月19	甲子	8月20	甲午
十九	1月17	甲子	12月18	甲午	11月18	甲子	10月20	乙未	9月20	乙丑	8月21	乙未
二十	1月18	乙丑	12月19	乙未	11月19	乙丑	10月21	丙申	9月21	丙寅	8月22	丙申
廿一	1月19	丙寅	12月20	丙申	11月20	丙寅	10月22	丁酉	9月22	丁卯	8月23	丁酉
廿二	1月20	丁卯	12月21	丁酉	11月21	丁卯	10月23	戊戌	9月23	戊辰	8月24	戊戌
廿三	1月21	戊辰	12月22	戊戌	11月22	戊辰	10月24	己亥	9月24	己巳	8月25	己亥
廿四	1月22	己巳	12月23	己亥	11月23	己巳	10月25	庚子	9月25	庚午	8月26	庚子
廿五	1月23	庚午	12月24	庚子	11月24	庚午	10月26	辛丑	9月26	辛未	8月27	辛丑
廿六	1月24	辛未	12月25	辛丑	11月25	辛未	10月27	壬寅	9月27	壬申	8月28	壬寅
廿七	1月25	壬申	12月26	壬寅	11月26	壬申	10月28	癸卯	9月28	癸酉	8月29	癸卯
廿八	1月26	癸酉	12月27	癸卯	11月27	癸酉	10月29	甲辰	9月29	甲戌	8月30	甲辰
廿九	1月27	甲戌	12月28	甲辰	11月28	甲戌	10月30	乙巳	9月30	乙亥	8月31	乙巳
三十			12月29	乙巳	11月29	乙亥			10月1	丙子	9月1	丙午

中華民國八十七年　歲次　戊寅《虎》

西元一九九八年　太歲　姓曾名光

月六曆農		月五閏曆農		月五曆農		月四曆農		月三曆農		月二曆農		月正曆農		別月
未	己			午	戊	巳	丁	辰	丙	卯	乙	寅	甲	支干
秋立	暑大	暑 小		至夏	種芒	滿小	夏立	雨穀	明清	分春	蟄驚	水雨	春立	節
十七丑時 2時8分	初一巳時 9時37分	十四申時 16時25分		廿七亥時 22時44分	十二卯時 6時2分	廿六未時 14時38分	十一丑時 1時40分	廿四申時 15時16分	初九辰時 8時6分	廿三寅時 3時57分	初八寅時 3時3分	廿三寅時 4時43分	初八辰時 8時53分	氣
曆國	支干	曆國	支干	曆國	支干	曆國	支干	曆國	支干	曆國	支干	曆國	支干	曆農
7月23	未辛	6月24	寅壬	5月26	酉癸	4月26	卯癸	3月28	戌甲	2月27	巳乙	1月28	亥乙	一初
7月24	申壬	6月25	卯癸	5月27	戌甲	4月27	辰甲	3月29	亥乙	2月28	午丙	1月29	子丙	二初
7月25	酉癸	6月26	辰甲	5月28	亥乙	4月28	巳乙	3月30	子丙	3月 1	未丁	1月30	丑丁	三初
7月26	戌甲	6月27	巳乙	5月29	子丙	4月29	午丙	3月31	丑丁	3月 2	申戊	1月31	寅戊	四初
7月27	亥乙	6月28	午丙	5月30	丑丁	4月30	未丁	4月 1	寅戊	3月 3	酉己	2月 1	卯己	五初
7月28	子丙	6月29	未丁	5月31	寅戊	5月 1	申戊	4月 2	卯己	3月 4	戌庚	2月 2	辰庚	六初
7月29	丑丁	6月30	申戊	6月 1	卯己	5月 2	酉己	4月 3	辰庚	3月 5	亥辛	2月 3	巳辛	七初
7月30	寅戊	7月 1	酉己	6月 2	辰庚	5月 3	戌庚	4月 4	巳辛	3月 6	子壬	2月 4	午壬	八初
7月31	卯己	7月 2	戌庚	6月 3	巳辛	5月 4	亥辛	4月 5	午壬	3月 7	丑癸	2月 5	未癸	九初
8月 1	辰庚	7月 3	亥辛	6月 4	午壬	5月 5	子壬	4月 6	未癸	3月 8	寅甲	2月 6	申甲	十初
8月 2	巳辛	7月 4	子壬	6月 5	未癸	5月 6	丑癸	4月 7	申甲	3月 9	卯乙	2月 7	酉乙	一十
8月 3	午壬	7月 5	丑癸	6月 6	申甲	5月 7	寅甲	4月 8	酉乙	3月10	辰丙	2月 8	戌丙	二十
8月 4	未癸	7月 6	寅甲	6月 7	酉乙	5月 8	卯乙	4月 9	戌丙	3月11	巳丁	2月 9	亥丁	三十
8月 5	申甲	7月 7	卯乙	6月 8	戌丙	5月 9	辰丙	4月10	亥丁	3月12	午戊	2月10	子戊	四十
8月 6	酉乙	7月 8	辰丙	6月 9	亥丁	5月10	巳丁	4月11	子戊	3月13	未己	2月11	丑己	五十
8月 7	戌丙	7月 9	巳丁	6月10	子戊	5月11	午戊	4月12	丑己	3月14	申庚	2月12	寅庚	六十
8月 8	亥丁	7月10	午戊	6月11	丑己	5月12	未己	4月13	寅庚	3月15	酉辛	2月13	卯辛	七十
8月 9	子戊	7月11	未己	6月12	寅庚	5月13	申庚	4月14	卯辛	3月16	戌壬	2月14	辰壬	八十
8月10	丑己	7月12	申庚	6月13	卯辛	5月14	酉辛	4月15	辰壬	3月17	亥癸	2月15	巳癸	九十
8月11	寅庚	7月13	酉辛	6月14	辰壬	5月15	戌壬	4月16	巳癸	3月18	子甲	2月16	午甲	十二
8月12	卯辛	7月14	戌壬	6月15	巳癸	5月16	亥癸	4月17	午甲	3月19	丑乙	2月17	未乙	一廿
8月13	辰壬	7月15	亥癸	6月16	午甲	5月17	子甲	4月18	未乙	3月20	寅丙	2月18	申丙	二廿
8月14	巳癸	7月16	子甲	6月17	未乙	5月18	丑乙	4月19	申丙	3月21	卯丁	2月19	酉丁	三廿
8月15	午甲	7月17	丑乙	6月18	申丙	5月19	寅丙	4月20	酉丁	3月22	辰戊	2月20	戌戊	四廿
8月16	未乙	7月18	寅丙	6月19	酉丁	5月20	卯丁	4月21	戌戊	3月23	巳己	2月21	亥己	五廿
8月17	申丙	7月19	卯丁	6月20	戌戊	5月21	辰戊	4月22	亥己	3月24	午庚	2月22	子庚	六廿
8月18	酉丁	7月20	辰戊	6月21	亥己	5月22	巳己	4月23	子庚	3月25	未辛	2月23	丑辛	七廿
8月19	戌戊	7月21	巳己	6月22	子庚	5月23	午庚	4月24	丑辛	3月26	申壬	2月24	寅壬	八廿
8月20	亥己	7月22	午庚	6月23	丑辛	5月24	未辛	4月25	寅壬	3月27	酉癸	2月25	卯癸	九廿
8月21	子庚					5月25	申壬					2月26	辰甲	十三

西元1998年

月別	農曆十二月		農曆十一月		農曆十月		農曆九月		農曆八月		農曆七月	
干支	乙丑		甲子		癸亥		壬戌		辛酉		庚申	
節	立春	大寒	小寒	冬至	大雪	小雪	立冬	霜降	寒露	秋分	白露	處暑
氣	十九未時14時42分	初四戌時20時16分	十九寅時3時0分	初四巳時9時38分	十九申時15時51分	初四戌時20時25分	十九夜子23時11分	初四夜子23時3分	十八戌時20時16分	初三未時14時8分	十八寅時4時52分	初二申時16時33分
農曆	國曆	支干	國曆	支干	國曆	支干	國曆	支干	國曆	支干	國曆	支干
初一	1月17	己巳	12月19	庚子	11月19	庚午	10月20	庚子	9月21	辛未	8月22	辛丑
初二	1月18	庚午	12月20	辛丑	11月20	辛未	10月21	辛丑	9月22	壬申	8月23	壬寅
初三	1月19	辛未	12月21	壬寅	11月21	壬申	10月22	壬寅	9月23	癸酉	8月24	癸卯
初四	1月20	壬申	12月22	癸卯	11月22	癸酉	10月23	癸卯	9月24	甲戌	8月25	甲辰
初五	1月21	癸酉	12月23	甲辰	11月23	甲戌	10月24	甲辰	9月25	亥乙	8月26	乙巳
初六	1月22	甲戌	12月24	乙巳	11月24	乙亥	10月25	乙巳	9月26	子丙	8月27	午丙
初七	1月23	乙亥	12月25	午丙	11月25	丙子	10月26	午丙	9月27	丑丁	8月28	未丁
初八	1月24	子丙	12月26	未丁	11月26	丑丁	10月27	未丁	9月28	寅戊	8月29	申戊
初九	1月25	丑丁	12月27	申戊	11月27	寅戊	10月28	申戊	9月29	卯己	8月30	酉己
初十	1月26	寅戊	12月28	酉己	11月28	卯己	10月29	酉己	9月30	辰庚	8月31	戌庚
十一	1月27	卯己	12月29	戌庚	11月29	辰庚	10月30	戌庚	10月1	巳辛	9月1	亥辛
十二	1月28	辰庚	12月30	亥辛	11月30	巳辛	10月31	亥辛	10月2	午壬	9月2	子壬
十三	1月29	巳辛	12月31	子壬	12月1	午壬	11月1	子壬	10月3	未癸	9月3	丑癸
十四	1月30	午壬	1月1	丑癸	12月2	未癸	11月2	丑癸	10月4	申甲	9月4	寅甲
十五	1月31	未癸	1月2	寅甲	12月3	申甲	11月3	寅甲	10月5	酉乙	9月5	卯乙
十六	2月1	申甲	1月3	卯乙	12月4	酉乙	11月4	卯乙	10月6	戌丙	9月6	辰丙
十七	2月2	酉乙	1月4	辰丙	12月5	戌丙	11月5	辰丙	10月7	亥丁	9月7	巳丁
十八	2月3	戌丙	1月5	巳丁	12月6	亥丁	11月6	巳丁	10月8	子戊	9月8	午戊
十九	2月4	亥丁	1月6	午戊	12月7	子戊	11月7	午戊	10月9	丑己	9月9	未己
二十	2月5	子戊	1月7	未己	12月8	丑己	11月8	未己	10月10	寅庚	9月10	申庚
廿一	2月6	丑己	1月8	申庚	12月9	寅庚	11月9	申庚	10月11	卯辛	9月11	酉辛
廿二	2月7	寅庚	1月9	酉辛	12月10	卯辛	11月10	酉辛	10月12	辰壬	9月12	戌壬
廿三	2月8	卯辛	1月10	戌壬	12月11	辰壬	11月11	戌壬	10月13	巳癸	9月13	亥癸
廿四	2月9	辰壬	1月11	亥癸	12月12	巳癸	11月12	亥癸	10月14	午甲	9月14	子甲
廿五	2月10	巳癸	1月12	子甲	12月13	午甲	11月13	子甲	10月15	未乙	9月15	丑乙
廿六	2月11	午甲	1月13	丑乙	12月14	未乙	11月14	丑乙	10月16	申丙	9月16	寅丙
廿七	2月12	未乙	1月14	寅丙	12月15	申丙	11月15	寅丙	10月17	酉丁	9月17	卯丁
廿八	2月13	申丙	1月15	卯丁	12月16	酉丁	11月16	卯丁	10月18	戌戊	9月18	辰戊
廿九	2月14	酉丁	1月16	辰戊	12月17	戌戊	11月17	辰戊	10月19	亥己	9月19	巳己
三十	2月15	戌戊			12月18	亥己	11月18	巳己			9月20	午庚

中華民國八十八年　歲次 己卯《兔》

西元一九九九年　太歲 姓伍名仲

農曆六月		農曆五月		農曆四月		農曆三月		農曆二月		農曆正月		月別
辛 未		庚 午		己 巳		戊 辰		丁 卯		丙 寅		支干
立秋	大暑	小暑	夏至	芒種	小滿	立夏	穀雨	清明	春分	驚蟄	雨水	節氣
7時57分辰時 廿七	15時26分申時 十一	22時14分亥時 廿四	4時33分寅時 初九	11時51分午時 廿三	20時27分戌時 初七	7時29分辰時 廿一	20時55分戌時 初五	13時55分未時 十九	9時46分巳時 初四	8時52分辰時 十九	10時33分巳時 初四	氣
國曆	支干	國曆	支干	國曆	支干	國曆	支干	國曆	支干	國曆	支干	農曆
7月13	寅丙	6月14	酉丁	5月15	卯丁	4月16	戌戊	3月18	巳己	2月16	亥己	初一
7月14	卯丁	6月15	戌戊	5月16	辰戊	4月17	亥己	3月19	午庚	2月17	子庚	初二
7月15	辰戊	6月16	亥己	5月17	巳己	4月18	子庚	3月20	未辛	2月18	丑辛	初三
7月16	巳己	6月17	子庚	5月18	午庚	4月19	丑辛	3月21	申壬	2月19	寅壬	初四
7月17	午庚	6月18	丑辛	5月19	未辛	4月20	寅壬	3月22	酉癸	2月20	卯癸	初五
7月18	未辛	6月19	寅壬	5月20	申壬	4月21	卯癸	3月23	戌甲	2月21	辰甲	初六
7月19	申壬	6月20	卯癸	5月21	酉癸	4月22	辰甲	3月24	亥乙	2月22	巳乙	初七
7月20	酉癸	6月21	辰甲	5月22	戌甲	4月23	巳乙	3月25	子丙	2月23	午丙	初八
7月21	戌甲	6月22	巳乙	5月23	亥乙	4月24	午丙	3月26	丑丁	2月24	未丁	初九
7月22	亥乙	6月23	午丙	5月24	子丙	4月25	未丁	3月27	寅戊	2月25	申戊	初十
7月23	子丙	6月24	未丁	5月25	丑丁	4月26	申戊	3月28	卯己	2月26	酉己	十一
7月24	丑丁	6月25	申戊	5月26	寅戊	4月27	酉己	3月29	辰庚	2月27	戌庚	十二
7月25	寅戊	6月26	酉己	5月27	卯己	4月28	戌庚	3月30	巳辛	2月28	亥辛	十三
7月26	卯己	6月27	戌庚	5月28	辰庚	4月29	亥辛	3月31	午壬	3月1	子壬	十四
7月27	辰庚	6月28	亥辛	5月29	巳辛	4月30	子壬	4月1	未癸	3月2	丑癸	十五
7月28	巳辛	6月29	子壬	5月30	午壬	5月1	丑癸	4月2	申甲	3月3	寅甲	十六
7月29	午壬	6月30	丑癸	5月31	未癸	5月2	寅甲	4月3	酉乙	3月4	卯乙	十七
7月30	未癸	7月1	寅甲	6月1	申甲	5月3	卯乙	4月4	戌丙	3月5	辰丙	十八
7月31	申甲	7月2	卯乙	6月2	酉乙	5月4	辰丙	4月5	亥丁	3月6	巳丁	十九
8月1	酉乙	7月3	辰丙	6月3	戌丙	5月5	巳丁	4月6	子戊	3月7	午戊	二十
8月2	戌丙	7月4	巳丁	6月4	亥丁	5月6	午戊	4月7	丑己	3月8	未己	廿一
8月3	亥丁	7月5	午戊	6月5	子戊	5月7	未己	4月8	寅庚	3月9	申庚	廿二
8月4	子戊	7月6	未己	6月6	丑己	5月8	申庚	4月9	卯辛	3月10	酉辛	廿三
8月5	丑己	7月7	申庚	6月7	寅庚	5月9	酉辛	4月10	辰壬	3月11	戌壬	廿四
8月6	寅庚	7月8	酉辛	6月8	卯辛	5月10	戌壬	4月11	巳癸	3月12	亥癸	廿五
8月7	卯辛	7月9	戌壬	6月9	辰壬	5月11	亥癸	4月12	午甲	3月13	子甲	廿六
8月8	辰壬	7月10	亥癸	6月10	巳癸	5月12	子甲	4月13	未乙	3月14	丑乙	廿七
8月9	巳癸	7月11	子甲	6月11	午甲	5月13	丑乙	4月14	申丙	3月15	寅丙	廿八
8月10	午甲	7月12	丑乙	6月12	未乙	5月14	寅丙	4月15	酉丁	3月16	卯丁	廿九
				6月13	申丙					3月17	辰戊	三十

西元1999年

月別	農曆十二月		農曆十一月		農曆十月		農曆九月		農曆八月		農曆七月	
干支	丁丑		丙子		乙亥		甲戌		癸酉		壬申	
節	立春	大寒	小寒	冬至	大雪	小雪	立冬	霜降	寒露	秋分	白露	處暑
氣	廿九戌時 20時32分	十五丑時 2時5分	三十辰時 8時50分	十五申時 15時27分	三十亥時 21時14分	十六丑時 2時14分	初一卯時 5時1分	十六寅時 4時52分	初一丑時 2時5分	十四戌時 19時46分	廿九巳時 10時41分	十三亥時 22時22分
農曆	國曆	干支	國曆	干支	國曆	干支	國曆	干支	國曆	干支	國曆	干支
初一	1月7	甲子	12月8	甲午	11月8	甲子	10月9	甲午	9月10	乙丑	8月11	乙未
初二	1月8	乙丑	12月9	乙未	11月9	乙丑	10月10	乙未	9月11	丙寅	8月12	丙申
初三	1月9	丙寅	12月10	丙申	11月10	丙寅	10月11	丙申	9月12	丁卯	8月13	丁酉
初四	1月10	丁卯	12月11	丁酉	11月11	丁卯	10月12	丁酉	9月13	戊辰	8月14	戊戌
初五	1月11	戊辰	12月12	戊戌	11月12	戊辰	10月13	戊戌	9月14	己巳	8月15	己亥
初六	1月12	己巳	12月13	己亥	11月13	己巳	10月14	己亥	9月15	庚午	8月16	庚子
初七	1月13	庚午	12月14	庚子	11月14	庚午	10月15	庚子	9月16	辛未	8月17	辛丑
初八	1月14	辛未	12月15	辛丑	11月15	辛未	10月16	辛丑	9月17	壬申	8月18	壬寅
初九	1月15	壬申	12月16	壬寅	11月16	壬申	10月17	壬寅	9月18	癸酉	8月19	癸卯
初十	1月16	癸酉	12月17	癸卯	11月17	癸酉	10月18	癸卯	9月19	甲戌	8月20	甲辰
十一	1月17	甲戌	12月18	甲辰	11月18	甲戌	10月19	甲辰	9月20	乙亥	8月21	乙巳
十二	1月18	乙亥	12月19	乙巳	11月19	乙亥	10月20	乙巳	9月21	丙子	8月22	丙午
十三	1月19	丙子	12月20	丙午	11月20	丙子	10月21	丙午	9月22	丁丑	8月23	丁未
十四	1月20	丁丑	12月21	丁未	11月21	丁丑	10月22	丁未	9月23	戊寅	8月24	戊申
十五	1月21	戊寅	12月22	戊申	11月22	戊寅	10月23	戊申	9月24	己卯	8月25	己酉
十六	1月22	己卯	12月23	己酉	11月23	己卯	10月24	己酉	9月25	庚辰	8月26	庚戌
十七	1月23	庚辰	12月24	庚戌	11月24	庚辰	10月25	庚戌	9月26	辛巳	8月27	辛亥
十八	1月24	辛巳	12月25	辛亥	11月25	辛巳	10月26	辛亥	9月27	壬午	8月28	壬子
十九	1月25	壬午	12月26	壬子	11月26	壬午	10月27	壬子	9月28	癸未	8月29	癸丑
二十	1月26	癸未	12月27	癸丑	11月27	癸未	10月28	癸丑	9月29	甲申	8月30	甲寅
廿一	1月27	甲申	12月28	甲寅	11月28	甲申	10月29	甲寅	9月30	乙酉	8月31	乙卯
廿二	1月28	乙酉	12月29	乙卯	11月29	乙酉	10月30	乙卯	10月1	丙戌	9月1	丙辰
廿三	1月29	丙戌	12月30	丙辰	11月30	丙戌	10月31	丙辰	10月2	丁亥	9月2	丁巳
廿四	1月30	丁亥	12月31	丁巳	12月1	丁亥	11月1	丁巳	10月3	戊子	9月3	戊午
廿五	1月31	戊子	1月1	戊午	12月2	戊子	11月2	戊午	10月4	己丑	9月4	己未
廿六	2月1	己丑	1月2	己未	12月3	己丑	11月3	己未	10月5	庚寅	9月5	庚申
廿七	2月2	庚寅	1月3	庚申	12月4	庚寅	11月4	庚申	10月6	辛卯	9月6	辛酉
廿八	2月3	辛卯	1月4	辛酉	12月5	辛卯	11月5	辛酉	10月7	壬辰	9月7	壬戌
廿九	2月4	壬辰	1月5	壬戌	12月6	壬辰	11月6	壬戌	10月8	癸巳	9月8	癸亥
三十			1月6	癸亥	12月7	癸巳	11月7	癸亥			9月9	甲子

中華民國八十九年 歲次 庚辰《龍》

西元二〇〇〇年 太歲 姓重名德

月別	農曆正月		農曆二月		農曆三月		農曆四月		農曆五月		農曆六月	
干支	戊寅		己卯		庚辰		辛巳		壬午		癸未	
節氣	雨水 十五申時 16時22分	驚蟄 三十未時 14時42分	春分 十五申時 15時35分	清明 三十戌時 19時45分	穀雨 十六丑時 2時54分		立夏 初二未時 13時19分	小滿 十八丑時 2時16分	芒種 初四酉時 17時41分	夏至 二十巳時 10時22分	小暑 初六寅時 4時4分	大暑 廿一亥時 21時15分
農曆	干支	國曆	干支	國曆	干支	國曆	干支	國曆	干支	國曆	干支	國曆
初一	癸巳	2月5	癸亥	3月6	癸巳	4月5	壬戌	5月4	辛卯	6月2	辛酉	7月2
初二	甲午	2月6	甲子	3月7	甲午	4月6	癸亥	5月5	壬辰	6月3	壬戌	7月3
初三	乙未	2月7	乙丑	3月8	乙未	4月7	甲子	5月6	癸巳	6月4	癸亥	7月4
初四	丙申	2月8	丙寅	3月9	丙申	4月8	乙丑	5月7	甲午	6月5	甲子	7月5
初五	丁酉	2月9	丁卯	3月10	丁酉	4月9	丙寅	5月8	乙未	6月6	乙丑	7月6
初六	戊戌	2月10	戊辰	3月11	戊戌	4月10	丁卯	5月9	丙申	6月7	丙寅	7月7
初七	己亥	2月11	己巳	3月12	己亥	4月11	戊辰	5月10	丁酉	6月8	丁卯	7月8
初八	庚子	2月12	庚午	3月13	庚子	4月12	己巳	5月11	戊戌	6月9	戊辰	7月9
初九	辛丑	2月13	辛未	3月14	辛丑	4月13	庚午	5月12	己亥	6月10	己巳	7月10
初十	壬寅	2月14	壬申	3月15	壬寅	4月14	辛未	5月13	庚子	6月11	庚午	7月11
十一	癸卯	2月15	癸酉	3月16	癸卯	4月15	壬申	5月14	辛丑	6月12	辛未	7月12
十二	甲辰	2月16	甲戌	3月17	甲辰	4月16	癸酉	5月15	壬寅	6月13	壬申	7月13
十三	乙巳	2月17	乙亥	3月18	乙巳	4月17	甲戌	5月16	癸卯	6月14	癸酉	7月14
十四	丙午	2月18	丙子	3月19	丙午	4月18	乙亥	5月17	甲辰	6月15	甲戌	7月15
十五	丁未	2月19	丁丑	3月20	丁未	4月19	丙子	5月18	乙巳	6月16	乙亥	7月16
十六	戊申	2月20	戊寅	3月21	戊申	4月20	丁丑	5月19	丙午	6月17	丙子	7月17
十七	己酉	2月21	己卯	3月22	己酉	4月21	戊寅	5月20	丁未	6月18	丁丑	7月18
十八	庚戌	2月22	庚辰	3月23	庚戌	4月22	己卯	5月21	戊申	6月19	戊寅	7月19
十九	辛亥	2月23	辛巳	3月24	辛亥	4月23	庚辰	5月22	己酉	6月20	己卯	7月20
二十	壬子	2月24	壬午	3月25	壬子	4月24	辛巳	5月23	庚戌	6月21	庚辰	7月21
廿一	癸丑	2月25	癸未	3月26	癸丑	4月25	壬午	5月24	辛亥	6月22	辛巳	7月22
廿二	甲寅	2月26	甲申	3月27	甲寅	4月26	癸未	5月25	壬子	6月23	壬午	7月23
廿三	乙卯	2月27	乙酉	3月28	乙卯	4月27	甲申	5月26	癸丑	6月24	癸未	7月24
廿四	丙辰	2月28	丙戌	3月29	丙辰	4月28	乙酉	5月27	甲寅	6月25	甲申	7月25
廿五	丁巳	2月29	丁亥	3月30	丁巳	4月29	丙戌	5月28	乙卯	6月26	乙酉	7月26
廿六	戊午	3月1	戊子	3月31	戊午	4月30	丁亥	5月29	丙辰	6月27	丙戌	7月27
廿七	己未	3月2	己丑	4月1	己未	5月1	戊子	5月30	丁巳	6月28	丁亥	7月28
廿八	庚申	3月3	庚寅	4月2	庚申	5月2	己丑	5月31	戊午	6月29	戊子	7月29
廿九	辛酉	3月4	辛卯	4月3	辛酉	5月3	庚寅	6月1	己未	6月30	己丑	7月30
三十	壬戌	3月5	壬辰	4月4					庚申	7月1		

西元2000年

月別	農曆十二月		農曆十一月		農曆十月		農曆九月		農曆八月		農曆七月	
干支	己丑		戊子		丁亥		丙戌		乙酉		甲申	
節	大寒	小寒	冬至	大雪	小雪	立冬	霜降	寒露	秋分	白露	處暑	立秋
氣	7時54分 廿六辰時	14時38分 十一未時	21時16分 廿六亥時	3時29分 十二寅時	8時3分 廿七辰時	10時49分 十二巳時	10時41分 廿六巳時	7時54分 十一辰時	1時55分 廿六丑時	16時33分 初十申時	4時11分 廿四寅時	13時36分 初八未時
農曆	國曆	干支	國曆	干支	國曆	干支	國曆	干支	國曆	干支	國曆	干支
初一	12月26	戊午	11月26	戊子	10月27	戊午	9月28	己丑	8月29	己未	7月31	庚寅
初二	12月27	己未	11月27	己丑	10月28	己未	9月29	庚寅	8月30	庚申	8月1	辛卯
初三	12月28	庚申	11月28	庚寅	10月29	庚申	9月30	辛卯	8月31	辛酉	8月2	壬辰
初四	12月29	辛酉	11月29	辛卯	10月30	辛酉	10月1	壬辰	9月1	壬戌	8月3	癸巳
初五	12月30	壬戌	11月30	壬辰	10月31	壬戌	10月2	癸巳	9月2	癸亥	8月4	甲午
初六	12月31	癸亥	12月1	癸巳	11月1	癸亥	10月3	甲午	9月3	甲子	8月5	乙未
初七	1月1	甲子	12月2	甲午	11月2	甲子	10月4	乙未	9月4	乙丑	8月6	丙申
初八	1月2	乙丑	12月3	乙未	11月3	乙丑	10月5	丙申	9月5	丙寅	8月7	丁酉
初九	1月3	丙寅	12月4	丙申	11月4	丙寅	10月6	丁酉	9月6	丁卯	8月8	戊戌
初十	1月4	丁卯	12月5	丁酉	11月5	丁卯	10月7	戊戌	9月7	戊辰	8月9	己亥
十一	1月5	戊辰	12月6	戊戌	11月6	戊辰	10月8	己亥	9月8	己巳	8月10	庚子
十二	1月6	己巳	12月7	己亥	11月7	己巳	10月9	庚子	9月9	庚午	8月11	辛丑
十三	1月7	庚午	12月8	庚子	11月8	庚午	10月10	辛丑	9月10	辛未	8月12	壬寅
十四	1月8	辛未	12月9	辛丑	11月9	辛未	10月11	壬寅	9月11	壬申	8月13	癸卯
十五	1月9	壬申	12月10	壬寅	11月10	壬申	10月12	癸卯	9月12	癸酉	8月14	甲辰
十六	1月10	癸酉	12月11	癸卯	11月11	癸酉	10月13	甲辰	9月13	甲戌	8月15	乙巳
十七	1月11	甲戌	12月12	甲辰	11月12	甲戌	10月14	乙巳	9月14	乙亥	8月16	丙午
十八	1月12	乙亥	12月13	乙巳	11月13	乙亥	10月15	丙午	9月15	丙子	8月17	丁未
十九	1月13	丙子	12月14	丙午	11月14	丙子	10月16	丁未	9月16	丁丑	8月18	戊申
二十	1月14	丁丑	12月15	丁未	11月15	丁丑	10月17	戊申	9月17	戊寅	8月19	己酉
廿一	1月15	戊寅	12月16	戊申	11月16	戊寅	10月18	己酉	9月18	己卯	8月20	庚戌
廿二	1月16	己卯	12月17	己酉	11月17	己卯	10月19	庚戌	9月19	庚辰	8月21	辛亥
廿三	1月17	庚辰	12月18	庚戌	11月18	庚辰	10月20	辛亥	9月20	辛巳	8月22	壬子
廿四	1月18	辛巳	12月19	辛亥	11月19	辛巳	10月21	壬子	9月21	壬午	8月23	癸丑
廿五	1月19	壬午	12月20	壬子	11月20	壬午	10月22	癸丑	9月22	癸未	8月24	甲寅
廿六	1月20	癸未	12月21	癸丑	11月21	癸未	10月23	甲寅	9月23	甲申	8月25	乙卯
廿七	1月21	甲申	12月22	甲寅	11月22	甲申	10月24	乙卯	9月24	乙酉	8月26	丙辰
廿八	1月22	乙酉	12月23	乙卯	11月23	乙酉	10月25	丙辰	9月25	丙戌	8月27	丁巳
廿九	1月23	丙戌	12月24	丙辰	11月24	丙戌	10月26	丁巳	9月26	丁亥	8月28	戊午
三十			12月25	丁巳	11月25	丁亥			9月27	戊子		

中華民國 九十年 歲次 辛巳《蛇》 西元二〇〇一年 太歲 姓鄭名祖

月六曆農		月五曆農		月四閏曆農		月四曆農		月三曆農		月二曆農		月正曆農		別月
未乙		午甲				巳癸		辰壬		卯辛		寅庚		支干
立秋 19時34分 十八戊		大暑 3時5分 初三寅 / 小暑 9時17分 十七巳		夏至 16時12分 初一申 / 芒種 23時29分 十四夜子		小滿 8時6分 廿九辰 / 立夏 19時7分 十三戌		穀雨 8時43分 廿三辰 / 清明 1時33分 十二戌		春分 21時24分 廿六亥 / 驚蟄 20時30分 十一戌		雨水 22時11分 廿六亥 / 立春 2時20分 十二丑		節 氣
國曆	支干	國曆	支干	國曆	支干	國曆	支干	國曆	支干	國曆	支干	國曆	支干	農曆
7月21	酉乙	6月21	卯乙	5月23	戌丙	4月23	辰丙	3月25	亥丁	2月23	巳丁	1月24	亥丁	初一
7月22	戌丙	6月22	辰丙	5月24	亥丁	4月24	巳丁	3月26	子戊	2月24	午戊	1月25	子戊	初二
7月23	亥丁	6月23	巳丁	5月25	子戊	4月25	午戊	3月27	丑己	2月25	未己	1月26	丑己	初三
7月24	子戊	6月24	午戊	5月26	丑己	4月26	未己	3月28	寅庚	2月26	申庚	1月27	寅庚	初四
7月25	丑己	6月25	未己	5月27	寅庚	4月27	申庚	3月29	卯辛	2月27	酉辛	1月28	卯辛	初五
7月26	寅庚	6月26	申庚	5月28	卯辛	4月28	酉辛	3月30	辰壬	2月28	戌壬	1月29	辰壬	初六
7月27	卯辛	6月27	酉辛	5月29	辰壬	4月29	戌壬	3月31	巳癸	3月1	亥癸	1月30	巳癸	初七
7月28	辰壬	6月28	戌壬	5月30	巳癸	4月30	亥癸	4月1	午甲	3月2	子甲	1月31	午甲	初八
7月29	巳癸	6月29	亥癸	5月31	午甲	5月1	子甲	4月2	未乙	3月3	丑乙	2月1	未乙	初九
7月30	午甲	6月30	子甲	6月1	未乙	5月2	丑乙	4月3	申丙	3月4	寅丙	2月2	申丙	初十
7月31	未乙	7月1	丑乙	6月2	申丙	5月3	寅丙	4月4	酉丁	3月5	卯丁	2月3	酉丁	十一
8月1	申丙	7月2	寅丙	6月3	酉丁	5月4	卯丁	4月5	戌戊	3月6	辰戊	2月4	戌戊	十二
8月2	酉丁	7月3	卯丁	6月4	戌戊	5月5	辰戊	4月6	亥己	3月7	巳己	2月5	亥己	十三
8月3	戌戊	7月4	辰戊	6月5	亥己	5月6	巳己	4月7	子庚	3月8	午庚	2月6	子庚	十四
8月4	亥己	7月5	巳己	6月6	子庚	5月7	午庚	4月8	丑辛	3月9	未辛	2月7	丑辛	十五
8月5	子庚	7月6	午庚	6月7	丑辛	5月8	未辛	4月9	寅壬	3月10	申壬	2月8	寅壬	十六
8月6	丑辛	7月7	未辛	6月8	寅壬	5月9	申壬	4月10	卯癸	3月11	酉癸	2月9	卯癸	十七
8月7	寅壬	7月8	申壬	6月9	卯癸	5月10	酉癸	4月11	辰甲	3月12	戌甲	2月10	辰甲	十八
8月8	卯癸	7月9	酉癸	6月10	辰甲	5月11	戌甲	4月12	巳乙	3月13	亥乙	2月11	巳乙	十九
8月9	辰甲	7月10	戌甲	6月11	巳乙	5月12	亥乙	4月13	午丙	3月14	子丙	2月12	午丙	二十
8月10	巳乙	7月11	亥乙	6月12	午丙	5月13	子丙	4月14	未丁	3月15	丑丁	2月13	未丁	廿一
8月11	午丙	7月12	子丙	6月13	未丁	5月14	丑丁	4月15	申戊	3月16	寅戊	2月14	申戊	廿二
8月12	未丁	7月13	丑丁	6月14	申戊	5月15	寅戊	4月16	酉己	3月17	卯己	2月15	酉己	廿三
8月13	申戊	7月14	寅戊	6月15	酉己	5月16	卯己	4月17	戌庚	3月18	辰庚	2月16	戌庚	廿四
8月14	酉己	7月15	卯己	6月16	戌庚	5月17	辰庚	4月18	亥辛	3月19	巳辛	2月17	亥辛	廿五
8月15	戌庚	7月16	辰庚	6月17	亥辛	5月18	巳辛	4月19	子壬	3月20	午壬	2月18	子壬	廿六
8月16	亥辛	7月17	巳辛	6月18	子壬	5月19	午壬	4月20	丑癸	3月21	未癸	2月19	丑癸	廿七
8月17	子壬	7月18	午壬	6月19	丑癸	5月20	未癸	4月21	寅甲	3月22	申甲	2月20	寅甲	廿八
8月18	丑癸	7月19	未癸	6月20	寅甲	5月21	申甲	4月22	卯乙	3月23	酉乙	2月21	卯乙	廿九
		7月20	申甲			5月22	酉乙			3月24	戌丙	2月22	辰丙	三十

西元2001年

月別	農曆十二月		農曆十一月		農曆十月		農曆九月		農曆八月		農曆七月	
干支	辛丑		庚子		己亥		戊戌		丁酉		丙申	
節	立春	大寒	小寒	冬至	大雪	小雪	立冬	霜降	寒露	秋分	白露	處暑
氣	廿三 8時8分辰時	初八 13時44分未時	廿二 20時26分戌時	初八 3時6分寅時	廿三 9時17分巳時	初八 13時53分未時	廿二 16時37分申時	初七 16時31分申時	廿二 13時42分未時	初七 7時25分辰時	二十 22時18分亥時	初五 10時1分巳時
農曆	國曆	干支	國曆	干支	國曆	干支	國曆	干支	國曆	干支	國曆	干支
初一	1月13	辛巳	12月15	壬子	11月15	壬午	10月17	癸丑	9月17	癸未	8月19	甲寅
初二	1月14	壬午	12月16	癸丑	11月16	癸未	10月18	甲寅	9月18	甲申	8月20	乙卯
初三	1月15	癸未	12月17	甲寅	11月17	甲申	10月19	乙卯	9月19	乙酉	8月21	丙辰
初四	1月16	甲申	12月18	乙卯	11月18	乙酉	10月20	丙辰	9月20	丙戌	8月22	丁巳
初五	1月17	乙酉	12月19	丙辰	11月19	丙戌	10月21	丁巳	9月21	丁亥	8月23	戊午
初六	1月18	丙戌	12月20	丁巳	11月20	丁亥	10月22	戊午	9月22	戊子	8月24	己未
初七	1月19	丁亥	12月21	戊午	11月21	戊子	10月23	己未	9月23	己丑	8月25	庚申
初八	1月20	戊子	12月22	己未	11月22	己丑	10月24	庚申	9月24	庚寅	8月26	辛酉
初九	1月21	己丑	12月23	庚申	11月23	庚寅	10月25	辛酉	9月25	辛卯	8月27	壬戌
初十	1月22	庚寅	12月24	辛酉	11月24	辛卯	10月26	壬戌	9月26	壬辰	8月28	癸亥
十一	1月23	辛卯	12月25	壬戌	11月25	壬辰	10月27	癸亥	9月27	癸巳	8月29	甲子
十二	1月24	壬辰	12月26	癸亥	11月26	癸巳	10月28	甲子	9月28	甲午	8月30	乙丑
十三	1月25	癸巳	12月27	甲子	11月27	甲午	10月29	乙丑	9月29	乙未	8月31	丙寅
十四	1月26	甲午	12月28	乙丑	11月28	乙未	10月30	丙寅	9月30	丙申	9月1	丁卯
十五	1月27	乙未	12月29	丙寅	11月29	丙申	10月31	丁卯	10月1	丁酉	9月2	戊辰
十六	1月28	丙申	12月30	丁卯	11月30	丁酉	11月1	戊辰	10月2	戊戌	9月3	己巳
十七	1月29	丁酉	12月31	戊辰	12月1	戊戌	11月2	己巳	10月3	己亥	9月4	庚午
十八	1月30	戊戌	1月1	己巳	12月2	己亥	11月3	庚午	10月4	庚子	9月5	辛未
十九	1月31	己亥	1月2	庚午	12月3	庚子	11月4	辛未	10月5	辛丑	9月6	壬申
二十	2月1	庚子	1月3	辛未	12月4	辛丑	11月5	壬申	10月6	壬寅	9月7	癸酉
廿一	2月2	辛丑	1月4	壬申	12月5	壬寅	11月6	癸酉	10月7	癸卯	9月8	甲戌
廿二	2月3	壬寅	1月5	癸酉	12月6	癸卯	11月7	甲戌	10月8	甲辰	9月9	乙亥
廿三	2月4	癸卯	1月6	甲戌	12月7	甲辰	11月8	乙亥	10月9	乙巳	9月10	丙子
廿四	2月5	甲辰	1月7	乙亥	12月8	乙巳	11月9	丙子	10月10	丙午	9月11	丁丑
廿五	2月6	乙巳	1月8	丙子	12月9	丙午	11月10	丁丑	10月11	丁未	9月12	戊寅
廿六	2月7	丙午	1月9	丁丑	12月10	丁未	11月11	戊寅	10月12	戊申	9月13	己卯
廿七	2月8	丁未	1月10	戊寅	12月11	戊申	11月12	己卯	10月13	己酉	9月14	庚辰
廿八	2月9	戊申	1月11	己卯	12月12	己酉	11月13	庚辰	10月14	庚戌	9月15	辛巳
廿九	2月10	己酉	1月12	庚辰	12月13	庚戌	11月14	辛巳	10月15	辛亥	9月16	壬午
三十	2月11	庚戌			12月14	辛亥			10月16	壬子		

西元2002年

中華民國九十一年　歲次　壬午《馬》

西元二〇〇二年　太歲　姓路名明

農曆六月		農曆五月		農曆四月		農曆三月		農曆二月		農曆正月		月別
丁未		丙午		乙巳		甲辰		癸卯		壬寅		干支
立秋 大暑		小暑 夏至		芒種 小滿		立夏 穀雨		清明 春分		驚蟄 雨水		節·氣
立秋 1時23分丑時／大暑 8時54分辰時		小暑 15時40分申時／夏至 22時40分亥時		芒種 5時17分卯時／小滿 13時17分未時		立夏 0時55分子時／穀雨 14時33分未時		清明 7時21分辰時／春分 3時14分寅時		驚蟄 2時18分丑時／雨水 4時1分寅時		
國曆	支干	國曆	支干	國曆	支干	國曆	支干	國曆	支干	國曆	支干	農曆
7月10	卯己	6月11	戌庚	5月12	辰庚	4月13	亥辛	3月14	巳辛	2月12	亥辛	初一
7月11	辰庚	6月12	亥辛	5月13	巳辛	4月14	子壬	3月15	午壬	2月13	子壬	初二
7月12	巳辛	6月13	子壬	5月14	午壬	4月15	丑癸	3月16	未癸	2月14	丑癸	初三
7月13	午壬	6月14	丑癸	5月15	未癸	4月16	寅甲	3月17	申甲	2月15	寅甲	初四
7月14	未癸	6月15	寅甲	5月16	申甲	4月17	卯乙	3月18	酉乙	2月16	卯乙	初五
7月15	申甲	6月16	卯乙	5月17	酉乙	4月18	辰丙	3月19	戌丙	2月17	辰丙	初六
7月16	酉乙	6月17	辰丙	5月18	戌丙	4月19	巳丁	3月20	亥丁	2月18	巳丁	初七
7月17	戌丙	6月18	巳丁	5月19	亥丁	4月20	午戊	3月21	子戊	2月19	午戊	初八
7月18	亥丁	6月19	午戊	5月20	子戊	4月21	未己	3月22	丑己	2月20	未己	初九
7月19	子戊	6月20	未己	5月21	丑己	4月22	申庚	3月23	寅庚	2月21	申庚	初十
7月20	丑己	6月21	申庚	5月22	寅庚	4月23	酉辛	3月24	卯辛	2月22	酉辛	十一
7月21	寅庚	6月22	酉辛	5月23	卯辛	4月24	戌壬	3月25	辰壬	2月23	戌壬	十二
7月22	卯辛	6月23	戌壬	5月24	辰壬	4月25	亥癸	3月26	巳癸	2月24	亥癸	十三
7月23	辰壬	6月24	亥癸	5月25	巳癸	4月26	子甲	3月27	午甲	2月25	子甲	十四
7月24	巳癸	6月25	子甲	5月26	午甲	4月27	丑乙	3月28	未乙	2月26	丑乙	十五
7月25	午甲	6月26	丑乙	5月27	未乙	4月28	寅丙	3月29	申丙	2月27	寅丙	十六
7月26	未乙	6月27	寅丙	5月28	申丙	4月29	卯丁	3月30	酉丁	2月28	卯丁	十七
7月27	申丙	6月28	卯丁	5月29	酉丁	4月30	辰戊	3月31	戌戊	3月1	辰戊	十八
7月28	酉丁	6月29	辰戊	5月30	戌戊	5月1	巳己	4月1	亥己	3月2	巳己	十九
7月29	戌戊	6月30	巳己	5月31	亥己	5月2	午庚	4月2	子庚	3月3	午庚	二十
7月30	亥己	7月1	午庚	6月1	子庚	5月3	未辛	4月3	丑辛	3月4	未辛	廿一
7月31	子庚	7月2	未辛	6月2	丑辛	5月4	申壬	4月4	寅壬	3月5	申壬	廿二
8月1	丑辛	7月3	申壬	6月3	寅壬	5月5	酉癸	4月5	卯癸	3月6	酉癸	廿三
8月2	寅壬	7月4	酉癸	6月4	卯癸	5月6	戌甲	4月6	辰甲	3月7	戌甲	廿四
8月3	卯癸	7月5	戌甲	6月5	辰甲	5月7	亥乙	4月7	巳乙	3月8	亥乙	廿五
8月4	辰甲	7月6	亥乙	6月6	巳乙	5月8	子丙	4月8	午丙	3月9	子丙	廿六
8月5	巳乙	7月7	子丙	6月7	午丙	5月9	丑丁	4月9	未丁	3月10	丑丁	廿七
8月6	午丙	7月8	丑丁	6月8	未丁	5月10	寅戊	4月10	申戊	3月11	寅戊	廿八
8月7	未丁	7月9	寅戊	6月9	申戊	5月11	卯己	4月11	酉己	3月12	卯己	廿九
8月8	申戊			6月10	酉己			4月12	戌庚	3月13	辰庚	三十

326

西元2002年

月別	農曆十二月		農曆十一月		農曆十月		農曆九月		農曆八月		農曆七月	
干支	癸丑		壬子		辛亥		庚戌		己酉		戊申	
節	大寒	小寒	冬至	大雪	小雪	立冬	霜降	寒露	秋分	白露	處暑	
氣	19時33分 十八戌時	2時15分 初四丑時	8時55分 十九辰時	15時6分 初四申時	19時42分 十八戌時	22時26分 初三亥時	22時20分 十八亥時	19時31分 初三戌時	13時14分 十七未時	4時7分 初二寅時	15時50分 十五申時	
農曆	國曆	支干	國曆	支干	國曆	支干	國曆	支干	國曆	支干	國曆	支干
初一	1月3	子丙	12月4	午丙	11月5	丑丁	10月6	未丁	9月7	寅戊	8月9	酉己
初二	1月4	丑丁	12月5	未丁	11月6	寅戊	10月7	申戊	9月8	卯己	8月10	戌庚
初三	1月5	寅戊	12月6	申戊	11月7	卯己	10月8	酉己	9月9	辰庚	8月11	亥辛
初四	1月6	卯己	12月7	酉己	11月8	辰庚	10月9	戌庚	9月10	巳辛	8月12	子壬
初五	1月7	辰庚	12月8	戌庚	11月9	巳辛	10月10	亥辛	9月11	午壬	8月13	丑癸
初六	1月8	巳辛	12月9	亥辛	11月10	午壬	10月11	子壬	9月12	未癸	8月14	寅甲
初七	1月9	午壬	12月10	子壬	11月11	未癸	10月12	丑癸	9月13	申甲	8月15	卯乙
初八	1月10	未癸	12月11	丑癸	11月12	申甲	10月13	寅甲	9月14	酉乙	8月16	辰丙
初九	1月11	申甲	12月12	寅甲	11月13	酉乙	10月14	卯乙	9月15	戌丙	8月17	巳丁
初十	1月12	酉乙	12月13	卯乙	11月14	戌丙	10月15	辰丙	9月16	亥丁	8月18	午戊
十一	1月13	戌丙	12月14	辰丙	11月15	亥丁	10月16	巳丁	9月17	子戊	8月19	未己
十二	1月14	亥丁	12月15	巳丁	11月16	子戊	10月17	午戊	9月18	丑己	8月20	申庚
十三	1月15	子戊	12月16	午戊	11月17	丑己	10月18	未己	9月19	寅庚	8月21	酉辛
十四	1月16	丑己	12月17	未己	11月18	寅庚	10月19	申庚	9月20	卯辛	8月22	戌壬
十五	1月17	寅庚	12月18	申庚	11月19	卯辛	10月20	酉辛	9月21	辰壬	8月23	亥癸
十六	1月18	卯辛	12月19	酉辛	11月20	辰壬	10月21	戌壬	9月22	巳癸	8月24	子甲
十七	1月19	辰壬	12月20	戌壬	11月21	巳癸	10月22	亥癸	9月23	午甲	8月25	丑乙
十八	1月20	巳癸	12月21	亥癸	11月22	午甲	10月23	子甲	9月24	未乙	8月26	寅丙
十九	1月21	午甲	12月22	子甲	11月23	未乙	10月24	丑乙	9月25	申丙	8月27	卯丁
二十	1月22	未乙	12月23	丑乙	11月24	申丙	10月25	寅丙	9月26	酉丁	8月28	辰戊
廿一	1月23	申丙	12月24	寅丙	11月25	酉丁	10月26	卯丁	9月27	戌戊	8月29	巳己
廿二	1月24	酉丁	12月25	卯丁	11月26	戌戊	10月27	辰戊	9月28	亥己	8月30	午庚
廿三	1月25	戌戊	12月26	辰戊	11月27	亥己	10月28	巳己	9月29	子庚	8月31	未辛
廿四	1月26	亥己	12月27	巳己	11月28	子庚	10月29	午庚	9月30	丑辛	9月1	申壬
廿五	1月27	子庚	12月28	午庚	11月29	丑辛	10月30	未辛	10月1	寅壬	9月2	酉癸
廿六	1月28	丑辛	12月29	未辛	11月30	寅壬	10月31	申壬	10月2	卯癸	9月3	戌甲
廿七	1月29	寅壬	12月30	申壬	12月1	卯癸	11月1	酉癸	10月3	辰甲	9月4	亥乙
廿八	1月30	卯癸	12月31	酉癸	12月2	辰甲	11月2	戌甲	10月4	巳乙	9月5	子丙
廿九	1月31	辰甲	1月1	戌甲	12月3	巳乙	11月3	亥乙	10月5	午丙	9月6	丑丁
三十			1月2	亥乙			11月4	子丙				

327

中華民國九十二年 歲次 癸未《羊》

西元二〇〇三年 太歲 姓魏名明

農曆六月		農曆五月		農曆四月		農曆三月		農曆二月		農曆正月		月別
未	己	午	戊	巳	丁	辰	丙	卯	乙	寅	甲	干支
大暑	小暑	夏至	芒種	小滿	立夏	穀雨	清明	春分	驚蟄	雨水	立春	節氣
廿四未時 14時43分	初八亥時 21時29分	廿三寅時 3時50分	初七午時 11時6分	廿一戌時 19時44分	初六卯時 6時44分	十九戌時 20時22分	初四未時 13時10分	十九巳時 9時3分	初四辰時 8時7分	十九巳時 9時50分	初四未時 13時57分	
國曆	干支	國曆	干支	國曆	干支	國曆	干支	國曆	干支	國曆	干支	農曆
6月30	甲戌	5月31	甲辰	5月1	甲戌	4月2	乙巳	3月3	乙亥	2月1	乙巳	初一
7月1	乙亥	6月1	乙巳	5月2	乙亥	4月3	丙午	3月4	丙子	2月2	丙午	初二
7月2	丙子	6月2	丙午	5月3	丙子	4月4	丁未	3月5	丁丑	2月3	丁未	初三
7月3	丁丑	6月3	丁未	5月4	丁丑	4月5	戊申	3月6	戊寅	2月4	戊申	初四
7月4	戊寅	6月4	戊申	5月5	戊寅	4月6	己酉	3月7	己卯	2月5	己酉	初五
7月5	己卯	6月5	己酉	5月6	己卯	4月7	庚戌	3月8	庚辰	2月6	庚戌	初六
7月6	庚辰	6月6	庚戌	5月7	庚辰	4月8	辛亥	3月9	辛巳	2月7	辛亥	初七
7月7	辛巳	6月7	辛亥	5月8	辛巳	4月9	壬子	3月10	壬午	2月8	壬子	初八
7月8	壬午	6月8	壬子	5月9	壬午	4月10	癸丑	3月11	癸未	2月9	癸丑	初九
7月9	癸未	6月9	癸丑	5月10	癸未	4月11	甲寅	3月12	甲申	2月10	甲寅	初十
7月10	甲申	6月10	甲寅	5月11	甲申	4月12	乙卯	3月13	乙酉	2月11	乙卯	十一
7月11	乙酉	6月11	乙卯	5月12	乙酉	4月13	丙辰	3月14	丙戌	2月12	丙辰	十二
7月12	丙戌	6月12	丙辰	5月13	丙戌	4月14	丁巳	3月15	丁亥	2月13	丁巳	十三
7月13	丁亥	6月13	丁巳	5月14	丁亥	4月15	戊午	3月16	戊子	2月14	戊午	十四
7月14	戊子	6月14	戊午	5月15	戊子	4月16	己未	3月17	己丑	2月15	己未	十五
7月15	己丑	6月15	己未	5月16	己丑	4月17	庚申	3月18	庚寅	2月16	庚申	十六
7月16	庚寅	6月16	庚申	5月17	庚寅	4月18	辛酉	3月19	辛卯	2月17	辛酉	十七
7月17	辛卯	6月17	辛酉	5月18	辛卯	4月19	壬戌	3月20	壬辰	2月18	壬戌	十八
7月18	壬辰	6月18	壬戌	5月19	壬辰	4月20	癸亥	3月21	癸巳	2月19	癸亥	十九
7月19	癸巳	6月19	癸亥	5月20	癸巳	4月21	甲子	3月22	甲午	2月20	甲子	二十
7月20	甲午	6月20	甲子	5月21	甲午	4月22	乙丑	3月23	乙未	2月21	乙丑	廿一
7月21	乙未	6月21	乙丑	5月22	乙未	4月23	丙寅	3月24	丙申	2月22	丙寅	廿二
7月22	丙申	6月22	丙寅	5月23	丙申	4月24	丁卯	3月25	丁酉	2月23	丁卯	廿三
7月23	丁酉	6月23	丁卯	5月24	丁酉	4月25	戊辰	3月26	戊戌	2月24	戊辰	廿四
7月24	戊戌	6月24	戊辰	5月25	戊戌	4月26	己巳	3月27	己亥	2月25	己巳	廿五
7月25	己亥	6月25	己巳	5月26	己亥	4月27	庚午	3月28	庚子	2月26	庚午	廿六
7月26	庚子	6月26	庚午	5月27	庚子	4月28	辛未	3月29	辛丑	2月27	辛未	廿七
7月27	辛丑	6月27	辛未	5月28	辛丑	4月29	壬申	3月30	壬寅	2月28	壬申	廿八
7月28	壬寅	6月28	壬申	5月29	壬寅	4月30	癸酉	3月31	癸卯	3月1	癸酉	廿九
		6月29	癸酉	5月30	癸卯			4月1	甲辰	3月2	甲戌	三十

西元2003年

月別	農曆十二月	農曆十一月	農曆十月	農曆九月	農曆八月	農曆七月
干支	乙丑	甲子	癸亥	壬戌	辛酉	庚申
節	大寒　小寒	冬至　大雪	小雪　立冬	霜降　寒露	秋分　白露	處暑　立秋
氣	1時22分 三十丑時　8時4分 十五辰時	14時44分 廿九未時　20時55分 十四戌時	1時31分 三十丑時　4時15分 十五寅時	4時9分 廿九寅時　1時20分 十四丑時	19時3分 廿七戌時　9時56分 十二巳時	21時39分 廿六亥時　7時12分 十一辰時

農曆	國曆(十二月)	支干	國曆(十一月)	支干	國曆(十月)	支干	國曆(九月)	支干	國曆(八月)	支干	國曆(七月)	支干
初一	12月23	午庚	11月24	丑辛	10月25	未辛	9月26	寅壬	8月28	酉癸	7月29	卯癸
初二	12月24	未辛	11月25	寅壬	10月26	申壬	9月27	卯癸	8月29	戌甲	7月30	辰甲
初三	12月25	申壬	11月26	卯癸	10月27	酉癸	9月28	辰甲	8月30	亥乙	7月31	巳乙
初四	12月26	酉癸	11月27	辰甲	10月28	戌甲	9月29	巳乙	8月31	子丙	8月1	午丙
初五	12月27	戌甲	11月28	巳乙	10月29	亥乙	9月30	午丙	9月1	丑丁	8月2	未丁
初六	12月28	亥乙	11月29	午丙	10月30	子丙	10月1	未丁	9月2	寅戊	8月3	申戊
初七	12月29	子丙	11月30	未丁	10月31	丑丁	10月2	申戊	9月3	卯己	8月4	酉己
初八	12月30	丑丁	12月1	申戊	11月1	寅戊	10月3	酉己	9月4	辰庚	8月5	戌庚
初九	12月31	寅戊	12月2	酉己	11月2	卯己	10月4	戌庚	9月5	巳辛	8月6	亥辛
初十	1月1	卯己	12月3	戌庚	11月3	辰庚	10月5	亥辛	9月6	午壬	8月7	子壬
十一	1月2	辰庚	12月4	亥辛	11月4	巳辛	10月6	子壬	9月7	未癸	8月8	丑癸
十二	1月3	巳辛	12月5	子壬	11月5	午壬	10月7	丑癸	9月8	申甲	8月9	寅甲
十三	1月4	午壬	12月6	丑癸	11月6	未癸	10月8	寅甲	9月9	酉乙	8月10	卯乙
十四	1月5	未癸	12月7	寅甲	11月7	申甲	10月9	卯乙	9月10	戌丙	8月11	辰丙
十五	1月6	申甲	12月8	卯乙	11月8	酉乙	10月10	辰丙	9月11	亥丁	8月12	巳丁
十六	1月7	酉乙	12月9	辰丙	11月9	戌丙	10月11	巳丁	9月12	子戊	8月13	午戊
十七	1月8	戌丙	12月10	巳丁	11月10	亥丁	10月12	午戊	9月13	丑己	8月14	未己
十八	1月9	亥丁	12月11	午戊	11月11	子戊	10月13	未己	9月14	寅庚	8月15	申庚
十九	1月10	子戊	12月12	未己	11月12	丑己	10月14	申庚	9月15	卯辛	8月16	酉辛
二十	1月11	丑己	12月13	申庚	11月13	寅庚	10月15	酉辛	9月16	辰壬	8月17	戌壬
廿一	1月12	寅庚	12月14	酉辛	11月14	卯辛	10月16	戌壬	9月17	巳癸	8月18	亥癸
廿二	1月13	卯辛	12月15	戌壬	11月15	辰壬	10月17	亥癸	9月18	午甲	8月19	子甲
廿三	1月14	辰壬	12月16	亥癸	11月16	巳癸	10月18	子甲	9月19	未乙	8月20	丑乙
廿四	1月15	巳癸	12月17	子甲	11月17	午甲	10月19	丑乙	9月20	申丙	8月21	寅丙
廿五	1月16	午甲	12月18	丑乙	11月18	未乙	10月20	寅丙	9月21	酉丁	8月22	卯丁
廿六	1月17	未乙	12月19	寅丙	11月19	申丙	10月21	卯丁	9月22	戌戊	8月23	辰戊
廿七	1月18	申丙	12月20	卯丁	11月20	酉丁	10月22	辰戊	9月23	亥己	8月24	巳己
廿八	1月19	酉丁	12月21	辰戊	11月21	戌戊	10月23	巳己	9月24	子庚	8月25	午庚
廿九	1月20	戌戊	12月22	巳己	11月22	亥己	10月24	午庚	9月25	丑辛	8月26	未辛
三十	1月21	亥己			11月23	子庚					8月27	申壬

中華民國九十三年 歲次 甲申《猴》

西元二〇〇四年 太歲 姓方名公

農曆六月		農曆五月		農曆四月		農曆三月		農曆閏二月		農曆二月		農曆正月		月別
辛未		庚午		己巳		戊辰				丁卯		丙寅		干支
立秋 廿二午時 12時59分	大暑 初六戌時 20時32分	小暑 二十寅時 3時18分	夏至 初四巳時 9時39分	芒種 十八申時 16時55分	小滿 初三丑時 1時33分	立夏 十七午時 12時33分	穀雨 初二丑時 2時11分	清明 十五酉時 18時59分		春分 三十未時 14時52分	驚蟄 十五未時 13時56分	雨水 廿九申時 15時39分	立春 十四戌時 19時46分	節氣
國曆	干支	國曆	干支	國曆	干支	國曆	干支	國曆	干支	國曆	干支	國曆	干支	農曆
7月17	丁酉	6月18	戊辰	5月19	戊戌	4月19	戊辰	3月21	己亥	2月20	己巳	1月22	庚子	初一
7月18	戊戌	6月19	己巳	5月20	己亥	4月20	己巳	3月22	庚子	2月21	庚午	1月23	辛丑	初二
7月19	己亥	6月20	庚午	5月21	庚子	4月21	庚午	3月23	辛丑	2月22	辛未	1月24	壬寅	初三
7月20	庚子	6月21	辛未	5月22	辛丑	4月22	辛未	3月24	壬寅	2月23	壬申	1月25	癸卯	初四
7月21	辛丑	6月22	壬申	5月23	壬寅	4月23	壬申	3月25	癸卯	2月24	癸酉	1月26	甲辰	初五
7月22	壬寅	6月23	癸酉	5月24	癸卯	4月24	癸酉	3月26	甲辰	2月25	甲戌	1月27	乙巳	初六
7月23	癸卯	6月24	甲戌	5月25	甲辰	4月25	甲戌	3月27	乙巳	2月26	乙亥	1月28	丙午	初七
7月24	甲辰	6月25	乙亥	5月26	乙巳	4月26	乙亥	3月28	丙午	2月27	丙子	1月29	丁未	初八
7月25	乙巳	6月26	丙子	5月27	丙午	4月27	丙子	3月29	丁未	2月28	丁丑	1月30	戊申	初九
7月26	丙午	6月27	丁丑	5月28	丁未	4月28	丁丑	3月30	戊申	2月29	戊寅	1月31	己酉	初十
7月27	丁未	6月28	戊寅	5月29	戊申	4月29	戊寅	3月31	己酉	3月 1	己卯	2月 1	庚戌	十一
7月28	戊申	6月29	己卯	5月30	己酉	4月30	己卯	4月 1	庚戌	3月 2	庚辰	2月 2	辛亥	十二
7月29	己酉	6月30	庚辰	5月31	庚戌	5月 1	庚辰	4月 2	辛亥	3月 3	辛巳	2月 3	壬子	十三
7月30	庚戌	7月 1	辛巳	6月 1	辛亥	5月 2	辛巳	4月 3	壬子	3月 4	壬午	2月 4	癸丑	十四
7月31	辛亥	7月 2	壬午	6月 2	壬子	5月 3	壬午	4月 4	癸丑	3月 5	癸未	2月 5	甲寅	十五
8月 1	壬子	7月 3	癸未	6月 3	癸丑	5月 4	癸未	4月 5	甲寅	3月 6	甲申	2月 6	乙卯	十六
8月 2	癸丑	7月 4	甲申	6月 4	甲寅	5月 5	甲申	4月 6	乙卯	3月 7	乙酉	2月 7	丙辰	十七
8月 3	甲寅	7月 5	乙酉	6月 5	乙卯	5月 6	乙酉	4月 7	丙辰	3月 8	丙戌	2月 8	丁巳	十八
8月 4	乙卯	7月 6	丙戌	6月 6	丙辰	5月 7	丙戌	4月 8	丁巳	3月 9	丁亥	2月 9	戊午	十九
8月 5	丙辰	7月 7	丁亥	6月 7	丁巳	5月 8	丁亥	4月 9	戊午	3月10	戊子	2月10	己未	二十
8月 6	丁巳	7月 8	戊子	6月 8	戊午	5月 9	戊子	4月10	己未	3月11	己丑	2月11	庚申	廿一
8月 7	戊午	7月 9	己丑	6月 9	己未	5月10	己丑	4月11	庚申	3月12	庚寅	2月12	辛酉	廿二
8月 8	己未	7月10	庚寅	6月10	庚申	5月11	庚寅	4月12	辛酉	3月13	辛卯	2月13	壬戌	廿三
8月 9	庚申	7月11	辛卯	6月11	辛酉	5月12	辛卯	4月13	壬戌	3月14	壬辰	2月14	癸亥	廿四
8月10	辛酉	7月12	壬辰	6月12	壬戌	5月13	壬辰	4月14	癸亥	3月15	癸巳	2月15	甲子	廿五
8月11	壬戌	7月13	癸巳	6月13	癸亥	5月14	癸巳	4月15	甲子	3月16	甲午	2月16	乙丑	廿六
8月12	癸亥	7月14	甲午	6月14	甲子	5月15	甲午	4月16	乙丑	3月17	乙未	2月17	丙寅	廿七
8月13	甲子	7月15	乙未	6月15	乙丑	5月16	乙未	4月17	丙寅	3月18	丙申	2月18	丁卯	廿八
8月14	乙丑	7月16	丙申	6月16	丙寅	5月17	丙申	4月18	丁卯	3月19	丁酉	2月19	戊辰	廿九
8月15	丙寅			6月17	丁卯	5月18	丁酉			3月20	戊戌			三十

月別	農曆十二月		農曆十一月		農曆十月		農曆九月		農曆八月		農曆七月	
干支	丁丑		丙子		乙亥		甲戌		癸酉		壬申	
節	立春	大寒	小寒	冬至	大雪	小雪	立冬	霜降	寒露	秋分	白露	處暑
氣	廿六丑時1時34分	十一辰時7時11分	廿五未時13時52分	初一戌時20時33分	十六丑時2時43分	十一辰時7時20分	廿五巳時10時3分	初十巳時9時58分	廿五辰時7時8分	初十子時0時52分	廿三申時15時44分	初八寅時3時28分
農曆	國曆	干支	國曆	干支	國曆	干支	國曆	干支	國曆	干支	國曆	干支
初一	1月10	甲午	12月12	乙丑	11月12	乙未	10月14	丙寅	9月14	丙申	8月16	丁卯
初二	1月11	乙未	12月13	丙寅	11月13	丙申	10月15	丁卯	9月15	丁酉	8月17	戊辰
初三	1月12	丙申	12月14	丁卯	11月14	丁酉	10月16	戊辰	9月16	戊戌	8月18	己巳
初四	1月13	丁酉	12月15	戊辰	11月15	戊戌	10月17	己巳	9月17	己亥	8月19	庚午
初五	1月14	戊戌	12月16	己巳	11月16	己亥	10月18	庚午	9月18	庚子	8月20	辛未
初六	1月15	己亥	12月17	庚午	11月17	庚子	10月19	辛未	9月19	辛丑	8月21	壬申
初七	1月16	庚子	12月18	辛未	11月18	辛丑	10月20	壬申	9月20	壬寅	8月22	癸酉
初八	1月17	辛丑	12月19	壬申	11月19	壬寅	10月21	癸酉	9月21	癸卯	8月23	甲戌
初九	1月18	壬寅	12月20	癸酉	11月20	癸卯	10月22	甲戌	9月22	甲辰	8月24	乙亥
初十	1月19	癸卯	12月21	甲戌	11月21	甲辰	10月23	乙亥	9月23	乙巳	8月25	丙子
十一	1月20	甲辰	12月22	乙亥	11月22	乙巳	10月24	丙子	9月24	丙午	8月26	丁丑
十二	1月21	乙巳	12月23	丙子	11月23	丙午	10月25	丁丑	9月25	丁未	8月27	戊寅
十三	1月22	丙午	12月24	丁丑	11月24	丁未	10月26	戊寅	9月26	戊申	8月28	己卯
十四	1月23	丁未	12月25	戊寅	11月25	戊申	10月27	己卯	9月27	己酉	8月29	庚辰
十五	1月24	戊申	12月26	己卯	11月26	己酉	10月28	庚辰	9月28	庚戌	8月30	辛巳
十六	1月25	己酉	12月27	庚辰	11月27	庚戌	10月29	辛巳	9月29	辛亥	8月31	壬午
十七	1月26	庚戌	12月28	辛巳	11月28	辛亥	10月30	壬午	9月30	壬子	9月1	癸未
十八	1月27	辛亥	12月29	壬午	11月29	壬子	10月31	癸未	10月1	癸丑	9月2	甲申
十九	1月28	壬子	12月30	癸未	11月30	癸丑	11月1	甲申	10月2	甲寅	9月3	乙酉
二十	1月29	癸丑	12月31	甲申	12月1	甲寅	11月2	乙酉	10月3	乙卯	9月4	丙戌
廿一	1月30	甲寅	1月1	乙酉	12月2	乙卯	11月3	丙戌	10月4	丙辰	9月5	丁亥
廿二	1月31	乙卯	1月2	丙戌	12月3	丙辰	11月4	丁亥	10月5	丁巳	9月6	戊子
廿三	2月1	丙辰	1月3	丁亥	12月4	丁巳	11月5	戊子	10月6	戊午	9月7	己丑
廿四	2月2	丁巳	1月4	戊子	12月5	戊午	11月6	己丑	10月7	己未	9月8	庚寅
廿五	2月3	戊午	1月5	己丑	12月6	己未	11月7	庚寅	10月8	庚申	9月9	辛卯
廿六	2月4	己未	1月6	庚寅	12月7	庚申	11月8	辛卯	10月9	辛酉	9月10	壬辰
廿七	2月5	庚申	1月7	辛卯	12月8	辛酉	11月9	壬辰	10月10	壬戌	9月11	癸巳
廿八	2月6	辛酉	1月8	壬辰	12月9	壬戌	11月10	癸巳	10月11	癸亥	9月12	甲午
廿九	2月7	壬戌	1月9	癸巳	12月10	癸亥	11月11	甲午	10月12	甲子	9月13	乙未
三十	2月8	癸亥			12月11	甲子			10月13	乙丑		

中華民國九十四年 歲次 乙酉《雞》　西元二○○五年　太歲姓蔣名崇

節氣	月六曆農	月五曆農	月四曆農	月三曆農	月二曆農	月正曆農
支干	癸未	壬午	辛巳	庚辰	己卯	戊寅
節	大暑　小暑	夏至	芒種　小滿	立夏　穀雨	清明　春分	驚蟄　雨水
氣	2時21分 十八 丑時　／　9時8分 初二 巳時	15時28分 十五 申時	22時45分 廿九 亥時　／　7時22分 十四 辰時	18時23分 廿七 酉時　／　8時0分 十二 辰時	0時48分 廿七 子時　／　20時41分 十一 戌時	19時45分 廿五 戌時　／　21時28分 初十 亥時

月六曆農 國曆	支干	月五曆農 國曆	支干	月四曆農 國曆	支干	月三曆農 國曆	支干	月二曆農 國曆	支干	月正曆農 國曆	支干	農曆
7月6	辛卯	6月7	壬戌	5月8	壬辰	4月9	癸亥	3月10	癸巳	2月9	甲子	初一
7月7	壬辰	6月8	癸亥	5月9	癸巳	4月10	甲子	3月11	甲午	2月10	乙丑	初二
7月8	癸巳	6月9	甲子	5月10	甲午	4月11	乙丑	3月12	乙未	2月11	丙寅	初三
7月9	甲午	6月10	乙丑	5月11	乙未	4月12	丙寅	3月13	丙申	2月12	丁卯	初四
7月10	乙未	6月11	丙寅	5月12	丙申	4月13	丁卯	3月14	丁酉	2月13	戊辰	初五
7月11	丙申	6月12	丁卯	5月13	丁酉	4月14	戊辰	3月15	戊戌	2月14	己巳	初六
7月12	丁酉	6月13	戊辰	5月14	戊戌	4月15	己巳	3月16	己亥	2月15	庚午	初七
7月13	戊戌	6月14	己巳	5月15	己亥	4月16	庚午	3月17	庚子	2月16	辛未	初八
7月14	己亥	6月15	庚午	5月16	庚子	4月17	辛未	3月18	辛丑	2月17	壬申	初九
7月15	庚子	6月16	辛未	5月17	辛丑	4月18	壬申	3月19	壬寅	2月18	癸酉	初十
7月16	辛丑	6月17	壬申	5月18	壬寅	4月19	癸酉	3月20	癸卯	2月19	甲戌	十一
7月17	壬寅	6月18	癸酉	5月19	癸卯	4月20	甲戌	3月21	甲辰	2月20	乙亥	十二
7月18	癸卯	6月19	甲戌	5月20	甲辰	4月21	乙亥	3月22	乙巳	2月21	丙子	十三
7月19	甲辰	6月20	乙亥	5月21	乙巳	4月22	丙子	3月23	丙午	2月22	丁丑	十四
7月20	乙巳	6月21	丙子	5月22	丙午	4月23	丁丑	3月24	丁未	2月23	戊寅	十五
7月21	丙午	6月22	丁丑	5月23	丁未	4月24	戊寅	3月25	戊申	2月24	己卯	十六
7月22	丁未	6月23	戊寅	5月24	戊申	4月25	己卯	3月26	己酉	2月25	庚辰	十七
7月23	戊申	6月24	己卯	5月25	己酉	4月26	庚辰	3月27	庚戌	2月26	辛巳	十八
7月24	己酉	6月25	庚辰	5月26	庚戌	4月27	辛巳	3月28	辛亥	2月27	壬午	十九
7月25	庚戌	6月26	辛巳	5月27	辛亥	4月28	壬午	3月29	壬子	2月28	癸未	二十
7月26	辛亥	6月27	壬午	5月28	壬子	4月29	癸未	3月30	癸丑	3月1	甲申	廿一
7月27	壬子	6月28	癸未	5月29	癸丑	4月30	甲申	3月31	甲寅	3月2	乙酉	廿二
7月28	癸丑	6月29	甲申	5月30	甲寅	5月1	乙酉	4月1	乙卯	3月3	丙戌	廿三
7月29	甲寅	6月30	乙酉	5月31	乙卯	5月2	丙戌	4月2	丙辰	3月4	丁亥	廿四
7月30	乙卯	7月1	丙戌	6月1	丙辰	5月3	丁亥	4月3	丁巳	3月5	戊子	廿五
7月31	丙辰	7月2	丁亥	6月2	丁巳	5月4	戊子	4月4	戊午	3月6	己丑	廿六
8月1	丁巳	7月3	戊子	6月3	戊午	5月5	己丑	4月5	己未	3月7	庚寅	廿七
8月2	戊午	7月4	己丑	6月4	己未	5月6	庚寅	4月6	庚申	3月8	辛卯	廿八
8月3	己未	7月5	庚寅	6月5	庚申	5月7	辛卯	4月7	辛酉	3月9	壬辰	廿九
8月4	庚申			6月6	辛酉			4月8	壬戌			三十

西元2005年

月別	農曆十二月		農曆十一月		農曆十月		農曆九月		農曆八月		農曆七月	
干支	己丑		戊子		丁亥		丙戌		乙酉		甲申	
節	大寒	小寒	冬至	大雪	小雪	立冬	霜降	寒露	秋分	白露	處暑	立秋
氣	廿一 13時0分 未時	初六 9時43分 戌時	廿二 2時22分 丑時	初七 8時34分 辰時	廿一 13時9分 未時	初六 15時54分 申時	廿一 15時47分 申時	初六 12時59分 午時	二十 6時41分 卯時	初四 21時35分 亥時	十九 9時17分 巳時	初三 18時51分 酉時
農曆	國曆	支干	國曆	支干	國曆	支干	國曆	支干	國曆	支干	國曆	支干
初一	12月31	己丑	12月1	己未	11月2	庚寅	10月3	庚申	9月4	辛卯	8月5	辛酉
初二	1月1	庚寅	12月2	庚申	11月3	辛卯	10月4	辛酉	9月5	壬辰	8月6	壬戌
初三	1月2	辛卯	12月3	辛酉	11月4	壬辰	10月5	壬戌	9月6	癸巳	8月7	癸亥
初四	1月3	壬辰	12月4	壬戌	11月5	癸巳	10月6	癸亥	9月7	甲午	8月8	甲子
初五	1月4	癸巳	12月5	癸亥	11月6	甲午	10月7	甲子	9月8	乙未	8月9	乙丑
初六	1月5	甲午	12月6	甲子	11月7	乙未	10月8	乙丑	9月9	丙申	8月10	丙寅
初七	1月6	乙未	12月7	乙丑	11月8	丙申	10月9	丙寅	9月10	丁酉	8月11	丁卯
初八	1月7	丙申	12月8	丙寅	11月9	丁酉	10月10	丁卯	9月11	戊戌	8月12	戊辰
初九	1月8	丁酉	12月9	丁卯	11月10	戊戌	10月11	戊辰	9月12	己亥	8月13	己巳
初十	1月9	戊戌	12月10	戊辰	11月11	己亥	10月12	己巳	9月13	庚子	8月14	庚午
十一	1月10	己亥	12月11	己巳	11月12	庚子	10月13	庚午	9月14	辛丑	8月15	辛未
十二	1月11	庚子	12月12	庚午	11月13	辛丑	10月14	辛未	9月15	壬寅	8月16	壬申
十三	1月12	辛丑	12月13	辛未	11月14	壬寅	10月15	壬申	9月16	癸卯	8月17	癸酉
十四	1月13	壬寅	12月14	壬申	11月15	癸卯	10月16	癸酉	9月17	甲辰	8月18	甲戌
十五	1月14	癸卯	12月15	癸酉	11月16	甲辰	10月17	甲戌	9月18	乙巳	8月19	乙亥
十六	1月15	甲辰	12月16	甲戌	11月17	乙巳	10月18	乙亥	9月19	丙午	8月20	丙子
十七	1月16	乙巳	12月17	乙亥	11月18	丙午	10月19	丙子	9月20	丁未	8月21	丁丑
十八	1月17	丙午	12月18	丙子	11月19	丁未	10月20	丁丑	9月21	戊申	8月22	戊寅
十九	1月18	丁未	12月19	丁丑	11月20	戊申	10月21	戊寅	9月22	己酉	8月23	己卯
二十	1月19	戊申	12月20	戊寅	11月21	己酉	10月22	己卯	9月23	庚戌	8月24	庚辰
廿一	1月20	己酉	12月21	己卯	11月22	庚戌	10月23	庚辰	9月24	辛亥	8月25	辛巳
廿二	1月21	庚戌	12月22	庚辰	11月23	辛亥	10月24	辛巳	9月25	壬子	8月26	壬午
廿三	1月22	辛亥	12月23	辛巳	11月24	壬子	10月25	壬午	9月26	癸丑	8月27	癸未
廿四	1月23	壬子	12月24	壬午	11月25	癸丑	10月26	癸未	9月27	甲寅	8月28	甲申
廿五	1月24	癸丑	12月25	癸未	11月26	甲寅	10月27	甲申	9月28	乙卯	8月29	乙酉
廿六	1月25	甲寅	12月26	甲申	11月27	乙卯	10月28	乙酉	9月29	丙辰	8月30	丙戌
廿七	1月26	乙卯	12月27	乙酉	11月28	丙辰	10月29	丙戌	9月30	丁巳	8月31	丁亥
廿八	1月27	丙辰	12月28	丙戌	11月29	丁巳	10月30	丁亥	10月1	戊午	9月1	戊子
廿九	1月28	丁巳	12月29	丁亥	11月30	戊午	10月31	戊子	10月2	己未	9月2	己丑
三十			12月30	戊子			11月1	己丑			9月3	庚寅

中華民國九十五年　歲次　丙戌《狗》　西元二○○六年　太歲　姓向名般

農曆六月		農曆五月		農曆四月		農曆三月		農曆二月		農曆正月		別月
乙未		甲午		癸巳		壬辰		辛卯		庚寅		支干
大暑	小暑	夏至	芒種	小滿	立夏	穀雨	清明	春分	驚蟄	雨水	立春	節氣
8時11分 廿八辰時	14時57分 十二未時	21時18分 廿六亥時	4時34分 十一寅時	13時12分 廿四未時	0時12分 初九子時	13時49分 廿三未時	6時38分 初八卯時	2時30分 廿二丑時	1時35分 初七丑時	3時17分 廿二寅時	7時25分 初七辰時	氣
國曆	支干	國曆	支干	國曆	支干	國曆	支干	國曆	支干	國曆	支干	農曆
6月26	丙戌	5月27	丙辰	4月28	丁亥	3月29	丁巳	2月28	戊子	1月29	戊午	初一
6月27	丁亥	5月28	丁巳	4月29	戊子	3月30	戊午	3月1	己丑	1月30	己未	初二
6月28	戊子	5月29	戊午	4月30	己丑	3月31	己未	3月2	庚寅	1月31	庚申	初三
6月29	己丑	5月30	己未	5月1	庚寅	4月1	庚申	3月3	辛卯	2月1	辛酉	初四
6月30	庚寅	5月31	庚申	5月2	辛卯	4月2	辛酉	3月4	壬辰	2月2	壬戌	初五
7月1	辛卯	6月1	辛酉	5月3	壬辰	4月3	壬戌	3月5	癸巳	2月3	癸亥	初六
7月2	壬辰	6月2	壬戌	5月4	癸巳	4月4	癸亥	3月6	甲午	2月4	甲子	初七
7月3	癸巳	6月3	癸亥	5月5	甲午	4月5	甲子	3月7	乙未	2月5	乙丑	初八
7月4	甲午	6月4	甲子	5月6	乙未	4月6	乙丑	3月8	丙申	2月6	丙寅	初九
7月5	乙未	6月5	乙丑	5月7	丙申	4月7	丙寅	3月9	丁酉	2月7	丁卯	初十
7月6	丙申	6月6	丙寅	5月8	丁酉	4月8	丁卯	3月10	戊戌	2月8	戊辰	十一
7月7	丁酉	6月7	丁卯	5月9	戊戌	4月9	戊辰	3月11	己亥	2月9	己巳	十二
7月8	戊戌	6月8	戊辰	5月10	己亥	4月10	己巳	3月12	庚子	2月10	庚午	十三
7月9	己亥	6月9	己巳	5月11	庚子	4月11	庚午	3月13	辛丑	2月11	辛未	十四
7月10	庚子	6月10	庚午	5月12	辛丑	4月12	辛未	3月14	壬寅	2月12	壬申	十五
7月11	辛丑	6月11	辛未	5月13	壬寅	4月13	壬申	3月15	癸卯	2月13	癸酉	十六
7月12	壬寅	6月12	壬申	5月14	癸卯	4月14	癸酉	3月16	甲辰	2月14	甲戌	十七
7月13	癸卯	6月13	癸酉	5月15	甲辰	4月15	甲戌	3月17	乙巳	2月15	乙亥	十八
7月14	甲辰	6月14	甲戌	5月16	乙巳	4月16	乙亥	3月18	丙午	2月16	丙子	十九
7月15	乙巳	6月15	乙亥	5月17	丙午	4月17	丙子	3月19	丁未	2月17	丁丑	二十
7月16	丙午	6月16	丙子	5月18	丁未	4月18	丁丑	3月20	戊申	2月18	戊寅	廿一
7月17	丁未	6月17	丁丑	5月19	戊申	4月19	戊寅	3月21	己酉	2月19	己卯	廿二
7月18	戊申	6月18	戊寅	5月20	己酉	4月20	己卯	3月22	庚戌	2月20	庚辰	廿三
7月19	己酉	6月19	己卯	5月21	庚戌	4月21	庚辰	3月23	辛亥	2月21	辛巳	廿四
7月20	庚戌	6月20	庚辰	5月22	辛亥	4月22	辛巳	3月24	壬子	2月22	壬午	廿五
7月21	辛亥	6月21	辛巳	5月23	壬子	4月23	壬午	3月25	癸丑	2月23	癸未	廿六
7月22	壬子	6月22	壬午	5月24	癸丑	4月24	癸未	3月26	甲寅	2月24	甲申	廿七
7月23	癸丑	6月23	癸未	5月25	甲寅	4月25	甲申	3月27	乙卯	2月25	乙酉	廿八
7月24	甲寅	6月24	甲申	5月26	乙卯	4月26	乙酉	3月28	丙辰	2月26	丙戌	廿九
		6月25	乙酉			4月27	丙戌			2月27	丁亥	三十

西元2006年

月別	農曆十二月		農曆十一月		農曆十月		農曆九月		農曆八月		農曆閏七月		農曆七月	
干支	辛丑		庚子		己亥		戊戌		丁酉				丙申	
節	立春	大寒	小寒	冬至	大雪	小雪	立冬	霜降	寒露	秋分	白露		處暑	立秋
氣	13時14分 十七未時	18時51分 初二酉時	1時32分 十八丑時	8時13分 初三辰時	14時23分 十七未時	19時0分 初二戌時	21時43分 十七亥時	21時37分 初二亥時	18時48分 十七酉時	12時31分 初二午時	3時24分 十六寅時		15時7分 三十申時	0時40分 十五子時
農曆	國曆	支干	國曆	支干	國曆	支干	國曆	支干	國曆	支干	國曆	支干	國曆	支干
初一	1月19	丑癸	12月20	未癸	11月21	寅甲	10月22	申甲	9月22	寅甲	8月24	酉乙	7月25	卯乙
初二	1月20	寅甲	12月21	申甲	11月22	卯乙	10月23	酉乙	9月23	卯乙	8月25	戌丙	7月26	辰丙
初三	1月21	卯乙	12月22	酉乙	11月23	辰丙	10月24	戌丙	9月24	辰丙	8月26	亥丁	7月27	巳丁
初四	1月22	辰丙	12月23	戌丙	11月24	巳丁	10月25	亥丁	9月25	巳丁	8月27	子戊	7月28	午戊
初五	1月23	巳丁	12月24	亥丁	11月25	午戊	10月26	子戊	9月26	午戊	8月28	丑己	7月29	未己
初六	1月24	午戊	12月25	子戊	11月26	未己	10月27	丑己	9月27	未己	8月29	寅庚	7月30	申庚
初七	1月25	未己	12月26	丑己	11月27	申庚	10月28	寅庚	9月28	申庚	8月30	卯辛	7月31	酉辛
初八	1月26	申庚	12月27	寅庚	11月28	酉辛	10月29	卯辛	9月29	酉辛	8月31	辰壬	8月1	戌壬
初九	1月27	酉辛	12月28	卯辛	11月29	戌壬	10月30	辰壬	9月30	戌壬	9月1	巳癸	8月2	亥癸
初十	1月28	戌壬	12月29	辰壬	11月30	亥癸	10月31	巳癸	10月1	亥癸	9月2	午甲	8月3	子甲
十一	1月29	亥癸	12月30	巳癸	12月1	子甲	11月1	午甲	10月2	子甲	9月3	未乙	8月4	丑乙
十二	1月30	子甲	12月31	午甲	12月2	丑乙	11月2	未乙	10月3	丑乙	9月4	申丙	8月5	寅丙
十三	1月31	丑乙	1月1	未乙	12月3	寅丙	11月3	申丙	10月4	寅丙	9月5	酉丁	8月6	卯丁
十四	2月1	寅丙	1月2	申丙	12月4	卯丁	11月4	酉丁	10月5	卯丁	9月6	戌戊	8月7	辰戊
十五	2月2	卯丁	1月3	酉丁	12月5	辰戊	11月5	戌戊	10月6	辰戊	9月7	亥己	8月8	巳己
十六	2月3	辰戊	1月4	戌戊	12月6	巳己	11月6	亥己	10月7	巳己	9月8	子庚	8月9	午庚
十七	2月4	巳己	1月5	亥己	12月7	午庚	11月7	子庚	10月8	午庚	9月9	丑辛	8月10	未辛
十八	2月5	午庚	1月6	子庚	12月8	未辛	11月8	丑辛	10月9	未辛	9月10	寅壬	8月11	申壬
十九	2月6	未辛	1月7	丑辛	12月9	申壬	11月9	寅壬	10月10	申壬	9月11	卯癸	8月12	酉癸
二十	2月7	申壬	1月8	寅壬	12月10	酉癸	11月10	卯癸	10月11	酉癸	9月12	辰甲	8月13	戌甲
廿一	2月8	酉癸	1月9	卯癸	12月11	戌甲	11月11	辰甲	10月12	戌甲	9月13	巳乙	8月14	亥乙
廿二	2月9	戌甲	1月10	辰甲	12月12	亥乙	11月12	巳乙	10月13	亥乙	9月14	午丙	8月15	子丙
廿三	2月10	亥乙	1月11	巳乙	12月13	子丙	11月13	午丙	10月14	子丙	9月15	未丁	8月16	丑丁
廿四	2月11	子丙	1月12	午丙	12月14	丑丁	11月14	未丁	10月15	丑丁	9月16	申戊	8月17	寅戊
廿五	2月12	丑丁	1月13	未丁	12月15	寅戊	11月15	申戊	10月16	寅戊	9月17	酉己	8月18	卯己
廿六	2月13	寅戊	1月14	申戊	12月16	卯己	11月16	酉己	10月17	卯己	9月18	戌庚	8月19	辰庚
廿七	2月14	卯己	1月15	酉己	12月17	辰庚	11月17	戌庚	10月18	辰庚	9月19	亥辛	8月20	巳辛
廿八	2月15	辰庚	1月16	戌庚	12月18	巳辛	11月18	亥辛	10月19	巳辛	9月20	子壬	8月21	午壬
廿九	2月16	巳辛	1月17	亥辛	12月19	午壬	11月19	子壬	10月20	午壬	9月21	丑癸	8月22	未癸
三十	2月17	午壬	1月18	子壬			11月20	丑癸	10月21	未癸			8月23	申甲

中華民國九十六年　歲次　丁亥《豬》

西元二○○七年　太歲　姓封名齊

農曆六月 丁未		農曆五月 丙午		農曆四月 乙巳		農曆三月 甲辰		農曆二月 癸卯		農曆正月 壬寅		別月 支干 節 氣
立秋 6時29分 廿六卯時	大暑 14時1分 初十未時	小暑 20時46分 廿三戌時	夏至 3時8分 初八寅時	芒種 10時23分 廿一巳時	小滿 19時2分 初五戌時	立夏 6時1分 二十卯時	穀雨 19時40分 初四戌時	清明 12時27分 十八午時	春分 8時21分 初三辰時	驚蟄 7時24分 十七辰時	雨水 9時8分 初二巳時	
國曆	干支	國曆	干支	國曆	干支	國曆	干支	國曆	干支	國曆	干支	農曆
7月14	酉己	6月15	辰庚	5月17	亥辛	4月17	巳辛	3月19	子壬	2月18	未癸	初一
7月15	戌庚	6月16	巳辛	5月18	子壬	4月18	午壬	3月20	丑癸	2月19	申甲	初二
7月16	亥辛	6月17	午壬	5月19	丑癸	4月19	未癸	3月21	寅甲	2月20	酉乙	初三
7月17	子壬	6月18	未癸	5月20	寅甲	4月20	申甲	3月22	卯乙	2月21	戌丙	初四
7月18	丑癸	6月19	申甲	5月21	卯乙	4月21	酉乙	3月23	辰丙	2月22	亥丁	初五
7月19	寅甲	6月20	酉乙	5月22	辰丙	4月22	戌丙	3月24	巳丁	2月23	子戊	初六
7月20	卯乙	6月21	戌丙	5月23	巳丁	4月23	亥丁	3月25	午戊	2月24	丑己	初七
7月21	辰丙	6月22	亥丁	5月24	午戊	4月24	子戊	3月26	未己	2月25	寅庚	初八
7月22	巳丁	6月23	子戊	5月25	未己	4月25	丑己	3月27	申庚	2月26	卯辛	初九
7月23	午戊	6月24	丑己	5月26	申庚	4月26	寅庚	3月28	酉辛	2月27	辰壬	初十
7月24	未己	6月25	寅庚	5月27	酉辛	4月27	卯辛	3月29	戌壬	2月28	巳癸	十一
7月25	申庚	6月26	卯辛	5月28	戌壬	4月28	辰壬	3月30	亥癸	3月1	午甲	十二
7月26	酉辛	6月27	辰壬	5月29	亥癸	4月29	巳癸	3月31	子甲	3月2	未乙	十三
7月27	戌壬	6月28	巳癸	5月30	子甲	4月30	午甲	4月1	丑乙	3月3	申丙	十四
7月28	亥癸	6月29	午甲	5月31	丑乙	5月1	未乙	4月2	寅丙	3月4	酉丁	十五
7月29	子甲	6月30	未乙	6月1	寅丙	5月2	申丙	4月3	卯丁	3月5	戌戊	十六
7月30	丑乙	7月1	申丙	6月2	卯丁	5月3	酉丁	4月4	辰戊	3月6	亥己	十七
7月31	寅丙	7月2	酉丁	6月3	辰戊	5月4	戌戊	4月5	巳己	3月7	子庚	十八
8月1	卯丁	7月3	戌戊	6月4	巳己	5月5	亥己	4月6	午庚	3月8	丑辛	十九
8月2	辰戊	7月4	亥己	6月5	午庚	5月6	子庚	4月7	未辛	3月9	寅壬	二十
8月3	巳己	7月5	子庚	6月6	未辛	5月7	丑辛	4月8	申壬	3月10	卯癸	廿一
8月4	午庚	7月6	丑辛	6月7	申壬	5月8	寅壬	4月9	酉癸	3月11	辰甲	廿二
8月5	未辛	7月7	寅壬	6月8	酉癸	5月9	卯癸	4月10	戌甲	3月12	巳乙	廿三
8月6	申壬	7月8	卯癸	6月9	戌甲	5月10	辰甲	4月11	亥乙	3月13	午丙	廿四
8月7	酉癸	7月9	辰甲	6月10	亥乙	5月11	巳乙	4月12	子丙	3月14	未丁	廿五
8月8	戌甲	7月10	巳乙	6月11	子丙	5月12	午丙	4月13	丑丁	3月15	申戊	廿六
8月9	亥乙	7月11	午丙	6月12	丑丁	5月13	未丁	4月14	寅戊	3月16	酉己	廿七
8月10	子丙	7月12	未丁	6月13	寅戊	5月14	申戊	4月15	卯己	3月17	戌庚	廿八
8月11	丑丁	7月13	申戊	6月14	卯己	5月15	酉己	4月16	辰庚	3月18	亥辛	廿九
8月12	寅戊					5月16	戌庚					三十

西元2007年

月別	農曆十二月		農曆十一月		農曆十月		農曆九月		農曆八月		農曆七月	
干支	癸丑		壬子		辛亥		庚戌		己酉		戊申	
節	立春	大寒	小寒	冬至	大雪	小雪	立冬	霜降	寒露	秋分	白露	處暑
氣	19時3分 廿八戌時	0時40分 十四子時	7時21分 廿八辰時	14時2分 十三未時	20時12分 廿八戌時	0時49分 十四子時	3時32分 廿九寅時	3時27分 十四寅時	0時37分 廿九子時	18時21分 十三酉時	9時13分 廿七巳時	20時57分 十一戌時

農曆	國曆	支干	國曆	支干	國曆	支干	國曆	支干	國曆	支干	國曆	支干
初一	1月8	丁未	12月10	戊寅	11月10	戊申	10月11	戊寅	9月11	戊申	8月13	己卯
初二	1月9	戊申	12月11	己卯	11月11	己酉	10月12	己卯	9月12	己酉	8月14	庚辰
初三	1月10	己酉	12月12	庚辰	11月12	庚戌	10月13	庚辰	9月13	庚戌	8月15	辛巳
初四	1月11	庚戌	12月13	辛巳	11月13	辛亥	10月14	辛巳	9月14	辛亥	8月16	壬午
初五	1月12	辛亥	12月14	壬午	11月14	壬子	10月15	壬午	9月15	壬子	8月17	癸未
初六	1月13	壬子	12月15	癸未	11月15	癸丑	10月16	癸未	9月16	癸丑	8月18	甲申
初七	1月14	癸丑	12月16	甲申	11月16	甲寅	10月17	甲申	9月17	甲寅	8月19	乙酉
初八	1月15	甲寅	12月17	乙酉	11月17	乙卯	10月18	乙酉	9月18	乙卯	8月20	丙戌
初九	1月16	乙卯	12月18	丙戌	11月18	丙辰	10月19	丙戌	9月19	丙辰	8月21	丁亥
初十	1月17	丙辰	12月19	丁亥	11月19	丁巳	10月20	丁亥	9月20	丁巳	8月22	戊子
十一	1月18	丁巳	12月20	戊子	11月20	戊午	10月21	戊子	9月21	戊午	8月23	己丑
十二	1月19	戊午	12月21	己丑	11月21	己未	10月22	己丑	9月22	己未	8月24	庚寅
十三	1月20	己未	12月22	庚寅	11月22	庚申	10月23	庚寅	9月23	庚申	8月25	辛卯
十四	1月21	庚申	12月23	辛卯	11月23	辛酉	10月24	辛卯	9月24	辛酉	8月26	壬辰
十五	1月22	辛酉	12月24	壬辰	11月24	壬戌	10月25	壬辰	9月25	壬戌	8月27	癸巳
十六	1月23	壬戌	12月25	癸巳	11月25	癸亥	10月26	癸巳	9月26	癸亥	8月28	甲午
十七	1月24	癸亥	12月26	甲午	11月26	甲子	10月27	甲午	9月27	甲子	8月29	乙未
十八	1月25	甲子	12月27	乙未	11月27	乙丑	10月28	乙未	9月28	乙丑	8月30	丙申
十九	1月26	乙丑	12月28	丙申	11月28	丙寅	10月29	丙申	9月29	丙寅	8月31	丁酉
二十	1月27	丙寅	12月29	丁酉	11月29	丁卯	10月30	丁酉	9月30	丁卯	9月1	戊戌
廿一	1月28	丁卯	12月30	戊戌	11月30	戊辰	10月31	戊戌	10月1	戊辰	9月2	己亥
廿二	1月29	戊辰	12月31	己亥	12月1	己巳	11月1	己亥	10月2	己巳	9月3	庚子
廿三	1月30	己巳	1月1	庚子	12月2	庚午	11月2	庚子	10月3	庚午	9月4	辛丑
廿四	1月31	庚午	1月2	辛丑	12月3	辛未	11月3	辛丑	10月4	辛未	9月5	壬寅
廿五	2月1	辛未	1月3	壬寅	12月4	壬申	11月4	壬寅	10月5	壬申	9月6	癸卯
廿六	2月2	壬申	1月4	癸卯	12月5	癸酉	11月5	癸卯	10月6	癸酉	9月7	甲辰
廿七	2月3	癸酉	1月5	甲辰	12月6	甲戌	11月6	甲辰	10月7	甲戌	9月8	乙巳
廿八	2月4	甲戌	1月6	乙巳	12月7	乙亥	11月7	乙巳	10月8	乙亥	9月9	丙午
廿九	2月5	乙亥	1月7	丙午	12月8	丙子	11月8	丙午	10月9	丙子	9月10	丁未
三十	2月6	丙子			12月9	丁丑	11月9	丁未	10月10	丁丑		

中華民國九十七年　歲次　戊子《鼠》

西元二○○八年　太歲　姓郎名班

節氣

月別	節	氣
農曆六月（干支 未己）	大暑	19時50分　二十時
	小暑	2時35分　初五時
農曆五月（干支 午戊）	夏至	8時57分　十八時
	芒種	16時12分　初二申時
農曆四月（干支 巳丁）	小滿	0時51分　十七子時
	立夏	11時50分　初一午時
農曆三月（干支 辰丙）	穀雨	1時29分　十五丑時
農曆二月（干支 卯乙）	清明	18時16分　廿八酉時
	春分	14時10分　十三未時
農曆正月（干支 寅甲）	驚蟄	13時13分　廿八未時
	雨水	14時57分　十三未時

農曆六月 國曆	干支	農曆五月 國曆	干支	農曆四月 國曆	干支	農曆三月 國曆	干支	農曆二月 國曆	干支	農曆正月 國曆	干支	農曆
7月3	辰甲	6月4	亥乙	5月5	巳乙	4月6	子丙	3月8	未丁	2月7	丑丁	初一
7月4	巳乙	6月5	子丙	5月6	午丙	4月7	丑丁	3月9	申戊	2月8	寅戊	初二
7月5	午丙	6月6	丑丁	5月7	未丁	4月8	寅戊	3月10	酉己	2月9	卯己	初三
7月6	未丁	6月7	寅戊	5月8	申戊	4月9	卯己	3月11	戌庚	2月10	辰庚	初四
7月7	申戊	6月8	卯己	5月9	酉己	4月10	辰庚	3月12	亥辛	2月11	巳辛	初五
7月8	酉己	6月9	辰庚	5月10	戌庚	4月11	巳辛	3月13	子壬	2月12	午壬	初六
7月9	戌庚	6月10	巳辛	5月11	亥辛	4月12	午壬	3月14	丑癸	2月13	未癸	初七
7月10	亥辛	6月11	午壬	5月12	子壬	4月13	未癸	3月15	寅甲	2月14	申甲	初八
7月11	子壬	6月12	未癸	5月13	丑癸	4月14	申甲	3月16	卯乙	2月15	酉乙	初九
7月12	丑癸	6月13	申甲	5月14	寅甲	4月15	酉乙	3月17	辰丙	2月16	戌丙	初十
7月13	寅甲	6月14	酉乙	5月15	卯乙	4月16	戌丙	3月18	巳丁	2月17	亥丁	十一
7月14	卯乙	6月15	戌丙	5月16	辰丙	4月17	亥丁	3月19	午戊	2月18	子戊	十二
7月15	辰丙	6月16	亥丁	5月17	巳丁	4月18	子戊	3月20	未己	2月19	丑己	十三
7月16	巳丁	6月17	子戊	5月18	午戊	4月19	丑己	3月21	申庚	2月20	寅庚	十四
7月17	午戊	6月18	丑己	5月19	未己	4月20	寅庚	3月22	酉辛	2月21	卯辛	十五
7月18	未己	6月19	寅庚	5月20	申庚	4月21	卯辛	3月23	戌壬	2月22	辰壬	十六
7月19	申庚	6月20	卯辛	5月21	酉辛	4月22	辰壬	3月24	亥癸	2月23	巳癸	十七
7月20	酉辛	6月21	辰壬	5月22	戌壬	4月23	巳癸	3月25	子甲	2月24	午甲	十八
7月21	戌壬	6月22	巳癸	5月23	亥癸	4月24	午甲	3月26	丑乙	2月25	未乙	十九
7月22	亥癸	6月23	午甲	5月24	子甲	4月25	未乙	3月27	寅丙	2月26	申丙	二十
7月23	子甲	6月24	未乙	5月25	丑乙	4月26	申丙	3月28	卯丁	2月27	酉丁	廿一
7月24	丑乙	6月25	申丙	5月26	寅丙	4月27	酉丁	3月29	辰戊	2月28	戌戊	廿二
7月25	寅丙	6月26	酉丁	5月27	卯丁	4月28	戌戊	3月30	巳己	2月29	亥己	廿三
7月26	卯丁	6月27	戌戊	5月28	辰戊	4月29	亥己	3月31	午庚	3月1	子庚	廿四
7月27	辰戊	6月28	亥己	5月29	巳己	4月30	子庚	4月1	未辛	3月2	丑辛	廿五
7月28	巳己	6月29	子庚	5月30	午庚	5月1	丑辛	4月2	申壬	3月3	寅壬	廿六
7月29	午庚	6月30	丑辛	5月31	未辛	5月2	寅壬	4月3	酉癸	3月4	卯癸	廿七
7月30	未辛	7月1	寅壬	6月1	申壬	5月3	卯癸	4月4	戌甲	3月5	辰甲	廿八
7月31	申壬	7月2	卯癸	6月2	酉癸	5月4	辰甲	4月5	亥乙	3月6	巳乙	廿九
				6月3	戌甲					3月7	午丙	三十

西元2008年

月別	農曆十二月		農曆十一月		農曆十月		農曆九月		農曆八月		農曆七月	
干支	乙丑		甲子		癸亥		壬戌		辛酉		庚申	
節	大寒	小寒	冬至	大雪	小雪	立冬	霜降	寒露	秋分	白露	處暑	立秋
氣	廿五 6時29分 卯時	初十 13時10分 未時	廿四 19時51分 戌時	初十 2時1分 丑時	廿五 6時38分 卯時	初十 9時21分 巳時	廿五 9時16分 巳時	初十 6時26分 卯時	廿四 0時10分 子時	初八 15時2分 申時	廿三 2時46分 丑時	初七 12時18分 午時
農曆	國曆	干支	國曆	干支	國曆	干支	國曆	干支	國曆	干支	國曆	干支
初一	12月27	丑辛	11月28	申壬	10月29	寅壬	9月29	申壬	8月31	卯癸	8月1	酉癸
初二	12月28	寅壬	11月29	酉癸	10月30	卯癸	9月30	酉癸	9月1	辰甲	8月2	戌甲
初三	12月29	卯癸	11月30	戌甲	10月31	辰甲	10月1	戌甲	9月2	巳乙	8月3	亥乙
初四	12月30	辰甲	12月1	亥乙	11月1	巳乙	10月2	亥乙	9月3	午丙	8月4	子丙
初五	12月31	巳乙	12月2	子丙	11月2	午丙	10月3	子丙	9月4	未丁	8月5	丑丁
初六	1月1	午丙	12月3	丑丁	11月3	未丁	10月4	丑丁	9月5	申戊	8月6	寅戊
初七	1月2	未丁	12月4	寅戊	11月4	申戊	10月5	寅戊	9月6	酉己	8月7	卯己
初八	1月3	申戊	12月5	卯己	11月5	酉己	10月6	卯己	9月7	戌庚	8月8	辰庚
初九	1月4	酉己	12月6	辰庚	11月6	戌庚	10月7	辰庚	9月8	亥辛	8月9	巳辛
初十	1月5	戌庚	12月7	巳辛	11月7	亥辛	10月8	巳辛	9月9	子壬	8月10	午壬
十一	1月6	亥辛	12月8	午壬	11月8	子壬	10月9	午壬	9月10	丑癸	8月11	未癸
十二	1月7	子壬	12月9	未癸	11月9	丑癸	10月10	未癸	9月11	寅甲	8月12	申甲
十三	1月8	丑癸	12月10	申甲	11月10	寅甲	10月11	申甲	9月12	卯乙	8月13	酉乙
十四	1月9	寅甲	12月11	酉乙	11月11	卯乙	10月12	酉乙	9月13	辰丙	8月14	戌丙
十五	1月10	卯乙	12月12	戌丙	11月12	辰丙	10月13	戌丙	9月14	巳丁	8月15	亥丁
十六	1月11	辰丙	12月13	亥丁	11月13	巳丁	10月14	亥丁	9月15	午戊	8月16	子戊
十七	1月12	巳丁	12月14	子戊	11月14	午戊	10月15	子戊	9月16	未己	8月17	丑己
十八	1月13	午戊	12月15	丑己	11月15	未己	10月16	丑己	9月17	申庚	8月18	寅庚
十九	1月14	未己	12月16	寅庚	11月16	申庚	10月17	寅庚	9月18	酉辛	8月19	卯辛
二十	1月15	申庚	12月17	卯辛	11月17	酉辛	10月18	卯辛	9月19	戌壬	8月20	辰壬
廿一	1月16	酉辛	12月18	辰壬	11月18	戌壬	10月19	辰壬	9月20	亥癸	8月21	巳癸
廿二	1月17	戌壬	12月19	巳癸	11月19	亥癸	10月20	巳癸	9月21	子甲	8月22	午甲
廿三	1月18	亥癸	12月20	午甲	11月20	子甲	10月21	午甲	9月22	丑乙	8月23	未乙
廿四	1月19	子甲	12月21	未乙	11月21	丑乙	10月22	未乙	9月23	寅丙	8月24	申丙
廿五	1月20	丑乙	12月22	申丙	11月22	寅丙	10月23	申丙	9月24	卯丁	8月25	酉丁
廿六	1月21	寅丙	12月23	酉丁	11月23	卯丁	10月24	酉丁	9月25	辰戊	8月26	戌戊
廿七	1月22	卯丁	12月24	戌戊	11月24	辰戊	10月25	戌戊	9月26	巳己	8月27	亥己
廿八	1月23	辰戊	12月25	亥己	11月25	巳己	10月26	亥己	9月27	午庚	8月28	子庚
廿九	1月24	巳己	12月26	子庚	11月26	午庚	10月27	子庚	9月28	未辛	8月29	丑辛
三十	1月25	午庚			11月27	未辛	10月28	丑辛			8月30	寅壬

中華民國九十八年 歲次 己丑《牛》

西元二〇〇九年 太歲 姓潘名佛

月別	農曆正月		農曆二月		農曆三月		農曆四月		農曆五月		農曆閏五月		農曆六月	
干支	丙	寅	丁	卯	戊	辰	己	巳	庚	午			辛	未
節	立春	雨水	驚蟄	春分	清明	穀雨	立夏	小滿	芒種	夏至	小暑		大暑	立秋
氣	初十子時 0時52分	廿四戌時 20時46分	初九戌時 19時2分	廿四戌時 19時59分	初十子時 0時5分	廿五辰時 7時18分	十一酉時 17時39分	廿七卯時 6時40分	十三亥時 22時1分	廿九未時 14時46分	十五辰時 8時24分		初二丑時 1時39分	十七酉時 18時7分
農曆	國曆	干支	國曆	干支	國曆	干支	國曆	干支	國曆	干支	國曆	干支	國曆	干支
初一	1月26	辛未	2月25	辛丑	3月27	辛未	4月25	庚子	5月24	己巳	6月23	己亥	7月22	戊辰
初二	1月27	壬申	2月26	壬寅	3月28	壬申	4月26	辛丑	5月25	庚午	6月24	庚子	7月23	己巳
初三	1月28	癸酉	2月27	癸卯	3月29	癸酉	4月27	壬寅	5月26	辛未	6月25	辛丑	7月24	庚午
初四	1月29	甲戌	2月28	甲辰	3月30	甲戌	4月28	癸卯	5月27	壬申	6月26	壬寅	7月25	辛未
初五	1月30	乙亥	3月1	乙巳	3月31	乙亥	4月29	甲辰	5月28	癸酉	6月27	癸卯	7月26	壬申
初六	1月31	丙子	3月2	丙午	4月1	丙子	4月30	乙巳	5月29	甲戌	6月28	甲辰	7月27	癸酉
初七	2月1	丁丑	3月3	丁未	4月2	丁丑	5月1	丙午	5月30	乙亥	6月29	乙巳	7月28	甲戌
初八	2月2	戊寅	3月4	戊申	4月3	戊寅	5月2	丁未	5月31	丙子	6月30	丙午	7月29	乙亥
初九	2月3	己卯	3月5	己酉	4月4	己卯	5月3	戊申	6月1	丁丑	7月1	丁未	7月30	丙子
初十	2月4	庚辰	3月6	庚戌	4月5	庚辰	5月4	己酉	6月2	戊寅	7月2	戊申	7月31	丁丑
十一	2月5	辛巳	3月7	辛亥	4月6	辛巳	5月5	庚戌	6月3	己卯	7月3	己酉	8月1	戊寅
十二	2月6	壬午	3月8	壬子	4月7	壬午	5月6	辛亥	6月4	庚辰	7月4	庚戌	8月2	己卯
十三	2月7	癸未	3月9	癸丑	4月8	癸未	5月7	壬子	6月5	辛巳	7月5	辛亥	8月3	庚辰
十四	2月8	甲申	3月10	甲寅	4月9	甲申	5月8	癸丑	6月6	壬午	7月6	壬子	8月4	辛巳
十五	2月9	乙酉	3月11	乙卯	4月10	乙酉	5月9	甲寅	6月7	癸未	7月7	癸丑	8月5	壬午
十六	2月10	丙戌	3月12	丙辰	4月11	丙戌	5月10	乙卯	6月8	甲申	7月8	甲寅	8月6	癸未
十七	2月11	丁亥	3月13	丁巳	4月12	丁亥	5月11	丙辰	6月9	乙酉	7月9	乙卯	8月7	甲申
十八	2月12	戊子	3月14	戊午	4月13	戊子	5月12	丁巳	6月10	丙戌	7月10	丙辰	8月8	乙酉
十九	2月13	己丑	3月15	己未	4月14	己丑	5月13	戊午	6月11	丁亥	7月11	丁巳	8月9	丙戌
二十	2月14	庚寅	3月16	庚申	4月15	庚寅	5月14	己未	6月12	戊子	7月12	戊午	8月10	丁亥
廿一	2月15	辛卯	3月17	辛酉	4月16	辛卯	5月15	庚申	6月13	己丑	7月13	己未	8月11	戊子
廿二	2月16	壬辰	3月18	壬戌	4月17	壬辰	5月16	辛酉	6月14	庚寅	7月14	庚申	8月12	己丑
廿三	2月17	癸巳	3月19	癸亥	4月18	癸巳	5月17	壬戌	6月15	辛卯	7月15	辛酉	8月13	庚寅
廿四	2月18	甲午	3月20	甲子	4月19	甲午	5月18	癸亥	6月16	壬辰	7月16	壬戌	8月14	辛卯
廿五	2月19	乙未	3月21	乙丑	4月20	乙未	5月19	甲子	6月17	癸巳	7月17	癸亥	8月15	壬辰
廿六	2月20	丙申	3月22	丙寅	4月21	丙申	5月20	乙丑	6月18	甲午	7月18	甲子	8月16	癸巳
廿七	2月21	丁酉	3月23	丁卯	4月22	丁酉	5月21	丙寅	6月19	乙未	7月19	乙丑	8月17	甲午
廿八	2月22	戊戌	3月24	戊辰	4月23	戊戌	5月22	丁卯	6月20	丙申	7月20	丙寅	8月18	乙未
廿九	2月23	己亥	3月25	己巳	4月24	己亥	5月23	戊辰	6月21	丁酉	7月21	丁卯	8月19	丙申
三十	2月24	庚子	3月26	庚午					6月22	戊戌				

西元2009年

月別	農曆十二月		農曆十一月		農曆十月		農曆九月		農曆八月		農曆七月	
干支	丁丑		丙子		乙亥		甲戌		癸酉		壬申	
節	立春	大寒	小寒	冬至	大雪	小雪	立冬	霜降	寒露	秋分	白露	處暑
氣	廿一卯時 6時42分	初六午時 12時18分	廿一戌時 19時0分	初七丑時 1時40分	廿一辰時 7時5分	初六午時 12時27分	廿一申時 15時10分	初六申時 15時5分	二十卯時 12時15分	初五卯時 5時59分	十九戌時 20時51分	初四辰時 8時35分
農曆	國曆	支干	國曆	支干	國曆	支干	國曆	支干	國曆	支干	國曆	支干
初一	1月15	丑乙	12月16	未乙	11月17	寅丙	10月18	申丙	9月19	卯丁	8月20	酉丁
初二	1月16	寅丙	12月17	申丙	11月18	卯丁	10月19	酉丁	9月20	辰戊	8月21	戌戊
初三	1月17	卯丁	12月18	酉丁	11月19	辰戊	10月20	戌戊	9月21	巳己	8月22	亥己
初四	1月18	辰戊	12月19	戌戊	11月20	巳己	10月21	亥己	9月22	午庚	8月23	子庚
初五	1月19	巳己	12月20	亥己	11月21	午庚	10月22	子庚	9月23	未辛	8月24	丑辛
初六	1月20	午庚	12月21	子庚	11月22	未辛	10月23	丑辛	9月24	申壬	8月25	寅壬
初七	1月21	未辛	12月22	丑辛	11月23	申壬	10月24	寅壬	9月25	酉癸	8月26	卯癸
初八	1月22	申壬	12月23	寅壬	11月24	酉癸	10月25	卯癸	9月26	戌甲	8月27	辰甲
初九	1月23	酉癸	12月24	卯癸	11月25	戌甲	10月26	辰甲	9月27	亥乙	8月28	巳乙
初十	1月24	戌甲	12月25	辰甲	11月26	亥乙	10月27	巳乙	9月28	子丙	8月29	午丙
十一	1月25	亥乙	12月26	巳乙	11月27	子丙	10月28	午丙	9月29	丑丁	8月30	未丁
十二	1月26	子丙	12月27	午丙	11月28	丑丁	10月29	未丁	9月30	寅戊	8月31	申戊
十三	1月27	丑丁	12月28	未丁	11月29	寅戊	10月30	申戊	10月1	卯己	9月1	酉己
十四	1月28	寅戊	12月29	申戊	11月30	卯己	10月31	酉己	10月2	辰庚	9月2	戌庚
十五	1月29	卯己	12月30	酉己	12月1	辰庚	11月1	戌庚	10月3	巳辛	9月3	亥辛
十六	1月30	辰庚	12月31	戌庚	12月2	巳辛	11月2	亥辛	10月4	午壬	9月4	子壬
十七	1月31	巳辛	1月1	亥辛	12月3	午壬	11月3	子壬	10月5	未癸	9月5	丑癸
十八	2月1	午壬	1月2	子壬	12月4	未癸	11月4	丑癸	10月6	申甲	9月6	寅甲
十九	2月2	未癸	1月3	丑癸	12月5	申甲	11月5	寅甲	10月7	酉乙	9月7	卯乙
二十	2月3	申甲	1月4	寅甲	12月6	酉乙	11月6	卯乙	10月8	戌丙	9月8	辰丙
廿一	2月4	酉乙	1月5	卯乙	12月7	戌丙	11月7	辰丙	10月9	亥丁	9月9	巳丁
廿二	2月5	戌丙	1月6	辰丙	12月8	亥丁	11月8	巳丁	10月10	子戊	9月10	午戊
廿三	2月6	亥丁	1月7	巳丁	12月9	子戊	11月9	午戊	10月11	丑己	9月11	未己
廿四	2月7	子戊	1月8	午戊	12月10	丑己	11月10	未己	10月12	寅庚	9月12	申庚
廿五	2月8	丑己	1月9	未己	12月11	寅庚	11月11	申庚	10月13	卯辛	9月13	酉辛
廿六	2月9	寅庚	1月10	申庚	12月12	卯辛	11月12	酉辛	10月14	辰壬	9月14	戌壬
廿七	2月10	卯辛	1月11	酉辛	12月13	辰壬	11月13	戌壬	10月15	巳癸	9月15	亥癸
廿八	2月11	辰壬	1月12	戌壬	12月14	巳癸	11月14	亥癸	10月16	午甲	9月16	子甲
廿九	2月12	巳癸	1月13	亥癸	12月15	午甲	11月15	子甲	10月17	未乙	9月17	丑乙
三十	2月13	午甲	1月14	子甲			11月16	丑乙			9月18	寅丙

中華民國九十九年　歲次　庚寅《虎》

西元二○一○年　太歲　姓郢名桓

月別	農曆六月	農曆五月	農曆四月	農曆三月	農曆二月	農曆正月
支干	癸未	壬午	辛巳	庚辰	己卯	戊寅
節	立秋　大暑	小暑　夏至	芒種　小滿	立夏　穀雨	清明　春分	驚蟄　雨水
氣	23時57分 廿七夜子　7時28分 十二夜子	14時14分 廿六辰　20時35分 初十戌	3時51分 廿四寅　12時29分 初八午	23時29分 廿二夜子　13時7分 初七未	5時55分 廿一卯　1時48分 初六丑	0時52分 廿一子　2時35分 初六丑

農曆六月 國曆	干支	農曆五月 國曆	干支	農曆四月 國曆	干支	農曆三月 國曆	干支	農曆二月 國曆	干支	農曆正月 國曆	干支	農曆
7月12	癸亥	6月12	癸巳	5月14	甲子	4月14	甲午	3月16	乙丑	2月14	乙未	初一
7月13	甲子	6月13	甲午	5月15	乙丑	4月15	乙未	3月17	丙寅	2月15	丙申	初二
7月14	乙丑	6月14	乙未	5月16	丙寅	4月16	丙申	3月18	丁卯	2月16	丁酉	初三
7月15	丙寅	6月15	丙申	5月17	丁卯	4月17	丁酉	3月19	戊辰	2月17	戊戌	初四
7月16	丁卯	6月16	丁酉	5月18	戊辰	4月18	戊戌	3月20	己巳	2月18	己亥	初五
7月17	戊辰	6月17	戊戌	5月19	己巳	4月19	己亥	3月21	庚午	2月19	庚子	初六
7月18	己巳	6月18	己亥	5月20	庚午	4月20	庚子	3月22	辛未	2月20	辛丑	初七
7月19	庚午	6月19	庚子	5月21	辛未	4月21	辛丑	3月23	壬申	2月21	壬寅	初八
7月20	辛未	6月20	辛丑	5月22	壬申	4月22	壬寅	3月24	癸酉	2月22	癸卯	初九
7月21	壬申	6月21	壬寅	5月23	癸酉	4月23	癸卯	3月25	甲戌	2月23	甲辰	初十
7月22	癸酉	6月22	癸卯	5月24	甲戌	4月24	甲辰	3月26	乙亥	2月24	乙巳	十一
7月23	甲戌	6月23	甲辰	5月25	乙亥	4月25	乙巳	3月27	丙子	2月25	丙午	十二
7月24	乙亥	6月24	乙巳	5月26	丙子	4月26	丙午	3月28	丁丑	2月26	丁未	十三
7月25	丙子	6月25	丙午	5月27	丁丑	4月27	丁未	3月29	戊寅	2月27	戊申	十四
7月26	丁丑	6月26	丁未	5月28	戊寅	4月28	戊申	3月30	己卯	2月28	己酉	十五
7月27	戊寅	6月27	戊申	5月29	己卯	4月29	己酉	3月31	庚辰	3月1	庚戌	十六
7月28	己卯	6月28	己酉	5月30	庚辰	4月30	庚戌	4月1	辛巳	3月2	辛亥	十七
7月29	庚辰	6月29	庚戌	5月31	辛巳	5月1	辛亥	4月2	壬午	3月3	壬子	十八
7月30	辛巳	6月30	辛亥	6月1	壬午	5月2	壬子	4月3	癸未	3月4	癸丑	十九
7月31	壬午	7月1	壬子	6月2	癸未	5月3	癸丑	4月4	甲申	3月5	甲寅	二十
8月1	癸未	7月2	癸丑	6月3	甲申	5月4	甲寅	4月5	乙酉	3月6	乙卯	廿一
8月2	甲申	7月3	甲寅	6月4	乙酉	5月5	乙卯	4月6	丙戌	3月7	丙辰	廿二
8月3	乙酉	7月4	乙卯	6月5	丙戌	5月6	丙辰	4月7	丁亥	3月8	丁巳	廿三
8月4	丙戌	7月5	丙辰	6月6	丁亥	5月7	丁巳	4月8	戊子	3月9	戊午	廿四
8月5	丁亥	7月6	丁巳	6月7	戊子	5月8	戊午	4月9	己丑	3月10	己未	廿五
8月6	戊子	7月7	戊午	6月8	己丑	5月9	己未	4月10	庚寅	3月11	庚申	廿六
8月7	己丑	7月8	己未	6月9	庚寅	5月10	庚申	4月11	辛卯	3月12	辛酉	廿七
8月8	庚寅	7月9	庚申	6月10	辛卯	5月11	辛酉	4月12	壬辰	3月13	壬戌	廿八
8月9	辛卯	7月10	辛酉	6月11	壬辰	5月12	壬戌	4月13	癸巳	3月14	癸亥	廿九
		7月11	壬戌			5月13	癸亥			3月15	甲子	三十

西元2010年

月別	農曆十二月		農曆十一月		農曆十月		農曆九月		農曆八月		農曆七月	
干支	己丑		戊子		丁亥		丙戌		乙酉		甲申	
節	大寒	小寒	冬至	大雪	小雪	立冬	霜降	寒露	秋分	白露	處暑	
氣	18時7分 十七酉時	0時50分 初三子時	7時28分 十七辰時	13時41分 初二未時	18時16分 十七酉時	21時1分 初二亥時	20時54分 十六戌時	18時5分 初一酉時	11時48分 十六午時	2時41分 初一丑時	14時24分 十四未時	
農曆	國曆	干支	國曆	干支	國曆	干支	國曆	干支	國曆	干支	國曆	干支
初一	1月4	己未	12月6	庚寅	11月6	庚申	10月8	辛卯	9月8	辛酉	8月10	壬辰
初二	1月5	庚申	12月7	辛卯	11月7	辛酉	10月9	壬辰	9月9	壬戌	8月11	癸巳
初三	1月6	辛酉	12月8	壬辰	11月8	壬戌	10月10	癸巳	9月10	癸亥	8月12	甲午
初四	1月7	壬戌	12月9	癸巳	11月9	癸亥	10月11	甲午	9月11	甲子	8月13	乙未
初五	1月8	癸亥	12月10	甲午	11月10	甲子	10月12	乙未	9月12	乙丑	8月14	丙申
初六	1月9	甲子	12月11	乙未	11月11	乙丑	10月13	丙申	9月13	丙寅	8月15	丁酉
初七	1月10	乙丑	12月12	丙申	11月12	丙寅	10月14	丁酉	9月14	丁卯	8月16	戊戌
初八	1月11	丙寅	12月13	丁酉	11月13	丁卯	10月15	戊戌	9月15	戊辰	8月17	己亥
初九	1月12	丁卯	12月14	戊戌	11月14	戊辰	10月16	己亥	9月16	己巳	8月18	庚子
初十	1月13	戊辰	12月15	己亥	11月15	己巳	10月17	庚子	9月17	庚午	8月19	辛丑
十一	1月14	己巳	12月16	庚子	11月16	庚午	10月18	辛丑	9月18	辛未	8月20	壬寅
十二	1月15	庚午	12月17	辛丑	11月17	辛未	10月19	壬寅	9月19	壬申	8月21	癸卯
十三	1月16	辛未	12月18	壬寅	11月18	壬申	10月20	癸卯	9月20	癸酉	8月22	甲辰
十四	1月17	壬申	12月19	癸卯	11月19	癸酉	10月21	甲辰	9月21	甲戌	8月23	乙巳
十五	1月18	癸酉	12月20	甲辰	11月20	甲戌	10月22	乙巳	9月22	乙亥	8月24	丙午
十六	1月19	甲戌	12月21	乙巳	11月21	乙亥	10月23	丙午	9月23	丙子	8月25	丁未
十七	1月20	乙亥	12月22	丙午	11月22	丙子	10月24	丁未	9月24	丁丑	8月26	戊申
十八	1月21	丙子	12月23	丁未	11月23	丁丑	10月25	戊申	9月25	戊寅	8月27	己酉
十九	1月22	丁丑	12月24	戊申	11月24	戊寅	10月26	己酉	9月26	己卯	8月28	庚戌
二十	1月23	戊寅	12月25	己酉	11月25	己卯	10月27	庚戌	9月27	庚辰	8月29	辛亥
廿一	1月24	己卯	12月26	庚戌	11月26	庚辰	10月28	辛亥	9月28	辛巳	8月30	壬子
廿二	1月25	庚辰	12月27	辛亥	11月27	辛巳	10月29	壬子	9月29	壬午	8月31	癸丑
廿三	1月26	辛巳	12月28	壬子	11月28	壬午	10月30	癸丑	9月30	癸未	9月1	甲寅
廿四	1月27	壬午	12月29	癸丑	11月29	癸未	10月31	甲寅	10月1	甲申	9月2	乙卯
廿五	1月28	癸未	12月30	甲寅	11月30	甲申	11月1	乙卯	10月2	乙酉	9月3	丙辰
廿六	1月29	甲申	12月31	乙卯	12月1	乙酉	11月2	丙辰	10月3	丙戌	9月4	丁巳
廿七	1月30	乙酉	1月1	丙辰	12月2	丙戌	11月3	丁巳	10月4	丁亥	9月5	戊午
廿八	1月31	丙戌	1月2	丁巳	12月3	丁亥	11月4	戊午	10月5	戊子	9月6	己未
廿九	2月1	丁亥	1月3	戊午	12月4	戊子	11月5	己未	10月6	己丑	9月7	庚申
三十	2月2	戊子			12月5	己丑			10月7	庚寅		

中華民國一百年 歲次 辛卯《兔》

西元二○一一年 太歲 姓范名寧

月別	農曆六月	農曆五月	農曆四月	農曆三月	農曆二月	農曆正月
支干	乙未	甲午	癸巳	壬辰	辛卯	庚寅
節	大暑 / 小暑	夏至 / 芒種	小滿 / 立夏	穀雨 / 清明	春分 / 驚蟄	雨水 / 立春
氣	13時17分 廿三未時 / 20時6分 初七戌時	2時24分 廿一丑時 / 9時43分 初五巳時	18時18分 十九酉時 / 20時20分 初五卯時	18時56分 十八酉時 / 11時46分 初三午時	7時37分 十七辰時 / 6時43分 初二卯時	8時24分 十七辰時 / 12時32分 初二午時

國曆	支干	國曆	支干	國曆	支干	國曆	支干	國曆	支干	國曆	支干	農曆
7月1	巳丁	6月2	子戊	5月3	午戊	4月3	子戊	3月5	未己	2月3	丑己	初一
7月2	午戊	6月3	丑己	5月4	未己	4月4	丑己	3月6	申庚	2月4	寅庚	初二
7月3	未己	6月4	寅庚	5月5	申庚	4月5	寅庚	3月7	酉辛	2月5	卯辛	初三
7月4	申庚	6月5	卯辛	5月6	酉辛	4月6	卯辛	3月8	戌壬	2月6	辰壬	初四
7月5	酉辛	6月6	辰壬	5月7	戌壬	4月7	辰壬	3月9	亥癸	2月7	巳癸	初五
7月6	戌壬	6月7	巳癸	5月8	亥癸	4月8	巳癸	3月10	子甲	2月8	午甲	初六
7月7	亥癸	6月8	午甲	5月9	子甲	4月9	午甲	3月11	丑乙	2月9	未乙	初七
7月8	子甲	6月9	未乙	5月10	丑乙	4月10	未乙	3月12	寅丙	2月10	申丙	初八
7月9	丑乙	6月10	申丙	5月11	寅丙	4月11	申丙	3月13	卯丁	2月11	酉丁	初九
7月10	寅丙	6月11	酉丁	5月12	卯丁	4月12	酉丁	3月14	辰戊	2月12	戌戊	初十
7月11	卯丁	6月12	戌戊	5月13	辰戊	4月13	戌戊	3月15	巳己	2月13	亥己	十一
7月12	辰戊	6月13	亥己	5月14	巳己	4月14	亥己	3月16	午庚	2月14	子庚	十二
7月13	巳己	6月14	子庚	5月15	午庚	4月15	子庚	3月17	未辛	2月15	丑辛	十三
7月14	午庚	6月15	丑辛	5月16	未辛	4月16	丑辛	3月18	申壬	2月16	寅壬	十四
7月15	未辛	6月16	寅壬	5月17	申壬	4月17	寅壬	3月19	酉癸	2月17	卯癸	十五
7月16	申壬	6月17	卯癸	5月18	酉癸	4月18	卯癸	3月20	戌甲	2月18	辰甲	十六
7月17	酉癸	6月18	辰甲	5月19	戌甲	4月19	辰甲	3月21	亥乙	2月19	巳乙	十七
7月18	戌甲	6月19	巳乙	5月20	亥乙	4月20	巳乙	3月22	子丙	2月20	午丙	十八
7月19	亥乙	6月20	午丙	5月21	子丙	4月21	午丙	3月23	丑丁	2月21	未丁	十九
7月20	子丙	6月21	未丁	5月22	丑丁	4月22	未丁	3月24	寅戊	2月22	申戊	二十
7月21	丑丁	6月22	申戊	5月23	寅戊	4月23	申戊	3月25	卯己	2月23	酉己	廿一
7月22	寅戊	6月23	酉己	5月24	卯己	4月24	酉己	3月26	辰庚	2月24	戌庚	廿二
7月23	卯己	6月24	戌庚	5月25	辰庚	4月25	戌庚	3月27	巳辛	2月25	亥辛	廿三
7月24	辰庚	6月25	亥辛	5月26	巳辛	4月26	亥辛	3月28	午壬	2月26	子壬	廿四
7月25	巳辛	6月26	子壬	5月27	午壬	4月27	子壬	3月29	未癸	2月27	丑癸	廿五
7月26	午壬	6月27	丑癸	5月28	未癸	4月28	丑癸	3月30	申甲	2月28	寅甲	廿六
7月27	未癸	6月28	寅甲	5月29	申甲	4月29	寅甲	3月31	酉乙	3月1	卯乙	廿七
7月28	申甲	6月29	卯乙	5月30	酉乙	4月30	卯乙	4月1	戌丙	3月2	辰丙	廿八
7月29	酉乙	6月30	辰丙	5月31	戌丙	5月1	辰丙	4月2	亥丁	3月3	巳丁	廿九
7月30	戌丙			6月1	亥丁	5月2	巳丁			3月4	午戊	三十

西元2011年

月別	農曆十二月		農曆十一月		農曆十月		農曆九月		農曆八月		農曆七月	
干支	辛丑		庚子		己亥		戊戌		丁酉		丙申	
節	大寒	小寒	冬至	大雪	小雪	立冬	霜降	寒露	秋分	白露	處暑	立秋
氣	廿七夜子 23時56分	十三卯時 6時41分	廿八未時 13時18分	十三戌時 19時32分	廿八子時 0時5分	十三丑時 2時52分	廿八丑時 2時43分	十二夜子 23時57分	廿六酉時 17時37分	十一辰時 8時33分	廿四戌時 20時13分	初九卯時 5時49分
農曆	國曆	干支	國曆	干支	國曆	干支	國曆	干支	國曆	干支	國曆	干支
初一	12月25	甲寅	11月25	甲申	10月27	乙卯	9月27	乙酉	8月29	丙辰	7月31	丁亥
初二	12月26	乙卯	11月26	乙酉	10月28	丙辰	9月28	丙戌	8月30	丁巳	8月1	戊子
初三	12月27	丙辰	11月27	丙戌	10月29	丁巳	9月29	丁亥	8月31	戊午	8月2	己丑
初四	12月28	丁巳	11月28	丁亥	10月30	戊午	9月30	戊子	9月1	己未	8月3	庚寅
初五	12月29	戊午	11月29	戊子	10月31	己未	10月1	己丑	9月2	庚申	8月4	辛卯
初六	12月30	己未	11月30	己丑	11月1	庚申	10月2	庚寅	9月3	辛酉	8月5	壬辰
初七	12月31	庚申	12月1	庚寅	11月2	辛酉	10月3	辛卯	9月4	壬戌	8月6	癸巳
初八	1月1	辛酉	12月2	辛卯	11月3	壬戌	10月4	壬辰	9月5	癸亥	8月7	甲午
初九	1月2	壬戌	12月3	壬辰	11月4	癸亥	10月5	癸巳	9月6	甲子	8月8	乙未
初十	1月3	癸亥	12月4	癸巳	11月5	甲子	10月6	甲午	9月7	乙丑	8月9	丙申
十一	1月4	甲子	12月5	甲午	11月6	乙丑	10月7	乙未	9月8	丙寅	8月10	丁酉
十二	1月5	乙丑	12月6	乙未	11月7	丙寅	10月8	丙申	9月9	丁卯	8月11	戊戌
十三	1月6	丙寅	12月7	丙申	11月8	丁卯	10月9	丁酉	9月10	戊辰	8月12	己亥
十四	1月7	丁卯	12月8	丁酉	11月9	戊辰	10月10	戊戌	9月11	己巳	8月13	庚子
十五	1月8	戊辰	12月9	戊戌	11月10	己巳	10月11	己亥	9月12	庚午	8月14	辛丑
十六	1月9	己巳	12月10	己亥	11月11	庚午	10月12	庚子	9月13	辛未	8月15	壬寅
十七	1月10	庚午	12月11	庚子	11月12	辛未	10月13	辛丑	9月14	壬申	8月16	癸卯
十八	1月11	辛未	12月12	辛丑	11月13	壬申	10月14	壬寅	9月15	癸酉	8月17	甲辰
十九	1月12	壬申	12月13	壬寅	11月14	癸酉	10月15	癸卯	9月16	甲戌	8月18	乙巳
二十	1月13	癸酉	12月14	癸卯	11月15	甲戌	10月16	甲辰	9月17	乙亥	8月19	丙午
廿一	1月14	甲戌	12月15	甲辰	11月16	乙亥	10月17	乙巳	9月18	丙子	8月20	丁未
廿二	1月15	乙亥	12月16	乙巳	11月17	丙子	10月18	丙午	9月19	丁丑	8月21	戊申
廿三	1月16	丙子	12月17	丙午	11月18	丁丑	10月19	丁未	9月20	戊寅	8月22	己酉
廿四	1月17	丁丑	12月18	丁未	11月19	戊寅	10月20	戊申	9月21	己卯	8月23	庚戌
廿五	1月18	戊寅	12月19	戊申	11月20	己卯	10月21	己酉	9月22	庚辰	8月24	辛亥
廿六	1月19	己卯	12月20	己酉	11月21	庚辰	10月22	庚戌	9月23	辛巳	8月25	壬子
廿七	1月20	庚辰	12月21	庚戌	11月22	辛巳	10月23	辛亥	9月24	壬午	8月26	癸丑
廿八	1月21	辛巳	12月22	辛亥	11月23	壬午	10月24	壬子	9月25	癸未	8月27	甲寅
廿九	1月22	壬午	12月23	壬子	11月24	癸未	10月25	癸丑	9月26	甲申	8月28	乙卯
三十			12月24	癸丑			10月26	甲寅				

中華民國一○一年　歲次　壬辰《龍》　西元二○一二年　太歲　姓彭名泰

農曆六月		農曆五月		農曆閏四月		農曆四月		農曆三月		農曆二月		農曆正月		月別
丁未		丙午				乙巳		甲辰		癸卯		壬寅		支干
立秋　大暑		小暑　夏至		芒種		小滿　立夏		穀雨　清明		春分　驚蟄		雨水　立春		節
11時26分 二十午時　18時51分 初四酉時		1時21分 十九丑時　7時45分 初三辰時		14時50分 十六未時		23時40分 十三夜子　10時40分 初一巳時		0時25分 十二子時　17時16分 初四酉時		13時20分 廿八未時　12時28分 十三子時		14時25分 廿八未時　18時40分 十三酉時		氣
國曆	支干	國曆	支干	國曆	支干	國曆	支干	國曆	支干	國曆	支干	國曆	支干	農曆
7月19	巳辛	6月19	亥辛	5月21	午壬	4月21	子壬	3月22	午壬	2月22	丑癸	1月23	未癸	一初
7月20	午壬	6月20	子壬	5月22	未癸	4月22	丑癸	3月23	未癸	2月23	寅甲	1月24	申甲	二初
7月21	未癸	6月21	丑癸	5月23	申甲	4月23	寅甲	3月24	申甲	2月24	卯乙	1月25	酉乙	三初
7月22	申甲	6月22	寅甲	5月24	酉乙	4月24	卯乙	3月25	酉乙	2月25	辰丙	1月26	戌丙	四初
7月23	酉乙	6月23	卯乙	5月25	戌丙	4月25	辰丙	3月26	戌丙	2月26	巳丁	1月27	亥丁	五初
7月24	戌丙	6月24	辰丙	5月26	亥丁	4月26	巳丁	3月27	亥丁	2月27	午戊	1月28	子戊	六初
7月25	亥丁	6月25	巳丁	5月27	子戊	4月27	午戊	3月28	子戊	2月28	未己	1月29	丑己	七初
7月26	子戊	6月26	午戊	5月28	丑己	4月28	未己	3月29	丑己	2月29	申庚	1月30	寅庚	八初
7月27	丑己	6月27	未己	5月29	寅庚	4月29	申庚	3月30	寅庚	3月 1	酉辛	1月31	卯辛	九初
7月28	寅庚	6月28	申庚	5月30	卯辛	4月30	酉辛	3月31	卯辛	3月 2	戌壬	2月 1	辰壬	十初
7月29	卯辛	6月29	酉辛	5月31	辰壬	5月 1	戌壬	4月 1	辰壬	3月 3	亥癸	2月 2	巳癸	一十
7月30	辰壬	6月30	戌壬	6月 1	巳癸	5月 2	亥癸	4月 2	巳癸	3月 4	子甲	2月 3	午甲	二十
7月31	巳癸	7月 1	亥癸	6月 2	午甲	5月 3	子甲	4月 3	午甲	3月 5	丑乙	2月 4	未乙	三十
8月 1	午甲	7月 2	子甲	6月 3	未乙	5月 4	丑乙	4月 4	未乙	3月 6	寅丙	2月 5	申丙	四十
8月 2	未乙	7月 3	丑乙	6月 4	申丙	5月 5	寅丙	4月 5	申丙	3月 7	卯丁	2月 6	酉丁	五十
8月 3	申丙	7月 4	寅丙	6月 5	酉丁	5月 6	卯丁	4月 6	酉丁	3月 8	辰戊	2月 7	戌戊	六十
8月 4	酉丁	7月 5	卯丁	6月 6	戌戊	5月 7	辰戊	4月 7	戌戊	3月 9	巳己	2月 8	亥己	七十
8月 5	戌戊	7月 6	辰戊	6月 7	亥己	5月 8	巳己	4月 8	亥己	3月10	午庚	2月 9	子庚	八十
8月 6	亥己	7月 7	巳己	6月 8	子庚	5月 9	午庚	4月 9	子庚	3月11	未辛	2月10	丑辛	九十
8月 7	子庚	7月 8	午庚	6月 9	丑辛	5月10	未辛	4月10	丑辛	3月12	申壬	2月11	寅壬	十二
8月 8	丑辛	7月 9	未辛	6月10	寅壬	5月11	申壬	4月11	寅壬	3月13	酉癸	2月12	卯癸	一廿
8月 9	寅壬	7月10	申壬	6月11	卯癸	5月12	酉癸	4月12	卯癸	3月14	戌甲	2月13	辰甲	二廿
8月10	卯癸	7月11	酉癸	6月12	辰甲	5月13	戌甲	4月13	辰甲	3月15	亥乙	2月14	巳乙	三廿
8月11	辰甲	7月12	戌甲	6月13	巳乙	5月14	亥乙	4月14	巳乙	3月16	子丙	2月15	午丙	四廿
8月12	巳乙	7月13	亥乙	6月14	午丙	5月15	子丙	4月15	午丙	3月17	丑丁	2月16	未丁	五廿
8月13	午丙	7月14	子丙	6月15	未丁	5月16	丑丁	4月16	未丁	3月18	寅戊	2月17	申戊	六廿
8月14	未丁	7月15	丑丁	6月16	申戊	5月17	寅戊	4月17	申戊	3月19	卯己	2月18	酉己	七廿
8月15	申戊	7月16	寅戊	6月17	酉己	5月18	卯己	4月18	酉己	3月20	辰庚	2月19	戌庚	八廿
8月16	酉己	7月17	卯己	6月18	戌庚	5月19	辰庚	4月19	戌庚	3月21	巳辛	2月20	亥辛	九廿
		7月18	辰庚			5月20	巳辛	4月20	亥辛			2月21	子壬	十三

西元2012年

月別	農曆十二月		農曆十一月		農曆十月		農曆九月		農曆八月		農曆七月	
干支	癸丑		壬子		辛亥		庚戌		己酉		戊申	
節	立春	大寒	小寒	冬至	大雪	小雪	立冬	霜降	寒露	秋分	白露	處暑
氣	0時31分 廿四 子時	6時26分 初九 卯時	13時16分 廿四 未時	20時16分 初九 戌時	2時32分 廿四 丑時	7時19分 初九 辰時	9時56分 廿四 巳時	9時52分 初九 巳時	6時42分 廿三 卯時	0時18分 初八 子時	14時44分 廿二 未時	2時16分 初七 丑時
農曆	國曆	支干	國曆	支干	國曆	支干	國曆	支干	國曆	支干	國曆	支干
初一	1月12	戊寅	12月13	戊申	11月14	己卯	10月15	己酉	9月16	庚辰	8月17	庚戌
初二	1月13	己卯	12月14	己酉	11月15	庚辰	10月16	庚戌	9月17	辛巳	8月18	辛亥
初三	1月14	庚辰	12月15	庚戌	11月16	辛巳	10月17	辛亥	9月18	壬午	8月19	壬子
初四	1月15	辛巳	12月16	辛亥	11月17	壬午	10月18	壬子	9月19	癸未	8月20	癸丑
初五	1月16	壬午	12月17	壬子	11月18	癸未	10月19	癸丑	9月20	甲申	8月21	甲寅
初六	1月17	癸未	12月18	癸丑	11月19	甲申	10月20	甲寅	9月21	乙酉	8月22	乙卯
初七	1月18	甲申	12月19	甲寅	11月20	乙酉	10月21	乙卯	9月22	丙戌	8月23	丙辰
初八	1月19	乙酉	12月20	乙卯	11月21	丙戌	10月22	丙辰	9月23	丁亥	8月24	丁巳
初九	1月20	丙戌	12月21	丙辰	11月22	丁亥	10月23	丁巳	9月24	戊子	8月25	戊午
初十	1月21	丁亥	12月22	丁巳	11月23	戊子	10月24	戊午	9月25	己丑	8月26	己未
十一	1月22	戊子	12月23	戊午	11月24	己丑	10月25	己未	9月26	庚寅	8月27	庚申
十二	1月23	己丑	12月24	己未	11月25	庚寅	10月26	庚申	9月27	辛卯	8月28	辛酉
十三	1月24	庚寅	12月25	庚申	11月26	辛卯	10月27	辛酉	9月28	壬辰	8月29	壬戌
十四	1月25	辛卯	12月26	辛酉	11月27	壬辰	10月28	壬戌	9月29	癸巳	8月30	癸亥
十五	1月26	壬辰	12月27	壬戌	11月28	癸巳	10月29	癸亥	9月30	甲午	8月31	甲子
十六	1月27	癸巳	12月28	癸亥	11月29	甲午	10月30	甲子	10月1	乙未	9月1	乙丑
十七	1月28	甲午	12月29	甲子	11月30	乙未	10月31	乙丑	10月2	丙申	9月2	丙寅
十八	1月29	乙未	12月30	乙丑	12月1	丙申	11月1	丙寅	10月3	丁酉	9月3	丁卯
十九	1月30	丙申	12月31	丙寅	12月2	丁酉	11月2	丁卯	10月4	戊戌	9月4	戊辰
二十	1月31	丁酉	1月1	丁卯	12月3	戊戌	11月3	戊辰	10月5	己亥	9月5	己巳
廿一	2月1	戊戌	1月2	戊辰	12月4	己亥	11月4	己巳	10月6	庚子	9月6	庚午
廿二	2月2	己亥	1月3	己巳	12月5	庚子	11月5	庚午	10月7	辛丑	9月7	辛未
廿三	2月3	庚子	1月4	庚午	12月6	辛丑	11月6	辛未	10月8	壬寅	9月8	壬申
廿四	2月4	辛丑	1月5	辛未	12月7	壬寅	11月7	壬申	10月9	癸卯	9月9	癸酉
廿五	2月5	壬寅	1月6	壬申	12月8	癸卯	11月8	癸酉	10月10	甲辰	9月10	甲戌
廿六	2月6	癸卯	1月7	癸酉	12月9	甲辰	11月9	甲戌	10月11	乙巳	9月11	乙亥
廿七	2月7	甲辰	1月8	甲戌	12月10	乙巳	11月10	乙亥	10月12	丙午	9月12	丙子
廿八	2月8	乙巳	1月9	乙亥	12月11	丙午	11月11	丙子	10月13	丁未	9月13	丁丑
廿九	2月9	丙午	1月10	丙子	12月12	丁未	11月12	丁丑	10月14	戊申	9月14	戊寅
三十			1月11	丁丑			11月13	戊寅			9月15	己卯

中華民國一○二年　歲次　癸巳　《蛇》
西元二○一三年　太歲　姓徐名舜

節氣

節氣	時刻	農曆日·時
大暑	0時40分	十六日 子時
小暑	7時9分	廿九日 辰時
夏至	13時33分	十三日 未時
芒種	20時44分	廿七日 戌時
小滿	5時29分	十二日 卯時
立夏	16時28分	廿六日 申時
穀雨	6時14分	十一日 卯時
清明	11時5分	廿四日 戌時
春分	19時9分	初九日 夜子時
驚蟄	18時19分	廿四日 酉時
雨水	20時15分	初九日 戌時

農曆月份對照

農曆六月 己未 國曆	支干	農曆五月 戊午 國曆	支干	農曆四月 丁巳 國曆	支干	農曆三月 丙辰 國曆	支干	農曆二月 乙卯 國曆	支干	農曆正月 甲寅 國曆	支干	別月 農曆
7月8	乙亥	6月9	丙午	5月10	丙子	4月10	丙午	3月12	丁丑	2月10	丁未	初一
7月9	丙子	6月10	丁未	5月11	丁丑	4月11	丁未	3月13	戊寅	2月11	戊申	初二
7月10	丁丑	6月11	戊申	5月12	戊寅	4月12	戊申	3月14	己卯	2月12	己酉	初三
7月11	戊寅	6月12	己酉	5月13	己卯	4月13	己酉	3月15	庚辰	2月13	庚戌	初四
7月12	己卯	6月13	庚戌	5月14	庚辰	4月14	庚戌	3月16	辛巳	2月14	辛亥	初五
7月13	庚辰	6月14	辛亥	5月15	辛巳	4月15	辛亥	3月17	壬午	2月15	壬子	初六
7月14	辛巳	6月15	壬子	5月16	壬午	4月16	壬子	3月18	癸未	2月16	癸丑	初七
7月15	壬午	6月16	癸丑	5月17	癸未	4月17	癸丑	3月19	甲申	2月17	甲寅	初八
7月16	癸未	6月17	甲寅	5月18	甲申	4月18	甲寅	3月20	乙酉	2月18	乙卯	初九
7月17	甲申	6月18	乙卯	5月19	乙酉	4月19	乙卯	3月21	丙戌	2月19	丙辰	初十
7月18	乙酉	6月19	丙辰	5月20	丙戌	4月20	丙辰	3月22	丁亥	2月20	丁巳	十一
7月19	丙戌	6月20	丁巳	5月21	丁亥	4月21	丁巳	3月23	戊子	2月21	戊午	十二
7月20	丁亥	6月21	戊午	5月22	戊子	4月22	戊午	3月24	己丑	2月22	己未	十三
7月21	戊子	6月22	己未	5月23	己丑	4月23	己未	3月25	庚寅	2月23	庚申	十四
7月22	己丑	6月23	庚申	5月24	庚寅	4月24	庚申	3月26	辛卯	2月24	辛酉	十五
7月23	庚寅	6月24	辛酉	5月25	辛卯	4月25	辛酉	3月27	壬辰	2月25	壬戌	十六
7月24	辛卯	6月25	壬戌	5月26	壬辰	4月26	壬戌	3月28	癸巳	2月26	癸亥	十七
7月25	壬辰	6月26	癸亥	5月27	癸巳	4月27	癸亥	3月29	甲午	2月27	甲子	十八
7月26	癸巳	6月27	甲子	5月28	甲午	4月28	甲子	3月30	乙未	2月28	乙丑	十九
7月27	甲午	6月28	乙丑	5月29	乙未	4月29	乙丑	3月31	丙申	3月1	丙寅	二十
7月28	乙未	6月29	丙寅	5月30	丙申	4月30	丙寅	4月1	丁酉	3月2	丁卯	廿一
7月29	丙申	6月30	丁卯	5月31	丁酉	5月1	丁卯	4月2	戊戌	3月3	戊辰	廿二
7月30	丁酉	7月1	戊辰	6月1	戊戌	5月2	戊辰	4月3	己亥	3月4	己巳	廿三
7月31	戊戌	7月2	己巳	6月2	己亥	5月3	己巳	4月4	庚子	3月5	庚午	廿四
8月1	己亥	7月3	庚午	6月3	庚子	5月4	庚午	4月5	辛丑	3月6	辛未	廿五
8月2	庚子	7月4	辛未	6月4	辛丑	5月5	辛未	4月6	壬寅	3月7	壬申	廿六
8月3	辛丑	7月5	壬申	6月5	壬寅	5月6	壬申	4月7	癸卯	3月8	癸酉	廿七
8月4	壬寅	7月6	癸酉	6月6	癸卯	5月7	癸酉	4月8	甲辰	3月9	甲戌	廿八
8月5	癸卯	7月7	甲戌	6月7	甲辰	5月8	甲戌	4月9	乙巳	3月10	乙亥	廿九
8月6	辰甲			6月8	乙巳	5月9	乙亥			3月11	丙子	三十

西元2013年

月別	農曆十二月		農曆十一月		農曆十月		農曆九月		農曆八月		農曆七月	
干支	乙丑		甲子		癸亥		壬戌		辛酉		庚申	
節	大寒	小寒	冬至	大雪	小雪	立冬	霜降	寒露	秋分	白露	處暑	立秋
氣	二十 12時15分	初六 20時7分戌時	二十 2時5分丑時	初五 8時21分辰時	二十 13時8分未時	初五 15時45分申時	十九 15時41分申時	初四 12時31分午時	十九 6時22分卯時	初三 20時33分戌時	十七 8時5分辰時	初一 17時14分酉時
農曆	國曆	支干	國曆	支干	國曆	支干	國曆	支干	國曆	支干	國曆	支干
初一	1月1	壬申	12月3	癸卯	11月3	癸酉	10月5	甲辰	9月5	甲戌	8月7	乙巳
初二	1月2	癸酉	12月4	甲辰	11月4	甲戌	10月6	乙巳	9月6	乙亥	8月8	丙午
初三	1月3	甲戌	12月5	乙巳	11月5	乙亥	10月7	丙午	9月7	丙子	8月9	丁未
初四	1月4	乙亥	12月6	丙午	11月6	丙子	10月8	丁未	9月8	丁丑	8月10	戊申
初五	1月5	丙子	12月7	丁未	11月7	丁丑	10月9	戊申	9月9	戊寅	8月11	己酉
初六	1月6	丁丑	12月8	戊申	11月8	戊寅	10月10	己酉	9月10	己卯	8月12	庚戌
初七	1月7	戊寅	12月9	己酉	11月9	己卯	10月11	庚戌	9月11	庚辰	8月13	辛亥
初八	1月8	己卯	12月10	庚戌	11月10	庚辰	10月12	辛亥	9月12	辛巳	8月14	壬子
初九	1月9	庚辰	12月11	辛亥	11月11	辛巳	10月13	壬子	9月13	壬午	8月15	癸丑
初十	1月10	辛巳	12月12	壬子	11月12	壬午	10月14	癸丑	9月14	癸未	8月16	甲寅
十一	1月11	壬午	12月13	癸丑	11月13	癸未	10月15	甲寅	9月15	甲申	8月17	乙卯
十二	1月12	癸未	12月14	甲寅	11月14	甲申	10月16	乙卯	9月16	乙酉	8月18	丙辰
十三	1月13	甲申	12月15	乙卯	11月15	乙酉	10月17	丙辰	9月17	丙戌	8月19	丁巳
十四	1月14	乙酉	12月16	丙辰	11月16	丙戌	10月18	丁巳	9月18	丁亥	8月20	戊午
十五	1月15	丙戌	12月17	丁巳	11月17	丁亥	10月19	戊午	9月19	戊子	8月21	己未
十六	1月16	丁亥	12月18	戊午	11月18	戊子	10月20	己未	9月20	己丑	8月22	庚申
十七	1月17	戊子	12月19	己未	11月19	己丑	10月21	庚申	9月21	庚寅	8月23	辛酉
十八	1月18	己丑	12月20	庚申	11月20	庚寅	10月22	辛酉	9月22	辛卯	8月24	壬戌
十九	1月19	庚寅	12月21	辛酉	11月21	辛卯	10月23	壬戌	9月23	壬辰	8月25	癸亥
二十	1月20	辛卯	12月22	壬戌	11月22	壬辰	10月24	癸亥	9月24	癸巳	8月26	甲子
廿一	1月21	壬辰	12月23	癸亥	11月23	癸巳	10月25	甲子	9月25	甲午	8月27	乙丑
廿二	1月22	癸巳	12月24	甲子	11月24	甲午	10月26	乙丑	9月26	乙未	8月28	丙寅
廿三	1月23	甲午	12月25	乙丑	11月25	乙未	10月27	丙寅	9月27	丙申	8月29	丁卯
廿四	1月24	乙未	12月26	丙寅	11月26	丙申	10月28	丁卯	9月28	丁酉	8月30	戊辰
廿五	1月25	丙申	12月27	丁卯	11月27	丁酉	10月29	戊辰	9月29	戊戌	8月31	己巳
廿六	1月26	丁酉	12月28	戊辰	11月28	戊戌	10月30	己巳	9月30	己亥	9月1	庚午
廿七	1月27	戊戌	12月29	己巳	11月29	己亥	10月31	庚午	10月1	庚子	9月2	辛未
廿八	1月28	己亥	12月30	庚午	11月30	庚子	11月1	辛未	10月2	辛丑	9月3	壬申
廿九	1月29	庚子	12月31	辛未	12月1	辛丑	11月2	壬申	10月3	壬寅	9月4	癸酉
三十	1月30	辛丑			12月2	壬寅			10月4	癸卯		

中華民國一○三年　歲次　甲午《馬》

西元二○一四年　太歲　姓張名詞

節氣

月別	節氣	時刻	農曆日
農曆正月 丙寅	立春	6時21分	初五 卯時
	雨水	2時4分	二十 丑時
農曆二月 丁卯	驚蟄	0時7分	初六 子時
	春分	0時57分	廿一 子時
農曆三月 戊辰	清明	4時54分	初六 寅時
	穀雨	12時12分	廿一 午時
農曆四月 己巳	立夏	22時16分	初七 亥時
	小滿	12時17分	廿三 午時
農曆五月 庚午	芒種	2時21分	初九 丑時
	夏至	19時32分	廿四 戌時
農曆六月 辛未	小暑	12時57分	十一 午時
	大暑	6時27分	廿七 卯時

國曆／干支對照

農曆六月 辛未	農曆五月 庚午	農曆四月 己巳	農曆三月 戊辰	農曆二月 丁卯	農曆正月 丙寅	農曆
6月27日 己巳	5月29日 庚子	4月29日 庚午	3月31日 辛丑	3月1日 辛未	1月31日 壬寅	初一
6月28日 庚午	5月30日 辛丑	4月30日 辛未	4月1日 壬寅	3月2日 壬申	2月1日 癸卯	初二
6月29日 辛未	5月31日 壬寅	5月1日 壬申	4月2日 癸卯	3月3日 癸酉	2月2日 甲辰	初三
6月30日 壬申	6月1日 癸卯	5月2日 癸酉	4月3日 甲辰	3月4日 甲戌	2月3日 乙巳	初四
7月1日 癸酉	6月2日 甲辰	5月3日 甲戌	4月4日 乙巳	3月5日 乙亥	2月4日 丙午	初五
7月2日 甲戌	6月3日 乙巳	5月4日 乙亥	4月5日 丙午	3月6日 丙子	2月5日 丁未	初六
7月3日 乙亥	6月4日 丙午	5月5日 丙子	4月6日 丁未	3月7日 丁丑	2月6日 戊申	初七
7月4日 丙子	6月5日 丁未	5月6日 丁丑	4月7日 戊申	3月8日 戊寅	2月7日 己酉	初八
7月5日 丁丑	6月6日 戊申	5月7日 戊寅	4月8日 己酉	3月9日 己卯	2月8日 庚戌	初九
7月6日 戊寅	6月7日 己酉	5月8日 己卯	4月9日 庚戌	3月10日 庚辰	2月9日 辛亥	初十
7月7日 己卯	6月8日 庚戌	5月9日 庚辰	4月10日 辛亥	3月11日 辛巳	2月10日 壬子	十一
7月8日 庚辰	6月9日 辛亥	5月10日 辛巳	4月11日 壬子	3月12日 壬午	2月11日 癸丑	十二
7月9日 辛巳	6月10日 壬子	5月11日 壬午	4月12日 癸丑	3月13日 癸未	2月12日 甲寅	十三
7月10日 壬午	6月11日 癸丑	5月12日 癸未	4月13日 甲寅	3月14日 甲申	2月13日 乙卯	十四
7月11日 癸未	6月12日 甲寅	5月13日 甲申	4月14日 乙卯	3月15日 乙酉	2月14日 丙辰	十五
7月12日 甲申	6月13日 乙卯	5月14日 乙酉	4月15日 丙辰	3月16日 丙戌	2月15日 丁巳	十六
7月13日 乙酉	6月14日 丙辰	5月15日 丙戌	4月16日 丁巳	3月17日 丁亥	2月16日 戊午	十七
7月14日 丙戌	6月15日 丁巳	5月16日 丁亥	4月17日 戊午	3月18日 戊子	2月17日 己未	十八
7月15日 丁亥	6月16日 戊午	5月17日 戊子	4月18日 己未	3月19日 己丑	2月18日 庚申	十九
7月16日 戊子	6月17日 己未	5月18日 己丑	4月19日 庚申	3月20日 庚寅	2月19日 辛酉	二十
7月17日 己丑	6月18日 庚申	5月19日 庚寅	4月20日 辛酉	3月21日 辛卯	2月20日 壬戌	廿一
7月18日 庚寅	6月19日 辛酉	5月20日 辛卯	4月21日 壬戌	3月22日 壬辰	2月21日 癸亥	廿二
7月19日 辛卯	6月20日 壬戌	5月21日 壬辰	4月22日 癸亥	3月23日 癸巳	2月22日 甲子	廿三
7月20日 壬辰	6月21日 癸亥	5月22日 癸巳	4月23日 甲子	3月24日 甲午	2月23日 乙丑	廿四
7月21日 癸巳	6月22日 甲子	5月23日 甲午	4月24日 乙丑	3月25日 乙未	2月24日 丙寅	廿五
7月22日 甲午	6月23日 乙丑	5月24日 乙未	4月25日 丙寅	3月26日 丙申	2月25日 丁卯	廿六
7月23日 乙未	6月24日 丙寅	5月25日 丙申	4月26日 丁卯	3月27日 丁酉	2月26日 戊辰	廿七
7月24日 丙申	6月25日 丁卯	5月26日 丁酉	4月27日 戊辰	3月28日 戊戌	2月27日 己巳	廿八
7月25日 丁酉	6月26日 戊辰	5月27日 戊戌	4月28日 己巳	3月29日 己亥	2月28日 庚午	廿九
7月26日 戊戌		5月28日 己亥		3月30日 庚子		三十

西元2014年

月別	農曆十二月		農曆十一月		農曆十月		農曆閏九月		農曆九月		農曆八月		農曆七月	
干支	丁丑		丙子		乙亥				甲戌		癸酉		壬申	
節	立春 大寒		小寒		冬至		大雪 小雪		立冬		霜降 寒露		秋分 白露	處暑 立秋
氣	立春 12時9分 十六午時 / 大寒 18時5分 初一酉時		小寒 0時57分 十六子時 / 冬至 7時40分 初一辰時		大雪 14時16分 十六未時 / 小雪 18時58分 初一酉時		立冬 21時36分 十五亥時		霜降 21時30分 三十亥時 / 寒露 18時20分 十五酉時		秋分 11時51分 三十午時 / 白露 2時21分 十五丑時		暑處 13時53分 廿八未時 / 立秋 23時2分 十二夜子	
農曆	國曆	干支	國曆	干支	國曆	干支	國曆	干支	國曆	干支	國曆	干支	國曆	干支
初一	1月20	丙申	12月22	丁卯	11月22	丁酉	10月24	戊辰	9月24	戊戌	8月25	戊辰	7月27	己亥
初二	1月21	丁酉	12月23	戊辰	11月23	戊戌	10月25	己巳	9月25	己亥	8月26	己巳	7月28	庚子
初三	1月22	戊戌	12月24	己巳	11月24	己亥	10月26	庚午	9月26	庚子	8月27	庚午	7月29	辛丑
初四	1月23	己亥	12月25	庚午	11月25	庚子	10月27	辛未	9月27	辛丑	8月28	辛未	7月30	壬寅
初五	1月24	庚子	12月26	辛未	11月26	辛丑	10月28	壬申	9月28	壬寅	8月29	壬申	7月31	癸卯
初六	1月25	辛丑	12月27	壬申	11月27	壬寅	10月29	癸酉	9月29	癸卯	8月30	癸酉	8月1	甲辰
初七	1月26	壬寅	12月28	癸酉	11月28	癸卯	10月30	甲戌	9月30	甲辰	8月31	甲戌	8月2	乙巳
初八	1月27	癸卯	12月29	甲戌	11月29	甲辰	10月31	乙亥	10月1	乙巳	9月1	乙亥	8月3	丙午
初九	1月28	甲辰	12月30	乙亥	11月30	乙巳	11月1	丙子	10月2	丙午	9月2	丙子	8月4	丁未
初十	1月29	乙巳	12月31	丙子	12月1	丙午	11月2	丁丑	10月3	丁未	9月3	丁丑	8月5	戊申
十一	1月30	丙午	1月1	丁丑	12月2	丁未	11月3	戊寅	10月4	戊申	9月4	戊寅	8月6	己酉
十二	1月31	丁未	1月2	戊寅	12月3	戊申	11月4	己卯	10月5	己酉	9月5	己卯	8月7	庚戌
十三	2月1	戊申	1月3	己卯	12月4	己酉	11月5	庚辰	10月6	庚戌	9月6	庚辰	8月8	辛亥
十四	2月2	己酉	1月4	庚辰	12月5	庚戌	11月6	辛巳	10月7	辛亥	9月7	辛巳	8月9	壬子
十五	2月3	庚戌	1月5	辛巳	12月6	辛亥	11月7	壬午	10月8	壬子	9月8	壬午	8月10	癸丑
十六	2月4	辛亥	1月6	壬午	12月7	壬子	11月8	癸未	10月9	癸丑	9月9	癸未	8月11	甲寅
十七	2月5	壬子	1月7	癸未	12月8	癸丑	11月9	甲申	10月10	甲寅	9月10	甲申	8月12	乙卯
十八	2月6	癸丑	1月8	甲申	12月9	甲寅	11月10	乙酉	10月11	乙卯	9月11	乙酉	8月13	丙辰
十九	2月7	甲寅	1月9	乙酉	12月10	乙卯	11月11	丙戌	10月12	丙辰	9月12	丙戌	8月14	丁巳
二十	2月8	乙卯	1月10	丙戌	12月11	丙辰	11月12	丁亥	10月13	丁巳	9月13	丁亥	8月15	戊午
廿一	2月9	丙辰	1月11	丁亥	12月12	丁巳	11月13	戊子	10月14	戊午	9月14	戊子	8月16	己未
廿二	2月10	丁巳	1月12	戊子	12月13	戊午	11月14	己丑	10月15	己未	9月15	己丑	8月17	庚申
廿三	2月11	戊午	1月13	己丑	12月14	己未	11月15	庚寅	10月16	庚申	9月16	庚寅	8月18	辛酉
廿四	2月12	己未	1月14	庚寅	12月15	庚申	11月16	辛卯	10月17	辛酉	9月17	辛卯	8月19	壬戌
廿五	2月13	庚申	1月15	辛卯	12月16	辛酉	11月17	壬辰	10月18	壬戌	9月18	壬辰	8月20	癸亥
廿六	2月14	辛酉	1月16	壬辰	12月17	壬戌	11月18	癸巳	10月19	癸亥	9月19	癸巳	8月21	甲子
廿七	2月15	壬戌	1月17	癸巳	12月18	癸亥	11月19	甲午	10月20	甲子	9月20	甲午	8月22	乙丑
廿八	2月16	癸亥	1月18	甲午	12月19	甲子	11月20	乙未	10月21	乙丑	9月21	乙未	8月23	丙寅
廿九	2月17	甲子	1月19	乙未	12月20	乙丑	11月21	丙申	10月22	丙寅	9月22	丙申	8月24	丁卯
三十	2月18	乙丑			12月21	丙寅			10月23	丁卯	9月23	丁酉		

中華民國一○四年　歲次　乙未《羊》

西元二○一五年　太歲　姓楊名賢

農曆六月		農曆五月		農曆四月		農曆三月		農曆二月		農曆正月		月別
癸未		壬午		辛巳		庚辰		己卯		戊寅		支干
立秋	大暑	小暑	夏至	芒種	小滿	立夏	穀雨	清明	春分	驚蟄	雨水	節
4時51分寅時廿四	12時16分午時初八	18時30分酉時廿二	2時9分丑時初七	8時20分辰時二十	17時5分酉時初四	4時0分寅時十八	17時52分酉時初二	10時58分巳時十七	6時47分卯時初二	5時56分卯時十六	7時54分辰時初一	氣
國曆	支干	國曆	支干	國曆	支干	國曆	支干	國曆	支干	國曆	支干	農曆
7月16	癸巳	6月16	癸亥	5月18	甲午	4月19	乙丑	3月20	乙未	2月19	丙寅	初一
7月17	甲午	6月17	甲子	5月19	乙未	4月20	丙寅	3月21	丙申	2月20	丁卯	初二
7月18	乙未	6月18	乙丑	5月20	丙申	4月21	丁卯	3月22	丁酉	2月21	戊辰	初三
7月19	丙申	6月19	丙寅	5月21	丁酉	4月22	戊辰	3月23	戊戌	2月22	己巳	初四
7月20	丁酉	6月20	丁卯	5月22	戊戌	4月23	己巳	3月24	己亥	2月23	庚午	初五
7月21	戊戌	6月21	戊辰	5月23	己亥	4月24	庚午	3月25	庚子	2月24	辛未	初六
7月22	己亥	6月22	己巳	5月24	庚子	4月25	辛未	3月26	辛丑	2月25	壬申	初七
7月23	庚子	6月23	庚午	5月25	辛丑	4月26	壬申	3月27	壬寅	2月26	癸酉	初八
7月24	辛丑	6月24	辛未	5月26	壬寅	4月27	癸酉	3月28	癸卯	2月27	甲戌	初九
7月25	壬寅	6月25	壬申	5月27	癸卯	4月28	甲戌	3月29	甲辰	2月28	乙亥	初十
7月26	癸卯	6月26	癸酉	5月28	甲辰	4月29	乙亥	3月30	乙巳	3月1	丙子	十一
7月27	甲辰	6月27	甲戌	5月29	乙巳	4月30	丙子	3月31	丙午	3月2	丁丑	十二
7月28	乙巳	6月28	乙亥	5月30	丙午	5月1	丁丑	4月1	丁未	3月3	戊寅	十三
7月29	丙午	6月29	丙子	5月31	丁未	5月2	戊寅	4月2	戊申	3月4	己卯	十四
7月30	丁未	6月30	丁丑	6月1	戊申	5月3	己卯	4月3	己酉	3月5	庚辰	十五
7月31	戊申	7月1	戊寅	6月2	己酉	5月4	庚辰	4月4	庚戌	3月6	辛巳	十六
8月1	己酉	7月2	己卯	6月3	庚戌	5月5	辛巳	4月5	辛亥	3月7	壬午	十七
8月2	庚戌	7月3	庚辰	6月4	辛亥	5月6	壬午	4月6	壬子	3月8	癸未	十八
8月3	辛亥	7月4	辛巳	6月5	壬子	5月7	癸未	4月7	癸丑	3月9	甲申	十九
8月4	壬子	7月5	壬午	6月6	癸丑	5月8	甲申	4月8	甲寅	3月10	乙酉	二十
8月5	癸丑	7月6	癸未	6月7	甲寅	5月9	乙酉	4月9	乙卯	3月11	丙戌	廿一
8月6	甲寅	7月7	甲申	6月8	乙卯	5月10	丙戌	4月10	丙辰	3月12	丁亥	廿二
8月7	乙卯	7月8	乙酉	6月9	丙辰	5月11	丁亥	4月11	丁巳	3月13	戊子	廿三
8月8	丙辰	7月9	丙戌	6月10	丁巳	5月12	戊子	4月12	戊午	3月14	己丑	廿四
8月9	丁巳	7月10	丁亥	6月11	戊午	5月13	己丑	4月13	己未	3月15	庚寅	廿五
8月10	戊午	7月11	戊子	6月12	己未	5月14	庚寅	4月14	庚申	3月16	辛卯	廿六
8月11	己未	7月12	己丑	6月13	庚申	5月15	辛卯	4月15	辛酉	3月17	壬辰	廿七
8月12	庚申	7月13	庚寅	6月14	辛酉	5月16	壬辰	4月16	壬戌	3月18	癸巳	廿八
8月13	辛酉	7月14	辛卯	6月15	壬戌	5月17	癸巳	4月17	癸亥	3月19	甲午	廿九
		7月15	壬辰					4月18	甲子			三十

西元2015年

月別	農曆十二月		農曆十一月		農曆十月		農曆九月		農曆八月		農曆七月	
干支	己丑		戊子		丁亥		丙戌		乙酉		甲申	
節	立春	大寒	小寒	冬至	大雪	小雪	立冬	霜降	寒露	秋分	白露	處暑
氣	18時0分 廿六酉時	23時50分 十夜子時	6時47分 廿一卯時	13時45分 十二夜子	20時1分 廿六戌時	0時48分 十二子時	3時25分 廿七寅時	3時20分 十二寅時	0時9分 廿七子時	17時45分 十一酉時	8時10分 廿六辰時	19時51分 初十戌時
農曆	國曆	支干	國曆	支干	國曆	支干	國曆	支干	國曆	支干	國曆	支干
初一	1月10	卯辛	12月11	酉辛	11月12	辰壬	10月13	戌壬	9月13	辰壬	8月14	戌壬
初二	1月11	辰壬	12月12	戌壬	11月13	巳癸	10月14	亥癸	9月14	巳癸	8月15	亥癸
初三	1月12	巳癸	12月13	亥癸	11月14	午甲	10月15	子甲	9月15	午甲	8月16	子甲
初四	1月13	午甲	12月14	子甲	11月15	未乙	10月16	丑乙	9月16	未乙	8月17	丑乙
初五	1月14	未乙	12月15	丑乙	11月16	申丙	10月17	寅丙	9月17	申丙	8月18	寅丙
初六	1月15	申丙	12月16	寅丙	11月17	酉丁	10月18	卯丁	9月18	酉丁	8月19	卯丁
初七	1月16	酉丁	12月17	卯丁	11月18	戌戊	10月19	辰戊	9月19	戌戊	8月20	辰戊
初八	1月17	戌戊	12月18	辰戊	11月19	亥己	10月20	巳己	9月20	亥己	8月21	巳己
初九	1月18	亥己	12月19	巳己	11月20	子庚	10月21	午庚	9月21	子庚	8月22	午庚
初十	1月19	子庚	12月20	午庚	11月21	丑辛	10月22	未辛	9月22	丑辛	8月23	未辛
十一	1月20	丑辛	12月21	未辛	11月22	寅壬	10月23	申壬	9月23	寅壬	8月24	申壬
十二	1月21	寅壬	12月22	申壬	11月23	卯癸	10月24	酉癸	9月24	卯癸	8月25	酉癸
十三	1月22	卯癸	12月23	酉癸	11月24	辰甲	10月25	戌甲	9月25	辰甲	8月26	戌甲
十四	1月23	辰甲	12月24	戌甲	11月25	巳乙	10月26	亥乙	9月26	巳乙	8月27	亥乙
十五	1月24	巳乙	12月25	亥乙	11月26	午丙	10月27	子丙	9月27	午丙	8月28	子丙
十六	1月25	午丙	12月26	子丙	11月27	未丁	10月28	丑丁	9月28	未丁	8月29	丑丁
十七	1月26	未丁	12月27	丑丁	11月28	申戊	10月29	寅戊	9月29	申戊	8月30	寅戊
十八	1月27	申戊	12月28	寅戊	11月29	酉己	10月30	卯己	9月30	酉己	8月31	卯己
十九	1月28	酉己	12月29	卯己	11月30	戌庚	10月31	辰庚	10月1	戌庚	9月1	辰庚
二十	1月29	戌庚	12月30	辰庚	12月1	亥辛	11月1	巳辛	10月2	亥辛	9月2	巳辛
廿一	1月30	亥辛	12月31	巳辛	12月2	子壬	11月2	午壬	10月3	子壬	9月3	午壬
廿二	1月31	子壬	1月1	午壬	12月3	丑癸	11月3	未癸	10月4	丑癸	9月4	未癸
廿三	2月1	丑癸	1月2	未癸	12月4	寅甲	11月4	申甲	10月5	寅甲	9月5	申甲
廿四	2月2	寅甲	1月3	申甲	12月5	卯乙	11月5	酉乙	10月6	卯乙	9月6	酉乙
廿五	2月3	卯乙	1月4	酉乙	12月6	辰丙	11月6	戌丙	10月7	辰丙	9月7	戌丙
廿六	2月4	辰丙	1月5	戌丙	12月7	巳丁	11月7	亥丁	10月8	巳丁	9月8	亥丁
廿七	2月5	巳丁	1月6	亥丁	12月8	午戊	11月8	子戊	10月9	午戊	9月9	子戊
廿八	2月6	午戊	1月7	子戊	12月9	未己	11月9	丑己	10月10	未己	9月10	丑己
廿九	2月7	未己	1月8	丑己	12月10	申庚	11月10	寅庚	10月11	申庚	9月11	寅庚
三十			1月9	寅庚			11月11	卯辛	10月12	酉辛	9月12	卯辛

中華民國一〇五年　歲次　丙申　《猴》　西元二〇一六年　太歲　姓管名仲

節氣

月別	干支	節氣
農曆正月	庚寅	雨水 13時44分 十二 未時；驚蟄 11時46分 十七 午時
農曆二月	辛卯	春分 12時37分 十二 午時；清明 16時32分 廿七 申時
農曆三月	壬辰	穀雨 23時30分 十三 夜子時；立夏 9時54分 廿九 巳時
農曆四月	癸巳	小滿 22時54分 十四 亥時
農曆五月	甲午	芒種 14時9分 初一 未時；夏至 6時57分 十七 卯時
農曆六月	乙未	小暑 0時33分 初四 子時；大暑 18時3分 十九 酉時

國曆／支干對照

農曆	正月(庚寅) 國曆	支干	二月(辛卯) 國曆	支干	三月(壬辰) 國曆	支干	四月(癸巳) 國曆	支干	五月(甲午) 國曆	支干	六月(乙未) 國曆	支干
初一	2月8	庚申	3月9	庚寅	4月7	己未	5月7	己丑	6月5	戊午	7月4	丁亥
初二	2月9	辛酉	3月10	辛卯	4月8	庚申	5月8	庚寅	6月6	己未	7月5	戊子
初三	2月10	壬戌	3月11	壬辰	4月9	辛酉	5月9	辛卯	6月7	庚申	7月6	己丑
初四	2月11	癸亥	3月12	癸巳	4月10	壬戌	5月10	壬辰	6月8	辛酉	7月7	庚寅
初五	2月12	甲子	3月13	甲午	4月11	癸亥	5月11	癸巳	6月9	壬戌	7月8	辛卯
初六	2月13	乙丑	3月14	乙未	4月12	甲子	5月12	甲午	6月10	癸亥	7月9	壬辰
初七	2月14	丙寅	3月15	丙申	4月13	乙丑	5月13	乙未	6月11	甲子	7月10	癸巳
初八	2月15	丁卯	3月16	丁酉	4月14	丙寅	5月14	丙申	6月12	乙丑	7月11	甲午
初九	2月16	戊辰	3月17	戊戌	4月15	丁卯	5月15	丁酉	6月13	丙寅	7月12	乙未
初十	2月17	己巳	3月18	己亥	4月16	戊辰	5月16	戊戌	6月14	丁卯	7月13	丙申
十一	2月18	庚午	3月19	庚子	4月17	己巳	5月17	己亥	6月15	戊辰	7月14	丁酉
十二	2月19	辛未	3月20	辛丑	4月18	庚午	5月18	庚子	6月16	己巳	7月15	戊戌
十三	2月20	壬申	3月21	壬寅	4月19	辛未	5月19	辛丑	6月17	庚午	7月16	己亥
十四	2月21	癸酉	3月22	癸卯	4月20	壬申	5月20	壬寅	6月18	辛未	7月17	庚子
十五	2月22	甲戌	3月23	甲辰	4月21	癸酉	5月21	癸卯	6月19	壬申	7月18	辛丑
十六	2月23	乙亥	3月24	乙巳	4月22	甲戌	5月22	甲辰	6月20	癸酉	7月19	壬寅
十七	2月24	丙子	3月25	丙午	4月23	乙亥	5月23	乙巳	6月21	甲戌	7月20	癸卯
十八	2月25	丁丑	3月26	丁未	4月24	丙子	5月24	丙午	6月22	乙亥	7月21	甲辰
十九	2月26	戊寅	3月27	戊申	4月25	丁丑	5月25	丁未	6月23	丙子	7月22	乙巳
二十	2月27	己卯	3月28	己酉	4月26	戊寅	5月26	戊申	6月24	丁丑	7月23	丙午
廿一	2月28	庚辰	3月29	庚戌	4月27	己卯	5月27	己酉	6月25	戊寅	7月24	丁未
廿二	2月29	辛巳	3月30	辛亥	4月28	庚辰	5月28	庚戌	6月26	己卯	7月25	戊申
廿三	3月1	壬午	3月31	壬子	4月29	辛巳	5月29	辛亥	6月27	庚辰	7月26	己酉
廿四	3月2	癸未	4月1	癸丑	4月30	壬午	5月30	壬子	6月28	辛巳	7月27	庚戌
廿五	3月3	甲申	4月2	甲寅	5月1	癸未	5月31	癸丑	6月29	壬午	7月28	辛亥
廿六	3月4	乙酉	4月3	乙卯	5月2	甲申	6月1	甲寅	6月30	癸未	7月29	壬子
廿七	3月5	丙戌	4月4	丙辰	5月3	乙酉	6月2	乙卯	7月1	甲申	7月30	癸丑
廿八	3月6	丁亥	4月5	丁巳	5月4	丙戌	6月3	丙辰	7月2	乙酉	7月31	甲寅
廿九	3月7	戊子	4月6	戊午	5月5	丁亥	6月4	丁巳	7月3	丙戌	8月1	乙卯
三十	3月8	己丑			5月6	戊子					8月2	丙辰

西元2016年

月別	農曆十二月		農曆十一月		農曆十月		農曆九月		農曆八月		農曆七月	
干支	辛丑		庚子		己亥		戊戌		丁酉		丙申	
節	大寒	小寒	冬至	大雪	小雪	立冬	霜降	寒露	秋分	白露	處暑	立秋
氣	5時45分 廿三卯時	12時36分 初八午時	19時35分 廿三戌時	1時54分 初九丑時	6時38分 廿三卯時	9時14分 初八巳時	9時9分 廿三巳時	5時59分 初八卯時	23時34分 廿二夜子時	13時48分 初七未時	1時30分 廿一丑時	10時39分 初五午時
農曆	國曆	支干	國曆	支干	國曆	支干	國曆	支干	國曆	支干	國曆	支干
初一	12月29	乙酉	11月29	乙卯	10月31	丙戌	10月1	丙辰	9月1	丙戌	8月3	丁巳
初二	12月30	丙戌	11月30	丙辰	11月1	丁亥	10月2	丁巳	9月2	丁亥	8月4	戊午
初三	12月31	丁亥	12月1	丁巳	11月2	戊子	10月3	戊午	9月3	戊子	8月5	己未
初四	1月1	戊子	12月2	戊午	11月3	己丑	10月4	己未	9月4	己丑	8月6	庚申
初五	1月2	己丑	12月3	己未	11月4	庚寅	10月5	庚申	9月5	庚寅	8月7	辛酉
初六	1月3	庚寅	12月4	庚申	11月5	辛卯	10月6	辛酉	9月6	辛卯	8月8	壬戌
初七	1月4	辛卯	12月5	辛酉	11月6	壬辰	10月7	壬戌	9月7	壬辰	8月9	癸亥
初八	1月5	壬辰	12月6	壬戌	11月7	癸巳	10月8	癸亥	9月8	癸巳	8月10	甲子
初九	1月6	癸巳	12月7	癸亥	11月8	甲午	10月9	甲子	9月9	甲午	8月11	乙丑
初十	1月7	甲午	12月8	甲子	11月9	乙未	10月10	乙丑	9月10	乙未	8月12	丙寅
十一	1月8	乙未	12月9	乙丑	11月10	丙申	10月11	丙寅	9月11	丙申	8月13	丁卯
十二	1月9	丙申	12月10	丙寅	11月11	丁酉	10月12	丁卯	9月12	丁酉	8月14	戊辰
十三	1月10	丁酉	12月11	丁卯	11月12	戊戌	10月13	戊辰	9月13	戊戌	8月15	己巳
十四	1月11	戊戌	12月12	戊辰	11月13	己亥	10月14	己巳	9月14	己亥	8月16	庚午
十五	1月12	己亥	12月13	己巳	11月14	庚子	10月15	庚午	9月15	庚子	8月17	辛未
十六	1月13	庚子	12月14	庚午	11月15	辛丑	10月16	辛未	9月16	辛丑	8月18	壬申
十七	1月14	辛丑	12月15	辛未	11月16	壬寅	10月17	壬申	9月17	壬寅	8月19	癸酉
十八	1月15	壬寅	12月16	壬申	11月17	癸卯	10月18	癸酉	9月18	癸卯	8月20	甲戌
十九	1月16	癸卯	12月17	癸酉	11月18	甲辰	10月19	甲戌	9月19	甲辰	8月21	乙亥
二十	1月17	甲辰	12月18	甲戌	11月19	乙巳	10月20	乙亥	9月20	乙巳	8月22	丙子
廿一	1月18	乙巳	12月19	乙亥	11月20	丙午	10月21	丙子	9月21	丙午	8月23	丁丑
廿二	1月19	丙午	12月20	丙子	11月21	丁未	10月22	丁丑	9月22	丁未	8月24	戊寅
廿三	1月20	丁未	12月21	丁丑	11月22	戊申	10月23	戊寅	9月23	戊申	8月25	己卯
廿四	1月21	戊申	12月22	戊寅	11月23	己酉	10月24	己卯	9月24	己酉	8月26	庚辰
廿五	1月22	己酉	12月23	己卯	11月24	庚戌	10月25	庚辰	9月25	庚戌	8月27	辛巳
廿六	1月23	庚戌	12月24	庚辰	11月25	辛亥	10月26	辛巳	9月26	辛亥	8月28	壬午
廿七	1月24	辛亥	12月25	辛巳	11月26	壬子	10月27	壬午	9月27	壬子	8月29	癸未
廿八	1月25	壬子	12月26	壬午	11月27	癸丑	10月28	癸未	9月28	癸丑	8月30	甲申
廿九	1月26	癸丑	12月27	癸未	11月28	甲寅	10月29	甲申	9月29	甲寅	8月31	乙酉
三十	1月27	甲寅	12月28	甲申			10月30	乙酉	9月30	乙卯		

中華民國一〇六年 歲次 丁酉《雞》

西元二〇一七年 太歲 姓康名傑

月六曆農		月五曆農		月四曆農		月三曆農		月二曆農		月正曆農		別月
未	丁	午	丙	巳	乙	辰	甲	卯	癸	寅	壬	支干
暑大	暑小	至夏	種芒	滿小	夏立	雨穀	明清	分春	蟄驚	水雨	春立	節
廿九夜子 23時51分	十四卯時 6時21分	廿七午時 12時46分	十一戌時 19時57分	廿六寅時 4時42分	初十申時 15時42分	廿四卯時 5時29分	初八亥時 22時20分	廿三酉時 18時25分	初八酉時 17時36分	廿二戌時 19時31分	初七夜子 23時49分	氣
曆國	支干	曆國	支干	曆國	支干	曆國	支干	曆國	支干	曆國	支干	曆農
6月24	午壬	5月26	丑癸	4月26	未癸	3月28	寅甲	2月26	申甲	1月28	卯乙	一初
6月25	未癸	5月27	寅甲	4月27	申甲	3月29	卯乙	2月27	酉乙	1月29	辰丙	二初
6月26	申甲	5月28	卯乙	4月28	酉乙	3月30	辰丙	2月28	戌丙	1月30	巳丁	三初
6月27	酉乙	5月29	辰丙	4月29	戌丙	3月31	巳丁	3月 1	亥丁	1月31	午戊	四初
6月28	戌丙	5月30	巳丁	4月30	亥丁	4月 1	午戊	3月 2	子戊	2月 1	未己	五初
6月29	亥丁	5月31	午戊	5月 1	子戊	4月 2	未己	3月 3	丑己	2月 2	申庚	六初
6月30	子戊	6月 1	未己	5月 2	丑己	4月 3	申庚	3月 4	寅庚	2月 3	酉辛	七初
7月 1	丑己	6月 2	申庚	5月 3	寅庚	4月 4	酉辛	3月 5	卯辛	2月 4	戌壬	八初
7月 2	寅庚	6月 3	酉辛	5月 4	卯辛	4月 5	戌壬	3月 6	辰壬	2月 5	亥癸	九初
7月 3	卯辛	6月 4	戌壬	5月 5	辰壬	4月 6	亥癸	3月 7	巳癸	2月 6	子甲	十初
7月 4	辰壬	6月 5	亥癸	5月 6	巳癸	4月 7	子甲	3月 8	午甲	2月 7	丑乙	一十
7月 5	巳癸	6月 6	子甲	5月 7	午甲	4月 8	丑乙	3月 9	未乙	2月 8	寅丙	二十
7月 6	午甲	6月 7	丑乙	5月 8	未乙	4月 9	寅丙	3月10	申丙	2月 9	卯丁	三十
7月 7	未乙	6月 8	寅丙	5月 9	申丙	4月10	卯丁	3月11	酉丁	2月10	辰戊	四十
7月 8	申丙	6月 9	卯丁	5月10	酉丁	4月11	辰戊	3月12	戌戊	2月11	巳己	五十
7月 9	酉丁	6月10	辰戊	5月11	戌戊	4月12	巳己	3月13	亥己	2月12	午庚	六十
7月10	戌戊	6月11	巳己	5月12	亥己	4月13	午庚	3月14	子庚	2月13	未辛	七十
7月11	亥己	6月12	午庚	5月13	子庚	4月14	未辛	3月15	丑辛	2月14	申壬	八十
7月12	子庚	6月13	未辛	5月14	丑辛	4月15	申壬	3月16	寅壬	2月15	酉癸	九十
7月13	丑辛	6月14	申壬	5月15	寅壬	4月16	酉癸	3月17	卯癸	2月16	戌甲	十二
7月14	寅壬	6月15	酉癸	5月16	卯癸	4月17	戌甲	3月18	辰甲	2月17	亥乙	一廿
7月15	卯癸	6月16	戌甲	5月17	辰甲	4月18	亥乙	3月19	巳乙	2月18	子丙	二廿
7月16	辰甲	6月17	亥乙	5月18	巳乙	4月19	子丙	3月20	午丙	2月19	丑丁	三廿
7月17	巳乙	6月18	子丙	5月19	午丙	4月20	丑丁	3月21	未丁	2月20	寅戊	四廿
7月18	午丙	6月19	丑丁	5月20	未丁	4月21	寅戊	3月22	申戊	2月21	卯己	五廿
7月19	未丁	6月20	寅戊	5月21	申戊	4月22	卯己	3月23	酉己	2月22	辰庚	六廿
7月20	申戊	6月21	卯己	5月22	酉己	4月23	辰庚	3月24	戌庚	2月23	巳辛	七廿
7月21	酉己	6月22	辰庚	5月23	戌庚	4月24	巳辛	3月25	亥辛	2月24	午壬	八廿
7月22	戌庚	6月23	巳辛	5月24	亥辛	4月25	午壬	3月26	子壬	2月25	未癸	九廿
				5月25	子壬			3月27	丑癸			十三

西元2017年

月別	農曆十二月	農曆十一月	農曆十月	農曆九月	農曆八月	農曆七月	農曆閏六月
干支	癸丑	壬子	辛亥	庚戌	己酉	戊申	
節	立春 大寒	小寒 冬至	大雪 小雪	立冬 霜降	寒露 秋分	白露 處暑	立秋
氣	5時38分 十九卯時 / 11時34分 初六午時	18時26分 十九酉時 / 1時24分 初五丑時	7時40分 二十辰時 / 12時26分 初五午時	15時47分 十九申時 / 14時58分 初四未時	11時47分 十九午時 / 5時22分 初四卯時	19時46分 十七戌時 / 7時18分 初二辰時	4時27分 十六申時

農曆	國曆 / 干支	國曆 / 干支	國曆 / 干支	國曆 / 干支	國曆 / 干支	國曆 / 干支	國曆 / 干支
初一	1月17 己酉	12月18 己卯	11月18 己酉	10月20 庚辰	9月20 庚戌	8月22 辛巳	7月23 辛亥
初二	1月18 庚戌	12月19 庚辰	11月19 庚戌	10月21 辛巳	9月21 辛亥	8月23 壬午	7月24 壬子
初三	1月19 辛亥	12月20 辛巳	11月20 辛亥	10月22 壬午	9月22 壬子	8月24 癸未	7月25 癸丑
初四	1月20 壬子	12月21 壬午	11月21 壬子	10月23 癸未	9月23 癸丑	8月25 甲申	7月26 甲寅
初五	1月21 癸丑	12月22 癸未	11月22 癸丑	10月24 甲申	9月24 甲寅	8月26 乙酉	7月27 乙卯
初六	1月22 甲寅	12月23 甲申	11月23 甲寅	10月25 乙酉	9月25 乙卯	8月27 丙戌	7月28 丙辰
初七	1月23 乙卯	12月24 乙酉	11月24 乙卯	10月26 丙戌	9月26 丙辰	8月28 丁亥	7月29 丁巳
初八	1月24 丙辰	12月25 丙戌	11月25 丙辰	10月27 丁亥	9月27 丁巳	8月29 戊子	7月30 戊午
初九	1月25 丁巳	12月26 丁亥	11月26 丁巳	10月28 戊子	9月28 戊午	8月30 己丑	7月31 己未
初十	1月26 戊午	12月27 戊子	11月27 戊午	10月29 己丑	9月29 己未	8月31 庚寅	8月1 庚申
十一	1月27 己未	12月28 己丑	11月28 己未	10月30 庚寅	9月30 庚申	9月1 辛卯	8月2 辛酉
十二	1月28 庚申	12月29 庚寅	11月29 庚申	10月31 辛卯	10月1 辛酉	9月2 壬辰	8月3 壬戌
十三	1月29 辛酉	12月30 辛卯	11月30 辛酉	11月1 壬辰	10月2 壬戌	9月3 癸巳	8月4 癸亥
十四	1月30 壬戌	12月31 壬辰	12月1 壬戌	11月2 癸巳	10月3 癸亥	9月4 甲午	8月5 甲子
十五	1月31 癸亥	1月1 癸巳	12月2 癸亥	11月3 甲午	10月4 甲子	9月5 乙未	8月6 乙丑
十六	2月1 甲子	1月2 甲午	12月3 甲子	11月4 乙未	10月5 乙丑	9月6 丙申	8月7 丙寅
十七	2月2 乙丑	1月3 乙未	12月4 乙丑	11月5 丙申	10月6 丙寅	9月7 丁酉	8月8 丁卯
十八	2月3 丙寅	1月4 丙申	12月5 丙寅	11月6 丁酉	10月7 丁卯	9月8 戊戌	8月9 戊辰
十九	2月4 丁卯	1月5 丁酉	12月6 丁卯	11月7 戊戌	10月8 戊辰	9月9 己亥	8月10 己巳
二十	2月5 戊辰	1月6 戊戌	12月7 戊辰	11月8 己亥	10月9 己巳	9月10 庚子	8月11 庚午
廿一	2月6 己巳	1月7 己亥	12月8 己巳	11月9 庚子	10月10 庚午	9月11 辛丑	8月12 辛未
廿二	2月7 庚午	1月8 庚子	12月9 庚午	11月10 辛丑	10月11 辛未	9月12 壬寅	8月13 壬申
廿三	2月8 辛未	1月9 辛丑	12月10 辛未	11月11 壬寅	10月12 壬申	9月13 癸卯	8月14 癸酉
廿四	2月9 壬申	1月10 壬寅	12月11 壬申	11月12 癸卯	10月13 癸酉	9月14 甲辰	8月15 甲戌
廿五	2月10 癸酉	1月11 癸卯	12月12 癸酉	11月13 甲辰	10月14 甲戌	9月15 乙巳	8月16 乙亥
廿六	2月11 甲戌	1月12 甲辰	12月13 甲戌	11月14 乙巳	10月15 乙亥	9月16 丙午	8月17 丙子
廿七	2月12 乙亥	1月13 乙巳	12月14 乙亥	11月15 丙午	10月16 丙子	9月17 丁未	8月18 丁丑
廿八	2月13 丙子	1月14 丙午	12月15 丙子	11月16 丁未	10月17 丁丑	9月18 戊申	8月19 戊寅
廿九	2月14 丁丑	1月15 丁未	12月16 丁丑	11月17 戊申	10月18 戊寅	9月19 己酉	8月20 己卯
三十	2月15 戊寅	1月16 戊申	12月17 戊寅		10月19 己卯		8月21 庚辰

中華民國一○七年　歲次　戊戌《狗》

西元二○一八年　太歲　姓姜名武

節氣

月別	干支	節	氣
農曆正月	甲寅	驚蟄　雨水	驚蟄 23時25分 十八夜子時 ／ 雨水 1時22分 初四丑時
農曆二月	乙卯	清明　春分	清明 4時20分 二十寅時 ／ 春分 0時13分 初五子時
農曆三月	丙辰	立夏　穀雨	立夏 21時31分 二十亥時 ／ 穀雨 11時30分 初五午時
農曆四月	丁巳	芒種　小滿	芒種 1時29分 廿三丑時 ／ 小滿 10時30分 初七巳時
農曆五月	戊午	小暑　夏至	小暑 12時9分 廿四午時 ／ 夏至 18時33分 初八酉時
農曆六月	己未	立秋　大暑	立秋 22時15分 廿六亥時 ／ 大暑 5時40分 十一卯時

日期對照表

農曆六月 國曆	支干	農曆五月 國曆	支干	農曆四月 國曆	支干	農曆三月 國曆	支干	農曆二月 國曆	支干	農曆正月 國曆	支干	農曆
7月13	午丙	6月14	丑丁	5月15	未丁	4月16	寅戊	3月17	申戊	2月16	卯己	初一
7月14	未丁	6月15	寅戊	5月16	申戊	4月17	卯己	3月18	酉己	2月17	辰庚	初二
7月15	申戊	6月16	卯己	5月17	酉己	4月18	辰庚	3月19	戌庚	2月18	巳辛	初三
7月16	酉己	6月17	辰庚	5月18	戌庚	4月19	巳辛	3月20	亥辛	2月19	午壬	初四
7月17	戌庚	6月18	巳辛	5月19	亥辛	4月20	午壬	3月21	子壬	2月20	未癸	初五
7月18	亥辛	6月19	午壬	5月20	子壬	4月21	未癸	3月22	丑癸	2月21	申甲	初六
7月19	子壬	6月20	未癸	5月21	丑癸	4月22	申甲	3月23	寅甲	2月22	酉乙	初七
7月20	丑癸	6月21	申甲	5月22	寅甲	4月23	酉乙	3月24	卯乙	2月23	戌丙	初八
7月21	寅甲	6月22	酉乙	5月23	卯乙	4月24	戌丙	3月25	辰丙	2月24	亥丁	初九
7月22	卯乙	6月23	戌丙	5月24	辰丙	4月25	亥丁	3月26	巳丁	2月25	子戊	初十
7月23	辰丙	6月24	亥丁	5月25	巳丁	4月26	子戊	3月27	午戊	2月26	丑己	十一
7月24	巳丁	6月25	子戊	5月26	午戊	4月27	丑己	3月28	未己	2月27	寅庚	十二
7月25	午戊	6月26	丑己	5月27	未己	4月28	寅庚	3月29	申庚	2月28	卯辛	十三
7月26	未己	6月27	寅庚	5月28	申庚	4月29	卯辛	3月30	酉辛	3月1	辰壬	十四
7月27	申庚	6月28	卯辛	5月29	酉辛	4月30	辰壬	3月31	戌壬	3月2	巳癸	十五
7月28	酉辛	6月29	辰壬	5月30	戌壬	5月1	巳癸	4月1	亥癸	3月3	午甲	十六
7月29	戌壬	6月30	巳癸	5月31	亥癸	5月2	午甲	4月2	子甲	3月4	未乙	十七
7月30	亥癸	7月1	午甲	6月1	子甲	5月3	未乙	4月3	丑乙	3月5	申丙	十八
7月31	子甲	7月2	未乙	6月2	丑乙	5月4	申丙	4月4	寅丙	3月6	酉丁	十九
8月1	丑乙	7月3	申丙	6月3	寅丙	5月5	酉丁	4月5	卯丁	3月7	戌戊	二十
8月2	寅丙	7月4	酉丁	6月4	卯丁	5月6	戌戊	4月6	辰戊	3月8	亥己	廿一
8月3	卯丁	7月5	戌戊	6月5	辰戊	5月7	亥己	4月7	巳己	3月9	子庚	廿二
8月4	辰戊	7月6	亥己	6月6	巳己	5月8	子庚	4月8	午庚	3月10	丑辛	廿三
8月5	巳己	7月7	子庚	6月7	午庚	5月9	丑辛	4月9	未辛	3月11	寅壬	廿四
8月6	午庚	7月8	丑辛	6月8	未辛	5月10	寅壬	4月10	申壬	3月12	卯癸	廿五
8月7	未辛	7月9	寅壬	6月9	申壬	5月11	卯癸	4月11	酉癸	3月13	辰甲	廿六
8月8	申壬	7月10	卯癸	6月10	酉癸	5月12	辰甲	4月12	戌甲	3月14	巳乙	廿七
8月9	酉癸	7月11	辰甲	6月11	戌甲	5月13	巳乙	4月13	亥乙	3月15	午丙	廿八
8月10	戌甲	7月12	巳乙	6月12	亥乙	5月14	午丙	4月14	子丙	3月16	未丁	廿九
				6月13	子丙			4月15	丑丁			三十

西元2018年

月別	農曆十二月		農曆十一月		農曆十月		農曆九月		農曆八月		農曆七月	
干支	乙丑		甲子		癸亥		壬戌		辛酉		庚申	
節	大寒	小寒	冬至	大雪	小雪		立冬	霜降	寒露	秋分	白露	處暑
氣	17時28分 十五酉時	0時16分 初一子時	7時14分 十六辰時	13時30分 初一未時	18時17分 十五酉時		20時54分 三十戌時	20時47分 十五戌時	17時36分 廿九酉時	11時11分 十四午時	1時35分 廿九丑時	13時7分 十三未時
農曆	國曆	支干	國曆	支干	國曆	支干	國曆	支干	國曆	支干	國曆	支干
初一	1月6	卯癸	12月7	酉癸	11月8	辰甲	10月9	戌甲	9月10	巳乙	8月11	亥乙
初二	1月7	辰甲	12月8	戌甲	11月9	巳乙	10月10	亥乙	9月11	午丙	8月12	子丙
初三	1月8	巳乙	12月9	亥乙	11月10	午丙	10月11	子丙	9月12	未丁	8月13	丑丁
初四	1月9	午丙	12月10	子丙	11月11	未丁	10月12	丑丁	9月13	申戊	8月14	寅戊
初五	1月10	未丁	12月11	丑丁	11月12	申戊	10月13	寅戊	9月14	酉己	8月15	卯己
初六	1月11	申戊	12月12	寅戊	11月13	酉己	10月14	卯己	9月15	戌庚	8月16	辰庚
初七	1月12	酉己	12月13	卯己	11月14	戌庚	10月15	辰庚	9月16	亥辛	8月17	巳辛
初八	1月13	戌庚	12月14	辰庚	11月15	亥辛	10月16	巳辛	9月17	子壬	8月18	午壬
初九	1月14	亥辛	12月15	巳辛	11月16	子壬	10月17	午壬	9月18	丑癸	8月19	未癸
初十	1月15	子壬	12月16	午壬	11月17	丑癸	10月18	未癸	9月19	寅甲	8月20	申甲
十一	1月16	丑癸	12月17	未癸	11月18	寅甲	10月19	申甲	9月20	卯乙	8月21	酉乙
十二	1月17	寅甲	12月18	申甲	11月19	卯乙	10月20	酉乙	9月21	辰丙	8月22	戌丙
十三	1月18	卯乙	12月19	酉乙	11月20	辰丙	10月21	戌丙	9月22	巳丁	8月23	亥丁
十四	1月19	辰丙	12月20	戌丙	11月21	巳丁	10月22	亥丁	9月23	午戊	8月24	子戊
十五	1月20	巳丁	12月21	亥丁	11月22	午戊	10月23	子戊	9月24	未己	8月25	丑己
十六	1月21	午戊	12月22	子戊	11月23	未己	10月24	丑己	9月25	申庚	8月26	寅庚
十七	1月22	未己	12月23	丑己	11月24	申庚	10月25	寅庚	9月26	酉辛	8月27	卯辛
十八	1月23	申庚	12月24	寅庚	11月25	酉辛	10月26	卯辛	9月27	戌壬	8月28	辰壬
十九	1月24	酉辛	12月25	卯辛	11月26	戌壬	10月27	辰壬	9月28	亥癸	8月29	巳癸
二十	1月25	戌壬	12月26	辰壬	11月27	亥癸	10月28	巳癸	9月29	子甲	8月30	午甲
廿一	1月26	亥癸	12月27	巳癸	11月28	子甲	10月29	午甲	9月30	丑乙	8月31	未乙
廿二	1月27	子甲	12月28	午甲	11月29	丑乙	10月30	未乙	10月1	寅丙	9月1	申丙
廿三	1月28	丑乙	12月29	未乙	11月30	寅丙	10月31	申丙	10月2	卯丁	9月2	酉丁
廿四	1月29	寅丙	12月30	申丙	12月1	卯丁	11月1	酉丁	10月3	辰戊	9月3	戌戊
廿五	1月30	卯丁	12月31	酉丁	12月2	辰戊	11月2	戌戊	10月4	巳己	9月4	亥己
廿六	1月31	辰戊	1月1	戌戊	12月3	巳己	11月3	亥己	10月5	午庚	9月5	子庚
廿七	2月1	巳己	1月2	亥己	12月4	午庚	11月4	子庚	10月6	未辛	9月6	丑辛
廿八	2月2	午庚	1月3	子庚	12月5	未辛	11月5	丑辛	10月7	申壬	9月7	寅壬
廿九	2月3	未辛	1月4	丑辛	12月6	申壬	11月6	寅壬	10月8	酉癸	9月8	卯癸
三十	2月4	申壬	1月5	寅壬			11月7	卯癸			9月9	辰甲

右側直書：中華民國一〇八年　歲次　己亥　《豬》　西元二〇一九年　太歲　姓謝名壽

節氣表

月別	農曆正月 丙寅	農曆二月 丁卯	農曆三月 戊辰	農曆四月 己巳	農曆五月 庚午	農曆六月 辛未
節	立春 11時28分 三十午	驚蟄 5時14分 初一卯	清明 9時59分 初一巳	夏立(立夏) 3時20分 初二寅	種芒(芒種) 7時33分 初四辰	小暑 15時57分 初五酉
氣	雨水 7時12分 十五辰	春分 6時4分 十六卯	穀雨 17時7分 十六酉	小滿 16時19分 十七申	夏至 0時22分 二十子	大暑 11時28分 廿一午

曆日對照表（每月：國曆日 ／ 干支）

農曆六月	農曆五月	農曆四月	農曆三月	農曆二月	農曆正月	農曆
7月3 丑辛	6月3 未辛	5月5 寅壬	4月5 申壬	3月6 寅壬	2月5 酉癸	初一
7月4 寅壬	6月4 申壬	5月6 卯癸	4月6 酉癸	3月7 卯癸	2月6 戌甲	初二
7月5 卯癸	6月5 酉癸	5月7 辰甲	4月7 戌甲	3月8 辰甲	2月7 亥乙	初三
7月6 辰甲	6月6 戌甲	5月8 巳乙	4月8 亥乙	3月9 巳乙	2月8 子丙	初四
7月7 巳乙	6月7 亥乙	5月9 午丙	4月9 子丙	3月10 午丙	2月9 丑丁	初五
7月8 午丙	6月8 子丙	5月10 未丁	4月10 丑丁	3月11 未丁	2月10 寅戊	初六
7月9 未丁	6月9 丑丁	5月11 申戊	4月11 寅戊	3月12 申戊	2月11 卯己	初七
7月10 申戊	6月10 寅戊	5月12 酉己	4月12 卯己	3月13 酉己	2月12 辰庚	初八
7月11 酉己	6月11 卯己	5月13 戌庚	4月13 辰庚	3月14 戌庚	2月13 巳辛	初九
7月12 戌庚	6月12 辰庚	5月14 亥辛	4月14 巳辛	3月15 亥辛	2月14 午壬	初十
7月13 亥辛	6月13 巳辛	5月15 子壬	4月15 午壬	3月16 子壬	2月15 未癸	十一
7月14 子壬	6月14 午壬	5月16 丑癸	4月16 未癸	3月17 丑癸	2月16 申甲	十二
7月15 丑癸	6月15 未癸	5月17 寅甲	4月17 申甲	3月18 寅甲	2月17 酉乙	十三
7月16 寅甲	6月16 申甲	5月18 卯乙	4月18 酉乙	3月19 卯乙	2月18 戌丙	十四
7月17 卯乙	6月17 酉乙	5月19 辰丙	4月19 戌丙	3月20 辰丙	2月19 亥丁	十五
7月18 辰丙	6月18 戌丙	5月20 巳丁	4月20 亥丁	3月21 巳丁	2月20 子戊	十六
7月19 巳丁	6月19 亥丁	5月21 午戊	4月21 子戊	3月22 午戊	2月21 丑己	十七
7月20 午戊	6月20 子戊	5月22 未己	4月22 丑己	3月23 未己	2月22 寅庚	十八
7月21 未己	6月21 丑己	5月23 申庚	4月23 寅庚	3月24 申庚	2月23 卯辛	十九
7月22 申庚	6月22 寅庚	5月24 酉辛	4月24 卯辛	3月25 酉辛	2月24 辰壬	二十
7月23 酉辛	6月23 卯辛	5月25 戌壬	4月25 辰壬	3月26 戌壬	2月25 巳癸	廿一
7月24 戌壬	6月24 辰壬	5月26 亥癸	4月26 巳癸	3月27 亥癸	2月26 午甲	廿二
7月25 亥癸	6月25 巳癸	5月27 子甲	4月27 午甲	3月28 子甲	2月27 未乙	廿三
7月26 子甲	6月26 午甲	5月28 丑乙	4月28 未乙	3月29 丑乙	2月28 申丙	廿四
7月27 丑乙	6月27 未乙	5月29 寅丙	4月29 申丙	3月30 寅丙	3月1 酉丁	廿五
7月28 寅丙	6月28 申丙	5月30 卯丁	4月30 酉丁	3月31 卯丁	3月2 戌戊	廿六
7月29 卯丁	6月29 酉丁	5月31 辰戊	5月1 戌戊	4月1 辰戊	3月3 亥己	廿七
7月30 辰戊	6月30 戌戊	6月1 巳己	5月2 亥己	4月2 巳己	3月4 子庚	廿八
7月31 巳己	7月1 亥己	6月2 午庚	5月3 子庚	4月3 午庚	3月5 丑辛	廿九
	7月2 子庚		5月4 丑辛	4月4 未辛		三十

西元2019年

農曆	農曆十二月		農曆十一月		農曆十月		農曆九月		農曆八月		農曆七月	
干支	丁丑		丙子		乙亥		甲戌		癸酉		壬申	
節	大寒	小寒	冬至	大雪	小雪	立冬	霜降	寒露	秋分	白露	處暑	立秋
氣	廿六 23時10分 夜子	十二 6時6分 卯時	廿七 13時4分 未時	十二 19時20分 戌時	廿七 0時6分 子時	十二 2時42分 丑時	廿六 2時36分 丑時	初十 23時25分 夜子	廿五 17時0分 酉時	初十 7時24分 辰時	廿三 18時55分 酉時	初八 4時3分 寅時
農曆	國曆	干支	國曆	干支	國曆	干支	國曆	干支	國曆	干支	國曆	干支
初一	12月26	丁酉	11月26	丁卯	10月28	戊戌	9月29	己巳	8月30	己亥	8月1	庚午
初二	12月27	戊戌	11月27	戊辰	10月29	己亥	9月30	庚午	8月31	庚子	8月2	辛未
初三	12月28	己亥	11月28	己巳	10月30	庚子	10月1	辛未	9月1	辛丑	8月3	壬申
初四	12月29	庚子	11月29	庚午	10月31	辛丑	10月2	壬申	9月2	壬寅	8月4	癸酉
初五	12月30	辛丑	11月30	辛未	11月1	壬寅	10月3	癸酉	9月3	癸卯	8月5	甲戌
初六	12月31	壬寅	12月1	壬申	11月2	癸卯	10月4	甲戌	9月4	甲辰	8月6	乙亥
初七	1月1	癸卯	12月2	癸酉	11月3	甲辰	10月5	乙亥	9月5	乙巳	8月7	丙子
初八	1月2	甲辰	12月3	甲戌	11月4	乙巳	10月6	丙子	9月6	丙午	8月8	丁丑
初九	1月3	乙巳	12月4	乙亥	11月5	丙午	10月7	丁丑	9月7	丁未	8月9	戊寅
初十	1月4	丙午	12月5	丙子	11月6	丁未	10月8	戊寅	9月8	戊申	8月10	己卯
十一	1月5	丁未	12月6	丁丑	11月7	戊申	10月9	己卯	9月9	己酉	8月11	庚辰
十二	1月6	戊申	12月7	戊寅	11月8	己酉	10月10	庚辰	9月10	庚戌	8月12	辛巳
十三	1月7	己酉	12月8	己卯	11月9	庚戌	10月11	辛巳	9月11	辛亥	8月13	壬午
十四	1月8	庚戌	12月9	庚辰	11月10	辛亥	10月12	壬午	9月12	壬子	8月14	癸未
十五	1月9	辛亥	12月10	辛巳	11月11	壬子	10月13	癸未	9月13	癸丑	8月15	甲申
十六	1月10	壬子	12月11	壬午	11月12	癸丑	10月14	甲申	9月14	甲寅	8月16	乙酉
十七	1月11	癸丑	12月12	癸未	11月13	甲寅	10月15	乙酉	9月15	乙卯	8月17	丙戌
十八	1月12	甲寅	12月13	甲申	11月14	乙卯	10月16	丙戌	9月16	丙辰	8月18	丁亥
十九	1月13	乙卯	12月14	乙酉	11月15	丙辰	10月17	丁亥	9月17	丁巳	8月19	戊子
二十	1月14	丙辰	12月15	丙戌	11月16	丁巳	10月18	戊子	9月18	戊午	8月20	己丑
廿一	1月15	丁巳	12月16	丁亥	11月17	戊午	10月19	己丑	9月19	己未	8月21	庚寅
廿二	1月16	戊午	12月17	戊子	11月18	己未	10月20	庚寅	9月20	庚申	8月22	辛卯
廿三	1月17	己未	12月18	己丑	11月19	庚申	10月21	辛卯	9月21	辛酉	8月23	壬辰
廿四	1月18	庚申	12月19	庚寅	11月20	辛酉	10月22	壬辰	9月22	壬戌	8月24	癸巳
廿五	1月19	辛酉	12月20	辛卯	11月21	壬戌	10月23	癸巳	9月23	癸亥	8月25	甲午
廿六	1月20	壬戌	12月21	壬辰	11月22	癸亥	10月24	甲午	9月24	甲子	8月26	乙未
廿七	1月21	癸亥	12月22	癸巳	11月23	甲子	10月25	乙未	9月25	乙丑	8月27	丙申
廿八	1月22	甲子	12月23	甲午	11月24	乙丑	10月26	丙申	9月26	丙寅	8月28	丁酉
廿九	1月23	乙丑	12月24	乙未	11月25	丙寅	10月27	丁酉	9月27	丁卯	8月29	戊戌
三十	1月24	丙寅	12月25	丙申					9月28	戊辰		

中華民國一〇九年　歲次　庚子《鼠》　西元二〇二〇年　太歲　姓虞名起

農曆六月		農曆五月		農曆閏四月		農曆四月		農曆三月		農曆二月		農曆正月		月別
癸未		壬午				辛巳		庚辰		己卯		戊寅		支干
立秋 大暑		小暑 夏至		芒種		小滿 立夏		穀雨 清明		春分 驚蟄		雨水 立春		節
9時51分巳時(十八) 17時16分酉時(初二)		23時46分子時(十六) 6時10分夜子時(初一)		13時未時(十四)		20時7分戌時(廿八) 9時8分巳時(十三)		22時55分亥時(廿八) 15時48分申時(十二)		11時53分午時(廿七) 11時3分午時(十二)		13時2分未時(廿六) 17時18分酉時(十一)		氣
國曆	支干	國曆	支干	國曆	支干	國曆	支干	國曆	支干	國曆	支干	國曆	支干	農曆
7月21	乙丑	6月21	乙未	5月23	丙寅	4月23	丙申	3月24	丙寅	2月23	丙申	1月25	丁卯	初一
7月22	丙寅	6月22	丙申	5月24	丁卯	4月24	丁酉	3月25	丁卯	2月24	丁酉	1月26	戊辰	初二
7月23	丁卯	6月23	丁酉	5月25	戊辰	4月25	戊戌	3月26	戊辰	2月25	戊戌	1月27	己巳	初三
7月24	戊辰	6月24	戊戌	5月26	己巳	4月26	己亥	3月27	己巳	2月26	己亥	1月28	庚午	初四
7月25	己巳	6月25	己亥	5月27	庚午	4月27	庚子	3月28	庚午	2月27	庚子	1月29	辛未	初五
7月26	庚午	6月26	庚子	5月28	辛未	4月28	辛丑	3月29	辛未	2月28	辛丑	1月30	壬申	初六
7月27	辛未	6月27	辛丑	5月29	壬申	4月29	壬寅	3月30	壬申	2月29	壬寅	1月31	癸酉	初七
7月28	壬申	6月28	壬寅	5月30	癸酉	4月30	癸卯	3月31	癸酉	3月1	癸卯	2月1	甲戌	初八
7月29	癸酉	6月29	癸卯	5月31	甲戌	5月1	甲辰	4月1	甲戌	3月2	甲辰	2月2	乙亥	初九
7月30	甲戌	6月30	甲辰	6月1	乙亥	5月2	乙巳	4月2	乙亥	3月3	乙巳	2月3	丙子	初十
7月31	乙亥	7月1	乙巳	6月2	丙子	5月3	丙午	4月3	丙子	3月4	丙午	2月4	丁丑	十一
8月1	丙子	7月2	丙午	6月3	丁丑	5月4	丁未	4月4	丁丑	3月5	丁未	2月5	戊寅	十二
8月2	丁丑	7月3	丁未	6月4	戊寅	5月5	戊申	4月5	戊寅	3月6	戊申	2月6	己卯	十三
8月3	戊寅	7月4	戊申	6月5	己卯	5月6	己酉	4月6	己卯	3月7	己酉	2月7	庚辰	十四
8月4	己卯	7月5	己酉	6月6	庚辰	5月7	庚戌	4月7	庚辰	3月8	庚戌	2月8	辛巳	十五
8月5	庚辰	7月6	庚戌	6月7	辛巳	5月8	辛亥	4月8	辛巳	3月9	辛亥	2月9	壬午	十六
8月6	辛巳	7月7	辛亥	6月8	壬午	5月9	壬子	4月9	壬午	3月10	壬子	2月10	癸未	十七
8月7	壬午	7月8	壬子	6月9	癸未	5月10	癸丑	4月10	癸未	3月11	癸丑	2月11	甲申	十八
8月8	癸未	7月9	癸丑	6月10	甲申	5月11	甲寅	4月11	甲申	3月12	甲寅	2月12	乙酉	十九
8月9	甲申	7月10	甲寅	6月11	乙酉	5月12	乙卯	4月12	乙酉	3月13	乙卯	2月13	丙戌	二十
8月10	乙酉	7月11	乙卯	6月12	丙戌	5月13	丙辰	4月13	丙戌	3月14	丙辰	2月14	丁亥	廿一
8月11	丙戌	7月12	丙辰	6月13	丁亥	5月14	丁巳	4月14	丁亥	3月15	丁巳	2月15	戊子	廿二
8月12	丁亥	7月13	丁巳	6月14	戊子	5月15	戊午	4月15	戊子	3月16	戊午	2月16	己丑	廿三
8月13	戊子	7月14	戊午	6月15	己丑	5月16	己未	4月16	己丑	3月17	己未	2月17	庚寅	廿四
8月14	己丑	7月15	己未	6月16	庚寅	5月17	庚申	4月17	庚寅	3月18	庚申	2月18	辛卯	廿五
8月15	庚寅	7月16	庚申	6月17	辛卯	5月18	辛酉	4月18	辛卯	3月19	辛酉	2月19	壬辰	廿六
8月16	辛卯	7月17	辛酉	6月18	壬辰	5月19	壬戌	4月19	壬辰	3月20	壬戌	2月20	癸巳	廿七
8月17	壬辰	7月18	壬戌	6月19	癸巳	5月20	癸亥	4月20	癸巳	3月21	癸亥	2月21	甲午	廿八
8月18	癸巳	7月19	癸亥	6月20	甲午	5月21	甲子	4月21	甲午	3月22	甲子	2月22	乙未	廿九
		7月20	甲子			5月22	乙丑	4月22	乙未	3月23	乙丑			三十

西元2020年

月別	農曆十二月	農曆十一月	農曆十月	農曆九月	農曆八月	農曆七月
干支	己丑	戊子	丁亥	丙戌	乙酉	甲申
節	立春　大寒	小寒　冬至	大雪　小雪	立冬　霜降	寒露　秋分	白露　處暑
氣	立春 23時8分 廿二夜子 ／ 大寒 5時4分 初八卯	小寒 11時55分 廿二午時 ／ 冬至 18時54分 初七酉時	大雪 1時9分 廿三丑時 ／ 小雪 5時56分 初八卯時	立冬 8時31分 廿二辰時 ／ 霜降 8時26分 初七辰時	寒露 5時15分 廿二卯時 ／ 秋分 20時49分 初六亥時	白露 13時12分 二十未時 ／ 處暑 0時43分 初五丑時

農曆	國曆	干支	國曆	干支	國曆	干支	國曆	干支	國曆	干支	國曆	干支
初一	1月13	辛酉	12月15	壬辰	11月15	壬戌	10月17	癸巳	9月17	癸亥	8月19	甲午
初二	1月14	壬戌	12月16	癸巳	11月16	癸亥	10月18	甲午	9月18	甲子	8月20	乙未
初三	1月15	癸亥	12月17	甲午	11月17	甲子	10月19	乙未	9月19	乙丑	8月21	丙申
初四	1月16	甲子	12月18	乙未	11月18	乙丑	10月20	丙申	9月20	丙寅	8月22	丁酉
初五	1月17	乙丑	12月19	丙申	11月19	丙寅	10月21	丁酉	9月21	丁卯	8月23	戊戌
初六	1月18	丙寅	12月20	丁酉	11月20	丁卯	10月22	戊戌	9月22	戊辰	8月24	己亥
初七	1月19	丁卯	12月21	戊戌	11月21	戊辰	10月23	己亥	9月23	己巳	8月25	庚子
初八	1月20	戊辰	12月22	己亥	11月22	己巳	10月24	庚子	9月24	庚午	8月26	辛丑
初九	1月21	己巳	12月23	庚子	11月23	庚午	10月25	辛丑	9月25	辛未	8月27	壬寅
初十	1月22	庚午	12月24	辛丑	11月24	辛未	10月26	壬寅	9月26	壬申	8月28	癸卯
十一	1月23	辛未	12月25	壬寅	11月25	壬申	10月27	癸卯	9月27	癸酉	8月29	甲辰
十二	1月24	壬申	12月26	癸卯	11月26	癸酉	10月28	甲辰	9月28	甲戌	8月30	乙巳
十三	1月25	癸酉	12月27	甲辰	11月27	甲戌	10月29	乙巳	9月29	乙亥	8月31	丙午
十四	1月26	甲戌	12月28	乙巳	11月28	乙亥	10月30	丙午	9月30	丙子	9月1	丁未
十五	1月27	乙亥	12月29	丙午	11月29	丙子	10月31	丁未	10月1	丁丑	9月2	戊申
十六	1月28	丙子	12月30	丁未	11月30	丁丑	11月1	戊申	10月2	戊寅	9月3	己酉
十七	1月29	丁丑	12月31	戊申	12月1	戊寅	11月2	己酉	10月3	己卯	9月4	庚戌
十八	1月30	戊寅	1月1	己酉	12月2	己卯	11月3	庚戌	10月4	庚辰	9月5	辛亥
十九	1月31	己卯	1月2	庚戌	12月3	庚辰	11月4	辛亥	10月5	辛巳	9月6	壬子
二十	2月1	庚辰	1月3	辛亥	12月4	辛巳	11月5	壬子	10月6	壬午	9月7	癸丑
廿一	2月2	辛巳	1月4	壬子	12月5	壬午	11月6	癸丑	10月7	癸未	9月8	甲寅
廿二	2月3	壬午	1月5	癸丑	12月6	癸未	11月7	甲寅	10月8	甲申	9月9	乙卯
廿三	2月4	癸未	1月6	甲寅	12月7	甲申	11月8	乙卯	10月9	乙酉	9月10	丙辰
廿四	2月5	甲申	1月7	乙卯	12月8	乙酉	11月9	丙辰	10月10	丙戌	9月11	丁巳
廿五	2月6	乙酉	1月8	丙辰	12月9	丙戌	11月10	丁巳	10月11	丁亥	9月12	戊午
廿六	2月7	丙戌	1月9	丁巳	12月10	丁亥	11月11	戊午	10月12	戊子	9月13	己未
廿七	2月8	丁亥	1月10	戊午	12月11	戊子	11月12	己未	10月13	己丑	9月14	庚申
廿八	2月9	戊子	1月11	己未	12月12	己丑	11月13	庚申	10月14	庚寅	9月15	辛酉
廿九	2月10	己丑	1月12	庚申	12月13	庚寅	11月14	辛酉	10月15	辛卯	9月16	壬戌
三十	2月11	庚寅			12月14	辛卯			10月16	壬辰		

中華民國一一〇年　歲次　辛丑《牛》

西元二〇二一年　太歲　姓湯名信

農曆六月 乙未		農曆五月 甲午		農曆四月 癸巳		農曆三月 壬辰		農曆二月 辛卯		農曆正月 庚寅		月別 月支干
立秋	大暑	小暑	夏至	芒種	小滿	立夏	穀雨	清明	春分	驚蟄	雨水	節
15時40分 廿九申時	23時5分 十三夜子時	5時33分 廿八卯時	11時58分 十二午時	19時9分 廿五戌時	3時56分 初十寅時	14時57分 廿四未時	4時44分 初九寅時	21時37分 廿三亥時	17時42分 初八酉時	16時54分 廿二申時	18時51分 初七酉時	氣
國曆	干支	國曆	干支	國曆	干支	國曆	干支	國曆	干支	國曆	干支	農曆
7月10	未己	6月10	丑己	5月12	申庚	4月12	寅庚	3月13	申庚	2月12	卯辛	初一
7月11	申庚	6月11	寅庚	5月13	酉辛	4月13	卯辛	3月14	酉辛	2月13	辰壬	初二
7月12	酉辛	6月12	卯辛	5月14	戌壬	4月14	辰壬	3月15	戌壬	2月14	巳癸	初三
7月13	戌壬	6月13	辰壬	5月15	亥癸	4月15	巳癸	3月16	亥癸	2月15	午甲	初四
7月14	亥癸	6月14	巳癸	5月16	子甲	4月16	午甲	3月17	子甲	2月16	未乙	初五
7月15	子甲	6月15	午甲	5月17	丑乙	4月17	未乙	3月18	丑乙	2月17	申丙	初六
7月16	丑乙	6月16	未乙	5月18	寅丙	4月18	申丙	3月19	寅丙	2月18	酉丁	初七
7月17	寅丙	6月17	申丙	5月19	卯丁	4月19	酉丁	3月20	卯丁	2月19	戌戊	初八
7月18	卯丁	6月18	酉丁	5月20	辰戊	4月20	戌戊	3月21	辰戊	2月20	亥己	初九
7月19	辰戊	6月19	戌戊	5月21	巳己	4月21	亥己	3月22	巳己	2月21	子庚	初十
7月20	巳己	6月20	亥己	5月22	午庚	4月22	子庚	3月23	午庚	2月22	丑辛	十一
7月21	午庚	6月21	子庚	5月23	未辛	4月23	丑辛	3月24	未辛	2月23	寅壬	十二
7月22	未辛	6月22	丑辛	5月24	申壬	4月24	寅壬	3月25	申壬	2月24	卯癸	十三
7月23	申壬	6月23	寅壬	5月25	酉癸	4月25	卯癸	3月26	酉癸	2月25	辰甲	十四
7月24	酉癸	6月24	卯癸	5月26	戌甲	4月26	辰甲	3月27	戌甲	2月26	巳乙	十五
7月25	戌甲	6月25	辰甲	5月27	亥乙	4月27	巳乙	3月28	亥乙	2月27	午丙	十六
7月26	亥乙	6月26	巳乙	5月28	子丙	4月28	午丙	3月29	子丙	2月28	未丁	十七
7月27	子丙	6月27	午丙	5月29	丑丁	4月29	未丁	3月30	丑丁	3月1	申戊	十八
7月28	丑丁	6月28	未丁	5月30	寅戊	4月30	申戊	3月31	寅戊	3月2	酉己	十九
7月29	寅戊	6月29	申戊	5月31	卯己	5月1	酉己	4月1	卯己	3月3	戌庚	二十
7月30	卯己	6月30	酉己	6月1	辰庚	5月2	戌庚	4月2	辰庚	3月4	亥辛	廿一
7月31	辰庚	7月1	戌庚	6月2	巳辛	5月3	亥辛	4月3	巳辛	3月5	子壬	廿二
8月1	巳辛	7月2	亥辛	6月3	午壬	5月4	子壬	4月4	午壬	3月6	丑癸	廿三
8月2	午壬	7月3	子壬	6月4	未癸	5月5	丑癸	4月5	未癸	3月7	寅甲	廿四
8月3	未癸	7月4	丑癸	6月5	申甲	5月6	寅甲	4月6	申甲	3月8	卯乙	廿五
8月4	申甲	7月5	寅甲	6月6	酉乙	5月7	卯乙	4月7	酉乙	3月9	辰丙	廿六
8月5	酉乙	7月6	卯乙	6月7	戌丙	5月8	辰丙	4月8	戌丙	3月10	巳丁	廿七
8月6	戌丙	7月7	辰丙	6月8	亥丁	5月9	巳丁	4月9	亥丁	3月11	午戊	廿八
8月7	亥丁	7月8	巳丁	6月9	子戊	5月10	午戊	4月10	子戊	3月12	未己	廿九
		7月9	午戊			5月11	未己	4月11	丑己			三十

· 364 ·

西元2021年

月別	農曆十二月		農曆十一月		農曆十月		農曆九月		農曆八月		農曆七月	
干支	辛丑		庚子		己亥		戊戌		丁酉		丙申	
節	大寒	小寒	冬至	大雪	小雪	立冬	霜降	寒露	秋分	白露	處暑	
氣	10時54分 十八巳時	17時46分 初三酉時	0時44分 十九子時	7時0分 初四辰時	11時46分 十八午時	14時21分 初三未時	14時15分 十八未時	11時4分 初三午時	4時37分 十七寅時	19時1分 初一戌時	6時32分 十六卯時	
農曆	國曆	支干	國曆	支干	國曆	支干	國曆	支干	國曆	支干	國曆	支干
初一	1月3	丙辰	12月4	丙戌	11月5	丁巳	10月6	丁亥	9月7	戊午	8月8	戊子
初二	1月4	丁巳	12月5	丁亥	11月6	戊午	10月7	戊子	9月8	己未	8月9	己丑
初三	1月5	戊午	12月6	戊子	11月7	己未	10月8	己丑	9月9	庚申	8月10	庚寅
初四	1月6	己未	12月7	己丑	11月8	庚申	10月9	庚寅	9月10	辛酉	8月11	辛卯
初五	1月7	庚申	12月8	庚寅	11月9	辛酉	10月10	辛卯	9月11	壬戌	8月12	壬辰
初六	1月8	辛酉	12月9	辛卯	11月10	壬戌	10月11	壬辰	9月12	癸亥	8月13	癸巳
初七	1月9	壬戌	12月10	壬辰	11月11	癸亥	10月12	癸巳	9月13	甲子	8月14	甲午
初八	1月10	癸亥	12月11	癸巳	11月12	甲子	10月13	甲午	9月14	乙丑	8月15	乙未
初九	1月11	甲子	12月12	甲午	11月13	乙丑	10月14	乙未	9月15	丙寅	8月16	丙申
初十	1月12	乙丑	12月13	乙未	11月14	丙寅	10月15	丙申	9月16	丁卯	8月17	丁酉
十一	1月13	丙寅	12月14	丙申	11月15	丁卯	10月16	丁酉	9月17	戊辰	8月18	戊戌
十二	1月14	丁卯	12月15	丁酉	11月16	戊辰	10月17	戊戌	9月18	己巳	8月19	己亥
十三	1月15	戊辰	12月16	戊戌	11月17	己巳	10月18	己亥	9月19	庚午	8月20	庚子
十四	1月16	己巳	12月17	己亥	11月18	庚午	10月19	庚子	9月20	辛未	8月21	辛丑
十五	1月17	庚午	12月18	庚子	11月19	辛未	10月20	辛丑	9月21	壬申	8月22	壬寅
十六	1月18	辛未	12月19	辛丑	11月20	壬申	10月21	壬寅	9月22	癸酉	8月23	癸卯
十七	1月19	壬申	12月20	壬寅	11月21	癸酉	10月22	癸卯	9月23	甲戌	8月24	甲辰
十八	1月20	癸酉	12月21	癸卯	11月22	甲戌	10月23	甲辰	9月24	乙亥	8月25	乙巳
十九	1月21	甲戌	12月22	甲辰	11月23	乙亥	10月24	乙巳	9月25	丙子	8月26	丙午
二十	1月22	乙亥	12月23	乙巳	11月24	丙子	10月25	丙午	9月26	丁丑	8月27	丁未
廿一	1月23	丙子	12月24	丙午	11月25	丁丑	10月26	丁未	9月27	戊寅	8月28	戊申
廿二	1月24	丁丑	12月25	丁未	11月26	戊寅	10月27	戊申	9月28	己卯	8月29	己酉
廿三	1月25	戊寅	12月26	戊申	11月27	己卯	10月28	己酉	9月29	庚辰	8月30	庚戌
廿四	1月26	己卯	12月27	己酉	11月28	庚辰	10月29	庚戌	9月30	辛巳	8月31	辛亥
廿五	1月27	庚辰	12月28	庚戌	11月29	辛巳	10月30	辛亥	10月1	壬午	9月1	壬子
廿六	1月28	辛巳	12月29	辛亥	11月30	壬午	10月31	壬子	10月2	癸未	9月2	癸丑
廿七	1月29	壬午	12月30	壬子	12月1	癸未	11月1	癸丑	10月3	甲申	9月3	甲寅
廿八	1月30	癸未	12月31	癸丑	12月2	甲申	11月2	甲寅	10月4	乙酉	9月4	乙卯
廿九	1月31	甲申	1月1	甲寅	12月3	乙酉	11月3	乙卯	10月5	丙戌	9月5	丙辰
三十			1月2	乙卯			11月4	丙辰			9月6	丁巳

中華民國一一一年 歲次 壬寅《虎》

西元二〇二二年　太歲 姓賀名諤

農曆六月（丁未）		農曆五月（丙午）		農曆四月（乙巳）		農曆三月（甲辰）		農曆二月（癸卯）		農曆正月（壬寅）		月別
國曆	干支	國曆	干支	國曆	干支	國曆	干支	國曆	干支	國曆	干支	農曆
6月29	癸丑	5月30	癸未	5月1	甲寅	4月1	甲申	3月3	乙卯	2月1	乙酉	初一
6月30	甲寅	5月31	甲申	5月2	乙卯	4月2	乙酉	3月4	丙辰	2月2	丙戌	初二
7月1	乙卯	6月1	乙酉	5月3	丙辰	4月3	丙戌	3月5	丁巳	2月3	丁亥	初三
7月2	丙辰	6月2	丙戌	5月4	丁巳	4月4	丁亥	3月6	戊午	2月4	戊子	初四
7月3	丁巳	6月3	丁亥	5月5	戊午	4月5	戊子	3月7	己未	2月5	己丑	初五
7月4	戊午	6月4	戊子	5月6	己未	4月6	己丑	3月8	庚申	2月6	庚寅	初六
7月5	己未	6月5	己丑	5月7	庚申	4月7	庚寅	3月9	辛酉	2月7	辛卯	初七
7月6	庚申	6月6	庚寅	5月8	辛酉	4月8	辛卯	3月10	壬戌	2月8	壬辰	初八
7月7	辛酉	6月7	辛卯	5月9	壬戌	4月9	壬辰	3月11	癸亥	2月9	癸巳	初九
7月8	壬戌	6月8	壬辰	5月10	癸亥	4月10	癸巳	3月12	甲子	2月10	甲午	初十
7月9	癸亥	6月9	癸巳	5月11	甲子	4月11	甲午	3月13	乙丑	2月11	乙未	十一
7月10	甲子	6月10	甲午	5月12	乙丑	4月12	乙未	3月14	丙寅	2月12	丙申	十二
7月11	乙丑	6月11	乙未	5月13	丙寅	4月13	丙申	3月15	丁卯	2月13	丁酉	十三
7月12	丙寅	6月12	丙申	5月14	丁卯	4月14	丁酉	3月16	戊辰	2月14	戊戌	十四
7月13	丁卯	6月13	丁酉	5月15	戊辰	4月15	戊戌	3月17	己巳	2月15	己亥	十五
7月14	戊辰	6月14	戊戌	5月16	己巳	4月16	己亥	3月18	庚午	2月16	庚子	十六
7月15	己巳	6月15	己亥	5月17	庚午	4月17	庚子	3月19	辛未	2月17	辛丑	十七
7月16	庚午	6月16	庚子	5月18	辛未	4月18	辛丑	3月20	壬申	2月18	壬寅	十八
7月17	辛未	6月17	辛丑	5月19	壬申	4月19	壬寅	3月21	癸酉	2月19	癸卯	十九
7月18	壬申	6月18	壬寅	5月20	癸酉	4月20	癸卯	3月22	甲戌	2月20	甲辰	二十
7月19	癸酉	6月19	癸卯	5月21	甲戌	4月21	甲辰	3月23	乙亥	2月21	乙巳	廿一
7月20	甲戌	6月20	甲辰	5月22	乙亥	4月22	乙巳	3月24	丙子	2月22	丙午	廿二
7月21	乙亥	6月21	乙巳	5月23	丙子	4月23	丙午	3月25	丁丑	2月23	丁未	廿三
7月22	丙子	6月22	丙午	5月24	丁丑	4月24	丁未	3月26	戊寅	2月24	戊申	廿四
7月23	丁丑	6月23	丁未	5月25	戊寅	4月25	戊申	3月27	己卯	2月25	己酉	廿五
7月24	戊寅	6月24	戊申	5月26	己卯	4月26	己酉	3月28	庚辰	2月26	庚戌	廿六
7月25	己卯	6月25	己酉	5月27	庚辰	4月27	庚戌	3月29	辛巳	2月27	辛亥	廿七
7月26	庚辰	6月26	庚戌	5月28	辛巳	4月28	辛亥	3月30	壬午	2月28	壬子	廿八
7月27	辛巳	6月27	辛亥	5月29	壬午	4月29	壬子	3月31	癸未	3月1	癸丑	廿九
7月28	壬午	6月28	壬子			4月30	癸丑			3月2	甲寅	三十

節氣：
- 六月：大暑 4時52分 廿五寅時／小暑 11時22分 初九午時
- 五月：夏至 17時46分 廿三酉時／芒種 0時58分 初八子時
- 四月：小滿 9時44分 廿一巳時／立夏 20時45分 初五戌時
- 三月：穀雨 10時33分 二十巳時／清明 3時22分 初五寅時
- 二月：春分 23時32分 十八子時／驚蟄 22時42分 初三亥時
- 正月：雨水 0時42分 十九子時／立春 4時58分 初四寅時

西元2022年

月別	農曆十二月		農曆十一月		農曆十月		農曆九月		農曆八月		農曆七月	
干支	癸丑		壬子		辛亥		庚戌		己酉		戊申	
節	大寒	小寒	冬至	大雪	小雪	立冬	霜降	寒露	秋分	白露	處暑	立秋
氣	16時43分 廿九 申時	23時35分 十四 夜子時	6時33分 廿九 卯時	12時49分 十四 午時	17時35分 廿九 酉時	20時11分 十四 戌時	20時4分 廿八 戌時	16時53分 十三 申時	10時27分 廿八 巳時	0時50分 十三 子時	12時20分 廿六 午時	19時28分 初十 亥時

農曆	國曆	干支	國曆	干支	國曆	干支	國曆	干支	國曆	干支	國曆	干支
初一	12月23	庚戌	11月24	辛巳	10月25	辛亥	9月26	壬午	8月27	壬子	7月29	癸未
初二	12月24	辛亥	11月25	壬午	10月26	壬子	9月27	癸未	8月28	癸丑	7月30	甲申
初三	12月25	壬子	11月26	癸未	10月27	癸丑	9月28	甲申	8月29	甲寅	7月31	乙酉
初四	12月26	癸丑	11月27	甲申	10月28	甲寅	9月29	乙酉	8月30	乙卯	8月1	丙戌
初五	12月27	甲寅	11月28	乙酉	10月29	乙卯	9月30	丙戌	8月31	丙辰	8月2	丁亥
初六	12月28	乙卯	11月29	丙戌	10月30	丙辰	10月1	丁亥	9月1	丁巳	8月3	戊子
初七	12月29	丙辰	11月30	丁亥	10月31	丁巳	10月2	戊子	9月2	戊午	8月4	己丑
初八	12月30	丁巳	12月1	戊子	11月1	戊午	10月3	己丑	9月3	己未	8月5	庚寅
初九	12月31	戊午	12月2	己丑	11月2	己未	10月4	庚寅	9月4	庚申	8月6	辛卯
初十	1月1	己未	12月3	庚寅	11月3	庚申	10月5	辛卯	9月5	辛酉	8月7	壬辰
十一	1月2	庚申	12月4	辛卯	11月4	辛酉	10月6	壬辰	9月6	壬戌	8月8	癸巳
十二	1月3	辛酉	12月5	壬辰	11月5	壬戌	10月7	癸巳	9月7	癸亥	8月9	甲午
十三	1月4	壬戌	12月6	癸巳	11月6	癸亥	10月8	甲午	9月8	甲子	8月10	乙未
十四	1月5	癸亥	12月7	甲午	11月7	甲子	10月9	乙未	9月9	乙丑	8月11	丙申
十五	1月6	甲子	12月8	乙未	11月8	乙丑	10月10	丙申	9月10	丙寅	8月12	丁酉
十六	1月7	乙丑	12月9	丙申	11月9	丙寅	10月11	丁酉	9月11	丁卯	8月13	戊戌
十七	1月8	丙寅	12月10	丁酉	11月10	丁卯	10月12	戊戌	9月12	戊辰	8月14	己亥
十八	1月9	丁卯	12月11	戊戌	11月11	戊辰	10月13	己亥	9月13	己巳	8月15	庚子
十九	1月10	戊辰	12月12	己亥	11月12	己巳	10月14	庚子	9月14	庚午	8月16	辛丑
二十	1月11	己巳	12月13	庚子	11月13	庚午	10月15	辛丑	9月15	辛未	8月17	壬寅
廿一	1月12	庚午	12月14	辛丑	11月14	辛未	10月16	壬寅	9月16	壬申	8月18	癸卯
廿二	1月13	辛未	12月15	壬寅	11月15	壬申	10月17	癸卯	9月17	癸酉	8月19	甲辰
廿三	1月14	壬申	12月16	癸卯	11月16	癸酉	10月18	甲辰	9月18	甲戌	8月20	乙巳
廿四	1月15	癸酉	12月17	甲辰	11月17	甲戌	10月19	乙巳	9月19	乙亥	8月21	丙午
廿五	1月16	甲戌	12月18	乙巳	11月18	乙亥	10月20	丙午	9月20	丙子	8月22	丁未
廿六	1月17	乙亥	12月19	丙午	11月19	丙子	10月21	丁未	9月21	丁丑	8月23	戊申
廿七	1月18	丙子	12月20	丁未	11月20	丁丑	10月22	戊申	9月22	戊寅	8月24	己酉
廿八	1月19	丁丑	12月21	戊申	11月21	戊寅	10月23	己酉	9月23	己卯	8月25	庚戌
廿九	1月20	戊寅	12月22	己酉	11月22	己卯	10月24	庚戌	9月24	庚辰	8月26	辛亥
三十	1月21	己卯			11月23	庚辰			9月25	辛巳		

中華民國一一二年 歲次 癸卯《兔》

西元二〇二三年 太歲 姓皮名時

月六曆農		月五曆農		月四曆農		月三曆農		月二閏曆農		月二曆農		月正曆農		別月
未	己	午	戊	巳	丁	辰	丙			卯	乙	寅	甲	支干
秋立	暑大	暑小	至夏	種芒	滿小	夏立	雨穀	明清		分春	蟄驚	水雨	春立	節
3時16分 廿二寅時	10時40分 初六巳時	18時10分 二十酉時	23時35分 初四夜子	6時46分 十八卯時	15時32分 初二申時	2時33分 十七丑時	16時21分 初一申時	9時14分 十五巳時		5時20分 三十卯時	4時31分 十五寅時	6時30分 廿九卯時	10時47分 十四巳時	氣
曆國	支干	曆國	支干	曆國	支干	曆國	支干	曆國	支干	曆國	支干	曆國	支干	曆農
7月18	丑丁	6月18	未丁	5月20	寅戊	4月20	申戊	3月22	卯己	2月20	酉己	1月22	辰庚	一初
7月19	寅戊	6月19	申戊	5月21	卯己	4月21	酉己	3月23	辰庚	2月21	戌庚	1月23	巳辛	二初
7月20	卯己	6月20	酉己	5月22	辰庚	4月22	戌庚	3月24	巳辛	2月22	亥辛	1月24	午壬	三初
7月21	辰庚	6月21	戌庚	5月23	巳辛	4月23	亥辛	3月25	午壬	2月23	子壬	1月25	未癸	四初
7月22	巳辛	6月22	亥辛	5月24	午壬	4月24	子壬	3月26	未癸	2月24	丑癸	1月26	申甲	五初
7月23	午壬	6月23	子壬	5月25	未癸	4月25	丑癸	3月27	申甲	2月25	寅甲	1月27	酉乙	六初
7月24	未癸	6月24	丑癸	5月26	申甲	4月26	寅甲	3月28	酉乙	2月26	卯乙	1月28	戌丙	七初
7月25	申甲	6月25	寅甲	5月27	酉乙	4月27	卯乙	3月29	戌丙	2月27	辰丙	1月29	亥丁	八初
7月26	酉乙	6月26	卯乙	5月28	戌丙	4月28	辰丙	3月30	亥丁	2月28	巳丁	1月30	子戊	九初
7月27	戌丙	6月27	辰丙	5月29	亥丁	4月29	巳丁	3月31	子戊	3月 1	午戊	1月31	丑己	十初
7月28	亥丁	6月28	巳丁	5月30	子戊	4月30	午戊	4月 1	丑己	3月 2	未己	2月 1	寅庚	一十
7月29	子戊	6月29	午戊	5月31	丑己	5月 1	未己	4月 2	寅庚	3月 3	申庚	2月 2	卯辛	二十
7月30	丑己	6月30	未己	6月 1	寅庚	5月 2	申庚	4月 3	卯辛	3月 4	酉辛	2月 3	辰壬	三十
7月31	寅庚	7月 1	申庚	6月 2	卯辛	5月 3	酉辛	4月 4	辰壬	3月 5	戌壬	2月 4	巳癸	四十
8月 1	卯辛	7月 2	酉辛	6月 3	辰壬	5月 4	戌壬	4月 5	巳癸	3月 6	亥癸	2月 5	午甲	五十
8月 2	辰壬	7月 3	戌壬	6月 4	巳癸	5月 5	亥癸	4月 6	午甲	3月 7	子甲	2月 6	未乙	六十
8月 3	巳癸	7月 4	亥癸	6月 5	午甲	5月 6	子甲	4月 7	未乙	3月 8	丑乙	2月 7	申丙	七十
8月 4	午甲	7月 5	子甲	6月 6	未乙	5月 7	丑乙	4月 8	申丙	3月 9	寅丙	2月 8	酉丁	八十
8月 5	未乙	7月 6	丑乙	6月 7	申丙	5月 8	寅丙	4月 9	酉丁	3月10	卯丁	2月 9	戌戊	九十
8月 6	申丙	7月 7	寅丙	6月 8	酉丁	5月 9	卯丁	4月10	戌戊	3月11	辰戊	2月10	亥己	十二
8月 7	酉丁	7月 8	卯丁	6月 9	戌戊	5月10	辰戊	4月11	亥己	3月12	巳己	2月11	子庚	一廿
8月 8	戌戊	7月 9	辰戊	6月10	亥己	5月11	巳己	4月12	子庚	3月13	午庚	2月12	丑辛	二廿
8月 9	亥己	7月10	巳己	6月11	子庚	5月12	午庚	4月13	丑辛	3月14	未辛	2月13	寅壬	三廿
8月10	子庚	7月11	午庚	6月12	丑辛	5月13	未辛	4月14	寅壬	3月15	申壬	2月14	卯癸	四廿
8月11	丑辛	7月12	未辛	6月13	寅壬	5月14	申壬	4月15	卯癸	3月16	酉癸	2月15	辰甲	五廿
8月12	寅壬	7月13	申壬	6月14	卯癸	5月15	酉癸	4月16	辰甲	3月17	戌甲	2月16	巳乙	六廿
8月13	卯癸	7月14	酉癸	6月15	辰甲	5月16	戌甲	4月17	巳乙	3月18	亥乙	2月17	午丙	七廿
8月14	辰甲	7月15	戌甲	6月16	巳乙	5月17	亥乙	4月18	午丙	3月19	子丙	2月18	未丁	八廿
8月15	巳乙	7月16	亥乙	6月17	午丙	5月18	子丙	4月19	未丁	3月20	丑丁	2月19	申戊	九廿
		7月17	子丙			5月19	丑丁			3月21	寅戊			十三

西元2023年

月別	農曆十二月		農曆十一月		農曆十月		農曆九月		農曆八月		農曆七月	
干支	乙丑		甲子		癸亥		壬戌		辛酉		庚申	
節	立春	大寒	小寒	冬至	大雪	小雪	立冬	降霜	寒露	秋分	白露	處暑
氣	廿五 16時37分 申時	初十 22時33分 亥時	廿五 5時25分 卯時	初十 12時23分 午時	廿五 18時38分 酉時	初十 23時24分 夜子時	廿五 2時0分 丑時	初十 1時53分 丑時	廿四 23時41分 亥時	初九 16時15分 申時	廿四 6時38分 卯時	初八 2時23分 丑時
農曆	國曆	支干	國曆	支干	國曆	支干	國曆	支干	國曆	支干	國曆	支干
初一	1月11	甲戌	12月13	乙巳	11月13	乙亥	10月15	丙午	9月15	丙子	8月16	丙午
初二	1月12	乙亥	12月14	丙午	11月14	丙子	10月16	丁未	9月16	丁丑	8月17	丁未
初三	1月13	丙子	12月15	丁未	11月15	丁丑	10月17	戊申	9月17	戊寅	8月18	戊申
初四	1月14	丁丑	12月16	戊申	11月16	戊寅	10月18	己酉	9月18	己卯	8月19	己酉
初五	1月15	戊寅	12月17	己酉	11月17	己卯	10月19	庚戌	9月19	庚辰	8月20	庚戌
初六	1月16	己卯	12月18	庚戌	11月18	庚辰	10月20	辛亥	9月20	辛巳	8月21	辛亥
初七	1月17	庚辰	12月19	辛亥	11月19	辛巳	10月21	壬子	9月21	壬午	8月22	壬子
初八	1月18	辛巳	12月20	壬子	11月20	壬午	10月22	癸丑	9月22	癸未	8月23	癸丑
初九	1月19	壬午	12月21	癸丑	11月21	癸未	10月23	甲寅	9月23	甲申	8月24	甲寅
初十	1月20	癸未	12月22	甲寅	11月22	甲申	10月24	乙卯	9月24	乙酉	8月25	乙卯
十一	1月21	甲申	12月23	乙卯	11月23	乙酉	10月25	丙辰	9月25	丙戌	8月26	丙辰
十二	1月22	乙酉	12月24	丙辰	11月24	丙戌	10月26	丁巳	9月26	丁亥	8月27	丁巳
十三	1月23	丙戌	12月25	丁巳	11月25	丁亥	10月27	戊午	9月27	戊子	8月28	戊午
十四	1月24	丁亥	12月26	戊午	11月26	戊子	10月28	己未	9月28	己丑	8月29	己未
十五	1月25	戊子	12月27	己未	11月27	己丑	10月29	庚申	9月29	庚寅	8月30	庚申
十六	1月26	己丑	12月28	庚申	11月28	庚寅	10月30	辛酉	9月30	辛卯	8月31	辛酉
十七	1月27	庚寅	12月29	辛酉	11月29	辛卯	10月31	壬戌	10月1	壬辰	9月1	壬戌
十八	1月28	辛卯	12月30	壬戌	11月30	壬辰	11月1	癸亥	10月2	癸巳	9月2	癸亥
十九	1月29	壬辰	12月31	癸亥	12月1	癸巳	11月2	甲子	10月3	甲午	9月3	甲子
二十	1月30	癸巳	1月1	甲子	12月2	甲午	11月3	乙丑	10月4	乙未	9月4	乙丑
廿一	1月31	甲午	1月2	乙丑	12月3	乙未	11月4	丙寅	10月5	丙申	9月5	丙寅
廿二	2月1	乙未	1月3	丙寅	12月4	丙申	11月5	丁卯	10月6	丁酉	9月6	丁卯
廿三	2月2	丙申	1月4	丁卯	12月5	丁酉	11月6	戊辰	10月7	戊戌	9月7	戊辰
廿四	2月3	丁酉	1月5	戊辰	12月6	戊戌	11月7	己巳	10月8	己亥	9月8	己巳
廿五	2月4	戊戌	1月6	己巳	12月7	己亥	11月8	庚午	10月9	庚子	9月9	庚午
廿六	2月5	己亥	1月7	庚午	12月8	庚子	11月9	辛未	10月10	辛丑	9月10	辛未
廿七	2月6	庚子	1月8	辛未	12月9	辛丑	11月10	壬申	10月11	壬寅	9月11	壬申
廿八	2月7	辛丑	1月9	壬申	12月10	壬寅	11月11	癸酉	10月12	癸卯	9月12	癸酉
廿九	2月8	壬寅	1月10	癸酉	12月11	癸卯	11月12	甲戌	10月13	甲辰	9月13	甲戌
三十	2月9	癸卯			12月12	甲辰			10月14	乙巳	9月14	乙亥

中華民國一一三年 歲次 甲辰《龍》　西元二〇二四年　太歲 姓李名成

農曆六月		農曆五月		農曆四月		農曆三月		農曆二月		農曆正月		月別
辛 未		庚 午		己 巳		戊 辰		丁 卯		丙 寅		支干
大暑	小暑	夏至		芒種	小滿	立夏	穀雨	清明	春分	驚蟄	雨水	節
16時29分 十七申時	22時58分 初一亥時	5時22分 十六卯時		12時34分 廿九午時	21時20分 十三亥時	8時22分 廿七辰時	22時10分 十一亥時	15時3分 廿六申時	11時10分 十一午時	10時21分 廿五巳時	12時20分 初十午時	氣
國曆	支干	國曆	支干	國曆	支干	國曆	支干	國曆	支干	國曆	支干	農曆
7月6	未辛	6月6	丑辛	5月8	申壬	4月9	卯癸	3月10	酉癸	2月10	辰甲	初一
7月7	申壬	6月7	寅壬	5月9	酉癸	4月10	辰甲	3月11	戌甲	2月11	巳乙	初二
7月8	酉癸	6月8	卯癸	5月10	戌甲	4月11	巳乙	3月12	亥乙	2月12	午丙	初三
7月9	戌甲	6月9	辰甲	5月11	亥乙	4月12	午丙	3月13	子丙	2月13	未丁	初四
7月10	亥乙	6月10	巳乙	5月12	子丙	4月13	未丁	3月14	丑丁	2月14	申戊	初五
7月11	子丙	6月11	午丙	5月13	丑丁	4月14	申戊	3月15	寅戊	2月15	酉己	初六
7月12	丑丁	6月12	未丁	5月14	寅戊	4月15	酉己	3月16	卯己	2月16	戌庚	初七
7月13	寅戊	6月13	申戊	5月15	卯己	4月16	戌庚	3月17	辰庚	2月17	亥辛	初八
7月14	卯己	6月14	酉己	5月16	辰庚	4月17	亥辛	3月18	巳辛	2月18	子壬	初九
7月15	辰庚	6月15	戌庚	5月17	巳辛	4月18	子壬	3月19	午壬	2月19	丑癸	初十
7月16	巳辛	6月16	亥辛	5月18	午壬	4月19	丑癸	3月20	未癸	2月20	寅甲	十一
7月17	午壬	6月17	子壬	5月19	未癸	4月20	寅甲	3月21	申甲	2月21	卯乙	十二
7月18	未癸	6月18	丑癸	5月20	申甲	4月21	卯乙	3月22	酉乙	2月22	辰丙	十三
7月19	申甲	6月19	寅甲	5月21	酉乙	4月22	辰丙	3月23	戌丙	2月23	巳丁	十四
7月20	酉乙	6月20	卯乙	5月22	戌丙	4月23	巳丁	3月24	亥丁	2月24	午戊	十五
7月21	戌丙	6月21	辰丙	5月23	亥丁	4月24	午戊	3月25	子戊	2月25	未己	十六
7月22	亥丁	6月22	巳丁	5月24	子戊	4月25	未己	3月26	丑己	2月26	申庚	十七
7月23	子戊	6月23	午戊	5月25	丑己	4月26	申庚	3月27	寅庚	2月27	酉辛	十八
7月24	丑己	6月24	未己	5月26	寅庚	4月27	酉辛	3月28	卯辛	2月28	戌壬	十九
7月25	寅庚	6月25	申庚	5月27	卯辛	4月28	戌壬	3月29	辰壬	2月29	亥癸	二十
7月26	卯辛	6月26	酉辛	5月28	辰壬	4月29	亥癸	3月30	巳癸	3月1	子甲	廿一
7月27	辰壬	6月27	戌壬	5月29	巳癸	4月30	子甲	3月31	午甲	3月2	丑乙	廿二
7月28	巳癸	6月28	亥癸	5月30	午甲	5月1	丑乙	4月1	未乙	3月3	寅丙	廿三
7月29	午甲	6月29	子甲	5月31	未乙	5月2	寅丙	4月2	申丙	3月4	卯丁	廿四
7月30	未乙	6月30	丑乙	6月1	申丙	5月3	卯丁	4月3	酉丁	3月5	辰戊	廿五
7月31	申丙	7月1	寅丙	6月2	酉丁	5月4	辰戊	4月4	戌戊	3月6	巳己	廿六
8月1	酉丁	7月2	卯丁	6月3	戌戊	5月5	巳己	4月5	亥己	3月7	午庚	廿七
8月2	戌戊	7月3	辰戊	6月4	亥己	5月6	午庚	4月6	子庚	3月8	未辛	廿八
8月3	亥己	7月4	巳己	6月5	子庚	5月7	未辛	4月7	丑辛	3月9	申壬	廿九
		7月5	午庚					4月8	寅壬			三十

370

西元2024年

月別	農曆十二月		農曆十一月		農曆十月		農曆九月		農曆八月		農曆七月	
干支	丁 丑		丙 子		乙 亥		甲 戌		癸 酉		壬 申	
節	大寒	小寒	冬至	大雪	小雪	立冬	霜降	寒露	秋分	白露	處暑	立秋
氣	廿一 4時23分 寅	初六 11時15分 午	廿一 18時13分 酉	初七 0時29分 子	廿二 5時14分 卯	初七 7時49分 辰	廿一 7時43分 辰	初六 4時31分 寅	十二 22時4分 亥	初五 12時27分 午	十九 23時57分 夜子	初四 9時5分 巳
農曆	國曆	干支	國曆	干支	國曆	干支	國曆	干支	國曆	干支	國曆	干支
初一	12月31	己巳	12月1	己亥	11月1	己巳	10月3	庚子	9月3	庚午	8月4	庚子
初二	1月1	庚午	12月2	庚子	11月2	庚午	10月4	辛丑	9月4	辛未	8月5	辛丑
初三	1月2	辛未	12月3	辛丑	11月3	辛未	10月5	壬寅	9月5	壬申	8月6	壬寅
初四	1月3	壬申	12月4	壬寅	11月4	壬申	10月6	癸卯	9月6	癸酉	8月7	癸卯
初五	1月4	癸酉	12月5	癸卯	11月5	癸酉	10月7	甲辰	9月7	甲戌	8月8	甲辰
初六	1月5	甲戌	12月6	甲辰	11月6	甲戌	10月8	乙巳	9月8	乙亥	8月9	乙巳
初七	1月6	乙亥	12月7	乙巳	11月7	乙亥	10月9	丙午	9月9	丙子	8月10	丙午
初八	1月7	丙子	12月8	丙午	11月8	丙子	10月10	丁未	9月10	丁丑	8月11	丁未
初九	1月8	丁丑	12月9	丁未	11月9	丁丑	10月11	戊申	9月11	戊寅	8月12	戊申
初十	1月9	戊寅	12月10	戊申	11月10	戊寅	10月12	己酉	9月12	己卯	8月13	己酉
十一	1月10	己卯	12月11	己酉	11月11	己卯	10月13	庚戌	9月13	庚辰	8月14	庚戌
十二	1月11	庚辰	12月12	庚戌	11月12	庚辰	10月14	辛亥	9月14	辛巳	8月15	辛亥
十三	1月12	辛巳	12月13	辛亥	11月13	辛巳	10月15	壬子	9月15	壬午	8月16	壬子
十四	1月13	壬午	12月14	壬子	11月14	壬午	10月16	癸丑	9月16	癸未	8月17	癸丑
十五	1月14	癸未	12月15	癸丑	11月15	癸未	10月17	甲寅	9月17	甲申	8月18	甲寅
十六	1月15	甲申	12月16	甲寅	11月16	甲申	10月18	乙卯	9月18	乙酉	8月19	乙卯
十七	1月16	乙酉	12月17	乙卯	11月17	乙酉	10月19	丙辰	9月19	丙戌	8月20	丙辰
十八	1月17	丙戌	12月18	丙辰	11月18	丙戌	10月20	丁巳	9月20	丁亥	8月21	丁巳
十九	1月18	丁亥	12月19	丁巳	11月19	丁亥	10月21	戊午	9月21	戊子	8月22	戊午
二十	1月19	戊子	12月20	戊午	11月20	戊子	10月22	己未	9月22	己丑	8月23	己未
廿一	1月20	己丑	12月21	己未	11月21	己丑	10月23	庚申	9月23	庚寅	8月24	庚申
廿二	1月21	庚寅	12月22	庚申	11月22	庚寅	10月24	辛酉	9月24	辛卯	8月25	辛酉
廿三	1月22	辛卯	12月23	辛酉	11月23	辛卯	10月25	壬戌	9月25	壬辰	8月26	壬戌
廿四	1月23	壬辰	12月24	壬戌	11月24	壬辰	10月26	癸亥	9月26	癸巳	8月27	癸亥
廿五	1月24	癸巳	12月25	癸亥	11月25	癸巳	10月27	甲子	9月27	甲午	8月28	甲子
廿六	1月25	甲午	12月26	甲子	11月26	甲午	10月28	乙丑	9月28	乙未	8月29	乙丑
廿七	1月26	乙未	12月27	乙丑	11月27	乙未	10月29	丙寅	9月29	丙申	8月30	丙寅
廿八	1月27	丙申	12月28	丙寅	11月28	丙申	10月30	丁卯	9月30	丁酉	8月31	丁卯
廿九	1月28	丁酉	12月29	丁卯	11月29	丁酉	10月31	戊辰	10月1	戊戌	9月1	戊辰
三十			12月30	戊辰	11月30	戊戌			10月2	己亥	9月2	己巳

中華民國一一四年 歲次 乙巳《蛇》

西元二〇二五年 太歲 姓吳名遂

月別	農曆正月		農曆二月		農曆三月		農曆四月		農曆五月		農曆六月	
干支	戊寅		己卯		庚辰		辛巳		壬午		癸未	
節	立春	雨水	驚蟄	春分	清明	穀雨	立夏	小滿	芒種	夏至	小暑	大暑
氣	初六亥時 22時27分	廿一酉時 18時10分	初六申時 16時11分	廿一申時 16時59分	初七戌時 20時52分	廿三寅時 3時57分	初八未時 14時11分	廿四寅時 3時9分	初十酉時 18時22分	廿六午時 11時11分	十三寅時 4時46分	廿八亥時 22時17分
農曆	干支	國曆	干支	國曆	干支	國曆	干支	國曆	干支	國曆	干支	國曆
初一	戊戌	1月29	戊辰	2月28	丁酉	3月29	丁卯	4月28	丙申	5月27	乙丑	6月25
初二	己亥	1月30	己巳	3月 1	戊戌	3月30	戊辰	4月29	丁酉	5月28	丙寅	6月26
初三	庚子	1月31	庚午	3月 2	己亥	3月31	己巳	4月30	戊戌	5月29	丁卯	6月27
初四	辛丑	2月 1	辛未	3月 3	庚子	4月 1	庚午	5月 1	己亥	5月30	戊辰	6月28
初五	壬寅	2月 2	壬申	3月 4	辛丑	4月 2	辛未	5月 2	庚子	5月31	己巳	6月29
初六	癸卯	2月 3	癸酉	3月 5	壬寅	4月 3	壬申	5月 3	辛丑	6月 1	庚午	6月30
初七	甲辰	2月 4	甲戌	3月 6	癸卯	4月 4	癸酉	5月 4	壬寅	6月 2	辛未	7月 1
初八	乙巳	2月 5	乙亥	3月 7	甲辰	4月 5	甲戌	5月 5	癸卯	6月 3	壬申	7月 2
初九	丙午	2月 6	丙子	3月 8	乙巳	4月 6	乙亥	5月 6	甲辰	6月 4	癸酉	7月 3
初十	丁未	2月 7	丁丑	3月 9	丙午	4月 7	丙子	5月 7	乙巳	6月 5	甲戌	7月 4
十一	戊申	2月 8	戊寅	3月10	丁未	4月 8	丁丑	5月 8	丙午	6月 6	乙亥	7月 5
十二	己酉	2月 9	己卯	3月11	戊申	4月 9	戊寅	5月 9	丁未	6月 7	丙子	7月 6
十三	庚戌	2月10	庚辰	3月12	己酉	4月10	己卯	5月10	戊申	6月 8	丁丑	7月 7
十四	辛亥	2月11	辛巳	3月13	庚戌	4月11	庚辰	5月11	己酉	6月 9	戊寅	7月 8
十五	壬子	2月12	壬午	3月14	辛亥	4月12	辛巳	5月12	庚戌	6月10	己卯	7月 9
十六	癸丑	2月13	癸未	3月15	壬子	4月13	壬午	5月13	辛亥	6月11	庚辰	7月10
十七	甲寅	2月14	甲申	3月16	癸丑	4月14	癸未	5月14	壬子	6月12	辛巳	7月11
十八	乙卯	2月15	乙酉	3月17	甲寅	4月15	甲申	5月15	癸丑	6月13	壬午	7月12
十九	丙辰	2月16	丙戌	3月18	乙卯	4月16	乙酉	5月16	甲寅	6月14	癸未	7月13
二十	丁巳	2月17	丁亥	3月19	丙辰	4月17	丙戌	5月17	乙卯	6月15	甲申	7月14
廿一	戊午	2月18	戊子	3月20	丁巳	4月18	丁亥	5月18	丙辰	6月16	乙酉	7月15
廿二	己未	2月19	己丑	3月21	戊午	4月19	戊子	5月19	丁巳	6月17	丙戌	7月16
廿三	庚申	2月20	庚寅	3月22	己未	4月20	己丑	5月20	戊午	6月18	丁亥	7月17
廿四	辛酉	2月21	辛卯	3月23	庚申	4月21	庚寅	5月21	己未	6月19	戊子	7月18
廿五	壬戌	2月22	壬辰	3月24	辛酉	4月22	辛卯	5月22	庚申	6月20	己丑	7月19
廿六	癸亥	2月23	癸巳	3月25	壬戌	4月23	壬辰	5月23	辛酉	6月21	庚寅	7月20
廿七	甲子	2月24	甲午	3月26	癸亥	4月24	癸巳	5月24	壬戌	6月22	辛卯	7月21
廿八	乙丑	2月25	乙未	3月27	甲子	4月25	甲午	5月25	癸亥	6月23	壬辰	7月22
廿九	丙寅	2月26	丙申	3月28	乙丑	4月26	乙未	5月26	甲子	6月24	癸巳	7月23
三十	丁卯	2月27			丙寅	4月27					甲午	7月24

西元2025年

月別	農曆十二月		農曆十一月		農曆十月		農曆九月		農曆八月		農曆七月		農曆閏六月	
干支	己丑		戊子		丁亥		丙戌		乙酉		甲申			
節	立春 大寒		小寒 冬至		大雪 小雪		立冬 霜降		寒露 秋分		白露 處暑		立秋	
氣	立春 4時16分 十七寅時 / 大寒 10時13分 初二巳時		小寒 17時5分 十七酉時 / 冬至 0時3分 初三子時		大雪 6時18分 十八卯時 / 小雪 11時4分 初三午時		立冬 13時40分 十八未時 / 霜降 13時32分 初三未時		寒露 10時19分 十七巳時 / 秋分 3時53分 初二寅時		白露 18時15分 十六酉時 / 處暑 5時45分 初一卯時		立秋 14時53分 十四未時	
農曆	國曆	支干	國曆	支干	國曆	支干	國曆	支干	國曆	支干	國曆	支干	國曆	支干
初一	1月19	癸巳	12月20	癸亥	11月20	癸巳	10月21	癸亥	9月22	甲午	8月23	甲子	7月25	乙未
初二	1月20	甲午	12月21	甲子	11月21	甲午	10月22	甲子	9月23	乙未	8月24	乙丑	7月26	丙申
初三	1月21	乙未	12月22	乙丑	11月22	乙未	10月23	乙丑	9月24	丙申	8月25	丙寅	7月27	丁酉
初四	1月22	丙申	12月23	丙寅	11月23	丙申	10月24	丙寅	9月25	丁酉	8月26	丁卯	7月28	戊戌
初五	1月23	丁酉	12月24	丁卯	11月24	丁酉	10月25	丁卯	9月26	戊戌	8月27	戊辰	7月29	己亥
初六	1月24	戊戌	12月25	戊辰	11月25	戊戌	10月26	戊辰	9月27	己亥	8月28	己巳	7月30	庚子
初七	1月25	己亥	12月26	己巳	11月26	己亥	10月27	己巳	9月28	庚子	8月29	庚午	7月31	辛丑
初八	1月26	庚子	12月27	庚午	11月27	庚子	10月28	庚午	9月29	辛丑	8月30	辛未	8月1	壬寅
初九	1月27	辛丑	12月28	辛未	11月28	辛丑	10月29	辛未	9月30	壬寅	8月31	壬申	8月2	癸卯
初十	1月28	壬寅	12月29	壬申	11月29	壬寅	10月30	壬申	10月1	癸卯	9月1	癸酉	8月3	甲辰
十一	1月29	癸卯	12月30	癸酉	11月30	癸卯	10月31	癸酉	10月2	甲辰	9月2	甲戌	8月4	乙巳
十二	1月30	甲辰	12月31	甲戌	12月1	甲辰	11月1	甲戌	10月3	乙巳	9月3	乙亥	8月5	丙午
十三	1月31	乙巳	1月1	乙亥	12月2	乙巳	11月2	乙亥	10月4	丙午	9月4	丙子	8月6	丁未
十四	2月1	丙午	1月2	丙子	12月3	丙午	11月3	丙子	10月5	丁未	9月5	丁丑	8月7	戊申
十五	2月2	丁未	1月3	丁丑	12月4	丁未	11月4	丁丑	10月6	戊申	9月6	戊寅	8月8	己酉
十六	2月3	戊申	1月4	戊寅	12月5	戊申	11月5	戊寅	10月7	己酉	9月7	己卯	8月9	庚戌
十七	2月4	己酉	1月5	己卯	12月6	己酉	11月6	己卯	10月8	庚戌	9月8	庚辰	8月10	辛亥
十八	2月5	庚戌	1月6	庚辰	12月7	庚戌	11月7	庚辰	10月9	辛亥	9月9	辛巳	8月11	壬子
十九	2月6	辛亥	1月7	辛巳	12月8	辛亥	11月8	辛巳	10月10	壬子	9月10	壬午	8月12	癸丑
二十	2月7	壬子	1月8	壬午	12月9	壬子	11月9	壬午	10月11	癸丑	9月11	癸未	8月13	甲寅
廿一	2月8	癸丑	1月9	癸未	12月10	癸丑	11月10	癸未	10月12	甲寅	9月12	甲申	8月14	乙卯
廿二	2月9	甲寅	1月10	甲申	12月11	甲寅	11月11	甲申	10月13	乙卯	9月13	乙酉	8月15	丙辰
廿三	2月10	乙卯	1月11	乙酉	12月12	乙卯	11月12	乙酉	10月14	丙辰	9月14	丙戌	8月16	丁巳
廿四	2月11	丙辰	1月12	丙戌	12月13	丙辰	11月13	丙戌	10月15	丁巳	9月15	丁亥	8月17	戊午
廿五	2月12	丁巳	1月13	丁亥	12月14	丁巳	11月14	丁亥	10月16	戊午	9月16	戊子	8月18	己未
廿六	2月13	戊午	1月14	戊子	12月15	戊午	11月15	戊子	10月17	己未	9月17	己丑	8月19	庚申
廿七	2月14	己未	1月15	己丑	12月16	己未	11月16	己丑	10月18	庚申	9月18	庚寅	8月20	辛酉
廿八	2月15	庚申	1月16	庚寅	12月17	庚申	11月17	庚寅	10月19	辛酉	9月19	辛卯	8月21	壬戌
廿九	2月16	辛酉	1月17	辛卯	12月18	辛酉	11月18	辛卯	10月20	壬戌	9月20	壬辰	8月22	癸亥
三十			1月18	壬辰	12月19	壬戌	11月19	壬辰			9月21	癸巳		

中華民國一一五年 歲次 丙午《馬》

西元二〇二六年 太歲 姓文名折

月別	農曆正月		農曆二月		農曆三月		農曆四月		農曆五月		農曆六月	
干支	庚寅		辛卯		壬辰		癸巳		甲午		乙未	
節氣	雨水	驚蟄	春分	清明	穀雨	立夏	小滿	芒種	夏至	小暑	大暑	立秋
	初二夜子時 23時59分	十七亥時 22時0分	初二亥時 22時48分	十八丑時 2時41分	初四巳時 9時48分	十九戌時 19時59分	初五辰時 8時57分	廿一子時 12時11分	初七申時 16時59分	廿三巳時 10時34分	初十寅時 4時5分	廿五戌時 20時41分
農曆	國曆	干支	國曆	干支	國曆	干支	國曆	干支	國曆	干支	國曆	干支
初一	2月17	壬戌	3月19	壬辰	4月17	辛酉	5月17	辛卯	6月15	庚申	7月14	己丑
初二	2月18	癸亥	3月20	癸巳	4月18	壬戌	5月18	壬辰	6月16	辛酉	7月15	庚寅
初三	2月19	甲子	3月21	甲午	4月19	癸亥	5月19	癸巳	6月17	壬戌	7月16	辛卯
初四	2月20	乙丑	3月22	乙未	4月20	甲子	5月20	甲午	6月18	癸亥	7月17	壬辰
初五	2月21	丙寅	3月23	丙申	4月21	乙丑	5月21	乙未	6月19	甲子	7月18	癸巳
初六	2月22	丁卯	3月24	丁酉	4月22	丙寅	5月22	丙申	6月20	乙丑	7月19	甲午
初七	2月23	戊辰	3月25	戊戌	4月23	丁卯	5月23	丁酉	6月21	丙寅	7月20	乙未
初八	2月24	己巳	3月26	己亥	4月24	戊辰	5月24	戊戌	6月22	丁卯	7月21	丙申
初九	2月25	庚午	3月27	庚子	4月25	己巳	5月25	己亥	6月23	戊辰	7月22	丁酉
初十	2月26	辛未	3月28	辛丑	4月26	庚午	5月26	庚子	6月24	己巳	7月23	戊戌
十一	2月27	壬申	3月29	壬寅	4月27	辛未	5月27	辛丑	6月25	庚午	7月24	己亥
十二	2月28	癸酉	3月30	癸卯	4月28	壬申	5月28	壬寅	6月26	辛未	7月25	庚子
十三	3月 1	甲戌	3月31	甲辰	4月29	癸酉	5月29	癸卯	6月27	壬申	7月26	辛丑
十四	3月 2	乙亥	4月 1	乙巳	4月30	甲戌	5月30	甲辰	6月28	癸酉	7月27	壬寅
十五	3月 3	丙子	4月 2	丙午	5月 1	乙亥	5月31	乙巳	6月29	甲戌	7月28	癸卯
十六	3月 4	丁丑	4月 3	丁未	5月 2	丙子	6月 1	丙午	6月30	乙亥	7月29	甲辰
十七	3月 5	戊寅	4月 4	戊申	5月 3	丁丑	6月 2	丁未	7月 1	丙子	7月30	乙巳
十八	3月 6	己卯	4月 5	己酉	5月 4	戊寅	6月 3	戊申	7月 2	丁丑	7月31	丙午
十九	3月 7	庚辰	4月 6	庚戌	5月 5	己卯	6月 4	己酉	7月 3	戊寅	8月 1	丁未
二十	3月 8	辛巳	4月 7	辛亥	5月 6	庚辰	6月 5	庚戌	7月 4	己卯	8月 2	戊申
廿一	3月 9	壬午	4月 8	壬子	5月 7	辛巳	6月 6	辛亥	7月 5	庚辰	8月 3	己酉
廿二	3月10	癸未	4月 9	癸丑	5月 8	壬午	6月 7	壬子	7月 6	辛巳	8月 4	庚戌
廿三	3月11	甲申	4月10	甲寅	5月 9	癸未	6月 8	癸丑	7月 7	壬午	8月 5	辛亥
廿四	3月12	乙酉	4月11	乙卯	5月10	甲申	6月 9	甲寅	7月 8	癸未	8月 6	壬子
廿五	3月13	丙戌	4月12	丙辰	5月11	乙酉	6月10	乙卯	7月 9	甲申	8月 7	癸丑
廿六	3月14	丁亥	4月13	丁巳	5月12	丙戌	6月11	丙辰	7月10	乙酉	8月 8	甲寅
廿七	3月15	戊子	4月14	戊午	5月13	丁亥	6月12	丁巳	7月11	丙戌	8月 9	乙卯
廿八	3月16	己丑	4月15	己未	5月14	戊子	6月13	戊午	7月12	丁亥	8月10	丙辰
廿九	3月17	庚寅	4月16	庚申	5月15	己丑	6月14	己未	7月13	戊子	8月11	丁巳
三十	3月18	辛卯			5月16	庚寅					8月12	戊午

西元2026年

農曆	農曆十二月 辛丑 立春 / 大寒	支干	農曆十一月 庚子 小寒 / 冬至	支干	農曆十月 己亥 大雪 / 小雪	支干	農曆九月 戊戌 立冬 / 霜降	支干	農曆八月 丁酉 寒露 / 秋分	支干	農曆七月 丙申 白露 / 處暑	支干
節氣時刻	立春 10時6分 廿八巳時		小寒 22時55分 廿八亥時		大雪 12時8分 廿九午時		立冬 19時29分 廿九戌時		寒露 16時8分 廿八申時		白露 0時4分 廿七子時	
	大寒 16時2分 十三申時		冬至 5時52分 十四卯時		小雪 16時53分 十四申時		霜降 19時21分 十四戌時		秋分 9時42分 十三巳時		處暑 11時34分 十一午時	
初一	1月8	丁亥	12月9	丁巳	11月9	丁亥	10月10	丁巳	9月11	戊子	8月13	己未
初二	1月9	戊子	12月10	戊午	11月10	戊子	10月11	戊午	9月12	己丑	8月14	庚申
初三	1月10	己丑	12月11	己未	11月11	己丑	10月12	己未	9月13	庚寅	8月15	辛酉
初四	1月11	庚寅	12月12	庚申	11月12	庚寅	10月13	庚申	9月14	辛卯	8月16	壬戌
初五	1月12	辛卯	12月13	辛酉	11月13	辛卯	10月14	辛酉	9月15	壬辰	8月17	癸亥
初六	1月13	壬辰	12月14	壬戌	11月14	壬辰	10月15	壬戌	9月16	癸巳	8月18	甲子
初七	1月14	癸巳	12月15	癸亥	11月15	癸巳	10月16	癸亥	9月17	甲午	8月19	乙丑
初八	1月15	甲午	12月16	甲子	11月16	甲午	10月17	甲子	9月18	乙未	8月20	丙寅
初九	1月16	乙未	12月17	乙丑	11月17	乙未	10月18	乙丑	9月19	丙申	8月21	丁卯
初十	1月17	丙申	12月18	丙寅	11月18	丙申	10月19	丙寅	9月20	丁酉	8月22	戊辰
十一	1月18	丁酉	12月19	丁卯	11月19	丁酉	10月20	丁卯	9月21	戊戌	8月23	己巳
十二	1月19	戊戌	12月20	戊辰	11月20	戊戌	10月21	戊辰	9月22	己亥	8月24	庚午
十三	1月20	己亥	12月21	己巳	11月21	己亥	10月22	己巳	9月23	庚子	8月25	辛未
十四	1月21	庚子	12月22	庚午	11月22	庚子	10月23	庚午	9月24	辛丑	8月26	壬申
十五	1月22	辛丑	12月23	辛未	11月23	辛丑	10月24	辛未	9月25	壬寅	8月27	癸酉
十六	1月23	壬寅	12月24	壬申	11月24	壬寅	10月25	壬申	9月26	癸卯	8月28	甲戌
十七	1月24	癸卯	12月25	癸酉	11月25	癸卯	10月26	癸酉	9月27	辰甲	8月29	亥乙
十八	1月25	甲辰	12月26	甲戌	11月26	甲辰	10月27	甲戌	9月28	巳乙	8月30	子丙
十九	1月26	乙巳	12月27	乙亥	11月27	乙巳	10月28	乙亥	9月29	午丙	8月31	丑丁
二十	1月27	丙午	12月28	丙子	11月28	丙午	10月29	丙子	9月30	未丁	9月1	寅戊
廿一	1月28	丁未	12月29	丁丑	11月29	丁未	10月30	丁丑	10月1	申戊	9月2	卯己
廿二	1月29	戊申	12月30	戊寅	11月30	戊申	10月31	戊寅	10月2	酉己	9月3	辰庚
廿三	1月30	酉己	12月31	卯己	12月1	酉己	11月1	卯己	10月3	戌庚	9月4	巳辛
廿四	1月31	戌庚	1月1	辰庚	12月2	戌庚	11月2	辰庚	10月4	亥辛	9月5	午壬
廿五	2月1	亥辛	1月2	巳辛	12月3	亥辛	11月3	巳辛	10月5	子壬	9月6	未癸
廿六	2月2	子壬	1月3	午壬	12月4	子壬	11月4	午壬	10月6	丑癸	9月7	申甲
廿七	2月3	丑癸	1月4	未癸	12月5	丑癸	11月5	未癸	10月7	寅甲	9月8	酉乙
廿八	2月4	寅甲	1月5	申甲	12月6	寅甲	11月6	申甲	10月8	卯乙	9月9	戌丙
廿九	2月5	卯乙	1月6	酉乙	12月7	卯乙	11月7	酉乙	10月9	辰丙	9月10	亥丁
三十			1月7	戌丙	12月8	辰丙	11月8	戌丙				

中華民國一一六年 歲次 丁未《羊》

西元二○二七年 太歲 姓儴名丙

	農曆六月		農曆五月		農曆四月		農曆三月		農曆二月		農曆正月		別月
支干	丁未		丙午		乙巳		甲辰		癸卯		壬寅		支干
節	大暑 / 小暑		夏至 / 芒種		小滿 / 立夏		穀雨		清明 / 春分		驚蟄 / 雨水		節
氣	大暑 9時54分 二十 巳時 / 小暑 16時22分 初四 申時		夏至 22時47分 十七 亥時 / 芒種 5時58分 初二 卯時		小滿 14時46分 十六 未時 / 立夏 1時48分 初一 丑時		穀雨 15時36分 十四 申時		清明 8時31分 廿九 辰時 / 春分 4時37分 十四 寅時		驚蟄 3時49分 廿九 寅時 / 雨水 5時49分 十四 卯時		氣

國曆	支干	國曆	支干	國曆	支干	國曆	支干	國曆	支干	國曆	支干	農曆
7月 4	甲申	6月 5	乙卯	5月 6	乙酉	4月 7	丙辰	3月 8	丙戌	2月 6	丙辰	初一
7月 5	乙酉	6月 6	丙辰	5月 7	丙戌	4月 8	丁巳	3月 9	丁亥	2月 7	丁巳	初二
7月 6	丙戌	6月 7	丁巳	5月 8	丁亥	4月 9	戊午	3月10	戊子	2月 8	戊午	初三
7月 7	丁亥	6月 8	戊午	5月 9	戊子	4月10	己未	3月11	己丑	2月 9	己未	初四
7月 8	戊子	6月 9	己未	5月10	己丑	4月11	庚申	3月12	庚寅	2月10	庚申	初五
7月 9	己丑	6月10	庚申	5月11	庚寅	4月12	辛酉	3月13	辛卯	2月11	辛酉	初六
7月10	庚寅	6月11	辛酉	5月12	辛卯	4月13	壬戌	3月14	壬辰	2月12	壬戌	初七
7月11	辛卯	6月12	壬戌	5月13	壬辰	4月14	癸亥	3月15	癸巳	2月13	癸亥	初八
7月12	壬辰	6月13	癸亥	5月14	癸巳	4月15	甲子	3月16	甲午	2月14	甲子	初九
7月13	癸巳	6月14	甲子	5月15	甲午	4月16	乙丑	3月17	乙未	2月15	乙丑	初十
7月14	甲午	6月15	乙丑	5月16	乙未	4月17	丙寅	3月18	丙申	2月16	丙寅	十一
7月15	乙未	6月16	丙寅	5月17	丙申	4月18	丁卯	3月19	丁酉	2月17	丁卯	十二
7月16	丙申	6月17	丁卯	5月18	丁酉	4月19	戊辰	3月20	戊戌	2月18	戊辰	十三
7月17	丁酉	6月18	戊辰	5月19	戊戌	4月20	己巳	3月21	己亥	2月19	己巳	十四
7月18	戊戌	6月19	己巳	5月20	己亥	4月21	庚午	3月22	庚子	2月20	庚午	十五
7月19	己亥	6月20	庚午	5月21	庚子	4月22	辛未	3月23	辛丑	2月21	辛未	十六
7月20	庚子	6月21	辛未	5月22	辛丑	4月23	壬申	3月24	壬寅	2月22	壬申	十七
7月21	辛丑	6月22	壬申	5月23	壬寅	4月24	癸酉	3月25	癸卯	2月23	癸酉	十八
7月22	壬寅	6月23	癸酉	5月24	癸卯	4月25	甲戌	3月26	甲辰	2月24	甲戌	十九
7月23	癸卯	6月24	甲戌	5月25	甲辰	4月26	乙亥	3月27	乙巳	2月25	乙亥	二十
7月24	甲辰	6月25	乙亥	5月26	乙巳	4月27	丙子	3月28	丙午	2月26	丙子	廿一
7月25	乙巳	6月26	丙子	5月27	丙午	4月28	丁丑	3月29	丁未	2月27	丁丑	廿二
7月26	丙午	6月27	丁丑	5月28	丁未	4月29	戊寅	3月30	戊申	2月28	戊寅	廿三
7月27	丁未	6月28	戊寅	5月29	戊申	4月30	己卯	3月31	己酉	3月 1	己卯	廿四
7月28	戊申	6月29	己卯	5月30	己酉	5月 1	庚辰	4月 1	庚戌	3月 2	庚辰	廿五
7月29	己酉	6月30	庚辰	5月31	庚戌	5月 2	辛巳	4月 2	辛亥	3月 3	辛巳	廿六
7月30	庚戌	7月 1	辛巳	6月 1	辛亥	5月 3	壬午	4月 3	壬子	3月 4	壬午	廿七
7月31	辛亥	7月 2	壬午	6月 2	壬子	5月 4	癸未	4月 4	癸丑	3月 5	癸未	廿八
8月 1	壬子	7月 3	癸未	6月 3	癸丑	5月 5	甲申	4月 5	甲寅	3月 6	甲寅	廿九
				6月 4	甲寅			4月 6	乙卯	3月 7	乙酉	三十

西元2027年

月別	農曆十二月		農曆十一月		農曆十月		農曆九月		農曆八月		農曆七月	
干支	癸丑		壬子		辛亥		庚戌		己酉		戊申	
節	大寒	小寒	冬至	大雪	小雪	立冬	霜降	寒露	秋分	白露	處暑	立秋
氣	廿四 21時52分 亥時	初十 4時44分 寅時	廿五 11時43分 午時	初十 17時58分 酉時	廿五 22時43分 亥時	十一 1時18分 丑時	廿五 1時10分 丑時	初九 21時58分 亥時	廿三 15時30分 申時	初八 5時52分 卯時	廿二 17時22分 酉時	初七 2時30分 丑時
農曆	國曆	干支	國曆	干支	國曆	干支	國曆	干支	國曆	干支	國曆	干支
初一	12月28	辛巳	11月28	辛亥	10月29	辛巳	9月30	壬子	9月1	癸未	8月2	癸丑
初二	12月29	壬午	11月29	壬子	10月30	壬午	10月1	癸丑	9月2	甲申	8月3	甲寅
初三	12月30	癸未	11月30	癸丑	10月31	癸未	10月2	甲寅	9月3	乙酉	8月4	乙卯
初四	12月31	甲申	12月1	甲寅	11月1	甲申	10月3	乙卯	9月4	丙戌	8月5	丙辰
初五	1月1	乙酉	12月2	乙卯	11月2	乙酉	10月4	丙辰	9月5	丁亥	8月6	丁巳
初六	1月2	丙戌	12月3	丙辰	11月3	丙戌	10月5	丁巳	9月6	戊子	8月7	戊午
初七	1月3	丁亥	12月4	丁巳	11月4	丁亥	10月6	戊午	9月7	己丑	8月8	己未
初八	1月4	戊子	12月5	戊午	11月5	戊子	10月7	己未	9月8	庚寅	8月9	庚申
初九	1月5	己丑	12月6	己未	11月6	己丑	10月8	庚申	9月9	辛卯	8月10	辛酉
初十	1月6	庚寅	12月7	庚申	11月7	庚寅	10月9	辛酉	9月10	壬辰	8月11	壬戌
十一	1月7	辛卯	12月8	辛酉	11月8	辛卯	10月10	壬戌	9月11	癸巳	8月12	癸亥
十二	1月8	壬辰	12月9	壬戌	11月9	壬辰	10月11	癸亥	9月12	甲午	8月13	甲子
十三	1月9	癸巳	12月10	癸亥	11月10	癸巳	10月12	甲子	9月13	乙未	8月14	乙丑
十四	1月10	甲午	12月11	甲子	11月11	甲午	10月13	乙丑	9月14	丙申	8月15	丙寅
十五	1月11	乙未	12月12	乙丑	11月12	乙未	10月14	丙寅	9月15	丁酉	8月16	丁卯
十六	1月12	丙申	12月13	丙寅	11月13	丙申	10月15	丁卯	9月16	戊戌	8月17	戊辰
十七	1月13	丁酉	12月14	丁卯	11月14	丁酉	10月16	戊辰	9月17	己亥	8月18	己巳
十八	1月14	戊戌	12月15	戊辰	11月15	戊戌	10月17	己巳	9月18	庚子	8月19	庚午
十九	1月15	己亥	12月16	己巳	11月16	己亥	10月18	庚午	9月19	辛丑	8月20	辛未
二十	1月16	庚子	12月17	庚午	11月17	庚子	10月19	辛未	9月20	壬寅	8月21	壬申
廿一	1月17	辛丑	12月18	辛未	11月18	辛丑	10月20	壬申	9月21	癸卯	8月22	癸酉
廿二	1月18	壬寅	12月19	壬申	11月19	壬寅	10月21	癸酉	9月22	甲辰	8月23	甲戌
廿三	1月19	癸卯	12月20	癸酉	11月20	癸卯	10月22	甲戌	9月23	乙巳	8月24	乙亥
廿四	1月20	甲辰	12月21	甲戌	11月21	甲辰	10月23	乙亥	9月24	丙午	8月25	丙子
廿五	1月21	乙巳	12月22	乙亥	11月22	乙巳	10月24	丙子	9月25	丁未	8月26	丁丑
廿六	1月22	丙午	12月23	丙子	11月23	丙午	10月25	丁丑	9月26	戊申	8月27	戊寅
廿七	1月23	丁未	12月24	丁丑	11月24	丁未	10月26	戊寅	9月27	己酉	8月28	己卯
廿八	1月24	戊申	12月25	戊寅	11月25	戊申	10月27	己卯	9月28	庚戌	8月29	庚辰
廿九	1月25	己酉	12月26	己卯	11月26	己酉	10月28	庚辰	9月29	辛亥	8月30	辛巳
三十			12月27	庚辰	11月27	庚戌					8月31	壬午

中華民國一一七年 歲次 戊申《猴》　西元二○二八年　太歲 姓愈名志

節氣表

節氣	國曆	時刻（時支）
立春	1月（2月4日）	15時56分（申）
雨水	2月19日	11時38分（午）
驚蟄	3月5日	9時38分（巳）
春分	3月20日	10時27分（巳）
清明	4月4日	14時19分（未）
穀雨	4月19日	21時25分（亥）
立夏	5月5日	7時36分（辰）
小滿	5月20日	20時34分（戌）
芒種	6月5日	11時47分（午）
夏至	6月21日	4時35分（寅）
小暑	7月6日	22時10分（亥）
大暑	7月22日	15時41分（申）
立秋	8月7日	8時17分（辰）

月支干：正月 甲寅／二月 乙卯／三月 丙辰／四月 丁巳／五月 戊午／閏五月／六月 己未

農曆國曆對照（干支）

農曆	正月	二月	三月	四月	五月	閏五月	六月
初一	1月26日 庚戌	2月25日 庚辰	3月26日 庚戌	4月25日 庚辰	5月24日 己酉	6月23日 己卯	7月22日 戊申
初二	1月27日 辛亥	2月26日 辛巳	3月27日 辛亥	4月26日 辛巳	5月25日 庚戌	6月24日 庚辰	7月23日 己酉
初三	1月28日 壬子	2月27日 壬午	3月28日 壬子	4月27日 壬午	5月26日 辛亥	6月25日 辛巳	7月24日 庚戌
初四	1月29日 癸丑	2月28日 癸未	3月29日 癸丑	4月28日 癸未	5月27日 壬子	6月26日 壬午	7月25日 辛亥
初五	1月30日 甲寅	2月29日 甲申	3月30日 甲寅	4月29日 甲申	5月28日 癸丑	6月27日 癸未	7月26日 壬子
初六	1月31日 乙卯	3月1日 乙酉	3月31日 乙卯	4月30日 乙酉	5月29日 甲寅	6月28日 甲申	7月27日 癸丑
初七	2月1日 丙辰	3月2日 丙戌	4月1日 丙辰	5月1日 丙戌	5月30日 乙卯	6月29日 乙酉	7月28日 甲寅
初八	2月2日 丁巳	3月3日 丁亥	4月2日 丁巳	5月2日 丁亥	5月31日 丙辰	6月30日 丙戌	7月29日 乙卯
初九	2月3日 戊午	3月4日 戊子	4月3日 戊午	5月3日 戊子	6月1日 丁巳	7月1日 丁亥	7月30日 丙辰
初十	2月4日 己未	3月5日 己丑	4月4日 己未	5月4日 己丑	6月2日 戊午	7月2日 戊子	7月31日 丁巳
十一	2月5日 庚申	3月6日 庚寅	4月5日 庚申	5月5日 庚寅	6月3日 己未	7月3日 己丑	8月1日 戊午
十二	2月6日 辛酉	3月7日 辛卯	4月6日 辛酉	5月6日 辛卯	6月4日 庚申	7月4日 庚寅	8月2日 己未
十三	2月7日 壬戌	3月8日 壬辰	4月7日 壬戌	5月7日 壬辰	6月5日 辛酉	7月5日 辛卯	8月3日 庚申
十四	2月8日 癸亥	3月9日 癸巳	4月8日 癸亥	5月8日 癸巳	6月6日 壬戌	7月6日 壬辰	8月4日 辛酉
十五	2月9日 甲子	3月10日 甲午	4月9日 甲子	5月9日 甲午	6月7日 癸亥	7月7日 癸巳	8月5日 壬戌
十六	2月10日 乙丑	3月11日 乙未	4月10日 乙丑	5月10日 乙未	6月8日 甲子	7月8日 甲午	8月6日 癸亥
十七	2月11日 丙寅	3月12日 丙申	4月11日 丙寅	5月11日 丙申	6月9日 乙丑	7月9日 乙未	8月7日 甲子
十八	2月12日 丁卯	3月13日 丁酉	4月12日 丁卯	5月12日 丁酉	6月10日 丙寅	7月10日 丙申	8月8日 乙丑
十九	2月13日 戊辰	3月14日 戊戌	4月13日 戊辰	5月13日 戊戌	6月11日 丁卯	7月11日 丁酉	8月9日 丙寅
二十	2月14日 己巳	3月15日 己亥	4月14日 己巳	5月14日 己亥	6月12日 戊辰	7月12日 戊戌	8月10日 丁卯
廿一	2月15日 庚午	3月16日 庚子	4月15日 庚午	5月15日 庚子	6月13日 己巳	7月13日 己亥	8月11日 戊辰
廿二	2月16日 辛未	3月17日 辛丑	4月16日 辛未	5月16日 辛丑	6月14日 庚午	7月14日 庚子	8月12日 己巳
廿三	2月17日 壬申	3月18日 壬寅	4月17日 壬申	5月17日 壬寅	6月15日 辛未	7月15日 辛丑	8月13日 庚午
廿四	2月18日 癸酉	3月19日 癸卯	4月18日 癸酉	5月18日 癸卯	6月16日 壬申	7月16日 壬寅	8月14日 辛未
廿五	2月19日 甲戌	3月20日 甲辰	4月19日 甲戌	5月19日 甲辰	6月17日 癸酉	7月17日 癸卯	8月15日 壬申
廿六	2月20日 乙亥	3月21日 乙巳	4月20日 乙亥	5月20日 乙巳	6月18日 甲戌	7月18日 甲辰	8月16日 癸酉
廿七	2月21日 丙子	3月22日 丙午	4月21日 丙子	5月21日 丙午	6月19日 乙亥	7月19日 乙巳	8月17日 甲戌
廿八	2月22日 丁丑	3月23日 丁未	4月22日 丁丑	5月22日 丁未	6月20日 丙子	7月20日 丙午	8月18日 乙亥
廿九	2月23日 戊寅	3月24日 戊申	4月23日 戊寅	5月23日 戊申	6月21日 丁丑	7月21日 丁未	8月19日 丙子
三十	2月24日 己卯	3月25日 己酉	4月24日 己卯		6月22日 戊寅		

西元2028年

月別	農曆十二月		農曆十一月		農曆十月		農曆九月		農曆八月		農曆七月	
干支	乙丑		甲子		癸亥		壬戌		辛酉		庚申	
節	立春	大寒	小寒	冬至	大雪	小雪	立冬	霜降	寒露	秋分	白露	處暑
氣	21時45分 二十亥時	3時42分 初六寅時	10時34分 廿一巳時	17時32分 初六酉時	23時47分 廿一夜子	4時32分 初七寅時	7時7分 廿一辰時	6時59分 初六卯時	3時46分 二十寅時	21時19分 初四亥時	11時41分 十九午時	23時10分 初三夜子
農曆	國曆	干支	國曆	干支	國曆	干支	國曆	干支	國曆	干支	國曆	干支
初一	1月15	巳乙	12月16	亥乙	11月16	巳乙	10月18	子丙	9月19	未丁	8月20	丑丁
初二	1月16	午丙	12月17	子丙	11月17	午丙	10月19	丑丁	9月20	申戊	8月21	寅戊
初三	1月17	未丁	12月18	丑丁	11月18	未丁	10月20	寅戊	9月21	酉己	8月22	卯己
初四	1月18	申戊	12月19	寅戊	11月19	申戊	10月21	卯己	9月22	戌庚	8月23	辰庚
初五	1月19	酉己	12月20	卯己	11月20	酉己	10月22	辰庚	9月23	亥辛	8月24	巳辛
初六	1月20	戌庚	12月21	辰庚	11月21	戌庚	10月23	巳辛	9月24	子壬	8月25	午壬
初七	1月21	亥辛	12月22	巳辛	11月22	亥辛	10月24	午壬	9月25	丑癸	8月26	未癸
初八	1月22	子壬	12月23	午壬	11月23	子壬	10月25	未癸	9月26	寅甲	8月27	申甲
初九	1月23	丑癸	12月24	未癸	11月24	丑癸	10月26	申甲	9月27	卯乙	8月28	酉乙
初十	1月24	寅甲	12月25	申甲	11月25	寅甲	10月27	酉乙	9月28	辰丙	8月29	戌丙
十一	1月25	卯乙	12月26	酉乙	11月26	卯乙	10月28	戌丙	9月29	巳丁	8月30	亥丁
十二	1月26	辰丙	12月27	戌丙	11月27	辰丙	10月29	亥丁	9月30	午戊	8月31	子戊
十三	1月27	巳丁	12月28	亥丁	11月28	巳丁	10月30	子戊	10月1	未己	9月1	丑己
十四	1月28	午戊	12月29	子戊	11月29	午戊	10月31	丑己	10月2	申庚	9月2	寅庚
十五	1月29	未己	12月30	丑己	11月30	未己	11月1	寅庚	10月3	酉辛	9月3	卯辛
十六	1月30	申庚	12月31	寅庚	12月1	申庚	11月2	卯辛	10月4	戌壬	9月4	辰壬
十七	1月31	酉辛	1月1	卯辛	12月2	酉辛	11月3	辰壬	10月5	亥癸	9月5	巳癸
十八	2月1	戌壬	1月2	辰壬	12月3	戌壬	11月4	巳癸	10月6	子甲	9月6	午甲
十九	2月2	亥癸	1月3	巳癸	12月4	亥癸	11月5	午甲	10月7	丑乙	9月7	未乙
二十	2月3	子甲	1月4	午甲	12月5	子甲	11月6	未乙	10月8	寅丙	9月8	申丙
廿一	2月4	丑乙	1月5	未乙	12月6	丑乙	11月7	申丙	10月9	卯丁	9月9	酉丁
廿二	2月5	寅丙	1月6	申丙	12月7	寅丙	11月8	酉丁	10月10	辰戊	9月10	戌戊
廿三	2月6	卯丁	1月7	酉丁	12月8	卯丁	11月9	戌戊	10月11	巳己	9月11	亥己
廿四	2月7	辰戊	1月8	戌戊	12月9	辰戊	11月10	亥己	10月12	午庚	9月12	子庚
廿五	2月8	巳己	1月9	亥己	12月10	巳己	11月11	子庚	10月13	未辛	9月13	丑辛
廿六	2月9	午庚	1月10	子庚	12月11	午庚	11月12	丑辛	10月14	申壬	9月14	寅壬
廿七	2月10	未辛	1月11	丑辛	12月12	未辛	11月13	寅壬	10月15	酉癸	9月15	卯癸
廿八	2月11	申壬	1月12	寅壬	12月13	申壬	11月14	卯癸	10月16	戌甲	9月16	辰甲
廿九	2月12	酉癸	1月13	卯癸	12月14	酉癸	11月15	辰甲	10月17	亥乙	9月17	巳乙
三十			1月14	辰甲	12月15	戌甲					9月18	午丙

中華民國一一八年　歲次　己酉《雞》　西元二〇二九年　太歲姓程名寅

農曆六月 辛未		農曆五月 庚午		農曆四月 己巳		農曆三月 戊辰		農曆二月 丁卯		農曆正月 丙寅		別月 支干
節：立秋 14時6分 廿八未　氣：大暑 21時29分 十二亥		節：小暑 3時58分 廿六寅　氣：夏至 10時23分 初十巳		節：芒種 17時35分 廿四酉　氣：小滿 2時44分 初九丑		節：立夏 13時26分 廿二未　氣：穀雨 3時14分 初七申		節：清明 20時8分 廿一戌　氣：春分 16時16分 初六申		節：驚蟄 15時29分 廿一申　氣：雨水 17時28分 初六酉		
國曆	支干	國曆	支干	國曆	支干	國曆	支干	國曆	支干	國曆	支干	曆農
7月11	寅壬	6月12	酉癸	5月13	卯癸	4月14	戌甲	3月15	辰甲	2月13	戌甲	初一
7月12	卯癸	6月13	戌甲	5月14	辰甲	4月15	亥乙	3月16	巳乙	2月14	亥乙	初二
7月13	辰甲	6月14	亥乙	5月15	巳乙	4月16	子丙	3月17	午丙	2月15	子丙	初三
7月14	巳乙	6月15	子丙	5月16	午丙	4月17	丑丁	3月18	未丁	2月16	丑丁	初四
7月15	午丙	6月16	丑丁	5月17	未丁	4月18	寅戊	3月19	申戊	2月17	寅戊	初五
7月16	未丁	6月17	寅戊	5月18	申戊	4月19	卯己	3月20	酉己	2月18	卯己	初六
7月17	申戊	6月18	卯己	5月19	酉己	4月20	辰庚	3月21	戌庚	2月19	辰庚	初七
7月18	酉己	6月19	辰庚	5月20	戌庚	4月21	巳辛	3月22	亥辛	2月20	巳辛	初八
7月19	戌庚	6月20	巳辛	5月21	亥辛	4月22	午壬	3月23	子壬	2月21	午壬	初九
7月20	亥辛	6月21	午壬	5月22	子壬	4月23	未癸	3月24	丑癸	2月22	未癸	初十
7月21	子壬	6月22	未癸	5月23	丑癸	4月24	申甲	3月25	寅甲	2月23	申甲	十一
7月22	丑癸	6月23	申甲	5月24	寅甲	4月25	酉乙	3月26	卯乙	2月24	酉乙	十二
7月23	寅甲	6月24	酉乙	5月25	卯乙	4月26	戌丙	3月27	辰丙	2月25	戌丙	十三
7月24	卯乙	6月25	戌丙	5月26	辰丙	4月27	亥丁	3月28	巳丁	2月26	亥丁	十四
7月25	辰丙	6月26	亥丁	5月27	巳丁	4月28	子戊	3月29	午戊	2月27	子戊	十五
7月26	巳丁	6月27	子戊	5月28	午戊	4月29	丑己	3月30	未己	2月28	丑己	十六
7月27	午戊	6月28	丑己	5月29	未己	4月30	寅庚	3月31	申庚	3月1	寅庚	十七
7月28	未己	6月29	寅庚	5月30	申庚	5月1	卯辛	4月1	酉辛	3月2	卯辛	十八
7月29	申庚	6月30	卯辛	5月31	酉辛	5月2	辰壬	4月2	戌壬	3月3	辰壬	十九
7月30	酉辛	7月1	辰壬	6月1	戌壬	5月3	巳癸	4月3	亥癸	3月4	巳癸	二十
7月31	戌壬	7月2	巳癸	6月2	亥癸	5月4	午甲	4月4	子甲	3月5	午甲	廿一
8月1	亥癸	7月3	午甲	6月3	子甲	5月5	未乙	4月5	丑乙	3月6	未乙	廿二
8月2	子甲	7月4	未乙	6月4	丑乙	5月6	申丙	4月6	寅丙	3月7	申丙	廿三
8月3	丑乙	7月5	申丙	6月5	寅丙	5月7	酉丁	4月7	卯丁	3月8	酉丁	廿四
8月4	寅丙	7月6	酉丁	6月6	卯丁	5月8	戌戊	4月8	辰戊	3月9	戌戊	廿五
8月5	卯丁	7月7	戌戊	6月7	辰戊	5月9	亥己	4月9	巳己	3月10	亥己	廿六
8月6	辰戊	7月8	亥己	6月8	巳己	5月10	子庚	4月10	午庚	3月11	子庚	廿七
8月7	巳己	7月9	子庚	6月9	午庚	5月11	丑辛	4月11	未辛	3月12	丑辛	廿八
8月8	午庚	7月10	丑辛	6月10	未辛	5月12	寅壬	4月12	申壬	3月13	寅壬	廿九
8月9	未辛			6月11	申壬			4月13	酉癸	3月14	卯癸	三十

西元2029年

月別	農曆十二月		農曆十一月		農曆十月		農曆九月		農曆八月		農曆七月	
干支	丁丑		丙子		乙亥		甲戌		癸酉		壬申	
節	大寒 小寒		冬至 大雪		小雪 立冬		霜降 寒露		秋分		白露 處暑	
氣	十七日巳時9時31分／初二申時16時24分		十七日夜子時23時22分／初三卯時5時37分		十七日巳時10時22分／初二午時12時57分		十六日午時12時33分／初一巳時9時35分		十六日寅時3時7分		廿九日酉時17時29分／十四日寅時4時59分	
農曆	國曆	支干	國曆	支干	國曆	支干	國曆	支干	國曆	支干	國曆	支干
初一	1月4	己亥	12月5	己巳	11月6	庚子	10月8	辛未	9月8	辛丑	8月10	壬申
初二	1月5	庚子	12月6	庚午	11月7	辛丑	10月9	壬申	9月9	壬寅	8月11	癸酉
初三	1月6	辛丑	12月7	辛未	11月8	壬寅	10月10	癸酉	9月10	癸卯	8月12	甲戌
初四	1月7	壬寅	12月8	壬申	11月9	癸卯	10月11	甲戌	9月11	甲辰	8月13	乙亥
初五	1月8	癸卯	12月9	癸酉	11月10	甲辰	10月12	乙亥	9月12	乙巳	8月14	丙子
初六	1月9	甲辰	12月10	甲戌	11月11	乙巳	10月13	丙子	9月13	丙午	8月15	丁丑
初七	1月10	乙巳	12月11	乙亥	11月12	丙午	10月14	丁丑	9月14	丁未	8月16	戊寅
初八	1月11	丙午	12月12	丙子	11月13	丁未	10月15	戊寅	9月15	戊申	8月17	己卯
初九	1月12	丁未	12月13	丁丑	11月14	戊申	10月16	己卯	9月16	己酉	8月18	庚辰
初十	1月13	戊申	12月14	戊寅	11月15	己酉	10月17	庚辰	9月17	庚戌	8月19	辛巳
十一	1月14	己酉	12月15	己卯	11月16	庚戌	10月18	辛巳	9月18	辛亥	8月20	壬午
十二	1月15	庚戌	12月16	庚辰	11月17	辛亥	10月19	壬午	9月19	壬子	8月21	癸未
十三	1月16	辛亥	12月17	辛巳	11月18	壬子	10月20	癸未	9月20	癸丑	8月22	甲申
十四	1月17	壬子	12月18	壬午	11月19	癸丑	10月21	甲申	9月21	甲寅	8月23	乙酉
十五	1月18	癸丑	12月19	癸未	11月20	甲寅	10月22	乙酉	9月22	乙卯	8月24	丙戌
十六	1月19	甲寅	12月20	甲申	11月21	乙卯	10月23	丙戌	9月23	丙辰	8月25	丁亥
十七	1月20	乙卯	12月21	乙酉	11月22	丙辰	10月24	丁亥	9月24	丁巳	8月26	戊子
十八	1月21	丙辰	12月22	丙戌	11月23	丁巳	10月25	戊子	9月25	戊午	8月27	己丑
十九	1月22	丁巳	12月23	丁亥	11月24	戊午	10月26	己丑	9月26	己未	8月28	庚寅
二十	1月23	戊午	12月24	戊子	11月25	己未	10月27	庚寅	9月27	庚申	8月29	辛卯
廿一	1月24	己未	12月25	己丑	11月26	庚申	10月28	辛卯	9月28	辛酉	8月30	壬辰
廿二	1月25	庚申	12月26	庚寅	11月27	辛酉	10月29	壬辰	9月29	壬戌	8月31	癸巳
廿三	1月26	辛酉	12月27	辛卯	11月28	壬戌	10月30	癸巳	9月30	癸亥	9月1	甲午
廿四	1月27	壬戌	12月28	壬辰	11月29	癸亥	10月31	甲午	10月1	甲子	9月2	乙未
廿五	1月28	癸亥	12月29	癸巳	11月30	甲子	11月1	乙未	10月2	乙丑	9月3	丙申
廿六	1月29	甲子	12月30	甲午	12月1	乙丑	11月2	丙申	10月3	丙寅	9月4	丁酉
廿七	1月30	乙丑	12月31	乙未	12月2	丙寅	11月3	丁酉	10月4	丁卯	9月5	戊戌
廿八	1月31	丙寅	1月1	丙申	12月3	丁卯	11月4	戊戌	10月5	戊辰	9月6	己亥
廿九	2月1	丁卯	1月2	丁酉	12月4	戊辰	11月5	己亥	10月6	己巳	9月7	庚子
三十			1月3	戊戌					10月7	庚午		

中華民國一一九年　歲次　庚戌《狗》　西元二○三○年　太歲　姓化名秋

農曆六月		農曆五月		農曆四月		農曆三月		農曆二月		農曆正月		別月
癸	未	壬	午	辛	巳	庚	辰	己	卯	戊	寅	支干
大暑	小暑	夏至	芒種	小滿	立夏	穀雨	清明	春分	驚蟄	雨水	立春	節
3時18分 廿三寅時	9時46分 初七巳時	16時11分 廿一申時	23時23分 初五夜子時	8時10分 二十辰時	19時13分 初四戌時	9時3分 十八巳時	1時57分 初三丑時	22時5分 十七亥時	21時18分 初二亥時	23時17分 十七夜子時	3時35分 初三寅時	氣

國曆	支干	國曆	支干	國曆	支干	國曆	支干	國曆	支干	國曆	支干	農曆
7月1	丁酉	6月1	丁卯	5月2	丁酉	4月3	戊辰	3月4	戊戌	2月2	戊辰	初一
7月2	戊戌	6月2	戊辰	5月3	戊戌	4月4	己巳	3月5	己亥	2月3	己巳	初二
7月3	己亥	6月3	己巳	5月4	己亥	4月5	庚午	3月6	庚子	2月4	庚午	初三
7月4	庚子	6月4	庚午	5月5	庚子	4月6	辛未	3月7	辛丑	2月5	辛未	初四
7月5	辛丑	6月5	辛未	5月6	辛丑	4月7	壬申	3月8	壬寅	2月6	壬申	初五
7月6	壬寅	6月6	壬申	5月7	壬寅	4月8	癸酉	3月9	癸卯	2月7	癸酉	初六
7月7	癸卯	6月7	癸酉	5月8	癸卯	4月9	甲戌	3月10	甲辰	2月8	甲戌	初七
7月8	甲辰	6月8	甲戌	5月9	甲辰	4月10	乙亥	3月11	乙巳	2月9	乙亥	初八
7月9	乙巳	6月9	乙亥	5月10	乙巳	4月11	丙子	3月12	丙午	2月10	丙子	初九
7月10	丙午	6月10	丙子	5月11	丙午	4月12	丁丑	3月13	丁未	2月11	丁丑	初十
7月11	丁未	6月11	丁丑	5月12	丁未	4月13	戊寅	3月14	戊申	2月12	戊寅	十一
7月12	戊申	6月12	戊寅	5月13	戊申	4月14	己卯	3月15	己酉	2月13	己卯	十二
7月13	己酉	6月13	己卯	5月14	己酉	4月15	庚辰	3月16	庚戌	2月14	庚辰	十三
7月14	庚戌	6月14	庚辰	5月15	庚戌	4月16	辛巳	3月17	辛亥	2月15	辛巳	十四
7月15	辛亥	6月15	辛巳	5月16	辛亥	4月17	壬午	3月18	壬子	2月16	壬午	十五
7月16	壬子	6月16	壬午	5月17	壬子	4月18	癸未	3月19	癸丑	2月17	癸未	十六
7月17	癸丑	6月17	癸未	5月18	癸丑	4月19	甲申	3月20	甲寅	2月18	甲申	十七
7月18	甲寅	6月18	甲申	5月19	甲寅	4月20	乙酉	3月21	乙卯	2月19	乙酉	十八
7月19	乙卯	6月19	乙酉	5月20	乙卯	4月21	丙戌	3月22	丙辰	2月20	丙戌	十九
7月20	丙辰	6月20	丙戌	5月21	丙辰	4月22	丁亥	3月23	丁巳	2月21	丁亥	二十
7月21	丁巳	6月21	丁亥	5月22	丁巳	4月23	戊子	3月24	戊午	2月22	戊子	廿一
7月22	戊午	6月22	戊子	5月23	戊午	4月24	己丑	3月25	己未	2月23	己丑	廿二
7月23	己未	6月23	己丑	5月24	己未	4月25	庚寅	3月26	庚申	2月24	庚寅	廿三
7月24	庚申	6月24	庚寅	5月25	庚申	4月26	辛卯	3月27	辛酉	2月25	辛卯	廿四
7月25	辛酉	6月25	辛卯	5月26	辛酉	4月27	壬辰	3月28	壬戌	2月26	壬辰	廿五
7月26	壬戌	6月26	壬辰	5月27	壬戌	4月28	癸巳	3月29	癸亥	2月27	癸巳	廿六
7月27	癸亥	6月27	癸巳	5月28	癸亥	4月29	甲午	3月30	甲子	2月28	甲午	廿七
7月28	甲子	6月28	甲午	5月29	甲子	4月30	乙未	3月31	乙丑	3月1	乙未	廿八
7月29	乙丑	6月29	乙未	5月30	乙丑	5月1	丙申	4月1	丙寅	3月2	丙申	廿九
		6月30	丙申	5月31	丙寅			4月2	丁卯	3月3	丁酉	三十

西元2030年

月別	農曆十二月		農曆十一月		農曆十月		農曆九月		農曆八月		農曆七月	
干支	己丑		戊子		丁亥		丙戌		乙酉		甲申	
節	大寒	小寒	冬至	大雪	小雪	立冬	霜降	寒露	秋分	白露	處暑	立秋
氣	15時22分 廿七申時	22時14分 十七亥時	5時12分 廿八卯時	11時27分 十三午時	16時12分 廿七申時	18時47分 十二酉時	18時38分 廿七酉時	15時24分 十二申時	8時57分 廿六辰時	23時18分 初十夜子	10時47分 廿五巳時	19時54分 初九戌時
農曆	國曆	干支	國曆	干支	國曆	干支	國曆	干支	國曆	干支	國曆	干支
初一	12月25	午甲	11月25	子甲	10月27	未乙	9月27	丑乙	8月29	申丙	7月30	寅丙
初二	12月26	未乙	11月26	丑乙	10月28	申丙	9月28	寅丙	8月30	酉丁	7月31	卯丁
初三	12月27	申丙	11月27	寅丙	10月29	酉丁	9月29	卯丁	8月31	戌戊	8月1	辰戊
初四	12月28	酉丁	11月28	卯丁	10月30	戌戊	9月30	辰戊	9月1	亥己	8月2	巳己
初五	12月29	戌戊	11月29	辰戊	10月31	亥己	10月1	巳己	9月2	子庚	8月3	午庚
初六	12月30	亥己	11月30	巳己	11月1	子庚	10月2	午庚	9月3	丑辛	8月4	未辛
初七	12月31	子庚	12月1	午庚	11月2	丑辛	10月3	未辛	9月4	寅壬	8月5	申壬
初八	1月1	丑辛	12月2	未辛	11月3	寅壬	10月4	申壬	9月5	卯癸	8月6	酉癸
初九	1月2	寅壬	12月3	申壬	11月4	卯癸	10月5	酉癸	9月6	辰甲	8月7	戌甲
初十	1月3	卯癸	12月4	酉癸	11月5	辰甲	10月6	戌甲	9月7	巳乙	8月8	亥乙
十一	1月4	辰甲	12月5	戌甲	11月6	巳乙	10月7	亥乙	9月8	午丙	8月9	子丙
十二	1月5	巳乙	12月6	亥乙	11月7	午丙	10月8	子丙	9月9	未丁	8月10	丑丁
十三	1月6	午丙	12月7	子丙	11月8	未丁	10月9	丑丁	9月10	申戊	8月11	寅戊
十四	1月7	未丁	12月8	丑丁	11月9	申戊	10月10	寅戊	9月11	酉己	8月12	卯己
十五	1月8	申戊	12月9	寅戊	11月10	酉己	10月11	卯己	9月12	戌庚	8月13	辰庚
十六	1月9	酉己	12月10	卯己	11月11	戌庚	10月12	辰庚	9月13	亥辛	8月14	巳辛
十七	1月10	戌庚	12月11	辰庚	11月12	亥辛	10月13	巳辛	9月14	子壬	8月15	午壬
十八	1月11	亥辛	12月12	巳辛	11月13	子壬	10月14	午壬	9月15	丑癸	8月16	未癸
十九	1月12	子壬	12月13	午壬	11月14	丑癸	10月15	未癸	9月16	寅甲	8月17	申甲
二十	1月13	丑癸	12月14	未癸	11月15	寅甲	10月16	申甲	9月17	卯乙	8月18	酉乙
廿一	1月14	寅甲	12月15	申甲	11月16	卯乙	10月17	酉乙	9月18	辰丙	8月19	戌丙
廿二	1月15	卯乙	12月16	酉乙	11月17	辰丙	10月18	戌丙	9月19	巳丁	8月20	亥丁
廿三	1月16	辰丙	12月17	戌丙	11月18	巳丁	10月19	亥丁	9月20	午戊	8月21	子戊
廿四	1月17	巳丁	12月18	亥丁	11月19	午戊	10月20	子戊	9月21	未己	8月22	丑己
廿五	1月18	午戊	12月19	子戊	11月20	未己	10月21	丑己	9月22	申庚	8月23	寅庚
廿六	1月19	未己	12月20	丑己	11月21	申庚	10月22	寅庚	9月23	酉辛	8月24	卯辛
廿七	1月20	申庚	12月21	寅庚	11月22	酉辛	10月23	卯辛	9月24	戌壬	8月25	辰壬
廿八	1月21	酉辛	12月22	卯辛	11月23	戌壬	10月24	辰壬	9月25	亥癸	8月26	巳癸
廿九	1月22	戌壬	12月23	辰壬	11月24	亥癸	10月25	巳癸	9月26	子甲	8月27	午甲
三十			12月24	巳癸			10月26	午甲			8月28	未乙

中華民國一二○年　歲次　辛亥《豬》　西元二○三一年　太歲姓葉名堅

節氣

節氣	時刻	農曆
立春（春立）	9時25分 卯時	正月十三
雨水（水雨）	5時18分 卯時	正月廿八
驚蟄（蟄驚）	3時6分 寅時	二月十四
春分（分春）	3時54分 寅時	二月廿九
清明（明清）	7時46分 辰時	三月十四
穀雨（雨穀）	12時51分 未時	三月廿九
立夏（夏立）	1時2分 丑時	閏三月十五
小滿（滿小）	13時59分 未時	四月十一
芒種（種芒）	5時12分 卯時	四月廿七
夏至（至夏）	21時59分 亥時	五月初二
小暑（暑小）	15時35分 申時	五月十八
大暑（暑大）	9時5分 巳時	六月初五
立秋（秋立）	1時42分 丑時	六月廿一

農曆月份干支

農曆	正月（庚寅）	二月（辛卯）	三月（壬辰）	閏三月	四月（癸巳）	五月（甲午）	六月（乙未）
初一	1月23日 癸亥	2月21日 壬辰	3月23日 壬戌	4月22日 壬辰	5月21日 辛酉	6月20日 辛卯	7月19日 庚申
初二	1月24日 甲子	2月22日 癸巳	3月24日 癸亥	4月23日 癸巳	5月22日 壬戌	6月21日 壬辰	7月20日 辛酉
初三	1月25日 乙丑	2月23日 甲午	3月25日 甲子	4月24日 甲午	5月23日 癸亥	6月22日 癸巳	7月21日 壬戌
初四	1月26日 丙寅	2月24日 乙未	3月26日 乙丑	4月25日 乙未	5月24日 甲子	6月23日 甲午	7月22日 癸亥
初五	1月27日 丁卯	2月25日 丙申	3月27日 丙寅	4月26日 丙申	5月25日 乙丑	6月24日 乙未	7月23日 甲子
初六	1月28日 戊辰	2月26日 丁酉	3月28日 丁卯	4月27日 丁酉	5月26日 丙寅	6月25日 丙申	7月24日 乙丑
初七	1月29日 己巳	2月27日 戊戌	3月29日 戊辰	4月28日 戊戌	5月27日 丁卯	6月26日 丁酉	7月25日 丙寅
初八	1月30日 庚午	2月28日 己亥	3月30日 己巳	4月29日 己亥	5月28日 戊辰	6月27日 戊戌	7月26日 丁卯
初九	1月31日 辛未	3月1日 庚子	3月31日 庚午	4月30日 庚子	5月29日 己巳	6月28日 己亥	7月27日 戊辰
初十	2月1日 壬申	3月2日 辛丑	4月1日 辛未	5月1日 辛丑	5月30日 庚午	6月29日 庚子	7月28日 己巳
十一	2月2日 癸酉	3月3日 壬寅	4月2日 壬申	5月2日 壬寅	5月31日 辛未	6月30日 辛丑	7月29日 庚午
十二	2月3日 甲戌	3月4日 癸卯	4月3日 癸酉	5月3日 癸卯	6月1日 壬申	7月1日 壬寅	7月30日 辛未
十三	2月4日 乙亥	3月5日 甲辰	4月4日 甲戌	5月4日 甲辰	6月2日 癸酉	7月2日 癸卯	7月31日 壬申
十四	2月5日 丙子	3月6日 乙巳	4月5日 乙亥	5月5日 乙巳	6月3日 甲戌	7月3日 甲辰	8月1日 癸酉
十五	2月6日 丁丑	3月7日 丙午	4月6日 丙子	5月6日 丙午	6月4日 乙亥	7月4日 乙巳	8月2日 甲戌
十六	2月7日 戊寅	3月8日 丁未	4月7日 丁丑	5月7日 丁未	6月5日 丙子	7月5日 丙午	8月3日 乙亥
十七	2月8日 己卯	3月9日 戊申	4月8日 戊寅	5月8日 戊申	6月6日 丁丑	7月6日 丁未	8月4日 丙子
十八	2月9日 庚辰	3月10日 己酉	4月9日 己卯	5月9日 己酉	6月7日 戊寅	7月7日 戊申	8月5日 丁丑
十九	2月10日 辛巳	3月11日 庚戌	4月10日 庚辰	5月10日 庚戌	6月8日 己卯	7月8日 己酉	8月6日 戊寅
二十	2月11日 壬午	3月12日 辛亥	4月11日 辛巳	5月11日 辛亥	6月9日 庚辰	7月9日 庚戌	8月7日 己卯
廿一	2月12日 癸未	3月13日 壬子	4月12日 壬午	5月12日 壬子	6月10日 辛巳	7月10日 辛亥	8月8日 庚辰
廿二	2月13日 甲申	3月14日 癸丑	4月13日 癸未	5月13日 癸丑	6月11日 壬午	7月11日 壬子	8月9日 辛巳
廿三	2月14日 乙酉	3月15日 甲寅	4月14日 甲申	5月14日 甲寅	6月12日 癸未	7月12日 癸丑	8月10日 壬午
廿四	2月15日 丙戌	3月16日 乙卯	4月15日 乙酉	5月15日 乙卯	6月13日 甲申	7月13日 甲寅	8月11日 癸未
廿五	2月16日 丁亥	3月17日 丙辰	4月16日 丙戌	5月16日 丙辰	6月14日 乙酉	7月14日 乙卯	8月12日 甲申
廿六	2月17日 戊子	3月18日 丁巳	4月17日 丁亥	5月17日 丁巳	6月15日 丙戌	7月15日 丙辰	8月13日 乙酉
廿七	2月18日 己丑	3月19日 戊午	4月18日 戊子	5月18日 戊午	6月16日 丁亥	7月16日 丁巳	8月14日 丙戌
廿八	2月19日 庚寅	3月20日 己未	4月19日 己丑	5月19日 己未	6月17日 戊子	7月17日 戊午	8月15日 丁亥
廿九	2月20日 辛卯	3月21日 庚申	4月20日 庚寅	5月20日 庚申	6月18日 己丑	7月18日 己未	8月16日 戊子
三十		3月22日 辛酉	4月21日 辛卯		6月19日 庚寅		8月17日 己丑

月別	農曆十二月		農曆十一月		農曆十月		農曆九月		農曆八月		農曆七月	
干支	辛丑		庚子		己亥		戊戌		丁酉		丙申	
節	立春 大寒		小寒 冬至		大雪 小雪		立冬 霜降		寒露 秋分		白露 處暑	
氣	15時14分 廿三申時 / 21時11分 初八亥時		4時3分 廿四寅時 / 11時1分 初九午時		17時16分 廿三酉時 / 22時1分 初八亥時		0時35分 廿四子時 / 0時27分 初九子時		21時13分 廿二亥時 / 14時45分 初七未時		5時7分 廿二卯時 / 16時35分 初六申時	
農曆	國曆	支干	國曆	支干	國曆	支干	國曆	支干	國曆	支干	國曆	支干
初一	1月13	午戊	12月14	子戊	11月15	未己	10月16	丑己	9月17	申庚	8月18	寅庚
初二	1月14	未己	12月15	丑己	11月16	申庚	10月17	寅庚	9月18	酉辛	8月19	卯辛
初三	1月15	申庚	12月16	寅庚	11月17	酉辛	10月18	卯辛	9月19	戌壬	8月20	辰壬
初四	1月16	酉辛	12月17	卯辛	11月18	戌壬	10月19	辰壬	9月20	亥癸	8月21	巳癸
初五	1月17	戌壬	12月18	辰壬	11月19	亥癸	10月20	巳癸	9月21	子甲	8月22	午甲
初六	1月18	亥癸	12月19	巳癸	11月20	子甲	10月21	午甲	9月22	丑乙	8月23	未乙
初七	1月19	子甲	12月20	午甲	11月21	丑乙	10月22	未乙	9月23	寅丙	8月24	申丙
初八	1月20	丑乙	12月21	未乙	11月22	寅丙	10月23	申丙	9月24	卯丁	8月25	酉丁
初九	1月21	寅丙	12月22	申丙	11月23	卯丁	10月24	酉丁	9月25	辰戊	8月26	戌戊
初十	1月22	卯丁	12月23	酉丁	11月24	辰戊	10月25	戌戊	9月26	巳己	8月27	亥己
十一	1月23	辰戊	12月24	戌戊	11月25	巳己	10月26	亥己	9月27	午庚	8月28	子庚
十二	1月24	巳己	12月25	亥己	11月26	午庚	10月27	子庚	9月28	未辛	8月29	丑辛
十三	1月25	午庚	12月26	子庚	11月27	未辛	10月28	丑辛	9月29	申壬	8月30	寅壬
十四	1月26	未辛	12月27	丑辛	11月28	申壬	10月29	寅壬	9月30	酉癸	8月31	卯癸
十五	1月27	申壬	12月28	寅壬	11月29	酉癸	10月30	卯癸	10月1	戌甲	9月1	辰甲
十六	1月28	酉癸	12月29	卯癸	11月30	戌甲	10月31	辰甲	10月2	亥乙	9月2	巳乙
十七	1月29	戌甲	12月30	辰甲	12月1	亥乙	11月1	巳乙	10月3	子丙	9月3	午丙
十八	1月30	亥乙	12月31	巳乙	12月2	子丙	11月2	午丙	10月4	丑丁	9月4	未丁
十九	1月31	子丙	1月1	午丙	12月3	丑丁	11月3	未丁	10月5	寅戊	9月5	申戊
二十	2月1	丑丁	1月2	未丁	12月4	寅戊	11月4	申戊	10月6	卯己	9月6	酉己
廿一	2月2	寅戊	1月3	申戊	12月5	卯己	11月5	酉己	10月7	辰庚	9月7	戌庚
廿二	2月3	卯己	1月4	酉己	12月6	辰庚	11月6	戌庚	10月8	巳辛	9月8	亥辛
廿三	2月4	辰庚	1月5	戌庚	12月7	巳辛	11月7	亥辛	10月9	午壬	9月9	子壬
廿四	2月5	巳辛	1月6	亥辛	12月8	午壬	11月8	子壬	10月10	未癸	9月10	丑癸
廿五	2月6	午壬	1月7	子壬	12月9	未癸	11月9	丑癸	10月11	申甲	9月11	寅甲
廿六	2月7	未癸	1月8	丑癸	12月10	申甲	11月10	寅甲	10月12	酉乙	9月12	卯乙
廿七	2月8	申甲	1月9	寅甲	12月11	酉乙	11月11	卯乙	10月13	戌丙	9月13	辰丙
廿八	2月9	酉乙	1月10	卯乙	12月12	戌丙	11月12	辰丙	10月14	亥丁	9月14	巳丁
廿九	2月10	戌丙	1月11	辰丙	12月13	亥丁	11月13	巳丁	10月15	子戊	9月15	午戊
三十			1月12	巳丁			11月14	午戊			9月16	未己

◉中西曆對照表

民國前	西曆紀元	歲次干支
四七	1865	乙丑
四六	1866	丙寅
四五	1867	丁卯
四四	1868	戊辰
四三	1869	己巳
四二	1870	庚午
四一	1871	辛未
四〇	1872	壬申
三九	1873	癸酉
三八	1874	甲戌
三七	1875	乙亥
三六	1876	丙子
三五	1877	丁丑
三四	1878	戊寅
三三	1879	己卯
三二	1880	庚辰
三一	1881	辛巳
三〇	1882	壬午
二九	1883	癸未
二八	1884	甲申
二七	1885	乙酉
二六	1886	丙戌
二五	1887	丁亥
二四	1888	戊子
二三	1889	己丑
二二	1890	庚寅
二一	1891	辛卯
二〇	1892	壬辰
一九	1893	癸巳
一八	1894	甲午

民國前	西曆紀元	歲次干支
一七	1895	乙未
一六	1896	丙申
一五	1897	丁酉
一四	1898	戊戌
一三	1899	己亥
一二	1900	庚子
一一	1901	辛丑
一〇	1902	壬寅
九	1903	癸卯
八	1904	甲辰
七	1905	乙巳
六	1906	丙午
五	1907	丁未
四	1908	戊申
三	1909	己酉
二	1910	庚戌
一	1911	辛亥
民國元	1912	壬子
二	1913	癸丑
三	1914	甲寅
四	1915	乙卯
五	1916	丙辰
六	1917	丁巳
七	1918	戊午
八	1919	己未
九	1920	庚申
十	1921	辛酉
十一	1922	壬戌
十二	1923	癸亥
十三	1924	甲子

民國	西曆紀元	歲次干支
十四	1925	乙丑
十五	1926	丙寅
十六	1927	丁卯
十七	1928	戊辰
十八	1929	己巳
十九	1930	庚午
二十	1931	辛未
二一	1932	壬申
二二	1933	癸酉
二三	1934	甲戌
二四	1935	乙亥
二五	1936	丙子
二六	1937	丁丑
二七	1938	戊寅
二八	1939	己卯
二九	1940	庚辰
三〇	1941	辛巳
三一	1942	壬午
三二	1943	癸未
三三	1944	甲申
三四	1945	乙酉
三五	1946	丙戌
三六	1947	丁亥
三七	1948	戊子
三八	1949	己丑
三九	1950	庚寅
四〇	1951	辛卯
四一	1952	壬辰
四二	1953	癸巳
四三	1954	甲午

民國	西曆紀元	歲次干支
四四	1955	乙未
四五	1956	丙申
四六	1957	丁酉
四七	1958	戊戌
四八	1959	己亥
四九	1960	庚子
五〇	1961	辛丑
五一	1962	壬寅
五二	1963	癸卯
五三	1964	甲辰
五四	1965	乙巳
五五	1966	丙午
五六	1967	丁未
五七	1968	戊申
五八	1969	己酉
五九	1970	庚戌
六〇	1971	辛亥
六一	1972	壬子
六二	1973	癸丑
六三	1974	甲寅
六四	1975	乙卯
六五	1976	丙辰
六六	1977	丁巳
六七	1978	戊午
六八	1979	己未
六九	1980	庚申
七〇	1981	辛酉
七一	1982	壬戌
七二	1983	癸亥
七三	1984	甲子

民國	西曆紀元	歲次干支
七四	1985	乙丑
七五	1986	丙寅
七六	1987	丁卯
七七	1988	戊辰
七八	1989	己巳
七九	1990	庚午
八〇	1991	辛未
八一	1992	壬申
八二	1993	癸酉
八三	1994	甲戌
八四	1995	乙亥
八五	1996	丙子
八六	1997	丁丑
八七	1998	戊寅
八八	1999	己卯
八九	2000	庚辰
九〇	2001	辛巳
九一	2002	壬午
九二	2003	癸未
九三	2004	甲申
九四	2005	乙酉
九五	2006	丙戌
九六	2007	丁亥
九七	2008	戊子
九八	2009	己丑
九九	2010	庚寅
一〇〇	2011	辛卯
一〇一	2012	壬辰
一〇二	2013	癸巳
一〇三	2014	甲午

民國	西曆紀元	歲次干支
一〇四	2015	乙未
一〇五	2016	丙申
一〇六	2017	丁酉
一〇七	2018	戊戌
一〇八	2019	己亥
一〇九	2020	庚子
一一〇	2021	辛丑
一一一	2022	壬寅
一一二	2023	癸卯
一一三	2024	甲辰
一一四	2025	乙巳
一一五	2026	丙午
一一六	2027	丁未
一一七	2028	戊申
一一八	2029	己酉
一一九	2030	庚戌
一二〇	2031	辛亥
一二一	2032	壬子
一二二	2033	癸丑
一二三	2034	甲寅
一二四	2035	乙卯
一二五	2036	丙辰
一二六	2037	丁巳
一二七	2038	戊午
一二八	2039	己未
一二九	2040	庚申
一三〇	2041	辛酉
一三一	2042	壬戌
一三二	2043	癸亥
一三三	2044	甲子

命理生活新智慧‧叢書23

如何幫子女找一個好生辰

從歷史的經驗裡，告訴我們

命格的好壞和生辰的時間有密切關係，

命格的高低又和誕生環境有密切關係，

這就是自古至今，做官的、政界首腦人物、精明富有的老闆，永享富貴及高知識文化。

而平民百姓永遠在清苦的生活中與低文化的水平裡輪迴的原因。

人生辰的時間，決定命格的形成。

命格又決定人一生的成敗、運途與成就，每一個人在受孕及出生的那一剎那已然決定了一生！

很多父母疼愛子女，想給他一切世間最美好的東西，但是為什麼不給他『好命』呢？

『幫子女找一個好生辰』就是父母能為子女所做，而很多人卻沒有做的事，有智慧的父母們！驚醒吧！

請不要讓子女一開始就輸在命運的起跑點上！

●金星出版●

地址：台北市林森北路380號901室
電話：(02)25630620‧28940292
傳真：(02)28942014
郵撥：18912942 金星出版社帳戶

紫微推銷術

『推銷術』是一種知識，一種力量，有掌握時機、努力奮發的特性。
同時也是一種先知先覺的領導哲學，
是必須站在知識領導的先端，
再經過契而不捨的努力
而創造出具有成果的一種專業技術。

『推銷術』就是一個成功的法則！
每一個人或多或少都具有一點屬於
個人的推銷術，
好的推銷術、崇高的推銷術，
可把人生目標抬到最高層次的地方，
造就事業成功、人生完美、生活富
裕的境界！
你的『推銷術』好不好？
關係著你一生的成敗問題，

法雲居士用紫微命理來幫你檢驗『推銷術』的精湛度，
也帶領你進入具有領導地位的『推銷世界』之中！

法雲居士⊙著

金星出版

如何掌握婚姻運

在全世界的人口中，只有三分之一的人，是婚姻幸美滿的人，可以掌握到婚姻運。這和具有偏財運命之人的比例是一樣的。

你是不是很驚訝！婚姻和事業是人生主要的兩大架構掌握婚姻運就是掌握了人生中感情方面的順利幸福這是除了錢財之外，人人都想得到的東西。

誰又是主宰人們婚姻運的舵手呢？婚姻運會影響事運，可不可能改好呢？

每個人的婚姻運玄機都藏在自己的紫微命盤之中，法雲居士以紫微命理的方式，幫你找出婚姻運的癥結所在，再以時間上的特性，教你掌握自己的婚姻運並且幫助你檢驗人生和自己ＥＱ的智商，從而發展出情感、財利兼備的美滿人生。

法雲居士⊙著

金星出版

地址：台北市林森北路380號901室
電話：(02)25630620・28940292
傳真：(02)28942014
郵撥：18912942 金星出版社帳戶

命理生活新智慧・叢書

好運跟你跑

《全新增訂版》

法雲居士⊙著

在人一生當中，『時間』是個十分關鍵的重點機緣。

每一件事情，常因『時間』的十字標、接合點不同而有不同吉凶的轉變。

當年『草船借箭』的事跡，是因為有『孔明會借東風』的智慧而形成的。

在今時、今日現代科技的社會裡，會借東風的智慧已經獲得剖析。

你我都可成為能掌握玄機的智者。

法雲居士再次利用紫微命理為你解開每種時間上的玄機之妙。

『好運跟你跑』的全新增訂版就是這麼一本為你展開人生全新一頁，掌握人生中每一種好運關鍵時刻的一本書。

● 金星出版 ●

地址：台北市林森北路380號901室
電話：(02)25630620・28940292
傳真：(02)28942014
郵撥：18912942 金星出版社帳戶

如何創造事業運

人生中有千百條的道路，
但只有一條，是最最適合你的，
也無風浪，也無坎坷，可以順暢行走的道路
那就是事業運！
有些人一開始就找對了門徑，
因此很早、很年輕的便達到了目的地，
成為事業成功的菁英份子。
有些人卻一直在茫然中摸索，進進退退，虛度了光陰。
屬於每個人的人生道路不一樣，屬於每個人的事業運也不一樣
要如何判斷自己是否走對了路？
一生的志業是否可以達成？
地位和財富能否得到？在何時可得到？
每個人一生的成就，在紫微命盤中都有顯示，
法雲居士以紫微命理的方式，幫助你檢驗人生，
找出順暢的路途，完成創造事業運的偉大工程！

紫微成功交友術

成功的人都有成功的好朋友！
失敗的人也都有運程晦暗的朋友！
好朋友能幫助你在人生中『大躍進』！
壞朋友只能為你『扯後腿』！
如何交到好朋友？
好提升自己人生的層次，進入成功者的行列！
『交友成功術』教你掌握『每一個交到益友的企機』！
讓你此生不虛此行！

紫微賺錢術

法雲居士⊙著

從前有諸葛孔明教你『借東風』
今日有法雲居士教你『紫微賺錢術』

這是一本囊括易術精華的致富法典
法雲居士繼「如何算出你的偏財運」一書後
再次把賺錢密法以紫微斗數向你解盤，
如何算出自己的進財日期？
何日是買賣股票、期貨進出的大好時機？
怎樣賺錢才會致富？
什麼人賺什麼錢？
偏財運如何獲得？
賺錢風水如何獲得？
一切有關賺錢的玄機技巧，盡在『紫微賺錢術』當中，
讓你輕鬆的獲得令人豔羨的成功與財富。
你希望增加財運嗎？
你正為錢所苦嗎？
這本『紫微賺錢術』能幫助你再創美麗的人生！

● 金星出版 ●

地址：台北市林森北路380號901室
電話：(02)25630620‧28940292
傳真：(02)28942014
郵撥：18912942 金星出版社帳戶

命理生活新智慧·叢書

紫微格局看理財

◎法雲居士◎著
http://www.venusco.com.tw
E-mail: venusco@tomail.com.tw

●金星出版●

地址：台北市林森北路380號901室
電話：(02)25630620・28940292
傳真：(02)28942014
郵撥：18912942 金星出版社帳戶

『理財』就是管理錢財。必需愈管愈多！因此，理財就是賺錢！

每個人出生到這世界上來，就是來賺錢的，也是來玩藏寶遊戲的。

每個人都有一張藏寶圖，那就是你的紫微命盤！一生的財祿福壽全在裡面了。

同時，這也是你的人生軌跡。

玩不好藏寶遊戲的人，也就是不瞭自己人生價值的人，是會出局，白來這個世界一趟的。

因此你必須全神貫注的來玩這場尋寶遊戲。

『紫微格局看理財』是法雲居士用精湛的命理方式，引領你去尋找自己的寶藏，找到自己的財路。

並且也教你一些技法去改變人生，使自己更會賺錢理財！

你的財要怎麼賺

這是一本教你如何看到自己財路的書。

人活在世界上就是來求財的！

財能養命，也會支配所有人的人生起伏和經歷。

心裡窮困的人，是看不到財路的。

你的財要怎麼賺？人生的路要怎麼走？

完全在於自己的人生架構和領會之中，

法雲居士利用紫微命理為你解開了這個

人類命運的方程式，

劈荊斬棘，為您顯現出你面前的財路，

你的財要怎麼賺？

盡在其中！

紫微星曜專論

此書為法雲居士重要著作之一，主要論述紫微斗數中的科學觀點，在大宇宙中，天文科學中的星和紫微斗數中的星曜實則只是中西名稱不一樣，全數皆為真實存在的事實。

在紫微命理中的星曜，各自代表不同的意義，在不同的宮位也有不同的意義，旺弱不同也有不同的意義。在此書中讀者可從法雲居士清晰的規劃與解釋中對每一顆紫微斗數中的星曜有清楚確切的瞭解，因此而能對命理有更深一層的認識和判斷。

此書為法雲居士教授紫微斗數之講義資料，更可為誓願學習紫微命理者之最佳教科書。